东华理工学院核特色系列教材

场　　论

莫　撼
邓居智　编著

刘庆成　主审

原子能出版社

图书在版编目(CIP)数据
场论/莫撼,邓居智编著.—北京:原子能出版社,2006.10(2025.2重印)
ISBN 978-7-5022-3661-8

Ⅰ.场 Ⅱ.①莫… ②邓… Ⅲ.场论 Ⅳ.0412.3

中国版本图书馆CIP数据核字(2006)第048510号

内容简介

《场论》是一本以数学方法研究地球物理场的教科书。本书共分五章和七个附录。其中第一章介绍了教授《场论》中主要用到的数学工具,第二章至第五章则分别介绍和研究引力场、稳定电场、稳定磁场以及变电磁场的性质、规律和它们的计算方法。附录中则主要收集了《场论》的相关公式以及电磁学中不同单位制的转换关系,并附有习题答案。

本书可作为"勘探技术与工程"本科专业的专业基础课程的教学用书,亦可用作其他从事物探专业的教师、工程技术人员的参考书。

场 论

出版发行 原子能出版社(北京市海淀区阜成路43号 100048)
责任编辑 谭 俊
责任校对 李建慧
责任印制 赵 明
印 刷 北京天恒嘉业印刷有限公司
开 本 787mm×1092mm 1/16
印 张 18.375
字 数 456千字
版 次 2006年10月第1版 2025年2月第6次印刷
书 号 ISBN 978-7-5022-3661-8
经 销 全国新华书店
定 价 38.00元

 网址:http://www.aep.com.cn

总　序

东华理工学院（原华东地质学院）创建于1956年，经过近50年的办学历程，该院形成了以本科教育为主体，以研究生教育为先导，以高职、专科、成人教育为补充的多层次办学格局，发展成为一所以工为主，理工结合，文、管、经、法兼备的多科性普通高等学校。

在光荣而曲折的办学历程中，东华理工学院始终牢记办学使命，形成、保持、发展了鲜明的“东华理工特色”：**艰苦奋斗，为国奉献，构建核军工学科群优势**。伴随着祖国核工业前进的步伐，学院自力更生，艰苦奋斗，励精图治，勤俭办学，成为我国核工业开路先锋——核燃料循环工程人才培养的摇篮，为我国国防科技工业和社会经济发展做出了重大贡献。面对新的挑战和机遇，学院紧紧抓住发展这个第一要务，牢记“两个务必”，以邓小平理论和“三个代表”重要思想为指导，与时俱进，开拓创新，以质量求生存，以特色求发展，以社会需求为导向，主动适应高等教育由精英式教育向大众化教育的转变，稳定外延，注重内涵拓展和可持续发展，为早日实现“省内一流，全国知名，部分优势学科进入国际先进行列”而不懈努力。

东华理工学院被联合国国际原子能机构指定为铀矿地质和同位素水文学高级培训中心以及东亚地区同位素水文数据库主办单位，学院的国家级“分析测试研究中心”被国际原子能机构指定为参比实验室。依托“核设施数字工程实验中心”和“地理信息与数字影像技术研究中心”建设的“江西省空间信息与数字国土实验室”，于 2004 年 2 月被确定为省级重点实验室。2005 年，“核资源与环境工程”省、部共建教育部重点实验室又获批准立项建设。

为了系统地总结东华理工学院在核科学技术相关学科教学和科研中积累的知识和经验，更好地培养核科技人才，促进我国核科技事业的发展，我院决定组织出版《东华理工学院核特色系列教材》，并选定《应用水文地球化学》、《水文地球化学》、《场论》、《场论解题指南》、《核辐射测量原理》、《水文地质学》、《环境水文地质学》、《铀矿石的化学分析》、《同位素水文学导论》和《应用地球物理仪器》等 10 本教材首批出版，今后还将组织撰写更多的特色教材纳入本教材系列。

《东华理工学院核特色系列教材》出版委员会

前　言

《场论》是一本以数学方法研究地球物理场的教科书。本书主要介绍和研究引力场、稳定电场、稳定磁场以及时变电磁场的性质、规律和它们的计算方法。它是“勘查技术与工程”本科专业的专业基础课程，是学习“重力勘探”、“磁法勘探”、“电法勘探”、“电磁勘探”等专业课程的基础。

全书共分五章和七个附录，其中第一章介绍了教授《场论》中主要用到的数学工具，以方便学生学习时查阅，但是否作为讲授的内容，应视学生的具体情况而定。第二章至第五章则分别介绍和研究引力场、稳定电场、稳定磁场以及时变电磁场的性质、规律和它们的计算方法，是本书的主要部分。附录中则主要收集了《场论》的相关公式以及电磁学中不同单位制的转换关系，并附有习题答案。本书亦可用作其他从事物探专业的教师、工程技术人员的参考书。

本书是在作者二十多年《场论》教学的基础上编写而成的，书中各物理量均采用中华人民共和国法定计量单位。书中着重基本概念和理论的讲述，在对场的分析和推理过程中力求准确和严格，同时又尽量做到深入浅出，并尽可能地与专业的需要和特点相联系。把抽象和枯燥的数学推导与生动形象的物理场相结合是本书的一大特点，也是学习《场论》时必须强调注意的。注重计算能力的训练是本书的另一特点，为此，书中安排了大量的例题以演示和讨论各种计算方法，在每章的后面均附有适量的习题，供学生练习用。

本书由“地球探测与信息技术”重点学科资助。本书第一章、第三章、第四章和第五章由莫撼编写，第二章以及附录由邓居智编写。全书由刘庆成主审，莫撼审校，邓居智负责图件的制作。在编写本书过程中得到了龚育龄教授和黄临平教授的大力支持，文字工作还得到了朱海军和张英德同学的大力协助，在此致以深切的谢意。

由于水平所限，书中难免仍有疏漏之处，敬请读者提出宝贵意见。

编　者

2006 年 5 月

目　　录

绪 论

场论，顾名思义，就是研究各种物理场的分布及其相互作用的理论。物体在天然或人工激发的条件下在其周围形成各种各样的物理场，如核辐射场、引力场、电磁场、弹性波场等等。这些物理场的性质、分布特征和规律与物体的物理性质和几何特征有密切关系。应用地球物理学（俗称物探）就是运用物理学的原理、方法和仪器以观测和研究地球物理场空间与时间的分布规律，借以实现地质勘查或寻查埋藏物的一门应用性学科。其中：以研究核辐射场为基础的称为核勘查；以研究引力场为基础的称为重力勘查；以研究磁场为基础的称为磁勘查；以研究电场和电磁感应场为基础的称为电勘查（包括电磁感应法）；以研究弹性波场为基础的称为地震勘查；以研究地热场为基础的称为地热勘查等。因此，场论是为学习应用地球物理学打好基础的一门重要课程。

场论是在学生已学完相应高等数学和物理学后继续学习的后续课程。它既是利用数学工具更为深入地研究各种物理场的性质及其时空分布规律的一门学科，又是各种应用地球物理方法的综合性理论基础课。因此，场论在应用地球物理专业的课程中，起到承前启后的作用，是十分重要的。

早在几千年以前，我们的祖先就已经发现地磁的现象并加以利用。经过长期的生产和生活实践，人们逐渐认识到，在客观世界所进行的一切物理、化学过程中，存在着某种物质客体。这种物质客体的存在是不以人们意志为转移的。我们比较熟悉的物质客体的存在形式是由分子、原子所组成的物体，这样的物质客体一般来说比较容易看到或感觉到它们的存在。而物质客体的另一种存在形式——场，人们就不太容易感觉它的存在。虽然人们早就谈论过引力场、电磁场这类名词，但作为物质客体的形式，深入认识它们，还是近代的事。随着物理学的不断发展，尤其是近代物理学的崛起，场的物质性越来越为人们所认识，场是物质的一种形态已成为大家的共识。

具有一定的质量、能量和动量是物质客体普遍的属性。物理学家早在20世纪初就发现了光（电磁波）对固体和液体施加的压力。这说明电磁场（电磁波）和其他物质形式一样，具有确定的能量和动量。和其他物质一样，场遵从能量守恒及转换定律和动量守恒及转换定律。

在一定条件下，物质客体的一种存在形式可以产生物质客体的另一种存在形式——场。如带电体产生电场；电流产生磁场；质量物体产生引力场等等。一种场也可以转换为另一种场，如时变电场可以转换为时变磁场等。

但是，我们也应注意到场作为物质客体的一种形态，它也必然与由原子组成的物质客体具有不同的特点。例如，物体在空间占有一定的位置，即是说物体在空间的分布是有限的、不连续的，而场在空间的分布是无限的、连续的（在一定条件下，场的分布可以是有限的）。又如物体占有的空间不可能被其他物体所占有，而场则不同，在同一空间可以存在各种不同的场。在引力场空间，电磁场照样可以存在。场还能渗透到物体占有的空间之中。例如引力场存在于质量物体内部，电场存在于介质内部等等。此时场可能改变物体的状态，而物体也可能影响场的分布。例如，当一质量物体放在引力场之中时，引力场会改变物体的状态，而物体也会影响引力场的分布。

在与时间无关的稳定场中，场的存在总是与某种确定的实物联系着的。例如，引力场的存在与质量物体的存在相联系；静电场的存在与相对静止的带电物体的存在相联系；稳定磁场的存在与稳定电流的存在相联系，等等。我们把这些物质（质量、电荷、电流等等）称作场源。场和场源是同时并存于空间的两种不同形态的物质。而在时变场中，场可以独立于场源而存在，例如在时变电磁场中，即使初始的激发源已经消失，电磁场仍然存在，并以波的形式在空间传播。

场和场源之间的关系是场论研究的主要内容之一。经过长期生产和生活实践以及不懈的科学实验，人们已总结出了场和场源关系的基本规律。例如万有引力定律、库仑定律、毕奥—沙伐尔定律、法拉第电磁感应定律等等。根据场源在空间的分布，我们就有可能求出相应的场在空间的分布。反之，我们也可以根据场的空间分布，反演场源在空间的分布，这正是地球物理勘查的目标。

场与物体之间有力的作用，例如引力场施力于质量物体；电场施力于带电物体；磁场施力于电流，这也正是场的物质性的一个有力证明。

为使读者对本书有一个大致的了解，现将本书的主要内容简介如下。

全书共分五章。

第一章：场论的数学基础

本章先从矢场分析讲起，阐明物理场中标量和矢量的概念，进而介绍描述标量场的空间变化率，以及矢量场的聚散程度和涡旋特征的三个基本概念——梯度、散度、旋度的数学和物理意义，并讨论了矢场分析中的两个重要公式——高斯公式和斯托克公式。

本章的第二部分将向读者介绍几个场论中常见的微分方程——拉普拉斯方程、亥姆霍兹方程和波动方程的分离变量解法，并扼要阐明勒让德函数、贝塞尔函数以及富氏变换和拉普拉斯变换的基本性质。这些都是研究地球物理场的重要数学工具。读者可根据需要选读其中的内容，教师可以根据学生的数学水平选取某些段节作为授课之用。

第二章：引力场

本章第一部分从万有引力定律出发，导出了描述引力场强度的公式，并证明引力场为无旋有源场。引出了引力位的概念，导出了引力位的泊松方程和它的定解条件。本章第二部分介绍了地球重力场的概念，为以后学习重力勘查打下基础。

第三章：稳定电场

本章第一部分从库仑定律出发，首先讨论了真空中和介质中静电场的基本性质，在此基础上导出了电势的泊松方程及定解条件。本章的第二部分介绍了稳定电流电场的性质，电势的拉普拉斯方程及定解条件，为学习直流电勘查打下理论基础。

第四章：稳定磁场

本章第一部分从安培定律和毕奥—沙伐尔定律出发，讨论了稳定磁场的基本性质，引出了磁矢势的概念，在此基础上导出了磁矢势的微分方程及定解条件。本章的第二部分介绍了磁标势的定义，它所满足的微分方程及定解条件，为学习磁勘查打下理论基础。最后，本章还介绍了磁标势与引力势的关系，引出了泊松体的概念，为重磁数据处理补充了一部分理论基础。

第五章：时变电磁场

本章在麦克斯韦方程组的基础上建立了时变电磁场的波动方程。详细讨论了平面单色波在介质中传播的一般规律，并介绍了电磁场矢势和标势的波动方程及它们的定解条件，为交流电勘查的学习打下良好的数理基础。

本章的附录中给出了各章的主要公式以及不同单位制中电磁学公式的相互转换，为读者阅读其他文献提供了方便。

第一章　场论的数学基础

本章将简要地介绍在场论中经常要用到的数学方法。在矢场分析中将讨论梯度、散度和旋度及其运算，这是分析、计算引力场和电磁场的基本数学工具。在偏微分方程和特殊函数中着重讨论了拉普拉斯方程和波动方程的分离变量解法，以及勒让德函数和贝塞尔函数的基本性质，这是大多数物理场研究中经常要接触到的数学问题。富氏变换和拉氏变换在物理场的频率域分析中有着十分广泛的应用。由于物探数据具有离散和随机性的特点，因此，在对物探数据进行处理时，统计分析将是一个十分有用的数学工具，因此，也专门进行了讨论。

第一节　矢场分析

一、矢函数及其运算

矢场分析是场论中最基本的数学工具之一。在研究物理场时，通常把仅由坐标变量 (x,y,z) 和时间变量 (t) 所惟一确定的物理量称为标量，并以标函数 $\varphi(x,y,z,t)$ 来表示，例如温度 $T(x,y,z,t)$；密度 $\rho(x,y,z,t)$ 等都是标函数。标函数的定义域称为标量场，例如温度场、密度场等。

有些物理场不随时间而变化，这种场称为稳定场，例如引力场、静电场、稳定磁场就属于稳定场。另一些物理场与时间有关，例如变速场、时变电磁场等，称之为时变场。

如果物理量的大小（强弱）以及方向均与坐标变量无关，则由它组成的物理场称为均匀场。虽然绝对的稳定场和绝对的均匀场并不存在，但为了研究方便，常把在某一时间或空间范围内变化不大的场视作稳定场或均匀场。

另外，有些物理场不能用标函数描述，如速度场，只知道场中各点的速度数值是不够的，还必须知道各点速度的方向。因此引入矢函数的概念。

1. 矢函数的定义

如果在域 Ω 内对每一个数性变量 q，矢量 $\boldsymbol{a}$ 总有一确定的值（包括其大小和方向）和它对应，则称矢量 $\boldsymbol{a}$ 是数性变量 q 的矢函数，记为

$$\boldsymbol{a}=\boldsymbol{a}(q) \qquad \in \Omega \tag{1.1}$$

式中，Ω 为矢函数 $\boldsymbol{a}$ 的定义域。数性变量 q 可以是坐标变量也可以是时间变量，或兼而有之。例如在研究静电场时，电场强度 $\boldsymbol{E}$ 就是坐标变量的矢函数，而在研究时变电磁场时，电场强度 $\boldsymbol{E}$ 就不仅是坐标变量，而且也是时间变量的矢函数。在本章中，除非特别声明，矢函数仅是坐标变量的函数。矢函数 $\boldsymbol{a}$ 可以在任何坐标系中进行分解，例如在直角坐标系中就有

$$\boldsymbol{a}=a_x(q)\boldsymbol{i}+a_y(q)\boldsymbol{j}+a_z(q)\boldsymbol{k} \tag{1.2}$$

式中，$\boldsymbol{i},\boldsymbol{j},\boldsymbol{k}$ 为直角坐标系三个坐标轴（x 轴、y 轴、z 轴）方向的单位矢量。

2. 矢函数的运算

对矢函数可以进行求导与微分。若矢函数 $\boldsymbol{a}=\boldsymbol{a}(q)$ 在域 Ω 内连续，并且 q_0 和 $(q_0+\Delta q)$ 都在域内，则极限

$$\lim_{\Delta q\to 0}\frac{\Delta \boldsymbol{a}}{\Delta q}=\lim_{\Delta q\to 0}\frac{\boldsymbol{a}(q_0+\Delta q)-\boldsymbol{a}(q_0)}{\Delta q} \tag{1.3}$$

如果存在，则称 $\boldsymbol{a}(q)$ 在 q_0 是可导的。该极限就称为 $\boldsymbol{a}(q)$ 在 q_0 的导数，用 $\left(\frac{\mathrm{d}\boldsymbol{a}}{\mathrm{d}q}\right)_{q_0}$ 或 $\boldsymbol{a}'(q_0)$ 表示。显然，矢函数的导数仍为一矢量，并且

$$\frac{\mathrm{d}\boldsymbol{a}}{\mathrm{d}q}=\frac{\mathrm{d}a_x}{\mathrm{d}q}\boldsymbol{i}+\frac{\mathrm{d}a_y}{\mathrm{d}q}\boldsymbol{j}+\frac{\mathrm{d}a_z}{\mathrm{d}q}\boldsymbol{k} \tag{1.4}$$

类似地，可以定义矢函数的二阶、三阶导数。

可以用一个质点在曲线上的位移这一常见的物理现象来说明矢函数导数的几何意义和物理意义(图 1.1)。显然，矢径 $\boldsymbol{r}(q)$ 是质点坐标位置的函数，这里 q 表示质点的坐标变量。设曲线 l 上 M 点坐标变量为 q，N 点坐标变量为 $(q+\Delta q)$，由图 1.1 可知，矢线 $\boldsymbol{MN}$ 可表示为 $\boldsymbol{MN}=\boldsymbol{r}(q+\Delta q)-\boldsymbol{r}(q)$，两边除以 Δq，并令 $\Delta q\to 0$，取极限，便有

$$\boldsymbol{r}'(q)=\lim_{\Delta q\to 0}\frac{\boldsymbol{MN}}{\Delta q}=\lim_{\Delta q\to 0}\frac{\boldsymbol{r}(q+\Delta q)-\boldsymbol{r}(q)}{\Delta q}$$

这时 $\boldsymbol{MN}$ 的方向与过 M 点的切线方向相同，并指向坐标变量增加的方向。因此 $\boldsymbol{r}'(q)$ 表示在 M 点上矢径 $\boldsymbol{r}(q)$ 对坐标变量的变化率，方向为 M 点的切线，并指向坐标变量增加的方向。

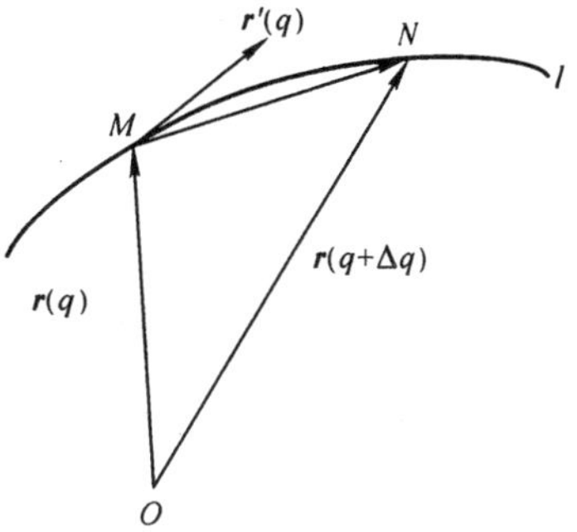

图 1.1 矢函数导数的计算

在上述例子中，q 也可以是时间变量，这时 $\frac{\boldsymbol{MN}}{\Delta q}$ 就表示在时间间隔 Δq 内质点位移的平均速度。事实上，q 通常既是坐标变量又是时间变量，这时 $\boldsymbol{r}'(q)$ 表示 M 点在 q 时刻的速度，其方向沿 M 点的切线方向。

矢量微分定义为

$$\mathrm{d}\boldsymbol{a}(q)=\boldsymbol{a}'(q)\mathrm{d}q \tag{1.5}$$

同样，矢量微分也可以用其分量微分来表示

$$\mathrm{d}\boldsymbol{a}(q)=\mathrm{d}a_x\boldsymbol{i}+\mathrm{d}a_y\boldsymbol{j}+\mathrm{d}a_z\boldsymbol{k} \tag{1.6}$$

如果矢函数 $\boldsymbol{a}(q)$，$\boldsymbol{b}(q)$ 和标函数 $\varphi(q)$ 都可导，则有下列微分法则成立

$$[\boldsymbol{a}(q)+\boldsymbol{b}(q)]'=\boldsymbol{a}'(q)+\boldsymbol{b}'(q) \tag{1.7}$$

$$[\varphi(q)\boldsymbol{a}(q)]'=\varphi'(q)\boldsymbol{a}(q)+\varphi(q)\boldsymbol{a}'(q) \tag{1.8}$$

$$[\boldsymbol{a}(q)\cdot\boldsymbol{b}(q)]'=\boldsymbol{a}'(q)\cdot\boldsymbol{b}(q)+\boldsymbol{a}(q)\cdot\boldsymbol{b}'(q) \tag{1.9}$$

$$[\boldsymbol{a}(q)\times\boldsymbol{b}(q)]'=\boldsymbol{a}'(q)\times\boldsymbol{b}(q)+\boldsymbol{a}(q)\times\boldsymbol{b}'(q) \tag{1.10}$$

同时还有

$$\frac{\mathrm{d}\boldsymbol{a}(q)}{\mathrm{d}t}=\frac{\mathrm{d}\boldsymbol{a}(q)}{\mathrm{d}q}\frac{\mathrm{d}q}{\mathrm{d}t} \tag{1.11}$$

其中，$q=q(t)$ 为中间变量。

矢函数不仅可以求导，也可以求积

$$\int \boldsymbol{a}(q)\mathrm{d}q = \boldsymbol{i}\int a_x(q)\mathrm{d}q + \boldsymbol{j}\int a_y(q)\mathrm{d}q + \boldsymbol{k}\int a_z(q)\mathrm{d}q \tag{1.12}$$

$$\int \lambda\boldsymbol{a}(q)\mathrm{d}q = \lambda\int \boldsymbol{a}(q)\mathrm{d}q \tag{1.13}$$

$$\int [\boldsymbol{a}(q) + \boldsymbol{b}(q)]\mathrm{d}q = \int \boldsymbol{a}(q)\mathrm{d}q + \int \boldsymbol{b}(q)\mathrm{d}q \tag{1.14}$$

$$\int \boldsymbol{c}\cdot\boldsymbol{a}(q)\mathrm{d}q = \boldsymbol{c}\cdot\int \boldsymbol{a}(q)\mathrm{d}q \tag{1.15}$$

$$\int [\boldsymbol{c}\times\boldsymbol{a}(q)]\mathrm{d}q = \boldsymbol{c}\times\int \boldsymbol{a}(q)\mathrm{d}q \tag{1.16}$$

式中，λ 为常数，$\boldsymbol{c}$ 为常矢量。

例 1 一质点沿半径为 a 的螺线作匀线速运动，螺线方程为

$$\boldsymbol{r} = a\cos\theta\boldsymbol{i} + a\sin\theta\boldsymbol{j} + b\theta\boldsymbol{k} \qquad (-\infty < \theta < \infty)$$

求运动质点的速度和加速度。

解：$\boldsymbol{v} = \dfrac{\mathrm{d}\boldsymbol{r}}{\mathrm{d}t} = \dfrac{\mathrm{d}\boldsymbol{r}}{\mathrm{d}\theta}\dfrac{\mathrm{d}\theta}{\mathrm{d}s}\dfrac{\mathrm{d}s}{\mathrm{d}t}$；式中：$\dfrac{\mathrm{d}\boldsymbol{r}}{\mathrm{d}\theta} = -a\sin\theta\boldsymbol{i} + a\cos\theta\boldsymbol{j} + b\boldsymbol{k}$；$\dfrac{\mathrm{d}s}{\mathrm{d}t} = v$；

$$\frac{\mathrm{d}\theta}{\mathrm{d}s} = \frac{\mathrm{d}\theta}{\sqrt{(\mathrm{d}s')^2 + (b\mathrm{d}\theta)^2}} = \frac{\mathrm{d}\theta}{\sqrt{(a\mathrm{d}\theta)^2 + (b\mathrm{d}\theta)^2}} = \frac{1}{\sqrt{a^2 + b^2}},$$

式中，$\mathrm{d}s'$ 是 $\mathrm{d}s$ 在 xoy 平面上的投影。

于是：$\boldsymbol{v} = \dfrac{v}{\sqrt{a^2 + b^2}}(-a\sin\theta\boldsymbol{i} + a\cos\theta\boldsymbol{j} + b\boldsymbol{k})$

加速度为

$$\boldsymbol{a} = \frac{\mathrm{d}\boldsymbol{v}}{\mathrm{d}t} = \frac{\mathrm{d}\boldsymbol{v}}{\mathrm{d}\theta}\frac{\mathrm{d}\theta}{\mathrm{d}s}\frac{\mathrm{d}s}{\mathrm{d}t} = \frac{v^2}{a^2 + b^2}(-a\cos\theta\boldsymbol{i} - a\sin\theta\boldsymbol{j}) = \frac{-av^2}{a^2 + b^2}(\cos\theta\boldsymbol{i} + \sin\theta\boldsymbol{j})$$

二、方向导数与梯度

一个标量场通常可以表示为空间坐标的函数，除均匀场外，场中任意两点的标函数其数值一般是不相同的。因此，要想了解标量场的空间分布，就必须知道场域内任一点标函数沿各个方向的变化率。这个问题，在数学上归结为求该标函数的方向导数。在许多情况下，还必须知道标函数沿哪个方向的变化率有最大值？这个问题，在数学上就是求该标函数的梯度。

1. 方向导数

定义：设标函数 $\varphi(x,y,z)$ 在域 Ω 上连续，M 为域内任一点，过 M 点作一任意有向曲线 $\boldsymbol{l}$，曲线上 M，N 两点的弧长为 Δl，若极限

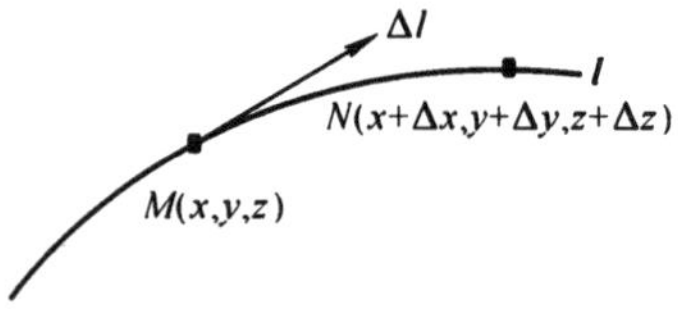

图 1.2 方向导数的计算

$$\lim_{\Delta l\to 0}\frac{\varphi(x+\Delta x, y+\Delta y, z+\Delta z) - \varphi(x,y,z)}{\Delta l} = \lim_{\Delta l\to 0}\frac{\Delta\varphi(x,y,z)}{\Delta l}$$

存在，则称此极限为标函数 $\varphi(x,y,z)$ 在 M 点沿曲线 $\boldsymbol{l}$ 的方向导数。以 $\dfrac{\partial\varphi(x,y,z)}{\partial l}$ 表示。

因此

$$\frac{\partial\varphi(x,y,z)}{\partial l} = \lim_{\Delta l\to 0}\frac{\Delta\varphi(x,y,z)}{\Delta l} \tag{1.17}$$

式中，$\Delta\varphi(x,y,z) = \varphi(x+\Delta x, y+\Delta y, z+\Delta z) - \varphi(x,y,z)$，为 M 点上标函数 φ 沿 $\boldsymbol{l}$ 方向的增量。

标函数在域中某点沿不同方向的方向导数一般是不同的。如果沿 $\boldsymbol{l}$ 方向，函数 $\varphi(x,y,z)$ 是增加的，则其方向导数为正，反之为负；若沿该方向函数值不变，则其方向导数为零。例如由正点电荷 q 所形成的电位场，沿图 1.3 中 $\boldsymbol{l}_1$ 方向的方向导数为负，因为沿此方向电位下降，而沿 $\boldsymbol{l}_2$ 方向的方向导数则为正，沿 $\boldsymbol{l}_3$ 方向的方向导数为零。在直角坐标系中，沿 $\boldsymbol{l}$ 方向的方向导数可按下式计算

$$\frac{\partial\varphi}{\partial l}=\frac{\partial\varphi}{\partial x}\cos\alpha+\frac{\partial\varphi}{\partial y}\cos\beta+\frac{\partial\varphi}{\partial z}\cos\gamma \tag{1.18}$$

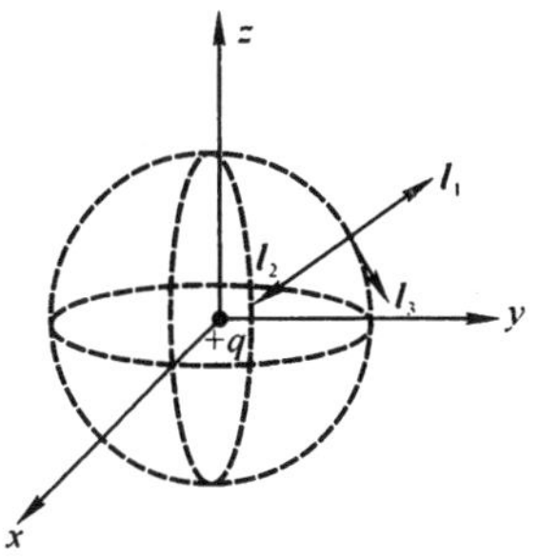

图 1.3　不同方向的方向导数

式中，$\cos\alpha,\cos\beta,\cos\gamma$ 为 $\boldsymbol{l}$ 的三个方向余弦。(1.18)式证明如下

由图 1.4 知：$\Delta\varphi=\frac{\partial\varphi}{\partial x}\Delta x+\frac{\partial\varphi}{\partial y}\Delta y+\frac{\partial\varphi}{\partial z}\Delta z+q(l)$，由定义式(1.17)，有

$$\frac{\partial\varphi}{\partial l}=\frac{\partial\varphi}{\partial x}\lim_{\Delta l\to0}\frac{\Delta x}{\Delta l}+\frac{\partial\varphi}{\partial y}\lim_{\Delta l\to0}\frac{\Delta y}{\Delta l}+\frac{\partial\varphi}{\partial z}\lim_{\Delta l\to0}\frac{\Delta z}{\Delta l}+\lim_{\Delta l\to0}\frac{q(l)}{\Delta l}$$

由于 $q(l)$ 随 $\Delta l\to0$ 而趋于零，所以 $\lim\limits_{\Delta l\to0}\frac{q(l)}{\Delta l}=0$，

而：$\lim\limits_{\Delta l\to0}\frac{\Delta x}{\Delta l}=\cos\alpha$；$\lim\limits_{\Delta l\to0}\frac{\Delta y}{\Delta l}=\cos\beta$；$\lim\limits_{\Delta l\to0}\frac{\Delta z}{\Delta l}=\cos\gamma$

于是有：$\frac{\partial\varphi}{\partial l}=\frac{\partial\varphi}{\partial x}\cos\alpha+\frac{\partial\varphi}{\partial y}\cos\beta+\frac{\partial\varphi}{\partial z}\cos\gamma$　证毕

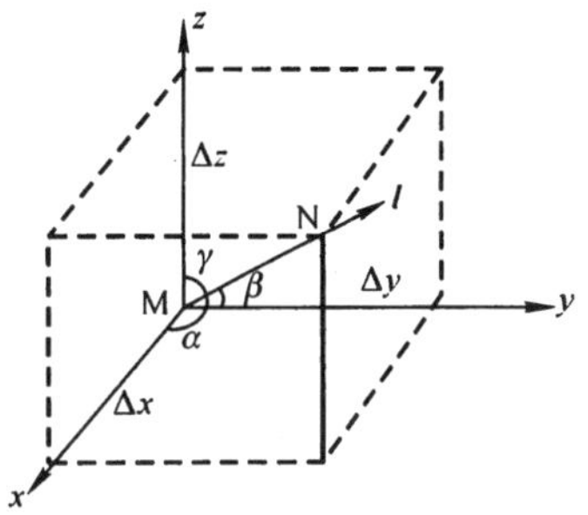

图 1.4　直角坐标系下方向导数的计算

例 2　设 $\varphi(x,y,z)=3x^2+z^2-2yz+2zx$，求 $\varphi(x,y,z)$ 在 $M(1,2,3)$ 点沿 $\boldsymbol{l}=(6x+2z)\boldsymbol{i}-2z\boldsymbol{j}-(2y-2x)\boldsymbol{k}$ 方向的方向导数。

解：过 $M(1,2,3)$ 点沿 $\boldsymbol{l}$ 方向的单位矢量为

$$\boldsymbol{l}_0=\frac{\boldsymbol{l}}{|\boldsymbol{l}|}=\frac{2(6\boldsymbol{i}-3\boldsymbol{j}-\boldsymbol{k})}{2\sqrt{36+9+1}}=\frac{6}{\sqrt{46}}\boldsymbol{i}-\frac{3}{\sqrt{46}}\boldsymbol{j}-\frac{1}{\sqrt{46}}\boldsymbol{k}$$

于是：$\cos\alpha=\frac{6}{\sqrt{46}}$；　$\cos\beta=-\frac{3}{\sqrt{46}}$；　$\cos\gamma=-\frac{1}{\sqrt{46}}$，

而：$(\frac{\partial\varphi}{\partial x})_M=6x+2z=12$，$(\frac{\partial\varphi}{\partial y})_M=-2z=-6$，$(\frac{\partial\varphi}{\partial z})_M=2z-2y+2x=4$

最后得：$\left(\frac{\partial\varphi(x,y,z)}{\partial l}\right)\Bigg|_{\substack{x=1\\y=2\\z=3}}=\frac{72}{\sqrt{46}}+\frac{18}{\sqrt{46}}-\frac{4}{\sqrt{46}}=12.68$

2. 梯度

式(1.18)可写成两个矢量的标量积之形式

$$\frac{\partial\varphi}{\partial l}=(\frac{\partial\varphi}{\partial x}\boldsymbol{i}+\frac{\partial\varphi}{\partial y}\boldsymbol{j}+\frac{\partial\varphi}{\partial z}\boldsymbol{k})\cdot(\cos\alpha\boldsymbol{i}+\cos\beta\boldsymbol{j}+\cos\gamma\boldsymbol{k})$$

上式等号右边第二项就是沿 $\boldsymbol{l}$ 方向的单位矢量 $\boldsymbol{l}_0$，第一项定义为标函数 φ 在 $M(x,y,z)$ 点的梯度矢量，简称梯度，并以 $\mathrm{grad}\varphi$ 来表示

$$\mathrm{grad}\varphi=\frac{\partial\varphi}{\partial x}\boldsymbol{i}+\frac{\partial\varphi}{\partial y}\boldsymbol{j}+\frac{\partial\varphi}{\partial z}\boldsymbol{k} \tag{1.19}$$

于是方向导数又可表示为

$$\frac{\partial\varphi}{\partial l}=\mathrm{grad}\varphi\cdot\boldsymbol{l}_0 \tag{1.20}$$

式(1.20)表明:标函数在域内某点 $M(x,y,z)$ 上沿 $\boldsymbol{l}_0$ 方向的方向导数等于该函数在 M 点上的梯度矢量在 $\boldsymbol{l}_0$ 方向上的投影值。利用标积的性质,式(1.20)还可写成

$$\frac{\partial\varphi}{\partial l}=|\mathrm{grad}\varphi||\boldsymbol{l}_0|\cos\theta=|\mathrm{grad}\varphi|\cos\theta \tag{1.21}$$

这里 θ 是矢量 $\boldsymbol{l}_0$ 与 $\mathrm{grad}\varphi$ 的夹角(图 1.5)。显然,当 $\theta=0$ 时,$\frac{\partial\varphi}{\partial l}$ 有最大值。这个结果表明:标函数 φ 在域内某点 M 的梯度矢量的方向,就是标量场在该点变化率最大的方向。因此,梯度是反映标量场空间分布及变化规律的一个矢函数。这个矢函数的大小和方向在稳定场中仅与场的分布有关,而与坐标系的选择无关。

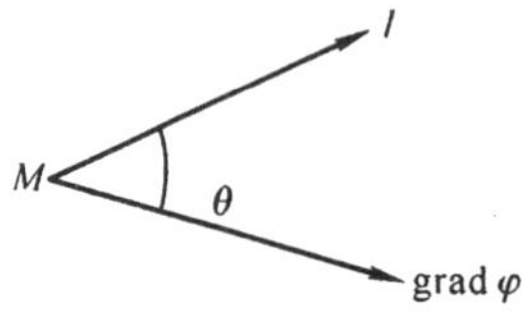

图 1.5 梯度和方向导数的关系

如果以 $\boldsymbol{n}_0$ 表示沿梯度方向的单位矢量,梯度也可表示为

$$\mathrm{grad}\varphi=\frac{\partial\varphi}{\partial n}\boldsymbol{n}_0 \tag{1.22}$$

式中,$\frac{\partial\varphi}{\partial n}$ 为沿梯度方向的方向导数。

下面讨论梯度的物理意义。在标量场中,若把标函数值相同的点连结起来,便构成一个曲面,称为标量场的等值面。在等值面上 $\varphi(x,y,z)=c$ 为一常数。物理学中的等温面、等势面都是等值面。显然,等值面上任一点沿切线方向的方向导数为零,因为沿切线方向,标函数的增量为零。而沿相邻两个等值面的法线方向,标函数的变化最大。因此,这个方向就应该是梯度矢量的方向。换句话说,标量场中某点的梯度方向总是垂直于通过该点的等值面并指向标函数增加的方向的。在物理学中不乏这方面的例子。例如大家熟知的静电场,其电场强度 $\boldsymbol{E}$ 的方向就总是垂直于等势面,并指向电势降低的方向。因此电场强度 $\boldsymbol{E}$ 可以表示为电势 u 的负梯度 $\boldsymbol{E}=-\mathrm{grad}u$,关于这个问题,以后还要讨论。

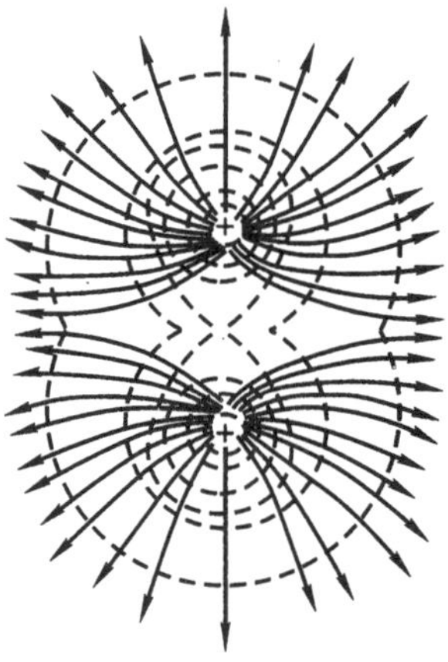

---- 等位线 —— 电力线

图 1.6 两个同性等量电荷的静电场

3. 梯度运算的基本法则

(1) $$\mathrm{grad}(\varphi_1+\varphi_2)=\mathrm{grad}\varphi_1+\mathrm{grad}\varphi_2 \tag{1.23}$$

(2) $$\mathrm{grad}(\varphi_1\varphi_2)=\varphi_1\mathrm{grad}\varphi_2+\varphi_2\mathrm{grad}\varphi_1 \tag{1.24}$$

因此 $$\mathrm{grad}(c\varphi)=c\,\mathrm{grad}\varphi$$

(3) $$\mathrm{grad}\left(\frac{\varphi_1}{\varphi_2}\right)=\frac{\varphi_2\mathrm{grad}\varphi_1-\varphi_1\mathrm{grad}\varphi_2}{\varphi_2^2} \tag{1.25}$$

(4) $$\mathrm{grad}F(\varphi)=\frac{\mathrm{d}F(\varphi)}{\mathrm{d}\varphi}\mathrm{grad}\varphi \tag{1.26}$$

上列各式中,φ_1,φ_2 为标函数;c 为常数;F 为 φ 的函数。从上列各式中可以看到,梯度的运算规则非常类似于微分运算规则。如果引入哈密尔顿算子

$$\nabla=\frac{\partial}{\partial x}\boldsymbol{i}+\frac{\partial}{\partial y}\boldsymbol{j}+\frac{\partial}{\partial z}\boldsymbol{k}$$

则梯度可记为 $\nabla\varphi$。

如果任意矢径 $\boldsymbol{r}$ 的微分 $\mathrm{d}\boldsymbol{r}$ 与矢量 $\boldsymbol{a}$ 的标积可以表示为一标函数的微分，即 $\mathrm{d}\varphi=\boldsymbol{a}\cdot\mathrm{d}\boldsymbol{r}$，则有：$\boldsymbol{a}=\nabla\varphi$

证明如下

$$\mathrm{d}\varphi=\frac{\partial\varphi}{\partial x}\mathrm{d}x+\frac{\partial\varphi}{\partial y}\mathrm{d}y+\frac{\partial\varphi}{\partial z}\mathrm{d}z=$$

$$\left(\frac{\partial\varphi}{\partial x}\boldsymbol{i}+\frac{\partial\varphi}{\partial y}\boldsymbol{j}+\frac{\partial\varphi}{\partial z}\boldsymbol{k}\right)\cdot(\mathrm{d}x\boldsymbol{i}+\mathrm{d}y\boldsymbol{j}+\mathrm{d}z\boldsymbol{k})=\nabla\varphi\cdot\mathrm{d}\boldsymbol{r}=\boldsymbol{a}\cdot\mathrm{d}\boldsymbol{r}$$

即

$$\nabla\varphi=\boldsymbol{a}$$

例 3 求 $\varphi=r^m$ 的梯度，其中 $m>0, r=(x^2+y^2+z^2)^{1/2}$。

解：$\nabla\varphi=\frac{\mathrm{d}\varphi}{\mathrm{d}r}\nabla r$，其中 $\frac{\mathrm{d}\varphi}{\mathrm{d}r}=mr^{m-1}$，$\nabla r=\left(\frac{\partial r}{\partial x}\boldsymbol{i}+\frac{\partial r}{\partial y}\boldsymbol{j}+\frac{\partial r}{\partial z}\boldsymbol{k}\right)=\frac{x\boldsymbol{i}+y\boldsymbol{j}+z\boldsymbol{k}}{r}=\boldsymbol{r}_0$

于是：$\nabla\varphi=mr^{m-1}\boldsymbol{r}_0$，式中 $\boldsymbol{r}_0$ 为矢径 $\boldsymbol{r}$ 的单位矢量。

例 4 求 $\varphi=3x^2+z^2-2yz+2zx$ 在点 $M(0,\frac{1}{2},1)$ 的梯度及其方向余弦。

解：$\nabla\varphi_M=[(6x+2z)\boldsymbol{i}-2z\boldsymbol{j}+(2z-2y+2x)\boldsymbol{k}]_M=2\boldsymbol{i}-2\boldsymbol{j}+1\boldsymbol{k}$

该梯度的模为：$|\varphi_M|=(4+4+1)^{1/2}=3$

于是：$\cos\alpha=\frac{2}{3}$，$\cos\beta=-\frac{2}{3}$，$\cos\gamma=\frac{1}{3}$

三、通量和散度

1. 通量

在物理学中为了形象地表示某些矢量场的空间分布，常在场中画上一些矢线。矢线是一些曲线簇，曲线上任一点的正切线方向都与该点矢场的方向相同，并且其疏密程度与矢场的场强度成正比(图 1.6)。研究矢线簇的特点，有助于我们了解矢场的某些重要特性。例如引力场的矢线簇总是会聚于质量物体上；而正电荷形成的静电场的矢线则总是从正电荷向外发散的；磁场的磁感应线则总是闭合的等等。矢线的这些特点反映了各种矢场不同的聚散特征和涡旋特征，这正是矢场研究的重要内容。

现在以流速场的流量问题为例来说明。假设在由流体组成的流速场中取一任意曲面 S，并且规定曲面法线方向指向某一侧为正。那么单位时间内流过该曲面的流体数量有多少呢？一般地说，曲面上各处流体的流速 $\boldsymbol{v}$ 是不同的。为此可在曲面上任选一点 M，设过 M 点的流速 $\boldsymbol{v}$ 与法线 $\boldsymbol{n}$ 的夹角为 θ，取一个把 M 点包围在内的面元 $\mathrm{d}s$，并以 $|v|$ 为母线作一柱体。如果 $\mathrm{d}s$ 充分小，则单位时间流过 $\mathrm{d}s$ 的流量为

$$\mathrm{d}N=v\cos\theta\mathrm{d}s=v_n\mathrm{d}s=\boldsymbol{v}\cdot\mathrm{d}\boldsymbol{s}$$

对整个曲面积分，便得到单位时间内通过曲面的流量

$$N=\iint_S v_n\mathrm{d}s=\iint_S\boldsymbol{v}\cdot\mathrm{d}\boldsymbol{s}\qquad(1.27)$$

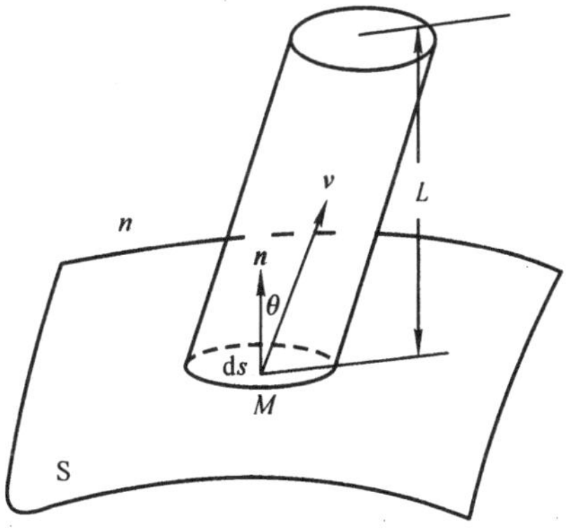

图 1.7 流体流量的计算

(1.27)式不仅可用于流速场的研究，而且可以推广到一般的矢量场。这时该公式等号左边的

量称为通量，因此矢场中对某个曲面的通量可以通过计算由式(1.27)所表示的曲面积分而求得。

通量是一个标量，但有正、负的区别。由于 $\boldsymbol{n}$ 的正方向已经事先确定，因此当 $\boldsymbol{v}$ 与 $\boldsymbol{n}$ 的夹角小于 $\frac{\pi}{2}$ 时(锐角)，通量为正，而当 $\theta > \frac{\pi}{2}$ 时(钝角)，通量为负。

下列通量是大家所熟悉的

电通量 $$N_E = \iint_S \boldsymbol{E} \cdot \mathrm{d}\boldsymbol{s}$$

电位移通量 $$N_D = \iint_S \boldsymbol{D} \cdot \mathrm{d}\boldsymbol{s}$$

磁通量 $$N_H = \iint_S \boldsymbol{H} \cdot \mathrm{d}\boldsymbol{s}$$

磁感应通量 $$N_B = \iint_S \boldsymbol{B} \cdot \mathrm{d}\boldsymbol{s}$$

引力通量 $$N_G = \iint_S \boldsymbol{G} \cdot \mathrm{d}\boldsymbol{s}$$

如果在矢场中取一个封闭曲面，习惯上规定曲面外侧为正法向指向，这时通过曲面 S 的总通量为

$$N = \oint\!\!\!\oint_S \boldsymbol{a} \cdot \mathrm{d}\boldsymbol{s} \tag{1.28}$$

如果该通量为正，则表示从封闭面穿出的矢量多于进入封闭面的矢量。这只有封闭面内存在发散源时才有可能发生，例如正电荷就是这种发散源。如果封闭面的通量为负，则表明闭曲面内存在着汇聚源，例如质量物体和负电荷就是汇聚源。封闭面的通量如果为零，则表明闭曲面内是无源的。所以常把任意闭曲面通量为零的矢场称为无源场。

用矢线来表示矢场的上述特征是非常方便而形象的。当闭曲面内有发散源时，矢线从内向外穿出；当闭曲面内有汇聚源时，矢线从外向内穿入；当闭曲面内无源时，矢线从一侧穿入必从另一侧穿出。为精确地描述空间任一点场源的分布情况，可以取一封闭曲面将此点包围在内，然后研究封闭曲面的通量。设以封闭曲面 S 为边界的空间体积为 ΔV，则如果下列极限存在

$$\lim_{\Delta V \to 0} \frac{\oint\!\!\!\oint_S \boldsymbol{a} \cdot \mathrm{d}\boldsymbol{s}}{\Delta V}$$

就称此极限为矢场 $\boldsymbol{a}$ 在该点的散度，并以 $\mathrm{div}\boldsymbol{a}$ 表示之。

$$\mathrm{div}\boldsymbol{a} = \lim_{\Delta V \to 0} \frac{\oint\!\!\!\oint_S \boldsymbol{a} \cdot \mathrm{d}\boldsymbol{s}}{\Delta V} \tag{1.29}$$

显然，散度描述了矢场中场源的分布特征与性质，如果在某一区域内散度处处为零，那么这区域是无源的。矢场中某点散度为正，表示该点为一发散源，若散度为负，则表示该点为一汇聚源。散度的大小与场源密度有直接的关系。

现在推导矢场中 $M(x,y,z)$ 点的散度在直角坐标系中的计算公式。

以 M 为顶角，作一边长分别为 $\Delta x, \Delta y, \Delta z$ 的长方体(M 点已被包围在内)，由定义式(1.29)，M 点的散度可表示为

$$\mathrm{div}\boldsymbol{a}=\lim_{\substack{\Delta x\to 0\\ \Delta y\to 0\\ \Delta z\to 0}}\frac{\oint\!\!\oint_S \boldsymbol{a}\cdot\mathrm{d}\boldsymbol{s}}{\Delta x\Delta y\Delta z}\qquad 其中$$

$$\oint\!\!\oint_S \boldsymbol{a}\cdot\mathrm{d}\boldsymbol{s}=\iint_{S_1}\boldsymbol{a}\cdot\mathrm{d}\boldsymbol{s}+\iint_{S'_1}\boldsymbol{a}\cdot\mathrm{d}\boldsymbol{s}+\iint_{S_2}\boldsymbol{a}\cdot\mathrm{d}\boldsymbol{s}+\iint_{S'_2}\boldsymbol{a}\cdot\mathrm{d}\boldsymbol{s}+\iint_{S_3}\boldsymbol{a}\cdot\mathrm{d}\boldsymbol{s}+\iint_{S'_3}\boldsymbol{a}\cdot\mathrm{d}\boldsymbol{s}$$

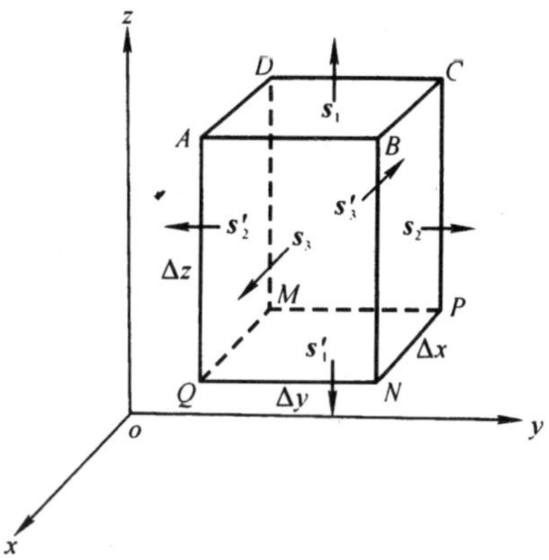

图 1.8 直角坐标系中散度的计算

式中 $\boldsymbol{s}_1,\boldsymbol{s}'_1,\boldsymbol{s}_2,\boldsymbol{s}'_2,\boldsymbol{s}_3,\boldsymbol{s}'_3$ 分别为长方体上、下、左、右、前、后六个面的面积矢量。$s_1,s'_1,s_2,s'_2,s_3,s'_3$ 分别是它们的模。显然有 $s_1=s'_1,s_2=s'_2,s_3=s'_3$，以及 $\boldsymbol{s}_1=-\boldsymbol{s}'_1,\boldsymbol{s}_2=-\boldsymbol{s}'_2,\boldsymbol{s}_3=-\boldsymbol{s}'_3$。

首先处理上、下两面的通量，由图(1.8)有

$$\begin{aligned}&\iint_{S_1}\boldsymbol{a}(x,y,z+\Delta z)\cdot\mathrm{d}\boldsymbol{s}+\iint_{S'_1}\boldsymbol{a}(x,y,z)\cdot\mathrm{d}\boldsymbol{s}\\&=\iint_{S_1}[a_z(x,y,z+\Delta z)-a_z(x,y,z)]\mathrm{d}x\mathrm{d}y\\&=[a_z(\xi,\eta,z+\Delta z)-a_z(\xi,\eta,z)]\Delta x\Delta y\end{aligned}$$

式中，ξ,η 为矩形域 S_1 内的任一点之坐标值。由于：$[a_z(\xi,\eta,z+\Delta z)-a_z(\xi,\eta,z)]=\frac{\partial a_z}{\partial z}\Delta z$，所以上、下面的通量最后为

$$\iint_{S_1}\boldsymbol{a}(x,y,z+\Delta z)\cdot\mathrm{d}\boldsymbol{s}+\iint_{S'_1}\boldsymbol{a}(x,y,z)\cdot\mathrm{d}\boldsymbol{s}=\frac{\partial a_z}{\partial z}\Delta x\Delta y\Delta z$$

同理，左右、前后的通量为：

$$\iint_{S_2}\boldsymbol{a}(x,y,+\Delta y,z)\cdot\mathrm{d}\boldsymbol{s}+\iint_{S'_2}\boldsymbol{a}(x,y,z)\cdot\mathrm{d}\boldsymbol{s}=\frac{\partial a_y}{\partial y}\Delta x\Delta y\Delta z$$

$$\iint_{S_3}\boldsymbol{a}(x+\Delta x,y,z)\cdot\mathrm{d}\boldsymbol{s}+\iint_{S'_3}\boldsymbol{a}(x,y,z)\cdot\mathrm{d}\boldsymbol{s}=\frac{\partial a_x}{\partial x}\Delta x\Delta y\Delta z$$

当 $\Delta x\to 0,\Delta y\to 0,\Delta z\to 0$ 时，便得 M 点的散度

$$\mathrm{div}\boldsymbol{a}=\frac{\partial a_x}{\partial x}+\frac{\partial a_y}{\partial y}+\frac{\partial a_z}{\partial z}\tag{1.30}$$

从式(1.30)可知，散度存在的条件是矢函数 $\boldsymbol{a}$ 的三个分量具有连续的偏导数。

2. 散度运算的基本法则

(1)
$$\mathrm{div}(\alpha\boldsymbol{a}+\beta\boldsymbol{b})=\alpha\mathrm{div}\boldsymbol{a}+\beta\mathrm{div}\boldsymbol{b}\tag{1.31}$$

式中，α,β 为常数。

(2)
$$\mathrm{div}(\varphi\boldsymbol{a})=\varphi\mathrm{div}\boldsymbol{a}+\boldsymbol{a}\cdot\mathrm{grad}\varphi\tag{1.32}$$

此式证明如下

$$\begin{aligned}\mathrm{div}(\varphi\boldsymbol{a})&=\frac{\partial(\varphi a_x)}{\partial x}+\frac{\partial(\varphi a_y)}{\partial y}+\frac{\partial(\varphi a_z)}{\partial z}\\&=\varphi(\frac{\partial a_x}{\partial x}+\frac{\partial a_y}{\partial y}+\frac{\partial a_z}{\partial z})+[a_x\frac{\partial\varphi}{\partial x}+a_y\frac{\partial\varphi}{\partial y}+a_z\frac{\partial\varphi}{\partial z}]=\varphi\mathrm{div}\boldsymbol{a}+\boldsymbol{a}\cdot\mathrm{grad}\varphi\end{aligned}$$

引入哈密尔顿算子,散度也可以表示为 $\nabla \cdot \boldsymbol{a}$,因为

$$\nabla \cdot \boldsymbol{a} = (\frac{\partial}{\partial x}\boldsymbol{i} + \frac{\partial}{\partial y}\boldsymbol{j} + \frac{\partial}{\partial z}\boldsymbol{k}) \cdot (a_x\boldsymbol{i} + a_y\boldsymbol{j} + a_z\boldsymbol{k}) = \frac{\partial a_x}{\partial x} + \frac{\partial a_y}{\partial y} + \frac{\partial a_z}{\partial z} = \mathrm{div}\boldsymbol{a}$$

3. 高斯公式

公式

$$\oiint_S (a_x\cos\alpha + a_y\cos\beta + a_z\cos\gamma)\mathrm{d}s = \iiint_V (\frac{\partial a_x}{\partial x} + \frac{\partial a_y}{\partial y} + \frac{\partial a_z}{\partial z})\mathrm{d}v \tag{1.33}$$

称为高斯公式,式中,V 是被封闭曲面 S 所包围的体积;$\cos\alpha, \cos\beta, \cos\gamma$ 为曲面 S 正向法线的方向余弦。高斯公式成立的条件是 a_x, a_y, a_z 及其偏导数在 $V+S$ 域上连续。

现在用通量和散度体积分的形式来表示高斯公式。因为

$$a_x\cos\alpha + a_y\cos\beta + a_z\cos\gamma = (a_x\boldsymbol{i} + a_y\boldsymbol{j} + a_z\boldsymbol{k}) \cdot (\cos\alpha\boldsymbol{i} + \cos\beta\boldsymbol{j} + \cos\gamma\boldsymbol{k}) = \boldsymbol{a} \cdot \boldsymbol{n}$$

而:$\dfrac{\partial a_x}{\partial x} + \dfrac{\partial a_y}{\partial y} + \dfrac{\partial a_z}{\partial z} = \mathrm{div}\boldsymbol{a}$

于是高斯公式可写成

$$\oiint_S \boldsymbol{a} \cdot \mathrm{d}\boldsymbol{s} = \iiint_V \mathrm{div}\boldsymbol{a}\mathrm{d}v \tag{1.34}$$

高斯公式把矢函数 $\boldsymbol{a}$ 的散度的体积分转换为对 $\boldsymbol{a}$ 的曲面积分,这在场论的数学分析中非常有用,因此高斯公式是一个重要的公式。然而,在应用高斯公式时务必注意 $\boldsymbol{a}$ 的分量及其偏导数必须在 $V+S$ 域上连续这一条件。

例 5 计算矢场 $\boldsymbol{a} = (2x+3y)\boldsymbol{i} + (z^2 - 2xy)\boldsymbol{j} + (yz + 2zx)\boldsymbol{k}$ 在点 $M(1,2,3)$ 的散度,并求以 M 为中心,以 $r=3$ 为半径的球面上的通量。

解:

$$\mathrm{div}\boldsymbol{a} = \frac{\partial}{\partial x}(2x+3y) + \frac{\partial}{\partial y}(z^2 - 2xy) + \frac{\partial}{\partial z}(yz + 2zx)$$

$$= 2 - 2x + y + 2x = 2 + y = 4$$

球上的通量可用高斯公式计算:$\oiint_S \boldsymbol{a} \cdot \mathrm{d}\boldsymbol{s} = \iiint_V \mathrm{div}\boldsymbol{a}\mathrm{d}v = \iiint_V (2+y)\mathrm{d}v$

将坐标原点移至 M 点,建立新坐标系

$$x_1 = x - 1,\ y_1 = y - 2,\ z_1 = z - 3$$

然后再转换为以 M 点为中心的球坐标系(见图 1.9),其中

$$y_1 = r\sin\theta\sin\varphi,\ \mathrm{d}v = r^2\sin\theta\mathrm{d}r\mathrm{d}\theta\mathrm{d}\varphi$$

于是

$$\iiint_V (2+y)\mathrm{d}v = \iiint_V (y_1 + 4)\mathrm{d}v =$$

$$4v + \int_0^{2\pi}\sin\varphi\mathrm{d}\varphi\int_0^{\pi}\sin^2\theta\mathrm{d}\theta\int_0^3 r^3\mathrm{d}r = 4v = 144\pi$$

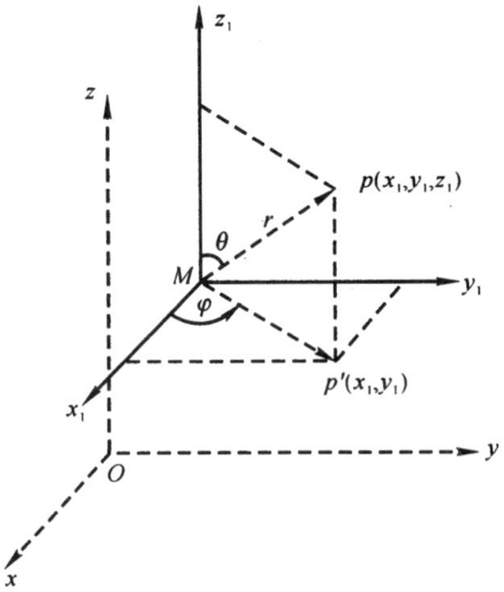

图 1.9

例 6 由电量为 q 的点电荷所形成的电场强度为 $\boldsymbol{E} = k\dfrac{q}{r^3}\boldsymbol{r}$,$r$ 是从点源出发的矢径 $\boldsymbol{r}$ 的模,k 为常数。计算以 r 为半径的球面上的电场强度通量。

解：由于矢量 $\boldsymbol{E}$ 的方向在球面上处处与球面法向 $\boldsymbol{n}$ 一致，所以 $\boldsymbol{r}\cdot\mathrm{d}\boldsymbol{s}=r\mathrm{d}s$

于是 $N=\oiint_S k\dfrac{q}{r^3}\boldsymbol{r}\cdot\mathrm{d}\boldsymbol{s}=\oiint_S k\dfrac{q}{r^2}\mathrm{d}s$；

在球面上 r 为常量，可移至积分号外，便得

$$N=\frac{kq}{r^2}\oiint_S \mathrm{d}s=4\pi kq$$

可见，此通量与球面半径无关，事实上与曲面形状也无关。在静电场中，任意闭曲面的通量只与闭曲面内电荷的性质和数量有关。这个例题验证了前面关于闭曲面通量性质的论述。

四、环量和旋度

1. 环量

矢函数 $\boldsymbol{a}$ 沿有向曲线 L 的曲线积分在直角坐标系中可表示为

$$\int_L \boldsymbol{a}\cdot\mathrm{d}\boldsymbol{l}=\int_L a_x\mathrm{d}x+a_y\mathrm{d}y+a_z\mathrm{d}z \tag{1.35}$$

有些矢场的曲线积分结果与路径无关，仅与始、终点的位置有关。而另一些矢场则不然，它们的曲线积分结果与路径有关。以后将逐步说明，这两种场具有不同的涡旋特征。

例 7 由点电荷 q 所产生的电场强度为 $\boldsymbol{E}=k\dfrac{q}{r^3}\boldsymbol{r}$，计算静电力将单位正电荷从 A 点沿曲线 L 移至点 B 时所做的功。

解：以点电荷所在处为坐标原点(见图 1.10)，则功可表示为

$$W=\int_L \boldsymbol{E}\cdot\mathrm{d}\boldsymbol{l}=\int_L k\frac{q}{r^3}\boldsymbol{r}\cdot\mathrm{d}\boldsymbol{l}$$

其中 $\boldsymbol{r}\cdot\mathrm{d}\boldsymbol{l}=(x\boldsymbol{i}+y\boldsymbol{j}+z\boldsymbol{k})\cdot(\mathrm{d}x\boldsymbol{i}+\mathrm{d}y\boldsymbol{j}+\mathrm{d}z\boldsymbol{k})=x\mathrm{d}x+y\mathrm{d}y+z\mathrm{d}z=r\mathrm{d}r$

代入原式，得

$$W=\int_{r_A}^{r_B}kq\frac{\mathrm{d}r}{r^2}=kq\left(\frac{1}{r_A}-\frac{1}{r_B}\right)$$

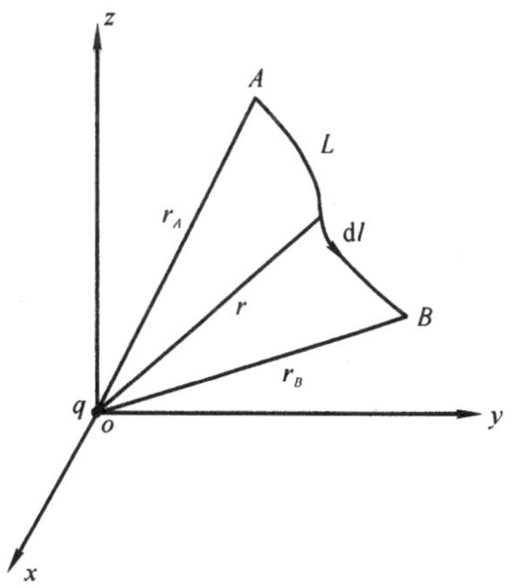

图 1.10

可见，在静电场中，场力对电荷所做的功仅与始、终点的坐标位置(r_A，r_B)有关，而与积分路径无关。物理学上把这种场称为保守场。除静电场外，引力场也是一个重要的保守场。

如果矢函数 $\boldsymbol{a}$ 对一闭合环路进行积分，则称之为环量

$$\oint_L \boldsymbol{a}\cdot\mathrm{d}\boldsymbol{l}=\oint_L a_x\mathrm{d}x+a_y\mathrm{d}y+a_z\mathrm{d}z \tag{1.36}$$

显然，在保守场中，场强矢量的环量为零。环量的大小或有无，反映了矢场的涡旋特性。

2. 平面矢场的旋度和格林公式

为了研究矢场中某点的涡旋特性，必须把闭合回路取得充分小。现在来研究下列极限。

$$\lim_{\Delta S\to 0}\frac{\oint_L \boldsymbol{a}\cdot\mathrm{d}\boldsymbol{l}}{\Delta S}$$

首先研究最简单的状况——平面矢场。设矢场 $\boldsymbol{a}(x,y)$ 在 xy 平面上有连续偏导数，$M(x,y)$ 是该平面上的一点。过 M 点作一矩形回路 $MNPQ$（见图 1.11），其面积为 $\Delta S=\Delta x\Delta y$，其环量为

$$\oint_L \boldsymbol{a}\cdot \mathrm{d}\boldsymbol{l}=\int_M^N \boldsymbol{a}\cdot \mathrm{d}\boldsymbol{l}+\int_N^P \boldsymbol{a}\cdot \mathrm{d}\boldsymbol{l}+\int_P^Q \boldsymbol{a}\cdot \mathrm{d}\boldsymbol{l}+\int_Q^M \boldsymbol{a}\cdot \mathrm{d}\boldsymbol{l}$$

$$=\int_x^{x+\Delta x} a_x(x,y)\mathrm{d}x+\int_y^{y+\Delta y} a_y(x+\Delta x,y)\mathrm{d}y-\int_x^{x+\Delta x} a_x(x,y+\Delta y)\mathrm{d}x-\int_y^{y+\Delta y} a_y(x,y)\mathrm{d}y$$

$$=-\int_x^{x+\Delta x}[a_x(x,y+\Delta y)-a_x(x,y)]\mathrm{d}x+\int_y^{y+\Delta y}[a_y(x+\Delta x,y)-a_y(x,y)]\mathrm{d}y$$

用积分中值定理，得

$$\oint_L \boldsymbol{a}\cdot \mathrm{d}\boldsymbol{l}=[a_y(x+\Delta x,\eta)-a_y(x,\eta)]\Delta y-[a_x(\xi,y+\Delta y)-a_x(\xi,y)]\Delta x$$

式中，$x\leqslant\xi\leqslant x+\Delta x$，　　$y\leqslant\eta\leqslant y+\Delta y$

再用微分中值定理，得

$$\oint_L \boldsymbol{a}\cdot \mathrm{d}\boldsymbol{l}=\frac{\partial a_y}{\partial x}\Delta x\Delta y-\frac{\partial a_x}{\partial y}\Delta x\Delta y$$

当 $\Delta x\to 0$ 以及 $\Delta y\to 0$ 时，环路便趋于 M 点，于是：

$$\lim_{\Delta S\to 0}\frac{\oint_L \boldsymbol{a}\cdot \mathrm{d}\boldsymbol{l}}{\Delta S}=\frac{\partial a_y}{\partial x}-\frac{\partial a_x}{\partial y}\qquad(1.37)$$

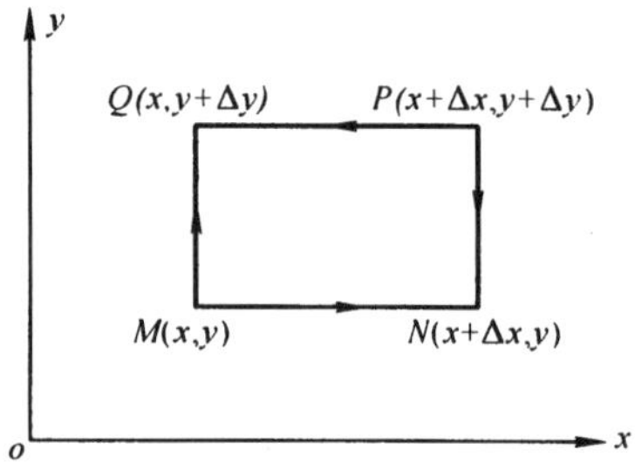

图 1.11

(1.37)式等号左边的极限称为平面矢场的方向旋度，等号右边是它在直角坐标系中的计算公式。事实上，旋度是有方向性的。在平面矢场的情况下，旋度矢量的方向为该平面的法线方向，并且根据积分回路的方向用右旋定则来确定。例如图 1.11 按箭头所指示的方向积分时，旋度矢量垂直纸面向上。因此平面矢场的旋度矢量可表示为

$$\left(\frac{\partial a_y}{\partial x}-\frac{\partial a_x}{\partial y}\right)\boldsymbol{n}\qquad(1.38)$$

从(1.37)式可导出平面域上的格林公式

$$\oint_L \boldsymbol{a}\cdot \mathrm{d}\boldsymbol{l}=\iint_S\left(\frac{\partial a_y}{\partial x}-\frac{\partial a_x}{\partial y}\right)\mathrm{d}s\qquad(1.39)$$

格林公式提供了一个在平面域上把面积分转换为该面域边界的曲线积分的数学工具。而在物理上，格林公式指出了平面矢场中环量与其闭域内的旋度之间的关系。它表明，平面闭域内如果出现涡旋，则该域边界的环量便不为零。

例 8　计算矢场 $\boldsymbol{a}=(x-y^2)\boldsymbol{i}+(x^2+y)\boldsymbol{j}$ 的环量 $\oint_L \boldsymbol{a}\cdot \mathrm{d}\boldsymbol{l}$，$L$ 是以 $M(4,3)$ 为圆心，$r=2$ 为半径的 $\frac{1}{4}$ 圆周。

解：引用格林公式，由图(1.12)有 $x_1=x-4,y_1=y-3$，于是

$$\oint_L \boldsymbol{a}\cdot \mathrm{d}\boldsymbol{l}=\iint_S(2x+2y)\mathrm{d}x\mathrm{d}y=2\iint_S(x_1+y_1+7)\mathrm{d}x_1\mathrm{d}y_1$$

用极坐标，$x_1=r\cos\varphi,y_1=r\sin\varphi,\mathrm{d}s=r\mathrm{d}r\mathrm{d}\varphi$

于是

$$\oint_L \boldsymbol{a}\cdot \mathrm{d}\boldsymbol{l} = \int_0^{\pi/2}\mathrm{d}\varphi\int_0^2[r^2(\cos\varphi+\sin\varphi)+7r]\mathrm{d}r = \frac{32}{3}+14\pi$$

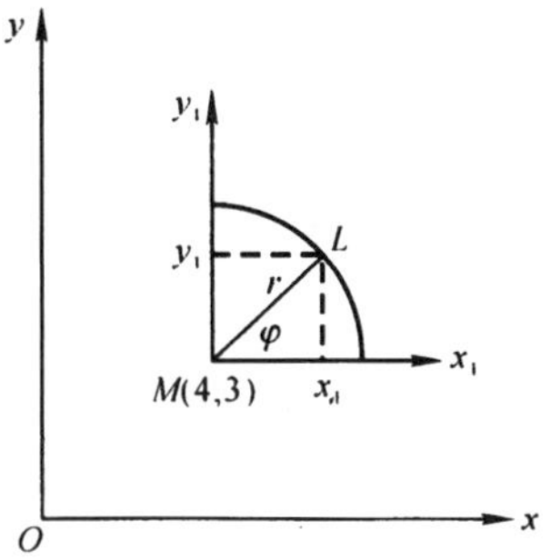

图 1.12

例 9 求$\oint_L (x+y)\mathrm{d}x-(x-y)\mathrm{d}y$，$L$ 为椭圆$\frac{x^2}{a^2}+\frac{y^2}{b^2}=1$的边界。

解：

$$\oint_L (x+y)\mathrm{d}x-(x-y)\mathrm{d}y = \iint_S[\frac{\partial}{\partial x}(y-x)-\frac{\partial}{\partial y}(x+y)]\mathrm{d}x\mathrm{d}y$$

$$= \iint_S -2\mathrm{d}x\mathrm{d}y = -8\int_0^a \mathrm{d}x\int_0^{\frac{b}{a}\sqrt{a^2-x^2}}\mathrm{d}y = -2\pi ab$$

3. 三维空间矢场的旋度和斯托克斯公式

(1)三维空间的方向旋度和旋度矢量

在平面矢场中，旋度矢量总是垂直该平面的，因此只可能有两种取向，并由环路积分的方向决定。但在一个具有三维坐标变量的空间矢场中，旋度矢量是三维坐标变量的函数。旋度矢量在 $\boldsymbol{n}$ 方向上投影，称为 $\boldsymbol{n}$ 方向的方向旋度，它是一个标量，其定义式为

$$\lim_{\Delta S_n\to 0}\frac{\oint_{L_n}\boldsymbol{a}\cdot \mathrm{d}\boldsymbol{l}}{\Delta S_n} = \mathrm{rot}\boldsymbol{a}\cdot\boldsymbol{n} \tag{1.40}$$

式中，rot$\boldsymbol{a}$ 称为旋度矢量，$\boldsymbol{a}$ 是空间矢场函数，ΔS_n 是以 $\boldsymbol{n}$ 为正法向的面元，L_n 是该面元的边界。

现在推导空间矢场的旋度矢量在直角坐标系中的表达式。在直角坐标系中，$\boldsymbol{n}$ 可以用三个方向余弦表示为

$$\boldsymbol{n} = \cos\alpha\boldsymbol{i}+\cos\beta\boldsymbol{j}+\cos\gamma\boldsymbol{k} = \boldsymbol{n}_x+\boldsymbol{n}_y+\boldsymbol{n}_z$$

因此，空间 $\boldsymbol{n}$ 方向的方向旋度可以看作是由 $\boldsymbol{n}_x$，$\boldsymbol{n}_y$，$\boldsymbol{n}_z$ 三个方向的方向旋度所合成，其中每个方向旋度在 $\boldsymbol{n}$ 方向的射影分别为

$\boldsymbol{n}_x$ 方向(回路在 yz 平面上)：$(\frac{\partial a_z}{\partial y}-\frac{\partial a_y}{\partial z})\cos\alpha$

$\boldsymbol{n}_y$ 方向(回路在 xz 平面上)：$(\frac{\partial a_x}{\partial z}-\frac{\partial a_z}{\partial x})\cos\beta$

$\boldsymbol{n}_z$ 方向(回路在 xy 平面上)：$(\frac{\partial a_y}{\partial x}-\frac{\partial a_x}{\partial y})\cos\gamma$

因此，$\boldsymbol{n}$ 方向的方向旋度可表示为

$$\lim_{\Delta S_n\to 0}\frac{\oint_{L_n}\boldsymbol{a}\cdot \mathrm{d}\boldsymbol{l}}{\Delta S_n} = (\frac{\partial a_z}{\partial y}-\frac{\partial a_y}{\partial z})\cos\alpha+(\frac{\partial a_x}{\partial z}-\frac{\partial a_z}{\partial x})\cos\beta+(\frac{\partial a_y}{\partial x}-\frac{\partial a_x}{\partial y})\cos\gamma =$$

$$\left[(\frac{\partial a_z}{\partial y}-\frac{\partial a_y}{\partial z})\boldsymbol{i}+(\frac{\partial a_x}{\partial z}-\frac{\partial a_z}{\partial x})\boldsymbol{j}+(\frac{\partial a_y}{\partial x}-\frac{\partial a_x}{\partial y})\boldsymbol{k}\right]\cdot(\cos\alpha\boldsymbol{i}+\cos\beta\boldsymbol{j}+\cos\gamma\boldsymbol{k}) = \mathrm{rot}\boldsymbol{a}\cdot\boldsymbol{n}$$

于是在直角坐标系中，旋度矢量的表达式为

$$\mathrm{rot}\boldsymbol{a} = (\frac{\partial a_z}{\partial y}-\frac{\partial a_y}{\partial z})\boldsymbol{i}+(\frac{\partial a_x}{\partial z}-\frac{\partial a_z}{\partial x})\boldsymbol{j}+(\frac{\partial a_y}{\partial x}-\frac{\partial a_x}{\partial y})\boldsymbol{k} \tag{1.41}$$

设旋度矢量方向与任意方向 $\boldsymbol{n}$ 的夹角为 θ，则方向旋度也可表示为

$$\mathrm{rot}\boldsymbol{a}\cdot\boldsymbol{n}=|\mathrm{rot}\boldsymbol{a}|\cos\theta \tag{1.42}$$

当 $\theta=0$ 时，也就是 $\mathrm{rot}\boldsymbol{a}$ 取 $\boldsymbol{n}$ 方向时，$|\mathrm{rot}\boldsymbol{a}|\cos\theta$ 有最大值。可见，旋度矢量的方向就是其方向旋度为最大值时的取向，旋度矢量的模，就是该方向的方向旋度值。

(2)旋度的基本运算法则

$$\text{a)}\quad \mathrm{rot}(\alpha\boldsymbol{a}+\beta\boldsymbol{b})=\alpha\mathrm{rot}\boldsymbol{a}+\beta\,\mathrm{rot}\boldsymbol{b} \tag{1.43}$$

式中，α,β 为常数

$$\text{b)}\quad \mathrm{rot}(\varphi,\boldsymbol{a})=\varphi\mathrm{rot}\boldsymbol{a}+\mathrm{grad}\varphi\times\boldsymbol{a} \tag{1.44}$$

证明如下

$$\begin{aligned}\mathrm{rot}(\varphi\boldsymbol{a})&=\left[\frac{\partial(\varphi a_z)}{\partial y}-\frac{\partial(\varphi a_y)}{\partial z}\right]\boldsymbol{i}+\left[\frac{\partial(\varphi a_x)}{\partial z}-\frac{\partial(\varphi a_z)}{\partial x}\right]\boldsymbol{j}+\left[\frac{\partial(\varphi a_y)}{\partial x}-\frac{\partial(\varphi a_x)}{\partial y}\right]\boldsymbol{k}\\&=\left[(\frac{\partial\varphi}{\partial y}a_z-\frac{\partial\varphi}{\partial z}a_y)\boldsymbol{i}+(\frac{\partial\varphi}{\partial z}a_x-\frac{\partial\varphi}{\partial x}a_z)\boldsymbol{j}+(\frac{\partial\varphi}{\partial x}a_y-\frac{\partial\varphi}{\partial y}a_x)\boldsymbol{k}\right]+\\&\quad\varphi\left[(\frac{\partial a_z}{\partial y}-\frac{\partial a_y}{\partial z})\boldsymbol{i}+(\frac{\partial a_x}{\partial z}-\frac{\partial a_z}{\partial x})\boldsymbol{j}+(\frac{\partial a_y}{\partial x}-\frac{\partial a_x}{\partial y})\boldsymbol{k}\right]\\&=\mathrm{grad}\varphi\times\boldsymbol{a}+\varphi\mathrm{rot}\boldsymbol{a}\end{aligned}$$

若引入哈密尔顿算子 ∇，$\boldsymbol{a}$ 的旋度可写成 $\nabla\times\boldsymbol{a}$ 。

(3)斯托克斯公式

斯托克斯公式是格林公式从平面域向空间域的推广。

设 L 为空间曲面 S 的边界，并且 L 的绕向与 S 的正法向呈右旋关系。当矢场 $\boldsymbol{a}$ 及其分量的一阶偏导数在域 S 及其边界上连续时，有

$$\oint_L\boldsymbol{a}\cdot\mathrm{d}\boldsymbol{l}=\iint_S(\nabla\times\boldsymbol{a})\cdot\mathrm{d}\boldsymbol{S} \tag{1.45}$$

这就是斯托克斯公式。显然格林公式只是斯托克斯公式在平面域上的一个特例。引入方向旋度，格林公式可表示为

$$\oint_L\boldsymbol{a}\cdot\mathrm{d}\boldsymbol{l}=\iint_S(\nabla\times\boldsymbol{a})\cdot\boldsymbol{n}\mathrm{d}S \tag{1.46}$$

式中，S 是空间平面域，$\boldsymbol{n}$ 是它的正法向，L 是它的边界。

利用(1.46)式表示的格林公式可以证明斯托克斯公式：

将曲面 S 分割为 N 个面元(见图 1.13)，除边界上的面元以外，内部面元均与相邻面元有共同的边界。当面元充分小时，每个面元可视为平面，对每个面元应用格林公式(1.46)，并求和，得

$$\sum_{i=1}^{N}\oint_{L_i}\boldsymbol{a}\cdot\mathrm{d}\boldsymbol{l}=\sum_{i=1}^{N}\iint_{S_i}\nabla\times\boldsymbol{a}\cdot\boldsymbol{n}_i\mathrm{d}S=\sum_{i=1}^{N}\iint_{S_i}\nabla\times\boldsymbol{a}\cdot\mathrm{d}\boldsymbol{S}$$

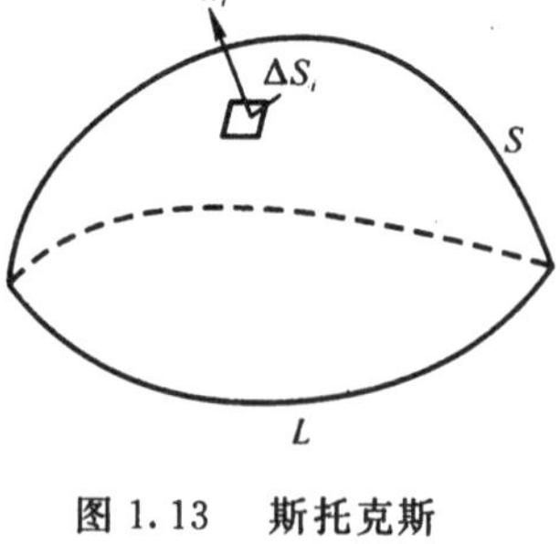

图 1.13 斯托克斯公式的证明

若规定指向曲面某一侧的法向为正方向，并由此规定积分路线的取向，则两个相邻面元的共同边界上的线积分便相互抵消，结果上式等号左边只剩下不能抵消的边界上的线积分，即

$$\sum_{i=1}^{N}\oint_{L_i}\boldsymbol{a}\cdot \mathrm{d}\boldsymbol{l}=\oint_{L}\boldsymbol{a}\cdot \mathrm{d}\boldsymbol{l}$$

而等号右边显然为 $\iint_S \nabla\times\boldsymbol{a}\cdot \mathrm{d}\boldsymbol{S}$，于是便得到斯托克斯公式

$$\oint_L \boldsymbol{a}\cdot \mathrm{d}\boldsymbol{l}=\iint_S \nabla\times\boldsymbol{a}\cdot \mathrm{d}\boldsymbol{S}$$

例 10 证明 $\boldsymbol{a}=f(r)\boldsymbol{r}$ 为无旋场（其中 $r\neq 0$，并且 $f(x)$ 可导）

解：证明如下：

由(1.44)式有 $\nabla\times\boldsymbol{a}=f(x)\,\nabla\times\boldsymbol{r}+\nabla f(x)\times\boldsymbol{r}$

其中 $\boldsymbol{r}=x\boldsymbol{i}+y\boldsymbol{j}+z\boldsymbol{k}$，因此

$$\nabla\times\boldsymbol{r}=\left(\frac{\partial z}{\partial y}-\frac{\partial y}{\partial z}\right)\boldsymbol{i}+\left(\frac{\partial x}{\partial z}-\frac{\partial z}{\partial x}\right)\boldsymbol{j}+\left(\frac{\partial y}{\partial x}-\frac{\partial x}{\partial y}\right)\boldsymbol{k}=0$$

而 $\nabla f(r)=f'(r)\,\nabla r=f'(r)\left[\frac{\partial r}{\partial x}\boldsymbol{i}+\frac{\partial r}{\partial y}\boldsymbol{j}+\frac{\partial r}{\partial z}\boldsymbol{k}\right]=f'(r)\boldsymbol{r}_0$

显然，$\boldsymbol{r}_0\times\boldsymbol{r}=0$，于是最后得 $\nabla\times\boldsymbol{a}=\nabla\times f(r)\boldsymbol{r}=0$。

引力场、静电场的场强度矢量都可以写成 $f(r)\boldsymbol{r}$ 的形式，因此它们都是无旋场。

五、格林定理

若标函数 $u(x,y,z)$ 和 $v(x,y,z)$ 在域 Ω 及其边界 S 上连续，并有连续二阶偏导数，令 $\boldsymbol{a}=u\nabla v$，于是在边界 S 上，$\boldsymbol{a}$ 的法向分量可表示为 $a_n=u\frac{\partial v}{\partial n}$。由式(1.32)知

$$\nabla\cdot\boldsymbol{a}=\nabla\cdot(u\nabla v)=u\nabla\cdot(\nabla v)+\nabla v\cdot\nabla u=u\nabla^2 v+\nabla u\cdot\nabla v$$

代入高斯公式：$\iiint_\Omega \nabla\cdot\boldsymbol{a}\mathrm{d}\Omega=\oint\!\!\!\oint_S \boldsymbol{a}\cdot \mathrm{d}\boldsymbol{S}$，便有

$$\iiint_\Omega (u\nabla^2 v+\nabla u\cdot\nabla v)\mathrm{d}\Omega-\oint\!\!\!\oint_S u\frac{\partial v}{\partial n}\mathrm{d}s \tag{1.47}$$

上式称为格林定理第一公式。此式也可写成（令 $\boldsymbol{a}=v\nabla u$）

$$\iiint_\Omega (v\nabla^2 u+\nabla u\cdot\nabla v)\mathrm{d}\Omega=\oint\!\!\!\oint_S v\frac{\partial u}{\partial n}\mathrm{d}s \tag{1.48}$$

将式(1.47)和式(1.48)相减，得格林定理第二公式

$$\iiint_\Omega (u\nabla^2 v-v\nabla^2 u)\mathrm{d}\Omega=\oint\!\!\!\oint_S \left(u\frac{\partial v}{\partial n}-v\frac{\partial u}{\partial n}\right)\mathrm{d}s \tag{1.49}$$

若 $u=v$，则由格林定理第一公式得格林定理第三公式

$$\iiint_\Omega [u\nabla^2 u+|\nabla u|^2]\mathrm{d}\Omega=\oint\!\!\!\oint_S u\frac{\partial u}{\partial n}\mathrm{d}s \tag{1.50}$$

格林定理在场论以及场的数值模拟（例如边界单元法）中非常有用。

六、有关梯度、散度、旋度运算的其他公式

除上述各公式外，还可补充以下几个主要公式。

1. $\nabla(\boldsymbol{a}\cdot\boldsymbol{b})=\boldsymbol{a}\times(\nabla\times\boldsymbol{b})+\boldsymbol{b}\times(\nabla\times\boldsymbol{a})+(\boldsymbol{a}\cdot\nabla)\boldsymbol{b}+(\boldsymbol{b}\cdot\nabla)\boldsymbol{a}$ (1.51)

注意:哈密尔顿算子 ∇ 仅是一种算符,它本身并无具体意义,只有将该算符作用于它右侧的函数时(例如$\nabla\varphi$,$\nabla\cdot\boldsymbol{a}$,$\nabla\times\boldsymbol{a}$)才有具体的数学含义。因此上式中的

$$\boldsymbol{a}\cdot\nabla = a_x\frac{\partial}{\partial x}+a_y\frac{\partial}{\partial y}+a_z\frac{\partial}{\partial z}\neq\nabla\cdot\boldsymbol{a}$$

所以在应用算符∇进行点积时,不能随便互换两因子的顺序。

现在来证明式(1.51)

$$\begin{aligned}
\nabla(\boldsymbol{a}\cdot\boldsymbol{b}) &= \nabla(a_xb_x+a_yb_y+a_zb_z)\\
&=(a_x\frac{\partial b_x}{\partial x}+b_x\frac{\partial a_x}{\partial x}+a_y\frac{\partial b_y}{\partial x}+b_y\frac{\partial a_y}{\partial x}+a_z\frac{\partial b_z}{\partial x}+b_z\frac{\partial a_z}{\partial x})\boldsymbol{i}\\
&+(a_x\frac{\partial b_x}{\partial y}+b_x\frac{\partial a_x}{\partial y}+a_y\frac{\partial b_y}{\partial y}+b_y\frac{\partial a_y}{\partial y}+a_z\frac{\partial b_z}{\partial y}+b_z\frac{\partial a_z}{\partial y})\boldsymbol{j}\\
&+(a_x\frac{\partial b_x}{\partial z}+b_x\frac{\partial a_x}{\partial z}+a_y\frac{\partial b_y}{\partial z}+b_y\frac{\partial a_y}{\partial z}+a_z\frac{\partial b_z}{\partial z}+b_z\frac{\partial a_z}{\partial z})\boldsymbol{k}\\
&=\left[a_y(\frac{\partial b_y}{\partial x}-\frac{\partial b_x}{\partial y})-a_z(\frac{\partial b_x}{\partial z}-\frac{\partial b_z}{\partial x})\right]\boldsymbol{i}+\left[a_z(\frac{\partial b_z}{\partial y}-\frac{\partial b_y}{\partial z})-a_x(\frac{\partial b_y}{\partial x}-\frac{\partial b_x}{\partial y})\right]\boldsymbol{j}\\
&+\left[a_x(\frac{\partial b_x}{\partial z}-\frac{\partial b_z}{\partial x})-a_y(\frac{\partial b_z}{\partial y}-\frac{\partial b_y}{\partial z})\right]\boldsymbol{k}+\left[b_y(\frac{\partial a_y}{\partial x}-\frac{\partial a_x}{\partial y})-b_z(\frac{\partial a_x}{\partial z}-\frac{\partial a_z}{\partial x})\right]\boldsymbol{i}\\
&+\left[b_z(\frac{\partial a_z}{\partial y}-\frac{\partial a_y}{\partial z})-b_x(\frac{\partial a_y}{\partial x}-\frac{\partial a_x}{\partial y})\right]\boldsymbol{j}+\left[b_x(\frac{\partial a_x}{\partial z}-\frac{\partial a_z}{\partial x})-b_y(\frac{\partial a_z}{\partial y}-\frac{\partial a_y}{\partial z})\right]\boldsymbol{k}\\
&+(a_x\frac{\partial b_x}{\partial x}+b_x\frac{\partial a_x}{\partial x}+a_y\frac{\partial b_x}{\partial y}+b_y\frac{\partial a_x}{\partial y}+a_z\frac{\partial b_x}{\partial z}+b_z\frac{\partial a_x}{\partial z})\boldsymbol{i}\\
&+(a_y\frac{\partial b_y}{\partial y}+b_y\frac{\partial a_y}{\partial y}+a_z\frac{\partial b_y}{\partial z}+b_z\frac{\partial a_y}{\partial z}+a_x\frac{\partial b_y}{\partial x}+b_x\frac{\partial a_y}{\partial x})\boldsymbol{j}\\
&+(a_z\frac{\partial b_z}{\partial z}+b_z\frac{\partial a_z}{\partial z}+a_x\frac{\partial b_z}{\partial x}+b_x\frac{\partial a_z}{\partial x}+a_y\frac{\partial b_z}{\partial y}+b_y\frac{\partial a_z}{\partial y})\boldsymbol{k}\\
&=\boldsymbol{a}\times(\nabla\times\boldsymbol{b})+\boldsymbol{b}\times(\nabla\times\boldsymbol{a})+\left[(a_x\frac{\partial}{\partial x}+a_y\frac{\partial}{\partial y}+a_z\frac{\partial}{\partial z})(b_x\boldsymbol{i}+b_y\boldsymbol{j}+b_z\boldsymbol{k})\right]\\
&+\left[(b_x\frac{\partial}{\partial x}+b_y\frac{\partial}{\partial y}+b_z\frac{\partial}{\partial z})(a_x\boldsymbol{i}+a_y\boldsymbol{j}+a_z\boldsymbol{k})\right]\\
&=\boldsymbol{a}\times(\nabla\times\boldsymbol{b})+\boldsymbol{b}\times(\nabla\times\boldsymbol{a})+(\boldsymbol{a}\cdot\nabla)\boldsymbol{b}+(\boldsymbol{b}\cdot\nabla)\boldsymbol{a}
\end{aligned}$$

2. $\nabla\cdot(\boldsymbol{a}\times\boldsymbol{b})=\boldsymbol{b}\cdot(\nabla\times\boldsymbol{a})-\boldsymbol{a}\cdot(\nabla\times\boldsymbol{b})$ (1.52)

证明如下:考虑到算符“∇”的二重性,既是矢性算符,又具有微分算符性质。作为微分算符,上式应有$\nabla\cdot(\boldsymbol{a}\times\boldsymbol{b})=\nabla_a\cdot(\boldsymbol{a}\times\boldsymbol{b})+\nabla_b\cdot(\boldsymbol{a}\times\boldsymbol{b})$

式中,$\nabla_a\cdot(\boldsymbol{a}\times\boldsymbol{b})$表示算符仅作用到矢场$\boldsymbol{a}$上,$\boldsymbol{b}$视为常矢量。而$\nabla_b\cdot(\boldsymbol{a}\times\boldsymbol{b})$则表示算符仅作用到矢场$\boldsymbol{b}$上,$\boldsymbol{a}$视为常矢量。运用混合积公式:$\boldsymbol{l}\cdot(\boldsymbol{m}\times\boldsymbol{n})=\boldsymbol{m}\cdot(\boldsymbol{n}\times\boldsymbol{l})=\boldsymbol{n}\cdot(\boldsymbol{l}\times\boldsymbol{m})$并将常矢量放在$\nabla$之前,变量放在$\nabla$之后,得

$$\nabla_a\cdot(\boldsymbol{a}\times\boldsymbol{b})=\boldsymbol{b}\cdot(\nabla_a\times\boldsymbol{a}),\qquad \nabla_b\cdot(\boldsymbol{a}\times\boldsymbol{b})=-\boldsymbol{a}\cdot(\nabla_b\times\boldsymbol{b})$$

于是有

$$\nabla\cdot(\boldsymbol{a}\times\boldsymbol{b})=\boldsymbol{b}\cdot(\nabla\times\boldsymbol{a})-\boldsymbol{a}\cdot(\nabla\times\boldsymbol{b})$$

3. $\nabla\times(\boldsymbol{a}\times\boldsymbol{b})=(\boldsymbol{b}\cdot\nabla)\boldsymbol{a}-(\boldsymbol{a}\cdot\nabla)\boldsymbol{b}+(\nabla\cdot\boldsymbol{b})\boldsymbol{a}-(\nabla\cdot\boldsymbol{a})\boldsymbol{b}$ (1.53)

证明：$\nabla\times(\boldsymbol{a}\times\boldsymbol{b})=\nabla_a\times(\boldsymbol{a}\times\boldsymbol{b})+\nabla_b\times(\boldsymbol{a}\times\boldsymbol{b})=\nabla_a\times(\boldsymbol{a}\times\boldsymbol{b})-\nabla_b\times(\boldsymbol{b}\times\boldsymbol{a})$
利用矢积公式 $\boldsymbol{l}\times(\boldsymbol{m}\times\boldsymbol{n})=\boldsymbol{m}(\boldsymbol{l}\cdot\boldsymbol{n})-\boldsymbol{n}(\boldsymbol{l}\cdot\boldsymbol{m})$ 以及 $(\boldsymbol{m}\times\boldsymbol{n})\times\boldsymbol{l}=\boldsymbol{n}(\boldsymbol{m}\cdot\boldsymbol{l})-\boldsymbol{m}(\boldsymbol{n}\cdot\boldsymbol{l})$ 上式便可写为

$$\nabla\times(\boldsymbol{a}\times\boldsymbol{b})=(\boldsymbol{b}\cdot\nabla)\boldsymbol{a}-(\boldsymbol{a}\cdot\nabla)\boldsymbol{b}+(\nabla\cdot\boldsymbol{b})\boldsymbol{a}-(\nabla\cdot\boldsymbol{a})\boldsymbol{b}$$

4. $\nabla\times(\nabla\times\boldsymbol{a})=\nabla(\nabla\cdot\boldsymbol{a})-\nabla^2\boldsymbol{a}$ (1.54)

此式在电磁场研究中经常用到，证明如下：利用上面的矢积公式，将 ∇ 替代 $\boldsymbol{l}$ 和 $\boldsymbol{m}$，便得

$$\nabla\times(\nabla\times\boldsymbol{a})=\nabla(\nabla\cdot\boldsymbol{a})-(\nabla\cdot\nabla)\boldsymbol{a}=\nabla(\nabla\cdot\boldsymbol{a})-\nabla^2\boldsymbol{a}$$

式中，$\nabla^2=\nabla\cdot\nabla=\frac{\partial^2}{\partial x^2}+\frac{\partial^2}{\partial y^2}+\frac{\partial^2}{\partial z^2}$，又称为拉普拉斯算符。

七、正交曲线坐标系

空间任意一点的位置通常可以用三个坐标变量值来确定。如常用的 x,y,z 就是直角坐标系中的坐标变量。直角坐标系的三个坐标轴相互垂直，因此是一种正交坐标系。除直角坐标系以外，还有其他形式的正交坐标系，常用的有球坐标系和圆柱坐标系。这两种坐标系在研究某些特殊结构的物理场时是十分方便的。

1. 坐标变量、坐标曲线和坐标曲面

设空间一点在直角坐标系中的坐标为 x,y,z，而在另一坐标系中坐标为 q_1,q_2,q_3，显然 q_1,q_2,q_3 与 x,y,z 有一定的关系。设为

$$\begin{cases}q_1=q_1(x,y,z)\\ q_2=q_2(x,y,z)\\ q_3=q_3(x,y,z)\end{cases}\tag{1.55}$$

若在空间域 Ω 上，q_1,q_2,q_3 具有单值反函数，则有

$$\begin{cases}x=x(q_1,q_2,q_3)\\ y=y(q_1,q_2,q_3)\\ z=z(q_1,q_2,q_3)\end{cases}\tag{1.56}$$

称 q_1,q_2,q_3 为坐标变量。球坐标系中的三个坐标变量分别为 r,θ,φ（图 1.14）。它们与直角坐标系坐标变量的关系为

$$\begin{cases}r=\sqrt{x^2+y^2+z^2}\\ \theta=\sin^{-1}\left(\sqrt{\dfrac{x^2+y^2}{x^2+y^2+z^2}}\right)\\ \varphi=\arctan\left(\dfrac{y}{x}\right)\end{cases}\tag{1.57}$$

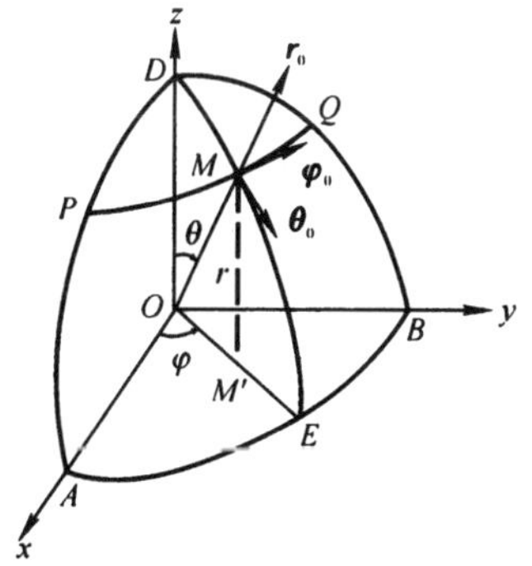

图 1.14 球坐标系

由球坐标系也可转换为直角坐标系，其坐标变量关系为

$$\begin{cases}x=r\sin\theta\cdot\cos\varphi\\ y=r\sin\theta\cdot\sin\varphi\\ z=r\cos\theta\end{cases}\tag{1.58}$$

圆柱坐标系中坐标变量为 ρ,φ,z（图 1.15）。它们与直角坐标系坐标变量的关系为

$$\begin{cases}\rho=\sqrt{x^2+y^2}\\ \varphi=\arctan\left(\dfrac{y}{x}\right)\\ z=z\end{cases}\qquad(1.59)$$

以及

$$\begin{cases}x=\rho\cos\varphi\\ y=\rho\sin\varphi\\ z=z\end{cases}\qquad(1.60)$$

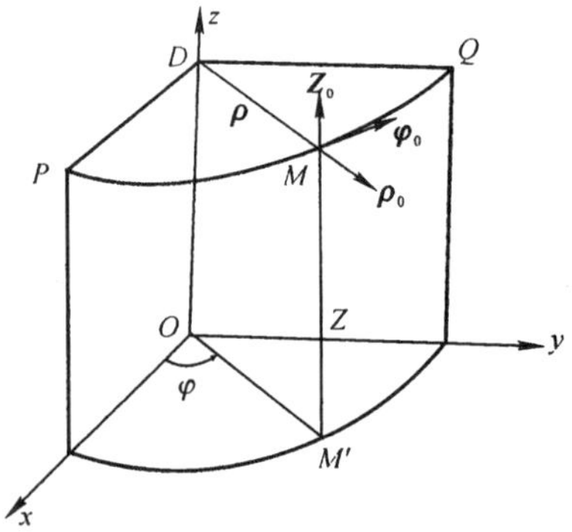

图 1.15 圆柱坐标系

坐标曲线：设空间任一点的坐标为 $M(q_1,q_2,q_3)$，如果令其中两个坐标变量为常量，则 M 点的运动轨迹为一条曲线，称为坐标曲线。例如图 1.14 中的 $\overline{OM}$，PQ，DE 便分别为过 M 点的球坐标系的三条坐标曲线（r 线，φ 线和 θ 线），而图 1.15 中的 $\overline{DM}$，PQ，MM' 便分别为过 M 点的圆柱坐标系的三条坐标曲线（ρ 线，φ 线和 z 线）。

过 M 点分别作三条坐标曲线的切线，以 $\boldsymbol{e}_1,\boldsymbol{e}_2,\boldsymbol{e}_3$ 分别代表各切线方向的单位矢量，又称为基矢。于是直角坐标系的三个基矢分别为：$\boldsymbol{i}$（沿 x 轴正向），$\boldsymbol{j}$（沿 y 轴正向）和 $\boldsymbol{k}$（沿 z 轴正向）。而球坐标系的三个基矢则分别为：$\boldsymbol{r}_0$（沿 r 增加方向），$\boldsymbol{\theta}_0$（沿 θ 增加方向）和 $\boldsymbol{\varphi}_0$（沿 φ 增加方向）。圆柱坐标系的三个基矢为：$\boldsymbol{\rho}_0$（沿 ρ 增加方向），$\boldsymbol{\varphi}_0$（沿 φ 增加方向）和 $\boldsymbol{z}_0$（沿 z 增加方向）。

如果一个坐标系中的三个基矢相互垂直，就称这个坐标系为正交坐标系。可以证明，除直角坐标系以外，球坐标系和圆柱坐标系也是正交坐标系（见例 11，例 12）。

坐标曲面：如果 $M(q_1,q_2,q_3)$ 点的坐标变量中有一个为常量，则 M 点轨迹的集合为一曲面，称为坐标曲面。在球坐标系中的三个坐标曲面分别是：

球面簇：以 O 为球心，r 为定值的球面；

锥面簇：以 O 为顶点，θ 角为定值时的圆锥面；

半平面簇：一组以 z 轴为一边，φ 角定值时的垂直 xy 面的直立半平面。

而圆柱坐标系中的三个坐标曲面分别为：

柱面簇：以 z 轴为轴，ρ 定值时的圆柱侧面；

半平面簇：与球坐标系中的半平面簇相同；

平面簇：是一组 z 为常量的平行 xy 面的平面。

现在来推导基矢的表达式。设 MN 是过 M 点的一条坐标曲线，沿坐标曲线的坐标增量为 Δq。由图 1.16，矢径 $\boldsymbol{r},\boldsymbol{r}_1$ 及 $\Delta\boldsymbol{r}$ 的关系为：$\Delta\boldsymbol{r}=\boldsymbol{r}_1-\boldsymbol{r}$；当 $\Delta q\to 0$ 时，$\Delta\boldsymbol{r}$ 的方向便与基矢 $\boldsymbol{e}$ 方向相同，因此矢量

$$\frac{\partial\boldsymbol{r}}{\partial q}=\lim_{\Delta q\to 0}\frac{\Delta\boldsymbol{r}}{\Delta q}$$

与基矢方向相同。由基矢的定义得

$$\boldsymbol{e}=\frac{\dfrac{\partial\boldsymbol{r}}{\partial q}}{\left|\dfrac{\partial\boldsymbol{r}}{\partial q}\right|}\qquad(1.61)$$

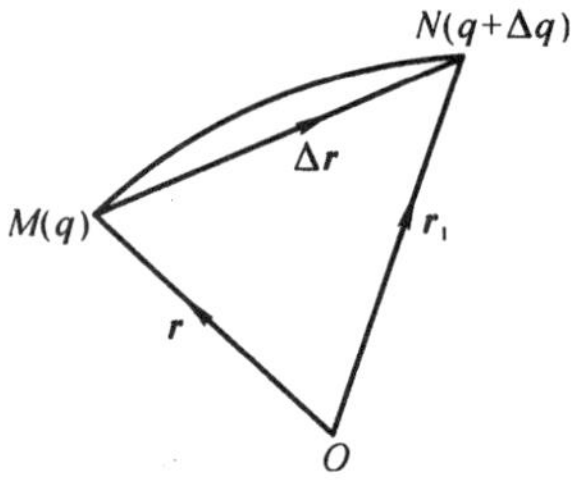

图 1.16 基矢的计算

式中 $\left|\frac{\partial \boldsymbol{r}}{\partial q}\right|$ 是矢径 $\boldsymbol{r}$ 对坐标变量偏导数的模，称为尺度因子。

例 11 导出球坐标系的三个基矢表达式，并证明它们相互正交。

解：球坐标系中矢径 $\boldsymbol{r}$ 可表示为

$$\boldsymbol{r} = x\boldsymbol{i} + y\boldsymbol{j} + z\boldsymbol{k} = r\sin\theta\cos\varphi\boldsymbol{i} + r\sin\theta\sin\varphi\boldsymbol{j} + r\cos\theta\boldsymbol{k}$$

于是三个尺度因子分别为

$$\begin{cases}\dfrac{\partial \boldsymbol{r}}{\partial r} = \sin\theta\cos\varphi\boldsymbol{i} + \sin\theta\sin\varphi\boldsymbol{j} + \cos\theta\boldsymbol{k} \\ \left|\dfrac{\partial \boldsymbol{r}}{\partial r}\right| = \sqrt{(\sin\theta\cos\varphi)^2 + (\sin\theta\sin\varphi)^2 + (\cos\theta)^2} = 1\end{cases}$$

$$\begin{cases}\dfrac{\partial \boldsymbol{r}}{\partial \theta} = r\cos\theta\cos\varphi\boldsymbol{i} + r\cos\theta\sin\varphi\boldsymbol{j} - r\sin\theta\boldsymbol{k} \\ \left|\dfrac{\partial \boldsymbol{r}}{\partial \theta}\right| = \sqrt{(r\cos\theta\cos\varphi)^2 + (r\cos\theta\sin\varphi)^2 + (r\sin\theta)^2} = r\end{cases}$$

$$\begin{cases}\dfrac{\partial \boldsymbol{r}}{\partial \varphi} = -r\sin\theta\sin\varphi\boldsymbol{i} + r\sin\theta\cos\varphi\boldsymbol{j} \\ \left|\dfrac{\partial \boldsymbol{r}}{\partial \varphi}\right| = \sqrt{(r\sin\theta\sin\varphi)^2 + (r\sin\theta\cos\varphi)^2} = r\sin\theta\end{cases}$$

三个基矢分别为

$$\boldsymbol{r}_0 = \sin\theta\cos\varphi\boldsymbol{i} + \sin\theta\sin\varphi\boldsymbol{j} + \cos\theta\boldsymbol{k}$$

$$\boldsymbol{\theta}_0 = \cos\theta\cos\varphi\boldsymbol{i} + \cos\theta\sin\varphi\boldsymbol{j} - \sin\theta\boldsymbol{k}$$

$$\boldsymbol{\varphi}_0 = -\sin\varphi\boldsymbol{i} + \cos\varphi\boldsymbol{j}$$

由于：

$$\boldsymbol{r}_0 \cdot \boldsymbol{\theta}_0 = \sin\theta\cos\theta\cos^2\varphi + \sin\theta\cos\theta\sin^2\varphi - \sin\theta\cos\theta = 0$$

$$\boldsymbol{r}_0 \cdot \boldsymbol{\varphi}_0 = -\sin\theta\sin\varphi\cos\varphi + \sin\theta\sin\varphi\cos\varphi = 0$$

$$\boldsymbol{\theta}_0 \cdot \boldsymbol{\varphi}_0 = -\cos\theta\sin\varphi\cos\varphi + \cos\theta\sin\varphi\cos\varphi = 0$$

因此三个基矢相互正交。球坐标是个正交坐标系。

例 12 证明圆柱坐标系是正交坐标系。

证：$\boldsymbol{r} = x\boldsymbol{i} + y\boldsymbol{j} + z\boldsymbol{k} = \rho\cos\varphi\boldsymbol{i} + \rho\sin\varphi\boldsymbol{j} + z\boldsymbol{k}$；于是

$$\begin{cases}\dfrac{\partial \boldsymbol{r}}{\partial \rho} = \cos\varphi\boldsymbol{i} + \sin\varphi\boldsymbol{j} \\ \left|\dfrac{\partial \boldsymbol{r}}{\partial \rho}\right| = \sqrt{\cos^2\varphi + \sin^2\varphi} = 1\end{cases}$$

$$\begin{cases}\dfrac{\partial \boldsymbol{r}}{\partial \varphi} = -\rho\sin\varphi\boldsymbol{i} + \rho\cos\varphi\boldsymbol{j} \\ \left|\dfrac{\partial \boldsymbol{r}}{\partial \varphi}\right| = \sqrt{\rho^2\sin^2\varphi + \rho^2\cos^2\varphi} = \rho\end{cases}$$

$$\begin{cases}\dfrac{\partial \boldsymbol{r}}{\partial z} = \boldsymbol{k} \\ \left|\dfrac{\partial \boldsymbol{r}}{\partial z}\right| = 1\end{cases}$$

于是圆柱坐标系的三个基矢为

$$\boldsymbol{\rho}_0 = \cos\varphi \boldsymbol{i} + \sin\varphi \boldsymbol{j}$$

$$\boldsymbol{\varphi}_0 = -\sin\varphi \boldsymbol{i} + \cos\varphi \boldsymbol{j}$$

$$\boldsymbol{z}_0 = \boldsymbol{k}$$

由于

$$\boldsymbol{\rho}_0 \cdot \boldsymbol{\varphi}_0 = -\sin\varphi\cos\varphi + \sin\varphi\cos\varphi = 0$$

$$\boldsymbol{\rho}_0 \cdot \boldsymbol{z}_0 = 0$$

$$\boldsymbol{\varphi}_0 \cdot \boldsymbol{z}_0 = 0$$

因此圆柱坐标系也是一个正交坐标系。

2. 线元、面元、体元

坐标曲线上的一段弧长 $MN \to 0$ 时被定义为该坐标曲线上的线元。线元是有向的，其方向就是 M 点的基矢 $\boldsymbol{e}$ 之方向。

显然，当 $MN \to 0$ 时，有 $|\Delta \boldsymbol{r}| = \lim\limits_{MN\to 0} = \mathrm{d}l$。因此线元也可表示为

$$\mathrm{d}l = \lim_{\Delta q\to 0}\left|\frac{\partial \boldsymbol{r}}{\partial q}\Delta q\right| = H\mathrm{d}q \tag{1.62}$$

式中，$H = \left|\frac{\partial \boldsymbol{r}}{\partial q}\right|$，就是尺度因子。

由(1.62)式，知球坐标系和圆柱坐标系的线元分别为

球坐标系

$$\mathrm{d}l = \begin{cases} \mathrm{d}r \\ r\mathrm{d}\theta \\ r\sin\theta\mathrm{d}\varphi \end{cases} \tag{1.63}$$

圆柱坐标系

$$\mathrm{d}l = \begin{cases} \mathrm{d}\rho \\ \rho\mathrm{d}\varphi \\ \mathrm{d}z \end{cases} \tag{1.64}$$

由任意两个线元相乘，便得面元。即

$$\mathrm{d}S = \begin{cases} H_1 H_2 \mathrm{d}q_1 \mathrm{d}q_2 \\ H_1 H_3 \mathrm{d}q_1 \mathrm{d}q_3 \\ H_2 H_3 \mathrm{d}q_2 \mathrm{d}q_3 \end{cases} \tag{1.65}$$

这样可得球坐标系的面元为

$$\mathrm{d}S = \begin{cases} r\mathrm{d}r\mathrm{d}\theta \\ r\sin\theta\mathrm{d}r\mathrm{d}\varphi \\ r^2\sin\theta\mathrm{d}\theta\mathrm{d}\varphi \end{cases} \tag{1.66}$$

圆柱坐标系的面元为

$$\mathrm{d}S = \begin{cases} \rho\mathrm{d}\rho\mathrm{d}\varphi \\ \mathrm{d}\rho\mathrm{d}z \\ \rho\mathrm{d}\varphi\mathrm{d}z \end{cases} \tag{1.67}$$

三个线元相乘便得体元

$$\mathrm{d}V = H_1 H_2 H_3 \mathrm{d}q_1 \mathrm{d}q_2 \mathrm{d}q_3 \tag{1.68}$$

由(1.68)式可得球坐标系的体元为

$$dV = r^2 \sin\theta \mathrm{d}r\mathrm{d}\theta\mathrm{d}\varphi \tag{1.69}$$

圆柱坐标系之体元为

$$dV = \rho \mathrm{d}\rho\mathrm{d}\varphi\mathrm{d}z \tag{1.70}$$

3. 正交曲线坐标系中的梯度、散度、旋度公式

(1) 梯度

由梯度的定义,标函数 u 的梯度可表示为该标函数沿各基矢方向之方向导数的矢量和

$$u = \frac{\partial u}{\partial l_1}\boldsymbol{e}_1 + \frac{\partial u}{\partial l_2}\boldsymbol{e}_2 + \frac{\partial u}{\partial l_3}\boldsymbol{e}_3 \tag{1.71}$$

由(1.62)式得

$$\nabla u = \frac{1}{H_1}\ \frac{\partial u}{\partial q_1}\boldsymbol{e}_1 + \frac{1}{H_2}\ \frac{\partial u}{\partial q_2}\boldsymbol{e}_2 + \frac{1}{H_3}\ \frac{\partial u}{\partial q_3}\boldsymbol{e}_3 \tag{1.72}$$

因此,球坐标系中梯度的表达式为

$$\nabla u = \frac{\partial u}{\partial r}\boldsymbol{r}_0 + \frac{1}{r}\ \frac{\partial u}{\partial \theta}\boldsymbol{\theta}_0 + \frac{1}{r\sin\theta}\ \frac{\partial u}{\partial \varphi}\boldsymbol{\varphi}_0 \tag{1.73}$$

圆柱坐标系中梯度的表达式为

$$\nabla u = \frac{\partial u}{\partial \rho}\boldsymbol{\rho}_0 + \frac{1}{\rho}\ \frac{\partial u}{\partial \varphi}\boldsymbol{\varphi}_0 + \frac{\partial u}{\partial z}\boldsymbol{z}_0 \tag{1.74}$$

(2)散度

由散度定义式(1.29)知道,当 ∇V 充分小时,各曲面趋近于平面,而且曲面上的矢场值 $\boldsymbol{a}$ 可视为不变。于是由式(1.29)有

$$\nabla \cdot \boldsymbol{a} = \frac{a_1 s_1 + a'_1 s'_1 + a_2 s_2 + a'_2 s'_2 + a_3 s_3 + a'_3 s'_3}{H_1 H_2 H_3 \Delta q_1 \Delta q_2 \Delta q_3}$$

式中,右边分子中各项分别表示曲面六面体中前后、左右、上下各面上的通量。显然:

$$a_1 s_1 + a'_1 s'_1 = [(a_1 H_2 H_3)_{q_1+\Delta q_1, q_2, q_3} - (a_1 H_2 H_3)_{q_1 q_2 q_3}]\Delta q_2 \Delta q_3$$
$$= \frac{\partial(a_1 H_2 H_3)}{\partial q_1}\Delta q_1 \Delta q_2 \Delta q_3$$

同理可以得到

$$a_2 s_2 + a'_2 s'_2 = \frac{\partial(a_2 H_1 H_3)}{\partial q_2}\Delta q_1 \Delta q_2 \Delta q_3;$$

$$a_3 s_3 + a'_3 s'_3 = \frac{\partial(a_3 H_1 H_2)}{\partial q_3}\Delta q_1 \Delta q_2 \Delta q_3$$

于是散度可表示为

$$\nabla \cdot \boldsymbol{a} = \frac{1}{H_1 H_2 H_3}\left[\frac{\partial(a_1 H_2 H_3)}{\partial q_1} + \frac{\partial(a_2 H_1 H_3)}{\partial q_2} + \frac{\partial(a_3 H_1 H_2)}{\partial q_3}\right] \tag{1.75}$$

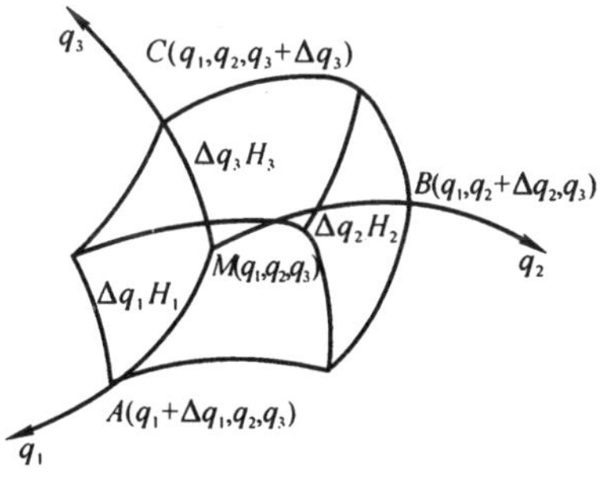

图 1.17 正交曲线坐标系中的散度计算

在球坐标系中:$a_1 = a_r, a_2 = a_\theta, a_3 = a_\varphi$ 表示矢量 $\boldsymbol{a}$ 在各基矢方向上的分量值。将球坐标系的尺度因子代入式(1.75),得其散度公式为

$$\nabla \cdot \boldsymbol{a} = \frac{1}{r^2}\ \frac{\partial(r^2 a_r)}{\partial r} + \frac{1}{r\sin\theta}\ \frac{\partial(\sin\theta a_\theta)}{\partial \theta} + \frac{1}{r\sin\theta}\ \frac{\partial a_\varphi}{\partial \varphi} \tag{1.76}$$

在圆柱坐标系中：$a_1=a_\rho, a_2=a_\varphi, a_3=a_z$，得其散度公式为

$$\nabla \cdot \boldsymbol{a} = \frac{1}{\rho}\frac{\partial(\rho a_\rho)}{\partial \rho} + \frac{1}{\rho}\frac{\partial a_\varphi}{\partial \varphi} + \frac{\partial a_z}{\partial z} \tag{1.77}$$

(3)旋度

M 点的旋度矢量可以沿三个基矢方向进行分解为

$$\nabla \times \boldsymbol{a} = (\nabla \times \boldsymbol{a})_{e_1}\boldsymbol{e}_1 + (\nabla \times \boldsymbol{a})_{e_2}\boldsymbol{e}_2 + (\nabla \times \boldsymbol{a})_{e_3}\boldsymbol{e}_3$$

首先研究 $\boldsymbol{e}_1$ 方向的方向旋度

$$(\nabla \times \boldsymbol{a})_{e_1} = \lim_{\Delta S_1 \to 0} \frac{\oint_L \boldsymbol{a} \cdot \mathrm{d}\boldsymbol{l}}{\Delta s_1}$$

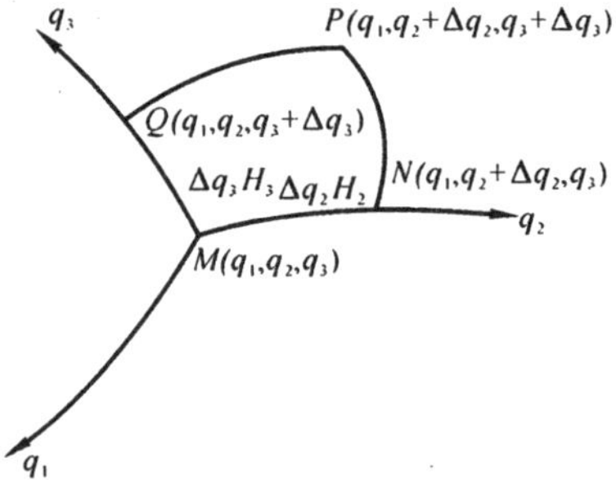

图 1.18 正交曲线坐标系中的旋度计算

上式中的 Δs_1 是包括 M 点在内的，由线段 $H_2\Delta q_2$ 和 $H_3\Delta q_3$ 所组成的曲面，L 是它的边界。当 $\Delta s_1 \to 0$ 时，其极限趋于法线方向与 $\boldsymbol{e}_1$ 相同的平面元

$$\Delta s_1 = H_2 H_3 \Delta q_2 \Delta q_3$$

闭路积分 $\oint_L \boldsymbol{a} \cdot \mathrm{d}\boldsymbol{l}$ 可分解为四个曲线积分之和

$$\oint_L \boldsymbol{a} \cdot \mathrm{d}\boldsymbol{l} = \int_{MN} \boldsymbol{a} \cdot \mathrm{d}\boldsymbol{l} + \int_{NP} \boldsymbol{a} \cdot \mathrm{d}\boldsymbol{l} + \int_{PQ} \boldsymbol{a} \cdot \mathrm{d}\boldsymbol{l} + \int_{QM} \boldsymbol{a} \cdot \mathrm{d}\boldsymbol{l}$$

其中

$$\int_{MN} \boldsymbol{a} \cdot \mathrm{d}\boldsymbol{l} = (a_2 H_2)_{q_1, q_2, q_3} \Delta q_2$$

$$\int_{NP} \boldsymbol{a} \cdot \mathrm{d}\boldsymbol{l} = (a_3 H_3)_{q_1, q_2+\Delta q_2, q_3} \Delta q_3$$

$$\int_{PQ} \boldsymbol{a} \cdot \mathrm{d}\boldsymbol{l} = -(a_2 H_2)_{q_1, q_2, q_3+\Delta q_3} \Delta q_2$$

$$\int_{QM} \boldsymbol{a} \cdot \mathrm{d}\boldsymbol{l} = -(a_3 H_3)_{q_1, q_2, q_3} \Delta q_3$$

代入化简后得

$$(\nabla \times \boldsymbol{a})_{e_1} = \frac{1}{H_2 H_3}\left[\frac{\partial(a_3 H_3)}{\partial q_2} - \frac{\partial(a_2 H_2)}{\partial q_3}\right]$$

类似可得

$$(\nabla \times \boldsymbol{a})_{e_2} = \frac{1}{H_1 H_3}\left[\frac{\partial(a_1 H_1)}{\partial q_3} - \frac{\partial(a_3 H_3)}{\partial q_1}\right]$$

$$(\nabla \times \boldsymbol{a})_{e_3} = \frac{1}{H_1 H_2}\left[\frac{\partial(a_2 H_2)}{\partial q_1} - \frac{\partial(a_1 H_1)}{\partial q_2}\right]$$

最后得曲线坐标系中旋度之表达式为

$$\nabla \times \boldsymbol{a} = \frac{1}{H_2 H_3}\left[\frac{\partial(a_3 H_3)}{\partial q_2} - \frac{\partial(a_2 H_2)}{\partial q_3}\right]\boldsymbol{e}_1 + \frac{1}{H_1 H_3}\left[\frac{\partial(a_1 H_1)}{\partial q_3} - \frac{\partial(a_3 H_3)}{\partial q_1}\right]\boldsymbol{e}_2 + \frac{1}{H_1 H_2}\left[\frac{\partial(a_2 H_2)}{\partial q_1} - \frac{\partial(a_1 H_1)}{\partial q_2}\right]\boldsymbol{e}_3 \tag{1.78}$$

分别将球坐标系和圆柱坐标系的尺度因子代入上式，并求导得球坐标系下的旋度公式为

$$\nabla\times\boldsymbol{a}=\frac{1}{r\sin\theta}\left[\frac{\partial(a_\varphi\sin\theta)}{\partial\theta}-\frac{\partial(a_\theta)}{\partial\varphi}\right]\boldsymbol{r}_0+\frac{1}{r\sin\theta}\left[\frac{\partial a_r}{\partial\varphi}-\frac{\partial(a_\varphi r\sin\theta)}{\partial r}\right]\boldsymbol{\theta}_0$$

$$+\frac{1}{r}\left[\frac{\partial(a_\theta r)}{\partial r}-\frac{\partial a_r}{\partial\theta}\right]\boldsymbol{\varphi}_0 \tag{1.79}$$

圆柱坐标系下的旋度公式为

$$\nabla\times\boldsymbol{a}=\left[\frac{1}{\rho}\frac{\partial a_z}{\partial\varphi}-\frac{\partial a_\varphi}{\partial z}\right]\boldsymbol{\rho}_0+\left[\frac{\partial a_\rho}{\partial z}-\frac{\partial a_z}{\partial\rho}\right]\boldsymbol{\varphi}_0 \tag{1.80}$$

$$+\frac{1}{\rho}\left[\frac{\partial(\rho a_\varphi)}{\partial\rho}-\frac{\partial a_\rho}{\partial\varphi}\right]\boldsymbol{z}_0$$

此外，由 $\nabla^2u=\nabla\cdot\nabla u$ 利用式(1.71)和式(1.75)，可得

$$\nabla^2u=\frac{1}{H_1H_2H_3}\left[\frac{\partial}{\partial q_1}\left(\frac{H_2H_3}{H_1}\frac{\partial u}{\partial q_1}\right)+\frac{\partial}{\partial q_2}\left(\frac{H_3H_1}{H_2}\frac{\partial u}{\partial q_2}\right)+\frac{\partial}{\partial q_3}\left(\frac{H_1H_2}{H_3}\frac{\partial u}{\partial q_3}\right)\right] \tag{1.81}$$

在球坐标系中：

$$\nabla^2u=\frac{1}{r^2}\frac{\partial}{\partial r}\left(r^2\frac{\partial u}{\partial r}\right)+\frac{1}{r^2\sin\theta}\frac{\partial}{\partial\theta}\left(\sin\theta\frac{\partial u}{\partial\theta}\right)+\frac{1}{r^2\sin^2\theta}\frac{\partial^2u}{\partial\varphi^2} \tag{1.82}$$

在圆柱坐标系中：

$$\nabla^2u=\frac{1}{\rho}\frac{\partial}{\partial\rho}\left(\rho\frac{\partial u}{\partial\rho}\right)+\frac{1}{\rho^2}\frac{\partial^2u}{\partial\varphi^2}+\frac{\partial^2u}{\partial z^2} \tag{1.83}$$

在直角坐标系中：

$$\nabla^2u=\frac{\partial^2u}{\partial x^2}+\frac{\partial^2u}{\partial y^2}+\frac{\partial^2u}{\partial z^2} \tag{1.84}$$

例 13 设 $u=r(\cos\theta-\sin\theta)$，求$\nabla u$ 以及 u 为常数的等值面上 $\theta=\frac{\pi}{3}$ 时的单位法向矢量。

解：用球坐标系，有

$$\nabla u=\frac{\partial u}{\partial r}\boldsymbol{r}_0+\frac{1}{r}\frac{\partial u}{\partial\theta}\boldsymbol{\theta}_0=(\cos\theta-\sin\theta)\boldsymbol{r}_0-(\sin\theta+\cos\theta)\boldsymbol{\theta}_0$$

当 $\theta=\frac{\pi}{3}$ 时：　　$\nabla u=-(0.366\boldsymbol{r}_0+1.366\boldsymbol{\theta}_0)$

由梯度性质知∇u 的方向就是等值面的法向，其单位矢量为

$$\boldsymbol{n}=\frac{(\nabla u)_r\boldsymbol{r}_0+(\nabla u)_\theta\boldsymbol{\theta}_0}{|\nabla u|}=-0.25882\boldsymbol{r}_0-0.96593\boldsymbol{\theta}_0$$

例 14 计算偶极矩为 $\boldsymbol{p}$ 的电偶极子场强度的散度和旋度。

解：以偶极矩方向为极轴，偶极子中心为坐标原点，取球坐标系时其电势表达式为

$$u=\frac{p\cos\theta}{r^2}$$

由于电力线（场强矢线）总是垂直于等势面，并指向电势下降的方向，因此电场强度等于电势的负梯度

$$\boldsymbol{E}=-\nabla u=-\frac{\partial}{\partial r}\left(p\frac{\cos\theta}{r^2}\right)\boldsymbol{r}_0-\frac{1}{r}\frac{\partial}{\partial\theta}\left(p\frac{\cos\theta}{r^2}\right)\boldsymbol{\theta}_0=\frac{2p\cos\theta}{r^3}\boldsymbol{r}_0+\frac{p\sin\theta}{r^3}\boldsymbol{\theta}_0$$

这时场强没有 $\boldsymbol{\varphi}_0$ 方向上的分量。

$$\nabla \cdot \boldsymbol{E} = \frac{1}{r^2}\frac{\partial}{\partial r}(\frac{2p\cos\theta}{r}) + \frac{1}{r\sin\theta}\frac{\partial}{\partial\theta}(\frac{p\sin^2\theta}{r^3}) = -\frac{2p\cos\theta}{r^4} + \frac{2p\cos\theta}{r^4} = 0$$

$$\nabla \times \boldsymbol{E} = \frac{1}{r}\left[\frac{\partial}{\partial r}(\frac{p}{r^2}\sin\theta) - \frac{\partial}{\partial\theta}(\frac{2p}{r^3}\cos\theta)\right]\boldsymbol{\varphi}_0 = \frac{1}{r}\left[-\frac{2p}{r^3}\sin\theta + \frac{2p}{r^3}\sin\theta\right]\boldsymbol{\varphi}_0 = 0$$

例 15 已知 $u = \dfrac{x^2 + y^2}{(x^2 + y^2 + z^2)^{1/2}}$，计算 $\nabla^2 u$。

解：本题给出直角坐标系的坐标变量，可以在直角坐标系中求解，但如果在球坐标系中求解，将更为简捷。现将此两种解法做一对比。

解法一

$$\nabla^2 u = \frac{\partial^2}{\partial x^2}\left[\frac{x^2 + y^2}{(x^2 + y^2 + z^2)^{1/2}}\right] + \frac{\partial^2}{\partial y^2}\left[\frac{x^2 + y^2}{(x^2 + y^2 + z^2)^{1/2}}\right] + \frac{\partial^2}{\partial z^2}\left[\frac{x^2 + y^2}{(x^2 + y^2 + z^2)^{1/2}}\right]$$

$$= \frac{4z^2(x^2 + y^2 + z^2)}{(x^2 + y^2 + z^2)^{5/2}} = \frac{4z^2}{(x^2 + y^2 + z^2)^{3/2}}$$

解法二

先将 x, y, z 变换成球坐标系的坐标变量。

$x^2 + y^2 = r^2\sin^2\theta$，$(x^2 + y^2 + z^2)^{1/2} = r$；于是　$u = r\sin^2\theta$

$$\nabla^2 u = \frac{1}{r^2}\frac{\partial}{\partial r}(r^2\frac{\partial u}{\partial r}) + \frac{1}{r^2\sin\theta}\frac{\partial}{\partial\theta}(\sin\theta\frac{\partial u}{\partial\theta}) = \frac{2\sin^2\theta}{r} + \frac{4\cos^2\theta - 2\sin^2\theta}{r} = \frac{4\cos^2\theta}{r}$$

八、标势和矢势

各种物理场从场的聚散特性和涡旋特性可以划分为无旋场（$\nabla \times \boldsymbol{a} = 0$）；无源场（$\nabla \cdot \boldsymbol{a} = 0$）；无旋无源场（即调和场 $\nabla \times \boldsymbol{a} = 0, \nabla \cdot \boldsymbol{a} = 0$，）以及有源有旋场（$\nabla \times \boldsymbol{a} \neq 0, \nabla \cdot \boldsymbol{a} \neq 0$）四种类型。例如引力场和静电场都是无旋场，并且在场源以外是调和场，而磁场则是无源场等。同一类型的场，例如引力场和静电场，虽然其形成的物理机制不同，但场的分布规律以及场值求解的方法有许多相似之处。

1. 标势

在无旋场 $\boldsymbol{a}$ 的定义域内，一定可以找到一个标函数 u，使 $\nabla u = \boldsymbol{a}$（或 $-\nabla u = \boldsymbol{a}$）成立。该函数 u 称为无旋矢量 $\boldsymbol{a}$ 的标势。

证明：设在域 Ω 内 $\boldsymbol{a}$ 及其一阶偏导数连续，并且 $\boldsymbol{a} = \nabla u$，则

$$a_x = \frac{\partial u}{\partial x},\quad a_y = \frac{\partial u}{\partial y},\quad a_z = \frac{\partial u}{\partial z}$$

于是

$$\nabla \times \boldsymbol{a} = \left[\frac{\partial a_z}{\partial y} - \frac{\partial a_y}{\partial z}\right]\boldsymbol{i} + \left[\frac{\partial a_x}{\partial z} - \frac{\partial a_z}{\partial x}\right]\boldsymbol{j} + \left[\frac{\partial a_y}{\partial x} - \frac{\partial a_x}{\partial y}\right]\boldsymbol{k}$$

$$= \left[\frac{\partial^2 u}{\partial y\partial z} - \frac{\partial^2 u}{\partial y\partial z}\right]\boldsymbol{i} + \left[\frac{\partial^2 u}{\partial x\partial z} - \frac{\partial^2 u}{\partial x\partial z}\right]\boldsymbol{j} + \left[\frac{\partial^2 u}{\partial x\partial y} - \frac{\partial^2 u}{\partial x\partial y}\right]\boldsymbol{k} = 0$$

显然，无旋场的标势 u 不是惟一的。若 u 为 $\boldsymbol{a}$ 的一个标势，则 $(u + c)$ 亦为 $\boldsymbol{a}$ 的标势，c 为任意常数。因为

$$\Delta(u+c)=\Delta u+\Delta c=\Delta u=\boldsymbol{a}$$

要惟一地确定矢场 $\boldsymbol{a}$ 的标势就必须对无旋场设定一些附加条件，例如边值条件，关于这方面的问题在以后的章节里再详细讨论。这是场论研究中的一个重要问题。

例 16 矢场 $\boldsymbol{a}=2x(y^3+z^3)\boldsymbol{i}+[2y(y^3+z^3)+3y^2(x^2+y^2)]\boldsymbol{j}+3z^2(x^2+y^2)\boldsymbol{k}$ 是否无旋？若无旋，求其标势。

解：$\nabla\times\boldsymbol{a}=[6yz^2-6yz^2]\boldsymbol{i}+[6xz^2-6xz^2]\boldsymbol{j}+[6xy^2-6xy^2]\boldsymbol{k}=0$

故 $\boldsymbol{a}$ 为无旋场。设 $\boldsymbol{a}=a_x\boldsymbol{i}+a_y\boldsymbol{j}+a_z\boldsymbol{k}=\nabla u=\dfrac{\partial u}{\partial x}\boldsymbol{i}+\dfrac{\partial u}{\partial y}\boldsymbol{j}+\dfrac{\partial u}{\partial z}\boldsymbol{k}$

由此得

$$\begin{cases}\dfrac{\partial u}{\partial x}=2x(y^3+z^3) & \langle 1\rangle\\ \dfrac{\partial u}{\partial y}=2y(y^3+z^3)+3y^2(x^2+y^2) & \langle 2\rangle\\ \dfrac{\partial u}{\partial z}=3z^2(x^2+y^2) & \langle 3\rangle\end{cases}$$

由〈1〉式解得

$$u=\int 2x(y^3+z^3)\mathrm{d}x=x^2(y^3+z^3)+f(y,z) \qquad \langle 4\rangle$$

将〈4〉式对 y 求导得

$$\frac{\partial u}{\partial y}=3y^2x^2+\frac{\partial f(y,z)}{\partial y} \qquad \langle 5\rangle$$

将〈5〉式与〈2〉式对比得

$$\frac{\partial f(y,z)}{\partial y}=5y^4+2yz^3 \qquad 于是$$

$$f(y,z)=\int(5y^4+2yz^3)\mathrm{d}y=y^5+y^2z^3+g(z) \qquad \langle 6\rangle$$

将〈6〉式代入〈4〉式，并对 z 求导，得

$$\frac{\partial u}{\partial z}=3x^2z^2+3z^2y^2+\frac{\partial g(z)}{\partial z} \qquad \langle 7\rangle$$

将〈7〉式与〈3〉式对比，得

$$\frac{\partial g(z)}{\partial z}=0,\text{于是}\quad g(z)=c,\text{最后得：}$$

$$u=x^2(y^3+z^3)+y^5+y^2z^3+c=(x^2+y^2)(y^3+z^3)+c$$

式中 c 为任意常数。

例 17 若矢场 $\boldsymbol{a}=\dfrac{\mathrm{e}^{-z}}{\rho^3}[2\cos\varphi\boldsymbol{\rho}_0+\sin\varphi\boldsymbol{\varphi}_0+\rho\cos\varphi\boldsymbol{z}_0]$ 无旋，则求其标势。

解：
$$\nabla\times\boldsymbol{a}=\left[\frac{1}{\rho}\frac{\partial}{\partial\varphi}\left(\frac{\mathrm{e}^{-z}\cos\varphi}{\rho^2}\right)-\frac{\partial}{\partial z}\left(\frac{\mathrm{e}^{-z}}{\rho^3}\sin\varphi\right)\right]\boldsymbol{\rho}_0+$$

$$\left[\frac{\partial}{\partial z}\left(\frac{2\mathrm{e}^{-z}\cos\varphi}{\rho^3}\right)-\frac{\partial}{\partial\rho}\left(\frac{\mathrm{e}^{-z}\cos\varphi}{\rho^2}\right)\right]\boldsymbol{\varphi}_0+\left[\frac{1}{\rho}\frac{\partial}{\partial\rho}\left(\frac{\mathrm{e}^{-z}\sin\varphi}{\rho^2}\right)-\frac{1}{\rho}\frac{\partial}{\partial\varphi}\left(\frac{2\mathrm{e}^{-z}\cos\varphi}{\rho^3}\right)\right]\boldsymbol{z}_0$$

$$=\left(-\frac{\mathrm{e}^{-z}}{\rho^3}\sin\varphi+\frac{\mathrm{e}^{-z}}{\rho^3}\sin\varphi\right)\boldsymbol{\rho}_0+\left(\frac{-2\mathrm{e}^{-z}\cos\varphi}{\rho^3}+\frac{-2\mathrm{e}^{-z}\cos\varphi}{\rho^3}\right)\boldsymbol{\varphi}_0$$

$$+\left(\frac{-2e^{-z}\sin\varphi}{\rho^4}+\frac{2e^{-z}\sin\varphi}{\rho^4}\right)\boldsymbol{z}_0=0$$

由
$$\boldsymbol{a}=\nabla u=\frac{\partial u}{\partial\rho}\boldsymbol{\rho}_0+\frac{1}{\rho}\frac{\partial u}{\partial\varphi}\boldsymbol{\varphi}_0+\frac{\partial u}{\partial z}\boldsymbol{z}_0$$

得
$$\begin{cases}\dfrac{\partial u}{\partial\rho}=a_\rho=\dfrac{2e^{-z}\cos\varphi}{\rho^3} & \langle 1\rangle\\[2ex] \dfrac{\partial u}{\partial\varphi}=\rho a_\varphi=\dfrac{e^{-z}\sin\varphi}{\rho^2} & \langle 2\rangle\\[2ex] \dfrac{\partial u}{\partial z}=a_Z=\dfrac{e^{-z}\cos\varphi}{\rho^2} & \langle 3\rangle\end{cases}$$

由〈1〉式得

$$u=\int\frac{2e^{-z}\cos\varphi}{\rho^3}d\rho=-\frac{e^{-z}}{\rho^2}\cos\varphi+f(\varphi,z)\qquad\langle 4\rangle$$

由〈4〉式得

$$\frac{\partial u}{\partial z}=\frac{e^{-z}}{\rho^2}\cos\varphi+\frac{\partial f(\varphi,z)}{\partial z}\qquad\langle 5\rangle$$

将〈5〉式与〈3〉式对比，得

$$\frac{\partial f(\varphi,z)}{\partial z}=0,\quad f(\varphi,z)=g(\varphi),\quad u=g(\varphi)-\frac{e^{-z}}{\rho^2}\cos\varphi$$

于是：$\dfrac{\partial u}{\partial\varphi}=\dfrac{\partial g(\varphi)}{\partial\varphi}+\dfrac{e^{-z}\sin\varphi}{\rho^2}$，与式〈2〉对比可知 $g(\varphi)=c$

最后得：$u=-\dfrac{e^{-z}}{\rho^2}\cos\varphi+c$

例 18 若矢场 $\boldsymbol{a}=-2r\sin\theta\cos\varphi\boldsymbol{r}_0-r\cos\theta\cos\varphi\boldsymbol{\theta}_0+r\sin\varphi\boldsymbol{\varphi}_0$ 无旋，求其标势。

解：
$$\nabla\times\boldsymbol{a}=\frac{1}{r\sin\theta}\left[\frac{\partial}{\partial\theta}(r\sin\theta\sin\varphi)+\frac{\partial}{\partial\varphi}(r\cos\theta\cos\varphi)\right]\boldsymbol{r}_0+$$
$$+\frac{1}{r}\left[\frac{1}{\sin\theta}\frac{\partial}{\partial\varphi}(-2r\sin\theta\cos\varphi)-\frac{\partial}{\partial r}(r^2\sin\varphi)\right]\boldsymbol{\theta}_0$$
$$+\frac{1}{r}\left[\frac{\partial}{\partial r}(-r^2\cos\theta\cos\varphi)+\frac{\partial}{\partial\theta}(2r\sin\theta\cos\varphi)\right]\boldsymbol{\varphi}_0$$
$$=\frac{1}{r\sin\theta}(r\cos\theta\sin\varphi-r\cos\theta\sin\varphi)\boldsymbol{r}_0+\frac{1}{r}(2r\sin\varphi-2r\sin\varphi)\boldsymbol{\theta}_0$$
$$+\frac{1}{r}(-2r\cos\theta\cos\varphi+2r\cos\theta\cos\varphi)\boldsymbol{\varphi}_0=0$$

由
$$\boldsymbol{a}=\nabla u=\frac{\partial u}{\partial r}\boldsymbol{r}_0+\frac{1}{r}\frac{\partial u}{\partial\theta}\boldsymbol{\theta}_0+\frac{1}{r\sin\theta}\frac{\partial u}{\partial\varphi}\boldsymbol{\varphi}_0\text{ 得}$$

$$\begin{cases}\dfrac{\partial u}{\partial r}=-2r\sin\theta\cos\varphi & \langle 1\rangle\\[2ex] \dfrac{\partial u}{\partial\theta}=-r^2\cos\theta\cos\varphi & \langle 2\rangle\\[2ex] \dfrac{\partial u}{\partial\varphi}=r^2\sin\theta\sin\varphi & \langle 3\rangle\end{cases}$$

由式〈3〉得：

$$u = \int r^2 \sin\theta \sin\varphi \mathrm{d}\varphi = - r^2 \sin\theta \cos\varphi + f(r,\theta) \tag{4}$$

由式〈4〉得：

$$\frac{\partial u}{\partial r} = - 2r\sin\theta\cos\varphi + \frac{\partial f(r,\theta)}{\partial r} \tag{5}$$

对比式〈1〉，得：

$$\frac{\partial f(r,\theta)}{\partial r} = 0, \quad \text{于是} \quad f(r,\theta) = c$$

最后得：
$$u = - r^2 \sin\theta\cos\varphi + c$$

由上述例题可知，求矢场 $\boldsymbol{a}$ 的标势可归纳为下列步骤：

(1) 计算 $\nabla \times \boldsymbol{a}$，看是否为零，若为零，则存在标势。

(2) 根据相应坐标系建立方程组：

$$\begin{cases} a_x = \dfrac{\partial u}{\partial x} \\ a_y = \dfrac{\partial u}{\partial y} \\ a_z = \dfrac{\partial u}{\partial z} \end{cases} \quad \text{或} \quad \begin{cases} a_\rho = \dfrac{\partial u}{\partial \rho} \\ a_\varphi = \dfrac{1}{\rho}\dfrac{\partial u}{\partial \varphi} \\ a_z = \dfrac{\partial u}{\partial z} \end{cases} \quad \text{或} \quad \begin{cases} a_r = \dfrac{\partial u}{\partial r} \\ a_\theta = \dfrac{1}{r}\dfrac{\partial u}{\partial \theta} \\ a_\varphi = \dfrac{1}{r\sin\theta}\dfrac{\partial u}{\partial \varphi} \end{cases}$$

(3) 解上述偏微分方程。

2. 矢势

如果矢场 $\boldsymbol{B}$ 在其定义域内满足 $\nabla \cdot \boldsymbol{B} = 0$（即在定义域内 $\boldsymbol{B}$ 为无源场），则必可找到一个矢函数 $\boldsymbol{A}$，使 $\nabla \times \boldsymbol{A} = \boldsymbol{B}$ 成立。矢函数 $\boldsymbol{A}$ 称为无源矢场 $\boldsymbol{B}$ 的矢势。

证明：若 $\boldsymbol{B}$ 及其偏导数在域 Ω 上连续，则：

$$B_x = \frac{\partial A_z}{\partial y} - \frac{\partial A_y}{\partial z}, \quad B_y = \frac{\partial A_x}{\partial z} - \frac{\partial A_z}{\partial x}, \quad B_z = \frac{\partial A_y}{\partial x} - \frac{\partial A_x}{\partial y}, \quad \text{于是：}$$

$$\begin{aligned} \nabla \cdot \boldsymbol{B} &= \frac{\partial B_x}{\partial x} + \frac{\partial B_y}{\partial y} + \frac{\partial B_z}{\partial z} = \frac{\partial}{\partial x}\left(\frac{\partial A_z}{\partial y} - \frac{\partial A_y}{\partial z}\right) + \frac{\partial}{\partial y}\left(\frac{\partial A_x}{\partial z} - \frac{\partial A_z}{\partial x}\right) + \frac{\partial}{\partial z}\left(\frac{\partial A_y}{\partial x} - \frac{\partial A_x}{\partial y}\right) \\ &= \frac{\partial^2 A_z}{\partial x \partial y} - \frac{\partial^2 A_y}{\partial x \partial z} + \frac{\partial^2 A_x}{\partial y \partial z} - \frac{\partial^2 A_z}{\partial x \partial y} + \frac{\partial^2 A_y}{\partial x \partial z} - \frac{\partial^2 A_x}{\partial y \partial z} = 0 \end{aligned}$$

无源场的矢势不是惟一的。因为如果 $\boldsymbol{A}$ 是 $\boldsymbol{B}$ 的一个矢势，则任何一个具有二阶连续偏导数的标函数 φ 的梯度与 $\boldsymbol{A}$ 之矢量和：$\boldsymbol{A}^* = (\nabla\varphi + \boldsymbol{A})$ 也是 $\boldsymbol{B}$ 的矢势。因为

$$\nabla \times \boldsymbol{A}^* = \nabla \times (\nabla \varphi + \boldsymbol{A}) = \nabla \times \nabla \varphi + \nabla \times \boldsymbol{A} = \nabla \times \boldsymbol{A} = \boldsymbol{B}$$

由于无源场的任意两个矢势之差为某一个标函数的梯度，因此可以选择无源矢势来作为无源场的矢势。设 $\boldsymbol{A}$ 是无源矢场 $\boldsymbol{B}$ 的一个矢势，并且 $\nabla \cdot \boldsymbol{A} \neq 0$。现在来寻求 $\boldsymbol{B}$ 的另一个矢势 $\boldsymbol{A}^*$，并要求 $\nabla \cdot \boldsymbol{A}^* = 0$。这个问题的关键是寻找一个标函数 φ，使 φ 满足 $\nabla \cdot \boldsymbol{A}^* = \nabla \cdot \boldsymbol{A} + \nabla \cdot \nabla\varphi = 0$，即： $\nabla^2 \varphi = - \nabla \cdot \boldsymbol{A}$。

解上述泊松方程，便可确定 φ。

例 19 若 $\boldsymbol{B} = z\rho\cos\varphi\sin\varphi\,\boldsymbol{\rho}_0 + z\rho\cos^2\varphi\,\boldsymbol{\varphi}_0$ 无源，求其一个矢势。

解：$\nabla \cdot \boldsymbol{B} = \dfrac{1}{\rho}\dfrac{\partial}{\partial \rho}(z\rho^2\cos\varphi\sin\varphi) + \dfrac{1}{\rho}\dfrac{\partial}{\partial \varphi}(z\rho\cos^2\varphi) = 2z\cos\varphi\sin\varphi - 2z\cos\varphi\sin\varphi = 0$

设 **A** 为其中一个矢势，则 $\nabla\times\boldsymbol{A}=\boldsymbol{B}$，由圆柱坐标系的旋度公式，有

$$\begin{cases}\dfrac{1}{\rho}\dfrac{\partial A_z}{\partial\varphi}-\dfrac{\partial A_\varphi}{\partial z}=z\rho\cos\varphi\sin\varphi & \langle 1\rangle\\[2ex] \dfrac{\partial A_\rho}{\partial z}-\dfrac{\partial A_z}{\partial\rho}=z\rho\cos^2\varphi & \langle 2\rangle\\[2ex] \dfrac{1}{\rho}\left[\dfrac{\partial}{\partial\rho}(\rho A_\varphi)-\dfrac{\partial A_\rho}{\partial\varphi}\right]=0 & \langle 3\rangle\end{cases}$$

令 $A_\rho=0$，则由〈2〉、〈3〉式有

$$-\frac{\partial A_Z}{\partial\rho}=z\rho\cos^2\varphi \qquad \langle 4\rangle$$

$$\frac{\partial}{\rho\partial\rho}(\rho A_\varphi)=0 \qquad \langle 5\rangle$$

由〈4〉、〈5〉式得

$$A_z=-\int z\rho\cos^2\varphi\mathrm{d}\rho=-\frac{\rho^2}{2}z\cos^2\varphi+f(\varphi,z) \qquad \langle 6\rangle$$

$$A_\varphi=\frac{1}{\rho}g(\varphi,z)$$

令 $g(\varphi,z)=0$，则 $A_\varphi=0$，于是由〈6〉式及〈1〉式有：

$$\frac{1}{\rho}\frac{\partial}{\partial\varphi}\left[-\frac{1}{2}z\rho^2\cos^2\varphi+f(\varphi,z)\right]=z\rho\cos\varphi\sin\varphi$$

展开后得： $\dfrac{1}{\rho}\dfrac{\partial}{\partial\varphi}f(\varphi,z)=0$，于是 $f(\varphi,z)=h(z)$

若令 $h(z)=0$，则 $f(\varphi,z)=0$

最后得

$$A_\rho=0;\qquad A_\varphi=0;\qquad A_z=-\frac{\rho^2}{2}z\cos^2\varphi$$

即

$$\boldsymbol{A}=-\frac{\rho^2}{2}z\cos^2\varphi\boldsymbol{z}_0$$

例 20 若 $\boldsymbol{B}=\dfrac{2k\cos\theta}{r}\boldsymbol{r}_0+\dfrac{k\sin\theta}{r^3}\boldsymbol{\theta}_0$ 无源，求其矢势。

解：$\nabla\cdot\boldsymbol{B}=\dfrac{1}{r^2}\dfrac{\partial}{\partial r}\left(\dfrac{2k\cos\theta}{r}\right)+\dfrac{1}{r\sin\theta}\dfrac{\partial}{\partial\theta}\left(\dfrac{k\sin^2\theta}{r^3}\right)=-\dfrac{2k\cos\theta}{r^4}+\dfrac{2k\cos\theta}{r^4}=0$

由于 $B_\varphi=0$，且 B_r，B_θ 均与 φ 无关，所以

$$\begin{cases}\dfrac{\partial(A_\varphi\sin\theta)}{\partial\theta}-\dfrac{\partial A_\theta}{\partial\varphi}=\dfrac{2k\sin\theta\cos\theta}{r^2} & \langle 1\rangle\\[2ex] \dfrac{\partial A_r}{\partial\varphi}-\dfrac{\partial(rA_\varphi\sin\theta)}{\partial r}=\dfrac{k\sin^2\theta}{r^2} & \langle 2\rangle\\[2ex] \dfrac{\partial(rA_\theta)}{\partial r}-\dfrac{\partial A_r}{\partial\theta}=0 & \langle 3\rangle\end{cases}$$

设 $A_\theta=0$，由〈1〉式得

$$A_\varphi=\frac{k\sin\theta}{r^2}+\frac{f(r,\varphi)}{\sin\theta} \qquad \langle 4\rangle$$

由〈3〉式得　$A_r = g(r,\varphi)$，令 $g(r,\varphi)=0$，则 $A_r=0$，

将〈4〉式代入〈2〉式得

$$-\frac{\partial}{\partial r}\left[\frac{k\sin^2\theta}{r}+rf(r,\varphi)\right]=\frac{k\sin^2\theta}{r^2}$$

展开并整理得：$-\frac{\partial}{\partial r}[rf(r,\varphi)]=0$，　$f(r,\varphi)=\frac{h(\varphi)}{r}$

令 $h(\varphi)=0$，便得

$$\boldsymbol{A}=\frac{k\sin\theta}{r^2}\varphi_0$$

并且这个矢势是无源矢势，请读者自己验证。

在场论中通常是通过解标势或矢势所满足的偏微分方程，然后应用边界条件来求得势的定解，再通过对标势求梯度或对矢势求旋度来最后求得矢场值。

对于调和场，由于它满足 $\nabla\cdot\boldsymbol{a}=0$ 和 $\nabla\times\boldsymbol{a}=0$ 的条件，因此其标势满足拉普拉斯方程

$$\nabla^2 u=0 \tag{1.85}$$

(1.85)式简单证明如下。

设域 Ω 内 $\boldsymbol{a}$ 为调和场并有连续的二阶偏导数，则有 $\nabla u=\boldsymbol{a}$ 成立，并且由于 $\boldsymbol{a}$ 无源，所以

$$\nabla\cdot\boldsymbol{a}=\nabla\cdot(\nabla u)=\nabla^2 u=0$$

满足拉普拉斯方程的这个标函数是域 Ω 内的一个调和函数。

如果在定义域内 $\nabla\times\boldsymbol{a}\neq0$，以及 $\nabla\cdot\boldsymbol{a}\neq0$，则在一定条件下可以将 $\boldsymbol{a}$ 分解为无旋矢场 $\boldsymbol{a}_1$ 和无源矢场 $\boldsymbol{a}_2$ 两部分，即：$\boldsymbol{a}=\boldsymbol{a}_1+\boldsymbol{a}_2$，其中：$\nabla\times\boldsymbol{a}_1=0$；$\nabla\cdot\boldsymbol{a}_2=0$

设　$\nabla\cdot\boldsymbol{a}=u(x,y,z)$；$\nabla\times\boldsymbol{a}=\boldsymbol{b}(x,y,z)$；$\nabla\varphi=\boldsymbol{a}_1$；$\nabla\times\boldsymbol{A}=\boldsymbol{a}_2$

于是　$\nabla\cdot\boldsymbol{a}=\nabla\cdot\boldsymbol{a}_1+\nabla\cdot\boldsymbol{a}_2=\nabla^2\varphi=u(x,y,z)$

解泊松方程：$\nabla^2\varphi=u(x,y,z)$，便可得 φ。

又　$\nabla\times\boldsymbol{a}=\nabla\times\boldsymbol{a}_2=\boldsymbol{b}(x,y,z)$

如果 $\boldsymbol{A}$ 是 $\boldsymbol{a}_2$ 的一个无源矢势，即 $\nabla\cdot\boldsymbol{A}=0$，

则　$\nabla\times\boldsymbol{a}_2=\nabla\times(\nabla\times\boldsymbol{A})=\nabla(\nabla\cdot\boldsymbol{A})-\nabla^2\boldsymbol{A}=-\nabla^2\boldsymbol{A}$

于是得　$-\nabla^2\boldsymbol{A}=\boldsymbol{b}(x,y,z)$

上式可写成

$$\begin{cases}(\nabla^2A)_x=-b_x(x,y,z)\\(\nabla^2A)_y=-b_y(x,y,z)\\(\nabla^2A)_z=-b_z(x,y,z)\end{cases}$$

解上述方程便可得到　$\boldsymbol{A}=A_x\boldsymbol{i}+A_y\boldsymbol{j}+A_z\boldsymbol{k}$。

由 φ 和 $\boldsymbol{A}$ 便可求得 $\boldsymbol{a}_1$ 和 $\boldsymbol{a}_2$：$\boldsymbol{a}_1=\nabla\varphi$；$\boldsymbol{a}_2=\nabla\times\boldsymbol{A}$。

最后

$$\boldsymbol{a}=\boldsymbol{a}_1+\boldsymbol{a}_2=\nabla\varphi+\nabla\times\boldsymbol{A} \tag{1.86}$$

第二节　数学物理方程和特殊函数

在稳定场的研究中，接触较多的是调和场，调和场的标势满足拉普拉斯方程

$$\nabla^2 u=0 \tag{1.87}$$

因此，如何求解拉普拉斯方程，就成为用解析法研究调和场的关键。

在弹性波场和电磁场等时变场的研究中，通常要遇到求解波动方程的问题，例如在时变电磁场中矢势 $\boldsymbol{A}$ 就在洛伦兹规范条件下满足下列波动方程

$$\nabla^2 \boldsymbol{A} = \sigma\mu \frac{\partial \boldsymbol{A}}{\partial t} + \varepsilon\mu \frac{\partial^2 \boldsymbol{A}}{\partial t^2} \tag{1.88}$$

本节将讨论上述两类偏微分方程的解法以及与解有关的一些特殊函数的基本性质。

一、拉普拉斯方程

拉普拉斯方程的基本解法是分离变量法。在不同坐标系中，拉普拉斯方程有不同的形式，因而也就有不同形式的解。

1. 直角坐标系中拉普拉斯方程的分离变量解法

直角坐标系中的拉普拉斯方程为

$$\frac{\partial^2 u}{\partial x^2} + \frac{\partial^2 u}{\partial y^2} + \frac{\partial^2 u}{\partial z^2} = 0 \tag{1.89}$$

设

$$u(x,y,z) = X(x)Y(y)Z(z) \tag{1.90}$$

代入(1.89)式，有：$X''YZ+Y''XZ+Z''XY=0$

以 XYZ 除两边，得

$$\frac{X''}{X} + \frac{Y''}{Y} + \frac{Z''}{Z} = 0 \tag{1.91}$$

上式等号左边各项依次仅与 x,y,z 有关。因此，上式成立的条件是左边各项分别等于常量 m_x^2, m_y^2, m_z^2，并应满足：$m_x^2+m_y^2+m_z^2=0$

于是(1.91)式化为三个常微分方程：

$$\begin{cases} X''(x) - m_x^2 X(x) = 0 \\ Y''(y) - m_y^2 Y(y) = 0 \\ Z''(z) - m_z^2 Z(z) = 0 \end{cases} \tag{1.92}$$

当 m_x^2, m_y^2, m_z^2 均不为零时，上述方程的解具有：$\mathrm{e}^{\pm m_k k}$ 的形式($k=x,y,z$)。于是方程(1.89)的通解可表示为：

$$u(x,y,z) = \begin{pmatrix} \mathrm{e}^{m_x x} \\ \mathrm{e}^{-m_x x} \end{pmatrix} \begin{pmatrix} \mathrm{e}^{m_y y} \\ \mathrm{e}^{-m_y y} \end{pmatrix} \begin{pmatrix} \mathrm{e}^{m_z z} \\ \mathrm{e}^{-m_z z} \end{pmatrix} \tag{1.93}$$

显然，m_x^2, m_y^2, m_z^2 三个常数中只有两个是独立的，因为 $m_z^2 = -(m_x^2+m_y^2)$，如果 m_x^2 和 m_y^2 均是正数，则 m_z^2 为负数。这样式(1.92)中的第三式为

$$Z''(z) + (m_x^2 + m_y^2) Z(z) = 0,$$

它的解为

$$\begin{bmatrix} \cos(\sqrt{m_x^2 + m_y^2} z) \\ \sin(\sqrt{m_x^2 + m_y^2} z) \end{bmatrix}$$

于是方程式(1.89)的通解应为

$$u(x,y,z) = (C_1 \mathrm{e}^{m_x x} + C_2 \mathrm{e}^{-m_x x})(C_3 \mathrm{e}^{m_y y} + C_4 \mathrm{e}^{-m_y y}) \\ [C_5 \cos(\sqrt{m_x^2 + m_y^2} z) + C_6 \sin(\sqrt{m_x^2 + m_y^2} z)] \tag{1.94}$$

若 m_x^2, m_y^2 均为负数，则 $m_z^2 = -(m_x^2+m_y^2)$ 为正数，此时(1.89)式的通解为

$$u(x,y,z) = [(C_1\cos(m_x x) + C_2\sin(m_x x)]$$
$$[(C_3\cos(m_y y) + C_4\sin(m_y y)][C_5 e^{m_z z} + C_6 e^{-m_z z}] \quad (1.95)$$

上面各式中之 $C_1, C_2, C_3, C_4, C_5, C_6$ 为待定系数，应由相应的边界条件来确定。

2. 球坐标系中拉普拉斯方程的分离变量解法

球坐标系中拉普拉斯方程为

$$\frac{\partial}{\partial r}\left(r^2\frac{\partial u}{\partial r}\right) + \frac{1}{\sin\theta}\frac{\partial}{\partial\theta}\left(\sin\theta\frac{\partial u}{\partial\theta}\right) + \frac{1}{\sin^2\theta}\frac{\partial^2 u}{\partial\varphi^2} = 0 \quad (1.96)$$

设
$$u = u(r,\theta,\varphi) = R(r)\Theta(\theta)\Phi(\varphi) \quad (1.97)$$

代入式(1.96)得

$$\Theta\Phi\frac{\partial}{\partial r}\left(r^2\frac{\partial R}{\partial r}\right) + R\Phi\frac{1}{\sin\theta}\frac{\partial}{\partial\theta}\left(\sin\theta\frac{\partial\Theta}{\partial\theta}\right) + R\Theta\frac{1}{\sin^2\theta}\frac{\partial^2\Phi}{\partial\varphi^2} = 0$$

以 $R\Theta\Phi$ 除各项，得

$$\frac{1}{R}\frac{\partial}{\partial r}\left(r^2\frac{\partial R}{\partial r}\right) + \frac{1}{\Theta}\frac{1}{\sin\theta}\frac{\partial}{\partial\theta}\left(\sin\theta\frac{\partial\Theta}{\partial\theta}\right) + \frac{1}{\Phi}\frac{1}{\sin^2\theta}\frac{\partial^2\Phi}{\partial\varphi^2} = 0 \quad (1.98)$$

上式第一项仅与 r 有关，而后两项则与 r 无关，因此上式成立的条件是第一项为某一常数 $n(n+1)$，而后两项之和应为另一常数 $-n(n+1)$。于是有

$$\frac{1}{R}\frac{d}{dr}\left(r^2\frac{dR}{dr}\right) = n(n+1) \quad (1.99)$$

$$\frac{1}{\Theta}\frac{1}{\sin\theta}\frac{d}{d\theta}\left(\sin\theta\frac{d\Theta}{d\theta}\right) + \frac{1}{\Phi}\frac{1}{\sin^2\theta}\frac{\partial^2\Phi}{\partial\varphi^2} = -n(n+1) \quad (1.100)$$

现在对(1.100)式再分离一次，以 $\sin^2\theta$ 乘以各项，得

$$\frac{\sin\theta}{\Theta}\frac{d}{d\theta}\left(\sin\theta\frac{d\Theta}{d\theta}\right) + n(n+1)\sin^2\theta + \frac{1}{\Phi}\frac{\partial^2\Phi}{\partial\varphi^2} = 0 \quad (1.101)$$

(1.101)式前两项仅与 θ 有关，而第三项仅与 φ 有关。因此，前两项之和应为一常数，设为 m^2，而第三项则为 $-m^2$。最后(1.96)式分解成三个独立的常微分方程

$$\begin{cases} \dfrac{1}{R}\dfrac{d}{dr}\left(r^2\dfrac{dR}{dr}\right) = n(n+1) \\ \dfrac{\sin\theta}{\Theta}\dfrac{d}{d\theta}\left(\sin\theta\dfrac{d\Theta}{d\theta}\right) + n(n+1)\sin^2\theta = m^2 \\ \dfrac{1}{\Phi}\dfrac{\partial^2\Phi}{\partial\varphi^2} = -m^2 \end{cases} \quad (1.102)$$

现在分别求解方程(1.102)。

第一式展开后为

$$r^2R'' + 2rR' - n(n+1)R = 0 \quad (1.103)$$

式中，n 为任一实数，这是一个欧拉方程。令 $r=e^t$，代入后，变换为下式

$$R''(t) + R'(t) - n(n+1)R(t) = 0 \quad (1.104)$$

这是一个常系数线性微分方程，其特征方程为

$$\lambda^2 + \lambda - n(n+1) = 0$$

它的两个根为 $\lambda = \begin{pmatrix} n \\ -(n+1) \end{pmatrix}$。于是方程(1.104)的解为

$$R(t)=\begin{cases}e^{nt}\\e^{-(n+1)t}\end{cases}$$

(1.103)式的通解可表示为

$$R(t)=Ar^{n}+Br^{-(n+1)} \tag{1.105}$$

再看方程(1.102)的第二式，它可整理为

$$\frac{1}{\sin\theta}\frac{\mathrm{d}}{\mathrm{d}\theta}(\sin\theta\frac{\mathrm{d}\Theta}{\mathrm{d}\theta})+[n(n+1)-\frac{m^{2}}{\sin^{2}\theta}]\Theta=0 \tag{1.106}$$

令 $x=\cos\theta$，代入上式，并展开成为

$$(1-x^{2})\Theta''(x)-2x\Theta'(x)+[n(n+1)-\frac{m^{2}}{1-x^{2}}]\Theta(x)=0 \tag{1.107}$$

此方程称为连带勒让德方程，只有当 n 为零或正整数，而且 $n\geqslant m$ 时，上式才能在 θ 的定义域($0\leqslant\theta\leqslant\pi$)内有不恒为零的解。这个解就是连带勒让德函数：$P_n^m(x)$。因此(1.106)式的解为

$$\Theta(\theta)=P_n^m(\cos\theta) \tag{1.108}$$

关于这个函数的一些基本性质，在后边还要讨论。最后，再来看方程(1.102)的第三式。

$$\Phi''+m^{2}\Phi=0 \tag{1.109}$$

当 $m^2>0$ 时 $\Phi=\begin{cases}\cos m\varphi\\\sin m\varphi\end{cases}$

$m^2=0$ 时 $\Phi=\begin{cases}c\\\varphi\end{cases}$

$m^2<0$ 时 $\Phi=\begin{cases}e^{m\varphi}\\e^{-m\varphi}\end{cases}$

考虑到在 $0\leqslant\varphi\leqslant 2\pi$ 范围内 Φ 的单值性以及 Φ 函数以 2π 为周期的特性，在上列几种形式的解中，只能取三角函数形式的解，也就是说

$$\Phi(\varphi)=C\cos(m\varphi)+D\sin(m\varphi)\qquad(m=0,1,2,\cdots,n) \tag{1.110}$$

最后得方程(1.96)的通解为

$$u(r,\theta,\varphi)=\sum_{n=0}^{\infty}\sum_{m=0}^{n}(A_nr^{n}+B_nr^{-(n+1)})(C_m\cos m\varphi+D_m\sin m\varphi)P_n^m(\cos\theta) \tag{1.111}$$

如果所研究的场具有轴对称性(对称于极轴)，则场值与 φ 无关，于是三维问题转化为二维问题。这时(1.107)式变为勒让德方程

$$(1-x^{2})\Theta''(x)-2x\Theta(x)+n(n+1)\Theta=0 \tag{1.112}$$

它的解就是勒让德多项式

$$\Theta=P_n(\cos\theta)$$

于是与 φ 无关的二维拉普拉斯方程的通解为

$$u(r,\theta)=\sum_{n=0}^{\infty}[A_nr^{n}+B_nr^{-(n+1)}]P_n(\cos\theta) \tag{1.113}$$

式中，A_n，B_n，C_m，D_m 均为待定系数，由相应边界条件确定。

3. 圆柱坐标系中拉普拉斯方程的分离变量解法

圆柱坐标系中的拉普拉斯方程为

$$\frac{1}{\rho}\frac{\partial}{\partial\rho}(\rho\frac{\partial u}{\partial\rho})+\frac{1}{\rho^2}\frac{\partial^2 u}{\partial\varphi^2}+\frac{\partial^2 u}{\partial z^2}=0 \tag{1.114}$$

设
$$u(\rho,\varphi,z)=R(\rho)\Phi(\varphi)Z(z) \tag{1.115}$$

代入(1.114)式,整理后得

$$\frac{1}{R\rho}\frac{d}{d\rho}(\rho\frac{dR}{d\rho})+\frac{1}{\Phi\rho^2}\frac{d^2\Phi}{d\varphi^2}+\frac{1}{Z}\frac{d^2Z}{dz^2}=0$$

上式中第一、二项与 z 无关,而第三项仅与 z 有关,因此它们各自等于常数 $-m^2$ 和 m^2,即

$$\begin{cases}\dfrac{1}{Z}\dfrac{d^2Z}{dz^2}=m^2\\ \dfrac{1}{R\rho}\dfrac{d}{d\rho}(\rho\dfrac{dR}{d\rho})+\dfrac{1}{\Phi\rho^2}\dfrac{d^2\Phi}{d\varphi^2}=-m^2\end{cases}$$

后一式可进一步分离。以 ρ^2 乘以各项,得

$$\frac{\rho}{R}\frac{d}{d\rho}(\rho\frac{dR}{d\rho})+m^2\rho^2+\frac{1}{\Phi}\frac{d^2\Phi}{d\varphi^2}=0$$

设
$$\frac{1}{\Phi}\frac{d^2\Phi}{d\varphi^2}=-n^2$$

则
$$\frac{\rho}{R}\frac{d}{d\rho}(\rho\frac{dR}{d\rho})+m^2\rho^2=n^2$$

这样(1.114)式就分解为三个独立的常微分方程

$$\begin{cases}\rho\dfrac{d}{d\rho}(\rho\dfrac{dR}{d\rho})+(m^2\rho^2-n^2)R=0\\ \Phi''+n^2\Phi=0\\ Z''-m^2Z=0\end{cases} \tag{1.116}$$

由于 Φ 是以 2π 为周期的函数,所以(1.116)式的第二式只取三角函数形式的解。

$$\Phi(\varphi)=\begin{cases}\cos n\varphi\\ \sin n\varphi\end{cases}\qquad(n=0,1,2,\cdots) \tag{1.117}$$

方程(1.116)式第三式分别对 $m^2>0,m^2=0$ 和 $m^2<0$ 有不同形式的解。对于上、下底的边界条件为非齐次的柱体,其解应为

$$Z(x)=\begin{cases}e^{mz}\\ e^{-mz}\end{cases} \tag{1.118}$$

最后来看(1.116)方程的第一式的解法。它可展开为

$$\rho^2R''+\rho R'+(m^2\rho^2-n^2)R=0 \tag{1.119}$$

令 $x=m\rho$,则上式变为

$$x^2R''(x)+xR'(x)+(x^2-n^2)R(x)=0 \tag{1.120}$$

再以 x^2 除各项,便得贝塞尔方程

$$R''(x)+\frac{1}{x}R'(x)+(1-\frac{n^2}{x^2})R(x)=0 \tag{1.120'}$$

它的解为

$$R(x)=\begin{cases}J_n(x)\\ Y_n(x)\end{cases} \tag{1.121}$$

式中,$J_n(x)$为第一类 n 阶贝塞尔函数,$Y_n(x)$为第二类 n 阶贝塞尔函数。有关贝塞尔函数,后

面还要讨论。

最后，方程(1.114)的通解为

$$u(\rho,\varphi,z)=\sum_{n=0}^{\infty}\sum_{m>0}[(A_nJ_n(m\rho)+B_nY_n(m\rho)][C_n\cos n\varphi+D_n\sin n\varphi][E_m e^{mz}+F_m e^{-mz}] \tag{1.122}$$

若 $m=0$，则(1.116)式第三式的解为

$$Z=\begin{cases}c\\ z\end{cases}$$

这时(1.116)式的第一式为

$$\rho^2R''+\rho R'-n^2R=0 \tag{1.123}$$

如果 $n=0$，则方程(1.123)的解为

$$R(\rho)=\begin{cases}c\\ \ln\rho\end{cases}$$

于是方程(1.114)的通解为

$$u(\rho,z)=(A+B\ln\rho)(C+Dz) \tag{1.124}$$

当 n 为正整数时，方程(1.123)式的解为

$$R(\rho)=\begin{cases}\rho^n\\ \rho^{-n}\end{cases}$$

所以，方程(1.114)式的通解为

$$u(\rho,\varphi,z)=\sum_{n=1}^{\infty}(A_n\rho^n+B_n\rho^{-n})(C_n\cos n\varphi+D_n\sin n\varphi)(E_n+F_nz) \tag{1.125}$$

如果柱体上、下底的边界条件为齐次，则应该取 $m^2<0$，这时方程(1.116)第三式的解为

$$Z=\begin{cases}\cos mz\\ \sin mz\end{cases}$$

而第一式为

$$\rho^2R''+\rho R'-(m^2\rho+n^2)\rho=0 \tag{1.126}$$

令 $x=m\rho$，可将上式化为虚宗量贝塞尔方程

$$R''(x)+\frac{1}{x}R'(x)-(1+\frac{n^2}{x^2})R(x)=0 \tag{1.127}$$

它的解为

$$R(x)=\begin{cases}I_n(x)\\ K_n(x)\end{cases}$$

$I_n(x)$为第一类 n 阶虚宗量贝塞尔函数，$K_n(x)$为第二类 n 阶虚宗量贝塞尔函数。于是(1.114)式的通解为

$$u(\rho,\varphi,z)=\sum_{n=0}^{\infty}\sum_{m}[(A_nI_n(m\rho)+B_nK_n(m\rho)][C_n\cos n\varphi+D_n\sin n\varphi][E_m\cos mz+F_m\sin mz]\quad(m^2<0) \tag{1.128}$$

如果场的分布与 Z 无关，则在柱坐标系中拉普拉斯方程的通解变为

$$u(\rho,\varphi)=\sum_{n=1}^{\infty}(A_n\rho^n+B_n\rho^{-n})(C_n\cos n\varphi+D_n\sin n\varphi) \tag{1.129}$$

$n=0$ 时，其解取(1.124)式的形式。

总之，拉普拉斯方程的通解取何种形式，要根据所研究的场的具体条件来确定，切不可盲目地搬用。例如在研究均匀电场中无限长匀质介电圆柱体的电场时，如果电场方向垂直柱轴，这时场与 Z 无关，其通解应取(1.129)式的形式。并进一步注意到场的轴对称特点(场的方向与 X 轴正向一致时，场对称于 X 轴)，亦即 $u(\rho,\varphi)=u(\rho,-\varphi)$。因此，其通解中显然不能包含 $\sin n\varphi$ 项，故这时拉普拉斯方程的通解应写成

$$u(\rho,\varphi)=\sum_{n=1}^{\infty}(A_n\rho^n+B_n\rho^{-n})\cos n\varphi$$

这仅是一个例子，说明具体分析的重要性。今后会遇到各种各样形式的不同性质的场，学会了分析问题的方法，就找到了解决问题的钥匙。

二、波动方程

在均匀介质中，点震源的波动方程为

$$\frac{\partial^2\omega}{\partial t^2}=a^2\nabla^2\omega \tag{1.130}$$

由于这种波动具有球对称性，因此在球坐标系中 ω 只与 r 有关，而与 θ 和 φ 无关，即

$$\nabla^2\omega=\frac{1}{r^2}\frac{\partial}{\partial r}(r^2\frac{\partial\omega}{\partial r})=\frac{\partial^2\omega}{\partial r^2}+\frac{2}{r}\frac{\partial\omega}{\partial r}$$

于是波动方程化为

$$\frac{\partial^2\omega}{\partial t^2}=a^2[\frac{\partial^2\omega}{\partial r^2}+\frac{2}{r}\frac{\partial\omega}{\partial r}] \tag{1.131}$$

这个方程又称之为球面方程。令 $u=r\omega$，则(1.131)式化为

$$\frac{\partial^2 u}{\partial t^2}=a^2\frac{\partial^2 u}{\partial r^2} \tag{1.132}$$

这个方程的通解为

$$u(r,t)=F(r-at)+G(r+at)$$

于是方程(1.131)的通解为

$$\omega(r,t)=\frac{1}{r}[F(r-at)+G(r+at)] \tag{1.133}$$

式中，F，G 表示两个不同的任意函数。

显然，(1.133)式中右边第一项表示从中心沿半径方向向外传播的球面波，而第二项则表示沿半径反方向向中心传播的球面波，即反射波。在不同时间 t，波前为半径不同的同心球面。

现在来讨论具有初始条件的(1.133)式的特解问题。设初始条件($t=0$)为

$$\omega(r,0)=\varphi(r),\qquad r\geqslant 0 \tag{1.134}$$

$$\frac{\partial\omega(r,0)}{\partial t}=\psi(r)\qquad r\geqslant 0 \tag{1.135}$$

则将上述初始条件代入(1.133)式，得

$$F(r)+G(r)=r\varphi(r) \tag{1.136}$$

$$-F'(r)+G'(r)=\frac{r}{a}\psi(r) \tag{1.137}$$

(1.137)式中的　$F'(r)=\left.\dfrac{\partial F(r,t)}{\partial t}\right|_{t=0}$；　$G'(r)=\left.\dfrac{\partial G(r,t)}{\partial t}\right|_{t=0}$

对(1.137)式从 r_0 到 r 积分，得

$$C-F(r)+G(r)=\frac{1}{a}\int_{r_0}^{r}S\psi(s)\mathrm{d}s \tag{1.138}$$

将(1.136)式与(1.138)式联立解得

$$\begin{cases}F(r)=\dfrac{r}{2}\varphi(r)-\dfrac{1}{2a}\displaystyle\int_{r_0}^{r}S\psi(s)\mathrm{d}s+\dfrac{c}{2}\\ G(r)=\dfrac{r}{2}\varphi(r)+\dfrac{1}{2a}\displaystyle\int_{r_0}^{r}S\psi(s)\mathrm{d}s-\dfrac{c}{2}\end{cases}$$

代回(1.133)式，便得到满足初始条件(1.134)、(1.135)式的球面波的特解

$$\omega(r,t)=\frac{1}{2r}[(r-at)\varphi(r-at)+(r+at)\varphi(r+at)]+\frac{1}{2ar}\int_{r-at}^{r+at}S\psi(s)\mathrm{d}s \tag{1.139}$$

由于对有限的初始扰动来说，其所产生的波动也应为有限，即使是在 $r\to0$ 时也是如此，因此(1.139)式右端两项应该是有界的，即

$$\lim_{r\to0}[(r-at)\varphi(r-at)+(r+at)\varphi(r+at)]=(-at)\varphi(-at)+(at)\varphi(at)=0$$

以及　$\displaystyle\lim_{r\to0}\int_{r-at}^{r+at}S\psi(s)\mathrm{d}s=\int_{-at}^{at}S\psi(s)\mathrm{d}s=0$

三、亥姆霍兹方程

在电磁场中，如果场是谐变的

$$\boldsymbol{E}=\boldsymbol{E}_0\mathrm{e}^{\mathrm{i}\omega t};\qquad \boldsymbol{H}=\boldsymbol{H}_0\mathrm{e}^{\mathrm{i}\omega t}$$

则它们的势也是谐变的。谐变场满足亥姆霍兹方程

$$\nabla^2\boldsymbol{E}+k^2\boldsymbol{E}=0 \tag{1.140}$$

$$\nabla^2\boldsymbol{H}+k^2\boldsymbol{H}=0 \tag{1.141}$$

在洛伦兹规范条件下，它们的势也满足亥姆霍兹方程

$$\nabla^2\boldsymbol{A}+k^2\boldsymbol{A}=0 \tag{1.142}$$

$$\nabla^2u+k^2u=0 \tag{1.143}$$

其中

$$\boldsymbol{H}=\nabla\times\boldsymbol{A} \tag{1.144}$$

$$\boldsymbol{E}=-(\nabla u+\frac{\partial\boldsymbol{A}}{\partial t}) \tag{1.145}$$

式中，$k=\sqrt{\omega^2\varepsilon\mu-\mathrm{i}\omega\sigma\mu}$ 称为波数，它仅与电磁波的频率及传播介质的物理参数有关，而与观测坐标无关。由于任何非周期函数通过富氏变换，总可以表示为若干周期函数的叠加，因此在研究电磁场时，谐变场具有普遍的意义。现在仅以(1.143)式为例，讨论亥姆霍兹方程的分离变量解法。

1. 直角坐标系中亥姆霍兹方程的解

直角坐标系中的亥姆霍兹方程为

$$\frac{\partial^2u}{\partial x^2}+\frac{\partial^2u}{\partial y^2}+\frac{\partial^2u}{\partial z^2}+k^2u=0 \tag{1.146}$$

令 $u(x,y,z)=X(x)Y(y)Z(z)$，代入上式得

$$\frac{X''}{X}+\frac{Y''}{Y}+\frac{Z''}{Z}+k^2=0 \tag{1.147}$$

(1.147)式成立的条件是式中前三项为常数，即

$$\begin{cases}\dfrac{X''}{X}=-k_x^2\\[2mm]\dfrac{Y''}{Y}=-k_y^2\\[2mm]\dfrac{Z''}{Z}=-k_z^2\end{cases} \tag{1.148}$$

并且，$k_x^2+k_y^2+k_z^2=k^2$

(1.148)式的解有三角函数 $\begin{cases}\cos(k_j j)\\ \sin(k_j j)\end{cases}$ 和指数函数 $\begin{cases}e^{ik_j j}\\ e^{-ik_j j}\end{cases}$ 两种形式，$(j=x,y,z)$。取何种解，应视具体问题的条件而定。可以一般地把(1.148)式的解表示为

$$u(x,y,z)=\sum_{k_x k_y} C_{k_x k_y} h(k_x x)h(k_y y)h(k_z z) \tag{1.149}$$

式中，只取 k_x,k_y 是因为 k_x,k_y,k_z 三个量中只有两个是独立的：$k_z^2=k^2-k_x^2-k_y^2$

如果分离常数 k_x,k_y 不是离散取值而是连续取值，则其通解应以积分方程的形式表示

$$u(x,y,z)=\iint_{k_x k_y} C_{k_x k_y} h(k_x x)h(k_y y)h(k_z z)\mathrm{d}k_x\mathrm{d}k_y \tag{1.150}$$

式中，$C_{k_x k_y}$ 为待定常数，应由边界条件确定。

(1.146)式最常见的解具有指数形式，这时通解为

$$u(x,y,z)=\sum_{k_x}\sum_{k_y} C_{k_x k_y} e^{i(k_x x+k_y y+k_z z)} \tag{1.151}$$

或

$$u(x,y,z)=\iint_{k_x k_y} C_{k_x k_y} e^{i\boldsymbol{k}\cdot\boldsymbol{r}}\mathrm{d}k_x\mathrm{d}k_y \tag{1.152}$$

式中，$\boldsymbol{k}=k_x\boldsymbol{i}+k_y\boldsymbol{j}+k_z\boldsymbol{k}$，$\boldsymbol{r}=x\boldsymbol{i}+y\boldsymbol{j}+z\boldsymbol{k}$

2. 球坐标系中亥姆霍兹方程的解

球坐标系中亥姆霍兹方程为

$$\frac{1}{r^2}\frac{\partial}{\partial r}\left(r^2\frac{\partial u}{\partial r}\right)+\frac{1}{r^2\sin\theta}\frac{\partial}{\partial\theta}\left(\sin^2\theta\frac{\partial u}{\partial\theta}\right)+\frac{1}{r^2\sin^2\theta}\frac{\partial^2 u}{\partial\varphi^2}+k^2u=0 \tag{1.153}$$

令 $u(r,\theta,\varphi)=R(r)\Theta(\theta)\Phi(\varphi)$，代入(1.153)式得

$$\frac{\sin^2\theta}{R}\frac{\mathrm{d}}{\mathrm{d}r}\left(r^2\frac{\mathrm{d}R}{\mathrm{d}r}\right)+\frac{\sin\theta}{\Theta}\frac{\mathrm{d}}{\mathrm{d}\theta}\left(\sin\theta\frac{\mathrm{d}\Theta}{\mathrm{d}\theta}\right)+k^2r^2\sin^2\theta=-\frac{1}{\Phi}\frac{\mathrm{d}^2\Phi}{\mathrm{d}\varphi^2} \tag{1.154}$$

上式左边仅与 R 及 θ 有关，而右边仅与 φ 有关，因此它们必须等于某一常数 m^2，于是

$$\begin{cases}\dfrac{\mathrm{d}^2\Phi}{\mathrm{d}\varphi^2}+m^2\Phi=0\\[2mm]\dfrac{\sin^2\theta}{R}\dfrac{\mathrm{d}}{\mathrm{d}r}\left(r^2\dfrac{\mathrm{d}R}{\mathrm{d}r}\right)+\dfrac{\sin\theta}{\Theta}\dfrac{\mathrm{d}}{\mathrm{d}\theta}\left(\sin\theta\dfrac{\mathrm{d}\Theta}{\mathrm{d}\theta}\right)+k^2r^2\sin^2\theta-m^2=0\end{cases}$$

进一步将 $R(r)$ 与 $\Theta(\theta)$ 分离。以 $\sin^2\theta$ 除各项得

$$\frac{1}{R}\frac{\mathrm{d}}{\mathrm{d}r}(r^2\frac{\mathrm{d}R}{\mathrm{d}r})+k^2r^2=\frac{m^2}{\sin^2\theta}-\frac{1}{\Theta\sin\theta}\frac{\mathrm{d}}{\mathrm{d}\theta}(\sin\theta\frac{\mathrm{d}\Theta}{\mathrm{d}\theta})$$

上式左边仅与 r 有关，右边则为 θ 的函数。其成立的条件是等于另一个常数，设为 $n(n+1)$。这样(1.153)式可分离为三个常微分方程

$$\begin{cases}\frac{\mathrm{d}}{\mathrm{d}r}(r^2\frac{\mathrm{d}R}{\mathrm{d}r})+[k^2r^2-n(n+1)]R=0\\ \frac{1}{\sin\theta}\frac{\mathrm{d}}{\mathrm{d}\theta}(\sin\theta\frac{\mathrm{d}\Theta}{\mathrm{d}\theta})+[n(n+1)+\frac{m^2}{\sin^2\theta}]\Theta=0\\ \frac{\mathrm{d}^2\Phi}{\mathrm{d}\varphi^2}+m^2\Phi=0\end{cases}\tag{1.155}$$

注意到在 $0\leqslant\varphi\leqslant2\pi$ 范围内 $\Phi(\varphi)$ 函数的单值性以及 $\Phi(\varphi)$ 的周期性，式中第三式的解应为

$$\Phi(\varphi)=\begin{cases}\cos m\varphi\\ \sin m\varphi\end{cases}\qquad(m=0,1,2,\cdots)\tag{1.156}$$

(1.155)式中的第二个方程与(1.106)式完全相同，在 $0\leqslant\theta\leqslant\pi$ 的定义域内，$\Theta(\theta)$ 有界且不恒为零的解是连带勒让德函数

$$\Theta(\theta)=P_n^m(\cos\theta)\qquad 0(n=0,1,2,\cdots,n>m)\tag{1.157}$$

当 $m=0$ 时，有 $\Theta(\theta)=P_n(\cos\theta)$，这是勒让德多项式。

将(1.155)式的第一式展开得

$$r^2R''+2rR'+[k^2r^2-n(n+1)]R=0$$

令 $x=kr$，则上式变为球贝塞尔方程：

$$R''(x)+\frac{2}{x}R'(x)+[1-\frac{n(n+1)}{x^2}]R(x)=0\tag{1.158}$$

若令 $R(x)=v(x)/\sqrt{x}$，则(1.158)式便变为$(n+\frac{1}{2})$阶贝塞尔方程的形式：

$$x^2v''(x)+xv'(x)+[x^2-(n+\frac{1}{2})^2]v(x)=0\tag{1.159}$$

(1.159)式的解以 $B_{n+\frac{1}{2}}(x)$ 表示，于是

$$R(x)=\sqrt{\frac{1}{kr}}B_{n+\frac{1}{2}}(kr)=b_n(kr)$$

最后可组合出方程(1.153)式的通解式为

$$u(r,\theta,\varphi)=\sum_{n=0}^{\infty}\sum_{m=0}^{n}A_nb_n(kr)P_n^m(\cos\theta)\,(B_m\cos m\varphi+C_m\sin m\varphi)\tag{1.160}$$

式中，A_n,B_m,C_m 为待定系数，由边界条件确定，$b_n(kr)$ 为球贝塞尔函数，它代表下列贝塞尔函数及其线性组合

$$b_n(kr)=\begin{cases}\sqrt{\frac{\pi}{2kr}}J_{n+\frac{1}{2}}(kr)\\ \sqrt{\frac{\pi}{2kr}}Y_{n+\frac{1}{2}}(kr)\\ \sqrt{\frac{\pi}{2kr}}H^{(1)}_{n+\frac{1}{2}}(kr)\\ \sqrt{\frac{\pi}{2kr}}H^{(2)}_{n+\frac{1}{2}}(kr)\end{cases}\qquad(n=0,1,2,3,\cdots)\tag{1.161}$$

$b_n(kr)$取何种函数形式由具体情况决定。

3. 圆柱坐标系中亥姆霍兹方程的解

圆柱坐标系中的亥姆霍兹方程为

$$\frac{1}{\rho}\frac{\partial}{\partial\rho}(\rho\frac{\partial u}{\partial\rho})+\frac{1}{\rho^2}\frac{\partial^2 u}{\partial\varphi^2}+\frac{\partial^2 u}{\partial z^2}+k^2u=0 \tag{1.162}$$

设 $u(\rho,\varphi,z)=R(\rho)\Phi(\varphi)Z(z)$，代入上式得

$$\frac{1}{\rho R}\frac{\mathrm{d}}{\mathrm{d}\rho}(\rho\frac{\mathrm{d}R}{\mathrm{d}\rho})+\frac{1}{\rho^2\Phi}\frac{\mathrm{d}^2\Phi}{\mathrm{d}\varphi^2}+k^2=-\frac{1}{Z}\frac{\mathrm{d}^2Z}{\mathrm{d}z^2}$$

令上式两端各等于分离常数 λ^2，这样，上式左端为

$$\frac{1}{\rho R}\frac{\mathrm{d}}{\mathrm{d}\rho}(\rho\frac{\mathrm{d}R}{\mathrm{d}\rho})+\frac{1}{\rho^2\Phi}\frac{\mathrm{d}^2\Phi}{\mathrm{d}\varphi^2}+k^2-\lambda^2=0$$

以 ρ^2 乘以各项便得

$$\frac{\rho}{R}\frac{\mathrm{d}}{\mathrm{d}\rho}(\rho\frac{\mathrm{d}R}{\mathrm{d}\rho})+(k^2-\lambda^2)\rho^2=-\frac{1}{\Phi}\frac{\mathrm{d}^2\Phi}{\mathrm{d}\varphi^2}$$

令上式两端各等于常数 m^2，便将(1.162)式分离为三个全微分方程

$$\begin{cases}Z''+\lambda^2Z=0\\ \Phi''+m^2\Phi=0\\ \rho^2R''+\rho R'+[\rho^2(k^2-\lambda^2)-m^2]R=0\end{cases} \tag{1.163}$$

(1.163)式的第一、第二个方程的通解为

$$\Phi(\varphi)=\begin{pmatrix}\cos m\varphi\\ \sin m\varphi\end{pmatrix} \tag{1.164}$$

$$Z(z)=\begin{pmatrix}\mathrm{e}^{\mathrm{i}\lambda z}\\ \mathrm{e}^{-\mathrm{i}\lambda z}\end{pmatrix}\begin{pmatrix}\cos\lambda z\\ \sin\lambda z\end{pmatrix} \tag{1.165}$$

若令 $k_\rho^2=k^2-\lambda^2$； $x=\rho k_\rho$，(1.163)式的第三个方程可变为

$$x^2R''(x)+xR'(x)+(x^2-m^2)R(x)=0 \tag{1.166}$$

此式为贝塞尔方程，它的解为下列贝塞尔函数：$J_m(k_\rho\rho)$，$Y_m(k_\rho\rho)$，$H_m^{(1)}(k_\rho\rho)$，$H_m^{(2)}(k_\rho\rho)$，或其中任意两个的线性组合。以 $b_m(k_\rho\rho)$ 来表示

$$R(\rho)=b_m(k_\rho\rho)$$

最后得方程(1.162)式的通解为

$$u(\rho,\varphi,z)=\sum_m\sum_{K_\rho}A_{m,k_\rho}b_m(k_\rho\rho)(B_m\cos m\varphi+C_m\sin m\varphi)(D_m\mathrm{e}^{\mathrm{i}\lambda z}+E_m\mathrm{e}^{-\mathrm{i}\lambda z}) \tag{1.167}$$

或

$$u(\rho,\varphi,z)=\sum_m\sum_{K_\rho}A_{m,k_\rho}b_m(k_\rho\rho)(B_m\cos m\varphi+C_m\sin m\varphi)(D_m\cos\lambda z+E_m\sin\lambda z) \tag{1.167'}$$

式中，$\lambda=\sqrt{k^2-k_\rho^2}$不是独立的。

四、勒让德函数

1. 勒让德方程和它的解

在解球坐标系中的拉普拉斯方程和亥姆霍兹方程时，遇到过如下形式的微分方程

$$(1-x^2)P''(x)-2xP'(x)+\left[n(n+1)-\frac{m^2}{1-x^2}\right]P(x)=0 \tag{1.168}$$

它称为连带勒让德方程，当式中 $m=0$ 时，便变成勒让德方程

$$(1-x)^2P''(x)-2xP'(x)+n(n+1)P(x)=0 \tag{1.169}$$

在解具有轴对称性的二维拉普拉斯方程时，就出现勒让德方程。可以证明，当 n 为零或正整数时，多项式

$$P_n(x)=\frac{1}{2^n n!}\frac{\mathrm{d}^n}{\mathrm{d}x^n}(x^2-1)^n \qquad (n=0,1,2,\cdots) \tag{1.170}$$

是勒让德方程(1.169)的一组解，称之为勒让德多项式。从(1.170)式出发，通过简单的微分运算(设 $x=\cos\theta$)，可以得到

$P_0(x)=1$

$P_1(x)=x=\cos\theta$

$P_2(x)=\frac{1}{2}(3x^2-1)=\frac{1}{4}(3\cos2\theta+1)$

$P_3(x)=\frac{1}{2}(5x^3-3x)=\frac{1}{8}(5\cos3\theta+3\cos\theta)$

$P_4(x)=\frac{1}{8}(35x^4-30x^2+3)=\frac{1}{64}(35\cos4\theta+20\cos2\theta+9)$

$P_5(x)=\frac{1}{8}(63x^5-70x^3+15x)=\frac{1}{128}(63\cos5\theta+35\cos3\theta+30\cos\theta)$

……

将上述任一式代入方程(1.169)式，都能使它成立。例如取 $n=3$ 时，有

$$P'_3(x)=\frac{1}{2}(15x^2-3),P''_3(x)=15x;$$

代入(1.169)式，得

$$(1-x^2)\times15x-2x\left[\frac{1}{2}(15x^2-3)\right]+3\times4\times\left[\frac{1}{2}(5x^3-3x)\right]=$$

$$15x-15x^3-15x^3+3x+30x^3-18x=0$$

但是直接从(1.170)式出发计算勒让德多项式的值比较麻烦，当阶数很高时更是如此，为此利用下述勒让德多项式的递推公式进行计算，就较为简便。

$$(n+1)P_{n+1}(x)=(2n+1)xP_n(x)-nP_{n-1}(x) \tag{1.171}$$

例如根据 $P_4(x)=\frac{1}{8}(35x^4-30x^2+3)$ 和 $P_5(x)=\frac{1}{8}(63x^5-70x^3+15x)$，便可利用(1.171)式计算 $P_6(x)$

$$P_6(x)=\frac{1}{48}[11x(63x^5-70x^3+15x)-5(35x^4-30x^2+3)]$$

$$=\frac{1}{48}(693x^6-945x^4+315x^2-15)=\frac{1}{16}(231x^6-315x^4+105x^2-5)$$

令 $x=\cos\theta$，勒让德多项式也可以用积分的形式来表示

$$P_n(\cos\theta)=\frac{1}{\pi}\int_0^{\pi}(\cos\theta+i\sin\theta\cos\varphi)^n\mathrm{d}\varphi \tag{1.172}$$

这个积分称为拉普拉斯积分。

勒让德方程的另一个与 $P_n(x)$ 线性无关的解为

$$Q_n(x) = \frac{1}{2}P_n(x)\ln\frac{1+x}{1-x} - \sum_{k=1}^{n}\frac{1}{k}P_{k-1}(x)P_{n-k}(x) \qquad (-1<x<1) \tag{1.173}$$

$Q_n(x)$ 称为第二类勒让德函数，显然，$x=\pm 1$ 是 $Q_n(x)$ 的无穷型间断点。当需要研究的矢场在 $0\leqslant\theta\leqslant\pi$ 区间内有确定的值时，它的标势解析式中就不包含 $Q_n(x)$ 项，而只包含 $P_n(x)$ 项。

关于连带勒让德方程的解，可以这样来处理：令 $Z(x)=(1-x^2)^{-\frac{m}{2}}P(x)$，则

$$P'(x) = (1-x^2)^{\frac{m}{2}}Z'(x) - mx(1-x^2)^{\frac{m}{2}-1}Z(x)$$

$$P''(x) = (1-x^2)^{\frac{m}{2}}Z''(x) - 2mx(1-x^2)^{\frac{m}{2}-1}Z'(x) +$$

$$+\left[m(m-2)x^2(1-x^2)^{\frac{m}{2}-2} - m(1-x^2)^{\frac{m}{2}-1}\right]Z(x)$$

将它代入(1.168)式，得

$$(1-x^2)^{\frac{m}{2}}\{(1-x^2)Z''(x) - 2(m+1)xZ'(x) + [n(n+1)-m(m+1)]Z(x)\} = 0$$

由于 $(1-x^2)^{\frac{m}{2}}$ 不恒为零，所以 $Z(x)$ 满足下列方程

$$(1-x^2)Z''(x) - 2(m+1)xZ'(x) + [n(n+1)-m(m+1)]Z(x) = 0 \tag{1.174}$$

由于已知 $P_n(x)$ 是方程 $(1-x^2)P''_n(x)-2xP'_n(x)+n(n+1)P_n(x)=0$ 的解，对勒让德方程求 m 次导数($m\leqslant n$)，得

$$(1-x^2)P_n^{m+2}(x) - 2mxP_n^{m+1}(x) - m(m-1)P_n^m(x) -$$

$$-2xP_n^{m+1}(x) - 2mP_n^m(x) + n(n+1)P_n^m(x) = 0$$

上式经整理后，变成

$$(1-x^2)\left[\frac{\mathrm{d}^m}{\mathrm{d}x^m}P_n(x)\right]'' - 2(m+1)x\left[\frac{\mathrm{d}^m}{\mathrm{d}x^m}P_n(x)\right]' +$$

$$+[n(n+1)-m(m+1)]\left[\frac{\mathrm{d}^m}{\mathrm{d}x^m}P_n(x)\right] = 0$$

此式与(1.174)式形式完全相同，即

$$Z(x) = \frac{\mathrm{d}^m}{\mathrm{d}x^m}P_n(x)$$

于是连带勒让德方程的一个解可表示为

$$P(x) = P_n^m(x) = (1-x^2)^{\frac{m}{2}}\frac{\mathrm{d}^m}{\mathrm{d}x^m}P_n(x) \tag{1.175}$$

称为第一类 n 次 m 阶连带勒让德函数，显然

$$Q_n^m(x) = (1-x^2)^{\frac{m}{2}}\frac{\mathrm{d}^m}{\mathrm{d}x^m}Q_n(x) \tag{1.176}$$

也是连带勒让德方程的一组解。

将(1.170)式代入(1.175)式，得

$$P_n^m(x) = \frac{(1-x^2)^{\frac{m}{2}}}{2^n n!}\frac{\mathrm{d}^{n+m}}{\mathrm{d}x^{n+m}}(x^2-1)^n \tag{1.177}$$

将 $-m$ 置换上式中的 m，得

$$P_n^{-m}(x) = \frac{(1-x^2)^{-\frac{m}{2}}}{2^n n!}\frac{\mathrm{d}^{n-m}}{\mathrm{d}x^{n-m}}(x^2-1)^n \tag{1.178}$$

它应是下列连带勒让德方程的解

$$(1-x^2)P''(x)-2xP'(x)+[n(n+1)-\frac{(-m)^2}{1-x^2}]P(x)=0$$

显然它就是(1.168)式。因此(1.178)式与(1.177)相同(最多相差一个常数因子)。

关于 $Q_n^m(x)$,由于它在 $x=\pm1$ 处无定义,所以对于在 $x=\pm1$(相对于球坐标系中 $\theta=0$ 或 π)处为有界的函数 $P(x)$,它的连带勒让德方程的解中也不应包含 $Q_n^m(x)$ 项。

下面列出几个低阶连带勒让德函数的表达式($x=\cos\theta$)

$$P_1^1(x)=(1-x^2)^{1/2}=\sin\theta$$

$$P_2^1(x)=3x(1-x^2)^{1/2}=\frac{3}{2}\sin2\theta$$

$$P_2^2(x)=3(1-x^2)=\frac{3}{2}(1-\cos2\theta)$$

$$P_3^1(x)=\frac{3}{2}(1-x^2)^{1/2}(5x^2-1)=\frac{3}{8}(\sin\theta+5\sin3\theta)$$

$$P_3^2(x)=15x(1-x^2)=\frac{15}{4}(\cos\theta-\cos3\theta)$$

$$P_3^3(x)=15(1-x^2)^{3/2}=\frac{15}{4}(3\sin\theta-\sin3\theta)$$

$$P_4^1=\frac{5}{2}(1-x^2)^{1/2}(7x^3-3x)=\frac{5}{16}(2\sin2\theta+7\sin4\theta)$$

$$P_4^2(x)=\frac{15}{2}(1-x^2)\cdot(7x^2-1)=\frac{15}{16}(3+4\cos2\theta-7\cos4\theta)$$

……

2. 球函数

球坐标下的三维拉普拉斯方程的通解已由(1.111)式给出

$$u(r,\theta,\varphi)=\sum_{n=0}^{\infty}\sum_{m=0}^{n}(A_nr^n+B_nr^{-(n+1)})(C_m\cos m\varphi+D_m\sin m\varphi)P_n^m(\cos\theta)$$

上述函数族及其线性组合称为球体函数,而与 r 无关仅与 θ 和 φ 有关的函数及其线性组合

$$y_{m,n}(\theta,\varphi)=\sum_{m=0}^{\infty}(C_m\cos m\varphi+D_m\sin m\varphi)P_n^m(\cos\theta)\tag{1.179}$$

称为球面函数,简称球函数。$m=0$ 时的球函数就是勒让德多项式 $P_n(\cos\theta)$。

根据三角函数族的正交性可以证明,在 $r=1$ 的单位球面上,不同次的两个球函数总是正交的。

$$\iint_S y_{(m,n)_1}(\theta,\varphi)y_{(m,n)_2}(\theta,\varphi)\mathrm{d}s=0\tag{1.180}$$

式中,S 是单位球面,将 $\mathrm{d}s=\sin\theta\mathrm{d}\theta\mathrm{d}\varphi$ 代入上式,可得到下面四种积分

$$\int_0^{\pi}P_{n_1}^{m_1}(\cos\theta)P_{n_2}^{m_2}(\cos\theta)\sin\theta\mathrm{d}\theta\int_0^{2\pi}\cos m_1\varphi\cos m_2\varphi\mathrm{d}\varphi$$

$$\int_0^{\pi}P_{n_1}^{m_1}(\cos\theta)P_{n_2}^{m_2}(\cos\theta)\sin\theta\mathrm{d}\theta\int_0^{2\pi}\sin m_1\varphi\sin m_2\varphi\mathrm{d}\varphi$$

$$\int_0^{\pi}P_{n_1}^{m_1}(\cos\theta)P_{n_2}^{m_2}(\cos\theta)\sin\theta\mathrm{d}\theta\int_0^{2\pi}\cos m_1\varphi\sin m_2\varphi\mathrm{d}\varphi$$

$$\int_0^{\pi} P_{n_1}^{m_1}(\cos\theta) P_{n_2}^{m_2}(\cos\theta)\sin\theta d\theta \int_0^{2\pi} \sin m_1\varphi \cos m_2\varphi d\varphi$$

由于 m_1, m_2 为零或正整数，因此上面各式积分结果均为零。事实上 $n_1 = n_2$ 时，上述积分也为零。因此可以说，任何两个球函数在单位球面上总是正交的。

在 $m_1 = m_2 = 0$ 时，球函数为勒让德多项式 $P_n(\cos\theta)$，因而任意两个勒让德多项式在单位球面上也是正交的

$$\int_{-1}^{1} P_{n_1}(x) P_{n_2}(x) dx = 0 \tag{1.181}$$

现在来计算球函数的模 N_n^m，当 $m \neq 0$ 时有

$$\begin{aligned}[N_n^m]^2 &= \iint_S [P_n^m(\cos\theta)]^2 \sin^2 m\varphi \sin\theta d\theta d\varphi \\ &= \int_{-1}^{1} [P_n^m(\cos\theta)]^2 d(\cos\theta) \int_0^{2\pi} \sin^2 m\varphi d\varphi \\ &= \pi \int_{-1}^{1} [P_n^m(x)]^2 dx = \left(\frac{2\pi}{2n+1}\right) \frac{(n+m)!}{(n-m)!}\end{aligned}$$

当 $m=0$ 时，则有

$$[N_n^0]^2 = \iint_S [P_n(\cos\theta)]^2 \sin\theta d\theta d\varphi = 2\pi \int_{-1}^{1} [P_n(x)]^2 dx = \frac{4\pi}{2n+1}$$

将上述两种结果合并考虑，得

$$N_n^m = \sqrt{\frac{k_m 2\pi (n+m)!}{(2n+1)(n-m)!}} \qquad k_m = \begin{cases} 1 & (m \neq 0) \\ 2 & (m = 0) \end{cases} \tag{1.182}$$

知道了正交性与模，就可将任一个在单位球面上连续并且其二阶导数也连续的函数 $f(\theta, \varphi)$，按球函数展成下列级数

$$f(\theta, \varphi) = \sum_{n=0}^{\infty} \sum_{m=0}^{n} [a_n^m P_n^m(\cos\theta) \cos m\varphi + b_n^m P_n^m(\cos\theta) \sin m\varphi] \tag{1.183}$$

式中

$$a_n^m = \frac{(2n+1)}{2\pi k_m} \cdot \frac{(n-m)!}{(n+m)!} \iint_S f(\theta, \varphi) P_n^m(\cos\theta) \cos m\varphi \sin\theta d\theta d\varphi \tag{1.184}$$

$$b_n^m = \frac{(2n+1)}{2\pi} \cdot \frac{(n-m)!}{(n+m)!} \iint_S f(\theta, \varphi) P_n^m(\cos\theta) \sin m\varphi \sin\theta d\theta d\varphi \tag{1.185}$$

或者

$$f(\theta, \varphi) = \sum_{n=0}^{\infty} \sum_{m=0}^{n} a_n^m P_n^m(\cos\theta) e^{im\varphi} \tag{1.186}$$

式中

$$a_n^m = \frac{(2n+1)}{4\pi} \cdot \frac{(n-m)!}{(n+m)!} \iint_S f(\theta, \varphi) P_n^m(\cos\theta) e^{-im\varphi} \sin\theta d\theta d\varphi \tag{1.187}$$

五、贝塞尔函数

1. 贝塞尔方程的解

贝塞尔方程为

$$x^2 R''(x) + x R'(x) + (x^2 - v^2) R(x) = 0$$

式中，v 称为方程的阶，它可以是实数或复数。贝塞尔方程的解通常用级数来表示，称为贝塞尔函数。

当 v 不为整数(包括零)和半整数时，贝塞尔方程的级数解为

$$R(x)=\sum_{k=0}^{\infty}\frac{(-1)^k(\frac{x}{2})^{\pm v+2k}}{\Gamma(k+1)\Gamma(\pm v+k+1)} \tag{1.188}$$

(1.188)式右边的函数称为第一类 v 阶贝塞尔函数，以 $J_v(x)$ 表示。由于式(1.188)中包含了两个线性无关的独立解，即分别含 v 和 $-v$ 的两个解，其中

$$J_v(x)=(\frac{x}{2})^v\sum_{k=0}^{\infty}\frac{(-1)^k(\frac{x}{2})^{2k}}{k!\Gamma(v+k+1)} \tag{1.189}$$

$$J_{-v}(x)=(\frac{x}{2})^{-v}\sum_{k=0}^{\infty}\frac{(-1)^k(\frac{x}{2})^{2k}}{k!\Gamma(-v+k+1)} \tag{1.190}$$

式中

$$\Gamma(\pm v+k+1)=\int_0^{\infty}u^{(\pm v+k)}\mathrm{e}^{-u}\mathrm{d}u \tag{1.191}$$

称为伽玛函数。因此，当 v 不为整数和半整数时，贝塞尔方程的通解可以表示为

$$R(x)=C_1J_v(x)+C_2J_{-v}(x) \tag{1.192}$$

在(1.192)式中，若取 $C_1=\dfrac{\cos(v\pi)}{\sin(v\pi)}$，$C_2=-\dfrac{1}{\sin(v\pi)}$ 则可构成一个新的函数

$$Y_v(x)=\frac{\cos(v\pi)J_v(x)-J_{-v}(x)}{\sin(v\pi)} \tag{1.193}$$

$Y_v(x)$ 称为第二类 v 阶贝塞尔函数。显然，当 v 不为整数时，$Y_v(x)$ 也是贝塞尔方程的一个解。

当 v 为整数时，记 $v=n(n=0,\pm1,\pm2,\cdots)$，这时(1.189)式仍为贝塞尔方程的一个解，但由于 $\Gamma(n+k+1)=(n+k)!$，所以(1.189)式写为

$$J_n(x)=(\frac{x}{2})^n\sum_{k=0}^{\infty}\frac{(-1)^k(\frac{x}{2})^{2k}}{k!(n+k)!} \tag{1.194}$$

然而这时(1.190)式却不是另一个线性无关的解。因为当 $k<n$ 时，$|\Gamma(-n+k+1)|\to\infty$，所以

$$J_{-n}(x)=(\frac{x}{2})^{-n}\sum_{k=0}^{\infty}\frac{(-1)^k(\frac{x}{2})^{2k}}{k!\Gamma(-n+k+1)}=(\frac{x}{2})^{-n}\sum_{k=n}^{\infty}\frac{(-1)^k(\frac{x}{2})^{2k}}{k!(k-n)!}$$

令 $h=k-n$，则上式可写为

$$J_{-n}(x)=(\frac{x}{2})^n\sum_{h=0}^{\infty}\frac{(-1)^{h+n}(\frac{x}{2})^{2h}}{h!(h+n)!}=(-1)^nJ_n(x)$$

可见，当 n 为整数时，$J_{-n}(x)$ 与 $J_n(x)$ 是线性相关的。它们之间只差一个系数 $(-1)^n$，所以 $J_{-n}(x)$ 不能构成贝塞尔方程的另一个独立解。那么(1.193)式是否可以构成另一个独立解呢？当 $v=n$，且 n 为整数时，(1.193)式将变成$\dfrac{0}{0}$的待定形式。应用洛必达法则可得

$$Y_n(x)=\frac{1}{\pi}\left\{\begin{aligned}&2J_n(x)\ln\frac{x}{2}-\sum_{k=0}^{n-1}\frac{(n-k-1)!}{k!}\left(\frac{x}{2}\right)^{2k-n}-\\&\sum_{k=0}^{\infty}\frac{(-1)^k\left(\frac{x}{2}\right)^{2k+n}}{k!(n+k)!}\left[\left(1+\frac{1}{2}+\frac{1}{3}+\cdots+\frac{1}{k}\right)+\right.\\&\left.\left(1+\frac{1}{2}+\frac{1}{3}+\cdots+\frac{1}{n+k}\right)\right]+2\gamma\end{aligned}\right\} \tag{1.195}$$

式中，$\gamma=0.57721566490\cdots\cdots$称为欧拉常数。这时 $Y_n(x)$与 $J_n(x)$分别是贝塞尔方程的两个线性独立解。这时贝塞尔方程的通解可以表示为

$$R(x)=C_1J_n(x)+C_2Y_n(x) \tag{1.196}$$

图 1.19 和图 1.20 分别为零阶和一阶的 $J_n(x)$及 $Y_n(x)$曲线。从图中可以看出，它们都是振荡衰减的函数。在 $x=0$ 时，$J_n(x)$为有限，而 $Y_n(x)$则为负无限大。

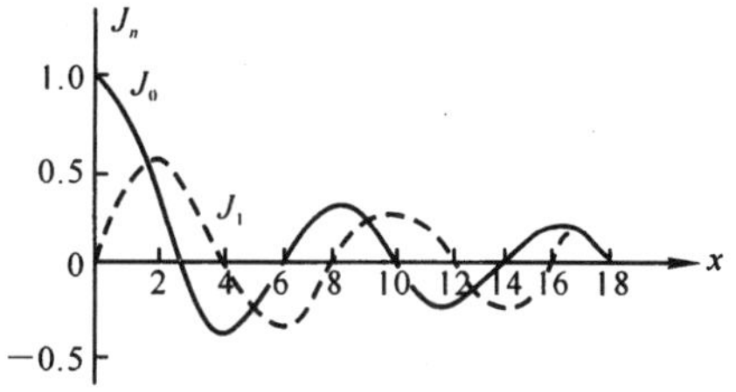

图 1.19　贝塞尔函数 $J_n(x)$曲线

综上所述，无论 v 是什么实数，$J_n(x)$和 $Y_n(x)$都是贝塞尔方程的两个线性独立解。当 v 不为整数时$Y_v(x)$取(1.193)式的形式，当 v 为整数时，$Y_v(x)$取式(1.195)的形式。所以贝塞尔方程的通解总可以表示为

$$R(x)=C_1J_v(x)+C_2Y_v(x) \tag{1.197}$$

如果所研究的物理场在圆柱坐标系中，当 $\rho=0$ 时为有限，则它的解中就不包含 $Y_v(x)$项。

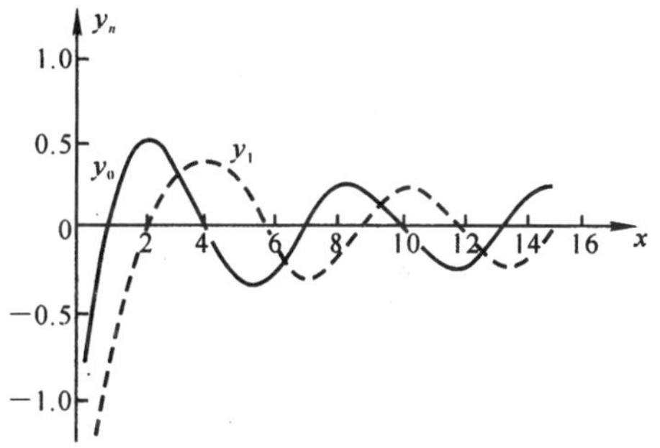

图 1.20　贝塞尔函数 $Y_n(x)$曲线

有时，会用到下列形式的解

$$\left.\begin{aligned}H_v^{(1)}(x)&=J_v(x)+iY_v(x)\\H_v^{(2)}(x)&=J_v(x)-iY_v(x)\end{aligned}\right\} \tag{1.198}$$

它们称为第三类 v 阶贝塞尔函数或汉克尔函数。两种形式的汉克尔函数是线性独立的。因此，贝塞尔方程也可采用如下形式的通解

$$R(x)=C_1H_v^{(1)}(x)+C_2H_v^{(2)}(x) \tag{1.199}$$

2. 虚宗量贝塞尔函数

在解圆柱坐标系中的拉普拉斯方程或亥姆霍兹方程时，都有可能遇到如下形式的方程

$$x^2R''(x)+xR'(x)-(x^2+v^2)R(x)=0 \tag{1.200}$$

它称为虚宗量贝塞尔方程。可以通过变换，把虚宗量贝塞尔方程变成贝塞尔方程的形式，从而求得它的解。

设 $y=\mathrm{i}x$，则 $x=-\mathrm{i}y$，于是

$$R'(x)=\frac{\mathrm{d}R}{\mathrm{d}y}\frac{\mathrm{d}y}{\mathrm{d}x}=\mathrm{i}R'(y);\qquad R''(x)=\frac{\mathrm{d}}{\mathrm{d}y}[\mathrm{i}R'(y)]\frac{\mathrm{d}y}{\mathrm{d}x}=-R''(y)$$

于是虚宗量贝塞尔方程便变为

$$(-\mathrm{i}y)^2[-R''(y)]+(-\mathrm{i}y)[\mathrm{i}R'(y)]-[(-\mathrm{i}y)^2+v^2]R(y)=0$$

整理后得

$$y^2R''(y)+yR'(y)+(y^2-v^2)R(y)=0 \tag{1.201}$$

这就是贝塞尔方程，只是其变量 y 为虚数。

当 v 不为整数时，(1.200)式的两个线性独立解分别为

$$J_v(\mathrm{i}x)=\mathrm{i}^v\sum_{k=0}^{\infty}\frac{(\frac{x}{2})^{v+2k}}{k!\Gamma(v+k+1)}=\mathrm{i}^vI_v(x) \tag{1.202}$$

$$J_{-v}(\mathrm{i}x)=\mathrm{i}^{-v}\sum_{k=0}^{\infty}\frac{(\frac{x}{2})^{-v+2k}}{k!\Gamma(-v+k+1)}=\mathrm{i}^{-v}I_{-v}(x) \tag{1.203}$$

式中

$$I_v(x)=\sum_{k=0}^{\infty}\frac{(\frac{x}{2})^{v+2k}}{k!\Gamma(v+k+1)} \tag{1.204}$$

$$I_{-v}(x)=\sum_{k=0}^{\infty}\frac{(\frac{x}{2})^{-v+2k}}{k!\Gamma(-v+k+1)} \tag{1.205}$$

称为第一类 v 阶(v 不为整数)虚宗量贝塞尔函数。这时方程(1.200)式的通解可表示为

$$R(x)=C_1I_v(x)+C_2I_{-v}(x) \tag{1.206}$$

虚宗量贝塞尔函数适用于这样的定解问题：在圆柱上、下两底的边界条件是齐次的，而侧面的边界条件却是非齐次的。

当 v 为整数时，记 $v=n(n=0,\pm1,\pm2,\cdots)$，显然有：$I_n(x)=I_{-n}(x)$，因此如果 $I_n(x)$ 是方程(1.200)式的一个解，$I_{-n}(x)$ 就不是另一个独立解。另一个线性独立解定义为

$$K_v(x)=\frac{x}{2}\cdot\frac{I_{-v}(x)-I_v(x)}{\sin v x} \tag{1.207}$$

称为第二类 v 阶虚宗量贝塞尔函数。当 v 为整数时，$K_n(x)$将变成$\frac{0}{0}$的待定型。为此，用洛必达法则，计算 $v\to n(n=0,\pm1,\pm2,\cdots)$时 $K_v(x)$的极限，得到

$$K_n(x)=(-1)^{n+1}I_n(x)(\ln\frac{x}{2}+\gamma)+\frac{1}{2}\sum_{k=0}^{n-1}\frac{(-1)^k(n-k-1)!}{k!}(\frac{x}{2})^{2k-n}+$$
$$\frac{(-1)^n}{2}\sum_{k=0}^{\infty}\frac{(\frac{x}{2})^{n+2k}}{k!(n+k)!}[(1+\frac{1}{2}+\frac{1}{3}+\cdots+\frac{1}{k})+(1+\frac{1}{2}+\frac{1}{3}+\cdots+\frac{1}{n+k})] \tag{1.208}$$

式中，γ 为欧拉常数。

因此，无论 v 为整数或非整数，虚宗量贝塞尔方程的通解均可表示为

$$R(x)=C_1I_v(x)+C_2K_v(x) \tag{1.209}$$

当 v 为非整数时，$K_v(x)$取(1.207)式的形式，当 v 为整数时，$K_v(x)$取(1.208)式的形式。

图 1.21 是 v 为整数时的虚宗量贝塞尔函数曲线。$I_n(x)$在 $x\to0$ 时是有界的，除 $I_0(x)\to1$ 外，其他 $I_n(x)$均趋于零。当 $x\to\infty$时，$I_n(x)\to\infty$。$K_n(x)$似乎有相反的规律，$x\to0$ 时，$K_n(x)\to\infty$，而 $x\to\infty$时，$K_n(x)\to0$。

3. 贝塞尔函数的基本性质

(1) 对于整数阶的贝塞尔函数，有

$$\begin{cases} J_{-n}(x) = (-1)^n J_n(x) \\ I_{-n}(x) = I_n(x) \end{cases} \quad (n = 0,1,2,\cdots) \tag{1.210}$$

第一个式子已经证明过，第二个式子可用同样方法证明。这表明，负整数阶的贝塞尔函数与对应正整数阶的贝塞尔函数相同或仅差一个负号。

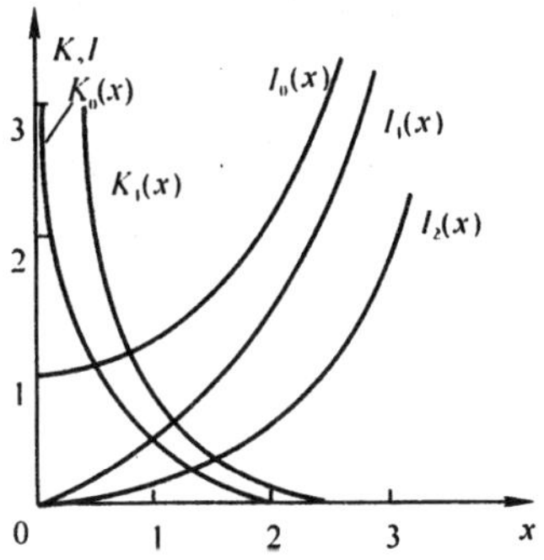

图 1.21　虚宗量贝塞尔函数曲线

(2)
$$J'_v(x) = \frac{1}{2}[J_{v-1}(x) - J_{v+1}(x)] \tag{1.211}$$

证明：由　$J_v(x) = \sum_{k=0}^{\infty} \frac{(-1)^k (\frac{x}{2})^{v+2k}}{k!\Gamma(k+v+1)}$，两边乘以 x^{-v} 得

$$J_v(x)x^{-v} = \sum_{k=0}^{\infty} \frac{(-1)^k (\frac{1}{2})^{v+2k}}{k!\Gamma(k+v+1)} x^{2k}$$

对上式两端微分，并整理得

$$J'_v(x)x^{-v} - vJ_v(x)x^{-(v+1)} = \sum_{k=0}^{\infty} \frac{(-1)^k (\frac{1}{2})^{v+2k}}{k!\Gamma(k+v+1)} 2kx^{2k-1}$$

注意到上式右端，当 $k=0$ 时为零，所以级数项从 $k=1$ 开始。令 $h=k-1$，上式右端变为

$$\sum_{h=0}^{\infty} \frac{(-1)^{h+1} 2(h+1)x^{2h+1}}{(h+1)!\Gamma(h+v+1+1)} (\frac{1}{2})^{v+2h+2} = -\sum_{h=0}^{\infty} \frac{(-1)^h (\frac{x}{2})^{2h+1} (\frac{1}{2})^v}{h!\Gamma[h+(v+1)+1]} =$$

$$-\sum_{h=0}^{\infty} \frac{(-1)^h (\frac{x}{2})^{(v+1)+2h}}{h!\Gamma[h+(v+1)+1]} \frac{1}{x^v} = -x^{-v}J_{v+1}(x)$$

于是便有

$$J'_v(x) = vJ_v(x)x^{-1} - J_{v+1}(x) \tag{1.212}$$

作为(1.212)式的特例，当 $v=0$ 时，有

$$J'_0(x) = -J_1(x) \tag{1.213}$$

同理有

$$J_v(x)x^v = \sum_{k=0}^{\infty} \frac{(-1)^k (\frac{1}{2})^{v+2k}}{k!\Gamma(k+v+1)} x^{2(v+k)}$$

$$J'_v(x)x^v + vJ_v(x)x^{v-1} = \sum_{k=0}^{\infty} \frac{(-1)^k (v+k)x^{2(v+k)-1}}{k!\Gamma(k+v+1)} (\frac{1}{2})^{v+2k-1}$$

$$= \sum_{k=0}^{\infty} \frac{(-1)^k (\frac{x}{2})^{v+2k-1}}{k!\Gamma(k+v)} x^v = x^v J_{v-1}(x)$$

即

$$J'_v(x) = J_{v-1}(x) - vJ_v(x)x^{-1} \tag{1.214}$$

(1.214)式与(1.212)式相加，便得

$$J'_v(x) = \frac{1}{2}[J_{v-1}(x) - J_{v+1}(x)]$$

这便是(1.211)式。

(3)将(1.214)式与(1.212)式相减，得

$$J_{v+1}(x)=2vJ_v(x)x^{-1}-J_{v-1}(x) \tag{1.215}$$

(1.215)式称为贝塞尔函数的递推公式。

对于其他类型的贝塞尔函数，也有类似的关系。例如：

$$Y_{-n}(x)=(-1)^n Y_n(x) \qquad (n=0,1,2,\cdots) \tag{1.216}$$

$$Y'_v(x)=\frac{1}{2}[Y_{v-1}(x)-Y_{v+1}(x)] \tag{1.217}$$

$$Y_{v+1}(x)=2vY_v(x)x^{-1}-Y_{v-1}(x) \tag{1.218}$$

$$I'_v(x)=\frac{1}{2}[I_{v-1}(x)+I_{v+1}(x)] \tag{1.219}$$

$$I_{v+1}(x)=-2vI_v(x)x^{-1}+I_{v-1}(x) \tag{1.220}$$

$$K_{-n}(x)=K_n(x) \qquad (n=0,1,2,\cdots) \tag{1.221}$$

$$K'_v(x)=-\frac{1}{2}[K_{v-1}(x)+K_{v+1}(x)] \tag{1.222}$$

$$K_{v+1}(x)=2vK_v(x)x^{-1}+K_{v-1}(x) \tag{1.223}$$

此外，不同类型贝塞尔函数之间有下列关系式成立

$$I'_v(x)K_v(x)-K'_v(x)I_v(x)=\frac{1}{x} \tag{1.224}$$

$$I_v(x)K_{v+1}(x)+K_v(x)I_{v+1}(x)=\frac{1}{x} \tag{1.225}$$

4. 贝塞尔函数的积分形式

以级数形式表示的贝塞尔函数(1.189)式也可以用积分来表示

$$J_v(x)=\frac{1}{\pi}\int_0^{\pi}\cos(v\varphi-x\sin\varphi)\mathrm{d}\varphi-\frac{\sin v\pi}{\pi}\int_0^{\infty}\mathrm{e}^{-(xsh\varphi+v\varphi)}\mathrm{d}\varphi \tag{1.226}$$

当 v 为整数时，上式简化为

$$J_n(x)=\frac{1}{\pi}\int_0^{\pi}\cos(n\varphi-x\sin\varphi)\mathrm{d}\varphi \tag{1.227}$$

第二类贝塞尔函数的积分表达式为

$$Y_v(x)=-\frac{2}{\pi}\int_0^{\infty}\cos(xch(t)-\frac{v\pi}{2})ch(v)\mathrm{d}t \tag{1.228}$$

第一类虚宗量贝塞尔函数的积分表达式为

$$I_v(x)=\frac{1}{\pi}\int_0^{\pi}\mathrm{e}^{x\cos\varphi}\cos(v\varphi)\mathrm{d}\varphi-\frac{\sin v\pi}{\pi}\int_0^{\infty}\mathrm{e}^{-(xcht+vt)}\mathrm{d}t \tag{1.229}$$

当 v 为整数时，上式可简化为

$$I_n(x)=\frac{(-1)^n}{\pi}\int_0^{\pi}\mathrm{e}^{x\cos\varphi}\mathrm{d}\varphi \tag{1.229'}$$

第二类虚宗量贝塞尔函数的积分表达式为

$$K_v(x)=\frac{1}{\cos(\frac{v\pi}{2})}\int_0^{\pi}\cos(xsht)ch(vt)\mathrm{d}t \tag{1.230}$$

5. 贝塞尔函数的渐近表达式

(1)第一类贝塞尔函数的渐近表达式

$$J_v(x) \approx \frac{x^v}{2^v \Gamma(1+v)} \qquad (x \to 0) \tag{1.231}$$

$$J_v(x) \approx \sqrt{\frac{2}{\pi x}} \cos(x - \frac{v\pi}{2} - \frac{\pi}{4}) \qquad (x \to \infty) \tag{1.232}$$

(2)第二类贝塞尔函数的渐近表达式

$$Y_v(x) \approx -\frac{2^v \Gamma(v)}{\pi x^v} \qquad (v > 0, x \to 0) \tag{1.233}$$

当 $v=0$ 时有

$$Y_0(x) \approx \frac{2}{\pi} \ln \frac{2}{x} \tag{1.234}$$

$$Y_v(x) \approx \sqrt{\frac{2}{\pi x}} \sin(x - \frac{v\pi}{2} - \frac{\pi}{4}) \qquad (x \to \infty) \tag{1.235}$$

(3)第一类虚宗量贝塞尔函数的渐近表达式

$$I_v(x) \approx \frac{x^v}{2^v \Gamma(1+v)} \qquad (v > 0, x \to 0) \tag{1.236}$$

$$I_v(x) \approx \frac{1}{\sqrt{2\pi x}} e^x \qquad (x \to \infty) \tag{1.237}$$

(4)第二类虚宗量贝塞尔函数的渐近表达式

$$K_v(x) \approx -\frac{2^{v-1} \Gamma(v)}{x^v} \qquad (v > 0, x \to 0) \tag{1.238}$$

$$K_0(x) \approx \ln \frac{2}{x} \tag{1.239}$$

$$K_v(x) \approx \sqrt{\frac{\pi}{2x}}\, e^{-x} \qquad (x \to \infty) \tag{1.240}$$

6. 球贝塞尔函数

在讨论球坐标系中亥姆霍兹方程的解时，会遇到下列形式的微分方程

$$x^2 R''(x) + 2xR'(x) + [x^2 - n(n+1)]R(x) = 0 \tag{1.241}$$

上述方程称为球贝塞尔方程，它的解称为球贝塞尔函数

$$R(x) = \sqrt{\frac{1}{x}} J_{n+\frac{1}{2}}(x) \tag{1.242}$$

显然，$\sqrt{\frac{1}{x}} Y_{n+\frac{1}{2}}(x)$，$\sqrt{\frac{1}{x}} H^{(1)}_{n+\frac{1}{2}}(x)$，$\sqrt{\frac{1}{x}} H^{(2)}_{n+\frac{1}{2}}(x)$ 也是方程(1.241)的线性独立解。分别称为第二类和第三类球贝塞尔函数。球贝塞尔函数可以用初等函数表示。其中

$$J_{\frac{1}{2}}(x) = \sqrt{\frac{2}{\pi x}} \sin x \tag{1.243}$$

$$J_{-\frac{1}{2}}(x) = \sqrt{\frac{2}{\pi x}} \cos x \tag{1.244}$$

$$J_{n+\frac{1}{2}}(x)=(-1)^n\sqrt{\frac{2}{\pi x}}x^{n+1}\left(\frac{\mathrm{d}}{x\mathrm{d}x}\right)^n\left(\frac{\sin x}{x}\right) \tag{1.245}$$

$$J_{-(n+\frac{1}{2})}(x)=\sqrt{\frac{2}{\pi x}}x^{n+1}\left(\frac{\mathrm{d}}{x\mathrm{d}x}\right)^n\left(\frac{\cos x}{x}\right) \tag{1.246}$$

式中

$$\left(\frac{\mathrm{d}}{x\mathrm{d}x}\right)^n=\underbrace{\frac{\mathrm{d}}{x\mathrm{d}x}\frac{\mathrm{d}}{x\mathrm{d}x}\frac{\mathrm{d}}{x\mathrm{d}x}\cdots\frac{\mathrm{d}}{x\mathrm{d}x}}_{n个}$$

而

$$Y_{1/2}(x)=-J_{-1/2}(x)=-\sqrt{\frac{2}{\pi x}}\cos x \tag{1.247}$$

$$Y_{-1/2}(x)=J_{1/2}(x)=\sqrt{\frac{2}{\pi x}}\sin x \tag{1.248}$$

$$Y_{n+\frac{1}{2}}(x)=(-1)^{n+1}J_{-(n+\frac{1}{2})}(x)=(-1)^{n+1}\sqrt{\frac{2}{\pi x}}x^{n+1}\left(\frac{\mathrm{d}}{x\mathrm{d}x}\right)^n\left(\frac{\cos x}{x}\right) \tag{1.249}$$

$$Y_{-(n+\frac{1}{2})}(x)=(-1)^nJ_{n+\frac{1}{2}}(x)=\sqrt{\frac{2}{\pi x}}x^{n+1}\left(\frac{\mathrm{d}}{x\mathrm{d}x}\right)^n\left(\frac{\sin x}{x}\right) \tag{1.250}$$

第三节　富氏变换和场的频率域分析方法

一、富氏变换

1. 富氏变换对

任何一个以 2π 为周期的函数 $f(x)$ 可以展开成下列富氏级数

$$f(x)=a_0+\sum_{k=1}^{\infty}(a_k\cos kx+b_k\sin kx) \tag{1.251}$$

式中

$$\begin{cases}a_0=\dfrac{1}{2\pi}\displaystyle\int_{-\pi}^{\pi}f(\xi)\mathrm{d}\xi\\ a_k=\dfrac{1}{\pi}\displaystyle\int_{-\pi}^{\pi}f(\xi)\cos k\xi\mathrm{d}\xi\\ b_k=\dfrac{1}{\pi}\displaystyle\int_{-\pi}^{\pi}f(\xi)\sin k\xi\mathrm{d}\xi\end{cases} \tag{1.252}$$

如果 $f(x)$ 为偶函数(即 $f(-x)=f(x)$),则 $b_k=0$,其富氏展开式变为

$$f(x)=a_0+\sum_{k=1}^{\infty}a_k\cos kx \tag{1.253}$$

其中

$$a_k=\frac{2}{\pi}\int_0^{\pi}f(\xi)\cos k\xi\mathrm{d}\xi \tag{1.254}$$

如果 $f(x)$ 为奇函数(即 $f(-x)=-f(x)$),则 $a_k=0$,其富氏展开式变为

$$f(x)=a_0+\sum_{k=1}^{\infty}b_k\sin kx \tag{1.255}$$

其中

$$b_k = \frac{2}{\pi}\int_0^{\pi} f(\xi)\sin k\xi \mathrm{d}\xi \tag{1.256}$$

上述富氏展开可以推广到以 $2l$ 为周期的周期函数(即 $f(x)=f(x+2l)$)中去，这时的富氏展开可表示为

$$f(x) = a_0 + \sum_{k-1}^{\infty}\left(a_k\cos\frac{k\pi x}{l} + b_k\sin\frac{k\pi x}{l}\right) \tag{1.257}$$

式中

$$\begin{cases} a_0 = \dfrac{1}{2l}\displaystyle\int_{-l}^{l} f(\xi)\mathrm{d}\xi \\ a_k = \dfrac{1}{l}\displaystyle\int_{-l}^{l} f(\xi)\cos\frac{k\pi\xi}{l}\mathrm{d}\xi \\ b_k = \dfrac{1}{l}\displaystyle\int_{-l}^{l} f(\xi)\sin\frac{k\pi\xi}{l}\mathrm{d}\xi \end{cases} \tag{1.258}$$

同样，如果 $f(x)$ 为偶函数，则有

$$\begin{cases} b_k = 0 \\ a_k = \dfrac{2}{l}\displaystyle\int_0^{l} f(\xi)\cos\frac{k\pi\xi}{l}\mathrm{d}\xi \end{cases} \tag{1.259}$$

如果 $f(x)$ 为奇函数，则有

$$\begin{cases} a_k = 0 \\ b_k = \dfrac{2}{l}\displaystyle\int_0^{l} f(\xi)\sin\frac{k\pi\xi}{l}\mathrm{d}\xi \end{cases} \tag{1.260}$$

事实上，(1.258)式的积分区间不一定要从 $-l$ 到 l，而是可以从任意的 c 到 $c+2l$。总之，只要是在一个周期内进行积分就可以。

现在把富氏展开推广到非周期函数中去，因为任何一个非周期函数 $f(x)(-\infty<x<\infty)$ 都可以看作是一个以 $2l$ 为周期的函数在 $l\to\infty$ 时的一个极限情况。因此，上述各式原则上也可应用于非周期函数的展开。但当 $l\to\infty$ 时，(1.258)式中 $a_0=0$，因此非周期函数的富氏展开式为：($l\to\infty$)

$$f(x) = \sum_{k=1}^{\infty}\left[\left(\frac{1}{l}\int_{-l}^{l} f(\xi)\cos\frac{k\pi}{l}\xi\mathrm{d}\xi\right)\cos\frac{k\pi}{l}x + \left(\frac{1}{l}\int_{-l}^{l} f(\xi)\sin\frac{k\pi}{l}\xi\mathrm{d}\xi\right)\sin\frac{k\pi}{l}x\right] \tag{1.261}$$

令 $\omega_k = \frac{\pi}{l},\frac{2\pi}{l},\cdots,\frac{k\pi}{l},(k=1,2,\cdots,\infty)$，于是

$\Delta\omega = \omega_{k+1}-\omega_k = \frac{\pi}{l}$，或者　$\frac{1}{l} = \frac{\Delta\omega}{\pi}$。(1.261)式便可写为

$$f(x) = \sum_{\omega_k}\frac{\Delta\omega}{\pi}\cos\omega_k x\int_{-l}^{l} f(\xi)\cos\omega_k\xi\mathrm{d}\xi + \sum_{\omega_k}\frac{\Delta\omega}{\pi}\sin\omega_k x\int_{-l}^{l} f(\xi)\sin\omega_k\xi\mathrm{d}\xi \tag{1.262}$$

当 $l\to\infty$ 时，$\Delta\omega\to 0$，于是求和过渡为积分，去掉 ω_k 中的角标，得

$$f(x) = \left[\frac{1}{\pi}\int_{-\infty}^{\infty} f(\xi)\cos\omega\xi\mathrm{d}\xi\int_0^{\infty}\cos\omega x\mathrm{d}\omega\right] + \left[\frac{1}{\pi}\int_{-\infty}^{\infty} f(\xi)\sin\omega\xi\mathrm{d}\xi\int_0^{\infty}\sin\omega x\mathrm{d}\omega\right] \tag{1.263}$$

令

$$\begin{cases} A(\omega) = \dfrac{1}{\pi}\displaystyle\int_{-\infty}^{\infty} f(\xi)\cos\omega\xi \mathrm{d}\xi \\ B(\omega) = \dfrac{1}{\pi}\displaystyle\int_{-\infty}^{\infty} f(\xi)\sin\omega\xi \mathrm{d}\xi \end{cases} \tag{1.264}$$

则(1.263)式可简写为

$$f(x) = \int_0^{\infty} [A(\omega)\cos\omega x + B(\omega)\sin\omega x]\mathrm{d}\omega \tag{1.265}$$

(1.265)式称为非周期函数的富氏积分式。而(1.264)式则称为 $f(x)$的富氏变换。

对于偶函数,$B(\omega)=0$,于是其富氏积分式为

$$f(x) = \int_0^{\infty} A(\omega)\cos\omega x\,\mathrm{d}\omega;\quad A(\omega) = \frac{2}{\pi}\int_0^{\infty} f(\xi)\cos\omega\xi \mathrm{d}\xi \tag{1.266}$$

对于奇函数,则有 $A(\omega)=0$,于是其富氏积分式为

$$\begin{cases} f(x) = \displaystyle\int_0^{\infty} B(\omega)\sin\omega x\,\mathrm{d}\omega \\ B(\omega) = \dfrac{2}{\pi}\displaystyle\int_0^{\infty} f(\xi)\sin\omega\xi \mathrm{d}\xi \end{cases} \tag{1.267}$$

例 21 将函数 $f(t) = \begin{cases} 0 & (t < -T) \\ h & (-T < t < T) \\ 0 & (t > T) \end{cases}$ 表示为富氏积分。

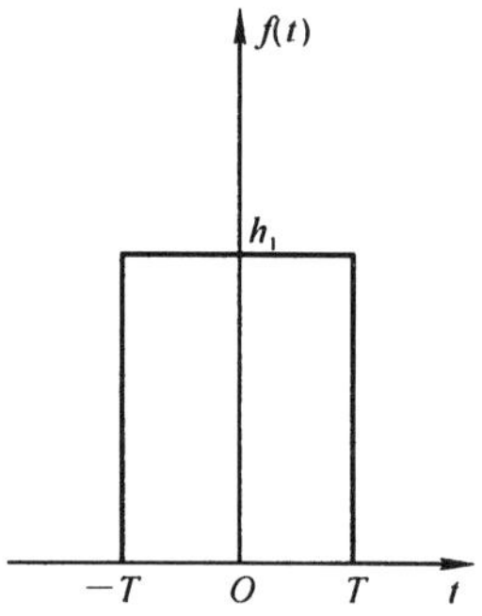

图 1.22

解:函数 $f(t)$的图像如图 1.22 所示,它显然是一个非周期的偶函数,因此其富氏积分为

$$f(t) = \int_0^{\infty} A(\omega)\cos\omega t\,\mathrm{d}\omega$$

其中 $A(\omega) = \dfrac{2}{\pi}\displaystyle\int_0^{\infty} f(\xi)\cos\omega\xi \mathrm{d}\xi = \dfrac{2}{\pi}\displaystyle\int_0^{T} h\cos\omega\xi \mathrm{d}\xi = \dfrac{2h}{\pi\omega}\sin\omega T$

于是 $$f(t) = \frac{2h}{\pi}\int_0^{\infty} \frac{\sin\omega T\cos\omega t}{\omega}\mathrm{d}\omega$$

富氏积分还可以表示为复数的形式,因为(1.265)式可以写成

$$\begin{aligned} f(x) &= \int_0^{\infty}\left[A(\omega)\frac{e^{i\omega x}+e^{-i\omega x}}{2} + B(\omega)\frac{e^{i\omega x}-e^{-i\omega x}}{2i}\right]\mathrm{d}\omega \\ &= \int_0^{\infty}\left\{\left[\frac{1}{2}A(\omega) + \frac{1}{2i}B(\omega)\right]e^{i\omega x} + \left[\frac{1}{2}A(\omega) - \frac{1}{2i}B(\omega)\right]e^{-i\omega x}\right\}\mathrm{d}\omega \end{aligned}$$

由于 $A(\omega)$是偶函数,$A(-\omega)=A(\omega)$,而 $B(\omega)$是奇函数,$B(-\omega)=-B(\omega)$,因此上式积分中的第二项可以变为

$$\int_0^{\infty}\left[\frac{1}{2}A(\omega) - \frac{1}{2i}B(\omega)\right]e^{-i\omega x}\mathrm{d}\omega \xrightarrow[\omega\text{变为}-\omega]{} \int_{-\infty}^{0}\left[\frac{1}{2}A(\omega) + \frac{1}{2i}B(\omega)\right]e^{i\omega x}\mathrm{d}\omega$$

于是上式可写成

$$f(x) = \int_{-\infty}^{\infty}\left[\frac{1}{2}A(\omega) + \frac{1}{2i}B(\omega)\right]e^{-i\omega x}\mathrm{d}\omega = \int_{-\infty}^{\infty} F(\omega)e^{i\omega x}\mathrm{d}\omega \tag{1.268}$$

$$F(\omega) = \frac{1}{2}A(\omega) + \frac{1}{2\mathrm{i}}B(\omega) =$$

$$\frac{1}{2\pi}\int_{-\infty}^{\infty} f(\xi)(\cos\omega\xi - \mathrm{i}\sin\omega\xi)\mathrm{d}\xi = \frac{1}{2\pi}\int_{-\infty}^{\infty} f(\xi)\mathrm{e}^{-\mathrm{i}\omega\xi}\mathrm{d}\xi \tag{1.269}$$

(1.269)式给出了空间域函数 $f(x)$ 和它的谱函数 $F(\omega)$ 之间的关系。一般地说，谱函数 $F(\omega)$ 可以表示为 $F(\omega) = |F(\omega)|\mathrm{e}^{\mathrm{i}\varphi(\omega)}$ 的形式。$|F(\omega)|$ 称为空间域（或时间域）函数 $f(x)$ 的振幅谱，而 $\varphi(\omega)$ 则称为 $f(x)$ 的相位谱。

(1.268)式和(1.269)式构成了一组对应的富氏变换对。其中，由 $f(x)$ 求它的谱函数 $F(\omega)$ 称为富氏变换，即(1.269)式；而由 $F(\omega)$ 求 $f(x)$ 则称为富氏逆变换，即(1.268)式。有时，富氏变换对也可写作

$$\begin{aligned} F(\omega) &= \int_{-\infty}^{\infty} f(x)\,\mathrm{e}^{-\mathrm{i}\omega x}\mathrm{d}x \\ f(x) &= \frac{1}{2\pi}\int_{-\infty}^{\infty} F(\omega)\mathrm{e}^{\mathrm{i}\omega x}\mathrm{d}\omega \end{aligned} \tag{1.270}$$

它们与(1.268)式、(1.269)式没有本质的区别。

2. 富氏变换对的基本性质

(1)线性

若 $f(x) \longleftrightarrow F(\omega)$，且 a 为常数，则有

$$af(x) \longleftrightarrow aF(\omega) \tag{1.271}$$

这一性质可以直接从(1.270)式中证明。

推论：若 $f_1(x) \longleftrightarrow F_1(\omega)$；$f_2(x) \longleftrightarrow F_2(\omega)$ 且 a_1, a_2 均为常数，则有

$$[a_1 f_1(x) + a_2 f_2(x)] \longleftrightarrow [a_1 F_1(\omega) + a_2 F_2(\omega)] \tag{1.272}$$

(2)位移与频移

若 $f(x) \longleftrightarrow F(\omega)$，则有

$$f(x - x_0) \longleftrightarrow \mathrm{e}^{-\mathrm{i}\omega x_0} F(\omega) \tag{1.273}$$

以及

$$\mathrm{e}^{\mathrm{i}\omega_0 x} f(x) \longleftrightarrow F(\omega - \omega_0) \tag{1.274}$$

式中，x_0, ω_0 为常数。上两式表明：空间域函数 $f(x)$ 沿坐标轴位移 x_0，其频谱相应变化 $\mathrm{e}^{-\mathrm{i}\omega x_0}$。或者，空间域函数乘以 $\mathrm{e}^{\mathrm{i}\omega_0 x}$ 时，其频谱相应地频移 ω_0。简单证明如下

（令 $x' = x - x_0$）

$$\int_{-\infty}^{\infty} f(x - x_0)\mathrm{e}^{-\mathrm{i}\omega x}\mathrm{d}x = \int_{-\infty}^{\infty} f(x')\mathrm{e}^{-\mathrm{i}\omega(x'+x_0)}\mathrm{d}x' = \mathrm{e}^{-\mathrm{i}\omega x_0}\int_{-\infty}^{\infty} f(x')\mathrm{e}^{-\mathrm{i}\omega x'}\mathrm{d}x' = \mathrm{e}^{-\mathrm{i}\omega x_0}F(\omega)$$

这就是(1.273)式。又

$$\int_{-\infty}^{\infty} \mathrm{e}^{\mathrm{i}\omega_0 x} f(x)\mathrm{e}^{-\mathrm{i}\omega x}\mathrm{d}x = \int_{-\infty}^{\infty} f(x)\mathrm{e}^{-\mathrm{i}(\omega-\omega_0)x}\mathrm{d}x = F(\omega - \omega_0),$$

这就是(1.274)式。

(3)展缩性

若 $f(x) \longleftrightarrow F(\omega)$，则

$$f(ax) \longleftrightarrow \frac{1}{|a|}F\left(\frac{\omega}{a}\right) \qquad (a \neq 0) \tag{1.275}$$

以及

$$\frac{1}{|a|}f\left(\frac{x}{a}\right) \longleftrightarrow F(a\omega) \qquad (a \neq 0) \tag{1.276}$$

这一性质表示:空间域函数的展宽与其频谱曲线的变窄是相对应的,反之亦然。当 $a=-1$时有

$$f(-x) \longleftrightarrow F(-\omega) \tag{1.277}$$

这种性质称为富氏变换的翻转特性。(1.275)式证明如下

令 $x'=ax$,则有

$$\int_{-\infty}^{\infty} f(ax)\mathrm{e}^{-\mathrm{i}\omega x}\mathrm{d}x = \int_{-\infty}^{\infty} \frac{1}{|a|}f(x')\mathrm{e}^{-\mathrm{i}\frac{\omega}{a}x'}\mathrm{d}x' = \frac{1}{|a|}F\left(\frac{\omega}{a}\right)$$

这就是(1.275)式。

(4)共轭性

若 $f(x)\longleftrightarrow F(\omega)$,则

$$\overline{f(x)} \longleftrightarrow \overline{F(-\omega)} \tag{1.278}$$

因为 $\int_{-\infty}^{\infty} \overline{f(x)}\mathrm{e}^{-\mathrm{i}\omega x}\mathrm{d}x = \int_{-\infty}^{\infty} \overline{f(x)\mathrm{e}^{-\mathrm{i}\omega x}}\mathrm{d}x = \int_{-\infty}^{\infty} \overline{f(x)\mathrm{e}^{-\mathrm{i}(-\omega)x}}\mathrm{d}x = \overline{F(-\omega)}$

(5)对偶性

若 $f(x)\longleftrightarrow F(\omega)$,则

$$2\pi f(\mp \mu\omega) \longleftrightarrow F(\pm x) \tag{1.279}$$

证明:

$$\int_{-\infty}^{\infty} F(x)\mathrm{e}^{-\mathrm{i}\omega x}\mathrm{d}x = 2\pi\left[\frac{1}{2\pi}\int_{-\infty}^{\infty} F(x)\mathrm{e}^{\mathrm{i}(-\omega)x}\mathrm{d}x\right]$$

右边方括号内正是富氏逆变换 $f(-\omega)$,因此

$$\int_{-\infty}^{\infty} F(x)\mathrm{e}^{-\mathrm{i}\omega x}\mathrm{d}x = 2\pi f(-\omega)$$

(6)微积分特性

若 $f(x)\longleftrightarrow F(\omega)$,则

$$f'(x) \longleftrightarrow \mathrm{i}\omega F(\omega) \tag{1.280}$$

证明:

因为 $\frac{\mathrm{d}}{\mathrm{d}x}[f(x)\mathrm{e}^{-\mathrm{i}\omega x}] = f'(x)\mathrm{e}^{-\mathrm{i}\omega x} - \mathrm{i}\omega f(x)\mathrm{e}^{-\mathrm{i}\omega x}$;因此

$$\int_{-\infty}^{\infty} f'(x)\mathrm{e}^{-\mathrm{i}\omega x}\mathrm{d}x = f(x)\mathrm{e}^{-\mathrm{i}\omega x}\Big|_{-\infty}^{\infty} + \mathrm{i}\omega\int_{-\infty}^{\infty} f(x)\mathrm{e}^{-\mathrm{i}\omega x}\mathrm{d}x$$

若 $f(\pm\infty)=0$,则上式便为

$$\int_{-\infty}^{\infty} f'(x)\mathrm{e}^{-\mathrm{i}\omega x}\mathrm{d}x = \mathrm{i}\omega\int_{-\infty}^{\infty} f(x)\mathrm{e}^{-\mathrm{i}\omega x}\mathrm{d}x = \mathrm{i}\omega F(\omega)$$

又

$$\int_{-\infty}^{x} f(x)\mathrm{d}x \longleftrightarrow \frac{1}{\mathrm{i}\omega}F(\omega) \tag{1.281}$$

证明：

$$\int_{-\infty}^{x} f(x)\mathrm{d}x=\int_{-\infty}^{x}\left[\frac{1}{2\pi}\int_{-\infty}^{\infty} F(\omega)\mathrm{e}^{\mathrm{i}\omega x}\mathrm{d}\omega\right]\mathrm{d}x=\frac{1}{2\pi}\int_{-\infty}^{\infty} F(\omega)\left[\int_{-\infty}^{x}\mathrm{e}^{\mathrm{i}\omega x}\mathrm{d}x\right]\mathrm{d}\omega$$

$$=\frac{1}{2\pi}\int_{-\infty}^{\infty} F(\omega)\frac{\mathrm{e}^{\mathrm{i}\omega x}}{\mathrm{i}\omega}\mathrm{d}\omega=\frac{1}{\mathrm{i}\omega}\left[\frac{1}{2\pi}\int_{-\infty}^{\infty} F(\omega)\mathrm{e}^{\mathrm{i}\omega x}\mathrm{d}\omega\right]$$

也就是说 $\int_{-\infty}^{x} f(x)\mathrm{d}x$ 的谱函数为 $\frac{1}{\mathrm{i}\omega}F(\omega)$。

富氏变换的微分、积分特性表明，对空间域函数 $f(x)$ 的微分和积分运算等效于对它的谱函数进行乘以或除以算子($\mathrm{i}\omega$)的运算，这显然使计算工作大为简化。在物探资料的数据处理工作中，这一性质得到了应用。

(7)乘积

若 $f_1(x)\longleftrightarrow F_1(\omega)$，$f_2(x)\longleftrightarrow F_2(\omega)$，则

$$\int_{-\infty}^{\infty} f_1(x)f_2(x)\mathrm{d}x=\frac{1}{2\pi}\int_{-\infty}^{\infty}\overline{F_1(\omega)}F_2(\omega)\mathrm{d}\omega=\frac{1}{2\pi}\int_{-\infty}^{\infty}F_1(\omega)\overline{F_2(\omega)}\mathrm{d}\omega \tag{1.282}$$

式中，$f_1(x)$，$f_2(x)$ 均为实函数，$\overline{F_1(\omega)}$ 和 $\overline{F_2(\omega)}$ 分别是 $F_1(\omega)$，$F_2(\omega)$ 的共轭谱函数。

证明：

$$\int_{-\infty}^{\infty} f_1(x)f_2(x)\mathrm{d}x=\int_{-\infty}^{\infty} f_1(x)\mathrm{d}x\int_{-\infty}^{\infty}\frac{1}{2\pi}F_2(\omega)\mathrm{e}^{\mathrm{i}\omega x}\mathrm{d}\omega=\frac{1}{2\pi}\int_{-\infty}^{\infty}F_2(\omega)\mathrm{d}\omega\int_{-\infty}^{\infty}f_1(x)\mathrm{e}^{\mathrm{i}\omega x}\mathrm{d}x$$

$$=\frac{1}{2\pi}\int_{-\infty}^{\infty}F_2(\omega)\mathrm{d}\omega\left[\overline{\int_{-\infty}^{\infty}f_1(x)\mathrm{e}^{-\mathrm{i}\omega x}\mathrm{d}x}\right]=\frac{1}{2\pi}\int_{-\infty}^{\infty}\overline{F_1(\omega)}F_2(\omega)\mathrm{d}\omega$$

以上仅讨论了一维富氏变换问题，对二维和三维富氏变换，相应地有：

二维富氏变换对：

$$\begin{cases}F(u,v)=\int_{-\infty}^{\infty}\int_{-\infty}^{\infty}f(x,y)\mathrm{e}^{-\mathrm{i}(ux+vy)}\mathrm{d}x\mathrm{d}y\\ f(x,y)=\frac{1}{4\pi^2}\int_{-\infty}^{\infty}\int_{-\infty}^{\infty}F(u,v)\mathrm{e}^{\mathrm{i}(ux+vy)}\mathrm{d}u\mathrm{d}v\end{cases} \tag{1.283}$$

三维富氏变换对：

$$\begin{cases}F(u,v,w)=\int_{-\infty}^{\infty}\int_{-\infty}^{\infty}\int_{-\infty}^{\infty}f(x,y,z)\mathrm{e}^{-\mathrm{i}(ux+vy+wz)}\mathrm{d}x\mathrm{d}y\mathrm{d}z\\ f(x,y,z)=\frac{1}{8\pi^3}\int_{-\infty}^{\infty}\int_{-\infty}^{\infty}\int_{-\infty}^{\infty}F(u,v,w)\mathrm{e}^{\mathrm{i}(ux+vy+wz)}\mathrm{d}u\mathrm{d}v\mathrm{d}w\end{cases} \tag{1.284}$$

它们也有类似于一维富氏变换对的那些基本性质，限于篇幅，不再详述。

二、褶积

褶积是一种重要的数学工具，它在包括物探在内的许多学科中有着广泛的应用。

1. 定义

函数 $f_1(x)$ 和 $f_2(x)$ 的褶积记为 $f_1(x)*f_2(x)$，并定义为

$$y(x)=f_1(x)*f_2(x)=\int_{-\infty}^{\infty}f_1(\tau)f_2(x-\tau)\mathrm{d}\tau \tag{1.285}$$

例 22 计算函数 $f_1(x)=\begin{cases}1, & x\geqslant 0\\ 0, & x<0\end{cases}$ 与 $f_2(x)=\begin{cases}e^{-x}, & x\geqslant 0\\ 0, & x<0\end{cases}$ 的褶积。

解:由(1.285)式有

$$y(x)=\int_0^x e^{-(x-\tau)}d\tau=e^{-(x-\tau)}\Big|_0^x=1-e^{-x}$$

一般地,褶积的计算过程可以用图解的方法分解成以下几个步骤。

(A) 折叠:就是将 $f_2(\tau)$ 函数变为 $f_2(-\tau)$ 函数,在图形上 $f_2(-\tau)$ 是 $f_2(\tau)$ 关于纵轴的镜像。

(B) 平移:将折叠后的函数 $f_2(-\tau)$ 沿横轴平移一个 x,即成为 $f_2(x-\tau)$。

(C) 相乘:将 $f_1(\tau)$ 与 $f_2(x-\tau)$ 相乘。在图 1.23(d) 中,图中的阴影部分即为相乘之积。

(D) 积分:积分结果如图 1.23(e) 所示。褶积函数 $y(x)$ 在 P 点的值就等于图 1.23(d) 中阴影的面积。

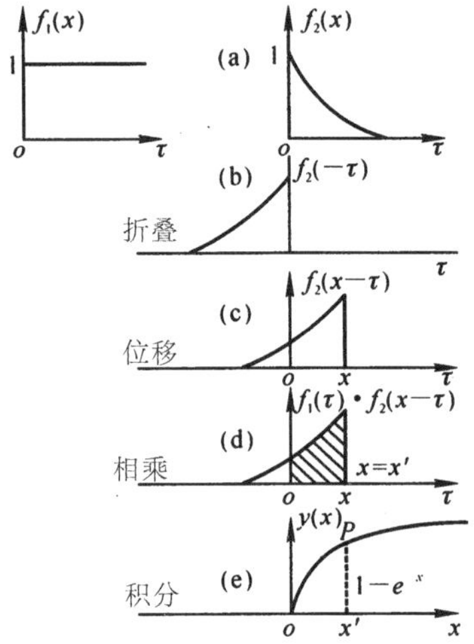

图 1.23

虽然式(1.285)中计算褶积的积分上下限为 $-\infty$ 至 $+\infty$,但在具体计算时,应根据函数 $f_1(x)$ 和 $f_2(x)$ 的非零值上、下限来确定积分的上、下限。其原则是:以 $f_1(x)$,$f_2(x)$ 非零下限中之最大者为积分下限,而以 $f_1(x)$,$f_2(x)$ 非零上限中之最小者为积分上限。根据这一原则,在本例中 $f_1(x)=1$ 的非零限为 $0\to\infty$,而 $f_2(x)=e^{-x}$ 的非零限为 $0\to x$,因此上述积分限应取 $0\to x(x<\infty)$。

多个函数的褶积计算满足结合律、分配律和交换律,例如:

$$[f_1(x)*f_2(x)]*f_3(x)=f_1(x)*[f_2(x)*f_3(x)]=f_3(x)*[f_2(x)*f_1(x)]$$

以及

$$[f_1(x)+f_2(x)]*f_3(x)=f_1(x)*f_3(x)+f_2(x)*f_3(x)\text{ 等。}$$

2. 褶积定理

从(1.285)式出发计算褶积仍然是一种比较麻烦的事。然而,如果对函数 $f_1(x)$ 和 $f_2(x)$ 进行富氏变换,那么空间域(或时间域)函数 $f_1(x)$ 与 $f_2(x)$ 褶积的富氏变换等于它们的富氏变换谱函数之乘积。即

如果 $f_1(x)\longleftrightarrow F_1(\omega)$;$f_2(x)\longleftrightarrow F_2(\omega)$,则有

$$f_1(x)*f_2(x)\longleftrightarrow F_1(\omega)F_2(\omega) \tag{1.286}$$

(1.286)式称为褶积定理。其证明如下

$$\int_{-\infty}^{\infty}f_1(x)*f_2(x)e^{-i\omega x}dx=\int_{-\infty}^{\infty}\int_{-\infty}^{\infty}f_1(\tau)f_2(x-\tau)e^{-i\omega x}dxd\tau$$

$$=\int_{-\infty}^{\infty}f_1(\tau)e^{-i\omega\tau}d\tau\int_{-\infty}^{\infty}f_2(x-\tau)e^{-i\omega(x-\tau)}d(x-\tau)$$

$$=F_1(\omega)F_2\omega$$

利用富氏变换对的对称性,也可以计算频率域函数的褶积

$$\frac{1}{2\pi}F_1(x)*F_2(x)\longleftrightarrow f_1(x)f_2(x) \tag{1.287}$$

褶积定理使许多繁难的计算大为简化，并在工程计算中得到广泛的应用。

三、抽样和抽样定理

1. 抽样

如果函数 $f(x)$ 在 $x=x_0$ 处连续，则 $f(x)$ 在 x_0 处的样本可表示为

$$h(x)=f(x_0)\delta(x-x_0) \tag{1.288}$$

同样，如果函数 $f(x)$ 在 $x=nx_0 \quad (n=0,\pm1,\pm2,\cdots)$ 处连续，则有

$$h(x)=\sum_{n=-\infty}^{\infty} f(nx_0)\delta(x-nx_0) \tag{1.289}$$

$h(x)$ 称为连续函数 $f(x)$ 以间隔 x_0 的抽样，或者说 $f(x)$ 的抽样是等距脉冲的一个无限序列，每一个脉冲的幅度就等于 $f(x)$ 在脉冲出现时刻的值。利用褶积定理(1.287)式可以计算空间域连续函数 $f(x)$ 的抽样 $h(x)$ 之富氏变换。这个过程可以非常形象地用图 1.24 来表示。图中(a)和(b)分别表示函数 $f(x)$ 和 $\delta(x-x_0)$ 的图形。图(e)则是它们之乘积，也就是抽样 $h(x)$。图(c)和(d)分别为 $f(x)$ 及 $\delta(x-x_0)$ 的富氏变换。图(f)则表示该两个富氏变换的褶积，显然，图(f)也是 $h(x)$ 的富氏变换。

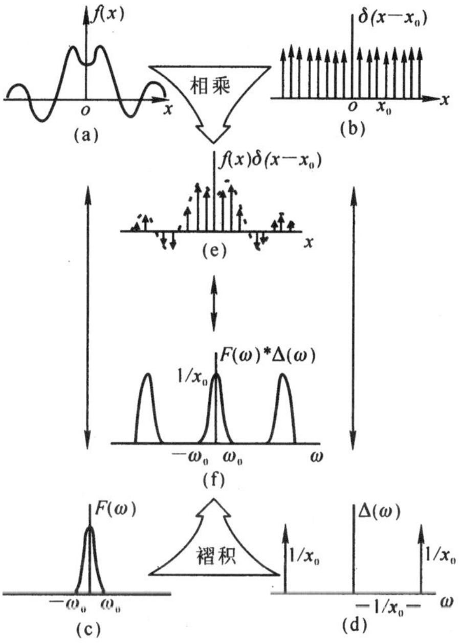

图 1.24 函数 $f(x)$ 抽样的富氏变换

如果抽样间隔 x_0 足够小，则抽样 $h(x)$ 的富氏变换与连续函数 $f(x)$ 的富氏变换是相同的。它们之间仅差一个常数(图 1.24(c)与(f))。这一结果是非常重要的，它为离散富氏变换打下了理论基础。

如果抽样间隔过大，那么 $\delta(x-x_0)$ 的富氏变换函数 $\Delta(\omega)$(亦为等距脉冲函数)就变密，于是 $\Delta(\omega)$ 与 $F(\omega)$ 的褶积波形就产生相互重叠的现象，称为混叠效应。这时抽样的富氏变换不再与原连续函数 $f(x)$ 的富氏变换相同。

2. 抽样定理

如果存在一个 ω_c，并且当 $|\omega|>\omega_c$ 时，函数 $f(x)$ 的谱函数 $F(\omega)=0$，则当抽样间隔 $\Delta x\leqslant x_0=\dfrac{\pi}{\omega_c}$ 时，由抽样值 $f(n\Delta x)(n=0,\pm1,\pm2,\cdots)$ 可以完全确定函数 $f(x)$ 及其谱函数 $F(\omega)$。这个 ω_c 称为 $f(x)$ 的截止频率。上述结论可以用以下两个公式来表示，称为抽样定理。

$$f(x)=\sum_{n=-\infty}^{\infty} f(n\Delta x)\frac{\sin\dfrac{\pi}{\Delta x}(x-n\Delta x)}{\dfrac{\pi}{\Delta x}(x-n\Delta x)} \tag{1.290}$$

$$F(\omega)=\begin{cases}\sum_{n=-\infty}^{\infty} f(n\Delta x)\mathrm{e}^{-\mathrm{i}\omega n\Delta x}\Delta x & (|\omega|<\frac{\pi}{\Delta x}) \\ 0 & (|\omega|>\frac{\pi}{\Delta x})\end{cases} \tag{1.291}$$

四、场的频率域分析原理

由富氏变换对可知：任何一个在 $-\infty \leqslant x \leqslant \infty$ 有定义的空间域函数 $f(x)$ 总是和某一频率域的谱函数 $F(\omega)$ 相对应。将场的空间域分布函数 $f(x,y,z)$ 进行富氏变换，从而得到其相应的谱函数 $F(u,v,w)$，然后对该谱函数进行分析的方法称为场的频率域分析。场的频率域分析具有许多与空间域分析不同的特点和优点。由于计算机和计算技术的发展，场的频率域分析方法自 20 世纪 70 年代以来有了迅速的发展。目前，在物探数据处理、异常解释等工作中，越来越多地使用频率域的分析方法。

根据富氏变换原理及其基本性质，以重力勘查和磁勘查为例，列举一些频率域分析中的计算问题如下。

1. 求导及积分

由富氏变换性质(6)已经知道，对空间域函数 $f(x,y,z)$的求导及积分运算等效于在频率域中对其谱函数 $F(u,v,w)$对相应变量的乘、除运算。这种乘、除运算当然比求导和积分运算简便得多。

设 $f(x,y,z)$的谱函数为 $F(u,v,w)$，则有

$$\frac{\partial^n}{\partial x^n}f(x,y,z)\longleftrightarrow(\mathrm{i}u)^nF(u,v,w) \tag{1.292}$$

$$\frac{\partial^n}{\partial y^n}f(x,y,z)\longleftrightarrow(\mathrm{i}v)^nF(u,v,w) \tag{1.293}$$

$$\frac{\partial^n}{\partial z^n}f(x,y,z)\longleftrightarrow(\sqrt{u^2+v^2})^nF(u,v,w) \tag{1.294}$$

$$\frac{\partial^n}{\partial l^n}f(x,y,z)\longleftrightarrow(\mathrm{i}u\alpha+\mathrm{i}v\beta+\sqrt{u^2+v^2}\gamma)^nF(u,v,w) \tag{1.295}$$

式中，α,β,γ 是 l 方向的三个方向余弦。

$$\int_{-\infty}^{x} f(x,y,z)\mathrm{d}x\longleftrightarrow\frac{1}{\mathrm{i}u}F(u,v,w) \tag{1.296}$$

$$\int_{-\infty}^{y} f(x,y,z)\mathrm{d}y\longleftrightarrow\frac{1}{\mathrm{i}v}F(u,v,w) \tag{1.297}$$

$$\int_{-\infty}^{z} f(x,y,z)\mathrm{d}z\longleftrightarrow\frac{1}{\sqrt{u^2+v^2}}F(u,v,w) \tag{1.298}$$

$$\int_{-\infty}^{0} f(x+l\alpha,y+l\beta,z+l\gamma)\mathrm{d}l\longleftrightarrow\frac{F(u,v,w)}{\mathrm{i}u\alpha+\mathrm{i}v\beta+\sqrt{u^2+v^2}\gamma} \tag{1.299}$$

2. 上、下延拓

如果函数 $f(x,y,z)$ 在上半空间是调和的，并已知某一平面(或曲面)上的函数及其谱函数，即已知：$f(x_0,y_0,z_0)\longleftrightarrow F(u_0,v_0,w_0)$，则由(1.273)式得向上延拓后的谱函数为

$$f(x_0,y_0,z_0-h)\longleftrightarrow \mathrm{e}^{-h\sqrt{u_0^2+v_0^2}}F(u_0,v_0,w_0) \tag{1.300}$$

如果向下延拓后 $f(x_0, y_0, z_0+h)$ 仍是调和函数，则它的谱为

$$f(x_0, y_0, z_0+h) \longleftrightarrow e^{h\sqrt{u_0^2+v_0^2}} F(u_0, v_0, w_0) \tag{1.301}$$

可见，空间域的延拓与频率域的滤波相对应，$e^{\pm h\sqrt{u_0^2+v_0^2}}$ 就是滤波算子。向上延拓的过程等效于一种低通滤波，因为这时 h 越大，各种频谱成分中高频损失就越大。因而向上延拓的结果突出了低频信息，这种信息通常来自规模较大、埋藏较深的地质体。向下延拓则恰恰相反，它等于一种频率域中的高通滤波处理，从而突出了浅部的规模较小的地质体的信息。

3. 重、磁转换

如果一个磁性体是均匀磁化的，即其磁化强度 $\boldsymbol{M}$ 为常矢量，并且该地质体的密度(σ)是均匀的，则称这种磁性体为泊松体。由泊松体所产生的磁场与引力场之间存在着一定的关系(见第四章第八节)，因此可以利用泊松体的磁场来计算它的引力场，也可以利用泊松体的引力场来计算它的磁场。这类计算称为(泊松体的)重磁转换计算。

重磁转换计算可以在空间域，也可以在频率域中进行。设同一泊松体的重、磁异常及其相应的谱函数为

$$\Delta g(x, y, z) \longleftrightarrow \overline{\Delta g}(u, v, w)$$

$$\Delta H(x, y, z) \longleftrightarrow \overline{\Delta H}(u, v, w)$$

并设它们的谱函数之间的关系为

$$\overline{\Delta g} = \overline{F}\Delta\overline{H} \tag{1.302}$$

式中，$\overline{F}$ 称为由磁异常谱 $\Delta\overline{H}$ 转换为重力异常谱$\overline{\Delta g}$ 的算子，也可记为 $\overline{F}_{\Delta H\to\Delta g}$。

由垂直磁异常(Za)换算为重力异常(Δg)时的算子为

$$\overline{F}_{Za\to\Delta g} = \frac{f\sigma}{M}\frac{1}{\mathrm{i}uP + \mathrm{i}vQ + \sqrt{u^2+v^2}R} \tag{1.303}$$

由重力异常 Δg 换算为垂直磁异常 Za 的算子为

$$\overline{F}_{\Delta g\to Za} = \frac{M}{f\sigma}(\mathrm{i}uP + \mathrm{i}vQ + \sqrt{u^2+v^2}R) \tag{1.304}$$

由磁总场异常(ΔT)换算为重力异常 Δg 的算子为

$$\overline{F}_{\Delta T\to\Delta g} = \frac{f\sigma}{M}\frac{\sqrt{u^2+v^2}}{(\mathrm{i}uP + \mathrm{i}vQ + \sqrt{u^2+v^2}R)(\mathrm{i}uP' + \mathrm{i}vQ' + \sqrt{u^2+v^2}R')} \tag{1.305}$$

由重力异常 Δg 换算为磁总场异常 ΔT 的算子为

$$\overline{F}_{\Delta g\to\Delta T} = \frac{M}{f\sigma}\frac{(\mathrm{i}uP + \mathrm{i}vQ + \sqrt{u^2+v^2}R)(\mathrm{i}uP' + \mathrm{i}vQ' + \sqrt{u^2+v^2}R')}{\sqrt{u^2+v^2}} \tag{1.306}$$

上面各式中：$f = 6.67\times10^{-11}\ \mathrm{m^3/(kg\cdot s^2)}$ 为万有引力常数；σ 为泊松体的体密度；M 是磁化强度的模；P, Q, R 是磁化强度 $\boldsymbol{M}$ 矢量的三个方向余弦；P', Q', R' 则是正常地磁总场矢量 $\boldsymbol{T}$ 的三个方向余弦。

在频率域中对泊松体进行重、磁转换的优点是可以通过乘以某一算子来实现。而在空间域中进行这种转换时，是通过微分或积分来实现的。

4. 磁异常各分量之间的转换

在地面磁测工作中，通常只测地磁总场的垂直分量(ΔZa)或只测地磁总场(ΔT)，而在航空磁测工作中则只测地磁总场(ΔT)。从已测得的磁异常分量转换为其他分量的磁异常，无论

在空间域还是在频率域，都是可行的。然而，在频率域实现上述转换更为简易，因为它只需乘上某个算子就行。这些算子分别列述如下。

(1) 由垂直分量 Za 转换为水平 x 分量 Hax 的算子为

$$\overline{F}_{Za\to Hax}=\frac{\mathrm{i}u}{\sqrt{u^2+v^2}} \tag{1.307}$$

(2)由垂直分量 Za 转换为水平 y 分量 Hay 的算子为

$$\overline{F}_{Za\to Hay}=\frac{\mathrm{i}v}{\sqrt{u^2+v^2}} \tag{1.308}$$

(3)由垂直分量 Za 转换为总场 ΔT 的算子为

$$\overline{F}_{Za\to\Delta T}=\frac{\mathrm{i}uP'+\mathrm{i}vQ'+\sqrt{u^2+v^2}R'}{\sqrt{u^2+v^2}} \tag{1.309}$$

(4)由总场 ΔT 转换为水平 x 分量 Hax 的算子为

$$\overline{F}_{\Delta T\to Hax}=\frac{\mathrm{i}u}{\mathrm{i}uP'+\mathrm{i}vQ'+\sqrt{u^2+v^2}R'} \tag{1.310}$$

(5)由总场 ΔT 转换为水平 y 分量 Hay 的算子为

$$\overline{F}_{\Delta T\to Hay}=\frac{\mathrm{i}v}{\mathrm{i}uP'+\mathrm{i}vQ'+\sqrt{u^2+v^2}R'} \tag{1.311}$$

(6)由总场 ΔT 转换为垂直分量 Za 的算子为

$$\overline{F}_{\Delta T\to Za}=\frac{\sqrt{u^2+v^2}}{\mathrm{i}uP'+\mathrm{i}vQ'+\sqrt{u^2+v^2}R'} \tag{1.312}$$

第四节　拉普拉斯变换

一、拉普拉斯变换

引入拉普拉斯变换是为了扩大富氏变换的范围。因为对函数 $f(x)$ 进行富氏变换时，除要求 $f(x)$ 在 $-\infty\to+\infty$ 区间内有定义以外，还要求积分 $\int_{-\infty}^{\infty}f(x)\mathrm{d}x$ 存在，而这一要求常常无法满足，因而可进行富氏变换的函数类型就比较狭窄。

对于定义域为 $0\to\infty$ 的单边函数 $f(x)$，如果加入收敛因子 $\mathrm{e}^{-\beta x}$ 后，新的函数 $f_1(x)=f(x)\mathrm{e}^{-\beta x}$ 在 $(-\infty,\infty)$ 上有定义，并且积分 $\int_{-\infty}^{\infty}f_1(x)\mathrm{d}x$ 存在，则变换

$$F(s)=\int_0^{\infty}f(x)\mathrm{e}^{-\beta x}\mathrm{e}^{-\mathrm{i}\omega x}\mathrm{d}x=\int_0^{\infty}f(x)\mathrm{e}^{-sx}\mathrm{d}x \tag{1.313}$$

称为函数 $f(x)$的拉普拉斯变换，其中

$$s=\beta+\mathrm{i}\omega \tag{1.314}$$

显然，拉普拉斯变换是富氏变换的一种扩充。当 $\beta=0$ 时，$s=\mathrm{i}\omega$，因此 $\beta=0$ 的拉普拉斯变换就是单边函数 $f(x)$ 的富氏变换。

由 $\mathrm{d}s=\mathrm{id}\omega$，可以得到 $F(s)$ 的拉普拉斯逆变换为

$$f(x)=\frac{-\mathrm{i}}{2\pi}\int_{\beta-\mathrm{i}\omega}^{\beta+\mathrm{i}\omega}F(s)\mathrm{e}^{sx}\mathrm{d}s \tag{1.315}$$

(1.313)式和(1.315)式可简记为

$$\begin{cases}F(s)=L[f(x)]\\ f(x)=L^{-1}[F(s)]\end{cases} \tag{1.316}$$

$F(s)$和 $f(x)$组成了一个拉普拉斯变换对,可记为

$$f(x)\longleftrightarrow F(s)$$

$F(s)$ 称为 $f(x)$ 的象函数,而 $f(x)$ 则为 $F(s)$ 的象原函数。

拉普拉斯变换是复变数 $s=\beta+\mathrm{i}\omega$ 的复值函数。该变换存在的定理可表述为:

若 $f(x)$ 及 $f'(x)$ 在 $x\geqslant 0$ 的任一有限区间上除有限个第一类不连续点之外,处处连续,并且总能找到 $c\geqslant 0$ 及 $M>0$,使得 $|f(x)|\leqslant M\mathrm{e}^{sx}(x\geqslant 0)$ 成立,则 $f(x)$ 的拉普拉斯变换 $F(s)=\int_0^{\infty}f(x)\mathrm{e}^{-sx}\mathrm{d}x$ 在半平面 $\mathrm{Re}(s)>c$ 上存在且解析。同时,逆拉普拉斯变换 $f(x)=\frac{-\mathrm{i}}{2\pi}\int_{\beta-\mathrm{i}\omega}^{\beta+\mathrm{i}\omega}F(s)\mathrm{e}^{sx}\mathrm{d}s$ 亦在 $f(x)$ 的每一个连续点上成立。

二、拉普拉斯变换的基本性质

1. 线性

$$L[A_1f_1(x)+A_2f_2(x)]=A_1L[f_1(x)]+A_2L[f_2(x)] \tag{1.317}$$

$$L^{-1}[A_1F_1(s)+A_2F_2(s)]=A_1L^{-1}[F_1(s)]+A_2L^{-1}[F_2(s)] \tag{1.318}$$

式中,A_1,A_2 为常数。

2. 延迟性

若 $f(x)\longleftrightarrow F(s)$,$x_0$ 为非负实数,则有

$$L[f(x-x_0)]=\mathrm{e}^{-sx_0}F(s) \tag{1.319}$$

$$L^{-1}[\mathrm{e}^{-sx_0}F(s)]=f(x-x_0) \tag{1.320}$$

3. 位移

若 $f(x)\longleftrightarrow F(s)$,则有

$$L[\mathrm{e}^{sx_0}f(x)]=F(s-s_0) \tag{1.321}$$

其中 $\mathrm{Re}(s-s_0)>c$;s_0 为复常数。

4. 展缩

若 $f(x)\longleftrightarrow F(s)$,且 $a>0$,则

$$L[f(ax)]=\frac{1}{a}F\left(\frac{s}{a}\right)\qquad \mathrm{Re}(s)>ac \tag{1.322}$$

5. 微分

若 $f(x)\longleftrightarrow F(s)$,则

$$L[f'(x)]=SF(s)-f(+0) \tag{1.323}$$

由此可推知

$$L[f^n(x)]=S^nF(s)-S^{n-1}f(+0)-S^{n-2}f'(+0)-\cdots-f^{n-1}(+0) \tag{1.324}$$

6. 积分

若 $f(x) \longleftrightarrow F(s)$，则

$$L\left[\int_0^x f(x)\mathrm{d}x\right] = \frac{1}{S}F(s) \tag{1.325}$$

7. 褶积

若 $f_1(x)$ 与 $f_2(x)$ 均为单边函数，且当 $\tau < 0$ 时，$f_1(\tau) = 0$，$x - \tau < 0$ 时，$f_2(x-\tau) = 0$，则 $f_1(x)$ 与 $f_2(x)$ 的褶积为

$$f_1(x) * f_2(x) = \int_0^x f_1(\tau)\ f_2(x-\tau)\mathrm{d}\tau \tag{1.326}$$

设 $f_1(x)$和 $f_2(x)$的拉普拉斯变换对为　$F_1(s) \longleftrightarrow f_1(x)$；$F_2(s) \longleftrightarrow f_2(x)$

则有

$$F_1(S)F_2(S) = L[f_1(x) * f_2(x)] \tag{1.327}$$

或

$$f_1(x) * f_2(x) = L^{-1}[F_1(S)F_2(S)] \tag{1.328}$$

(1.327)式和(1.328)式称为褶积定理。它表示对单边函数进行褶积运算等于它们的象函数乘积之逆拉普拉斯变换。或两个单边函数的褶积之象函数等于它们各自象函数的乘积。褶积定理证明如下

$$L[f_1(x) * f_2(x)] = \int_0^\infty \left[\int_0^x f_1(\tau)f_2(x-\tau)\mathrm{d}\tau\right]\mathrm{e}^{-sx}\mathrm{d}x = \iint_D f_1(\tau)f_2(x-\tau)\mathrm{e}^{-sx}\mathrm{d}\tau\mathrm{d}x$$

上述变换是将累次积分看成是展布在($\tau - x$)平面上楔形域 D(图 1.25)上的一个二重积分。

令 $x' = x - \tau$，则上述积分变换为

$$\iint_D f_1(\tau)f_2(x-\tau)\mathrm{e}^{-sx}\mathrm{d}\tau\mathrm{d}x = \int_0^\infty f_1(\tau)\mathrm{d}\tau\int_\tau^\infty f_2(x-\tau)\mathrm{e}^{-sx}\mathrm{d}x$$

$$= \int_0^\infty f_1(\tau)\mathrm{e}^{-s\tau}\mathrm{d}\tau\int_0^\infty f_2(x')\mathrm{e}^{-sx'}\mathrm{d}x' = F_1(S)F_2(S)$$

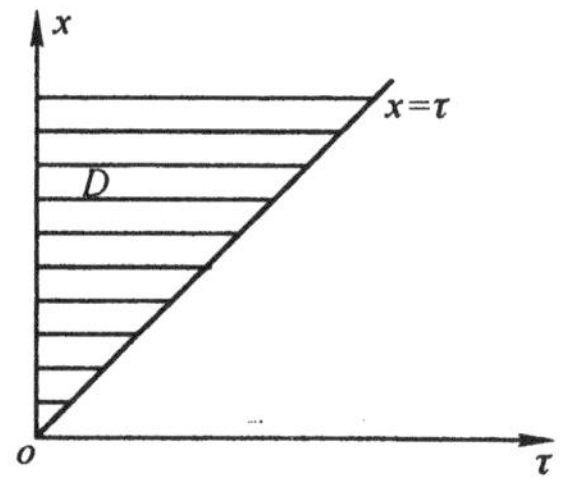

图 1.25　褶积定理的证明

8. 初值

设 $f(x)$ 的拉普拉斯变换为 $F(S)$，并且极限 $\lim\limits_{s\to\infty} SF(S)$ 存在，则有

$$f(+0) = \lim_{s\to\infty} SF(S) \tag{1.329}$$

9. 终值

设 $f(x)$ 的拉普拉斯变换为 $F(S)$，并且极限 $\lim\limits_{x\to\infty} f(x)$ 存在，$SF(S)$ 在包含虚轴的右半平面解析，则有

$$\lim_{x\to\infty} f(x) = \lim_{s\to 0} SF(S) \tag{1.330}$$

(1.329)式与(1.330)式使我们能够根据已知的象函数 $F(S)$去预测象原函数 $f(x)$的初值与终值，而不必先去求象原函数本身。

例 23 若 $f(t)$是周期为 T 的周期函数,试证

$$L[f(t)] = \frac{1}{1-e^{-sT}}\int_0^T f(t)e^{-st}\,dt$$

证:由定义得

$$L[f(t)] = \int_0^\infty f(t)e^{-st}\,dt = \int_0^T f(t)e^{-st}\,dt + \int_T^\infty f(t)e^{-st}\,dt$$

令 $t_1 = t - T$,代入上式第二项积分中,则

$$L[f(t)] = \int_0^T f(t)e^{-st}\,dt + e^{-sT}\int_0^\infty f(t_1)e^{-st}\,dt_1 = \int_0^T f(t)e^{-st}\,dt + e^{-sT}L[f(t)]$$

移项整理后,便得

$$L[f(t)] = \frac{1}{1-e^{-sT}}\int_0^T f(t)e^{-st}\,dt \tag{1.331}$$

例 24 在时间域电磁法中,感应场为 $H(t) = B_0(t) * D(t)$,其中 $B_0(t)$ 为脉冲信号,$D(t)$ 为导体的时间响应函数。现在已知 $B_0(t) = \begin{cases}1 & t < t_0 \\ 0 & t \geqslant t_0\end{cases}$,导体的频率响应函数为 $D(\omega) = -i\dfrac{\omega L}{R + i\omega L}$($L$ 为导体等效电感,R 为导体等效电阻)。计算该导体的感应场。

解:根据拉普拉斯逆变换的褶积性质[(1.330)式],有

$$H(t) = B_0(t) * D(t) = L^{-1}[B_0(S)D(S)]$$

若令 $S = i\omega, A = \dfrac{R}{L}$,则 $D(S) = -\dfrac{S}{A+S}$,而 $B_0(t)$ 的拉普拉斯变换为

$$B_0(S) = \int_0^\infty B_0(t)e^{-st}\,dt = \int_0^{t_0} e^{-st}\,dt = \frac{1-e^{-st_0}}{S}$$

于是

$$H(t) = L^{-1}\left[\frac{1-e^{-st_0}}{S}\,\frac{-S}{A+S}\right] = L^{-1}\left[\frac{e^{-st_0}-1}{A+S}\right]$$

令 $S_1 = A + S$,则

$$L^{-1}\left[\frac{e^{-st_0}-1}{A+S}\right] = e^{-A(t-t_0)}L^{-1}\left[\frac{e^{-s_1t_0}}{S_1}\right] - e^{-At}L^{-1}\left[\frac{1}{S_1}\right]$$

其中

$$L^{-1}\left[\frac{e^{-s_1t_0}}{S_1}\right] = \begin{cases}1 & (t \geqslant t_0) \\ 0 & (t < t_0)\end{cases}$$

$$L^{-1}\left[\frac{1}{S_1}\right] = 1$$

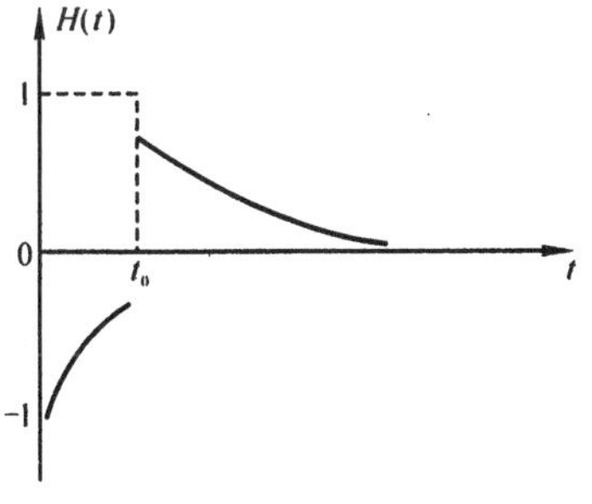

图 1.26 时间特性曲线

于是

$$H(t) = u(t)e^{-A(t-t_0)} - e^{-At}$$

其中

$$u(t) = \begin{cases}1 & (t \geqslant t_0) \\ 0 & (t < t_0)\end{cases}$$

其时间特性曲线如图 1.26 所示。当 $t \geqslant t_0$，即脉冲结束后，感应场为

$$H(t) = (e^{\lambda t_0} - 1)e^{-\lambda t}$$

可见感应场随时间按负指数衰减，其衰减速度取决于 $A = \frac{R}{L}$。

第五节　随机场的统计分析方法

在物探工作中，通常用离散采样的数据来描述某一特定的物理场。由于采样数据具有随机性，并遵循统计规律，因此统计方法已经成为分析研究随机物理场的主要数学工具。本节主要介绍研究随机场的统计分析方法。

一、方差分析

方差分析是一套假设检验参数估计的方法，它所引用的一些统计量是观测值的线性函数平方和的组合。

1. 一维随机变量的方差

设随机变量 x 的数学期望值为 $E(x)$，则方差定义为

$$D(x) = E\{[x - E(x)]^2\} \tag{1.332}$$

可见，方差描述了随机变量与其数学期望值的偏离程度。对于离散型变量，其方差计算公式为

$$D(x) = \sum_{k=1}^{\infty}[x_k - E(x)]^2 P_k(x) \tag{1.333}$$

如果变量是连续的，则其方差计算公式为

$$D(x) = \int_{-\infty}^{\infty}[x - E(x)]^2 P(x)\mathrm{d}x \tag{1.334}$$

式中，$P(x)$为概率密度。由(1.333)式有

$$\begin{aligned} D(x) &= \sum_{k=1}^{\infty}[x_k - E(x)]^2 P_k(x) \\ &= \sum_{k=1}^{\infty}x_k^2 P_k(x) - 2E(x)\sum_{k=1}^{\infty}x_k P_k(x) + [E(x)]^2\sum_{k=1}^{\infty}P_k(x) \\ &= E(x^2) - 2E(x)E(x) + [E(x)]^2 \\ &= E(x^2) - [E(x)]^2 = E\{[x - E(x)]^2\} \end{aligned} \tag{1.335}$$

$D(x)$的正平方根称为均方差，以 $\sigma(x)$表示

$$\sigma(x) = \sqrt{E\{[x - E(x)]^2\}} \tag{1.336}$$

如果 R，c 为常数，则有

$$D(Rx + c) = R^2 D(x) \tag{1.337}$$

证明如下：

由定义式(1.332)有

$$D(Rx + c) = E\{[(Rx + c) - (RE(x) + c]^2\}$$

但　$E(Rx + c) = RE(x) + c$

所以　$E\{[(Rx + c) - (RE(x) + c)]^2\} = E\{R^2[x - E(x)]^2\} = R^2 D(x)$

证毕。

2. 多维随机变量的方差

设多维随机变量 (x_i) 的数学期望为 $E(x_i)$，则其方差定义为

$$D(x_i) = E\{[x_i - E(x_i)]^2\} \qquad (i = 1,2,3,\cdots,n) \tag{1.338}$$

离散型随机变量的方差可表示为

$$D(x_i) = \sum_{i=1}^{N_1}\sum_{i=1}^{N_2}\cdots\sum_{i=1}^{N_n}\sum_{k=1}^{\infty}[x_{ik} - E(x_i)]^2 P_k(x_i) \tag{1.339}$$

连续型随机变量的方差可表示为

$$D(x_i) = \int_{-\infty}^{\infty}\int_{-\infty}^{\infty}\cdots\int_{-\infty}^{\infty}[x_i - E(x_i)]^2 P(x_1,x_2,\cdots,x_n)\mathrm{d}x_1\mathrm{d}x_2\cdots\mathrm{d}x_n \qquad (i = 1,2,\cdots,n) \tag{1.340}$$

可以证明，相互独立的随机变量之和的方差等于随机变量方差之和，即

$$D(x+y) = D(x) + D(y) \tag{1.341}$$

其简单证明如下

$$\begin{aligned} D(x+y) &= E\{[(x+y) - E(x) - E(y)]^2\} \\ &= E\{[x - E(x)]^2 + [y - E(y)]^2 + 2[x - E(x)][y - E(y)]\} \\ &= E\{[x - E(x)]^2\} + E\{[y - E(y)]^2\} + 2E\{[x - E(x)][y - E(y)]\} \end{aligned}$$

其中 $E\{[x - E(x)][y - E(y)]\} = E\{xy + E(x)E(y) - xE(y) - yE(x)\}$

$$= E(xy) - E(x)E(y)$$

若 x,y 相互独立，则 $E(xy)=E(x)E(y)$

因此 $E[(x - E(x))(y - E(y))] = 0$

于是有 $D(x+y) = E[(x - E(x))^2] + E[(y - E(y))^2] = D(x) + D(y)$

证毕。

二、回归分析

1. 一元回归分析

从理论上说，一定的场源分布，在特定外部条件下，其场值由空间位置和时间所惟一地确定。在研究稳定场时，时间因素不需考虑。但是，在物探工作中，场值是通过采样获得的，而采样值具有随机性。因此，场值与采样值并没有惟一的对应关系。然而，通过大量的采样，可以找出描述该物理场的函数。这种数学分析方法称为回归分析。

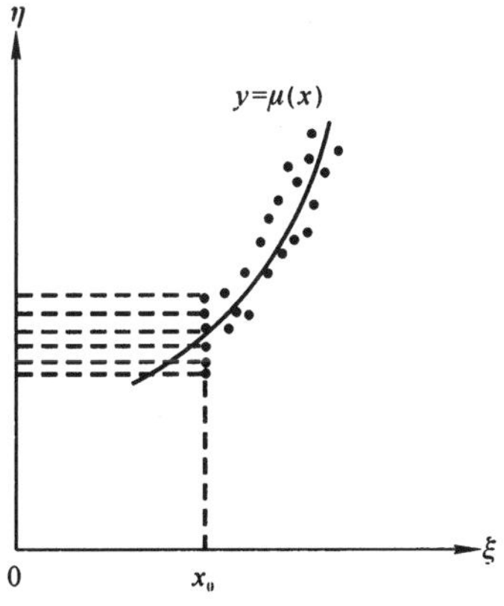

图 1.27

设变量 ξ 和 η 具有相关关系，即 ξ 的变化可以引起 η 相应的变化，但 ξ 和 η 之间却没有确定的函数关系，即当 $\xi = x_0$ 时，η 有不止一个的可能值与之对应(图 1.27)。为了确定 ξ 和 η 之间的关系，通常的办法是取 $\xi = 0$ 时所有 η 值之平均值作为 $\xi = 0$ 时之代表值，即

$$\overline{\eta_{|\xi=x_0}} = y_0 = E(\eta)_{|\xi=x_0}$$

式中 $E(\eta)_{|\xi=X_0}$ 表示在 $\xi=x_0$ 的条件下 η 的条件期望值。将上式写成一般化的形式

$$\overline{\eta_{|\xi=x}}=y=E(\eta)_{|\xi=x} \tag{1.342}$$

上式右端为 x 的确定函数，可记为 $\mu(x)=E(\eta)_{|\xi=x}$ 。这样，就可以用确定的函数

$$y=\mu(x) \tag{1.343}$$

来大体地描述变量 ξ 和 η 之间的关系。(1.343) 式称为 η 对 ξ 的回归方程。$\mu(x)$ 称为回归函数，它的一个最基本性质是：对于任意函数 $\varphi(x)$ ，恒有

$$E[\eta-\varphi(x)]^2 \geqslant E[\eta-\mu(x)]^2 \tag{1.344}$$

即 $\mu(x)$ 具有最小方差的性质。也就是说，在一切 x 的函数中，用回归函数 $\mu(x)$ 来作为 η 的描述能使估计的偏差平方和达到最小。因此，回归方程(1.343) 就成了研究变量间统计相关关系的一个重要工具。

回归函数 $\mu(x)$ 可以有各种形式，但是使用较多的是线性函数，即 $\mu(x)=\alpha+\beta x$ ，于是方程

$$y=\alpha+\beta x \tag{1.345}$$

就称为一元线性回归方程。

建立一元线性回归方程，关键在于确定系数 α 和 β，通常可用最小二乘法来获得。假设在不同的 x 处对 y 值进行观测，从而获得一组数据 $(x_i, y_i)(i=1,2,\cdots,n)$。为使

$$Q=\sum_{i=1}^{n}(y_i-\alpha-\beta x_i)^2$$

达到最小，可令

$$\frac{\partial Q}{\partial \alpha}=-2\sum_{i=1}^{n}(y_i-\alpha-\beta x_i)=0$$

$$\frac{\partial Q}{\partial \beta}=-2\sum_{i=1}^{n}(y_i-\alpha-\beta x_i)x_i=0$$

由此解得

$$\alpha=\bar{y}-\beta\bar{x};\quad \beta=\frac{\sum_{i=1}^{n}(x_i-\bar{x})(y_i-\bar{y})}{\sum_{i=1}^{n}(x_i-\bar{x})^2} \tag{1.346}$$

式中

$$\bar{x}=\frac{1}{n}\sum_{i=1}^{n}x_i;\quad \bar{y}=\frac{1}{n}\sum_{i=1}^{n}y_i$$

将(1.346)式代入(1.345)式中便得到一元线性回归方程。

然而，由上述方法所得到的线性回归方程是否能正确表示变量 y 与 x 之间的关系，却是不一定的。为此，必须要作相关系数的显著性检验。首先根据观测数据 $(x_i, y_i)(i=1,2,\cdots,n)$ 按照下式计算它们的相关系数的估计值 r ：

$$r=\frac{\sum_{i=1}^{n}x_i y_i-\frac{1}{n}(\sum_{i=1}^{n}x_i)(\sum_{i=1}^{n}y_i)}{\sqrt{\left[\sum_{i=1}^{n}x_i^2-\frac{1}{n}(\sum_{i=1}^{n}x_i)^2\right]\left[\sum_{i=1}^{n}y_i^2-\frac{1}{n}(\sum_{i=1}^{n}y_i)^2\right]}} \tag{1.347}$$

表 1-1 是在不同显著性水平 α 下相关系数的临界值 r_α。将实际计算的 r 与表中之 r_α 值进行比较，若 $r>r_\alpha$ 值，则认为变量 y 与 x 之间线性相关程度显著，若 $r\leqslant r_\alpha$ 值，则认为它们之间是线性不相关的。

2. 多元线性回归分析

大多数物理场并不只与一个变量相关，而是与多个变量相关，例如，时变电磁场的场强度通常与三个坐标变量、一个时间（或频率）变量以及介质的若干个物理参数有关，因此，常常需要研究某个随机变量对多个变量的回归问题，即多元回归问题。

假定随机变量 y 与 m 个独立变量 $x_j(j=1,2,\cdots,m)$ 之间有线性关系

$$y=\beta_0+\beta_1 x_1+\cdots+\beta_m x_m+\varepsilon_i \qquad (i=1,2,\cdots,n) \tag{1.348}$$

式中，$\beta_j(j=0,1,2,\cdots,m)$ 为回归系数的估计值，ε_i 为由随机因素产生的误差，或称为残差。如果通过某种数学途径求得回归系数的估计值，并记为 $b_0,b_1,\cdots,b_m$，则可建立回归方程

$$\hat{y}=b_0+\sum_{j=1}^{m}b_j x_j \tag{1.349}$$

如果对每个独立变量分别进行 n 次观测，则每次观测的残差为

$$\varepsilon_i=y_i-\hat{y}_i \qquad (i=1,2,\cdots,n)$$

为了确定回归方程，可以采用最小二乘法，使残差为最小，即

$$Q=\sum_{i=1}^{n}(y_i-\hat{y}_i)^2=\sum_{i=1}^{n}\varepsilon_i^2$$

将 Q 分别对 $b_0,b_1,\cdots,b_m$ 求偏导数，并令其为零，便可得到 $(m+1)$ 个线性独立方程

$$\begin{cases}\dfrac{\partial Q}{\partial b_0}=-2\displaystyle\sum_{i=1}^{n}(y_i-b_0-b_1x_{1i}-\cdots-b_mx_{mi})=0\\ \qquad\qquad\vdots\\ \dfrac{\partial Q}{\partial b_j}=-2\displaystyle\sum_{i=1}^{n}(y_i-b_0-b_1x_{1i}-\cdots-b_mx_{mi})x_{ji}=0\end{cases} \tag{1.350}$$

$$(j=1,2,\cdots,m)$$

上述方程组可整理为

$$\begin{cases}b_0=\bar{y}-\displaystyle\sum_{j=1}^{m}b_j\bar{x}_j\\ \begin{bmatrix}l_{11} & l_{12}\cdots l_{1m}\\ l_{21} & l_{22}\cdots l_{2m}\\ & \cdots \\ l_{m1} & l_{m2}\cdots l_{mm}\end{bmatrix}\begin{bmatrix}b_1\\ b_2\\ \vdots\\ b_m\end{bmatrix}=\begin{bmatrix}l_{10}\\ l_{20}\\ \vdots\\ l_{m0}\end{bmatrix}\end{cases} \tag{1.351}$$

式中

$$l_{ij}=\sum_{t=1}^{n}(x_{jt}-\bar{x}_j)(x_{it}-\bar{x}_i)$$

$$l_{i0}=\sum_{t=1}^{n}(y_t-\bar{y}_j)(x_{it}-\bar{x}_i)$$

$$i,j=1,2,\cdots,m$$

而

$$\bar{x}_i=\bar{x}_j=\frac{1}{n}\sum_{t=1}^{n}x_{it};\quad \bar{y}=\frac{1}{n}\sum_{t=1}^{n}y_t \quad (i=1,2,\cdots m)$$

这样，就能求出系数 $b_0,b_1,\cdots,b_m$ 的一组解 $\hat{b}_0,\hat{b}_1,\cdots,\hat{b}_m$，于是回归方程为

$$\hat{y}=\hat{b}_0+\sum_{j=1}^{m}\hat{b}_j x_j \tag{1.352}$$

用方程(1.352)进行预测或控制,其结果与实测数据偏差最小。然而,该方程是否能真实地反映 y 与 x_j 之间的关系却取决于 y 与 x_j 之间是否具有线性相关性。为此,必须要对回归方程进行显著性检验。其检验方法是构造一个统计量

$$F=\frac{S_{回}(n-m-1)}{S_{偏}\ m} \tag{1.353}$$

式中,$S_{回}=\sum_{i=1}^{n}(\hat{y}_i-\bar{y})^2$ 为回归平方和,$S_{偏}=\sum_{i=1}^{n}(y_i-\hat{y}_i)^2$ 为偏差平方和,m 为 $S_{回}$ 的自由度即自变量的个数,$(n-m-1)$ 为 $S_{偏}$ 的自由度。

表1-2是不同信度 α(又称显著水平)下的 $F_\alpha(m,n-m-1)$ 分布临界值表,对于给定的信度,若统计量 $F>F_\alpha$,则认为在该信度下回归方程(1.352)是有意义的,否则若 $F\leqslant F_\alpha$,则该回归方程是没有意义的。

在实际工作中,并不是每一个自变量 x_i 对 y 都具有同等重要性,其中某些变量对 y 起决定性的作用,而另一些变量则对 y 的影响很小。因此,在进行多元回归分析时,为了确立一个更简单的线性回归方程,可以首先对自变量进行分析,剔除那些对 y 影响很小的变量,从而使自变量的个数 m 减到最小,这样,回归方程就简化了。

显然,自变量重要性的检验与自变量所对应的回归系数显著性的检验是同等重要的。我们对第 j 个自变量的回归系数 b_j 建立如下的统计量

$$F_j=\frac{b_j^2(n-m-1)}{S_{偏}\ C_{jj}} \tag{1.354}$$

式中,C_{jj} 为系数矩阵$[l_{ij}]$之逆矩阵$[l_{ij}]^{-1}$ 中第 j 行第 j 列的元素。对于给定的信度 α,把 F 与表1-2中的 $F(1,n-m-1)$ 对比,若 $F_j>F_\alpha$,则认为该自变量 x_j 对 y 的影响显著,若 $F_j\leqslant F_\alpha$ 则认为该自变量 x_j 对 y 的影响不显著,可以从方程中剔除。

剔除每一个自变量之后,由于自变量个数减少了,相应的回归系数也就发生了变化,因此应该重新计算回归系数,重组线性回归方程,然后再逐个地检验回归系数的显著性水平,直到全部回归系数的显著性水平达到要求为止。上述过程在计算机中是很容易实现的。

3. 逐步回归分析

按照上述简化回归方程的思路,可以发展为优化回归方程的逐步回归分析方法。逐步回归分析的基本方法就是:在全部 m 个变量中挑出其中 k 个与 y 关系最密切的变量,组成一个"偏回归方程"

$$\hat{y}=b_0+\sum_{i=1}^{k}b_ix_i \qquad (k\leqslant m)$$

然后用上述方法检验回归系数的显著性,并剔除其中一个作用不显著的因子。由于 x_i 对 y 的作用大小可以用"偏回归平方和" p_i 来表示

$$p_i=b_i^2/c_{ii} \tag{1.355}$$

因此,无须对每个 x_i 逐一检验其对 y 的作用是否显著,而只需从所有 $p_i(i=1,2,\cdots,k)$ 中找出其中的最小者,然后构造统计量

$$F_i=\frac{p_i(n-k-1)}{S_{偏}} \tag{1.356}$$

对 x_i 的回归作用进行显著性检验,若作用显著,则认为全体变量对 y 都是显著的。这时就可从还没被挑选的变量中找出一个 p_i 为最大者进入方程中,再重新构造一个偏回归方程,并重复

上述检验过程。

如果经检验发现 x_i 的回归作用不显著，则将其从方程中剔除。剔除后要进行重组偏回归方程和重新进行检验。如此反复进行，直到没有变量可以引入和可以剔除为止。这个最后的偏回归方程就是最优化的回归方程。

三、趋势分析

在物探资料分析工作中，常常遇到如何把深部地质体的异常从区域背景中分离出来的问题。用数学手段拟合区域背景场的统计分析方法，称为趋势分析。进行趋势分析的数学手段可以有多种，然而较为普遍使用的是多项式趋势分析方法。

1. 一维多项式趋势分析

如果场值 ω 只是一维坐标变量 x 的函数，则可建立如下的一维多项式趋势分析方程

$$\omega_i = b_0 + b_1 x_i + b_2 x_i^2 + \cdots + b_m x_i^m + \varepsilon_i \tag{1.357}$$

式中，m 为方程的阶，ε_i 为剩余值。

设其拟合函数为

$$\hat{\omega}_i = b_0 + b_1 x_i + b_2 x_i^2 + \cdots + b_m x_i^m \tag{1.358}$$

为使 $\hat{\omega}_i$ 值逼近 ω_i 值（观测值），可以采用最小二乘法。令 $Q = \sum_{i=1}^{n} \varepsilon_i^2 = \sum_{i=1}^{n} (\omega_i - \hat{\omega}_i)^2$ 为最小，这里 n 为采样数。

分别令 Q 对 $b_0, b_1, \cdots, b_m$ 的一阶偏导数为零，便可以得到一个方程组

$$\begin{cases} -2\sum_{i=1}^{n}(\omega_i - b_0 - b_1 x_i - b_2 x_i^2 - \cdots - b_m x_i^m) = 0 \\ -2\sum_{i=1}^{n}(\omega_i - b_0 - b_1 x_i - b_2 x_i^2 - \cdots - b_m x_i^m) x_i = 0 \\ -2\sum_{i=1}^{n}(\omega_i - b_0 - b_2 x_i - b_2 x_i^2 - \cdots - b_m x_i^m) x_i^2 = 0 \\ \cdots \\ -2\sum_{i=1}^{n}(\omega_i - b_0 - b_2 x_i - b_2 x_i^2 - \cdots - b_m x_i^m) x_i^m = 0 \end{cases} \tag{1.359}$$

解上述方程组，便可以求得系数 $b_0, b_1, \cdots, b_m$，从而得到拟合值 $\hat{\omega}_i$，将实测值减去拟合值，就得到剩余值，这个剩余值便反映了局部地质体所产生的异常场。

一维趋势分析可用来分离剖面性资料的背景场。然而过分地依赖数学手段，有时是不必要的，甚至是有害的。在一维趋势分析中，常常由工作人员根据具体的地质和地球物理条件，用经验方法来确定背景场并分离出局部异常，这种办法既省事，又直观。

2. 二维趋势分析

当场值是平面坐标变量 x, y 的函数时，分离背景场可以用二维趋势分析方法，所以二维趋势分析又称为趋势面分析，是用得比较多的趋势分析方法。设趋势面分析的数学模型为

$$\omega_i = b_0 + b_1 x_i + b_2 y_i + b_3 x_i^2 + b_4 x_i y_i + b_5 y_i^2 + \cdots + \varepsilon_i \tag{1.360}$$

式中，ω_i 是与坐标变量 x_i, y_i 对应的观测值，ε_i 是剩余值。拟合函数可用多项式表示为

$$\hat{\omega}_i = b_0 + b_1 x_i + b_2 y_i + b_3 x_i^2 + b_4 x_i y_i + b_5 y_i^2 + \cdots \tag{1.361}$$

为使 $\hat{\omega}_i$ 值逼近 ω_i，可用最小二乘法，令

$$Q=\sum_{i=1}^{n}\varepsilon_i^2=\sum_{i=1}^{n}(\omega_i-\hat{\omega}_i)^2$$

分别令 Q 对 $b_0,b_1,\cdots,b_m$ 的偏数为零，这样就可以建立下列方程组

$$\begin{bmatrix}\sum 1 & \sum x_i & \sum y_i & \sum x_i^2 & \sum x_iy_i & \sum y_i^2 & \cdots\\ \sum x_i & \sum x_i^2 & \sum x_iy_i & \sum x_i^3 & \sum x_i^2y_i & \sum x_iy_i^2 & \cdots\\ \sum y_i & \sum x_iy_i & \sum y_i^2 & \sum x_i^2y_i & \sum x_iy_i^2 & \sum y_i^3 & \cdots\\ \sum x_i^2 & \sum x_i^3 & \sum x_i^2y_i & \sum x_i^4 & \sum x_i^3y_i & \sum x_i^2y_i^2 & \cdots\\ \sum x_iy_i & \sum x_i^2y_i & \sum x_iy_i^2 & \sum x_i^3y_i & \sum x_i^2y_i^2 & \sum x_iy_i^3 & \cdots\\ & & & \cdots & & & \end{bmatrix}\begin{bmatrix}b_0\\ b_1\\ b_2\\ b_3\\ b_4\\ \cdots\end{bmatrix}=\begin{bmatrix}\sum \omega_i\\ \sum x\omega_i\\ \sum y\omega_i\\ \sum x^2\omega_i\\ \sum xy\omega_i\\ \cdots\end{bmatrix} \tag{1.362}$$

解这个方程组便得各系数 $b_0,b_1,b_2,b_3,\cdots$之值。对 m 阶多项式来说，其待定系数有 N 个：

$$N=\sum_{k=1}^{m+1}k$$

对于这个趋势面方程的拟合效果，可以用拟合度

$$C=\frac{n\sum_{i=1}^{n}\hat{\omega}^2-(\sum_{i=1}^{n}\hat{\omega})^2}{n\sum_{i=1}^{n}\omega^2-(\sum_{i=1}^{n}\omega)^2}\times 100\% \tag{1.363}$$

来评价。但是，由于实际数据中包含着局部地质体的信息，而拟合的目标是背景场，因此，拟合度应以能反映背景场特征为目的。过高的拟合度将使趋势面方程中包含了过多的局部地质体信息，从而使剩余值减小，这就削弱了突出局部地质体异常的能力。

趋势方程显著性的检验可以通过构造统计量

$$F=\frac{S_{趋}(n-N)}{S_{剩}(N-1)} \tag{1.364}$$

来进行检验，式中

$S_{趋}=\sum_{i=1}^{n}(\hat{\omega}_i-\bar{\omega})^2$ 为趋势平方和；$S_{剩}=\sum_{i=1}^{n}(\omega_i-\hat{\omega}_i)^2$ 为剩余平方和；n 为采样数(测点数)；N 为多项式的项数。

在给定信度下，将 F 与表 1-2 中 $F_\alpha(N-1,n-N)$ 值相对照，若 $F>F_\alpha$，则该趋势方程是显著的，否则是不显著的。

在二维趋势分析中，除对趋势面进行分析外，对剩余值的分析也具有同等重要的意义，因为前者反映背景场，而后者则突出异常场。在这里，把数学手段与实际情况(地质及地球物理)相结合，是非常重要的。

如果采样是在等间距网格中进行的，则用正交多项式进行趋势分析会更为简便，对二维数据来说，趋势面方程可表示为

$$\hat{\omega}_{ij}=\sum_{r=0}^{p}\sum_{S=0}^{q}b_{rs}\psi_{rs}(x_i,y_j) \tag{1.365}$$

式中，r，s 是分别沿 i 方向和 j 方向 $\hat{\omega}_{ij}$ 中正交多项式的顺序号。由于二维正交多项式可简化

为两个一维正交多项式之积，因此

$$\psi_{rs}(x,y)=\psi_r(x)\psi_s(y) \tag{1.366}$$

由正交性质知

$$\begin{cases}\sum_{i=1}^{n}\psi_r(x_i)\psi_k(x_i)=0 & r\neq k\\ \sum_{j=1}^{m}\psi_s(y_j)\psi_t(y_j)=0 & s\neq t\end{cases} \tag{1.367}$$

若令 $\psi_0=1$,则方程(1.365)的系数公式为

$$\begin{cases}b_{00}=\dfrac{1}{mn}\sum_{i=1}^{n}\sum_{j=1}^{m}\omega_{ij}=\bar{\omega}\\ b_{rs}=\dfrac{\sum_{i=1}^{n}\sum_{j=1}^{m}\omega_{ij}\psi_r(x_i)\psi_s(y_j)}{\sum_{i=1}^{n}\sum_{j=1}^{m}\psi_r^2(x_i)\psi_s^2(y_j)}\end{cases} \tag{1.368}$$

这里

$$\begin{cases}\psi_1(x)=x-\bar{x}\\ \psi_2(x)=(x-\bar{x})^2-\dfrac{n^2-1}{12}\\ \psi_3(x)=(x-\bar{x})^3-\dfrac{3n^2-7}{20}(x-\bar{x})\\ \psi_4(x)=(x-\bar{x})^4-\dfrac{3n^2-13}{14}(x-\bar{x})^2+\dfrac{3(n^2-1)(n^2-9)}{560}\\ \psi_5(x)=(x-\bar{x})^5-\dfrac{5(n^2-7)}{18}(x-\bar{x})^3+\dfrac{15n^4-230n^2+407}{1008}(x-\bar{x})\\ \cdots\\ \psi_{k+1}(x)=\psi_1(x)\psi_k(x)-\dfrac{k^2(n^2-k^2)}{4(4k^2-1)}\psi_{k-1}(x)\end{cases} \tag{1.369}$$

式中，n 为 x 方向的采样点数。类似地，也可以得 $\psi_s(y_j)$ 的表达式，这时以 m 代表 y 方向的采样点数。

3. 三维趋势分析

如果采样值 ω_i 是三维坐标变量的函数，则可建立下述方程

$$\omega_i=\hat{\omega}_i(x,y,z)+\varepsilon_i \tag{1.370}$$

式中，$\hat{\omega}_i(x,y,z)$ 为三维多项式函数，对于 p 阶多项式，其待定系数有

$$k=\frac{1}{6}(p+1)(p+2)(p+3) \tag{1.371}$$

个，例如：

一阶　$[\hat{\omega}(x,y,z)]_1=b_0+b_1x+b_2y+b_3z$

二阶　$[\hat{\omega}(x,y,z)]_2=[\hat{\omega}(x,y,z)]_1+b_4x^2+b_5xy+b_6xz+b_7yz+b_8y^2+b_9z^2$

p 阶　$[\hat{\omega}(x,y,z)]_p=[\hat{\omega}(x,y,z)]_{p-1}+b_lx^p+b_{l+1}x^{p-1}y+b_{l+2}x^{p-1}z$

$+b_{l+3}x^{p-2}y^2+b_{l+4}x^{p-2}yz+\cdots+b_kz^p$

式中 $l=\dfrac{p(p+1)(p+2)}{6}$

令 $Q=\sum_{i=1}^{n}(\omega_i-\hat{\omega}_i)$，并令$\dfrac{\partial Q}{\partial b_j}=0 \quad (j=0,1,2,\cdots,k)$

便可得一个 k 阶正规方程组;解此方程组可得各系数 $b_0,b_1,\cdots,b_k$，从而建立起一个趋势方程。该方程的显著性由下述统计量来检验:

$$F=\frac{(n-k)\sum_{i=1}^{n}(\hat{\omega}_i-\bar{\omega})^2}{(k-1)\sum_{i=1}^{n}(\omega_i-\bar{\omega})^2} \tag{1.372}$$

其自由度为 $(k-1,n-k)$。

拟合度为
$$C=1-\left[\frac{\sum(\omega_i-\hat{\omega}_i)^2}{\sum(\omega_i-\bar{\omega})^2}\right]\times 100\% \tag{1.373}$$

四、判别分析与聚类分析

如果事先已经通过经验的或其他统计的方法对目标地质体的物理场数据类型进行了分类,那么判别分析能帮助我们从未知归属的数据中进行分类,以确定其数据类型。而如果事先并无这种分类标准,则通过对数据进行聚类分析,可以帮助我们对数据进行分类。因此,判别分析和聚类分析是地球物理场分析研究中经常要遇到的问题之一。

1. 费歇(FISHER)判别准则

费歇判别准则的基本思想是:如果有一组包含 G 个类别 M 个事物的一组样本,若将每一个事物看作是 N 维空间 $R^{(N)}$ 中的一个点的话,可以通过某种方法将这些点投影到较低维的空间中去,然后在较低维空间中进行分类。费歇判别可以帮助我们找出其中最有利于在低维空间中进行分类的投影方向。费歇判别较多地用于 $G=2$ 的判别分析中,这种判别又称为二类线性判别。

图 1-28 形象地表示了二维费歇判别的意义。将两种事物 A 和 B 看作是二维空间中不同的点。当把它们投影到某一维空间——直线上去的时候,对不同的投影方向,A 和 B 的点列分布是不同的。为了能在一维空间中有效地把 A 事物和 B 事物区分开来。必须恰当地选择投影方向,例如图中的 R 直线,就能有效地把 A,B 区分开来。

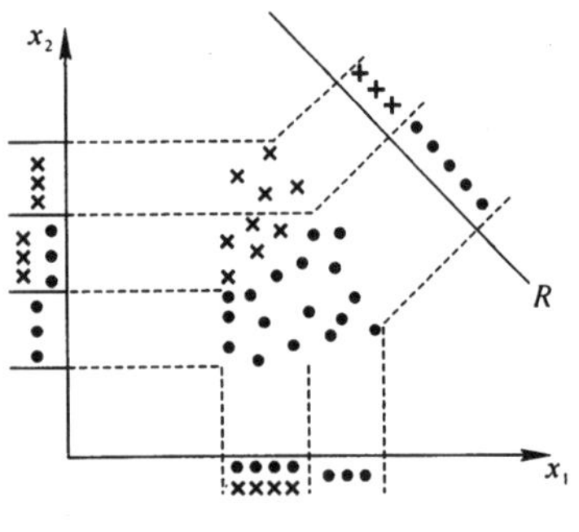

图 1-28

在数学上,上述问题归结为确定一个判别函数 R,它能使每一类样品的判别得分平均值之差的平方最大,同时又应使每类样品内判别得分值的离散程度最小。对于二类样品来说,就是要使下列函数

$$I=\frac{[\bar{R}(\mathrm{A})-\bar{R}(\mathrm{B})]^2}{\sum_{j=1}^{n_1}[R_j(\mathrm{A})-\bar{R}(\mathrm{A})]^2+\sum_{j=1}^{n_2}[R_j(\mathrm{B})-\bar{R}(\mathrm{B})]^2} \tag{1.374}$$

最大。为此,设判别函数为

$$R = c_1x_1 + c_2x_2 + \cdots + c_kx_k = \sum_{i=1}^{k} c_ix_i \tag{1.375}$$

式中，c_i 为待定系数，x_i 为用来判别 A，B 类样品的特征变量，这样，问题便归结为求待定系数 $c_i(I=1,2,\cdots,k)$。为了简化叙述，可以把(1.374)式简写为

$$I = \frac{Q}{T}$$

其中

$$Q = [\bar{R}(\mathrm{A}) - \bar{R}(\mathrm{B})]^2 \tag{1.376}$$

$$T = \sum_{j=1}^{n_1}[R_j(\mathrm{A}) - \bar{R}(\mathrm{A})]^2 + \sum_{j=1}^{n_2}[R_j(\mathrm{B}) \quad \bar{R}(\mathrm{B})]^2 \tag{1.377}$$

它们显然都是 c_i 的函数。

令

$$\frac{\partial I}{\partial c_i} = \frac{\partial I}{\partial Q}\frac{\partial Q}{\partial c_i} + \frac{\partial I}{\partial T}\frac{\partial T}{\partial c_i} = \frac{T\frac{\partial Q}{\partial c_i} - Q\frac{\partial T}{\partial c_i}}{T^2} = 0$$

由于 $T^2 \neq 0$，所以有

$$T\frac{\partial Q}{\partial c_i} = Q\frac{\partial T}{\partial c_i}$$

将(1.375)式，(1.376)式，(1.377)式代入上式，经整理得

$$\sum_{i=1}^{k} c_iS_{ij} = \lambda d_j \qquad (j = 1,2,\cdots,k) \tag{1.378}$$

式中，λ 是一个不依赖于 j 的系数，它对方程组的解仅仅起放大 λ 倍的作用，而对“投影方向”即 c_i 的相对比例关系没有影响，所以可令 $\lambda=1$。这样，方程(1.378)进一步简化为

$$\sum_{i=1}^{k} c_iS_{ij} = d_j \qquad (j = 1,2,\cdots,k) \tag{1.379}$$

式中

$$d_j = \bar{x}_i(A) - \bar{x}_i(B);$$

$$S_{ij} = \sum_{t=1}^{n_1}[x_{it}(A) - \bar{x}_i(A)][x_{jt}(A) - \bar{x}_j(A)] + \sum_{t=1}^{n_2}[x_{it}(B) - \bar{x}_i(B)][x_{jt}(B) - \bar{x}_j(B)] \qquad (i,j = 1,2,\cdots,k)$$

$$\bar{x}_i(A) = \frac{1}{n_1}\sum_{t=1}^{n_1}x_{it}(A); \qquad \bar{x}_j(A) = \frac{1}{n_2}\sum_{t=1}^{n_2}x_{jt}(A);$$

$$\bar{x}_i(B) = \frac{1}{n_1}\sum_{t=1}^{n_1}x_{it}(B); \qquad \bar{x}_j(B) = \frac{1}{n_2}\sum_{t=1}^{n_2}x_{jt}(B);$$

(1.379)式可写为矩阵形式

$$\begin{bmatrix} S_{11}, S_{12}, \cdots, S_{1k} \\ S_{21}, S_{22}, \cdots, S_{2k} \\ \cdots \\ S_{k1}, S_{k2}, \cdots, S_{kk} \end{bmatrix} \begin{bmatrix} c_1 \\ c_2 \\ \vdots \\ c_k \end{bmatrix} \begin{bmatrix} d_1 \\ d_2 \\ \vdots \\ d_k \end{bmatrix} \tag{1.380}$$

解此方程组，便可求得 $c_1, c_2, \cdots\cdots, c_k$，然后代回(1.375)式便可得到判别函数 R。

R 确定之后，比较简单的判别方法就是首先确定两类投影点之均值

$$\bar{R}(\mathrm{A}) = \sum_{i=1}^{k} c_i x_i(\mathrm{A}); \quad \bar{R}(\mathrm{B}) = \sum_{i=1}^{k} c_i x_i(\mathrm{B}); \tag{1.381}$$

取两类均值之中点

$$R^* = \frac{1}{2}[\bar{R}(\mathrm{A}) + \bar{R}(\mathrm{B})] \tag{1.382}$$

作为分界点，如果 R 在 R^* 一侧靠近 $\bar{R}(\mathrm{A})$ 处，便判为 A 类，若 R 在 R^* 另一侧靠近 $\bar{R}(\mathrm{B})$ 处，便判为 B 类。

分界点 R^* 也是可以取两类样本的容量作为权重因子，按照下式确定

$$R^* = \frac{N_1}{N_1 + N_2}\bar{R}(\mathrm{A}) + \frac{N_2}{N_1 + N_2}\bar{R}(\mathrm{B}) \tag{1.383}$$

式中，N_1，N_2 分别为两类样本的容量。

2. 贝叶斯(BAYES)判别准则

贝叶斯判别的基本思想是：若把 G 类事物中的每一个事物看作为 N 维空间 $R^{(N)}$ 中的一个点时，设法将这个空间划分为 G 个完备子空间，$R_1, R_2, \cdots, R_G$，并且满足：任一事物必须落在其中一个完备子空间 R_i 中 $(i = 1, 2, \cdots, G)$。这样，就把该事物划归到第 i 类。贝叶斯判别多用于 $G > 2$ 的多类判别分析问题。

任何一个事物落在完备子空间 R_g 中的条件概率为

$$p\left(\frac{g}{x}\right) = \frac{q_g f_g(x)}{\sum_{i=1}^{G} q_i f_i(x)} \qquad (g \in G) \tag{1.384}$$

式中，q_i 为事物落在 R_i 子空间中的概率；$f_i(x)$ 为各类母体的多元正态密度函数。由于 q_i 通常事先不能确定，可用其频率来代替。对各类母体来说，其全概率是相同的，因此，只要在 $q_i f_i(x)(i = 1, 2, \cdots, G)$ 中选其最大者，便可确定判别准则

令

$$y_g(x) = q_g f_g(x) = \{q_i f_i(x)\}_{\max} \tag{1.385}$$

对每个个体逐个按(1.385)式计算它的值，然后找出其中最大的那一个 g，就把该个体归入第 g 类。因此(1.385)式就是贝叶斯准则下的判别函数。

现在讨论判别函数的建立问题。假设样品服从正态分布，即

$$X \sim N(\mu_i \Sigma_i)$$

而

$$\hat{\mu}_i = \bar{X}_i = \begin{pmatrix} \bar{x}_{i1} \\ \bar{x}_{i2} \\ \vdots \\ \bar{x}_{im} \end{pmatrix}; \qquad \hat{\Sigma}_i = \frac{1}{N-G}\sum_{i=1}^{G} S_i = S$$

其中 $\bar{X}_i$ 为样品均值向量；$\bar{x}_{ik} = \frac{1}{n_i}\sum_{j=1}^{n_i} x_{i,j,k}$； $\qquad N = \sum_{i=1}^{G} n_i$；

式中 $\qquad i = 1, 2, \cdots, G; \quad j = 1, 2, \cdots, n_i; \quad k, l = 1, 2, \cdots, m;$

$$S_i = \frac{1}{n_i - 1}[\omega_{kl}] = \begin{bmatrix} S_{11}, S_{12}, \cdots, S_{1m} \\ S_{21}, S_{22}, \cdots, S_{2m} \\ \cdots \\ S_{m1}, S_{m2}, \cdots, S_{mm} \end{bmatrix}$$

$$\omega_{kl} = \sum_{j=1}^{n_i}(x_{ijk} - \overline{x}_{ik})(x_{ijl} - \overline{x}_{il})$$

这里 G 为类型数；n_i 为第 i 类样品的个数；m 为变量数。于是正态密度函数可表示为

$$f_i(X) = \frac{|S^{-1}|^{1/2}}{(2\pi)^{m/2}}\exp\left[-\frac{1}{2}(X-\overline{X}_i)'S^{-1}(X-\overline{X}_i)\right] \tag{1.386}$$

为了确定 $y_g(x)$，可对 $q_i f_i(X)$ 式取对数

$$\ln[q_i f_i(x)] = \ln\left[\frac{|S^{-1}|^{1/2}}{(2\pi)^{m/2}}\right] - \frac{1}{2}(X-\overline{X}_i)'S^{-1}(X-\overline{X}_i) + \ln(q_i)$$

经整理得

$$F_i(X) = \sum_{k=1}^{m} c_{ki}X_k + c_{0i} + \ln q_i \tag{1.387}$$

式中

$$F_i(X) = \ln f_i(X)$$

$$c_{ki} = \sum_{l=1}^{m} S_{kl}^{-1}\overline{x}_{il} \qquad (k = 1, 2, \cdots, m)$$

$$c_{0i} = -\frac{1}{2}\sum_{k=1}^{m} c_{ki}\overline{x}_{ik}$$

选出 $F_i(X)$ 中之最大者，则其类别就是 $g=i$。

上述判别的效果，可以通过对任意两种类别引入统计量

$$F_{12} = \frac{n_1+n_2-m-G+1}{m}\left(\frac{n_1 n_2}{n_1+n_2}\right)\frac{1}{n_1+n_2-G}(\overline{X}_1-\overline{X}_2)'S^{-1}(\overline{X}_1-\overline{X}_2) \tag{1.388}$$

来进行评价。在给定信度 α 下，与 $F_\alpha(m, n_1+n_2-m-G+1)$ 对照，若 $F_{12} > F_\alpha$ 则该两类的差异是显著的，若 $F_{12} \leqslant F_\alpha$ 则该两类的差异是不显著的。

3. 逐步判别分析

在多类型数据的判别分析中，为了节省计算工作量和增加判别函数的稳定性，可以采用类似于逐步回归分析的办法来进行判别分析，称为逐步判别分析。进行逐步判别分析时，每一步选一个判别能力最显著的自变量进入判别函数，并且在此前和之后对已进入判别函数的变量逐个检验其显著性，对那些判别能力不显著的变量则予以剔除，直到判别函数中所有自变量的判别能力显著为止。

逐步判别分析的基本做法如下。

(1)计算离差矩阵

$$\begin{cases} \boldsymbol{W} = [\omega_{kl}] \\ \boldsymbol{T} = [t_{kl}] \end{cases} \tag{1.389}$$

式中，$\boldsymbol{W}$ 为类内离差矩阵，$\boldsymbol{T}$ 为总离差矩阵。

$$\omega_{kl} = \sum_{i=1}^{G}\sum_{j=1}^{n_i}(x_{ijk} - \overline{x}_{j\cdot k})(x_{ijk} - \overline{x}_{j\cdot l})$$

$$t_{kl} = \sum_{i=1}^{G}\sum_{j=1}^{n_i}(x_{ijk} - \overline{x}_{ik})(x_{ijk} - \overline{x}_{il})$$

而 $\bar{x}_{jk}=\frac{1}{n_i}\sum_{j=1}^{n_i}x_{ijk}$；$\bar{x}_{ik}=\frac{1}{N}\sum_{i=1}^{G}\sum_{j=1}^{n_i}x_{ijk}$；$N=\sum_{i=1}^{G}n_i$ 为样品总数。

(2)进行逐步判别计算

若 x_k 为还未被选入的变量，则计算

$$\Lambda_k=\frac{\omega_{kk}^{(p)}}{t_{kk}^{(p)}} \tag{1.390}$$

若 x_k 为已选入的变量，则计算

$$\Lambda_k=\frac{t_{kk}^{(p)}}{\omega_{kk}^{(p)}} \tag{1.391}$$

式中，p 代表计算的"步"序号。然后从中选择具有最大的 $\Lambda_k^{(p-1)}$ 中的变量，设其对应的函数为

$$\Lambda_r=\{\Lambda_k^{(p-1)}\}_{\max} \qquad k\in m$$

(3)作统计量

$$F_{剔除}=\frac{\omega_{rr}^{(p-1)}-t_{rr}^{(p-1)}}{t_{rr}^{(p-1)}}\,\frac{N-G-(m-1)}{G-1} \tag{1.392}$$

在给定信度 α 下，与 $F_\alpha(G-1,N-G-m+1)$ 对照以确定其显著性，若 $F_{剔除}\leqslant F_\alpha$，则该变量应予以剔除，否则予以保留。

若该变量 x_r 从判别函数中被剔除，则可计算矩阵 $\boldsymbol{W}$ 和 $\boldsymbol{T}$ 的值；若该变量保留，则从尚未选入的变量中找出其 $\Lambda_k^{(p)}$ 为最小值的那个变量 x_s，然后按下式进行判别其显著性

$$F_{加入}=\frac{t_{ss}^{(p)}-\omega_{ss}^{(p)}}{\omega_{ss}^{(p)}}\,\frac{N-G-m}{G-1} \tag{1.393}$$

若 $F_{加入}>F_\alpha(G-1,N-G-m)$，则该变量进入判别方程中，并计算 $\boldsymbol{W}$，$\boldsymbol{T}$ 的值。若 $F_{加入}\leqslant F_\alpha$，则结束逐步判别计算，然后转入常规的判别分析过程。这时仍然可以利用(1.387)式进行贝叶斯判别分析，其中

$$c_{ki}=(N-G)\sum_{l=1}^{m}\omega_{kl}^{(p)}\bar{x}_{i\cdot l} \tag{1.394}$$

4. 聚类分析

(1)按距离大小进行聚类

设有 n 个事物 $x_1,x_2,\cdots,x_n$，每个事物中含有 m 个变量。可以用矩阵表示为

$$X=\begin{bmatrix}x_{11},x_{12},\cdots,x_{1m}\\x_{21},x_{22},\cdots,x_{2m}\\\cdots\\x_{n1},x_{n2},\cdots,x_{nm}\end{bmatrix} \tag{1.395}$$

可以将每一个事物看作是 m 维的空间中的一个点。聚类分析的目标就是把变量特征相近的事物聚为一类，在几何意义上就是把这 m 维的空间中距离相近的点聚为一类。因此，点间距离就成为聚类的标准。

任意两个事物之间的距离可以表示为

$$d_{ij}=\sqrt{\sum_{p=1}^{m}(x_{ip}-x_{jp})^2} \qquad i,j\in n \tag{1.396}$$

显然，$d_{ii}=0$ 以及 $d_{ij}=d_{ji}$，因此按上式计算得到的距离矩阵应为对称阵

$$D=\begin{bmatrix}0,d_{12},d_{13},\cdots,d_{1n}\\ d_{21},0,d_{23},\cdots,d_{2n}\\ \cdots 0\cdots\\ d_{n1},d_{n2},d_{n3},\cdots,0\end{bmatrix} \tag{1.397}$$

聚类时，按 d_{ij} 的大小由小到大逐次并类。

(2)按相似程度进行聚类

在(1.395)式中，每一行代表一个事物，在数学上也可以看作是一个 m 维向量。于是任意两个向量之夹角余弦 $s_{ij}=\cos\theta_{ij}$ 便反映了该两事物的相似程度。当 $s_{ij}=1$ 时，表示 $\theta_{ij}=0$ 或者说，表示该两事物完全相似。

$$s_{ij}=\frac{\sum_{p=1}^{m}x_{ip}x_{jp}}{(\sum_{p=1}^{m}x_{ip}^2\sum_{p=1}^{m}x_{jp}^2)^{1/2}} \tag{1.398}$$

显然，$-1\leqslant s_{ij}\leqslant 1$，$s_{ij}$，$s_{ij}$ 愈大表明该两事物相似程度愈高，因此 s_{ij} 又称为相似系数。相似系数矩阵为

$$\boldsymbol{S}=\begin{bmatrix}1,s_{12},s_{13},\cdots,s_{1n}\\ s_{21},1,s_{23},\cdots,s_{2n}\\ \cdots 1\cdots\\ s_{n1},s_{n2},s_{n3},\cdots,1\end{bmatrix} \tag{1.399}$$

这是一个实对称矩阵。利用相似系数进行聚类时，应把 s_{ij} 大的聚为一类。

(3)按相关系数进行聚类

在矩阵(1.395)中，任意两个事物的相关系数为

$$r_{ij}=\frac{\sum_{p=1}^{m}(x_{ip}-\overline{x}_i)(x_{jp}-\overline{x}_j)}{\left[\sum_{p=1}^{m}(x_{ip}-\overline{x}_i)^2\sum_{p=1}^{m}(x_{jp}-\overline{x}_j)^2\right]^{1/2}} \tag{1.400}$$

式中 $\overline{x}_i=\frac{1}{m}\sum_{p=1}^{m}x_{ip}$； $\overline{x}_j=\frac{1}{m}\sum_{p=1}^{m}x_{jp}$

并由相关系数构成相关矩阵为

$$\boldsymbol{R}=\begin{bmatrix}r_{11},r_{12},r_{13},\cdots,r_{1n}\\ r_{21},r_{22},r_{23},\cdots,r_{2n}\\ \cdots\\ r_{n1},r_{n2},r_{n3},\cdots,r_{m}\end{bmatrix} \tag{1.401}$$

显然，相关系数愈大，表示该两事物相似程度愈高，故应并归为同一类。

表 1-1 检验相关系数的临界值(r_α) $f=n-2$

f \ α	0.10	0.05	0.02	0.01	0.001
1	0.98769	0.99692	0.999507	0.999877	0.999999
2	0.90000	0.95000	0.98000	0.99000	0.99900
3	0.80540	0.87830	0.93433	0.95873	0.99116
4	0.72930	0.81140	0.88220	0.91720	0.97406
5	0.66940	0.75450	0.83290	0.87450	0.95074
6	0.65120	0.70670	0.78870	0.83430	0.92493
7	0.58220	0.66640	0.74980	0.79770	0.89820
8	0.54940	0.63190	0.71550	0.76460	0.87210
9	0.52140	0.60210	0.68510	0.73480	0.84710
10	0.49730	0.57600	0.65810	0.70790	0.82330
11	0.47620	0.55290	0.63390	0.68350	0.80100
12	0.45750	0.53240	0.61200	0.66140	0.78000
13	0.44090	0.51390	0.59230	0.64110	0.76030
14	0.42590	0.49730	0.57420	0.62260	0.74200
15	0.41240	0.48210	0.55770	0.60550	0.72460
16	0.40000	0.46830	0.54250	0.58970	0.70840
17	0.38870	0.45550	0.52850	0.57510	0.69320
18	0.37830	0.44380	0.51550	0.56140	0.67870
19	0.36870	0.43290	0.50340	0.54870	0.66520
20	0.35980	0.42270	0.49210	0.53680	0.65240
25	0.32330	0.38090	0.44510	0.48690	0.59740
30	0.29600	0.34940	0.40930	0.44870	0.55410
35	0.27460	0.32460	0.38100	0.41820	0.51890
40	0.25730	0.30440	0.35780	0.39320	0.48960
45	0.24280	0.28750	0.33840	0.37210	0.46480
50	0.23060	0.27320	0.32180	0.35410	0.44330
60	0.21080	0.25000	0.29480	0.32480	0.40780
70	0.19540	0.23190	0.27370	0.30170	0.37990
80	0.18290	0.21720	0.25650	0.28300	0.35680
90	0.17260	0.20500	0.24220	0.26730	0.33750
100	0.16380	0.19460	0.23010	0.25400	0.32110

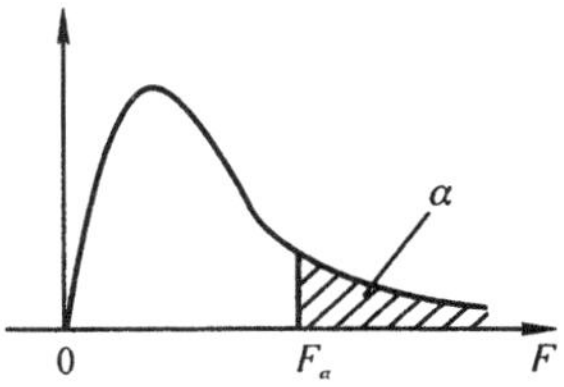

表 1-2 F 检验临界值(F_α)表　　$P(F>F_\alpha)=\alpha$

$\alpha=0.10$

f_2 \ f_1	1	2	3	4	5	6	7	8	9	10	15	20	30	50	100	200	500	∞
1	39.9	49.5	53.6	55.8	57.2	58.2	58.9	59.4	59.9	60.2	61.2	61.7	62.3	62.7	63.0	63.2	63.3	63.3
2	8.53	9.00	9.16	9.24	9.29	9.33	9.35	9.37	9.38	9.39	9.42	9.44	9.46	9.47	9.48	9.49	9.49	9.49
3	5.54	5.46	5.39	5.34	5.31	5.28	5.27	5.25	5.24	5.23	5.20	5.18	5.17	5.15	5.14	5.14	5.14	5.13
4	4.54	4.32	4.19	4.11	4.05	4.01	3.98	3.95	3.94	3.92	3.87	3.84	3.82	3.80	3.78	3.77	3.76	3.76
5	4.06	3.78	3.62	3.52	3.45	3.40	3.37	3.34	3.32	3.30	3.24	3.21	3.17	3.15	3.13	3.12	3.11	3.10
6	3.78	3.46	3.29	3.18	3.11	3.05	3.01	2.98	2.96	2.94	2.87	2.84	2.80	2.77	2.75	2.73	2.73	2.72
7	3.59	3.26	3.07	2.96	2.88	2.83	2.78	2.75	2.72	2.70	2.63	2.59	2.56	2.52	2.50	2.48	2.48	2.47
8	3.46	3.11	2.92	2.81	2.73	2.67	2.62	2.59	2.56	2.54	2.46	2.42	2.38	2.35	2.32	2.31	2.30	2.29
9	3.36	3.01	2.81	2.69	2.61	2.55	2.51	2.47	2.44	2.42	2.34	2.30	2.25	2.22	2.19	2.17	2.17	2.16
10	3.28	2.92	2.73	2.61	2.52	2.46	2.41	2.38	2.35	2.32	2.24	2.20	2.16	2.12	2.09	2.07	2.06	2.06
11	3.23	2.86	2.66	2.54	2.45	2.39	2.34	2.30	2.27	2.25	2.17	2.12	2.08	2.04	2.00	1.99	1.98	1.97
12	3.18	2.81	2.61	2.48	2.39	2.33	2.28	2.24	2.21	2.19	2.10	2.06	2.01	1.97	1.94	1.92	1.91	1.90
13	3.14	2.76	2.56	2.43	2.35	2.28	2.23	2.20	2.16	2.14	2.05	2.01	1.96	1.92	1.88	1.86	1.85	1.85
14	3.10	2.73	2.52	2.39	2.31	2.24	2.19	2.15	2.12	2.10	2.01	1.96	1.91	1.87	1.83	1.82	1.80	1.80
15	3.07	2.70	2.49	2.36	2.27	2.21	2.16	2.12	2.09	2.06	1.97	1.92	1.87	1.83	1.79	1.77	1.76	1.76
16	3.05	2.67	2.46	2.33	2.24	2.18	2.13	2.09	2.06	2.03	1.94	1.89	1.84	1.79	1.76	1.74	1.73	1.72
17	3.03	2.64	2.44	2.31	2.22	2.15	2.10	2.06	2.03	2.00	1.91	1.86	1.81	1.76	1.73	1.71	1.69	1.69
18	3.01	2.62	2.42	2.29	2.20	2.13	2.08	2.04	2.00	1.98	1.89	1.84	1.78	1.74	1.70	1.68	1.67	1.66
19	2.99	2.61	2.40	2.27	2.18	2.11	2.06	2.02	1.98	1.96	1.86	1.81	1.76	1.71	1.67	1.65	1.64	1.63
20	2.97	2.59	2.38	2.25	2.16	2.09	2.04	2.00	1.96	1.94	1.84	1.79	1.74	1.69	1.65	1.63	1.62	1.61
22	2.59	2.56	2.53	2.22	2.13	2.06	2.01	1.97	1.93	1.90	1.81	1.76	1.70	1.65	1.61	1.59	1.58	1.57
24	2.93	2.54	2.33	2.19	2.10	2.04	1.98	1.94	1.91	1.88	1.78	1.73	1.67	1.62	1.58	1.56	1.54	1.53
26	2.91	2.52	2.31	2.17	2.08	2.01	1.96	1.92	1.88	1.86	1.76	1.71	1.65	1.59	1.55	1.53	1.51	1.50
28	2.89	2.50	2.29	2.16	2.06	2.00	1.94	1.90	1.87	1.84	1.74	1.69	1.63	1.57	1.53	1.50	1.49	1.48
30	2.88	2.49	2.28	2.14	2.05	1.98	1.93	1.88	1.85	1.82	1.72	1.67	1.61	1.55	1.51	1.48	1.47	1.46
40	2.84	2.44	2.23	2.09	2.00	1.93	1.87	1.83	1.79	1.76	1.66	1.61	1.54	1.48	1.43	1.41	1.39	1.38
50	2.81	2.41	2.20	2.06	1.97	1.90	1.84	1.80	1.76	1.73	1.63	1.57	1.50	1.44	1.39	1.36	1.34	1.33
60	2.79	2.39	2.18	2.04	1.95	1.87	1.82	1.77	1.74	1.71	1.60	1.54	1.48	1.41	1.36	1.33	1.31	1.29
80	2.77	2.37	2.15	2.02	1.92	1.85	1.79	1.75	1.71	1.68	1.57	1.51	1.44	1.38	1.32	1.28	1.26	1.24
100	2.76	2.36	2.14	2.00	1.91	1.83	1.78	1.73	1.70	1.66	1.56	1.49	1.42	1.35	1.29	1.26	1.23	1.21
200	2.73	2.33	2.11	1.97	1.88	1.80	1.75	1.70	1.66	1.63	1.52	1.46	1.38	1.31	1.24	1.20	1.17	1.14
500	2.72	2.31	2.10	1.96	1.86	1.79	1.73	1.68	1.64	1.61	1.50	1.44	1.36	1.28	1.21	1.16	1.12	1.09
∞	2.71	2.30	2.03	1.94	1.85	1.77	1.72	1.67	1.63	1.60	1.49	1.42	1.34	1.26	1.18	1.13	1.08	1.00

$\alpha=0.05$

f_1 / f_2	1	2	3	4	5	6	7	8	9	10	12	13	16	18	20
1	161	200	216	225	230	234	237	239	241	242	244	245	246	247	248
2	18.5	19.0	19.2	19.2	19.3	19.3	19.4	19.4	19.4	19.4	19.4	19.4	19.4	19.4	19.4
3	10.1	9.55	9.28	9.12	9.01	8.94	8.89	8.85	8.81	8.79	8.74	8.71	8.69	9.67	8.66
4	7.71	6.94	6.59	6.39	6.26	6.16	6.09	6.04	6.00	5.96	5.91	5.87	5.84	5.82	5.80
5	6.61	5.79	5.41	5.19	5.05	4.95	4.88	4.82	4.77	4.74	4.68	4.64	4.60	4.58	4.56
6	5.99	5.14	4.76	4.53	4.39	4.28	4.21	4.15	4.10	4.06	4.00	3.96	3.92	3.90	3.87
7	5.59	4.74	4.35	4.12	3.97	3.87	3.79	3.73	3.68	3.64	3.57	3.53	3.49	3.47	3.44
8	5.32	4.46	4.07	3.84	3.69	3.58	3.50	3.44	3.39	3.35	3.28	3.24	3.20	3.17	3.15
9	5.12	4.26	3.86	3.63	3.48	3.37	3.29	3.23	3.18	3.14	3.07	3.03	2.99	2.96	2.94
10	4.96	4.10	3.71	3.48	3.33	3.22	3.14	3.07	3.02	2.98	2.91	2.86	2.83	2.80	2.77
11	4.84	3.98	3.59	3.36	3.20	3.09	3.01	2.95	2.90	2.85	2.79	2.74	2.70	2.67	2.65
12	4.75	3.89	3.49	3.26	3.11	3.00	2.91	2.85	2.80	2.75	2.69	2.64	2.60	2.57	2.54
13	4.67	3.81	3.41	3.18	3.03	2.92	2.83	2.77	2.71	2.67	2.60	2.55	2.51	2.48	2.46
14	4.60	3.74	3.34	3.11	2.96	2.85	2.76	2.70	2.65	2.60	2.53	2.48	2.44	2.41	2.39
15	4.54	3.68	3.29	3.06	2.90	2.79	2.71	2.64	2.59	2.54	2.48	2.42	2.38	2.35	2.33
16	4.49	3.63	3.24	3.01	2.85	2.74	2.66	2.59	2.54	2.49	2.42	2.37	2.33	2.30	2.28
17	4.45	3.59	3.20	2.96	2.81	2.70	2.61	2.55	2.49	2.45	2.38	2.33	2.29	2.26	2.23
18	4.41	3.55	3.16	2.93	2.77	2.66	2.58	2.51	2.46	2.41	2.34	2.29	2.25	2.22	2.19
19	4.38	3.52	3.13	2.90	2.74	2.63	2.54	2.48	2.42	2.38	2.31	2.26	2.21	2.18	2.16
20	4.35	3.49	3.10	2.87	2.71	2.60	2.51	2.45	2.39	2.35	2.28	2.22	2.18	2.15	2.12
21	4.32	3.47	3.07	2.84	2.68	2.57	2.49	2.42	2.37	2.32	2.25	2.20	2.16	2.12	2.10
22	4.30	3.44	3.05	2.82	2.66	2.55	2.46	2.40	2.34	2.30	2.23	2.17	2.13	2.10	2.07
23	4.28	3.42	3.03	2.80	2.64	2.53	2.44	2.37	2.32	2.27	2.20	2.15	2.11	2.07	2.05
24	4.26	3.40	3.01	2.78	2.62	2.51	2.42	2.36	2.30	2.25	2.18	2.13	2.09	2.05	2.03
25	4.24	3.39	2.99	2.76	2.60	2.49	2.40	2.34	2.28	2.24	2.16	2.11	2.07	2.04	2.01
26	4.23	3.37	2.98	2.74	2.59	2.47	2.39	2.32	2.27	2.22	2.15	2.09	2.05	2.02	1.99
27	4.21	3.35	2.96	2.72	2.57	2.46	2.37	2.31	2.25	2.20	2.13	2.08	2.04	2.00	1.97
28	4.20	3.34	2.95	2.71	2.56	2.45	2.36	2.29	2.24	2.19	2.12	2.06	2.02	1.99	1.96
29	4.18	3.33	2.93	2.70	2.55	2.43	2.35	2.28	2.22	2.18	2.10	2.05	2.01	1.97	1.94
30	4.17	3.32	2.92	2.69	2.53	2.42	2.33	2.27	2.21	2.16	2.09	2.04	1.99	1.96	1.93
32	4.15	3.29	2.90	2.67	2.51	2.40	2.31	2.24	2.19	2.14	2.07	2.01	1.97	1.94	1.91
34	4.13	3.28	2.88	2.65	2.49	2.38	2.29	2.23	2.17	2.12	2.05	1.99	1.95	1.92	1.89
36	4.11	3.26	2.87	2.63	2.48	2.36	2.28	2.21	2.15	2.11	2.03	1.98	1.93	1.90	1.87
38	4.10	3.24	2.85	2.62	2.46	2.35	2.26	2.19	2.14	2.09	2.02	1.96	1.92	1.88	1.85
40	4.08	3.23	2.84	2.61	2.45	2.34	2.25	2.18	2.12	2.08	2.00	1.95	1.90	1.87	1.84
42	4.07	3.22	2.83	2.59	2.44	2.32	2.24	2.17	2.11	2.06	1.99	1.93	1.89	1.86	1.83
44	4.06	3.21	2.82	2.58	2.43	2.31	2.23	2.16	2.10	2.05	1.98	1.92	1.88	1.84	1.81
46	4.05	3.20	2.81	2.57	2.42	2.30	2.22	2.15	2.09	2.04	1.97	1.91	1.87	1.83	1.80
48	4.04	3.19	2.80	2.57	2.41	2.29	2.21	2.14	2.08	2.03	1.96	1.90	1.86	1.82	1.79
50	4.03	3.18	2.79	2.56	2.40	2.29	2.20	2.13	2.07	2.03	1.95	1.89	1.85	1.81	1.78
60	4.00	3.15	2.76	2.53	2.37	2.25	2.17	2.10	2.04	1.99	1.92	1.86	1.82	1.78	1.75

80	3.96	3.11	2.72	2.49	2.33	2.21	2.13	2.06	2.00	1.95	1.88	1.82	1.77	1.73	1.70
100	3.94	3.09	2.70	2.46	2.31	2.19	2.10	2.03	1.97	1.93	1.85	1.79	1.75	1.71	1.68
125	3.92	3.07	2.68	2.44	2.29	2.17	2.08	2.01	1.96	1.91	1.83	1.77	1.72	1.69	1.65
150	3.90	3.06	2.66	2.43	2.27	2.16	2.07	2.00	1.94	1.89	1.82	1.76	1.71	1.67	1.64
200	3.89	3.04	2.65	2.42	2.26	2.14	2.06	1.98	1.93	1.88	1.80	1.74	1.69	1.66	1.62
300	3.87	3.03	2.63	2.40	2.24	2.13	2.04	1.97	1.91	1.86	1.78	1.72	1.68	1.64	1.61
500	3.86	3.01	2.62	2.39	2.23	2.12	2.03	1.96	1.90	1.85	1.77	1.71	1.66	1.62	1.59
1000	3.85	3.00	2.61	2.38	2.22	2.11	2.02	1.95	1.89	1.84	1.76	1.70	1.65	1.61	1.58
∞	3.84	3.00	2.60	2.37	2.21	2.10	2.01	1.94	1.88	1.83	1.75	1.69	1.64	1.60	1.57
	1	2	3	4	5	6	7	8	9	10	12	14	16	18	20

$\alpha=0.05$

f_1 / f_2	22	24	26	28	30	35	40	45	50	60	80	100	200	500	∞
1	249	249	249	250	251	251	251	252	252	252	253	254	254	254	254
2	19.5	19.5	19.5	19.5	19.5	19.5	19.5	19.5	19.5	19.5	19.5	19.5	19.5	19.5	19.5
3	8.65	8.64	8.63	8.62	8.62	8.60	8.59	8.59	8.58	8.57	8.56	8.55	8.54	8.53	8.53
4	5.79	5.77	5.76	5.75	5.75	5.73	5.72	5.71	5.70	5.69	5.67	5.66	5.65	5.64	5.63
5	4.54	4.53	4.52	4.50	4.50	4.48	4.46	4.45	4.44	4.43	4.41	4.41	4.39	4.37	4.37
6	3.86	3.84	3.83	3.82	3.81	3.79	3.77	3.76	3.75	3.74	3.72	3.71	3.69	3.68	3.67
7	3.43	3.41	3.40	3.39	3.38	3.36	3.34	3.33	3.32	3.30	3.29	3.27	3.25	3.24	3.23
8	3.13	3.12	3.10	3.09	3.08	3.06	3.04	3.03	3.02	3.01	2.99	2.97	2.95	2.94	2.93
9	2.92	2.90	2.89	2.87	2.86	2.84	2.83	2.81	2.80	2.79	2.77	2.76	2.73	2.72	2.71
10	2.75	2.74	2.72	2.71	2.70	2.68	2.66	2.65	2.64	2.62	2.60	2.59	2.56	2.55	2.54
11	2.63	2.61	2.59	2.58	2.57	2.55	2.53	2.52	2.51	2.49	2.47	2.46	2.43	2.42	2.40
12	2.52	2.51	2.49	2.48	2.47	2.44	2.43	2.41	2.40	2.38	2.36	2.35	2.32	2.31	2.30
13	2.44	2.42	2.41	2.39	2.38	2.36	2.34	2.33	2.31	2.30	2.27	2.26	2.23	2.22	2.21
14	2.37	2.35	2.33	2.32	2.31	2.28	2.27	2.25	2.24	2.22	2.20	2.19	2.16	2.14	2.13
15	2.31	2.29	2.27	2.26	2.25	2.22	2.20	2.19	2.18	2.16	2.14	2.12	2.10	2.08	2.07
16	2.25	2.24	2.22	2.21	2.19	2.17	2.15	2.14	2.12	2.11	2.08	2.07	2.04	2.02	2.01
17	2.21	2.19	2.17	2.16	2.15	2.12	2.10	2.09	2.08	2.06	2.03	2.02	1.99	1.97	1.96
18	2.17	2.15	2.13	2.12	2.11	2.08	2.06	2.05	2.04	2.02	1.99	1.98	1.95	1.94	1.92
19	2.13	2.11	2.10	2.08	2.07	2.05	2.03	2.01	2.00	1.98	1.96	1.94	1.91	1.89	1.88
20	2.10	2.08	2.07	2.05	2.04	2.01	1.99	1.98	1.97	1.95	1.92	1.91	1.88	1.86	1.84
21	2.07	2.05	2.04	2.02	2.01	1.98	1.96	1.95	1.94	1.92	1.89	1.88	1.84	1.82	1.81
22	2.05	2.03	2.01	2.00	1.98	1.96	1.94	1.92	1.91	1.89	1.86	1.85	1.82	1.80	1.78
23	2.02	2.00	1.99	1.97	1.96	1.93	1.91	1.90	1.88	1.86	1.84	1.82	1.79	1.77	1.76
24	2.00	1.98	1.97	1.95	1.94	1.91	1.89	1.88	1.86	1.84	1.82	1.80	1.77	1.75	1.73
25	1.98	1.96	1.95	1.93	1.92	1.89	1.87	1.86	1.84	1.82	1.80	1.78	1.75	1.73	1.71
26	1.97	1.95	1.93	1.91	1.90	1.87	1.85	1.84	1.82	1.80	1.78	1.76	1.73	1.71	1.69
27	1.95	1.93	1.91	1.90	1.88	1.86	1.84	1.82	1.81	1.79	1.76	1.74	1.71	1.69	1.67
28	1.93	1.91	1.90	1.88	1.87	1.84	1.82	1.80	1.79	1.77	1.74	1.73	1.69	1.67	1.65
29	1.92	1.90	1.88	1.87	1.85	1.83	1.81	1.79	1.77	1.75	1.73	1.71	1.67	1.65	1.64
30	1.91	1.89	1.87	1.85	1.84	1.81	1.79	1.77	1.76	1.74	1.71	1.70	1.66	1.64	1.62
32	1.88	1.86	1.85	1.83	1.82	1.79	1.77	1.75	1.74	1.71	1.69	1.67	1.63	1.61	1.59

续表

34	1.86	1.84	1.82	1.80	1.80	1.77	1.75	1.73	1.71	1.69	1.66	1.65	1.61	1.59	1.57
36	1.85	1.82	1.81	1.79	1.78	1.75	1.73	1.71	1.69	1.67	1.64	1.62	1.59	1.56	1.55
38	1.83	1.81	1.79	1.77	1.76	1.73	1.71	1.69	168	1.65	1.62	1.61	1.57	1.54	1.53
40	1.81	1.79	1.77	1.76	1.74	1.72	1.69	1.67	1.66	1.64	1.61	1.59	1.55	1.53	1.51
42	1.80	1.78	1.76	1.74	1.73	1.70	1.68	1.66	1.65	1.62	1.59	1.57	1.53	1.51	1.49
44	1.79	1.77	1.75	1.73	1.72	1.69	1.67	1.65	1.63	1.61	1.58	1.56	1.52	1.49	1.48
46	1.78	1.76	1.74	1.72	1.71	1.68	1.65	1.64	1.62	1.60	1.57	1.55	1.51	1.48	1.46
48	1.77	1.75	1.73	1.71	1.70	1.67	1.64	1.62	1.61	1.59	1.56	1.54	1.49	1.47	1.45
50	1.76	1.74	1.72	1.70	1.69	1.66	1.63	1.61	1.60	1.58	1.54	1.52	1.48	1.46	1.44
60	1.72	1.70	1.68	1.66	1.65	1.62	1.59	1.57	1.56	1.53	1.50	1.48	1.44	1.41	1.39
80	1.68	1.65	1.63	1.62	1.60	1.57	1.54	1.52	1.51	1.48	1.45	1.43	1.38	1.35	1.32
100	1.65	1.63	1.61	1.59	1.57	1.54	1.52	1.49	1.48	1.45	1.41	1.39	1.34	1.31	1.28
125	1.63	1.60	1.58	1.57	1.55	1.52	1.49	1.47	1.45	1.42	1.39	1.36	1.31	1.27	1.25
150	1.61	1.59	1.57	1.55	1.53	1.50	1.48	1.45	1.44	1.41	1.37	1.34	1.29	1.25	1.22
200	1.60	1.57	1.55	1.53	1.52	1.48	1.46	1.43	1.41	1.39	1.35	1.32	1.26	1.22	1.19
300	1.58	1.55	1.53	1.51	1.50	1.46	1.43	1.41	1.39	1.36	1.32	1.30	1.23	1.19	1.15
500	1.56	1.54	1.52	1.50	1.48	1.45	1.42	1.40	1.38	1.34	1.30	1.28	1.21	1.16	1.11
1000	1.55	1.53	1.51	1.49	1.47	1.44	1.41	1.38	1.36	1.33	1.29	1.26	1.19	1.13	1.08
∞	1.54	1.52	1.50	1.48	1.46	1.42	1.39	1.37	1.35	1.32	1.27	1.24	1.17	1.11	1.00
	22	24	26	28	30	35	40	45	50	60	80	100	200	500	∞

$\alpha=0.01$

f_2 \ f_1	1	2	3	4	5	6	7	8	9	10	12	14	16	18	20
1	405	500	540	563	576	586	593	598	602	606	611	614	617	619	621
2	98.5	99.0	99.2	99.2	99.3	99.3	99.4	99.4	99.4	99.4	99.4	99.4	99.4	99.4	99.4
3	34.1	30.8	29.5	28.7	28.2	27.9	27.7	27.5	27.3	27.2	27.1	26.9	26.8	26.8	26.7
4	21.2	18.0	16.7	16.0	15.5	15.2	15.0	14.8	14.7	14.5	14.4	14.2	14.2	14.1	14.0
5	16.3.	13.3	12.1	11.4	11.0	10.7	10.5	10.3	10.2	10.1	9.89	9.77	9.68	9.61	9.55
6	13.7	10.9	9.78	9.15	8.75	8.47	8.26	8.10	7.98	7.87	7.72	7.60	7.52	7.45	7.40
7	12.2	9.55	8.45	7.85	7.46	7.16	6.99	6.84	6.72	6.62	6.47	6.36	6.27	6.21	6.16
8	11.3	8.65	7.59	7.01	6.63	6.37	6.18	6.03	5.91	5.81	5.67	5.56	5.48	5.41	5.36
9	10.6	8.02	6.99	6.42	6.06	5.80	5.61	5.47	5.35	5.26	5.11	5.00	4.92	4.86	4.81
10	10.0	7.56	6.55	5.99	5.64	5.39	5.20	5.06	4.94	4.85	4.71	4.60	4.52	4.46	4.41
11	9.65	7.21	6.22	5.67	5.32	5.07	4.89	4.74	4.63	4.54	4.40	4.29	4.21	4.15	4.10
12	9.33	6.93	5.95	5.41	5.06	4.82	4.64	4.50	4.39	4.30	4.16	4.05	3.97	3.91	3.86
13	9.07	6.70	5.74	5.21	4.86	4.62	4.44	4.30	4.19	4.10	3.96	3.86	3.78	3.71	3.66
14	8.86	6.51	5.56	5.04	4.70	4.46	4.28	4.14	4.03	3.94	3.80	3.70	3.62	3.56	3.51
15	8.68	6.36	5.42	4.89	4.56	4.32	4.14	4.00	3.89	3.80	3.67	3.56	3.49	3.42	3.37
16	8.53	6.23	5.29	4.77	4.44	4.20	4.03	3.89	3.78	3.69	3.55	3.45	3.37	3.31	3.26
17	8.40	6.11	5.18	4.67	4.34	4.10	3.93	3.79	3.68	3.59	3.46	3.35	3.27	3.21	3.16
18	8.29	6.01	5.09	4.58	4.25	4.01	3.84	3.71	3.60	3.51	3.37	3.27	3.19	3.13	3.08
19	8.18	5.93	5.01	4.50	4.17	3.94	3.77	3.63	3.52	3.43	3.30	3.19	3.12	3.05	3.00
20	8.10	5.85	4.94	4.43	4.10	3.87	3.70	3.56	3.46	3.37	3.23	3.13	3.05	2.99	2.94
21	8.02	5.78	4.87	4.37	4.04	3.81	3.64	3.51	3.40	3.31	3.17	3.07	2.99	2.93	2.88

续表

22	7.95	5.72	4.82	4.31	3.99	3.76	3.59	3.45	3.35	3.26	3.12	3.02	2.94	2.88	2.83
23	7.88	5.66	4.76	4.26	3.94	3.71	3.54	3.41	3.30	3.21	3.07	2.97	2.89	2.83	2.78
24	7.82	5.61	4.72	4.22	3.90	3.67	3.50	3.36	3.26	3.17	3.03	2.93	2.85	2.79	2.74
25	7.77	5.57	4.68	4.18	3.86	3.63	3.46	3.32	3.22	3.13	2.99	2.89	2.81	2.75	2.70
26	7.72	5.53	4.64	4.14	3.82	3.59	3.42	3.29	3.18	3.09	2.96	2.86	2.78	2.72	2.66
27	7.68	5.49	4.60	4.11	3.78	3.56	3.39	3.26	3.15	3.06	2.93	2.82	2.75	2.68	2.63
28	7.64	5.45	4.57	4.07	3.75	3.53	3.36	3.23	3.12	3.03	2.90	2.79	2.72	2.65	2.60
29	7.60	5.42	4.54	4.04	3.73	3.50	3.33	3.20	3.09	3.00	2.87	2.77	2.69	2.63	2.57
30	7.56	5.39	4.51	4.02	3.70	3.47	3.30	3.17	3.07	2.98	2.84	2.74	2.66	2.60	2.55
32	7.50	5.34	4.46	3.97	3.65	3.43	3.26	3.13	3.02	2.93	2.80	2.70	2.62	2.55	2.50
34	7.44	5.29	4.42	3.93	3.61	3.39	3.22	3.09	2.98	2.89	2.76	2.66	2.58	2.51	2.46
36	7.40	5.25	4.38	3.89	3.57	3.35	3.18	3.05	2.95	2.86	2.72	2.62	2.54	2.48	2.43
38	7.35	5.21	4.34	3.86	3.54	3.32	3.15	3.02	2.92	2.83	2.69	2.59	2.51	2.45	2.40
40	7.31	5.18	4.31	3.83	3.51	3.29	3.12	2.99	2.89	2.80	2.66	2.56	2.48	2.42	2.37
42	7.28	5.15	4.29	3.80	3.49	3.27	3.10	2.97	2.86	2.78	2.64	2.54	2.46	2.40	2.34
44	7.25	5.12	4.26	3.78	3.47	3.24	3.08	2.95	2.84	2.75	2.62	2.52	2.44	2.37	2.32
46	7.22	5.10	4.24	3.76	3.44	3.22	3.06	2.93	2.82	2.73	2.60	2.50	2.42	2.35	2.30
48	7.20	5.08	4.22	3.74	3.43	3.20	3.04	2.91	2.80	2.72	2.58	2.48	2.40	2.33	2.28
50	7.17	5.06	4.20	3.72	3.41	3.19	3.02	2.89	2.79	2.70	2.56	2.46	2.38	2.32	2.27
60	7.08	4.98	4.13	3.65	3.34	3.12	2.95	2.82	2.72	2.63	2.50	2.39	2.31	2.25	2.20
80	6.96	4.88	4.04	3.56	3.26	3.04	2.87	2.74	2.64	2.55	2.42	2.31	2.23	2.17	2.12
100	6.90	4.82	3.98	3.51	3.21	2.99	2.82	2.69	2.59	2.50	2.37	2.26	2.19	2.12	2.07
125	6.84	4.78	3.94	3.47	3.17	2.95	2.79	2.66	2.55	2.47	2.33	2.23	2.15	2.08	2.03
150	6.81	4.75	3.92	3.45	3.14	2.92	2.76	2.63	2.53	2.44	2.31	2.20	2.12	2.06	2.00
200	6.76	4.71	3.88	3.41	3.11	2.89	2.73	2.60	2.50	2.41	2.27	2.17	2.09	2.02	1.97
300	6.72	4.68	3.85	3.38	3.08	2.86	2.70	2.57	2.47	2.38	2.24	2.14	2.06	1.99	1.94
500	6.69	4.65	3.82	3.36	3.05	2.84	2.68	2.55	2.44	2.36	2.22	2.12	2.04	1.97	1.92
1000	6.66	4.63	3.80	3.34	3.04	2.82	2.66	2.53	2.43	2.34	2.20	2.10	2.02	1.95	1.90
∞	6.63	4.61	3.78	3.32	3.02	2.80	2.64	2.51	2.41	2.32	2.18	2.08	2.00	1.93	1.88
	1	2	3	4	5	6	7	8	9	10	12	14	16	18	20

$\alpha=0.01$

f_1 / f_2	22	24	26	28	30	35	40	45	50	60	80	100	200	500	∞
1	622	623	624	625	626	628	629	630	630	631	633	633	635	636	637
2	99.5	99.5	99.5	99.5	99.5	99.5	99.5	99.5	99.5	99.4	99.5	99.5	99.5	99.5	99.5
3	26.6	26.6	26.6	26.5	26.5	26.5	26.4	26.4	26.4	26.3	26.3	26.2	26.2	26.1	26.1
4	14.0	13.9	13.9	13.9	13.8	13.8	13.7	13.7	13.7	13.7	13.6	13.6	13.5	13.5	13.5
5	9.51	9.47	9.43	9.40	9.38	9.33	9.29	9.26	9.24	9.20	9.16	9.13	9.08	9.04	9.02
6	7.35	7.31	7.28	7.25	7.23	7.18	7.14	7.11	7.09	7.06	7.01	6.99	6.93	6.90	6.88
7	6.11	6.07	6.04	6.02	5.99	5.94	5.91	2.88	5.86	5.82	5.78	5.75	5.70	5.67	5.65
8	5.32	5.28	5.25	5.22	5.20	5.15	5.12	5.10	5.07	5.03	4.99	4.96	4.91	4.88	4.86
9	4.77	4.73	4.70	4.67	4.65	4.60	4.57	4.54	4.52	4.48	4.44	4.42	4.36	4.33	4.31
10	4.36	4.33	4.30	4.27	4.25	4.20	4.17	4.14	4.12	4.08	4.04	4.01	3.96	3.93	3.91
11	4.06	4.02	3.99	3.96	3.94	3.89	3.86	3.83	3.81	3.78	3.73	3.71	3.66	3.62	3.60

续表

12	3.82	3.78	3.75	3.72	3.70	3.65	3.62	3.59	3.57	3.54	3.49	3.47	3.41	3.38	3.36
13	3.62	3.59	3.56	3.53	3.51	3.46	3.43	3.40	3.38	3.34	3.30	3.27	3.22	3.19	3.17
14	3.46	3.43	3.40	3.37	3.35	3.30	3.27	3.24	3.22	3.18	3.14	3.11	3.06	3.03	3.00
15	3.33	3.29	3.26	3.24	3.21	3.17	3.13	3.10	3.08	3.05	3.00	2.98	2.92	2.89	2.87
16	3.22	3.18	3.15	3.12	3.10	3.05	3.02	2.99	2.97	2.93	2.89	2.86	2.81	2.78	2.75
17	3.12	3.08	3.05	3.03	3.00	2.96	2.92	2.89	2.87	2.83	2.79	2.76	2.71	2.68	2.65
18	3.03	3.00	2.97	2.94	2.92	2.87	2.84	2.81	2.78	2.75	2.70	2.68	2.62	2.59	2.57
19	2.96	2.92	2.89	2.87	2.84	2.80	2.76	2.73	2.71	2.67	2.63	2.60	2.55	2.51	2.49
20	2.90	2.86	2.83	2.80	2.78	2.73	2.69	2.67	2.64	2.61	2.56	2.54	2.48	2.44	2.42
21	2.84	2.80	2.77	2.74	2.72	2.67	2.64	2.61	2.58	2.55	2.50	2.48	2.42	2.38	2.36
22	2.78	2.75	2.72	2.69	2.67	2.62	2.58	2.55	2.53	2.50	2.45	2.42	2.36	2.33	2.31
23	2.74	2.70	2.67	2.64	2.62	2.57	2.54	2.51	2.48	2.45	2.40	2.37	2.32	2.28	2.26
24	2.70	2.66	2.63	2.60	2.58	2.53	2.49	2.46	2.44	2.40	2.36	2.33	2.27	2.24	2.21
25	2.66	2.62	2.59	2.56	2.54	2.49	2.45	2.42	2.40	2.36	2.32	2.29	2.23	2.19	2.17
26	2.62	2.58	2.55	2.53	2.50	2.45	2.42	2.39	2.36	2.33	2.28	2.25	2.19	2.16	2.13
27	2.59	2.55	2.52	2.49	2.47	2.42	2.38	2.35	2.33	2.29	2.25	2.22	2.16	2.12	2.10
28	2.56	2.52	2.49	2.46	2.44	2.39	2.35	2.32	2.30	2.26	2.22	2.19	2.13	2.09	2.06
29	2.53	2.49	2.46	2.44	2.41	2.36	2.33	2.30	2.27	2.23	2.19	2.16	2.10	2.06	2.03
30	2.51	2.47	2.44	2.41	2.39	2.34	2.30	2.27	2.25	2.21	2.16	2.13	2.07	2.03	2.01
32	2.46	2.42	2.39	2.36	2.34	2.29	2.25	2.22	2.20	2.16	2.11	2.08	2.02	1.98	1.96
34	2.42	2.38	2.35	2.32	2.30	2.25	2.21	2.18	2.16	2.12	2.07	2.04	1.98	1.94	1.91
36	2.38	2.35	2.32	2.29	2.26	2.21	2.17	2.14	2.12	2.08	2.03	2.00	1.94	1.90	1.87
38	2.35	2.32	2.28	2.26	2.23	2.18	2.14	2.11	2.09	2.05	2.00	1.97	1.90	1.86	1.84
40	2.33	2.29	2.26	2.23	2.20	2.15	2.11	2.08	2.06	2.02	1.97	1.94	1.87	1.83	1.80
42	2.30	2.26	2.23	2.20	2.18	2.13	2.09	2.06	2.03	1.99	1.94	1.91	1.85	1.80	1.78
44	2.28	2.24	2.21	2.18	2.15	2.10	2.06	2.03	2.01	1.97	1.92	1.89	1.82	1.78	1.75
46	2.26	2.22	2.19	2.16	2.13	2.08	2.04	2.01	1.99	1.95	1.90	1.86	1.80	1.75	1.73
48	2.24	2.20	2.17	2.14	2.12	2.06	2.02	1.99	1.97	1.93	1.88	1.84	1.78	1.73	1.70
50	2.22	2.18	2.15	2.12	2.10	2.05	2.01	1.97	1.95	1.91	1.86	1.82	1.76	1.71	1.68
60	2.15	2.12	2.08	2.05	2.03	1.98	1.94	1.90	1.88	1.84	1.78	1.75	1.68	1.63	1.60
80	2.07	2.03	2.00	1.97	1.94	1.89	1.85	1.81	1.79	1.75	1.69	1.66	1.58	1.53	1.48
100	2.02	1.98	1.94	1.92	1.89	1.84	1.80	1.76	1.73	1.69	1.63	1.60	1.52	1.47	1.43
125	1.98	1.94	1.91	1.88	1.85	1.80	1.76	1.72	1.69	1.65	1.59	1.55	1.47	1.41	1.37
150	1.96	1.92	1.88	1.85	1.83	1.77	1.73	1.69	1.66	1.62	1.56	1.52	1.43	1.38	1.33
200	1.93	1.89	1.85	1.82	1.79	1.74	1.69	1.66	1.63	1.58	1.52	1.48	1.39	1.33	1.28
300	1.89	1.85	1.82	1.79	1.76	1.71	1.66	1.62	1.59	1.55	1.48	1.44	1.35	1.28	1.22
500	1.87	1.83	1.79	1.76	1.74	1.68	1.63	1.60	1.56	1.52	1.45	1.41	1.31	1.23	1.16
1000	1.85	1.81	1.77	1.74	1.72	1.66	1.61	1.57	1.54	1.50	1.43	1.38	1.28	1.19	1.11
∞	1.83	1.79	1.76	1.72	1.70	1.64	1.59	1.55	1.52	1.47	1.40	1.36	1.25	1.15	1.00
	22	24	26	28	30	35	40	45	50	60	80	100	200	500	∞

习 题 一

1. 试求圆柱螺线 $\boldsymbol{r} = a\cos\theta\boldsymbol{i} + a\sin\theta\boldsymbol{j} + b\theta\boldsymbol{k}(-\infty < \theta < +\infty)$ 在 $\theta = \frac{\pi}{2}$ 时的切线方程。

2. 一质点沿曲线 $\boldsymbol{r} = r(\cos\varphi\boldsymbol{i} + \sin\varphi\boldsymbol{j})$ 运动，其中 r,φ 都是时间 t 的函数，求

(1) 速度 $\boldsymbol{v}$ 在矢径方向及与其垂直方向上的投影 v_r 和 v_φ；

(2) 加速度在上述两个方向上的投影 a_r 和 a_φ。

3. 已知标量场 $\varphi(M) = \ln r$，其中 r 是空间点 $M(x,y,z)$ 到固定点 $M_0(x_0,y_0,z_0)$ 之距离，求通过坐标原点之等值面方程。

4. 若已知标量场在 M 点对任意两个方向的导数值为 $\frac{\partial\varphi}{\partial S_1}$ 及 $\frac{\partial\varphi}{\partial S_2}$，用作图方法确定该点之梯度值 $\nabla\varphi$。

5. 设 $\varphi(M) = 2xy - z^2$，求 $\varphi(M)$ 在 $M(2,-1,1)$ 点处沿着从这点至 $N(3,1,-1)$ 点的方向导数，在 M 点，沿什么方向的方向导数最大？有多大？

6. 已知 $\boldsymbol{F} = (axz + x^2)\boldsymbol{i} + (by + xy^2)\boldsymbol{j} + (z - z^2 + cxz - 2xyz)\boldsymbol{k}$，当 a,b,c 等于什么值时 $\boldsymbol{F}$ 为无源场？

7. 计算 $\iint\limits_S (\nabla \times \boldsymbol{A}) \cdot \mathrm{d}\boldsymbol{S}$，其中 S 为 xoy 平面上由 $x = 0, x = a, y = 0, y = b$ 所围成的矩形平面，$\boldsymbol{A} = (x^2 - y^2)\boldsymbol{i} + 2yx\boldsymbol{j}$。

8. 沿上题的矩形回路计算 $\oint_L \boldsymbol{A} \cdot \mathrm{d}\boldsymbol{l}$。

9. 已知 $\boldsymbol{a} = (2x + z^2)\boldsymbol{i} + z\boldsymbol{j} + (y + 2xz)\boldsymbol{k}$，求它的标势。

10. 若 $\boldsymbol{F} = \nabla\varphi, \nabla \cdot \boldsymbol{F} = -4\pi\rho$ 证明 $\oiint\limits_S \boldsymbol{F} \cdot \mathrm{d}\boldsymbol{S} = -4\iiint\limits_\Omega \rho \mathrm{d}\Omega$，式中，$S$ 是域 Ω 的边界曲面。

11. 验证 $\ln r$ 为调和函数，其中 $r = \sqrt{x^2 + y^2} \neq 0$。

12. 若 φ 为调和函数，$\boldsymbol{c}$ 为常矢量，$\boldsymbol{b} = -\nabla\varphi$，计算以下各式

(1) $\nabla \cdot [\varphi\boldsymbol{c} + (\boldsymbol{c} \cdot \boldsymbol{r})\boldsymbol{b}]$

(2) $\nabla \cdot [\varphi\boldsymbol{b} + (\boldsymbol{c} \cdot \boldsymbol{r})\boldsymbol{c}]$

(3) $\nabla \times [\varphi\boldsymbol{c} + (\boldsymbol{c} \cdot \boldsymbol{r})\boldsymbol{b}]$

(4) $\nabla \times [\varphi\boldsymbol{b} + (\boldsymbol{c} \cdot \boldsymbol{r})\boldsymbol{c}]$

13. 证明以下各式

(1) $\iiint\limits_\Omega \nabla\varphi \mathrm{d}\Omega = \oiint\limits_S \varphi \mathrm{d}\boldsymbol{s}$

(2) $\iiint\limits_\Omega (\nabla \times \boldsymbol{a}) \mathrm{d}\Omega = \oiint\limits_S \mathrm{d}\boldsymbol{s} \times \boldsymbol{a}$

(3) $\iint\limits_s \mathrm{d}\boldsymbol{s} \times \nabla\varphi = \oint_L \varphi \mathrm{d}\boldsymbol{l}$

(4) $\iint\limits_S (\mathrm{d}\boldsymbol{s} \times \nabla) \times \boldsymbol{a} = \oint_L \mathrm{d}\boldsymbol{l} \times \boldsymbol{a}$

14. 已知 $\boldsymbol{a} = -\rho\cos\varphi\boldsymbol{\rho}_0 + \rho\sin\varphi\boldsymbol{\varphi}_0 + z\cos\boldsymbol{z}_0$，证其无源并求其矢势。

15. 求下列矢量的标势或矢势

(1) $\boldsymbol{a} = (12xy - yz - 2y)\boldsymbol{i} + (6x^2 - xz - 2x)\boldsymbol{j} + (6z - xy)\boldsymbol{k}$

(2) $\boldsymbol{a} = -\dfrac{e^z\sin\varphi\cos\varphi}{\rho^2}\boldsymbol{\rho}_0 + \dfrac{e^z}{\rho^2}(\cos^2\varphi - \sin^2\varphi)\boldsymbol{\varphi}_0 + \dfrac{e^z\sin\varphi\cos\varphi}{\rho}\boldsymbol{z}_0$

(3) $\boldsymbol{a} = -\dfrac{2\sin^2\varphi\cos\theta}{r^3}\boldsymbol{\rho}_0 - \dfrac{\sin\theta\sin^2\varphi}{r^3}\boldsymbol{\varphi}_0 + \dfrac{2\cot\theta\sin\varphi\cos\varphi}{r^3}\boldsymbol{z}_0$

(4) $\boldsymbol{a} = -\dfrac{\cos\theta\sin\varphi}{r\sin\theta}\boldsymbol{r}_0 - \dfrac{\sin\varphi}{r}\boldsymbol{\theta}_0$

第二章 引力场

引力场是我们最熟悉的物理场之一，自从牛顿在 1687 年建立万有引力定律以来，人类对引力场做了非常广泛和深入的研究，重力勘探就是建立在对引力场研究的基础之上的一种地球物理勘查方法。

在静态条件下，地球的重力场由引力场和惯性力场组成，如果物体相对地球运动，则作用在运动物体上的重力除引力和惯性力以外，还有科里奥利力。这三个力的大小及方向均不相同，然而与地球的引力相比，惯性力和科里奥利力都十分微弱。

第一节 引力、引力场和引力场强度

一、万有引力定律

任何质量物体都会受到其他质量物体的引力。1687 年牛顿通过实验，总结出了两个质点 m_1，m_2 之间的作用力为

$$\boldsymbol{F}_{12} = -k\frac{m_1 m_2}{r_{12}^3}\boldsymbol{r}_{12} \tag{2.1}$$

式中，m_1，m_2 是两个质点的质量，r_{12} 是它们的距离，$\boldsymbol{r}_{12}$ 则是由 m_1 指向 m_2 的位置矢量，F_{12} 便是 m_2 受到的力，式中 k 为一系数，由单位制而定，在 SI 制中，质量（m）的单位为千克（kg）；距离（r）的单位为米；力（F）的单位为牛顿，（$\mathrm{kg \cdot m/s^2}$）。于是

$$k = 6.67 \times 10^{-11}\ \mathrm{m^3/kg \cdot s^2}$$

称为万有引力常数，以 f 表示。

式(2.1)就是万有引力定律，式中负号表明引力的方向与位置矢量 r_{12} 相反。万有引力定律至今仍是研究宏观引力场的基础，只有在微观状态(分子、原子内部)下和物体运动速度接近光速情况下，牛顿的上述定律才不适用，这时要用量子力学和相对论力学来研究它们。

二、引力场

质量物体受到其他质量物体的引力并非是某种“超距”作用的结果，而是受到一种物质——引力场直接作用的结果，而这个引力场是由质量物体所产生的。任何质量物体都在其内部及外部空间建立起一个与其本身有关的场，称为引力场，而任何质量物体在引力场中均要受到力的作用，这就是引力。因此，描述和研究引力场首先应从研究质量物体所受的引力入手。

设一质点的质量为 m_0，其在引力场中某点所受的引力为 $\boldsymbol{F}$，则定义

$$\boldsymbol{G} = \frac{\boldsymbol{F}}{m_0} \tag{2.2}$$

为该点之引力场强度。

由式(2.2)可见，引力场强度 $\boldsymbol{G}$ 为一矢量，其大小等于单位质量所受之力，其方向为力之方向。对于质量为 m 的单一质点产生的引力场强度为

$$\boldsymbol{G}=-f\frac{mm_0}{r^3m_0}\boldsymbol{r}=-f\frac{m}{r^3}\boldsymbol{r} \tag{2.3}$$

式中 $\boldsymbol{r}$ 为由源点指向场点的位置矢量，$\boldsymbol{r}=(x-\xi)\boldsymbol{i}+(y-\eta)\boldsymbol{j}+(z-\xi)\boldsymbol{k}$，对于多个质点，其在场点产生的引力场强度为

$$\boldsymbol{G}=-\sum_{i=1}^{N}\boldsymbol{G}_i=-f\sum_{i=1}^{N}\frac{m_i}{r_i^3}\boldsymbol{r}_i \tag{2.4}$$

对于连续质量分布物体的引力场强度，则应通过下列积分计算

$$\boldsymbol{G}=-f\int_L\frac{\lambda_m\mathrm{d}l}{r^3}\boldsymbol{r} \qquad （线分布） \tag{2.5}$$

$$\boldsymbol{G}=-f\iint_S\frac{\sigma_m\mathrm{d}s}{\boldsymbol{r}^3}r \qquad （面分布） \tag{2.6}$$

$$\boldsymbol{G}=-f\iiint_V\frac{\rho_m\mathrm{d}v}{r^3}\boldsymbol{r} \qquad （体分布） \tag{2.7}$$

式中，λ_m，σ_m，ρ_m 分别为物体的质量线密度、质量面密度和质量体密度。

三、引力场的基本性质

根据场的叠加原理，任何质量物体所产生的引力场可视为质点引力场的矢量组合，因此，不失一般性，在研究引力场性质时，可以只研究单质点的引力场。

1. 引力场的无旋性

由式(2.3)有 $\nabla\times\boldsymbol{G}=-fm\nabla\times(\frac{\boldsymbol{r}}{r^3})$

若以质点为坐标原点，则 $\boldsymbol{r}=x\boldsymbol{i}+y\boldsymbol{j}+z\boldsymbol{k}$；$r^3=(x^2+y^2+z^2)^{3/2}$。于是

$$\nabla\times(\frac{\boldsymbol{r}}{r^3})=\frac{1}{r^3}(\nabla\times\boldsymbol{r})+\nabla(\frac{1}{r^3})\times\boldsymbol{r}=-3(\frac{x}{r^5}\boldsymbol{i}+\frac{y}{r^5}\boldsymbol{j}+\frac{z}{r^5}\boldsymbol{k})\times(x\boldsymbol{i}+y\boldsymbol{j}+z\boldsymbol{k})=0$$

因此

$$\nabla\times\boldsymbol{G}=0 \tag{2.8}$$

可见引力场是无旋场，这种无旋场又称为保守场，它和“场力做功与路径无关”这一命题是一致的。证明如下。

设检验质点的质量为 m_0，则它在引力场中由点 A 移至点 B，场力做功为

$$A=\int_L m_0\boldsymbol{G}\cdot\mathrm{d}\boldsymbol{l}=-fmm_0\int_L\frac{\boldsymbol{r}\cdot\mathrm{d}\boldsymbol{l}}{r^3}=-fmm_0\int_{r_A}^{r_B}\frac{\mathrm{d}r}{r^2}=-fmm_0(\frac{1}{r_A}-\frac{1}{r_B})$$

在上式中 $\boldsymbol{r}\cdot\mathrm{d}\boldsymbol{l}\triangleq(x\boldsymbol{i}+y\boldsymbol{j}+z\boldsymbol{k})\cdot(\mathrm{d}x\boldsymbol{i}+\mathrm{d}y\boldsymbol{j}+\mathrm{d}z\boldsymbol{k})=x\mathrm{d}x+y\mathrm{d}y+z\mathrm{d}z=r\mathrm{d}r$。

上式表明：引力场对质量物体所做的功只和始、终点的位置有关，而与做功的路径无关。如果路径是闭合的，便有

$$\oint_L\boldsymbol{G}\cdot\mathrm{d}\boldsymbol{l}=0 \tag{2.9}$$

利用斯托克斯公式：

$$\oint_L \boldsymbol{G}\cdot \mathrm{d}\boldsymbol{l}=\iint_S (\nabla\times\boldsymbol{G})\cdot \mathrm{d}\boldsymbol{s}=0$$

由于 S 是由 L 所围成的曲面，而 L 是任意的，因此，上式成立的条件是 $\nabla\times\boldsymbol{G}=0$，这和式(2.8)相同。

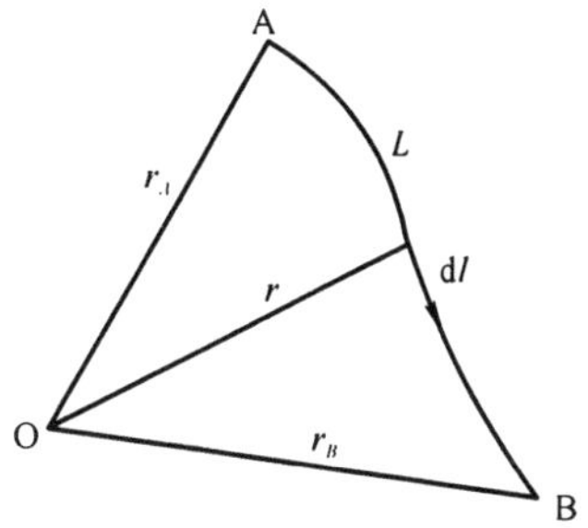

图 2.1　引力场对质点 m_0 由 A 移至 B 做的功

2. 引力场是有源场

如果作一任意闭曲面将点源包围在内，则穿过闭曲面的通量为

$$\oint\!\!\oint_S \boldsymbol{G}\cdot \mathrm{d}\boldsymbol{s}=-fm\oint\!\!\oint_S \frac{\boldsymbol{r}\cdot \mathrm{d}\boldsymbol{s}}{r^3}=-fm\oint\!\!\oint_s \mathrm{d}\Omega$$

$\oint\!\!\oint_S \mathrm{d}\Omega$ 是源点对封闭曲面所张的立体角。规定：对内面的张角为正，对外面的张角为负，于是当封闭面把点源包围时有 $\oint\!\!\oint_S \mathrm{d}\Omega=4\pi$，最后

$$\oint\!\!\oint_S \boldsymbol{G}\cdot \mathrm{d}\boldsymbol{s}=-4\pi fm \tag{2.10}$$

由高斯公式，上式可变为 $\oint\!\!\oint_S \boldsymbol{G}\cdot \mathrm{d}\boldsymbol{s}=\iiint_V \nabla\cdot\boldsymbol{G}\mathrm{d}v=-4\pi fm$ 。但是 $m=\iiint_V \rho_m \mathrm{d}v$，这里 ρ_m 表示封闭域内的质量体密度，于是上式变为

$$\iiint_V \nabla\cdot\boldsymbol{G}\mathrm{d}v=\iiint_V -4\pi f\rho_m \mathrm{d}v$$

得

$$\nabla\cdot\boldsymbol{G}=-4\pi f\rho_m \tag{2.11}$$

可见引力场是有源场，而且其源为会聚源，即引力线总是会聚于质量物体处。如果封闭曲面并未把点源包围在内，则显然点源对封闭曲面所张之立体角为零，于是有

$$\oint\!\!\oint_S \boldsymbol{G}\cdot \mathrm{d}\boldsymbol{s}=0 \tag{2.12}$$

和

$$\nabla\cdot\boldsymbol{G}=0 \tag{2.13}$$

其实(2.12)～(2.13)式仅仅是(2.10)式和(2.11)式在 $m=0$，$\rho_m=0$ 时的一种特例。

由(2.13)式可见，在质量分布区域以外，引力场是调和场(无旋无源场)，而在质量分布区域内，引力场则是无旋有源场。

引力场是有源场的另一种证明方法是做一个任意的封闭曲面：

(1)当点质元在闭曲面以外时

其通量为

$$\oint\!\!\oint_S \boldsymbol{G}\cdot \mathrm{d}\boldsymbol{s}=\oint\!\!\oint_S -fm\frac{\boldsymbol{r}\cdot \mathrm{d}\boldsymbol{s}}{r^3}$$

式中，r 为点源至面上任意点之距离，由于曲面在点源之外，故 $r\neq 0$ 上式可通过高斯公式变换为

$$\oiint_S -fm\frac{\boldsymbol{r}}{r^3}\cdot d\boldsymbol{s} = -fm\iiint_\Omega \nabla\cdot\left(\frac{\boldsymbol{r}}{r^3}\right)d\Omega = 0$$

这里 $\nabla\cdot\left(\frac{\boldsymbol{r}}{r^3}\right) = \frac{1}{r^3}\nabla\cdot\boldsymbol{r} + \boldsymbol{r}\cdot\nabla\left(\frac{1}{r^3}\right) = \frac{3}{r^3} - \frac{3}{r^3} = 0$

即当闭曲面内无质量分布时有

$$\oiint_S \boldsymbol{G}\cdot d\boldsymbol{s} = 0$$

这就是(2.12)式。

(2)当点质元在闭曲面之内时

这时对 Ω 域不能引用高斯公式,因为在 Ω 域内,当 $r\to 0$ 时,函数 $\frac{\boldsymbol{r}}{r^3}$ 不连续。为此可以以质点为中心作一半径为 r_0 的球面,($r_0\to 0$)。设其表面积为 S_0 ,其体积为 Ω_0 ,于是在 $\Omega-\Omega_0$ 域内 $r\neq 0$,可利用高斯公式进行如下变换

$$\oiint_{S+S_0} \boldsymbol{G}\cdot d\boldsymbol{s} = \oiint_{S+S_0} -fm\frac{\boldsymbol{r}}{\boldsymbol{r}^3}\cdot d\boldsymbol{s} = \iiint_{\Omega-\Omega_0} -fm\,\nabla\cdot\left(\frac{\boldsymbol{r}}{r^3}\right)d\Omega = 0$$

这里 $\oiint_{S+S_0} \boldsymbol{G}\cdot d\boldsymbol{s} = \oiint_S G\cdot d\boldsymbol{s} + \oiint_{S_0} \boldsymbol{G}\cdot d\boldsymbol{s}$

其中 $\oiint_{S_0} \boldsymbol{G}\cdot d\boldsymbol{s} = -fm\oiint \frac{\boldsymbol{r}_0}{r_0^3}\cdot d\boldsymbol{s}$

由于 $\boldsymbol{r}_0$ 与 $\boldsymbol{n}$ 反向($\boldsymbol{n}$ 总是从域内指向域外, $\boldsymbol{r}_0$ 则由源点指向场点),因此: $-\frac{\boldsymbol{r}_0}{r_0^3}\cdot d\boldsymbol{s} = \frac{ds}{r_0^2}$,于是

$$\oiint_{S_0} \boldsymbol{G}\cdot d\boldsymbol{s} = fm\oiint_{S_0}\frac{ds}{r^2} = fm\int_0^{2\pi}d\varphi\int_0^{\pi}\sin\theta d\theta = 4\pi fm$$

亦即

$$\oiint_S \boldsymbol{G}\cdot d\boldsymbol{s} = -4\pi fm$$

这就是(2.10)式。显然,(2.10)式是通量定理的更一般性的表达式,而(2.12)式则是(2.10)式在 $m=0$ 时的一个特例。

如果 $\boldsymbol{G}$ 在域 Ω 内处处连续并有连续的偏导数,则不难从高斯公式得到

$$\oiint_S \boldsymbol{G}\cdot d\boldsymbol{s} = \iiint_\Omega \nabla\cdot\boldsymbol{G}d\Omega = -4\pi fm = \iiint_\Omega -4\pi f\rho_m d\Omega$$

由此得到引力场通量定理的微分形式 $\nabla\cdot\boldsymbol{G} = -4\pi f\rho_m$

例 1 计算均质球壳的引力场强度。

解:设球壳质量为 M ,半径为 a ,则利用通量公式(2.10)有

球内 $(r<a)$ $\oiint_S \boldsymbol{G}_1\cdot d\boldsymbol{s} = 0$, 于是 $\boldsymbol{G}_1 = 0$

球外 $(r>a)$ $\oiint_S \boldsymbol{G}_2\cdot d\boldsymbol{s} = -4\pi fM$

由于 $\boldsymbol{G}_2\cdot d\boldsymbol{s} = G_{2n}ds$,由场分布的对称性,可以确定在球面上 G_{2n} 为常量,即 G_{2n} 仅与 r 有关。于是

$$\oiint_S \boldsymbol{G}_2 \cdot d\boldsymbol{s} = G_{2n} \oiint_S ds = 4\pi r^2 G_{2n} = -4\pi fM$$

得 $G_{2n} = -f\dfrac{M}{r^2} \quad \boldsymbol{G}_2 = -f\dfrac{M}{r^3}\boldsymbol{r}$

对均质球壳来说，球外的引力场分布与质量全部集中在球心时的引力场分布完全相同。

例 2 计算均质球体的引力场强度。

解：设球体质量为 M，半径为 a，则

（$r<a$）时有：$\oiint_S \boldsymbol{G}_1 \cdot d\boldsymbol{s} = -4\pi fM\dfrac{r^3}{a^3} = G_{1n}4\pi r^2$

于是 $G_1 = -fM\dfrac{r}{a^3}$

$$\boldsymbol{G}_1 = -fM\frac{\boldsymbol{r}}{a^3}$$

（$r>a$）时有：$\oiint_S \boldsymbol{G}_2 \cdot d\boldsymbol{s} = G_{2n}4\pi r^2 = -4\pi fM$

于是 $G_{2n} = -f\dfrac{M}{r^2}$；

$$\boldsymbol{G}_2 = -f\frac{M}{r^3}\boldsymbol{r}$$

对均质球体来说，球外的引力场分布亦与质量全部集中在球心时的引力场分布完全相同。

第二节　引力位、引力位方程和引力场的边界条件

一、引力位

由于引力场为无旋场，因此必存在一个标位 u，并且有

$$\nabla u = \boldsymbol{G} \tag{2.14}$$

（数学上，标函数梯度之旋度恒为零）

u 称为引力位，由(2.14)式可知：引力场强度等于引力位的梯度。也就是说，引力线指向引力位增长最快的方向。显然，这个方向必定与等位面垂直并指向质量源点。

在物理上，引力场中两点的引力位之差定义为

$$u_A - u_B = \int_A^B \boldsymbol{G} \cdot d\boldsymbol{l} \tag{2.15}$$

即以单位质量从 A 移至 B 时引力场做的功来表示 A，B 两点的引力位之差。当质量分布在有限空间内时，通常令无穷远处的引力位为零。于是场中某点 $P(x,y,z)$ 的引力位可以定义为把单位质量的物体从无穷远移至 $P(x,y,z)$ 点时场力做的功。

$$u_P = \int_\infty^{P(x,y,z)} \boldsymbol{G} \cdot d\boldsymbol{l} \tag{2.16}$$

在球坐标系中，质点的引力场强为 $\boldsymbol{G} = -f\dfrac{m}{r^2}\boldsymbol{r}_0$，因此，由(2.14)式有

$$\begin{cases}\dfrac{\partial u}{\partial r}=-f\dfrac{m}{r^2}\\ \dfrac{\partial u}{\partial \theta}=0\\ \dfrac{\partial u}{\partial \varphi}=0\end{cases}$$

解得 $u=f\dfrac{m}{r}+c$ 如令 $r\to\infty$， $u=0$，则 $c=0$，于是

$$u=f\frac{m}{r} \tag{2.17}$$

由叠加原理，多个质点的引力位为

$$u=\sum_{i=1}^{N}f\frac{m_i}{r_i} \tag{2.18}$$

连续质量分布的物体之引力位为

$$u=\begin{cases}f\displaystyle\int_L\frac{\lambda_m\mathrm{d}l}{r} & (\text{线分布})\\ f\displaystyle\iint_S\frac{\sigma_m\mathrm{d}s}{r} & (\text{面分布})\\ f\displaystyle\iiint_V\frac{\rho_m\mathrm{d}v}{r} & (\text{体分布})\end{cases} \tag{2.19}$$

对于质量为无限分布的情形，零引力位的选取可以灵活变通，且看下例：

例 3 计算无限长质量直线的引力位。

解：设直线上质量分布均匀，线密度为 λ_m，观测点与质线之垂直距离为 R，则由(2.19)式有

$$u=f\int_{-\infty}^{\infty}\frac{\lambda_m\mathrm{d}l}{r}=2f\int_0^{\infty}\frac{\lambda_m\mathrm{d}l}{\sqrt{l^2+R^2}}=2f\lambda_m(\ln 2l-\ln R)$$

令 $R=1$，$u=0$，则 $\ln 2l=0$，于是

$$u=-2f\lambda_m\ln R \qquad \boldsymbol{G}=-\frac{2f\lambda_m}{R}\boldsymbol{R}_0$$

（注意：这时零引力位不应设定在无穷远处）

例 4 计算例 1 的引力位。

解法 1：积分法，本方法从(2.19)式出发，在球壳上取一半径为 $D=a\sin\theta$ 的圆环，它的质量为

$$\mathrm{d}m=\sigma_m\mathrm{d}s=\frac{M}{4\pi a^2}2\pi Da\,\mathrm{d}\theta=\frac{M\sin\theta}{2}\mathrm{d}\theta$$

设计算点 P 到球心的距离为 R，于是 P 点的引力位为

$$u=f\iint_S\frac{\sigma_m\mathrm{d}s}{r}=f\int_0^{\pi}\frac{M\sin\theta\mathrm{d}\theta}{2\sqrt{R^2+a^2-2aR\cos\theta}}$$
$$=\frac{fM}{2aR}[(R+a)\pm(R-a)]$$

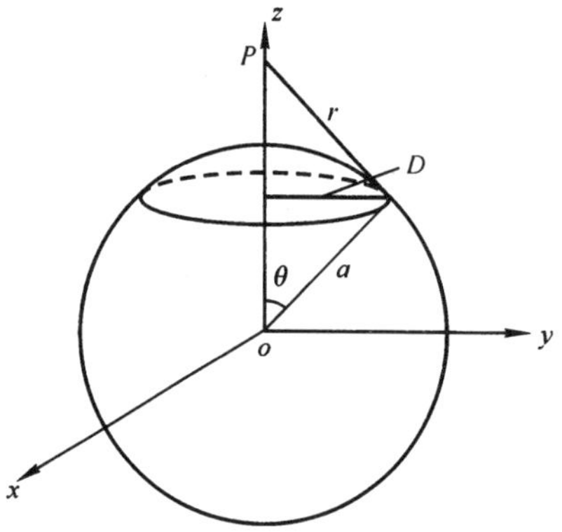

图 2.2 球壳引力场的计算

当 $R < a$（球内）时，取"＋"号，$u_1 = \dfrac{fM}{a}$；

当 $R > a$（球外）时，取"－"号，$u_2 = \dfrac{fM}{R}$

解法 2：解析法，从(2.14)式出发，当 $R > a$ 时有

$\dfrac{\partial u_2}{\partial R} = -f\dfrac{M}{R^2}$ 解得 $u_2 = \dfrac{fM}{R} + C_2$

令 $R \to \infty$ 时 $u_2 = 0$，则 $C_2 = 0$，于是

$$u_2 = \frac{fM}{R};$$

当 $R < a$ 时有 $\dfrac{\partial u_1}{\partial R} = 0$，解得 $u_1 = C_1$；

当 $R = a$ 时应有 $u_1 = u_2$（关于这个问题在后边的边界条件中讨论），于是 $u_1 = \dfrac{fM}{a}$

例 5 计算例 2 中的引力位。

解：$r < a$ 时有：　$\dfrac{\mathrm{d}u_1}{\mathrm{d}r} = -fM\dfrac{r}{a^3}$，解得　$u_1 = -\dfrac{fMr^2}{2a^3} + c_1$

$r > a$ 时有：　$\dfrac{\mathrm{d}u_2}{\mathrm{d}r} = -f\dfrac{M}{r^2}$　解得　$u_2 = f\dfrac{M}{r} + c_2$

显然 $r \to \infty$ 时 $u_2 = 0$，于是 $c_2 = 0$

$$u_2 = f\frac{M}{r}$$

$r = a$ 时，$u_1 = u_2$；即 $-\dfrac{fMa^2}{2a^3} + c_1 = f\dfrac{M}{a}$ 解得 $c_1 = \dfrac{3fM}{2a}$，于是

$$u_1 = \frac{fM}{2a}\left(3 - \frac{r^2}{a^2}\right)$$

图 2.3，图 2.4 分别是球壳和球体的引力场强和引力势曲线。

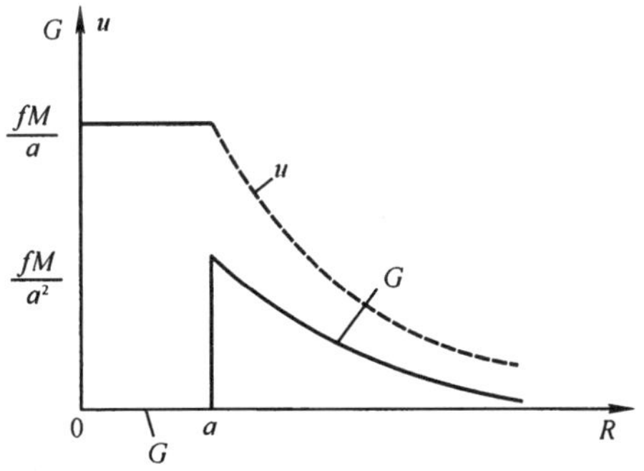

图 2.3　球壳的引力场强和引力势曲线

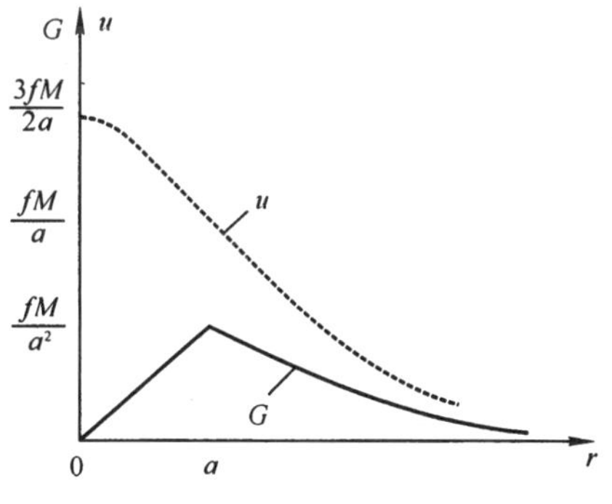

图 2.4　球体的引力场强和引力势曲线

二、引力位方程

在质量分布区内，引力场为无旋有源场，并且可以引入标势 u。因此，这时的方程有

$$\begin{cases}\nabla \times \boldsymbol{G} = 0 \\ \nabla \cdot \boldsymbol{G} = -4\pi f\rho_m \\ \nabla u = \boldsymbol{G}\end{cases} \qquad \begin{cases}\oint_L \boldsymbol{G} \cdot \mathrm{d}\boldsymbol{l} = 0 \\ \oiint_S \boldsymbol{G} \cdot \mathrm{d}\boldsymbol{s} = -4\pi fm\end{cases}$$

由上式左边第三式与第二式有：$\nabla \cdot \boldsymbol{G} = \nabla \cdot (\nabla u) = \nabla^2 u = -4\pi f\rho_m$，即

$$\nabla^2 u = -4\pi f\rho_m \tag{2.20}$$

这就是引力位的伯松方程。

在无质量分布区内，引力场为调和场，其引力位满足拉普拉斯方程

$$\nabla^2 u = 0 \tag{2.21}$$

通过求解方程(2.20)或(2.21)可以得到引力位，然后对引力位求梯度，便可得到引力场强度，这种解引力场的方法称为解析法。解析法是解许多场论问题的基本方法，但不是惟一的方法，有时也不是最快捷的方法。

三、引力场的边界条件

为了确定引力位方程通解中的系数，必须利用相应的边界条件以及其他定解条件。主要边界条件有：

(1)在质量界面两侧，引力位连续，即

$$u_1 = u_2 \tag{2.22}$$

由于引力位定义为单位质量从引力场外移至场中某点时场力所做的功，因此当界面两侧的点无限靠近时，场力做功便无限接近，故有式(2.22)成立。

(2)在质量界面两侧，引力场强度的法向分量有 $-4\pi f\sigma_m$ 的跃变。即

$$G_{2n} - G_{1n} = -4\pi f\sigma_m \tag{2.23}$$

(2.23)式证明如下：

见图 2.5，设界面质量面密度为 σ_m，在界面两侧作一封闭圆柱面，其母线垂直界面，上、下底则无限靠近界面。设界面被截之面积及上、下底之面积分别为 $\Delta S, \Delta S_2$ 及 ΔS_1，它们的法向单位矢量分别为 $\boldsymbol{n}, \boldsymbol{n}_2$ 和 $\boldsymbol{n}_1$，由通量定理有

$$\oiint_S \boldsymbol{G} \cdot \mathrm{d}s = -4\pi fm = -4\pi f\iint_{\Delta S} \sigma_m \mathrm{d}s$$

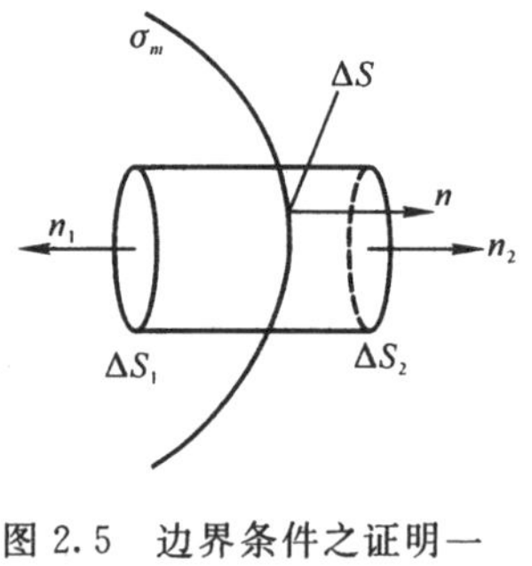

图 2.5　边界条件之证明一

由于上、下底面贴近界面，圆柱侧面积趋于零，于是

$$\oiint_S \boldsymbol{G} \cdot \mathrm{d}\boldsymbol{s} = -4\pi fm = \iint_{\Delta S_1} \boldsymbol{G}_1 \cdot \mathrm{d}\boldsymbol{s} + \iint_{\Delta S_2} \boldsymbol{G}_2 \cdot \mathrm{d}\boldsymbol{s} =$$

$$= \iint_{\Delta S} (-G_{1n} + G_{2n})\mathrm{d}\boldsymbol{s} = \iint_{\Delta S} -4\pi f\sigma_m \mathrm{d}\boldsymbol{s}$$

故(2.23)式成立。

由于引力位的梯度等于引力场强度，故 $G_{1n} = \dfrac{\partial u_1}{\partial n}$；$G_{2n} = \dfrac{\partial u_2}{\partial n}$，因此，边界条件(2.23)式亦可写为

$$\frac{\partial u_2}{\partial n}-\frac{\partial u_1}{\partial n}=-4\pi f\sigma_m \tag{2.24}$$

若界面没有质量分布，例如对于质量体分布的物质界面，其 $\sigma_m=0$ 。这时边界条件(2.23)式、(2.24)式变为

$$\begin{cases} G_{1n}=G_{2n} \\ \dfrac{\partial u_1}{\partial n}=\dfrac{\partial u_2}{\partial n} \end{cases} \tag{2.25}$$

(3)在质量界面两侧，引力场强度的切向分量连续，即

$$G_{1t}=G_{2t} \tag{2.26}$$

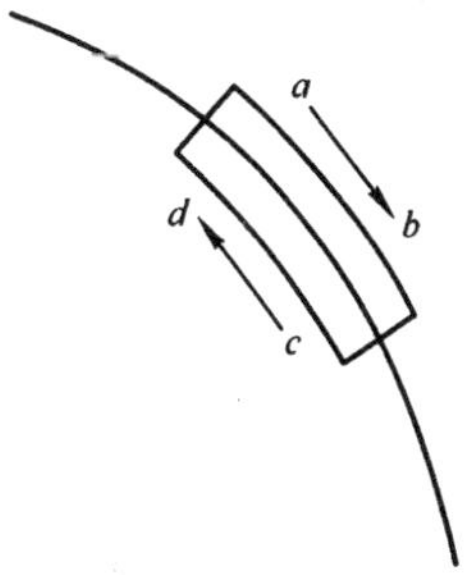

图 2.6 边界条件之证明二

证明如下：沿界面两侧取一闭合回路 $abcda$ ，其长边(ab 边和 cd 边)平行界面，短边垂直界面，当长边从两侧无限贴近界面时，短边趋于零，由引力场的无旋性，有

$$\oint_L \boldsymbol{G}\cdot \mathrm{d}\boldsymbol{l}=\int_{\Delta L_1}\boldsymbol{G}_1\cdot \mathrm{d}\boldsymbol{l}+\int_{\Delta L_2}\boldsymbol{G}_2\cdot \mathrm{d}\boldsymbol{l}=$$

$$=\int_{\Delta L}(G_{2t}-G_{1t})\mathrm{d}\boldsymbol{l}=0$$

这里 ΔL_1 为 cd 边，ΔL_2 为 ab 边。于是(2.26)式得证。

除上述边界条件外，还常引用以下定解条件来确定引力位的特解，它们是：

(1) $r\to\infty$ $u=0$ (适用于质量有限分布的情形)

(2) $r\to 0$ u 有限

当然也可以根据实际情况采用另外的定解条件。

四、引力场的惟一性定理

现在来讨论一个于理论、于实际都非常重要的问题：满足泊松方程(2.20)以及边界条件(2.22)式、(2.23)式的解是否是惟一的解。如果这个问题在理论上不解决，那么，我们就无法确认解的正确性。现在我们要证明以下命题：

满足泊松方程(2.20)以及边界条件(2.22)式、(2.23)式的解是惟一的，这称为引力场的惟一性定理。

证明如下：

设在定义域内有两个解均满足(2.20)式，即

$\nabla^2 u_A=-4\pi f\rho_m$ ；和 $\nabla^2 u_B=-4\pi f\rho_m$

并且在界面上 u_A，u_B 均满足边界条件(2.22)式、(2.23)式，即

$$u_{A1}=u_{A2}=u_S;\qquad u_{B1}=u_{B2}=u_S$$

$$\frac{\partial u_{A1}}{\partial n}=\frac{\partial u_{A2}}{\partial n}=\left(\frac{\partial u}{\partial n}\right)_S;\qquad \frac{\partial u_{B1}}{\partial n}=\frac{\partial u_{B2}}{\partial n}=\left(\frac{\partial u}{\partial n}\right)_S$$

或 $\dfrac{\partial u_{A2}}{\partial n}-\dfrac{\partial u_{A1}}{\partial n}=\dfrac{\partial u_A}{\partial n}=-4\pi f\sigma_m$ ；$\dfrac{\partial u_{B2}}{\partial n}-\dfrac{\partial u_{B1}}{\partial n}=\dfrac{\partial u_B}{\partial n}=-4\pi f\sigma_m$

设 $u_C = u_A - u_B$，则对 u_C 显然有

$$\nabla^2 u_C = \nabla^2 u_A - \nabla^2 u_B = 0; \quad (u_C)_S = (u_A)_S - (u_B)_S = 0$$

$$\left(\frac{\partial u_C}{\partial n}\right)_S = \left(\frac{\partial u_A}{\partial n}\right)_S - \left(\frac{\partial u_B}{\partial n}\right)_S = 0$$

计算下面的积分

$$\oint\!\!\!\oint_S u_C \nabla u_C \cdot \mathrm{d}\boldsymbol{s} = \iiint_\Omega \nabla \cdot (u_C \nabla u_C) \mathrm{d}\Omega = \iiint_\Omega (\nabla u_C \cdot \nabla u_C + u_C \nabla^2 u_C) \mathrm{d}\Omega =$$

$$= \iiint_\Omega |\nabla u_C|^2 \mathrm{d}\Omega = \oint\!\!\!\oint_S u_C \frac{\partial u_C}{\partial n} \mathrm{d}s$$

由于在界面 S 上有 $(u_C)_S = 0$ 以及 $\left(\frac{\partial u_C}{\partial n}\right)_S = 0$，故上述积分必为零

即 $$\iiint_\Omega |\nabla u_c|^2 \mathrm{d}\Omega = 0$$

得：$|\nabla u_C|^2 = 0$，$\nabla u_C = 0$，并解得 $u_C = c$（常数），即 $u_A - u_B = c$

现在分两种情形讨论上述结果的含义。

(1)如果边界上的引力位 u_S 已经确定，则 $u_{AS} - u_{BS} = 0$，$c = 0$，即 $u_A = u_B$

这时解是惟一的

(2)如果边界上的引力场强度分量已经确定，则

$$\left(\frac{\partial u_A}{\partial n}\right)_S - \left(\frac{\partial u_B}{\partial n}\right)_S = 0$$

这时，u_A 与 u_B 可以相差一个任意常数。综合上述，我们可以得到以下结论：

满足泊松方程以及相应边界条件的引力位的解是惟一的，或仅有一个常数之差。但是，当我们一旦确定了场中某点(包括无穷远点)的引力位值之后，这个常数便可惟一地确定，因此场中各点的引力位是惟一的。

第三节　狄利赫利问题和诺依曼问题

我们已经知道，如果确定了质量分布，就可以求解引力场，这时场中每一点的引力位和引力场强度的值可以惟一地确定。但是如果不给出质量分布，而仅仅给出边界上的引力位函数值或引力场强度法分量的值，是否也能惟一地确定由边界所包围的域内的引力位和引力场强度值呢？我们把由已知边界上的位函数确定域内位函数的问题称为狄利赫利问题。而把由已知边界上的场强法向分量而确定域内位函数的问题称为诺依曼问题。研究狄利赫利问题和诺依曼问题的数学工具是格林定理。

一、格林定理

在高斯公式 $\oint\!\!\!\oint_S \boldsymbol{a} \cdot \mathrm{d}\boldsymbol{s} = \iiint_\Omega \nabla \cdot \boldsymbol{a} \mathrm{d}\Omega$ 中，若令 $\boldsymbol{a} = u \nabla v$，这里 $u(x,y,z)$ 和 $v(x,y,z)$ 是在域 Ω 及其边界上连续并有连续二阶偏导数的位函数。于是高斯公式可以变为

$$\oint\!\!\!\oint_S u \nabla v \cdot \mathrm{d}\boldsymbol{s} = \oint\!\!\!\oint_S u \frac{\partial v}{\partial n} \mathrm{d}s = \iiint_\Omega \nabla \cdot (u \nabla v) \mathrm{d}\Omega = \iiint_\Omega (\nabla u \cdot \nabla v + u \nabla^2 v) \mathrm{d}\Omega$$

公式
$$\oint\!\!\!\oint_S u\frac{\partial v}{\partial n}ds=\iiint_\Omega(\nabla u\cdot\nabla v+u\nabla^2 v)d\Omega \tag{2.27}$$
称为格林定理第一式。

若令 $\boldsymbol{a}=u\nabla v-v\nabla u$，则高斯公式变为

$$\oint\!\!\!\oint_S(u\nabla v-v\nabla u)\cdot d\boldsymbol{s}=\oint\!\!\!\oint_S(u\frac{\partial v}{\partial n}-v\frac{\partial u}{\partial n})ds=\iiint_\Omega\nabla\cdot(u\nabla v-v\nabla u)d\Omega$$
$$=\iiint_\Omega[(\nabla u\cdot\nabla v+u\nabla^2 v)-(\nabla v\cdot\nabla u+v\nabla^2 u)]d\Omega=\iiint_\Omega(u\nabla^2 v-v\nabla^2 u)d\Omega$$

公式
$$\oint\!\!\!\oint_S(u\frac{\partial v}{\partial n}-v\frac{\partial u}{\partial n})ds=\iiint_\Omega(u\nabla^2 v-v\nabla^2 u)d\Omega \tag{2.28}$$
称为格林定理第二式。

若令 $\boldsymbol{a}=u\nabla u$ 则高斯公式变为
$$\oint\!\!\!\oint_S u\frac{\partial u}{\partial n}ds=\iiint_\Omega(|\nabla u|^2+u\nabla^2 u)d\Omega \tag{2.29}$$

(2.29)式称为格林定理第三式。

二、泊松方程的积分式

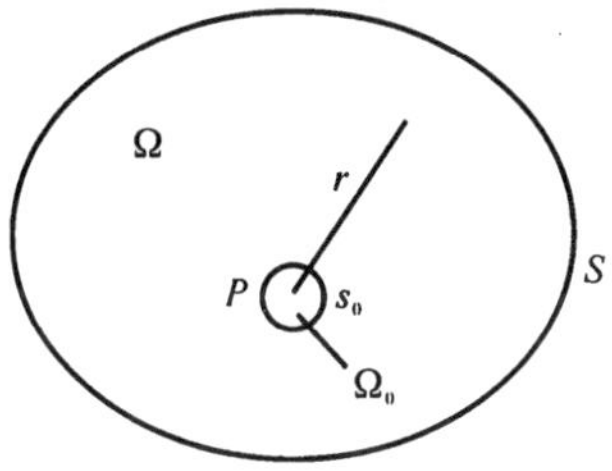

图 2.7　泊松方程积分式的推导

设 u 为引力场中某点 P 的引力势，引入函数 $v=\frac{1}{r}$，式中 $r=\sqrt{(x-\xi)^2+(y-\eta)^2+(z-\zeta)^2}$ 表示场中 $P(x,y,z)$ 点至场中另一任意点 $Q(\xi,\eta,\zeta)$ 的距离。

显然有 $\nabla^2 v=\nabla^2(\frac{1}{r})=0$，$(r\neq 0)$

在场中作一任意闭曲面 S，将 $P(x,y,z)$ 点包围在内，于是在被 S 所包围的域内除 P 点外，v 是处处连续并有连续一阶偏导数的，为了引用格林定理第二式(2.28)，必须把 P 点挖掉。设以 P 为中心作一半径无限小的球面 S_0，球的体积为 Ω_0，于是在 $\Omega-\Omega_0$ 域内有
$$\oint\!\!\!\oint_{S+S_0}[u\frac{\partial}{\partial n}(\frac{1}{r})-\frac{1}{r}\frac{\partial u}{\partial n}]ds=\iiint_{\Omega-\Omega_0}-\frac{1}{r}\nabla^2 u\,d\Omega \tag{2.30}$$
上式左边可分解为
$$\oint\!\!\!\oint_S[u\frac{\partial}{\partial n}(\frac{1}{r})-\frac{1}{r}\frac{\partial u}{\partial n}]ds+\oint\!\!\!\oint_{S_0}[u\frac{\partial}{\partial n}(\frac{1}{r})-\frac{1}{r}\frac{\partial u}{\partial n}]ds$$

由于在 S_0 面上，$\boldsymbol{n}$ 指向 P 点而 $\boldsymbol{r}$ 则与 $\boldsymbol{n}$ 反向，于是在 S_0 面上有
$$\frac{\partial}{\partial n}(\frac{1}{r})=-\frac{\partial}{\partial r}(\frac{1}{r})=\frac{1}{r^2}(r=r_0);\quad \frac{\partial u}{\partial n}=-\frac{\partial u}{\partial r}$$
$$\oint\!\!\!\oint_{S_0}[u\frac{\partial}{\partial n}(\frac{1}{r})-\frac{1}{r}\frac{\partial u}{\partial n}]ds=\oint\!\!\!\oint_{S_0}(\frac{u}{r_0^2}+\frac{1}{r_0}\frac{\partial u}{\partial r})ds=(\frac{\overline{u}}{r_0^2}+\frac{1}{r_0}\overline{\frac{\partial u}{\partial r}})4\pi r_0^2=4\pi(\overline{u}+r_0\overline{\frac{\partial u}{\partial r}})$$

这里 $\overline{u}$ 及 $\overline{\frac{\partial u}{\partial r}}$ 分别表示球面 S_0 上 u 和 $\frac{\partial u}{\partial r}$ 的平均值。事实上，当球半径趋于零时，$\overline{u}\to u_P$，

于是 $$\oint\!\!\oint_{S_0}\left[u\frac{\partial}{\partial n}\left(\frac{1}{r}\right)-\frac{1}{r}\frac{\partial u}{\partial n}\right]\mathrm{d}s=4\pi u_P$$ ，即

$$\oint\!\!\oint_{S}\left[u\frac{\partial}{\partial n}\left(\frac{1}{r}\right)-\frac{1}{r}\frac{\partial u}{\partial n}\right]\mathrm{d}s+4\pi u_P=-\iiint_{\Omega}\frac{1}{r}\nabla^2u\,\mathrm{d}\Omega$$

最后(2.30)式可写为

$$u_P=-\frac{1}{4\pi}\left\{\iiint_{\Omega}\frac{1}{r}\nabla^2u\,\mathrm{d}\Omega+\oint\!\!\oint_{S}\left[u\frac{\partial}{\partial n}\left(\frac{1}{r}\right)-\frac{1}{r}\frac{\partial u}{\partial n}\right]\mathrm{d}s\right\} \tag{2.31}$$

讨论：

(1)若域 Ω 内有质量分布，则域内满足泊松方程：$\nabla^2u=-4\pi f\rho_m$ ，

于是(2.31)式变为

$$u_P=\iiint_{\Omega}\frac{f\rho_m}{r}\mathrm{d}\Omega+\frac{1}{4\pi}\oint\!\!\oint_{S}\left[\frac{1}{r}\frac{\partial u}{\partial n}-u\frac{\partial}{\partial n}\left(\frac{1}{r}\right)\right]\mathrm{d}s \tag{2.32}$$

(2)若域 Ω 内无质量分布，则域内满足拉普拉斯方程：$\nabla^2u=0$

于是(2.31)式变为

$$u_P=\frac{1}{4\pi}\oint\!\!\oint_{S}\left[\frac{1}{r}\frac{\partial u}{\partial n}-u\frac{\partial}{\partial n}\left(\frac{1}{r}\right)\right]\mathrm{d}s \tag{2.33}$$

(2.33)式表明：当域内无质量分布时，域内任一点 P 的引力势 u_P 可以用域的边界 S 的积分方程来表示，它显然与域外的质量分布有关。(2.33)式表明：为了计算域内的势，并不需要知道域外的质量分布，而只需了解边界上的势和场强的法向分量便可计算域内任意点的引力势。

(2.32)式等号右边第一式表示由域内质量分布在 P 点产生的引力势，它与(2.19)式第三式相同，右边第二式显然表示由域外质量在 P 点产生的势，它可以用域的边界 S 上的一个关于 u 和 $\frac{\partial u}{\partial n}$ 的积分方程来表示。(2.32)式就是关于泊松方程的积分公式。

三、狄利赫利问题和诺依曼问题的解

1. 格林函数

在无源域中，引力位 u 是调和函数。若引入另一函数 v 也是调和函数，即 $\nabla^2v=0$ 。则格林定理第二式(2.28)变为

$$\oint\!\!\oint_{S}\left(u\frac{\partial v}{\partial n}-v\frac{\partial u}{\partial n}\right)\mathrm{d}s=0 \tag{2.34}$$

上式也可写为(乘以 $-\frac{1}{4\pi}$)

$$\frac{1}{4\pi}\oint\!\!\oint_{S}\left(v\frac{\partial u}{\partial n}-u\frac{\partial v}{\partial n}\right)\mathrm{d}s=0 \tag{2.35}$$

将(2.35)式与(2.33)式相加，得

$$u_P=\frac{1}{4\pi}\oint\!\!\oint_{S}\left[\left(\frac{1}{r}+v\right)\frac{\partial u}{\partial n}-u\frac{\partial}{\partial n}\left(\frac{1}{r}+v\right)\right]\mathrm{d}s \tag{2.36}$$

令 $$G=\frac{1}{r}+v \tag{2.37}$$

则(2.36)式变为

$$u_P=\frac{1}{4\pi}\oiint_S (G\frac{\partial u}{\partial n}-u\frac{\partial G}{\partial n})ds \tag{2.38}$$

$G=\frac{1}{r}+v$ 称为格林函数。由于 v 和 $\frac{1}{r}$ 都是调和函数，所以 G 也是调和函数。

2. 狄利赫利问题的解

如果令界面上 $v=-\frac{1}{r}$，则在界面上的格林函数 $G_S=0$，于是(2.38)式变为

$$u_P=-\frac{1}{4\pi}\oiint_S u\frac{\partial G}{\partial n}ds \tag{2.39}$$

由于狄利赫利问题的前提是：界面上的位函数 u_S 已知，因此上式是可解的。

3. 诺依曼问题的解

如果令界面上 $\frac{\partial v}{\partial n}=-\frac{\partial}{\partial n}(\frac{1}{r})$，则界面上有

$$\frac{\partial G}{\partial n}=\frac{\partial}{\partial n}(\frac{1}{r}+v)=\frac{\partial}{\partial n}(\frac{1}{r})+\frac{\partial v}{\partial n}=0$$

于是(2.38)式变为

$$u_P=\frac{1}{4\pi}\oiint_S G\frac{\partial u}{\partial n}ds \tag{2.40}$$

由于诺依曼问题的前提是：界面上场强的法向分量 $\frac{\partial u}{\partial n}$ 已知，因此上式可解。

作为狄利赫利问题或诺依曼问题的具体应用，我们以重力勘探中的位场延拓为例，加以说明。

例 6 通过地面 ($\zeta=0$) 的重力位测量，已知 $u=f_1(\xi,\eta)$ ($\zeta=0$)，试求上半空间中高度为 z 处 P 点的引力位 u_Z。

解：这是一个狄利赫利问题，由于上半空间的重力场是调和场。因此，引力位 u_Z 满足式

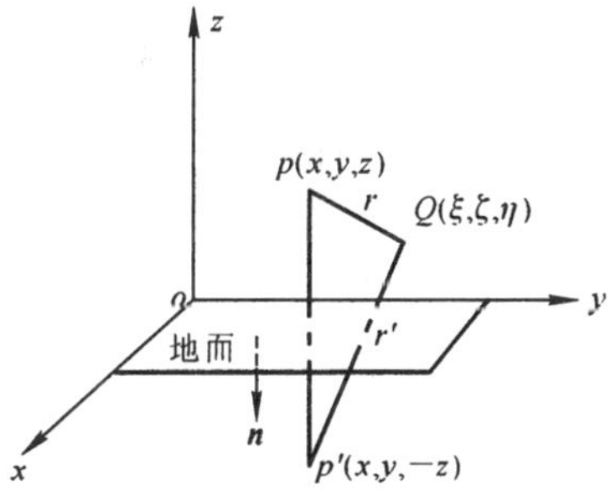

图 2.8 重力场的向上延拓

$$u_Z=-\frac{1}{4\pi}\oiint_S u\frac{\partial G}{\partial n}ds$$

这里的界面 S 包括地面 S_1 和上半空间半径为无限大处的半球面 S_2，由于在这个半球面上 $u_S=0$，因此积分仅对地面 S_1 进行。设 P' 为 P 点的镜像点，则由图 2.8 知

$$r=\sqrt{(x-\xi)^2+(y-\eta)^2+(z-\zeta)^2},r'=\sqrt{(x-\xi)^2+(y-\eta)^2+(z+\zeta)^2}$$

取格林函数为 $G=\frac{1}{r}-\frac{1}{r'}$，则在地面上，由于 $r=r'$，故有 $G_{S_1}=0$，这时

$$\left(\frac{\partial G}{\partial n}\right)_{S_1}=-\left(\frac{\partial G}{\partial \zeta}\right)_{\zeta=0_1}=-\left[\frac{z-\zeta}{r^3}+\frac{z+\zeta}{(r')^3}\right]_{\zeta=0}=-\frac{2z}{[(x-\xi)^2+(y-\eta)^2+z^2]^{3/2}}$$

于是(2.39)式变为

$$u_Z=\frac{z}{2\pi}\int_{-\infty}^{\infty}\int_{-\infty}^{\infty}\frac{f_1(\xi,\eta)d\xi d\eta}{[(x-\xi)^2+(y-\eta)^2+z^2]^{3/2}} \tag{2.41}$$

在实际工作中，$f_1(\xi,\eta)$ 是离散采样的，并且测区范围也是有限的，因此实际解(2.41)式时仍须作相应的数学处理。

例 7 若已知地面重力场垂直分量为 $g=\left(\frac{\partial u}{\partial n}\right)_{Z=0}=f_2(\xi,\eta)$，计算高度为 z 处的重力场强度垂直分量 $g_Z=\left(\frac{\partial u}{\partial n}\right)_Z$。

解：这是一个诺依曼问题，取格林函数为 $G=\frac{1}{r}+\frac{1}{r'}$，

在地面上 $(\zeta=0)$ 有 $r=r'=\sqrt{(x-\xi)^2+(y-\eta)^2+z^2}$，于是

$$\left(\frac{\partial G}{\partial n}\right)_S=-\left(\frac{\partial G}{\partial \zeta}\right)_{\zeta=0}=-\left[\frac{z-\zeta}{r^3}-\frac{z+\zeta}{(r')^3}\right]_{\zeta=0}=0,$$

利用(2.40)式有

$$u_Z=\frac{1}{4\pi}\oiint_{S_1}\frac{2f_2(\xi,\eta)}{[(x-\xi)^2+(y-\eta)^2+z^2]^{\frac{1}{2}}}\mathrm{d}\xi\mathrm{d}\eta$$
$$=\frac{1}{2\pi}\int_{-\infty}^{\infty}\int_{-\infty}^{\infty}\frac{f_2(\xi,\eta)}{[(x-\xi)^2+(y-\eta)^2+z^2]^{\frac{1}{2}}}\mathrm{d}\xi\mathrm{d}\eta$$

于是

$$g_Z=-\frac{\partial u_Z}{\partial z}=\frac{z}{2\pi}\int_{-\infty}^{\infty}\int_{-\infty}^{\infty}\frac{f_2(\xi,\eta)\mathrm{d}\xi\mathrm{d}\eta}{[(x-\xi)^2+(y-\eta)^2+z^2]^{3/2}} \tag{2.42}$$

第四节　引力场的正、反演问题

所谓正演问题就是指根据已知的场源分布或已知的边界值，去求特定区域内的场值。正演问题一直是场论研究的对象。就引力场而言，正演问题就是由已知的质量分布或边值条件来计算引力场的空间分布。根据惟一性定理，正演的解是惟一的。解析法是解正演问题的基本方法，但不是惟一方法，在引力场计算中，还有积分法和通量定理法可以使用。

然而在物探工作中，我们要解决的是另一种问题——反演问题。所谓反演，就是根据已知场的分布，确定场源的分布。例如在重力勘探中，我们利用仪器通过实测掌握了某一区域的重力场分布，然后据此推求出地下剩余质量的分布，就是一种反演过程。

如果对场进行全空间的采样，那么从理论上讲，一种场的分布只与一种场源分布相对应。那就是说，场的反演问题的解也是惟一的。然而在实际工作中，我们无法进行全空间的采样，例如在重力勘探中，我们就无法进入地下采样。于是我们只能依据局部空间的采样值来反演场源的分布，这种反演，其解不再具有惟一性。例如，只要质心位置相同以及总质量相同，不同半径、不同结构的均质球体或球状壳层，它们在地面产生的引力场都完全一样！因此，仅仅根据地面测量的场值数据，不能惟一地确定球状地质体的密度和半径，或者说，可以对场源的分布做出许多种解释。这就是物探工作中的多解性问题。这种多解性是由于对场的采样不充分的结果，是不能通过增加采样密度或提高仪器观测精度等方法来克服的。只能通过结合地质调查、物性调查和多种其他物探方法的配合来缩小解释的范围，以求取一种最为合理的解释结果。

一、引力场的正演

正演的基本方法有直接积分法、通量定理法和解析法。

直接积分法是从公式

$$u = f\iiint_V \frac{\rho_m \mathrm{d}V}{r} \quad 或 \quad \boldsymbol{G} = -f\iiint_V \frac{\rho_m \mathrm{d}V}{r^2}\boldsymbol{r}_0$$

出发，通过积分来直接计算场中某点的引力位或引力场强度，通常只有对于某些特殊的质量分布或场中的某些特殊点，才可以通过直接积分法求解。

通量定理法是利用通量定理

$$\oiint_S \boldsymbol{G} \cdot \mathrm{d}\boldsymbol{s} = -4\pi f m$$

来计算引力场强度的一种特殊方法，本方法要求作一个包括测点在内的封闭曲面，然后求曲面积分，通常这种曲面应是规则的几何曲面，如球面、圆柱面等，曲面上场强的法分量 G_n 应为恒值。因此也只有对少数具有轴对称或球对称的质量分布，才能用通量定理求解。

解析法是最基本的正演方法，它从泊松方程 $\nabla^2 u = -4\pi f\rho_m$ 或拉普拉斯方程 $\nabla^2 u = 0$ 出发，通过解偏微分方程得出位函数 u 的通解，然后根据实际情况，利用边界条件逐一确定其中的系数，最后得到 u 的定解。

例 8 水平地面以下深度为 h 处有一长为 $2l$，半径为 a，剩余质量为 M 的均质水平圆柱体，当 $l \gg a$ 时，计算地面上中心剖面 $P(x,0,0)$ 点的引力场强度。

解：对细长均质圆柱体，其柱外引力场近似于质量集中于柱轴的质量线产生之引力场，其线密度为 $\lambda_m = \dfrac{M}{2l}$，质元在 P 点产生的引力场强度为 $\mathrm{d}\boldsymbol{G} = -\dfrac{f\lambda_m \mathrm{d}\eta}{r^2}\boldsymbol{r}_0$，$\mathrm{d}\boldsymbol{G}$ 在 x,y,z 三个坐标轴上的投影值分别为

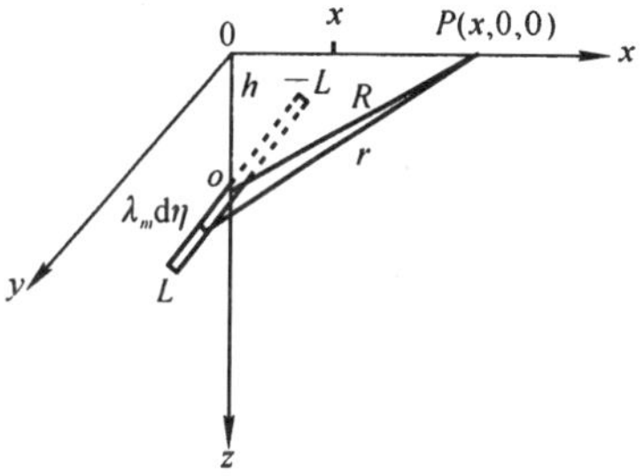

图 2.9 水平圆柱体引力场的计算

$$\mathrm{d}G_y = \mathrm{d}\boldsymbol{G} \cdot \boldsymbol{y}_0 = -\frac{f\lambda_m \mathrm{d}\eta}{r^3}\eta;$$

$$\mathrm{d}G_X = \mathrm{d}\boldsymbol{G} \cdot \boldsymbol{x}_0 = -\frac{f\lambda_m \mathrm{d}\eta}{r^3}x;$$

$$\mathrm{d}G_Z = \mathrm{d}\boldsymbol{G} \cdot \boldsymbol{z}_0 = -\frac{f\lambda_m \mathrm{d}\eta}{r^3}h$$

式中，$r = \sqrt{x^2 + \eta^2 + h^2}$，由于柱体对 P 点的对称性，$\boldsymbol{y}_0$ 向分量将被抵消，于是

$$G_X = -f\lambda_m\int_{-L}^{L} \frac{x\,\mathrm{d}\eta}{(x^2 + h^2 + \eta^2)^{\frac{3}{2}}} = \frac{-2f\lambda_m x l}{(x^2 + h^2)\sqrt{x^2 + h^2 + l^2}} = \frac{-fxM}{(x^2 + h^2)\sqrt{x^2 + h^2 + l^2}}$$

$$G_Z = f\lambda_m\int_{-L}^{L} \frac{h\,\mathrm{d}\eta}{(x^2 + h^2 + \eta^2)^{\frac{3}{2}}} = \frac{2f\lambda_m h l}{(x^2 + h^2)\sqrt{x^2 + h^2 + l^2}} = \frac{fhM}{(x^2 + h^2)\sqrt{x^2 + h^2 + l^2}}$$

它们在主剖面上的曲线如图 2.11 所示，其中 G_Z 在 $x = 0$ 处有极值点，而 G_X 则在 $x = 0$ 处通过零值点，在两侧各有一个倒像对称的极值。

例 9 计算均匀无限大质量平面的引力势和引力场强度。

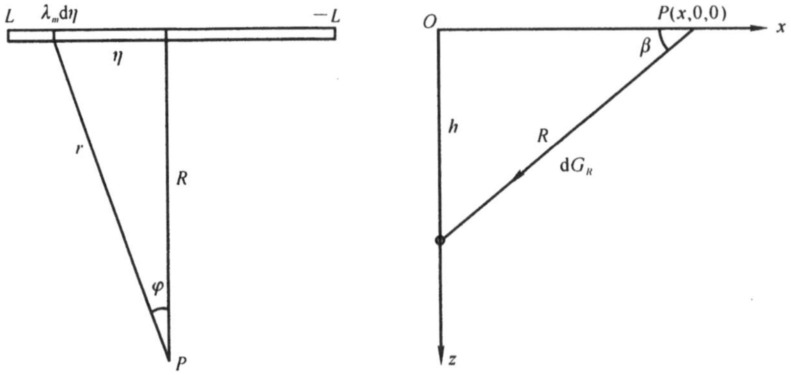

图 2.10　各分量关系图

解：设质量面密度为 σ_m，以任意点 P 为中心，作一母线垂直平面，半径为 a 的封闭圆柱面，两底面均距平面为 z（见图2.12）。则由通量定理有

$$\oiint_S \boldsymbol{G} \cdot \mathrm{d}\boldsymbol{s} = -4\pi f \sigma_m \pi a^2$$

由于侧面通量为零，故上式变为

$$2G_Z \pi a^2 = -4\pi f \sigma_m \pi a^2$$

于是

$$G_Z = -2\pi f \sigma_m, \quad \boldsymbol{G} = -2\pi f \sigma_m \boldsymbol{z}_0$$

又 $\dfrac{\partial u}{\partial z} = -2\pi f \sigma_m$，得　$u = -2\pi f \sigma_m z + c$

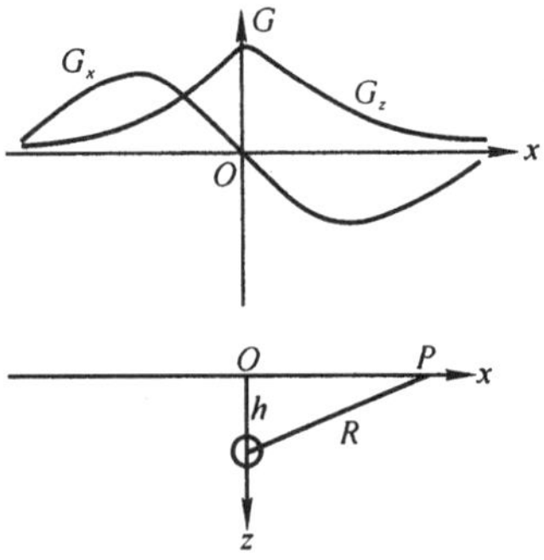

图 2.11　G_x、G_z 剖面曲线

如果令 $z = 0$ 时 $u = 0$，则 $c = 0$，于是

$$u = -2\pi f \sigma_m z$$

本题也可用直接积分法来做，采用极坐标，平面上面积为 $\mathrm{d}s = r\mathrm{d}\varphi\mathrm{d}r$ 的面积元，其质量为 $\mathrm{d}m = \sigma_m r\mathrm{d}\varphi\mathrm{d}r$，它在 P 点产生的引力场强度为

$$\mathrm{d}\boldsymbol{G} = -f\frac{\mathrm{d}m}{R^2}\boldsymbol{R}_0 = -f\frac{\sigma_m r\mathrm{d}\varphi\mathrm{d}r}{R^2}\boldsymbol{R}_0$$

式中，$R = \sqrt{z^2 + r^2}$，$\mathrm{d}\boldsymbol{G}$ 可分解为水平分量和垂直分量，由于对称性，其水平分量相互抵消，其垂直分量为

$$\mathrm{d}G_Z = \mathrm{d}\boldsymbol{G} \cdot \boldsymbol{z}_0 = -f\frac{\sigma_m r\mathrm{d}\varphi\mathrm{d}r}{(z^2 + r^2)^{3/2}}z$$

于是

$$G_Z = -f\sigma_m z \int_0^{2\pi}\mathrm{d}\varphi\int_0^{\infty}\frac{r\mathrm{d}r}{(z^2 + r^2)^{3/2}} = -2\pi f \sigma_m$$

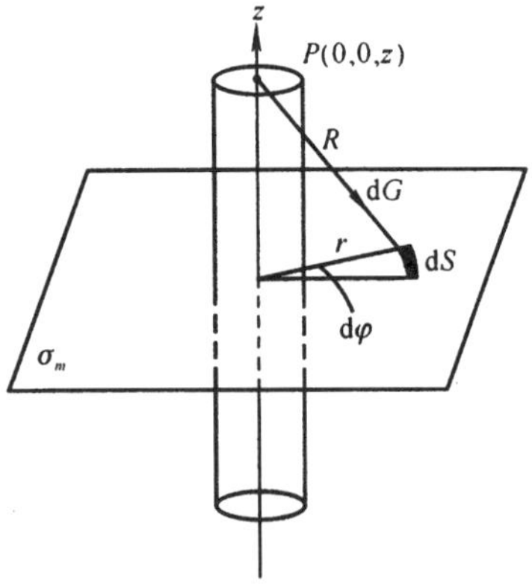

图 2.12　无限大质量平面的引力场

例 10　计算体密度为 ρ_m，半径为 a 的无限长均质圆柱体的引力势和引力场强度。

解:由于场具有轴对称性,采用柱坐标系时,场与 φ 及 z 无关,于是

$r < a$ 时有 $\frac{1}{r}\frac{\partial}{\partial r}(r\frac{\partial u_1}{\partial r}) = -4\pi f\rho_m$,解得:$u_1 = -\pi f\rho_m r^2 + c_1\ln r + c_2$

$r > a$ 时有 $\frac{1}{r}\frac{\partial}{\partial r}(r\frac{\partial u_2}{\partial r}) = 0$, 解得:$u_2 = c_3\ln r + c_4$

现在用边界条件来确定 c_1, c_2, c_3, c_4:

(1)当 $r = 0$ 时 u_1 有限,因此 $c_1 = 0, u_1 = -\pi f\rho_m r^2 + c_2$

(2)令 $r = 1$ 时 $u_2 = 0$,于是 $c_4 = 0$, $u_2 = c_3\ln r$

(3) $r = a$ 时 $u_1 = u_2$,于是 $c_2 - \pi f\rho_m a^2 = c_3\ln a$

(4) $r = a$ 时 $\frac{\partial u_1}{\partial r} = \frac{\partial u_2}{\partial r}$,于是 $-2\pi f\rho_m a = \frac{c_3}{a}$

解得 $c_3 = -2\pi f\rho_m a^2$; $c_2 = \pi f\rho_m a^2(1 - 2\ln a)$;代回原式便得

$u_1 = -\pi f\rho_m[r^2 - a^2(1 - 2\ln a)]$,

$u_2 = -2\pi f\rho_m a^2\ln r = -2f\lambda_m\ln r$

由于单位长柱体的质量为 $\lambda_m = \pi a^2\rho_m$,所以柱外的引力场与质量集中于柱轴,线密度为 $\lambda_m = \pi a^2\rho_m$ 的质量线的引力场相同。

场强为

$$G_1 = \frac{\partial u_1}{\partial r}\boldsymbol{r}_0 = -2\pi f\rho_m\boldsymbol{r};$$

$$G_2 = \frac{\partial u_2}{\partial r}\boldsymbol{r}_0 = -\frac{-2\pi f\rho_m a^2}{r}\boldsymbol{r}_0 = \frac{-2f\lambda_m}{r}\boldsymbol{r}_0$$

图 2.13 是圆柱内、外的引力位和引力场强度的变化曲线,由于设定 $r = 1(> a)$ 处引力势为零,因此在 $r > 1$ 时,引力势变为负,而在轴心处的引力势为 $u_1 = \pi f\rho_m a^2(1 - \ln a^2)$,本题也可以引用通量定理来做。

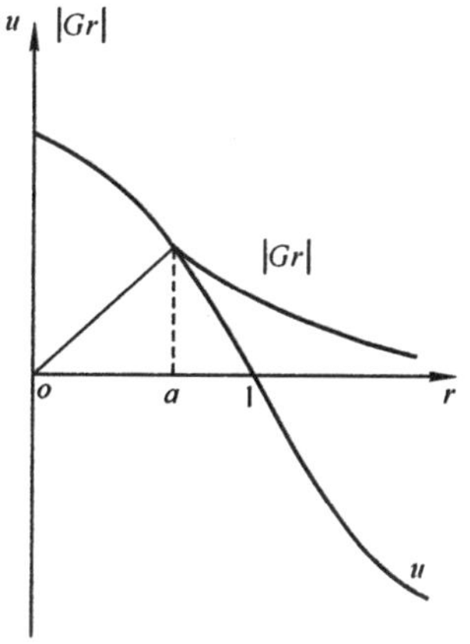

图 2.13 无限长圆柱体的引力场

二、引力场的反演

由于引力位满足泊松方程 $\nabla^2 u(x,y,z) = -4\pi f\rho_m(\xi,\eta,\zeta)$,因此,如果全空间中的引力位 $u(x,y,z)$ 已知,则反演的结果是惟一的

$$\rho_m(\xi,\eta,\zeta) = -\frac{\nabla^2 u(x,y,z)}{4\pi f} \tag{2.43}$$

但如果只有局部空间的引力位分布为已知,则原则上不能用(2.43)式来确定质量分布。在反演问题中通常可以用通量定理来计算质量

$$m = -\frac{1}{4\pi f}\oint\!\!\!\oint_S \boldsymbol{G}\cdot d\boldsymbol{s} \tag{2.44}$$

如果大地是水平的,地面 (S_0) 上的通量为:$\iint_{S_0}\boldsymbol{G}\cdot d\boldsymbol{s} = -\iint_{S_0}G_Z ds$,这里 G_Z 就是引力场强的垂直分量 Δg 。

我们所取的封闭曲面 S 由水平地面 S_0 与半径为无限大的半球面 S_1 所组成,于是(2.44)式变为

$$m = -\frac{1}{4\pi f}\left(\iint\limits_{S_1} \boldsymbol{G}\cdot d\boldsymbol{s} - \iint\limits_{S_0} \Delta g ds\right)$$

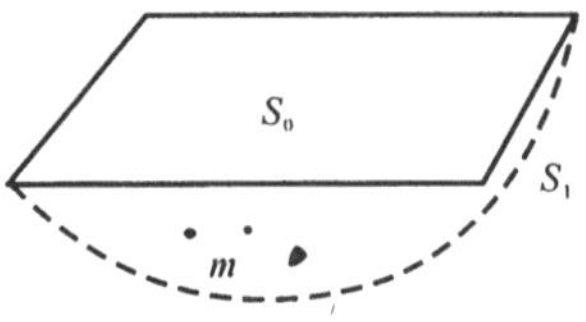

图 2.14　引力场的反演

式中 m 应理解为引起重力异常的剩余质量。

在 $r\to\infty$ 的半球面上，有限空间分布的质量所产生的引力场强度与把全部质量集中于球心处时所产生的引力场强度无异，因此上述积分的第一项为

$$\iint\limits_{S_1} \boldsymbol{G}\cdot d\boldsymbol{s} = \iint\limits_{S_1} -\frac{fm}{r^2} ds$$

将 $ds = r^2\sin\theta d\theta d\varphi$ 代入并积分，便得

$$\iint\limits_{S_1} \boldsymbol{G}\cdot d\boldsymbol{s} = -fm\int_0^{2\pi} d\varphi \int_{\frac{\pi}{2}}^{\pi} \sin\theta d\theta = -2\pi fm$$

于是得

$$m = \frac{1}{4\pi f}\left[2\pi fm + \iint\limits_{S_0} \Delta g ds\right]$$

整理得

$$m = \frac{1}{2\pi f}\iint\limits_{S_0} \Delta g ds \tag{2.45}$$

实际工作中是离散取样的，这时可把实际测区剖分成网格，每个网格的面积为 Δs_i，其重力异常值为 Δg_i，则上式可写为

$$m = \frac{1}{2\pi f}\sum_{i=1}^{n} \Delta g_i \Delta s_i \tag{2.46}$$

理论上，S_0 应为无限大平面，但实际测区面积总是有限的，这将导致利用(2.46)式时产生计算误差，为此，应乘以一个校正系数 k，得

$$m = \frac{k}{2\pi f}\sum_{i=1}^{n} \Delta g_i \Delta s_i \tag{2.47}$$

式中

$$k = \frac{\sqrt{R_0^2 + z_0^2}}{\sqrt{R_0^2 + z_0^2} - z_0} \tag{2.48}$$

R_0 为测区的平均半径，z_0 为异常体质心埋深，通常只能利用主剖面异常曲线用经验方法估计

$$z_0 = 0.6D \tag{2.49}$$

这里 D 为主剖面上异常曲线的半极值距。

例 11　已知全空间引力位为：$u = \begin{cases} f(13a^2 - 3r^2\cos^2\theta) & r \leqslant a \\ \dfrac{fa^3}{r^3}(a^2 - 3a^2\cos^2\theta + 12r^2) & r \geqslant a \end{cases}$

试反演场源的质量分布，并算出总场源质量。

解：(1) $r < a$ 时有

$$\nabla^2 u_1 = \frac{1}{r^2}\frac{\partial}{\partial r}\left(r^2\frac{\partial u}{\partial r}\right) + \frac{1}{r^2\sin\theta}\frac{\partial}{\partial\theta}\left(\sin\theta\frac{\partial u}{\partial\theta}\right) =$$

$$= f[-18\cos^2\theta + 12\cos^2\theta - 6\sin^2\theta] = -6f$$

于是 $\rho_{m_1} = -\dfrac{\nabla^2 u_1}{4\pi f} = \dfrac{3}{2\pi}$； $m_1 = \dfrac{4}{3}\pi a^3 \rho_{m_1} = 2a^3$

(2) $r > a$ 时有

$$\nabla^2 u_2 = \frac{6fa^5}{r^5}(1 - 3\cos^2\theta) + \frac{6fa^5}{r^5}[2\cos^2\theta - \sin^2\theta] = 0$$

因此 $\rho_{m_2} = -\dfrac{\nabla^2 u_2}{4\pi f} = 0$，可见球外无质量分布。球面的质量面密度则可以由下式计算

$$\frac{\partial u_2}{\partial r} - \frac{\partial u_1}{\partial r} = -4\pi f \sigma_m (r = a)$$

这里 $\dfrac{\partial u_1}{\partial r} = -6fa\cos^2\theta$， $\dfrac{\partial u_2}{\partial r} = 3fa(3\cos^2\theta - 5)$

于是
$$\sigma_m = \frac{\dfrac{\partial u_1}{\partial r} - \dfrac{\partial u_2}{\partial r}}{4\pi f} = \frac{15a\sin^2\theta}{4\pi}$$

$$m_2 = \oiint_S \sigma_m \mathrm{d}s = \frac{15a^3}{4\pi}\int_0^{2\pi}\mathrm{d}\varphi\int_0^{\pi}\sin^3\theta\mathrm{d}\theta$$

$$= \frac{15a^3}{2}\left[-\frac{\sin^2\theta\cos\theta}{3} - \frac{2\cos\theta}{3}\right]_0^{\pi} = 10a^3$$

$(\mathrm{d}s = a^2\sin\theta\mathrm{d}\theta\mathrm{d}\varphi)$

总质量为 $m = m_1 + m_2 = 12a^3$

第五节 地球的重力场

一个相对地球为静止的物体，它受到地球的引力和因地球自转而出现的惯性离心力的作用，通常把这两个力之合力称为地球的重力，如图 2.15 所示。如果物体相对地球运动，则运动物体除受上述两个力之外，还受到科里奥利力的作用，科里奥利力可表示为

$$\boldsymbol{F}_3 = 2m\boldsymbol{v} \times \boldsymbol{\omega} \tag{2.50}$$

式中 $\boldsymbol{v}$ 为运动物体的速度矢量，$\boldsymbol{\omega}$ 为地球自转的角速度矢量，其方向指向自转轴的北方。

在北半球，当物体向正北方向运动时，它受到的科里奥利力指向东方，而在南半球，向北方运动物体受到的科里奥利力则指向西方。在北半球，向东运动的物体受到的科里奥利力的方向与 $\boldsymbol{F}_2$ 相同。通常，科里奥利力只有地球引力的几万分之一。由于静止物体不存在科里奥利力，因此以后在讨论地球重力场时均不考虑科里奥利力。

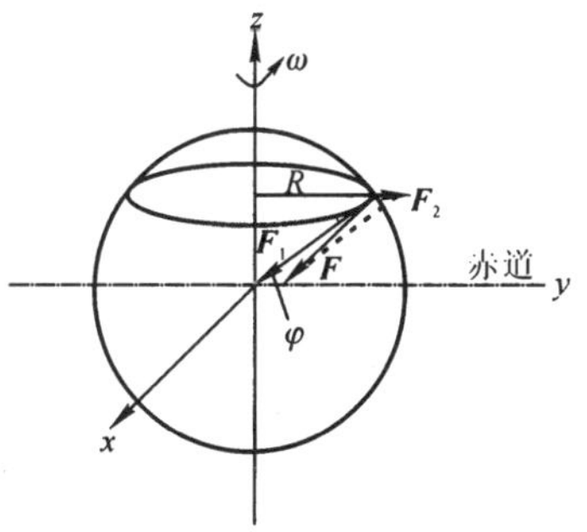

图 2.15 地球的重力

一、地球的惯性力场

设地球半径为 a，则在纬度为 φ 处质量为 m 的物体受到的惯性离心力为

$$\boldsymbol{F}_2 = m\omega^2 a\cos\varphi \boldsymbol{R}_0 \tag{2.51}$$

$\boldsymbol{R}_0$ 是垂直自转轴向外的单位矢量。纬度越高，惯性力越小，在赤道，惯性力最大，但与地球引力相比，仍然微不足道。

$$\frac{F_2}{F_1}=\frac{m\omega^2 a}{mg}=\frac{(7.27\times10^{-5})^2}{9.8}\times6.4\times10^6=3.45\times10^{-3}$$

可见惯性力大约只有引力的千分之三。

在(2.51)式中，$a\cos\varphi=R$，因此(2.51)式也可写为

$$\boldsymbol{F}_2=m\omega^2\boldsymbol{R} \tag{2.52}$$

我们定义单位质量受到的惯性力为惯性力场强度，以 C 表示

$$\boldsymbol{C}=\frac{\boldsymbol{F}_2}{m}=\omega^2\boldsymbol{R} \tag{2.53}$$

容易证明，惯性力场也是无旋场，因为若以自转轴为 z 轴，则：$\boldsymbol{R}=x\boldsymbol{i}+y\boldsymbol{j}$，所以

$$\nabla\times\boldsymbol{C}=\omega^2\left[\left(\frac{\partial C_z}{\partial y}-\frac{\partial C_y}{\partial z}\right)\boldsymbol{i}+\left(\frac{\partial C_x}{\partial z}-\frac{\partial C_z}{\partial x}\right)\boldsymbol{j}+\left(\frac{\partial C_y}{\partial x}-\frac{\partial C_x}{\partial y}\right)\boldsymbol{k}\right]=0$$

二、重力场强度

重力场强度为引力场强度与惯性力场强度之矢量和

$$\boldsymbol{g}=\boldsymbol{G}+\boldsymbol{C} \tag{2.54}$$

以赤道平面为 xoy 面，以自转轴为 z 轴时，$\boldsymbol{C}$ 没有 $\boldsymbol{k}$ 向分量，于是重力场强度的三个分量值为

$$g_X=-f\iiint_V\frac{\rho_m(x-\xi)\mathrm{d}\xi\mathrm{d}\eta\mathrm{d}\zeta}{[(x-\xi)^2+(y-\eta)^2+(z-\zeta)^2]^{3/2}}+\omega^2x \tag{2.55}$$

$$g_Y=-f\iiint_V\frac{\rho_m(y-\eta)\mathrm{d}\xi\mathrm{d}\eta\mathrm{d}\zeta}{[(x-\xi)^2+(y-\eta)^2+(z-\zeta)^2]^{3/2}}+\omega^2y \tag{2.56}$$

$$g_Z=-f\iiint_V\frac{\rho_m(z-\zeta)\mathrm{d}\xi\mathrm{d}\eta\mathrm{d}\zeta}{[(x-\xi)^2+(y-\eta)^2+(z-\zeta)^2]^{3/2}} \tag{2.57}$$

式中，积分域为整个地球，ρ_m 为地球的平均密度。

三、重力位

由于引力场和惯性力场都是无旋场，因此重力场也是无旋场。可以引入重力位 u_g，并且

$$\nabla u_g=g \tag{2.58}$$

显然，由叠加原理，重力位由引力位 u 和惯性力位 φ 相加而成，其中

$$u=f\iiint_V\frac{\rho_m\mathrm{d}\xi\mathrm{d}\eta\mathrm{d}\zeta}{\sqrt{(x-\xi)^2+(y-\eta)^2+(z-\zeta)^2}} \tag{2.59}$$

而对惯性力位，则可由下列方程解出

$$\begin{cases}\dfrac{\partial\varphi}{\partial x}=\omega^2x\\[2ex]\dfrac{\partial\varphi}{\partial y}=\omega^2y\end{cases}$$

得　　$\varphi=\dfrac{\omega^2x^2}{2}+f(y)$；又：$\dfrac{\partial\varphi}{\partial y}=\omega^2y=\dfrac{\partial f(y)}{\partial y}$

故 $f(y)=\frac{\omega^2y^2}{2}+c$；令 $c=0$，最后得

$$\varphi=\frac{\omega^2}{2}(x^2+y^2)=\frac{\omega^2}{2}a^2\cos^2\varphi \tag{2.60}$$

故重力位为

$$u_g=f\iiint_V\frac{\rho_m\mathrm{d}\xi\mathrm{d}\eta\mathrm{d}\zeta}{\sqrt{(x-\xi)^2+(y-\eta)^2+(z-\zeta)^2}}+\frac{\omega^2}{2}(x^2+y^2) \tag{2.61}$$

若取 $u_g=$ 常数，便可得到一个重力位的等位面，地球上重力等位面中有一个与平静时的洋面重合，我们称这个面为大地水准面，它是一个旋转椭球面。

四、重力异常

重力异常是相对于正常重力场而言的，这里所指的正常重力场是指大地水准面上的重力场。根据卫星测定的参数，地球的正常重力值为

$$g_0=9.780327(1+5.3024\sin^2\varphi\times10^{-3}-5.9\sin^2 2\varphi\times10^{-6})\quad(\frac{\mathrm{m}}{\mathrm{s}^2}) \tag{2.62}$$

式中，φ 为测点之纬度值。

如果测点上之实测重力值不等于 g_0，则要研究产生差异的原因，这些原因通常有：

(1) 测点附近地形起伏产生了附加的重力值。

(2) 测点高度不在大地水准面上，由于测点与地心距离的变化，引力将发生改变。

(3) 区域性的物质结构不均匀的影响，这种影响形成了重力区域性异常。

(4) 局部的物体（包括矿体、岩体、构造以及各种人工埋藏物）产生的附加重力影响。而这通常正是我们想要了解的。

为了获得区域的或局部的重力异常，必须对测点数据进行地形校正、高度校正和中间层校正。校正后的重力值 g' 与 g_0 之差 $\Delta g=g'-g_0$，就称为重力异常。通过对一个测区内 Δg 数据的分析，便可以获得测区地下地质构造和矿体的有关信息。

五、不同坐标系中之重力公式

(1)以测点为坐标原点，铅垂向下为 z 轴，正东为 x 轴，正南为 y 轴。这时惯性力场强度 $\boldsymbol{C}$ 将无 $\boldsymbol{x}_0$ 分量，于是

$$\boldsymbol{C}=\omega^2\boldsymbol{R}=\omega^2 a\cos\varphi(\sin\varphi\boldsymbol{j}-\cos\varphi\boldsymbol{k}) \tag{2.63}$$

$$g_X=f\iiint_V\frac{\rho_m\xi\mathrm{d}\xi\mathrm{d}\eta\mathrm{d}\zeta}{(\xi^2+\eta^2+\zeta^2)^{3/2}} \tag{2.64}$$

$$g_Y=f\iiint_V\frac{\rho_m\eta\mathrm{d}\xi\mathrm{d}\eta\mathrm{d}\zeta}{(\xi^2+\eta^2+\zeta^2)^{3/2}}+\omega^2 a\cos\varphi\sin\varphi \tag{2.65}$$

$$g_Z=f\iiint_V\frac{\rho_m\zeta\mathrm{d}\xi\mathrm{d}\eta\mathrm{d}\zeta}{(\xi^2+\eta^2+\zeta^2)^{3/2}}-\omega^2 a\cos^2\varphi \tag{2.66}$$

式中，ξ,η,ζ 为地球内部质量单元相对于测点的坐标，ρ_m 为地球之平均质量体密度，a 为地球之平均半径，ω 为地球之自转角速度（$\omega=7.27\times10^{-5}$），φ 为测点之纬度，积分域为整个地球。

(2) 以测点为坐标原点，z 轴垂直向下，以测线为 x 轴，以基线为 y 轴。这相当于在上一

个坐标系中进行旋转。设测线方位角为 θ，则惯性力场为(见图 2.16)

$$\boldsymbol{C}=-\omega^2 a\cos\varphi(\sin\varphi\cos\theta\boldsymbol{i}+\sin\varphi\sin\theta\boldsymbol{j}+\cos\varphi\boldsymbol{k}) \tag{2.67}$$

于是重力场为

$$g_X=f\iiint_V\frac{\rho_m\xi\mathrm{d}\xi\mathrm{d}\eta\mathrm{d}\zeta}{(\xi^2+\eta^2+\zeta^2)^{3/2}}-\omega^2 a\cos\varphi\sin\varphi\cos\theta \tag{2.68}$$

$$g_Y=f\iiint_V\frac{\rho_m\eta\mathrm{d}\xi\mathrm{d}\eta\mathrm{d}\zeta}{(\xi^2+\eta^2+\zeta^2)^{3/2}}-\omega^2 a\cos\varphi\sin\varphi\sin\theta \tag{2.69}$$

$$g_Z=f\iiint_V\frac{\rho_m\zeta\mathrm{d}\xi\mathrm{d}\eta\mathrm{d}\zeta}{(\xi^2+\eta^2+\zeta^2)^{3/2}}-\omega^2 a\cos^2\varphi \tag{2.70}$$

在这个坐标系下，惯性力位 φ 可由以下方程解出

$$\begin{cases}\dfrac{\partial\varphi}{\partial x}=-\omega^2 x\\ \dfrac{\partial\varphi}{\partial y}=-\omega^2 y\\ \dfrac{\partial\varphi}{\partial z}=-\omega^2 z\end{cases}$$

这里
$$\begin{cases}x=a\cos\varphi\sin\varphi\cos\theta\\ y=a\cos\varphi\sin\varphi\sin\theta\\ z=a\cos^2\varphi\end{cases}$$

解得
$$\varphi=-\frac{\omega^2}{2}(x^2+y^2+z^2)=-\frac{\omega^2a^2\cos^2\varphi}{2}$$

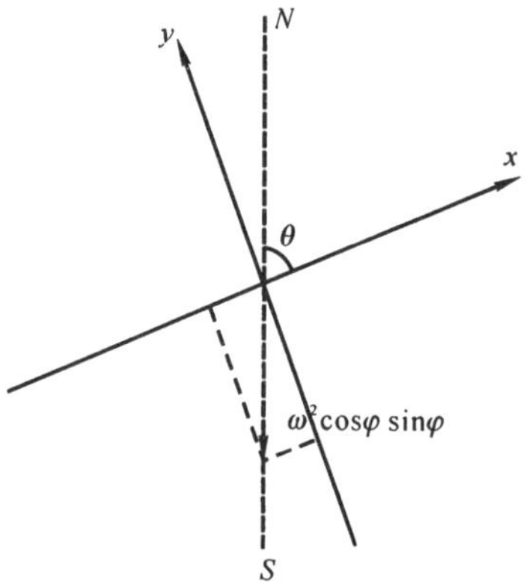

图 2.16

习 题 二

1. 有一颗通讯卫星绕与地球赤道同心共面的圆周运行，试问应该将它发射到多大的高度，方能与地球同步？

2. 半径为 R 的一段圆弧，其弧长为 l，线密度为 λ，求其在中轴上的引力场强度。

3. 地下有一均匀垂直圆柱体状的矿脉，它的总剩余质量为 M，长度为 $H(H\gg a)$，顶端埋深为 h，求在地面上任一点 $P(x,y,c)$ 的引力场强度。

4. 一球壳的内半径为 a，外半径为 b，质量体密度为 ρ_m，试求其全空间的引力位及引力场强度。

5. 试求无限长水平圆柱体重力场强度及重力位的二阶导数值，设圆柱体的半径为 a，质量体密度为 ρ_m。

6. 已知空间各点的引力位为 $u=-2\pi f\sigma_m|z|$，求质量分布情况。

7. 5 吨重的卡车由正南向正北方向行驶，以每小时 60 km 的速度通过南昌，试问公路路

面受到的侧压力有多大？（南昌的纬度为 29°）

8. 在海上进行重力测量时，测量船以匀速 v 沿赤道东行，试说明此时科里奥利力对重力测量的影响。

9. 用引力通量定理求解质量为 M，半径为 a 的均质实心球内、外的引力场强度和引力位。

10. 计算半径为 a，线密度为 λ 的均质圆环中轴上的引力势与引力场强度。

11. 均匀细棒长 $2a$，总质量为 M，求：

(1)棒外中心轴上任一点($|x|>a$)的引力势和引力场强度；

(2)中垂面上任一点的引力势和引力场强度。

12. 从一个体密度为 ρ 的均质实心球中挖去一个小球，球心 o 与空洞中心 o' 的距离为 d，计算空洞中的引力场强度。

13. 半径为 a，体密度为 ρ 的均质实心球体被另一内径为 a，外径为 b，体密度为 2ρ 的均质同心球壳所包围，计算空间各处之引力位及引力场强度。

第三章　稳定电场

稳定电场就是指不随时间而变化的电场。其中包括由相对静止的电荷所产生的静电场和由稳定电流所产生的稳定电流电场。虽然静电场与稳定电流电场在许多方面是不同的，但它们又都同时具有稳定电场的一些基本性质和特点，并且其研究方法也有许多类似之处。因此把它们放在同一章中进行讨论。

关于稳定电场的基本性质和研究方法，主要以静电场为对象来进行阐述，而对稳定电流电场则着重于对其特有的性质和规律进行研究。

第一节　真空中的静电场

一、真空中静电场的基本性质

1. 库仑定律

和牛顿的万有引力定律一样，库仑定律也是一个实验定律。库仑通过大量的实验，研究了真空中两个带电质点（称点电荷）之间相互作用力的大小和方向与点电荷电量大小及它们之间距离的关系。研究的结果可以用下面公式表示

$$\boldsymbol{F}_{12} = k\frac{q_1 q_2}{r_{12}^3}\boldsymbol{r}_{12} \tag{3.1}$$

这就是库仑定律。式中 q_1，q_2 是两个点电荷的电量，r_{12} 是它们之间的距离，$\boldsymbol{F}_{12}$ 表示电荷 q_2 受到的静电力，而 $\boldsymbol{r}_{12}$ 则为由 q_1 指向 q_2 的矢径。

式中，k 是一个待定的系数，由各已知量的单位制所决定。在国际单位制(SI)中，电量的单位为库仑（C），距离的单位为米（m），力的单位为牛顿（$\mathrm{kg \cdot m/s^2}$），这时 $k = \dfrac{1}{4\pi\varepsilon_0} = 9 \times 10^9$(m/F)。$\varepsilon_0$ 称为真空的介电常数，它的值为 $\varepsilon_0 = \dfrac{10^{-9}}{36\pi} \approx 8.842 \times 10^{-12}$(F/m)。因此，(3.1)式可写成

$$\boldsymbol{F}_{12} = \frac{1}{4\pi\varepsilon_0}\frac{q_1 q_2}{r_{12}^3}\boldsymbol{r}_{12} \tag{3.2}$$

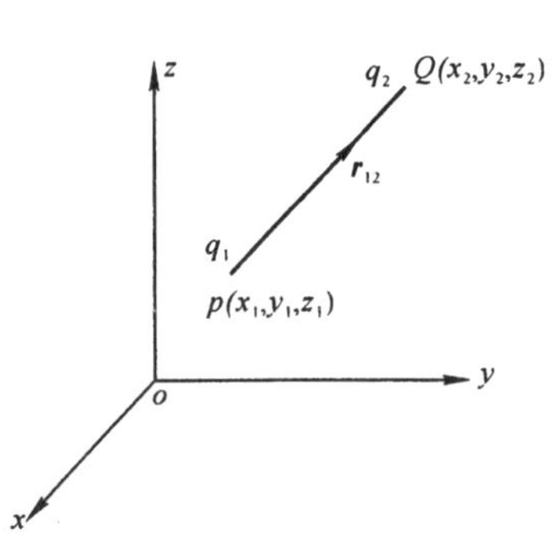

图 3.1　点电荷的库仑力

当 q_1，q_2 为同性电荷时，$\boldsymbol{F}_{12}$ 与 $\boldsymbol{r}_{12}$ 同向，表示排斥力。若 q_1，q_2 为异性电荷时，$\boldsymbol{F}_{12}$ 与 $\boldsymbol{r}_{12}$ 反向，表示吸引力。这就是静电学中同性电荷相互排斥，异性电荷相互吸引的现象。

如图 3.1 所示，如果在 $P(x_1,y_1,z_1)$ 点置点电荷 q_1，在 $Q(x_2,y_2,z_2)$ 点置点电荷 q_2。则

q_2 受到由 q_1 所产生的电场对它的静电力由(3.2)式所表示，其中

$$r_{12} = [(x_2 - x_1)^2 + (y_2 - y_1)^2 + (z_2 - z_1)^2]^{\frac{1}{2}}$$
$$\boldsymbol{r}_{12} = (x_2 - x_1)\boldsymbol{i} + (y_2 - y_1)\boldsymbol{j} + (z_2 - z_1)\boldsymbol{k}$$

同时，q_1 也会受到由 q_2 所产生的电场的静电力作用。这个力同样可用库仑定律表示为

$$\boldsymbol{F}_{21} = \frac{1}{4\pi\varepsilon_0}\frac{q_1 q_2}{r_{21}^3}\boldsymbol{r}_{21}$$

显然，$\boldsymbol{r}_{21} = -\boldsymbol{r}_{12}$，因而 $\boldsymbol{F}_{21} = -\boldsymbol{F}_{12}$。就两个点电荷而言，它们受到的静电力总是大小相等，方向相反的。

2. 电场强度

为了描述空间任一点由点电荷 q 所产生的电场，可以引入一个试验电荷 q_0，q_0 在几何上必须充分小，以至可视为“点”，而在物理上，q_0 也必须充分小，以使得原来的电场不会由于 q_0 的引入而发生可观测到的变化。在满足上述条件后，引用库仑定律，q_0 所受之力为

$$\boldsymbol{F} = \frac{1}{4\pi\varepsilon_0}\frac{q q_0}{r^3}\boldsymbol{r} \tag{3.2'}$$

可以用单位正电荷在电场中某点所受的力来描述该点的电场特征。这样，在点电荷电场中，试验电荷 q_0 所在点的电场特性可由下式表示

$$\boldsymbol{E} = \frac{\boldsymbol{F}}{q_0} = \frac{1}{4\pi\varepsilon_0}\frac{q}{r^3}\boldsymbol{r} \tag{3.3}$$

$\boldsymbol{E}$ 称为电场强度，就点电荷而言，$\boldsymbol{E}$ 是 q 和 r 的函数。电场强度的单位为V/m(伏特/米)对于非点源的电场，电场强度仍然可以用 $\boldsymbol{E} = \dfrac{\boldsymbol{F}}{q_0}$ 来定义。

由叠加原理很容易写出非单一点电荷情形下的电场强度表达式。

(1)由 n 个离散点电荷产生的电场强度为

$$\boldsymbol{E} = \frac{1}{4\pi\varepsilon_0}\sum_{i=1}^{n}\frac{q_i}{r_i^3}\boldsymbol{r}_i \tag{3.4}$$

这里 $\boldsymbol{r}_i$ 是第 i 个点电荷至观测点的矢径。

(2)由线分布电荷产生的电场强度为

$$\boldsymbol{E} = \frac{1}{4\pi\varepsilon_0}\int_L \frac{\lambda_q \boldsymbol{r}}{r^3}\mathrm{d}l \tag{3.5}$$

式中，λ_q 为电荷的线密度，即单位长度的电量。

(3) 由面分布电荷产生的电场强度为

$$\boldsymbol{E} = \frac{1}{4\pi\varepsilon_0}\iint_S \frac{\sigma_q \boldsymbol{r}}{r^3}\mathrm{d}s \tag{3.6}$$

式中，σ_q 为电荷的面密度，即单位面积的电量。

(4)由体分布电荷产生的电场强度为

$$\boldsymbol{E} = \frac{1}{4\pi\varepsilon_0}\iiint_V \frac{\rho_q \boldsymbol{r}}{r^3}\mathrm{d}v \tag{3.7}$$

式中，ρ_q 为电荷的体密度，即单位体积的电量。

除非是均匀分布，否则(3.5)～(3.7)式中的 λ_q，σ_q，ρ_q 应是坐标变量的函数，故不能移至积分号外。

例 1 计算半径为 a 的均匀带电圆环中心轴线上的电场强度。

解:以环面为 xoy 平面,建立如图 3.2 的坐标系。设 P 点坐标为$(0,0,z)$,在环上取一电荷元 $\lambda_q \mathrm{d}l$,当 $\mathrm{d}l \to 0$ 时,该电荷元可视为点电荷。由(3.3)式得电荷元 $\lambda_q \mathrm{d}l$ 在 P 点之电场强度为 $\mathrm{d}\boldsymbol{E} = \frac{1}{4\pi\varepsilon_0}\frac{\lambda_q \mathrm{d}l}{r^3}\boldsymbol{r}$,$\mathrm{d}\boldsymbol{E}$ 可分解为水平分量 $\mathrm{d}\boldsymbol{E}_h$ 和垂直分量 $\mathrm{d}\boldsymbol{E}_z$。由于对称关系,$\mathrm{d}E_h$ 被以坐标原点 O 为对称点的另一个电荷元产生的水平分量抵消,$\mathrm{d}E_z$ 则被叠加。于是

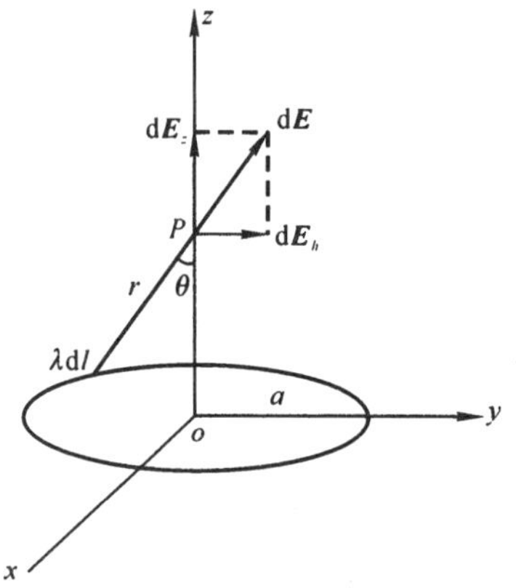

图 3.2 计算带电圆环中轴上的电场

$$\mathrm{d}E_z = \mathrm{d}E \cdot z_0 = \mathrm{d}E\cos\theta = \frac{z}{4\pi\varepsilon_0}\frac{\lambda_q \mathrm{d}l}{r^3}$$

两边积分得

$$E_z = \frac{1}{4\pi\varepsilon_0} \cdot \frac{2\pi\lambda_q za}{(z^2+a^2)^{3/2}} = \frac{\lambda_q za}{2\varepsilon_0\,(z^2+a^2)^{3/2}}$$

$$\boldsymbol{E} = E_z \boldsymbol{z}_0 = \frac{\lambda_q za}{2\varepsilon_0\,(z^2+a^2)^{3/2}}\boldsymbol{z}_0$$

当 $z > 0$ 时,$\boldsymbol{E}$ 沿 z 轴正向,当 $z < 0$ 时,$\boldsymbol{E}$ 沿 z 轴反向。

例 2 计算无限大均匀带电平面的电场强度。

解:设电荷面密度为 σ_q,无限大均匀带电平面可视为由无数带电圆环所组成。每个圆环在 P 点的电场强度已由例 1 给出为

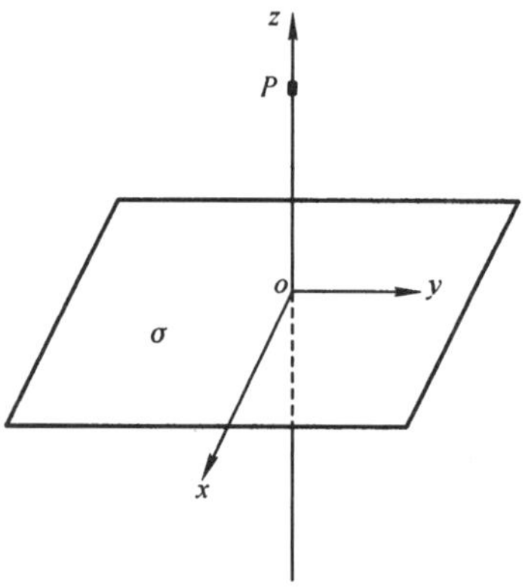

图 3.3 计算无限大带电平面的电场

$$\mathrm{d}E_z = \frac{\lambda_q za}{2\varepsilon_0\,(z^2+a^2)^{3/2}}$$

注意到式中 a 是变量,并且 $\lambda_q = \sigma_q \mathrm{d}a$,代入上式并积分,得

$$E_z = \int_0^\infty \frac{\sigma_q\, za\,\mathrm{d}a}{2\varepsilon_0\,(z^2+a^2)^{3/2}} = \frac{\sigma_q}{2\varepsilon_0}$$

显然,无限大均匀带电平面的电场强度的模是与观测点坐标位置无关的。但在平面两侧,电场强度的方向相反。为此,可将它表示为

$$\boldsymbol{E} = \frac{\sigma_q}{2\varepsilon_0}\frac{z}{|z|}\boldsymbol{z}_0$$

自由空间被带电平面分为两部分,在每一个半空间中,电场为均匀场。从一个半空间穿过平面进入另一个半空间时,电场强度发生跃变

$$\Delta E_z = E_{2z} - E_{1z} = \frac{\sigma_q}{2\varepsilon_0}[1-(-1)] = \frac{\sigma_q}{\varepsilon_0}$$

电场强度发生跃变的原因是界面上有电荷。以后将要证明,无论界面是平面还是曲面,只要它有面分布的电荷存在,界面两侧电场强度的法向分量就要发生跃变,其跃变值就是 $\frac{\sigma_q}{\varepsilon_0}$。

3. 静电场是无旋场

可以从不同的方面来证明静电场强度的无旋性。例如,可以对点电荷的电场强度表达式

$$E=\frac{q}{4\pi\varepsilon_0}\frac{\boldsymbol{r}}{r^3}=\frac{q}{4\pi\varepsilon_0}\frac{x\boldsymbol{i}+y\boldsymbol{j}+z\boldsymbol{k}}{(x^2+y^2+z^2)^{3/2}}$$

直接求其旋度，可以得到 $\nabla\times\boldsymbol{E}=0$ 。由于任何带电体都可视为点电荷的集合，因此，任何带电体产生的静电场也应是无旋的。

也可以从场力作功这一物理问题入手，来论证静电场的无旋性。在第一章例 7 中已经证明点电荷电场对 q_0 所作的功为

$$A=\int_{r_A}^{r_B}\frac{qq_0}{4\pi\varepsilon_0}\frac{\mathrm{d}r}{r^2}=\frac{qq_0}{4\pi\varepsilon_0}\left(\frac{1}{r_A}-\frac{1}{r_B}\right)$$

此式表明，在静电场中，场力对电荷所作的功只与其始、终点的位置（即 r_A，r_B ）有关，而与路径无关。换句话说，静电场是一个保守场。如果路径是一个任意闭合回路，则电荷沿闭合路径一周，电场力对它作的功为零。即：

$$A=\oint_L\boldsymbol{F}\cdot\mathrm{d}\boldsymbol{l}=q_0\oint\boldsymbol{E}\cdot\mathrm{d}\boldsymbol{l}=0$$

由于 $q_0\neq0$ ，所以上式有

$$\oint_L\boldsymbol{E}\cdot\mathrm{d}\boldsymbol{l}=0 \tag{3.8}$$

利用斯托克斯公式，上式可变换为

$$\oint_L\boldsymbol{E}\cdot\mathrm{d}\boldsymbol{l}=\iint_S(\nabla\times\boldsymbol{E})\cdot\mathrm{d}\boldsymbol{s}=0$$

由于 L 是任意的闭合回路，S 是由它所围成的曲面，$S\neq0$ ，因此，上述积分成立的条件是

$$\nabla\times\boldsymbol{E}=0 \tag{3.9}$$

从而证明了静电场为无旋场。

（3.8）式和（3.9）式分别以积分形式和微分形式来表示静电场是无旋场这一性质。显然这两个公式是从点源场出发的。但不难理解，对任何形式的静电场，（3.8）式和（3.9）式也是正确的。

4. 静电场是有源场

从第一章中已经知道，有源场就是散度不恒为零的场。现在仍然从点电荷出发来讨论静电场的有源性。设在 P 点有一电量为 q 的点电荷。现在研究空间任意闭合曲面的电场强度通量（简称电通量）

$$\Phi=\oiint_S\boldsymbol{E}\cdot\mathrm{d}\boldsymbol{s}$$

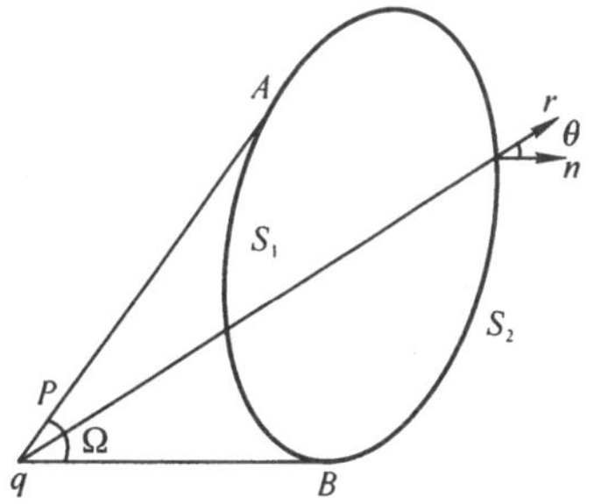

图 3.4　点电荷的电通量

有两种可能的情况，一种是闭合曲面没有将点电荷 q 包围在内；另一种是闭合曲面将点电荷 q 包围在内。首先讨论第一种情况。将（3.3）式代入上式，得

$$\Phi=\frac{q}{4\pi\varepsilon_0}\oiint_S\frac{\boldsymbol{r}\cdot\mathrm{d}\boldsymbol{s}}{r^3}=\frac{q}{4\pi\varepsilon_0}\oiint_S\frac{\cos\theta}{r^2}\mathrm{d}s$$

式中，θ 为面元 $\mathrm{d}s$ 的外法向 $\boldsymbol{n}$ 与自 P 点至面元的向径 $\boldsymbol{r}$ 之夹角。从 P 点看闭合曲面，可将 S 分为 S_1 与 S_2 两部分，其中 S_1 以外侧面面向 P 点，而 S_2 则以内侧面面向 P 点。因此，S_1 面上

$\theta > \frac{\pi}{2}$，$\cos\theta$ 为负，而 S_2 面上 $\theta < \frac{\pi}{2}$，$\cos\theta$ 为正。上式可写为

$$\Phi = \frac{q}{4\pi\varepsilon_0}\left[\iint_{S_1}\frac{\cos\theta}{r^2}\mathrm{d}s + \iint_{S_2}\frac{\cos\theta}{r^2}\mathrm{d}s\right] = \frac{q}{4\pi\varepsilon_0}\left[\iint_{S_1}\mathrm{d}\Omega + \iint_{S_2}\mathrm{d}\Omega\right]$$

式中，$\mathrm{d}\Omega = \frac{\cos\theta}{r^2}\mathrm{d}s$ 是 P 点对面元 $\mathrm{d}s$ 所张的立体角。显然对 S_1 面所张立体角均为负，其积分结果为：$\iint_{S_1}\mathrm{d}\Omega = -\Omega$；而对 S_2 面所张立体角为正：$\iint_{S_2}\mathrm{d}\Omega = \Omega$。

最后便有

$$\Phi = \frac{q}{4\pi\varepsilon_0}[\Omega - \Omega] = 0$$

结论之一是：当闭合曲面中不包含自由电荷 q 时，其电通量为零。

$$\oiint_S \boldsymbol{E}\cdot\mathrm{d}\boldsymbol{s} = 0 \tag{3.10}$$

这个结论从电量守恒定律出发很容易得到解释。因为电通量为零即意味着穿入闭合曲面的电力线数目与从闭合曲面内穿出的电力线数目相等。由于闭合曲面内无自由电荷，这个结论是显然的。如果穿入与穿出闭合曲面的电力线不等，就意味着在闭合曲面内部电力线数增加或减少了。而电力线数目的增加表示曲面内生成了正电荷，电力线数目减少，表示闭合曲面生成了负电荷。这当然都违背了电量守恒定律，因而是不可能的。

第二种情况是闭合曲面把点电荷 q 包围在内，这时

$$\Phi = \frac{q}{4\pi\varepsilon_0}\oiint_S \frac{\cos\theta}{r^2}\mathrm{d}s$$

注意到这时从 P 点看闭合曲面时，只能看到内侧面，因此 $\cos\theta$ 不为负，并且这时 P 点对闭合曲面所张之立体角为 4π，即

$$\oiint_S \frac{\cos\theta}{r^2}\mathrm{d}s = 4\pi$$

于是

$$\Phi = \frac{q}{4\pi\varepsilon_0}4\pi = \frac{q}{\varepsilon_0}$$

结论之二是：如果闭合曲面内包含自由电荷 q，则通过该闭合曲面之电通量为

$$\oiint_S \boldsymbol{E}\cdot\mathrm{d}\boldsymbol{s} = \frac{q}{\varepsilon_0} \tag{3.11}$$

现在再来讨论结论一与结论二。显然，结论一只是结论二的一个特例。因为从结论二出发，令 $q = 0$，就可以得到结论一。因此(3.11)式对静电场是普遍适用的。它反映了静电场的有源性。利用高斯公式可将(3.11)式变为

$$\oiint_S \boldsymbol{E}\cdot\mathrm{d}\boldsymbol{s} = \iiint_V (\nabla\cdot\boldsymbol{E})\mathrm{d}v = \frac{q}{\varepsilon_0} = \iiint_V \frac{\rho_q}{\varepsilon_0}\mathrm{d}v$$

由此得

$$\nabla\cdot\boldsymbol{E} = \frac{\rho_q}{\varepsilon_0} \tag{3.12}$$

(3.11)式又称为高斯通量定理。利用这一定理，在解某些特殊对称场问题时是十分方便

的。它与(3.12)式从宏观和微观两个角度反映了静电场的有源性。

对于任何形式的静电场以及场中的任一空间,(3.11)式和(3.12)式都是正确的。由于电荷有正电荷和负电荷两种,所以(3.11)式中的 q 应理解为被闭合曲面所包围的剩余电量,即正电荷与负电荷相抵后的电量。而(3.12)式中的 ρ_q 则是研究点所在处的电荷体密度。

至此,已经证明了静电场是无旋有源场,其环量为零,其通量等于被闭合曲面所包围的电量。

5. 静电场的标势

由于 $\nabla\times\boldsymbol{E}=0$,因此一定可以找到一个标函数 u ,使得下式成立

$$\boldsymbol{E}=-\nabla u \tag{3.13}$$

(3.13)式中之标函数 u 就称为静电场的标势,简称电势。电势的单位是伏特(V)。

(3.13)式中等号右边取负梯度,而不是像引力场那样取正梯度。这与静电场的性质有关。因为从定义知道:空间某点电场强度的方向与置于该点的正电荷受到的电场力方向相同。而正电荷在场力作用下沿力的方向移动时,由于场力对它作功,其电势能将减小(动能增加)。所以电场强度的方向应是该点电势减小最快的方向,也就是该点电势梯度的负方向。图 3.5 展示了正点电荷(图 3.5 a)和负点电荷(图 3.5 b)的电力线(即 $\boldsymbol{E}$ 线)和等势面的图示。这些等势面是一系列同心球面,而电力线则是从正源发出的或汇聚于负源的放射状直线。它们处处与等势面正交。电势沿任意方向 $\boldsymbol{l}_0$ 的变化率,在数值上等于电场强度矢量在该方向上的分量(这里 $\boldsymbol{l}_0$ 为该方向的单位矢量)

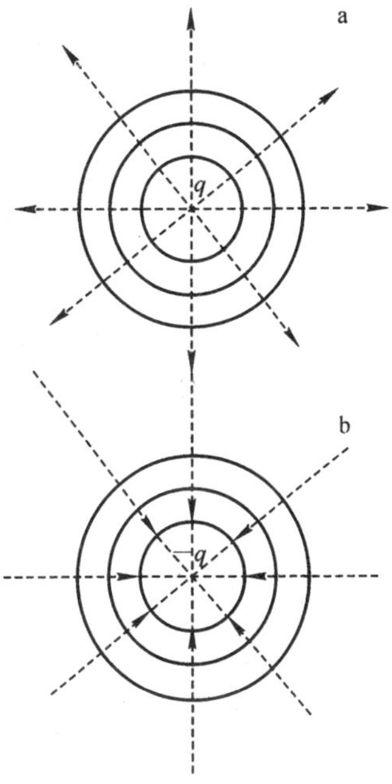

图 3.5 点电荷的电场

$$E_l=\boldsymbol{E}\cdot\boldsymbol{l}_0=-\frac{\partial u}{\partial l} \tag{3.14}$$

因此,沿 $\boldsymbol{l}_0$ 方向,电势的增量为

$$\mathrm{d}u=-E_l\mathrm{d}l=-\boldsymbol{E}\cdot\mathrm{d}\boldsymbol{l} \tag{3.15}$$

在 $\boldsymbol{l}_0$ 方向上任意两点 P,Q 之间的电势差为

$$\Delta u=u_Q-u_P=-\int_P^Q\boldsymbol{E}\cdot\mathrm{d}\boldsymbol{l}=\int_Q^P\boldsymbol{E}\cdot\mathrm{d}\boldsymbol{l} \tag{3.16}$$

这正是单位正电荷从 Q 点移至 P 点时电场所作的功。也就是说,在静电场中任意两点之间的电势差在数值上等于将单位正电荷从一点移至另一点时电场力所作的功。和引力场相类似,静电场中任意两点的电势差是确定的,但任意一点的电势值却是不确定的,它和零电势的选取有关(这个问题以后还要讨论)。任意一点的电势,应该理解为该点与零电势点之间的电势差,也就是把单位正电荷从该点移到零电势点处时,电场力所作的功。除了习惯上把大地或与大地相连接的导体的电势定为零电势以外,零电势点的选取应遵循下列原则:

a)当电荷分布在有界区域以内时,选择离该区域无限远处的点作为零电势点。这时场中任意点 P 的电势可表示为

$$u_p=\int_P^{\infty}\boldsymbol{E}\cdot\mathrm{d}\boldsymbol{l} \tag{3.17}$$

由此可以写出：

(1)点电荷电场的电势

$$u_p = \frac{1}{4\pi\varepsilon_0}\frac{q}{r_p} \tag{3.18}$$

(2)离散的点电荷集的电场的电势

$$u_p = \frac{1}{4\pi\varepsilon_0}\sum_{i=1}^{n}\frac{q_i}{r_{ip}} \tag{3.19}$$

这里 r_{ip} 是第 i 个点电荷到 P 点的距离。

(3)有限长带电线电场的电势

$$u_p = \frac{1}{4\pi\varepsilon_0}\int_L \frac{\lambda_q}{r}\mathrm{d}l \tag{3.20}$$

(4)有限大带电面电场的电势

$$u_p = \frac{1}{4\pi\varepsilon_0}\iint_S \frac{\sigma_q}{r}\mathrm{d}s \tag{3.21}$$

(5)有限大带电体电场的电势

$$u_p = \frac{1}{4\pi\varepsilon_0}\iiint_V \frac{\rho_q}{r}\mathrm{d}v \tag{3.22}$$

b)在均匀无限的电场中(例如由无限大均匀带电平面所形成的，在半无限大空间中的电场)，通常是选取通过坐标原点并垂直电场强度方向的平面作为零电势面(即图 3.6 中的 xoz 面)。这时场中 P 点的电势为

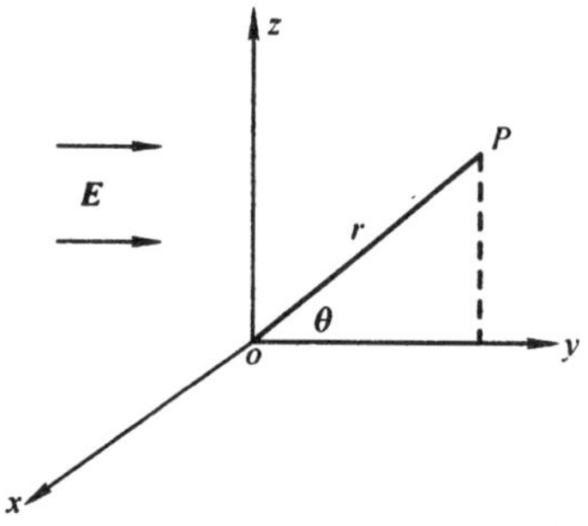

图 3.6　匀强电场的电势

$$u_p = -Ey = -Er\cos\theta = -\boldsymbol{E}\cdot\boldsymbol{r} \tag{3.23}$$

c)对于具有轴对称性的电场，例如由无限长直带电线或无限长直带电柱体所形成的静电场，可取距中心轴线为单位长之圆柱面为零电势面。

例 3　计算无限长直均匀带电线的电势和电场强度。

解：以带电线为 z 轴，建立图 3.7 所示的坐标系。设 P 点至带电线的距离为 ρ，则由线元 $\lambda_q\mathrm{d}z$ 在 P 点产生的电场强度为

$$\mathrm{d}\boldsymbol{E} = \frac{1}{4\pi\varepsilon_0}\frac{\lambda_q\mathrm{d}z}{r^3}\boldsymbol{r}$$

$\mathrm{d}\boldsymbol{E}$ 可分解为垂直分量 $\mathrm{d}E_z$ 和水平分量 $\mathrm{d}E_\rho$，由于带电线为无限长，总可找到一个对称的线元，它在 P 点产生的电场强度垂直分量正好被抵消，而水平分量则叠加，于是

$$\mathrm{d}E_\rho = \mathrm{d}\boldsymbol{E}\cdot\boldsymbol{\rho}_0 = \frac{\lambda_q}{4\pi\varepsilon_0}\frac{\boldsymbol{r}\cdot\boldsymbol{\rho}_0}{r^3}\mathrm{d}z = \frac{\lambda_q}{4\pi\varepsilon_0}\frac{\cos\theta}{r^2}\mathrm{d}z$$

式中，$\cos\theta = \frac{\rho}{r}$，$r = \sqrt{z^2+\rho^2}$，代入上式

$$\mathrm{d}E_\rho = \frac{\lambda\rho}{4\pi\varepsilon_0}\frac{\mathrm{d}z}{(\rho^2+z^2)^{3/2}}$$

积分得

$$E_\rho = \frac{\lambda\rho}{4\pi\varepsilon_0}\int_{-\infty}^{\infty}\frac{\mathrm{d}z}{(\rho^2+z^2)^{3/2}}$$

$$= \frac{\lambda\rho}{2\pi\varepsilon_0}\int_0^{\infty}\frac{dz}{(\rho^2+z^2)^{3/2}}$$

$$= \frac{\lambda\rho}{2\pi\varepsilon_0}\left[\frac{z}{\rho^2\sqrt{\rho^2+z^2}}\right]_0^{\infty}$$

$$= \frac{\lambda}{2\pi\varepsilon_0}\frac{1}{\rho}$$

$$\boldsymbol{E} = E_\rho\boldsymbol{\rho}_0 = \frac{\lambda}{2\pi\varepsilon_0}\frac{\boldsymbol{\rho}_0}{\rho}$$

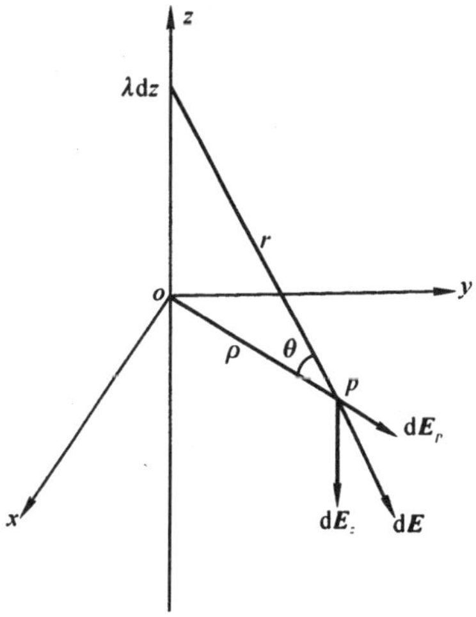

图 3.7　计算无限长带电直线的电场

由(3.13)式求电势，采用圆柱坐标系。由于 $\boldsymbol{E}$ 仅有 $\boldsymbol{\rho}_0$ 方向分量，所以：$E_\rho = -\frac{\partial u}{\partial \rho}$，由此得

$$u = -\int E_\rho d\rho$$

将 E_ρ 值代入并积分，得

$$u = \int -\frac{\lambda}{2\pi\varepsilon_0}\frac{d\rho}{\rho} = -\frac{\lambda}{2\pi\varepsilon_0}\ln\rho + c$$

c 为待定常数，如果取 $\rho = 1$ 处的势为零，则 $c = 0$，于是便有

$$u_p = -\frac{\lambda}{2\pi\varepsilon_0}\ln\rho = \frac{\lambda}{2\pi\varepsilon_0}\ln\frac{1}{\rho}$$

例 4　将一长为 L，总电量为 Q 的均匀带电线弯成半圆形。求中心轴线上的电势。

解：设轴线上 P 点到圆心距离为 z，P 点到半圆环上的距离为 r，则环上电荷元 $\lambda_q dl$ 在 P 点的电势为

$$du_p = \frac{1}{4\pi\varepsilon_0}\frac{\lambda_q dl}{r} = \frac{Q}{4\pi\varepsilon_0 L}\frac{dl}{r}$$

积分便得

$$u_p = \frac{Q}{4\pi\varepsilon_0 L}\frac{L}{r} = \frac{Q}{4\pi\varepsilon_0 r}$$

其中　$r = \sqrt{z^2+R^2} = \sqrt{z^2+(\frac{L}{\pi})^2}$，代入上式得

$$u_p = \frac{Q}{4\varepsilon_0}\frac{1}{\sqrt{(\pi z)^2+L^2}}$$

二、真空中静电场方程和边界条件

1. 真空中的静电场方程

通过前面的讨论，已经知道静电场是有源无旋场。可以用两组方程来表示静电场的这一性质。

$$\text{积分方程组}\quad \begin{cases} \oint_L \boldsymbol{E}\cdot d\boldsymbol{l} = 0 \\ \oiint_S \boldsymbol{E}\cdot d\boldsymbol{s} = \frac{q}{\varepsilon_0} \end{cases}$$

微分方程组 $\begin{cases} \nabla \times \boldsymbol{E} = 0 \\ \nabla \cdot \boldsymbol{E} = \dfrac{\rho_q}{\varepsilon_0} \end{cases}$

积分方程组从宏观的角度来说明静电场的有源无旋性，而微分方程组则是从微观的角度来说明这同一性质。

现在从微分方程组出发，导出真空中静电场的标势所满足的微分方程。将(3.13)式代入(3.12)式，便得

$$\nabla \cdot \boldsymbol{E} = \nabla \cdot (-\nabla u) = -\nabla^2 u = \frac{\rho_q}{\varepsilon_0}$$

即

$$\nabla^2 u = -\frac{\rho_q}{\varepsilon_0} \tag{3.24}$$

(3.24)式是一个泊松方程，它对于真空中静电场的任何一点，都是正确的。在不含自由电荷的区域，上式变为拉普拉斯方程

$$\nabla^2 u = 0 \tag{3.25}$$

因此，标势的拉普拉斯方程仅是在 $\rho_q = 0$ 时的一种特例，而泊松方程则是普遍适用的。

在研究实际问题时，要把研究区域按是否有自由电荷，划分成若干个分区。对那些含有自由电荷的分区，应建立泊松方程，然后求解；对那些不含自由电荷的分区，则应建立拉普拉斯方程，然后求解。在求得电势以后，再求电势的负梯度，便可得到场中各点的电场强度。通过求解泊松方程或拉普拉斯方程来求电势和电场强度的方法，称为解析法，它是静电场计算的基本方法。

2. 真空中静电场的边界条件

在解泊松方程或拉普拉斯方程时，通解中会出现一些未定常数。只有确定这些常数，才能得到与一定场源分布相对应的定解。利用静电场的边界条件可以确定这些常数。边界条件通常是指在两种介质的分界面两侧电势和电场强度的衔接条件。这些边界条件主要有：

(1)在界面两侧，电势连续，即

$$u_1 = u_2 \qquad \in S \tag{3.26}$$

电势的连续性可以从(3.16)式中得到证明，因为电场强度 $\boldsymbol{E}$ 总是有限的，因此，当 P,Q 两点无限接近时，其电势差

$$u_Q - u_P = \int_Q^P \boldsymbol{E} \cdot \mathrm{d}\boldsymbol{l} = 0$$

因此 $$u_Q = u_P \qquad (P \to Q)$$

不但在界面两侧，而且在电场中任何地方(电偶层除外)，电势总是连续而且有限的。这一性质在确定电场的定解时十分有用。

(2)在带电界面两侧，电场强度的法向分量发生跃变，即

$$E_{2n} - E_{1n} = \frac{\sigma_q}{\varepsilon_0} \tag{3.27}$$

证明如下：

设界面上 P 点处自由电荷的面密度为σ_q，如图 3.8，作一封闭圆柱曲面，其母线垂直界面。上、下底的面积为 ΔS_1，ΔS_2，在 S 面上的截面为 ΔS 。我们以从介质 1 指向介质 2 的方向为 P 点的正法向 $\boldsymbol{n}$，则封闭圆柱曲面的通量为

$$\oiint_S \boldsymbol{E}\cdot \mathrm{d}\boldsymbol{s} = \iint_{\Delta S_1+\Delta S_2} \boldsymbol{E}\cdot \mathrm{d}\boldsymbol{s} + \iint_{T_S} E\cdot \mathrm{d}\boldsymbol{s} = \frac{q}{\varepsilon_0} = \frac{1}{\varepsilon_0}\iint_{\Delta S}\sigma_q\,\mathrm{d}s$$

式中的 T_S 为圆柱的侧面积，当 ΔS_1 与 ΔS_2 无限趋近于 ΔS 面时，$T_S \to 0$，因此，该项积分为零。注意到 ΔS_1 面的法向 $\boldsymbol{n}_1 = -\boldsymbol{n}$，$\Delta S_2$ 面的法向 $\boldsymbol{n}_2 = \boldsymbol{n}$，于是上式变为

$$\iint_{\Delta S_1} - E_{1n}\mathrm{d}s + \iint_{\Delta S_2} E_{2n}\mathrm{d}s = \iint_{\Delta S}\frac{\sigma_q}{\varepsilon_0}\mathrm{d}s$$

当 ΔS_1，ΔS_2 无限趋近于 S 面时，有 $\Delta S_1 \to \Delta S$，$\Delta S_2 \to \Delta S$，这样上式就可写成

$$\iint_{\Delta S}\left[(E_{2n}-E_{1n})-\frac{\sigma_q}{\varepsilon_0}\right]\mathrm{d}s = 0$$

$\Delta S \neq 0$，所以有 $(E_{2n}-E_{1n})-\frac{\sigma_q}{\varepsilon_0}=0$，即

$$E_{2n}-E_{1n}=\frac{\sigma_q}{\varepsilon_0}$$

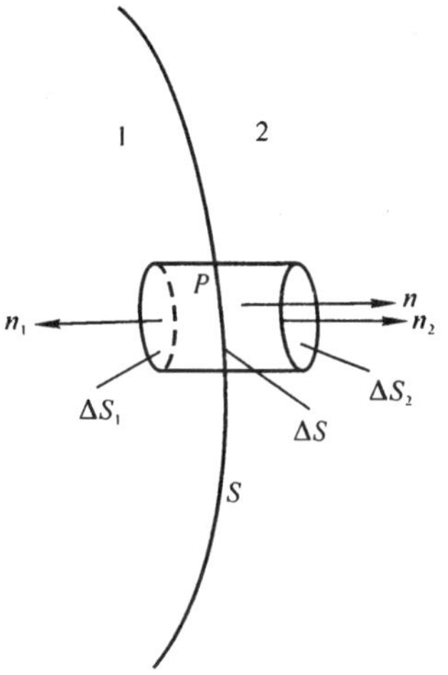

图 3.8　界面两侧电场强度的计算

应用这一边界条件时必须注意：正法向是从“1”侧指向“2”侧的。如果指向相反，则上式右边应乘以-1。如果 P 点处的自由电荷面密度为零，则这时边界条件变为

$$E_{2n} = E_{1n} \tag{3.28}$$

(3.28)式仅是(3.27)式的一个特例。必须指出的是，对于电荷呈体分布的物体，其表面(界面)电荷面密度为零。对于这类带电体，其边界条件应当使用(3.28)式。因为假若认为 $\sigma_q \neq 0$，则在其无限薄的表层里电量 $Q=\iint_S \sigma_q\,\mathrm{d}s$　便不为零，这就得出一个荒唐的结论：带电体在靠近表层处的电荷体密度趋于无限大，这明显是不切合实际的。

如果界面上的自由电荷面密度是空间坐标变量的函数，则在利用边界条件(3.27)式时应把该计算区域的 σ_q 值(或函数表达式)代入。虽然在大多数情形下，总是假定计算区域界面上的 σ_q 为某一常数。

在实际利用这一边界条件时，通常是将(3.13)式代入，从而将(3.27)，(3.28)式写为：

(a)界面上自由电荷面密度不为零时

$$\frac{\partial u_1}{\partial n}-\frac{\partial u_2}{\partial n}=\frac{\sigma_q}{\varepsilon_0} \tag{3.29}$$

(b)界面上自由电荷面密度为零时

$$\frac{\partial u_1}{\partial n}=\frac{\partial u_2}{\partial n} \tag{3.30}$$

(3.29)式或(3.30)式是最经常用到的边界条件式之一。

(3)在界面两侧电场强度的切向分量连续，即

$$E_{1t} = E_{2t} \tag{3.31}$$

证明如下：如图 3.9，取一闭合回路 $abcd$，其中长边 ab 和 cd 平行界面，而短边 bc 和 da 则垂直界面，它的环量为：$\oint_L \boldsymbol{E}\cdot d\boldsymbol{l} = \int_{ab} E_{2t}d\boldsymbol{l} + \int_{bc}\boldsymbol{E}\cdot d\boldsymbol{l} + \int_{cd}\boldsymbol{E}_{1t}d\boldsymbol{l} + \int_{da}\boldsymbol{E}\cdot d\boldsymbol{l} = 0$

当 ab 边和 cd 边从两侧无限贴近界面时，bc 和 da 边都趋于零。因此，上式中右边第二、第四项积分为零，并且 $ab = cd = \Delta L$。注意到 ab 边积分方向与 cd 边积分方向相反，于是便有

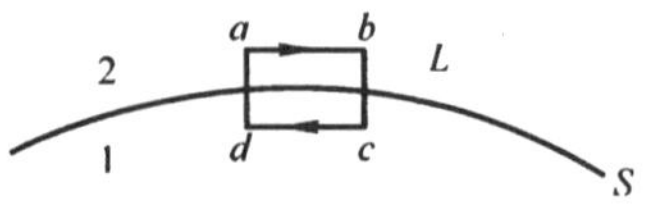

图 3.9 电场切向分量连续性的证明

$$\int_{\Delta L}(E_{2t} - E_{1t})dl = 0$$

然而，$\Delta L \neq 0$，因此被积函数一定为零。即

$$E_{2t} = E_{1t}$$

例 5 计算均匀带电球壳的电势及电场强度。如图 3.10，已知球壳内壁半径为 a，外壁半径为 b，总电量为 Q。

解法一：解析法

注意到场具有球对称性，即场与 θ 和 φ 无关，因此可以列出下面三个微分方程

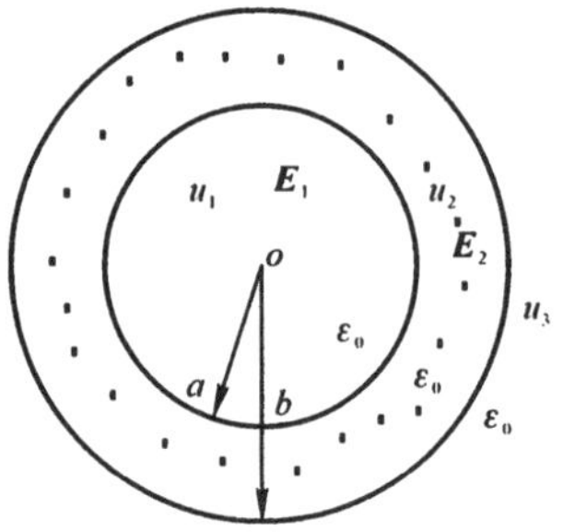

图 3.10

$$\begin{cases} \nabla^2 u_1 = \dfrac{d}{dr}\left(r^2\dfrac{du_1}{dr}\right) = 0 & (0 \leqslant r < a) \\ \nabla^2 u_2 = \dfrac{d}{dr}\left(r^2\dfrac{du_2}{dr}\right) = -r^2\dfrac{\rho_q}{\varepsilon_0} & (a < r < b) \\ \nabla^2 u_3 = \dfrac{d}{dr}\left(r^2\dfrac{du_3}{dr}\right) = 0 & (r > b) \end{cases}$$

上述三个微分方程的通解为

$$\begin{cases} u_1 = -\dfrac{C_1}{r} + C_2 & (0 \leqslant r < a) \\ u_2 = -\dfrac{\rho_q r^2}{6\varepsilon_0} - \dfrac{C_3}{r} + C_4 & (a < r < b) \\ u_3 = -\dfrac{C_5}{r} + C_6 & (r > b) \end{cases}$$

式中，$\rho_q = \dfrac{3Q}{4\pi(b^3 - a^3)}$ 为电荷体密度；$C_1,\cdots,C_6$ 为待定常数，由下面边界条件确定：

(a) $r = 0$ 时，u_1 应有限，因此，$C_1 = 0$，　$u_1 = C_2$；

(b) $r \to \infty$ 时，$u_3 = 0$，因此，$C_6 = 0$，　$u_3 = -\dfrac{C_5}{r}$；

(c) $r = a$ 时，有 $u_1 = u_2$，以及 $\dfrac{\partial u_1}{\partial r} = \dfrac{\partial u_2}{\partial r}$，因此有

$$C_2 = -\frac{\rho_q a^2}{6\varepsilon_0} - \frac{C_3}{a} + C_4 \tag{1}$$

$$0 = -\frac{\rho_q a}{3\varepsilon_0} + \frac{C_3}{a^2} \tag{2}$$

(d) $r = b$ 时，有 $u_2 = u_3$，以及 $\dfrac{\partial u_2}{\partial r} = \dfrac{\partial u_3}{\partial r}$，因此有

$$-\frac{\rho_q b^2}{6\varepsilon_0}-\frac{C_3}{b}+C_4=-\frac{C_5}{b} \quad \langle 3\rangle$$

$$-\frac{\rho_q b}{3\varepsilon_0}+\frac{C_3}{b^2}=\frac{C_5}{b^2} \quad \langle 4\rangle$$

由〈2〉式得 $C_3=\frac{\rho_q a^3}{3\varepsilon_0}$

由〈4〉式得 $C_5=\frac{\rho_q}{3\varepsilon_0}(a^3-b^3)$

由〈3〉式得 $C_4=\frac{\rho_q b^2}{2\varepsilon_0}$

由〈1〉式得 $C_2=\frac{\rho_q}{2\varepsilon_0}(b^2-a^2)$

代回 u_1,u_2,u_3 表达式，便得电势的定解为

$$\begin{cases} u_1=\frac{\rho_q}{2\varepsilon_0}(b^2-a^2)=\frac{3Q}{8\pi\varepsilon_0}\frac{b^2-a^2}{b^3-a^3} \\ u_2=\frac{\rho_q}{\varepsilon_0}\left(\frac{b^2}{2}-\frac{a^3}{3r}-\frac{r^2}{6}\right)=\frac{Q}{8\pi\varepsilon_0}\frac{3rb^2-2a^3-r^3}{r(b^3-a^3)} \\ u_3=\frac{\rho_q}{3\varepsilon_0}\frac{b^3-a^3}{r}=\frac{Q}{4\pi\varepsilon_0 r} \end{cases}$$

对 u_1,u_2,u_3 分别求其负梯度，便得电场强度值

$$\boldsymbol{E}_1=-\frac{\partial u_1}{\partial r}\boldsymbol{r}_0=0,$$

$$\boldsymbol{E}_2=-\frac{\partial u_2}{\partial r}\boldsymbol{r}_0=\frac{\rho_q}{\varepsilon_0}\left(\frac{r}{3}-\frac{a^3}{3r^2}\right)\boldsymbol{r}_0=\frac{Q}{4\pi\varepsilon_0 r^2}\frac{r^3-a^3}{b^3-a^3}\boldsymbol{r}_0,$$

$$\boldsymbol{E}_3=-\frac{\partial u_3}{\partial r}\boldsymbol{r}_0=\frac{\rho_q}{3\varepsilon_0 r^2}(b^3-a^3)\boldsymbol{r}_0=\frac{Q}{4\pi\varepsilon_0}\frac{\boldsymbol{r}_0}{r^2},$$

注意到球外的电场与将全部电荷集中于球心处时的电场没有两样。

解法二：利用高斯通量定理

分别以 $r_1<a$， $a<r_2<b$ 和 $r_3>b$ 作同心球面 S_1,S_2,S_3，便可分别得到下列等式

$$\begin{cases} \oiint_{S_1}\boldsymbol{E}_1\cdot d\boldsymbol{s}=0 \\ \oiint_{S_2}\boldsymbol{E}_2\cdot d\boldsymbol{s}=\frac{Q'}{\varepsilon_0} \\ \oiint_{S_3}\boldsymbol{E}_3\cdot d\boldsymbol{s}=\frac{Q}{\varepsilon_0} \end{cases}$$

由于在同一球面上 E_r 为一恒量，故可提到积分号外面(这是利用通量定理计算电场强度的关键)。于是有

$$E_{1r}4\pi r^2=0,\text{得 }\boldsymbol{E}_1=E_{1r}\boldsymbol{r}_0=0 \qquad (r<a)$$

$$E_{2r}4\pi r^2=\frac{Q'}{\varepsilon_0},\quad \text{其中 } Q'=\frac{r^3-a^3}{b^3-a^3}Q\text{，于是}$$

$$\boldsymbol{E}_2=E_{2r}\boldsymbol{r}_0=\frac{Q}{4\pi\varepsilon_0 r^2}\frac{r^3-a^3}{b^3-a^3}\boldsymbol{r}_0 \qquad (a<r<b)$$

$$E_{3r}4\pi r^2 = \frac{Q}{\varepsilon_0}$$,于是

$$\boldsymbol{E}_3 = \frac{Q}{4\pi\varepsilon_0}\frac{\boldsymbol{r}_0}{r^2} \qquad (r > b)$$

然后由 $\boldsymbol{E}$ 求 u ,因为 $\boldsymbol{E} = -\nabla u = -\frac{\mathrm{d}u}{\mathrm{d}r}\boldsymbol{r}_0$,所以

$$\begin{cases} u_1 = -\int E_{1r}\mathrm{d}r = c_1, & (0 \leqslant r < a) \\ u_2 = -\int E_{2r}\mathrm{d}r = \frac{-Q}{4\pi\varepsilon_0(b^3 - a^3)}\left(\frac{a^3}{r} + \frac{r^2}{2}\right) + c_2, & (a < r < b) \\ u_3 = -\int E_{3r}\mathrm{d}r = \frac{Q}{4\pi\varepsilon_0}\frac{1}{r} + c_3, & (r > b) \end{cases}$$

由于 $r \to \infty$ 时, $u_3 = 0$,故 $c_3 = 0$

又 $r = b$ 时, $u_2 = u_3$,于是有

$$c_2 = \frac{Q}{4\pi\varepsilon_0}\left[\frac{1}{b} + \frac{1}{(b^3 - a^3)}\left(\frac{a^3}{b} + \frac{b^2}{2}\right)\right] = \frac{Q}{8\pi\varepsilon_0}\frac{3b^2}{(b^3 - a^3)}$$

$r = a$ 时, $u_1 = u_2$,于是

$$c_1 = \frac{Q}{4\pi\varepsilon_0}\left[\frac{3b^2}{2(b^3 - a^3)} - \frac{a^2 + \frac{a^2}{2}}{b^3 - a^3}\right] = \frac{3Q}{8\pi\varepsilon_0}\frac{b^2 - a^2}{(b^3 - a^3)}$$

最后得

$$\begin{cases} u_1 = c_1 = \frac{3Q}{8\pi\varepsilon_0}\frac{b^2 - a^2}{b^3 - a^3} & (0 \leqslant r < a) \\ u_2 = \frac{Q}{8\pi\varepsilon_0}\frac{3b^2 r - r^3 - 2a^3}{r(b^3 - a^3)} & (a < r < b) \\ u_3 = \frac{Q}{4\pi\varepsilon_0}\frac{1}{r} & (r > b) \end{cases}$$

两种算法结果都一样。但显而易见第二种方法更为简便。

例 6 计算长为 $2L$,电量为 Q 的均匀带电直线的电场,并证明其等势面为旋转椭球面。

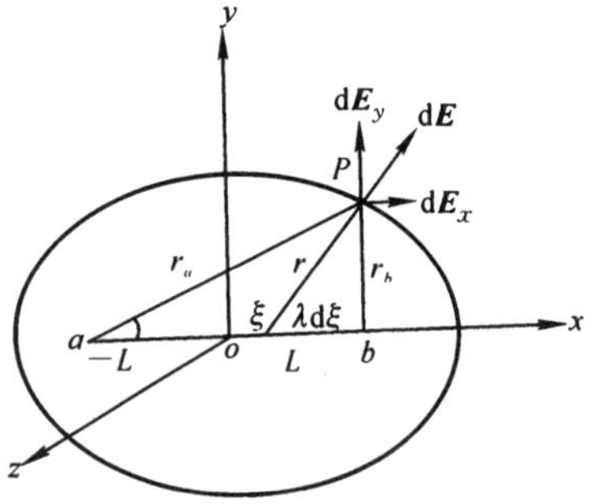

图 3.11

解:取带电直线 ab 的中点 O 为坐标原点, ab 沿 x 轴方向(见图 3.11)。带电线的电荷线密度为 $\lambda = \frac{Q}{2L}$,电荷元 $\mathrm{d}q = \frac{Q}{2L}\mathrm{d}\xi$,在 P 点的电势为

$$\mathrm{d}u = \frac{Q}{8\pi\varepsilon_0 Lr}\mathrm{d}\xi$$

其中, $r = \sqrt{(x-\xi)^2 + y^2 + z^2}$,代入上式并积分,便得

$$u = \frac{Q}{8\pi\varepsilon_0 L}\int_{-L}^{L}\frac{\mathrm{d}\xi}{\sqrt{(x-\xi)^2 + y^2 + z^2}}$$

$$= \frac{Q}{8\pi\varepsilon_0 L}\ln\frac{(x+L)+\sqrt{(x+L)^2+y^2+z^2}}{(x-L)+\sqrt{(x-L)^2+y^2+z^2}}$$

$$= \frac{Q}{8\pi\varepsilon_0 L}\ln\frac{x+L+r_a}{x-L+r_b} \tag{1}$$

电场强度为 $\boldsymbol{E} = -\left(\frac{\partial u}{\partial x}\boldsymbol{i}+\frac{\partial u}{\partial y}\boldsymbol{j}+\frac{\partial u}{\partial z}\boldsymbol{k}\right)$，其中

$$E_x = -\frac{\partial u}{\partial x} = \frac{Q}{8\pi\varepsilon_0 L}\left[\frac{1}{\sqrt{(x-L)^2+y^2+z^2}}-\frac{1}{\sqrt{(x+L)^2+y^2+z^2}}\right]$$

$$-\frac{Q}{8\pi\varepsilon_0 L}\left(\frac{1}{r_b}\quad\frac{1}{r_a}\right) \tag{2}$$

$$E_y = -\frac{\partial u}{\partial y} = \frac{Qy}{8\pi\varepsilon_0 L}\left[\frac{1}{r_b(x-L+r_b)}-\frac{1}{r_a(x+L+r_a)}\right] \tag{3}$$

$$E_z = -\frac{\partial u}{\partial z} = \frac{Qz}{8\pi\varepsilon_0 L}\left[\frac{1}{r_b(x-L+r_b)}-\frac{1}{r_a(x+L+r_a)}\right] \tag{4}$$

其等势面方程为

$$\frac{x+L+r_a}{x-L+r_b} = c \tag{5}$$

由图 3.11 中的 Δabp，用余弦定理有

$$r_b^2 = r_a^2 + 4L^2 - 4r_aL\cos\theta$$

由此得 $$r_a\cos\theta = \frac{r_a^2-r_b^2+4L^2}{4L} = x+L$$

又 $$x-L = x+L-2L = \frac{r_a^2-r_b^2-4L^2}{4L}$$

将其代入等势面方程，并整理，得

$$\frac{r_a^2-r_b^2+4L^2+4Lr_a}{r_a^2-r_b^2-4L^2+4Lr_b} = \frac{(r_a+r_b+2L)(r_a-r_b+2L)}{(r_a+r_b-2L)(r_a-r_b+2L)} = \frac{r_a+r_b+2L}{r_a+r_b-2L} = c$$

由此得

$$r_a + r_b = 2L\frac{c+1}{c-1} = c_0 \tag{6}$$

可见，这是一个以 a，b 为焦点的旋转椭球面方程。它在 zoy 平面上的投影（令 $x=0$）为

$$y^2+z^2 = \left(\frac{2L\sqrt{c}}{c-1}\right)^2$$

这是一个半径为 $\frac{2L\sqrt{c}}{c-1}$ 的圆。也是旋转椭球面的短半轴。旋转椭球面的长轴在 x 轴上。若令 $y=z=0$，由〈5〉式便得其长半轴为

$$x = L\frac{c+1}{c-1} = \frac{r_a+r_b}{2}$$

三、电偶极子的电场

两个等量异号的点电荷，当它们之间的距离远小于它们的中心到观测点的距离时，便称这一对等量异号电荷为电偶极子。电偶极子是一种特殊而又十分常见和重要的场源形式。研究

电偶极子的电场，无论在理论上还是在实践上，都有重要的意义。

1. 单个电偶极子的电场

设构成电偶极子的两个点电荷分别为 q 和 $-q$，它们之间的距离为 l。取由负源指向正源方向为 z 轴正向（图3.12），并以电偶极子中心为坐标原点。空间任意点 $P(x,y,z)$ 的电势可表示为

$$u=\frac{q}{4\pi\varepsilon_0}\left(\frac{1}{r_B}-\frac{1}{r_A}\right)$$

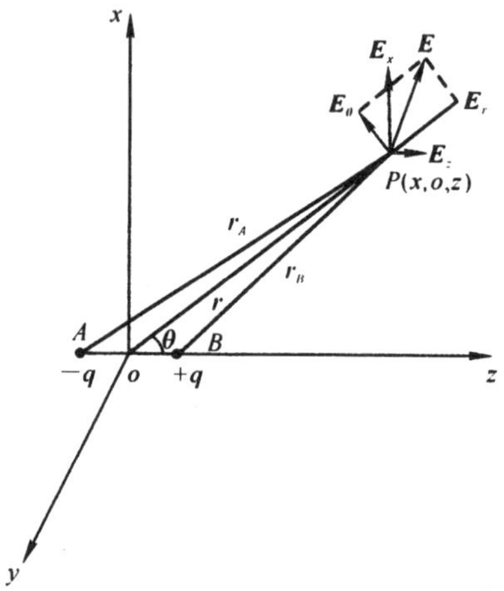

图 3.12　计算电偶极子的电势

如果 $r_A\gg l$，　$r_B\gg l$，则上式变为

$$u=\frac{q}{4\pi\varepsilon_0}\frac{r_A-r_B}{r_Ar_B}=\frac{q}{4\pi\varepsilon_0}\frac{l\cos\theta}{r^2}\tag{3.32}$$

引入一个矢量

$$\boldsymbol{p}=q\boldsymbol{l}\tag{3.33}$$

于是(3.32) 式也可以表示为

$$u=\frac{1}{4\pi\varepsilon_0}\frac{\boldsymbol{p}\cdot\boldsymbol{r}}{r^3}\tag{3.34}$$

$\boldsymbol{p}$ 称为电偶极矩，它的方向从负源指向正源。

在球坐标系下求电势的负梯度，便得电场强度 $\boldsymbol{E}$。采用球坐标系的一个明显的好处是：由于场具有对 z 轴的对称性，因此场与 φ 角无关。于是

$$\begin{aligned}\boldsymbol{E}&=-\nabla u=-\frac{\partial u}{\partial r}\boldsymbol{r}_0-\frac{1}{r}\frac{\partial u}{\partial\theta}\boldsymbol{\theta}_0\\&=\frac{ql}{4\pi\varepsilon_0}\left(\frac{2\cos\theta}{r^3}\boldsymbol{r}_0+\frac{\sin\theta}{r^3}\boldsymbol{\theta}_0\right)\\&=\frac{p}{4\pi\varepsilon_0}\left(\frac{2\cos\theta}{r^3}\boldsymbol{r}_0+\frac{\sin\theta}{r^3}\boldsymbol{\theta}_0\right)\end{aligned}\tag{3.35}$$

其 E_r 分量及 E_θ 分量分别为

$$E_r=\frac{p}{4\pi\varepsilon_0}\frac{2\cos\theta}{r^3}\tag{3.36}$$

$$E_\theta=\frac{p}{4\pi\varepsilon_0}\frac{\sin\theta}{r^3}\tag{3.37}$$

如果从(3.34)式出发来计算电场强度，由于 $\boldsymbol{p}$ 是矢量，因此

$$\boldsymbol{E}=-\nabla u=-\frac{1}{4\pi\varepsilon_0}\nabla\left(\frac{\boldsymbol{p}\cdot\boldsymbol{r}}{r^3}\right)=-\frac{1}{4\pi\varepsilon_0}\left[\boldsymbol{p}\cdot\boldsymbol{r}\nabla\left(\frac{1}{r^3}\right)+\frac{1}{r^3}\nabla(\boldsymbol{p}\cdot\boldsymbol{r})\right]$$

其中 $\nabla\left(\frac{1}{r^3}\right)=\frac{-3\boldsymbol{r}}{r^5}$；$\nabla(\boldsymbol{p}\cdot\boldsymbol{r})=\boldsymbol{p}$，于是

$$\boldsymbol{E}=\frac{1}{4\pi\varepsilon_0}\left(\frac{3\boldsymbol{p}\cdot\boldsymbol{r}}{r^5}\boldsymbol{r}-\frac{\boldsymbol{p}}{r^3}\right)\tag{3.38}$$

电场强度的模为

$$E=\sqrt{E_r^2+E_\theta^2}=\frac{p}{4\pi\varepsilon_0r^3}\sqrt{1+3\cos^2\theta}\tag{3.39}$$

根据图 3.12 可以写出直角坐标系中电场强度分量的表达式

$$E_x = E_r \sin\theta + E_\theta \cos\theta = \frac{1}{4\pi\varepsilon_0}\frac{3p\sin\theta\cos\theta}{r^3} = \frac{3p}{4\pi\varepsilon_0}\frac{xz}{(x^2+z^2)^{\frac{5}{2}}} \tag{3.40}$$

$$E_z = E_r \cos\theta - E_\theta \sin\theta = \frac{1}{4\pi\varepsilon_0}\frac{p(1+3\cos 2\theta)}{2r^3} = \frac{p}{4\pi\varepsilon_0}\frac{2z^2 - x^2}{(x^2+z^2)^{\frac{5}{2}}} \tag{3.41}$$

现在来讨论电偶极子电场的空间分布规律。

(1)在 z 轴上(即高斯第一位置，$\theta = 0$ 或 π)

$$\begin{cases} E_x = 0 \\ E_z = \dfrac{p}{2\pi\varepsilon_0 r^3} \end{cases} \tag{3.42}$$

在这个位置上电场强度为

$$\boldsymbol{E} = \frac{p}{2\pi\varepsilon_0 r^3}\boldsymbol{z}_0 \tag{3.43}$$

它总是指向 z 轴正方向，对于相同的 r 来说，高斯第一位置上的电场强度最大。

(2)在 xoy 平面上(即高斯第二位置，$\theta = \pm\dfrac{\pi}{2}$)

$$\begin{cases} E_x = 0 \\ E_z = \dfrac{-p}{4\pi\varepsilon_0}\dfrac{1}{r^3} \end{cases} \tag{3.44}$$

$$\boldsymbol{E} = -\frac{p}{4\pi\varepsilon_0}\frac{1}{r^3}\boldsymbol{z}_0 \tag{3.45}$$

这时电场强度总是指向 z 轴负方向。也就是说，随着 θ 从 0 增至 $\dfrac{\pi}{2}$ ，$\boldsymbol{E}$ 从 $\boldsymbol{z}_0$ 方向逐渐转至 $-\boldsymbol{z}_0$ 方向，并且数值减小至原来的 1/2。$\boldsymbol{E}$ 在 z 轴上的投影为零时的 θ 角，称为变向角，以 θ_0 表示。从(3.41)式可以求出变向角为 $\theta_0 = \mathrm{arctg}\sqrt{2} = 54.7° = 0.304\pi$，，在 $\theta = \theta_0$ 时，$E_z = 0$；$E_x = \dfrac{p}{4\pi\varepsilon_0}\dfrac{\sqrt{2}}{r^3}$。

(3)当 $\theta = 45°$ 时，水平分量 E_x 有极大值，其值为

$$\begin{cases} E_x = \dfrac{p}{4\pi\varepsilon_0}\dfrac{1.5}{r^3} \\ E_z = \dfrac{p}{4\pi\varepsilon_0}\dfrac{0.5}{r^3} \end{cases} \tag{3.46}$$

所以

$$E = \sqrt{E_x^2 + E_z^2} = \frac{p}{4\pi\varepsilon_0}\frac{1.58}{r^3} \tag{3.47}$$

在 xoz 平面上 E_z 与 E_x 随 θ 角的变化，示意地画在图 3.13 中。可以看出，偶极子电场与点源电场有着许多的不同。最突出的有两点：

第一点是偶极子电场随距离增大而衰减的速度要比点源电场快。这可以从(3.32)式和(3.39)式看出。

第二点是偶极子电场有明显的方向性，其中在高斯第一位置上电场强度最大，高斯第二位置上电场强度最小。在电勘查中，偶极子电场的这种性质和规律将受到注意并加以利用。

2. 电偶层的电场

若两个相距甚近($l \ll r$)的平行曲面各带等量异号电荷时,便形成了一个电偶层。电偶层可以看作电偶极子的连续面分布(如图 3.14)。

设偶层面的电荷面密度为 $\pm\sigma$,则由一对面元 $\pm\sigma\mathrm{d}s$ ($\mathrm{d}s \to 0$)在 P 点产生的电势为:

$$\mathrm{d}u = \frac{1}{4\pi\varepsilon_0}\frac{\sigma l\cos\theta}{r^2}\mathrm{d}s$$

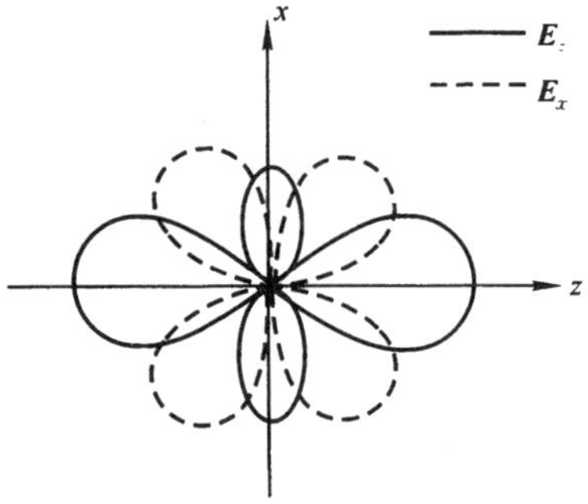

图 3.13 偶极子电场分量的空间分布

定义单位面积的偶极矩为偶层矩,以 $\boldsymbol{\tau}$ 表示

$$\boldsymbol{\tau} = \frac{\sigma \mathrm{d}s\boldsymbol{l}}{\mathrm{d}s} = \sigma\boldsymbol{l} \tag{3.48}$$

$\boldsymbol{\tau}$ 的方向是沿法向从负荷面指向正荷面。于是由面元产生的电势可写为

$$\mathrm{d}u = \frac{1}{4\pi\varepsilon_0}\frac{\tau\cos\theta}{r^2}\mathrm{d}s = \frac{1}{4\pi\varepsilon_0}\frac{\boldsymbol{\tau}\cdot\boldsymbol{r}}{r^3}\mathrm{d}s$$

对整个的偶层面积分,得

$$u = \frac{1}{4\pi\varepsilon_0}\iint_S \frac{\tau\cos\theta}{r^2}\mathrm{d}s = \frac{1}{4\pi\varepsilon_0}\iint_S \tau\mathrm{d}\Omega \tag{3.49}$$

式中,$\mathrm{d}\Omega$ 为 P 点对面元 $\mathrm{d}s$ 所张的立体角。

如果偶层面均匀带电,则 τ 为常数,于是(3.49)式变为:

$$u = \frac{\tau}{4\pi\varepsilon_0}\Omega \tag{3.50}$$

Ω 是 P 点对整个偶层面所张的立体角。规定:如果从 P 点看到的是偶层面中带正电荷的一侧时,Ω 为正值。反之,Ω 为负值。

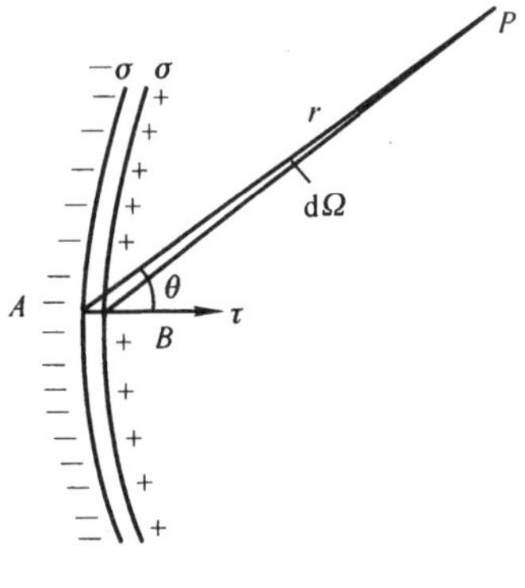

图 3.14 电偶层电场的计算

电偶层面的边界条件是:

(1)在偶层面两侧,电势发生跃变

设在偶层面两侧沿法线方向分别取 A,B 两点。当 A,B 分别从两侧无限靠近偶层面时,A,B 对偶层面所张的立体角分别为 $\Omega_A = -2\pi$,$\Omega_B = 2\pi$,于是

$$\Delta u = u_B - u_A = \frac{\tau}{4\pi\varepsilon_0}(\Omega_B - \Omega_A) = \frac{\tau}{\varepsilon_0} \tag{3.51}$$

(2)在偶层面两侧,电场强度的法向分量连续

作一个母线垂直偶层面的小圆柱体,其底面为 Δs (图 3.15),当两底面无限靠近偶层面时,其侧面积趋于零。

于是用通量定理有

$$\iint_{\Delta S_1}\boldsymbol{E}_1\cdot\mathrm{d}\boldsymbol{s} + \iint_{\Delta S_2}\boldsymbol{E}_2\cdot\mathrm{d}\boldsymbol{s} = \iint_{\Delta S}(E_{2n} - E_{1n})\mathrm{d}s = 0$$

即

$$E_{2n} = E_{1n} \tag{3.52}$$

可见电偶层面的边界条件与带电曲面的边界条件截然不同，因此在解电偶层电场问题时，应注意边界条件上的差别。

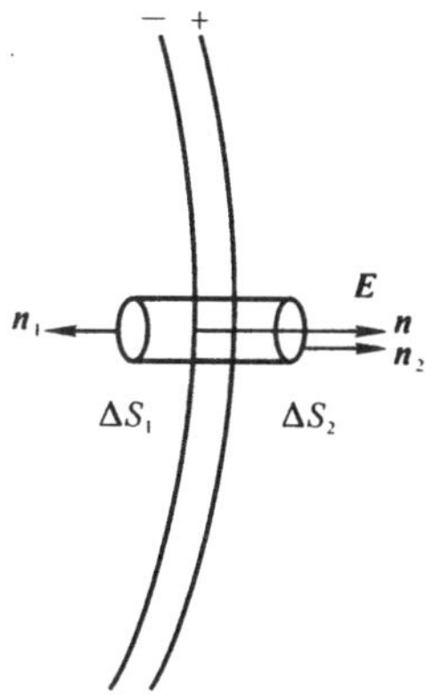

图 3.15 偶层面的边界条件

3. 电偶极子呈体分布时的静电场

研究体分布电偶极子的电场将为学习电介质中的静电场打下基础。为了研究体分布的电偶极子的电场，引入极化强度这一物理概念。

极化强度被定义为单位体积内的等效偶极矩，并以 $\boldsymbol{P}$ 来表示。“等效偶极矩”是指该体积内各电偶极子偶极矩的矢量和。因此

$$\boldsymbol{P} = \lim_{\Delta V \to 0} \frac{\sum\limits_{i=1}^{n} \boldsymbol{p}_i}{\Delta V} \tag{3.53}$$

式中，n 为体积元 ΔV 内的偶极子数，因此等效电偶极矩可表示为

$$\sum_{i=1}^{n} \boldsymbol{p}_i = \boldsymbol{P}\mathrm{d}v \tag{3.54}$$

在体外 Q 点，由体元 $\mathrm{d}v$ 所产生的电势为(引用式 3.34)

$$\mathrm{d}u = \frac{-1}{4\pi\varepsilon_0} \frac{\boldsymbol{P} \cdot \boldsymbol{r}}{r^3}\mathrm{d}v = \frac{1}{4\pi\varepsilon_0}\boldsymbol{P} \cdot \nabla\left(\frac{1}{r}\right)\mathrm{d}v$$

式中负号的出现是因为 $\boldsymbol{r}$ 被定义为从 Q 点指向体元的矢径。于是全部体分布偶极子在 Q 点的电势为

$$u = \frac{1}{4\pi\varepsilon_0} \iiint_V \boldsymbol{P} \cdot \nabla\left(\frac{1}{r}\right)\mathrm{d}v \tag{3.55}$$

现在来计算这个积分，根据散度公式

$$\nabla \cdot \left(\frac{\boldsymbol{P}}{r}\right) = \frac{1}{r}\nabla \cdot \boldsymbol{P} + \boldsymbol{P} \cdot \nabla\left(\frac{1}{r}\right)$$

所以(3.55)式可写成

$$u = \frac{1}{4\pi\varepsilon_0} \iiint_V \left[\nabla \cdot \left(\frac{\boldsymbol{P}}{r}\right) - \frac{1}{r}\nabla \cdot \boldsymbol{P}\right]\mathrm{d}v \tag{3.56}$$

式中，积分域 V 可理解为包括体分布电偶极子在内的整个空间，因为在没有偶极子的空间中，极化强度 $\boldsymbol{P} = 0$，故而积分结果是相同的。这样，观测点就包含在域 V 之内了。现在利用高斯公式对(3.56)式右边第一项进行变换。由于用高斯公式进行变换时要求被积函数及其偏导数在域 V 内连续，而(3.56)式中右边第一项的被积函数显然在 $r = 0$ 时不连续。为此可在界面两侧各作一曲面 S_1，S_2 将界面 S 包围起来，如图 3.16 所示。对被 S_1，S_2 包围的空间域不进行变换。于是(3.56)式右边第一项可变换如下

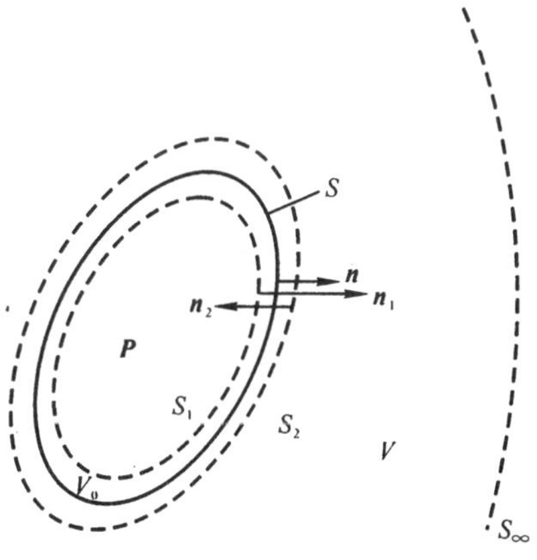

图 3.16 体分布偶极子电场的计算

$$\iiint_{V-V_0} \nabla \cdot \left(\frac{\boldsymbol{P}}{r}\right)\mathrm{d}v = \oiint_{S_1+S_2+S_\infty} \frac{\boldsymbol{P}}{r} \cdot \mathrm{d}\boldsymbol{s}$$

$$= \iint_{S_1} \frac{\boldsymbol{P}}{r} \cdot \mathrm{d}\boldsymbol{s} + \iint_{S_2} \frac{\boldsymbol{P}}{r} \cdot \mathrm{d}\boldsymbol{s} + \iint_{S_\infty} \frac{\boldsymbol{P}}{r} \cdot \mathrm{d}\boldsymbol{s}$$

其中在 S_∞ 面上 $P=0$，故第三项积分为零。而当 S_1，S_2 无限靠近 S 面时，$S_1\to S$，$S_2\to S$，$(V-V_0)\to V$。并注意到 $\boldsymbol{n}_1=\boldsymbol{n}$，$\boldsymbol{n}_2=-\boldsymbol{n}$，于是上式变为

$$\iiint_V \nabla\cdot\left(\frac{\boldsymbol{P}}{r}\right)\mathrm{d}v=\iint_S \frac{P_{1n}-P_{2n}}{r}\mathrm{d}s$$

将此结果代回(3.56)式，便最后得到 Q 点电势的表达式为

$$u=-\frac{1}{4\pi\varepsilon_0}\left[\iiint_V \frac{\nabla\cdot\boldsymbol{P}}{r}\mathrm{d}v+\iint_S \frac{P_{2n}-P_{1n}}{r}\mathrm{d}s\right] \tag{3.57}$$

现在来讨论(3.57)式的意义，把(3.57)式与(3.21)式和(3.22)式相比较，就会发现它们十分相似。其中 $-\nabla\cdot\boldsymbol{P}$ 与(3.22)式中的自由电荷体密度等效，而 $-(P_{1n}-P_{2n})$ 则与(3.21)式中的自由电荷面密度等效。因此把

$$\begin{cases}\rho_P=-\nabla\cdot\boldsymbol{P}\\ \sigma_P=-(p_{2n}-p_{1n})\end{cases} \tag{3.58}$$

分别称为偶极子体的等效电荷体密度和等效电荷面密度。如果偶极子体内部的极化强度到处一样(称为均匀极化)，则 $\boldsymbol{P}$ 为常矢量，$\nabla\cdot\boldsymbol{P}=0$，因此均匀极化体内部的等效电荷体密度为零。

第二节　电介质中的静电场

现在讨论电介质中的静电场问题。从本节中所得出的各种结论不但适用于电介质存在时的情形，而且也适用于真空中。因此，从某种意义上说，真空可视为一种特殊的介质。

一、电介质的极化

构成物质的基本单元——分子可分为有极分子与无极分子两大类。有极分子就是指那些构成分子的正、负带电粒子的中心不重合，因而具有永久性电偶极矩的分子。最常见的有极分子如水(H_2O)，二氧化硫(SO_2)，氯化氢(HCl)等等。

无极分子具有高度对称性，其正、负电荷中心完全重合，因此不具永久性的电偶极矩。例如氮(N_2)，氧(O_2)，二氧化碳(CO_2)等等都是无极分子。然而即使是由有极分子构成的物质，在无外电场作用时，宏观上看也不会显示出带电特性。这是由于分子的热运动使得分子偶极矩呈无规则的排列，从统计上看，其等效电偶极矩为零。但是，在外电场作用下，情况发生了变化。

如果外电场足够强，对无极分子来说，正电荷中心将沿外电场方向位移，而负电荷中心则向相反方向位移，结果形成了一对电偶极子。对有极分子来说，各偶极子在外电场力作用下其偶极矩将不同程度地转向外电场的方向。因此，在外电场作用下无论是有极分子物质，还是无极分子物质，都显示出一定程度的带电性质。上述过程称为电介质的极化。极化后的电介质产生了一个附加的电场，叠加在原来的电场之上。

由于在外电场作用下，极化介质中的每一个极化分子相当于一个电偶极子，因此，由极化介质产生的附加电场的电势可用(3.57)式来表示

$$u_p=\frac{1}{4\pi\varepsilon_0}\left[\iiint_V \frac{\rho_p}{r}\mathrm{d}v+\iint_S \frac{\sigma_p}{r}\mathrm{d}s\right] \tag{3.59}$$

式中，$\rho_p = -\nabla \cdot P$，$\sigma_p = -(P_{2n} - P_{1n})$，分别称为束缚电荷体密度和束缚电荷面密度。用“束缚电荷”一词，是要与自由电荷相区别，因为这种由极化而产生的等效电荷是与该物质的分子相联系的，它不能自由移动，仅能维系在分子内振动。束缚电荷通常形成于极化介质的表面。如果介质内部极化不均匀，则在介质内部也会形成束缚电荷。因此，如果同时有自由电荷和电介质存在，则电势应为

$$u = \frac{1}{4\pi\varepsilon_0}\left[\iiint_V \frac{\rho_q + \rho_p}{r}\mathrm{d}v + \iint_S \frac{\sigma_q + \sigma_p}{r}\mathrm{d}s\right] \tag{3.60}$$

(3.60)式的意义是简单明了的：任何静电场都应看作是自由电荷与束缚电荷所共同形成的。真空中的情况，仅是束缚电荷为零时的一个特例。因此，由(3.11)式所表示的通量定理应写为

$$\oint\!\!\!\oint_S \boldsymbol{E} \cdot \mathrm{d}\boldsymbol{s} = \frac{q + q_P}{\varepsilon_0} \tag{3.61}$$

式中，q 为自由电荷，q_P 为束缚电荷。
与(3.61)式对应的微分表达式为

$$\nabla \cdot \boldsymbol{E} = \frac{\rho_q + \rho_P}{\varepsilon_0} \tag{3.62}$$

这显示在有电介质存在时，静电场仍然是有源场。自由电荷和束缚电荷都是静电场强度的源。因此在电介质中，电场强度为

$$\boldsymbol{E} = \frac{1}{4\pi\varepsilon_0}\left[\iiint_v \frac{\rho_q + \rho_p}{r^3}\boldsymbol{r}\mathrm{d}v + \iint_S \frac{\sigma_q + \sigma_p}{r^3}\boldsymbol{r}\mathrm{d}s\right] \tag{3.63}$$

可以证明：有电介质存在时，静电场仍是无旋场。因为由(3.63)式可得

$$\begin{aligned}\nabla \times \boldsymbol{E} &= \nabla \times \frac{1}{4\pi\varepsilon_0}\left[\iiint_v \frac{\rho_q + \rho_p}{r^3}\boldsymbol{r}\mathrm{d}v + \iint_S \frac{\sigma_q + \sigma_p}{r^3}\boldsymbol{r}\mathrm{d}s\right] \\ &= \frac{1}{4\pi\varepsilon_0}\left[\iiint_v (\rho_q + \rho_p)\,\nabla \times \frac{\boldsymbol{r}}{r^3}\mathrm{d}v + \iint_S (\sigma_q + \sigma_p)\,\nabla \times \frac{\boldsymbol{r}}{r^3}\mathrm{d}s\right]\end{aligned}$$

由于

$$\nabla \times \frac{\boldsymbol{r}}{r^3} = \frac{1}{r^3}\nabla \times \boldsymbol{r} + \boldsymbol{r} \times \nabla \frac{1}{r^3} = 0$$

所以有

$$\nabla \times \boldsymbol{E} = 0 \tag{3.64}$$

如果将 $\rho_P = -\nabla \cdot \boldsymbol{P}$ 代入(3.62)式，经整理得

$$\nabla \cdot (\varepsilon_0\boldsymbol{E} + \boldsymbol{P}) = \rho_q$$

令

$$\boldsymbol{D} = \varepsilon_0\boldsymbol{E} + \boldsymbol{P} \tag{3.65}$$

便可将上式改写成

$$\nabla \cdot \boldsymbol{D} = \rho_q \tag{3.66}$$

$\boldsymbol{D}$ 称为电位移矢量。它并不代表一种具体的物理过程(而电场强度 $\boldsymbol{E}$ 和极化强度 $\boldsymbol{P}$ 则与具体的物理过程相联系)，但是 $\boldsymbol{D}$ 的引入可以使介质中静电场的计算大为简化。现在来推导 $\boldsymbol{D}$ 与 $\boldsymbol{E}$ 之间的关系。

实验结果表明，在一般情形下，电介质的极化强度与电场强度成正比

$$\boldsymbol{P} = k\varepsilon_0\boldsymbol{E} \tag{3.67}$$

k 称为极化率，是一个纯数。绝大部分气体，其 k 值约为 10^{-4} 左右，大多数液体和固体，其 k 值在 1～10 之间，而酒精($k = 25 \sim 30$)和纯水($k = 80$)则是例外。

将(3.67)式代入(3.65)式，便得

$$\boldsymbol{D} = (1+k)\varepsilon_0 \boldsymbol{E} \tag{3.68}$$

令 $\varepsilon_r = 1+k, \varepsilon = \varepsilon_r\varepsilon_0$，(3.68)式可写为

$$\boldsymbol{D} = \varepsilon \boldsymbol{E} \tag{3.69}$$

ε_r 称为相对介电常数，也是一个纯数。真空的 ε_r 值取为 1 。ε 称为介电常数，它的单位与 ε_0 相同，都是 $\frac{\mathrm{F}}{\mathrm{m}}$（法拉/米）。因此，在 SI 制中 $\boldsymbol{D}$ 与 $\boldsymbol{E}$ 具有不同的单位和量纲。$\boldsymbol{D}$ 的单位和 $\boldsymbol{P}$ 的单位相同，都是 $\frac{\mathrm{C}}{\mathrm{m}^2}$（库仑/米^2）。

极化强度和电场强度的关系也可表示为

$$\boldsymbol{P} = (\varepsilon - \varepsilon_0)\boldsymbol{E} \tag{3.70}$$

二. 电介质中的静电场方程及边界条件

1. 电介质中电势所满足的微分方程

由于电介质中的静电场是无旋的，因此可以引入标势 u，并令

$$\boldsymbol{E} = -\nabla u \tag{3.71}$$

代入(3.62)式中，便得到电介质中电势所满足的泊松方程：

$$\nabla^2 u = -\frac{\rho_q + \rho_P}{\varepsilon_0} \tag{3.72}$$

如果介质是均匀的，则

$$\rho_P = -\nabla\cdot\boldsymbol{P} = -(\varepsilon-\varepsilon_0)\nabla\cdot\boldsymbol{E} = -\frac{\varepsilon-\varepsilon_0}{\varepsilon_0}(\rho_q+\rho_P)$$

由此可整理得

$$\rho_P = -\frac{\varepsilon-\varepsilon_0}{\varepsilon}\rho_q \tag{3.73}$$

将其代入(3.72)式，便得

$$\nabla^2 u = -\frac{\rho_q}{\varepsilon} \tag{3.74}$$

(3.74)式仅适用于均匀电介质的情况，它在形式上与真空中电势的泊松方程相似，束缚电荷的影响已包含在系数 $1/\varepsilon_r$ 中了。由此，可以直接写出均匀电介质中点电荷（如无特别指明，均系指自由电荷）的电势和电场强度为

$$u = \frac{1}{4\pi\varepsilon}\frac{q}{r} \tag{3.75}$$

$$\boldsymbol{E} = \frac{1}{4\pi\varepsilon}\frac{q}{r^3}\boldsymbol{r} \tag{3.76}$$

如果在所讨论的区域内不含自由电荷，则电势应满足的泊松方程为

$$\nabla^2 u = -\frac{\rho_P}{\varepsilon_0} \tag{3.77}$$

若在不含自由电荷的区域内，介质是均匀的，则电势满足拉普拉斯方程

$$\nabla^2 u = 0 \tag{3.78}$$

(3.72)，(3.74)，(3.77)和(3.78)式是在不同条件下介质中电势所满足的微分方程，应用

时一定要注意使用条件。

最后对电位移矢量 **D** 作一简单讨论。由(3.66)式知：**D** 是一个有源矢量，其源仅与自由电荷有关。与(3.66)式对应的积分表达式，即关于 **D** 的通量为

$$\oiint_S \boldsymbol{D} \cdot \mathrm{d}\boldsymbol{s} = q \tag{3.79}$$

由于计算 **D** 不需要考虑束缚电荷，因此用通量定理计算 **D** 要比用通量定理计算 **E** 简便。然而，一般地说，**D** 是有旋的。因为

$$\nabla \times \boldsymbol{D} = \nabla \times \varepsilon \boldsymbol{E} = \nabla \varepsilon \times \boldsymbol{E} + \varepsilon(\nabla \times \boldsymbol{E}) = \nabla \varepsilon \times \boldsymbol{E} \tag{3.80}$$

只有当 ε 为常数，即在均匀介质中时，才有

$$\nabla \times \boldsymbol{D} = 0 \tag{3.81}$$

在研究实际问题时，通常将研究区域内呈不均匀分布的电介质划分为若干个区域，在每一个区域，电介质近似地被认为是均匀的，这叫做分区均匀。在分区均匀的情况下，对每一个区域，**D** 和 **E** 都是有源无旋矢量，并且仅差 ε 倍，这给计算带来了许多方便。

现在将上述问题小结如下。

(1) E 所满足的方程

$$\text{微分方程}\begin{cases} \nabla \cdot \boldsymbol{E} = \dfrac{\rho_q + \rho_P}{\varepsilon_0} \\ \nabla \times \boldsymbol{E} = 0 \end{cases}$$

$$\text{积分方程}\begin{cases} \oiint_S \boldsymbol{E} \cdot \mathrm{d}\boldsymbol{s} = \dfrac{q + q_P}{\varepsilon_0} \\ \oint_L \boldsymbol{E} \cdot \mathrm{d}\boldsymbol{l} = 0 \end{cases}$$

(2) D 所满足的方程

$$\text{微分方程}\begin{cases} \nabla \cdot \boldsymbol{D} = \rho \\ \nabla \times \boldsymbol{D} = 0 \quad \text{（均匀介质）} \end{cases}$$

$$\text{积分方程}\begin{cases} \oiint_S \boldsymbol{D} \cdot \mathrm{d}\boldsymbol{s} = q \\ \oint_L \boldsymbol{D} \cdot \mathrm{d}\boldsymbol{l} = 0 \quad \text{（均匀介质）} \end{cases}$$

(3) u 所满足的微分方程

$$\begin{cases} \nabla^2 u = -\dfrac{\rho_q + \rho_p}{\varepsilon_0} & \text{（一般公式）} \\ \nabla^2 u = -\dfrac{\rho_q}{\varepsilon} & \text{（均匀介质中有自由电荷）} \\ \nabla^2 u = -\dfrac{\rho_P}{\varepsilon_0} & \text{（无自由电荷的非均匀介质）} \\ \nabla^2 u = 0 & \text{（无自由电荷的均匀介质）} \end{cases}$$

(4)其他关系式

$$\rho_P = -\nabla \cdot \boldsymbol{P}$$

$$\sigma_P = -(P_{2n} - P_{1n})$$

$$\boldsymbol{D} = \varepsilon \boldsymbol{E}$$
$$\boldsymbol{P} = (\varepsilon - \varepsilon_0)\boldsymbol{E}$$
$$\boldsymbol{E} = -\nabla u$$

2. 电介质中静电场的边界条件

(1)电介质中的电势仍然是连续的、有限的。因此对有界面的场源来说，$r \to \infty$ 时，$u = 0$。在界面两侧，则有

$$u_1 = u_2 \tag{3.82}$$

(2)在带电界面两侧，电位移法向分量不连续，有

$$D_{2n} - D_{1n} = \sigma_q \tag{3.83}$$

式中，σ_q 为界面的自由电荷面密度。(3.83)式证明如下：在界面上取一轴向与法向平行、上下两底面无限靠近并平行界面的圆柱面(图3.17)。用通量定理有

$$\oiint_S \boldsymbol{D} \cdot \mathrm{d}\boldsymbol{s} = \iint_{\Delta S} (D_{2n} - D_{1n})\mathrm{d}s = q = \iint_{\Delta S} \sigma_q \mathrm{d}s$$

于是有

$$D_{2n} - D_{1n} = \sigma_q$$

如果在界面上无面分布的自由电荷，则：

$$D_{2n} = D_{1n} \tag{3.84}$$

边界条件(3.84)仅是(3.83)在 $\sigma_q = 0$ 时的一个特例。

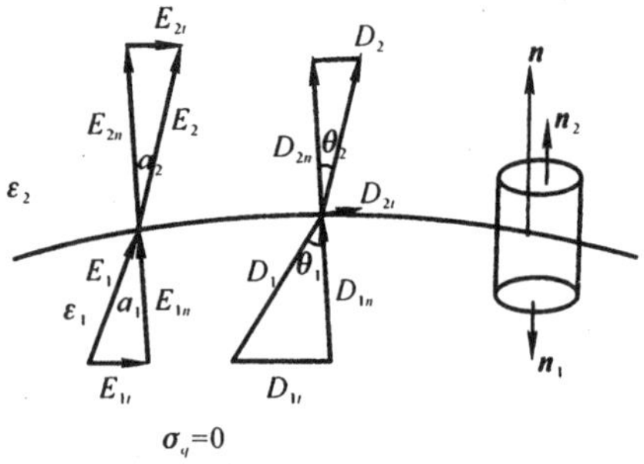

图 3.17 边界条件和电场折射定律

然而无论 σ_q 是否等于零，在电介质的界面上电场强度法向分量总是不连续的。这是因为电介质界面上有束缚电荷的面分布出现的缘故。在电介质界面上电场强度法向分量的衔接条件为

$$\varepsilon_2 E_{2n} - \varepsilon_1 E_{1n} = \sigma_q \qquad (\sigma_q \neq 0) \tag{3.85}$$

或

$$\varepsilon_2 E_{2n} = \varepsilon_1 E_{1n} \qquad (\sigma_q = 0) \tag{3.86}$$

由于 $\varepsilon_2 \neq \varepsilon_1$，所以总有 $E_{1n} \neq E_{2n}$。上述边界条件也可用电势的法向导数来表示

$$\varepsilon_1 \frac{\partial u_1}{\partial n} - \varepsilon_2 \frac{\partial u_2}{\partial n} = \sigma_q \qquad (\sigma_q \neq 0) \tag{3.87}$$

或

$$\varepsilon_1 \frac{\partial u_1}{\partial n} = \varepsilon_2 \frac{\partial u_2}{\partial n} \qquad (\sigma_q = 0) \tag{3.88}$$

(3)界面两侧电场强度切向分量连续，即

$$E_{1t} = E_{2t} \tag{3.89}$$

这一边界条件与真空中情形没有两样。这是因为无论是在电介质中还是在真空中，静电场都是保守场，其环量恒为零的缘故，所以此边界条件无需再证。

由于 $\quad D_{1t} = \varepsilon_1 E_{1t}$，$D_{2t} = \varepsilon_2 E_{2t}$

因此，由(3.89)式得到

$$\frac{D_{1t}}{D_{2t}} = \frac{\varepsilon_1}{\varepsilon_2} \tag{3.90}$$

这显示电位移矢量的切向分量不连续(见图3.17)，这是 $\boldsymbol{D}$ 的有旋性的又一证明。

3. 电力线的折射定律

图3.17展示了 $\boldsymbol{E}$ 线与 $\boldsymbol{D}$ 线在界面上折射的图像。就 $\boldsymbol{E}$ 线来说，有

$$\frac{\tan\alpha_1}{\tan\alpha_2}=\frac{E_{1t}}{E_{1n}}\frac{E_{2n}}{E_{2t}}=\frac{E_{2n}}{E_{1n}} \tag{3.91}$$

如果界面上无自由电荷面分布。则

$$\frac{\tan\alpha_1}{\tan\alpha_2}=\frac{E_{2n}}{E_{1n}}=\frac{\varepsilon_1}{\varepsilon_2} \tag{3.92}$$

对 $\boldsymbol{D}$ 线来说，折射定律为

$$\frac{\tan\theta_1}{\tan\theta_2}=\frac{D_{1t}}{D_{1n}}\frac{D_{2n}}{D_{2t}}=\frac{\varepsilon_1}{\varepsilon_2}\frac{D_{2n}}{D_{1n}} \tag{3.93}$$

如果界面上无自由电荷面分布，则

$$\frac{\tan\theta_1}{\mathrm{tg}\theta_2}=\frac{\varepsilon_1}{\varepsilon_2} \tag{3.94}$$

在这种条件下（$\sigma_q=0$），$\boldsymbol{D}$ 线与 $\boldsymbol{E}$ 线的折射规律是一样的，仅取决于界面两侧电介质的介电常数之大小。

例 7 在介电常数为 ε 的均匀无限电介质中挖一半径为 a 的球形空腔，在空腔中心处置一点电荷 q，计算空间各点的电势和电场强度，以及界面上的束缚电荷面密度。

解：注意到场具有球对称性，本题用通量定理(3.19)式最为方便。

(a)当 $0<r<a$ 时，以 r 为半径作同心球面，有

$$\oint\!\!\!\oint_S \boldsymbol{D}_1\cdot \mathrm{d}\boldsymbol{s}=\oint\!\!\!\oint_S D_{1r}\mathrm{d}\boldsymbol{s}=D_{1r}4\pi r^2=q$$

于是

$$E_{1r}=\frac{D_{1r}}{\varepsilon_0}=\frac{1}{4\pi\varepsilon_0}\frac{q}{r^2}$$

$$\boldsymbol{E}_1=\frac{q}{4\pi\varepsilon_0 r^3}\boldsymbol{r}$$

(b)当 $r>a$ 时，仍以 r 为半径作一个同心球面，有

$$\oint\!\!\!\oint_S \boldsymbol{D}_2\cdot \mathrm{d}\boldsymbol{s}=\oint\!\!\!\oint_S D_{2r}\mathrm{d}s=D_{2r}4\pi r^2=q$$

于是

$$E_{2r}=\frac{D_{2r}}{\varepsilon}=\frac{1}{4\pi\varepsilon}\frac{q}{r^2}$$

$$\boldsymbol{E}_2=\frac{q}{4\pi\varepsilon r^3}\boldsymbol{r}$$

由 $\boldsymbol{E}=-\nabla u$，得

$$u_1=-\int E_{1r}\mathrm{d}r=\frac{1}{4\pi\varepsilon_0}\frac{q}{r}+c_1$$

$$u_2=-\int E_{2r}\mathrm{d}r=\frac{1}{4\pi\varepsilon}\frac{q}{r}+c_2$$

由于 $r\to\infty$ 时，$u_2=0$，故 $c_2=0$。

$r=a$ 时，$u_1=u_2$，因此 $c_1=\frac{1}{4\pi\varepsilon}\frac{q}{a}-\frac{1}{4\pi\varepsilon_0}\frac{q}{a}$

代入后得

$$u_1 = \frac{q}{4\pi\varepsilon_0}\left(\frac{1}{r} - \frac{1}{a}\right) + \frac{1}{4\pi\varepsilon}\frac{q}{a} \qquad (0 < r < a)$$

$$u_2 = \frac{1}{4\pi\varepsilon}\frac{q}{r} \qquad (r > a)$$

在球面上

$$\sigma_P = -(P_{2n} - P_{1n}) = -P_{2n} = -(\varepsilon - \varepsilon_0)E_{2r} = -\frac{q}{4\pi a^2}\frac{\varepsilon - \varepsilon_0}{\varepsilon} \qquad (r = a)$$

(c)关于束缚电荷的讨论

在本题中，介质虽然被不均匀极化，其极化强度为

$$\boldsymbol{P} = (\varepsilon - \varepsilon_0)\boldsymbol{E}_2 = -\frac{\varepsilon - \varepsilon_0}{4\pi\varepsilon}\frac{q}{r^3}\boldsymbol{r}$$

但其束缚电荷体密度为

$$\rho_P = -\nabla \cdot \boldsymbol{P} = -\frac{1}{r^2}\frac{\partial}{\partial r}(r^2 P_r) = -\frac{1}{r^2}\frac{\partial}{\partial r}\left(r^2 \frac{q(\varepsilon - \varepsilon_0)}{4\pi\varepsilon r^2}\right) = 0$$

可见，除均匀极化外，非均匀极化介质在特定条件下，其束缚电荷体密度也会等于零。在 $r \to \infty$ 的球面处，束缚电荷面密度为

$$\sigma'_P = -(P_{1n} - P_{2n}) = P_{2n} = (\varepsilon - \varepsilon_0)E_{2r} = \frac{q}{4\pi r^2}\frac{\varepsilon - \varepsilon_0}{\varepsilon}$$

束缚电荷的总电量为

$$q_p = \sigma_P 4\pi a^2 + \sigma'_P 4\pi r^2 = \left(-\frac{\varepsilon - \varepsilon_0}{\varepsilon} + \frac{\varepsilon - \varepsilon_0}{\varepsilon}\right)q = 0$$

极化介质中束缚电荷总量(包括面束缚电荷和体束缚电荷)为零。这是符合电量守恒定律的。

例 8 有半径为 a，介电常数为 ε 的无限长圆柱体置于均匀电场 $\boldsymbol{E}_0$ 中，$\boldsymbol{E}_0$ 的方向垂直柱轴，求空间各点的电势、电场强度、柱体上束缚电荷面密度和体密度。

解：建立图 3.18 所示的圆柱坐标系。显然，场与 z 无关。均匀电场的电势为

$$u_0 = -E_0 x = -E_0 r\cos\varphi$$

空间任意点的电势由 u_0 及 u_p 合成，其中 u_p 是由束缚电荷所产生的电势，它满足拉普拉斯方程

在柱内($r < a$)

$$\nabla^2 u_{1P} = \frac{1}{r}\frac{\partial}{\partial r}\left(r\frac{\partial u_{1P}}{\partial r}\right) + \frac{1}{r^2}\frac{\partial^2 u_{1P}}{\partial \varphi^2} = 0$$

在柱外($r > a$)

$$\nabla^2 u_{2P} = \frac{1}{r}\frac{\partial}{\partial r}\left(r\frac{\partial u_{2P}}{\partial r}\right) + \frac{1}{r^2}\frac{\partial^2 u_{2P}}{\partial \varphi^2} = 0$$

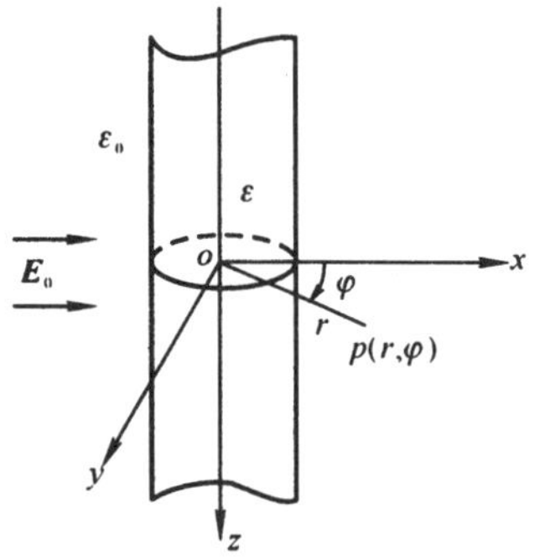

图 3.18 均匀场中的介电柱体

得其通解为(见(1.129))

$$u_{1P} = \sum_{n=1}^{\infty}(A_n r^n + B_n r^{-n})\cos n\varphi \qquad (r < a)$$

$$u_{2P} = \sum_{n=1}^{\infty}(A_n r^n + B_n r^{-n})\cos n\varphi \qquad (r > a)$$

由于 $r=0$ 时，u_{1P} 有限，故 u_{1P} 表达式中不能有 r^{-n} 项；又由于 $r\to\infty$ 时，$u_{2P}=0$，故 u_{2P} 表达式中不应有 r^n 项。最后得柱内、外电势的特解为

$$u_1=-E_0r\cos\varphi+\sum_{n=1}^{\infty}A_nr^n\cos n\varphi \qquad (r<a) \qquad \langle 1\rangle$$

$$u_2=-E_0r\cos\varphi+\sum_{n=1}^{\infty}B_nr^{-n}\cos n\varphi \qquad (r>a) \qquad \langle 2\rangle$$

边界条件为 $r=a$，有 $u_1=u_2$，以及 $\varepsilon\dfrac{\partial u_1}{\partial r}=\varepsilon_0\dfrac{\partial u_2}{\partial r}$。

代入〈1〉式和〈2〉式，便得

$$\begin{cases}\sum\limits_{n=1}^{\infty}A_na^n\cos n\varphi=\sum\limits_{n=1}^{\infty}B_na^{-n}\cos n\varphi\\ \varepsilon\left[-E_0\cos\varphi+\sum\limits_{n=1}^{\infty}nA_na^{n-1}\cos n\varphi\right]=\varepsilon_0\left[-E_0\cos\varphi-\sum\limits_{n=1}^{\infty}nB_na^{-(n+1)}\cos\varphi\right]\end{cases}$$

上面等式成立的条件是相同的 $\cos n\varphi$ $(n=1,2,\cdots,\infty)$ 前的系数对应相等。于是：

$n=1$ 时有

$$\begin{cases}A_1a=B_1a^{-1}\\ \varepsilon(-E_0+A_1)=\varepsilon_0(-E_0-B_1a^{-2})\end{cases} \qquad \langle 3\rangle$$

$n>1$ 时有

$$\begin{cases}A_na^n=B_na^{-n}\\ \varepsilon(nA_na^{n-1})=\varepsilon_0(-nB_na^{-(n+1)})\end{cases} \qquad \langle 4\rangle$$

由于 $\varepsilon_0\neq\varepsilon$，因此，〈4〉式只有当 $A_n=B_n=0$ 时才能成立。而由〈3〉式解得

$$A_1=\frac{\varepsilon-\varepsilon_0}{\varepsilon+\varepsilon_0}E_0；\qquad B_1=\frac{\varepsilon-\varepsilon_0}{\varepsilon+\varepsilon_0}a^2E_0$$

代回〈1〉,〈2〉式便得

$$u_1=-(1-\frac{\varepsilon-\varepsilon_0}{\varepsilon+\varepsilon_0})E_0r\cos\varphi \qquad \langle 5\rangle$$

$$u_2=-(1-\frac{\varepsilon-\varepsilon_0}{\varepsilon+\varepsilon_0}\frac{a^2}{r^2})E_0r\cos\varphi \qquad \langle 6\rangle$$

电场强度为：$\boldsymbol{E}_1=-\dfrac{\partial u_1}{\partial r}\boldsymbol{r}_0-\dfrac{1}{r}\dfrac{\partial u_1}{\partial\varphi}\boldsymbol{\varphi}_0=E_0(1-\dfrac{\varepsilon-\varepsilon_0}{\varepsilon+\varepsilon_0})(\cos\varphi\boldsymbol{r}_0-\sin\boldsymbol{\varphi}\varphi_0)$

$$=(1-\frac{\varepsilon-\varepsilon_0}{\varepsilon+\varepsilon_0})\boldsymbol{E}_0=\frac{2\varepsilon_0}{\varepsilon+\varepsilon_0}\boldsymbol{E}_0$$

$$\boldsymbol{E}_2=(1+\frac{\varepsilon-\varepsilon_0}{\varepsilon+\varepsilon_0}\frac{a^2}{r^2})E_0\cos\varphi\boldsymbol{r}_0-(1-\frac{\varepsilon-\varepsilon_0}{\varepsilon+\varepsilon_0}\frac{a^2}{r^2})E_0\sin\varphi\boldsymbol{\varphi}_0$$

$$=\boldsymbol{E}_0+\frac{\varepsilon-\varepsilon_0}{\varepsilon+\varepsilon_0}\frac{a^2}{r^2}(\cos\varphi\boldsymbol{r}_0+\sin\varphi\boldsymbol{\varphi}_0)$$

柱面之束缚电荷面密度为

$$\sigma_P=P_{1r}=(\varepsilon-\varepsilon_0)E_{1r}=\frac{2\varepsilon_0(\varepsilon-\varepsilon_0)}{\varepsilon+\varepsilon_0}E_0\cos\varphi$$

由于 $\qquad \boldsymbol{P}=(\varepsilon-\varepsilon_0)\boldsymbol{E}_1=2\dfrac{\varepsilon_0(\varepsilon-\varepsilon_0)}{\varepsilon+\varepsilon_0}\boldsymbol{E}_0$ 为常矢量，故而

$$\rho_P = -\nabla \cdot \boldsymbol{P} = 0$$

读者可以自己计算总束缚电荷的电量,证实是否等于零。

例 9 有一球形电容器,内充两种均匀电介质,左半部为 ε_1,右半部为 ε_2,内球半径为 a,且带电量为 Q,外球半径为 b,接地。计算空间各点之电势、电场强度、介质的束缚电荷面密度、束缚电荷体密度以及该电容器之电容(图 3.19)。

解:首先注意到内外球面均为等势面,且外球面的电势为零。又由电势在两种电介质界面处连续的边界条件可知球壳内的等势面也必是同心球面。因此除内、外球面,空间各处的电势满足一维拉普拉斯方程

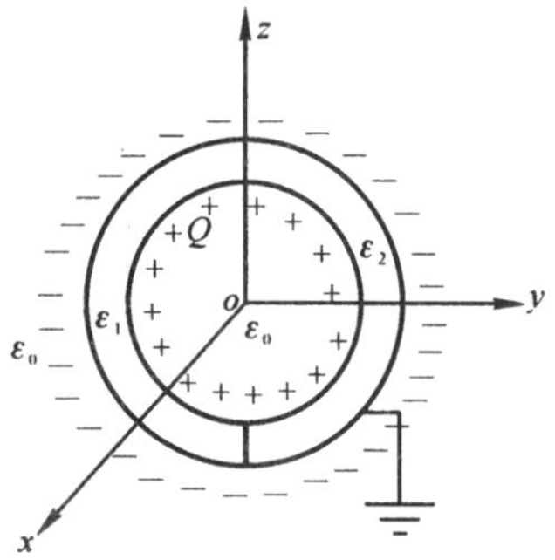

图 3.19

$$\nabla^2 u = \frac{\partial}{\partial r}\left(r^2 \frac{\partial u}{\partial r}\right) = 0$$

其通解为

$$u_1 = -\frac{c_1}{r} + c_2 \qquad (0 \leqslant r < a)$$

$$u_2 = -\frac{c_3}{r} + c_4 \qquad (a < r < b)$$

$$u_3 = -\frac{c_5}{r} + c_6 \qquad (r > b)$$

由于 $r = 0$ 时,u_1 有限,故 $c_1 = 0$, $\quad u_1 = c_2$

$r \to \infty$ 时,$u_3 = 0$,故 $c_6 = 0$, $\quad u_3 = -\dfrac{c_5}{r}$

边界条件为

(a)$r = a$ 时,$u_1 = u_2$,得 $c_2 = c_4 - \dfrac{c_3}{a}$

(b)$r = b$ 时,$u_2 = u_3 = 0$,得 $c_4 - \dfrac{c_3}{b} = -\dfrac{c_5}{b} = 0$ 于是 $c_5 = 0$, $\quad c_4 = \dfrac{c_3}{b}$

(c)$r = a$ 时,$\varepsilon_0 \dfrac{\partial u_1}{\partial r} - \varepsilon_1 \dfrac{\partial u_2}{\partial r} = \dfrac{Q_1}{2\pi a^2}$,以及 $\varepsilon_0 \dfrac{\partial u_1}{\partial r} - \varepsilon_2 \dfrac{\partial u_2}{\partial r} = \dfrac{Q_2}{2\pi a^2}$

这里 Q_1 为左半球面的电量,Q_2 为右半球面的电量。由上式解得

$$\begin{cases} -\dfrac{\varepsilon_1 c_3}{a^2} = \dfrac{Q_1}{2\pi a^2} \\ -\dfrac{\varepsilon_2 c_3}{a^2} = \dfrac{Q_2}{2\pi a^2} \end{cases}$$

整理得 $\begin{cases} \dfrac{Q_1}{\varepsilon_1} = \dfrac{Q_2}{\varepsilon_2} \\ Q_1 + Q_2 = Q \end{cases}$,解得 $\begin{cases} Q_1 = \dfrac{\varepsilon_1}{\varepsilon_1 + \varepsilon_2} Q \\ Q_2 = \dfrac{\varepsilon_2}{\varepsilon_1 + \varepsilon_2} Q \end{cases}$

由此便得 $\quad c_2 = \dfrac{Q}{2\pi(\varepsilon_1 + \varepsilon_2)}\left(\dfrac{1}{a} - \dfrac{1}{b}\right)$;$c_3 = \dfrac{-Q}{2\pi(\varepsilon_1 + \varepsilon_2)}$;

$$c_4 = \frac{-Q}{2\pi b(\varepsilon_1 + \varepsilon_2)};\ c_5 = 0$$

空间各处的电势为

$$u_1 = \frac{Q}{2\pi(\varepsilon_1+\varepsilon_2)}(\frac{1}{a}-\frac{1}{b}) \qquad (0 \leqslant r < a)$$

$$u_2 = \frac{Q}{2\pi(\varepsilon_1+\varepsilon_2)}(\frac{1}{r}-\frac{1}{b}) \qquad (a < r < b)$$

$$u_3 = 0 \qquad (r > b)$$

电场强度为

$$\boldsymbol{E}_1 = -\frac{\partial u_1}{\partial r}\boldsymbol{r}_0 = 0$$

$$\boldsymbol{E}_2 = -\frac{\partial u_2}{\partial r}\boldsymbol{r}_0 = \frac{Q}{2\pi(\varepsilon_1+\varepsilon_2)}\frac{\boldsymbol{r}_0}{r^2}$$

$$\boldsymbol{E}_3 = -\frac{\partial u_3}{\partial r}\boldsymbol{r}_0 = 0$$

$r = a$ 时，左半球面有：$\sigma_{P_{a1}} = -(\varepsilon_1-\varepsilon_0)E_{2r} = \dfrac{-Q(\varepsilon_1-\varepsilon_0)}{2\pi a^2(\varepsilon_1+\varepsilon_2)}$

右半球面有：$\sigma_{P_{a2}} = -(\varepsilon_2-\varepsilon_0)E_{2r} = \dfrac{-Q(\varepsilon_2-\varepsilon_0)}{2\pi a^2(\varepsilon_1+\varepsilon_2)}$

$r = b$ 时，左半球面有：$\sigma_{P_{b1}} = (\varepsilon_1-\varepsilon_0)E_{2r} = \dfrac{Q(\varepsilon_1-\varepsilon_0)}{2\pi b^2(\varepsilon_1+\varepsilon_2)}$

右半球面有：$\sigma_{P_{b2}} = (\varepsilon_2-\varepsilon_0)E_{2r} = \dfrac{Q(\varepsilon_2-\varepsilon_0)}{2\pi b^2(\varepsilon_1+\varepsilon_2)}$

极化强度为

$$\boldsymbol{P} = \begin{cases} \dfrac{Q(\varepsilon_1-\varepsilon_0)}{2\pi(\varepsilon_1+\varepsilon_2)}\dfrac{\boldsymbol{r}_0}{r^2} & (\text{左半球}) \\ \dfrac{Q(\varepsilon_2-\varepsilon_0)}{2\pi(\varepsilon_1+\varepsilon_2)}\dfrac{\boldsymbol{r}_0}{r^2} & (\text{右半球}) \end{cases}$$

与例 7 一样，可以证明 $\rho_P = -\nabla \cdot \boldsymbol{P} = 0$

电容器的电容为

$$C = \frac{Q}{u_a - u_b} = \frac{Q}{u_a} = \frac{2\pi ab}{b-a}(\varepsilon_1+\varepsilon_2)$$

例 10　一平板电容器板距为 d，在两板保持恒定电压 V_0 条件下将一厚度为 $\dfrac{d}{2}$，介电常数为 ε 的电介质均匀插入两板之间，计算板内电势、电场强度、介质板表面的束缚电荷面密度以及电容。

解：取图 3.20 所示坐标系。如果不考虑边缘效应，则板内电场仅为 z 的函数，因此，除 $z = 0$ 和 $z = d$ 以外，在 $0 < z < d$ 的空间，电势满足拉普拉斯方程

$$\nabla^2 u = \frac{d^2 u}{dz^2} = 0$$

得通解为 $\begin{cases} u_1 = c_1 z + c_2 & (0 < z < \frac{1}{4}d) \\ u_2 = c_3 z + c_4 & (\frac{1}{4}d < z < \frac{3}{4}d) \\ u_3 = c_5 z + c_6 & (\frac{3}{4}d < z < d) \end{cases}$

边界条件为

(a) $z=0$，$u_1=V_0$，于是 $c_2=V_0$。

(b) $z=d$，$u_3=0$，于是 $c_5 d+c_6=0$

(c) $z=\frac{1}{4}d$，$u_1=u_2$，以及 $\varepsilon_0\frac{\partial u_1}{\partial z}=\varepsilon\frac{\partial u_2}{\partial z}$

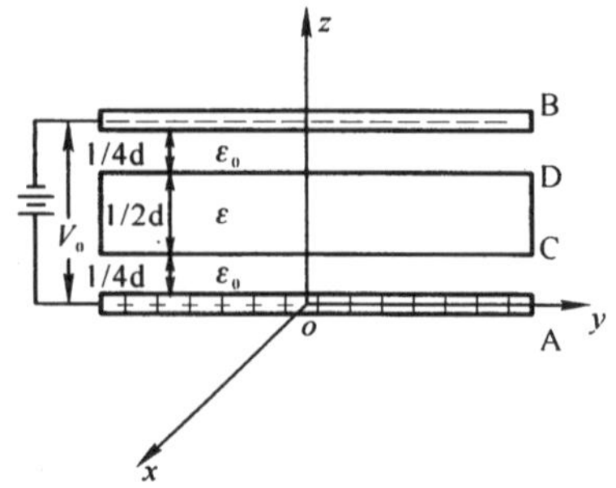

图 3.20

得
$$\begin{cases}\frac{d}{4}c_1+V_0=\frac{d}{4}c_3+c_4\\ \varepsilon_0 c_1=\varepsilon c_3\end{cases}$$

(d) $z=\frac{3}{4}d$，$u_2=u_3$，以及 $\varepsilon\frac{\partial u_2}{\partial z}=\varepsilon_0\frac{\partial u_3}{\partial z}$

得
$$\begin{cases}\frac{3}{4}dc_3+c_4=\frac{3}{4}dc_5+c_6\\ \varepsilon c_3=\varepsilon_0 c_5\end{cases}$$

解上述方程得
$$\begin{cases}c_1=c_5=-\dfrac{2\varepsilon V_0}{d(\varepsilon+\varepsilon_0)}\\ c_2=V_0\\ c_3=-\dfrac{2\varepsilon_0 V_0}{d(\varepsilon+\varepsilon_0)}\\ c_4=\dfrac{\varepsilon+3\varepsilon_0}{2(\varepsilon+\varepsilon_0)}V_0\\ c_6=\dfrac{2\varepsilon}{\varepsilon+\varepsilon_0}V_0\end{cases}$$

代入电势通解表达式，得

$$u_1=V_0\left[1-\frac{2\varepsilon}{d(\varepsilon+\varepsilon_0)}z\right]$$
$$u_2=V_0\left[\frac{\varepsilon+3\varepsilon_0}{2(\varepsilon+\varepsilon_0)}-\frac{2\varepsilon_0}{d(\varepsilon+\varepsilon_0)}z\right]$$
$$u_3=V_0\left[\frac{2\varepsilon}{\varepsilon+\varepsilon_0}(1-\frac{z}{d})\right]$$

注意，零电势有不同确定方式，如果采用其他位置作为零势面时，电势表达式会有不同的形式，但仅有一个常数之差。

电场强度为

$$\begin{cases}\boldsymbol{E}_1=\dfrac{2\varepsilon V_0}{d(\varepsilon+\varepsilon_0)}\boldsymbol{z}_0\\ \boldsymbol{E}_2=\dfrac{2\varepsilon_0 V_0}{d(\varepsilon+\varepsilon_0)}\boldsymbol{z}_0\\ \boldsymbol{E}_3=\dfrac{2\varepsilon V_0}{d(\varepsilon+\varepsilon_0)}\boldsymbol{z}_0\end{cases}$$

可见板内为匀强电场，介质板内应无体束缚电荷出现。束缚电荷面密度为

$$\sigma_{pc}=-P_z=-(\varepsilon-\varepsilon_0)E_2=-\frac{2\varepsilon_0(\varepsilon-\varepsilon_0)}{d(\varepsilon+\varepsilon_0)}V_0$$

$$\sigma_{pD}=P_z=(\varepsilon-\varepsilon_0)E_2=\frac{2\varepsilon_0(\varepsilon-\varepsilon_0)}{d(\varepsilon+\varepsilon_0)}V_0$$

设板面积为 S，则电容为

$$C=\frac{Q}{V_0}=\frac{\sigma_q S}{V_0}$$

式中

$$\sigma_q=\sigma_0+\sigma_{Pq}$$

$\sigma_0=\frac{V_0}{d}\varepsilon_0$ 为未插入介质板前 A 板上之自由电荷面密度，σ_{pq} 应理解为由束缚电荷的感应在金属板上所产生之感应电荷面密度。$|\sigma_{pq}|=|\sigma_p|$。于是

$$\sigma_q=\frac{V_0\varepsilon_0}{d}\frac{3\varepsilon-\varepsilon_0}{\varepsilon+\varepsilon_0}$$

$$C=\frac{S}{d}\frac{\varepsilon_0(3\varepsilon-\varepsilon_0)}{\varepsilon+\varepsilon_0}$$

与原来的电容 $C_0=\frac{S}{d}\varepsilon_0$ 相比，插入电介质板后电容增大了 $\frac{3\varepsilon-\varepsilon_0}{\varepsilon+\varepsilon_0}$ 倍。

第三节　静电场中的导体

由于导体中的自由电子在电场力作用下逆电场方向而移动，其结果是使导体内部电场强度逐渐减弱并最后等于零。只有在这时，导体内自由电子的宏观移动才会停止。由于导体内电场强度为零，整个导体便成为一个等势体，其表面自然也就是一个等势面。由边界条件(3.89)式知道，由于 $E_{1t}=0$，所以导体表面外侧电场强度切向分量 E_{2t} 亦为零。因此导体表面外侧，电场强度只有法向分量，也就是说，电力线总是垂直于导体表面(但不进入导体)的。

静电场中的导体由于静电感应而使其表面带有自由电荷。其中迎外电场的一侧带负电荷，另一侧带正电荷。设导体的介电常数为 ε_1，导体外电介质的介电常数为 ε_2，静电场中导体表面的边界条件为

$$u_1=u_2 \tag{3.95}$$

$$\varepsilon_2\frac{\partial u_2}{\partial n}=-\sigma \tag{3.96}$$

$$\frac{D_{1t}}{\varepsilon_1}=\frac{D_{2t}}{\varepsilon_2}=0 \tag{3.97}$$

在(3.97)式中，由于 ε_2 是有限的，因此必有 $D_{2t}=0$，但又由于 $D_{1t}\neq D_{2t}$，因此 $D_{1t}\neq 0$，即导体内虽然电场强度为零，但电位移矢量不为零。为满足(3.97)式，应有 $\varepsilon_1\to\infty$。因此，静电场中导体可以当作 $\varepsilon=\infty$ 的电介质来处理。

例 11　有一半径为 a，厚度为 d 的无限长导体圆柱。于轴心处置一电荷线密度为 λ_q 的无限长带电直线，求柱内外的电势和电场强度。

解：由于场具有轴对称性，用通量定理求解，较为简便。以 r 为半径作一同轴圆柱面，则单位长的通量为

(a) $r<a$ 时，

$$\oint\!\!\oint_{S_1}\boldsymbol{D}_1\cdot d\boldsymbol{s}=\lambda_q$$

得

$$\boldsymbol{E}_1=\frac{\lambda_q}{2\pi\varepsilon_0}\frac{1}{r}\boldsymbol{r}_0$$

(b) $a < r < a + d$ 时，$\oint\!\!\oint_{S_2} \boldsymbol{D}_2 \cdot d\boldsymbol{s} = 0$

得
$$\boldsymbol{E}_2 = 0$$

(c) $r > a + d$ 时，$\oint\!\!\oint_{S_3} \boldsymbol{D}_3 \cdot d\boldsymbol{s} = \lambda_q$，

得
$$\boldsymbol{E}_3 = \frac{\lambda_q}{2\pi\varepsilon_0} \frac{1}{r} \boldsymbol{r}_0$$

由
$$u = -\int E_r dr$$

得
$$\begin{cases} u_1 = -\dfrac{\lambda_q}{2\pi\varepsilon_0} \ln r + c_1 \\ u_2 = c_2 \\ u_3 = -\dfrac{\lambda_q}{2\pi\varepsilon_0} \ln r + c_3 \end{cases}$$

令 $r = 1$ 时，$u_3 = 0$ 则 $c_3 = 0$；

$r = a$ 时，$u_1 = u_2$ 即 $c_1 - \dfrac{\lambda_q}{2\pi\varepsilon_0} \ln a = c_2$

$r = a + d$ 时，$u_2 = u_3$ 即 $-\dfrac{\lambda_q}{2\pi\varepsilon_0} \ln (a + d) = c_2$

解得 $c_1 = \dfrac{\lambda_q}{2\pi\varepsilon_0} \ln \dfrac{a}{a + d}$；$c_2 = -\dfrac{\lambda_q}{2\pi\varepsilon_0} \ln (a + d)$；$c_3 = 0$

于是
$$\begin{cases} u_1 = -\dfrac{\lambda_q}{2\pi\varepsilon_0} \ln (1 + \dfrac{d}{a}) r \\ u_2 = -\dfrac{\lambda_q}{2\pi\varepsilon_0} \ln (a + d) \\ u_3 = -\dfrac{\lambda_q}{2\pi\varepsilon_0} \ln r \end{cases}$$

如果让导体柱接地，则 $\boldsymbol{E}_3 = 0$，这就是静电屏蔽现象。

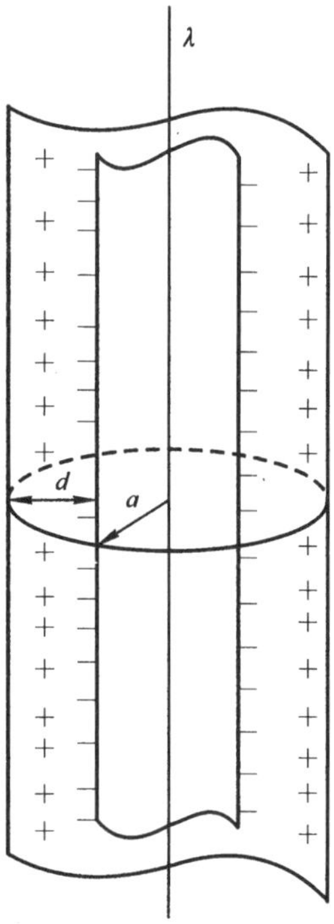

图 3.21

第四节　静电场的惟一性定理

从(3.60)式可以看出，如果知道了全部空间及其界面上的电荷(包括自由电荷和束缚电荷)分布，就能惟一地确定空间各点的电势，从而也就能惟一地确定空间各点的电场强度。然而在实际问题中，很少能够知道全部空间及其界面上的电荷分布情况。通常仅仅知道某一局部空间中电荷的分布，以及知道某些边界上的电势或电势法向导数的值。正如例 7～例 11 的情形那样。现在的问题是：在某一局部区域 Ω 中满足泊松方程(3.72)式，并在其边界上满足一定边界条件的解，是不是惟一的？这个问题称为惟一性问题。惟一性问题是非常重要的，因为只有解决了惟一性问题，才能肯定所得到的解是惟一正确的解(或仅差一个常数)。而惟一性问题的解决，又为解势场问题开拓了广阔的途径。例如以后将要讲到的电像法，就是在惟一性定理基础上建立起来的。

一、惟一性定理

(1)如果在所研究的区域 Ω 中自由电荷的分布已经给定，并且区域 Ω 的界面上的电势 u_S 已知，则域内(包括界面)满足泊松方程(3.72)式的解是惟一的。

证明如下：设 u_1，u_2，都满足泊松方程(3.72)式以及相同的边界条件，即

$$\begin{cases}\nabla^2 u_1 = -\dfrac{\rho_q + \rho_P}{\varepsilon_0} \\ u_{1S} = f(s)\end{cases} \qquad 以及 \begin{cases}\nabla^2 u_2 = -\dfrac{\rho_q + \rho_P}{\varepsilon_0} \\ u_{2S} = f(s)\end{cases}$$

令 $u = u_1 - u_2$，则 u 满足拉普拉斯方程

$$\nabla^2 u = 0 \qquad (\in \Omega) \qquad 以及边界条件$$

$$u_S = 0 \qquad (\in S)$$

由于 $\nabla \cdot (u\nabla u) = u\nabla^2 u + (\nabla u)^2$，并且

$$\nabla^2 u = 0 \qquad (\in \Omega)$$

于是

$$\iiint_\Omega \nabla \cdot (u \nabla u)\mathrm{d}v = \iiint_\Omega (\nabla u)^2 \mathrm{d}v$$

上式左边用高斯公式变换，得

$$\oiint_S u \nabla u \cdot \mathrm{d}\boldsymbol{s} = \iiint_\Omega (\nabla u)^2 \mathrm{d}v \tag{3.98}$$

根据所给条件 $u_S = 0$，

所以

$$\iiint_\Omega (\nabla u)^2 \mathrm{d}v = 0$$

由于 $(\nabla u)^2$ 不为负，其积分为零，只能是在域 Ω 内处处有 $\nabla u = 0$，即 $\nabla u_1 = \nabla u_2$

因此有

$$u_1 = u_2 + c$$

c 为任意常数，但由于 $u_{1S} = u_{2S}$，所以 $c = 0$。最后便证明了 $u_1 = u_2$。

即满足边界电势为已知的泊松方程的解是惟一的。这类边值问题称为第一类边值问题，或称狄利赫利边值问题。

(2) 如果域 Ω 内的自由电荷已确定，并且边界 S 上的 $\left(\dfrac{\partial u}{\partial n}\right)_S$ 已知，则满足泊松方程(3.72)式的解是惟一的，或仅差一个常数。

证明方法同上，(3.98)式可进一步变为

$$\oiint_S u\nabla u \cdot \mathrm{d}\boldsymbol{s} = \oiint_S u\frac{\partial u}{\partial n}\mathrm{d}s = \iiint_\Omega (\nabla u)^2 \mathrm{d}v$$

由于 $\left(\dfrac{\partial u_1}{\partial n}\right)_S = q(s)$，以及，$\left(\dfrac{\partial u_2}{\partial n}\right)_S = q(s)$

所以当 $u = u_1 - u_2$ 时，

有 $\left(\dfrac{\partial u}{\partial n}\right)_S = \left(\dfrac{\partial u_1}{\partial n}\right)_S - \left(\dfrac{\partial u_2}{\partial n}\right)_S = 0$，

即(3.98)式等于零的条件仍然成立，由此便得

$$u_1 = u_2 + c$$

现在不能肯定 $c = 0$，因此电势的解可有一个常数之差，但电场强度的解是惟一的。这类

问题称为第二类边值问题或诺依曼问题。

(3) 如果域 Ω 内的自由电荷已经确定，并且部分边界上的 u_S 已知，其余边界上的 $\left(\frac{\partial u}{\partial n}\right)_S$ 已知，则域内满足泊松方程的解是惟一的。

其证明方法与前面相同。

二、泊松方程的积分式

利用格林定理可以将泊松方程中的势函数 u 表示成积分方程的形式。在格林定理第二公式(1.49)中，若令 $v=\frac{1}{r}$，则 $\nabla^2 v=0$。

这里：$r=\sqrt{(x-\varepsilon)^2+(y-\eta)^2+(z-\xi)^2}$ 表示测点 $P(x,y,z)$ 至场中 $Q(\xi,\eta,\zeta)$ 点的距离。因此，除测点本身外，函数 $v=\frac{1}{r}$ 是处处连续，并有连续一阶偏导数的。为了在域 Ω 内应用(1.49)式，须将 P 点"挖掉"。

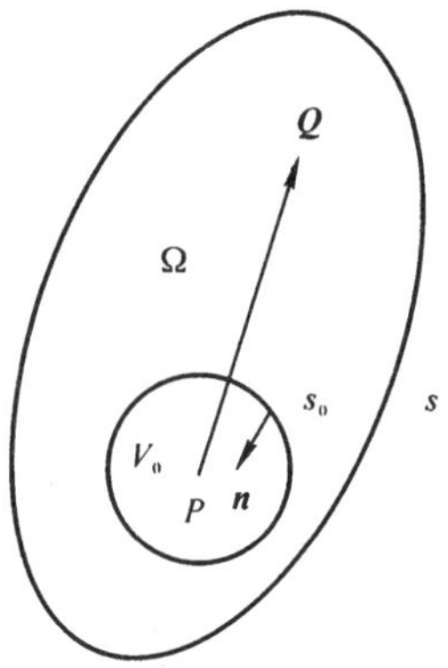

图 3.22 利用边值计算域内任意点电势

以 P 点为中心，以 r_0 为半径作一球面 s_0，这样，在由 Ω 的外边界与 s_0 所围成的域 $(\Omega-V_0)$ 上可以应用(1.49)式

$$-\iiint_{\Omega-V_0}\frac{1}{r}\nabla^2 u\mathrm{d}\Omega=\oiint_{S+S_0}\left[u\frac{\partial}{\partial n}\left(\frac{1}{r}\right)-\frac{1}{r}\frac{\partial u}{\partial n}\right]\mathrm{d}s \tag{3.99}$$

在 s_0 面上注意到 $\boldsymbol{r}$ 与 $\boldsymbol{n}$ 反向，于是

$$\left[\frac{\partial}{\partial n}\left(\frac{1}{r}\right)\right]_{r=r_0}=\left[-\frac{\partial}{\partial r}\left(\frac{1}{r}\right)\right]_{r=r_0}=\frac{1}{r_0^2}$$

于是

$$\oiint_{S_0}\left[u\frac{\partial}{\partial n}\left(\frac{1}{r}\right)-\frac{1}{r}\frac{\partial u}{\partial n}\right]\mathrm{d}s=$$

$$\oiint_{S_0}\left[\frac{u}{r_0^2}+\frac{1}{r_0}\frac{\partial u}{\partial r}\right]\mathrm{d}s=$$

$$\left[\frac{\bar{u}}{r_0^2}+\frac{1}{r_0}\overline{\frac{\partial u}{\partial r}}\right]4\pi r_0^2=4\pi\left(\bar{u}+r_0\overline{\frac{\partial u}{\partial r}}\right)$$

式中，$\bar{u}$ 和 $\overline{\frac{\partial u}{\partial r}}$ 分别表示球面 s_0 上 u 和 $\frac{\partial u}{\partial r}$ 的平均值。当 $r_0\to 0$ 时，球面无限趋近于 P 点，这时的 $\bar{u}\to u_p$，即

$$\lim_{r_0\to 0}\left\{\oiint_{S_0}\left[u\frac{\partial}{\partial n}\left(\frac{1}{r}\right)-\frac{1}{r}\frac{\partial u}{\partial n}\right]\mathrm{d}s\right\}=4\pi u_p$$

因此

$$u_p=-\frac{1}{4\pi}\left[\iiint_{\Omega}\frac{\nabla^2 u}{r}\mathrm{d}\Omega+\oiint_S\left[u\frac{\partial}{\partial n}\left(\frac{1}{r}\right)-\frac{1}{r}\frac{\partial u}{\partial n}\right]\mathrm{d}s\right] \tag{3.100}$$

如果在域 Ω 内 u 满足泊松方程：$\nabla^2 u=-\frac{\rho_q+\rho_p}{\varepsilon_0}$，则(3.100)式可写成

$$u_p=\frac{1}{4\pi}\left[\iiint_{\Omega}\frac{\rho_q+\rho_p}{\varepsilon_0 r}\mathrm{d}\Omega+\oiint_S\left[\frac{1}{r}\frac{\partial u}{\partial n}-u\frac{\partial}{\partial n}\left(\frac{1}{r}\right)\right]\mathrm{d}s\right] \tag{3.101}$$

如果域内既无自由电荷，又无束缚电荷，则电势满足拉普拉斯方程：$\nabla^2 u = 0$，于是(3.100)式可写为

$$u_p = \frac{1}{4\pi}\oint\!\!\!\oint_S [\frac{1}{r}\frac{\partial u}{\partial n} - u\frac{\partial}{\partial n}(\frac{1}{r})]\mathrm{d}s \tag{3.102}$$

(3.102)式表明：当某一域 Ω 内部无任何场源时，它的势可以用域 Ω 的边界面上的势和势的法向导数的积分方程来表示。从物理上说，此时(3.102)式中的 u_p（P 点在域 Ω 内）显然是由域外的场源所产生的，当无法知道域外场源的分布时，(3.102)式给出了计算域内任意点电势的办法，这和惟一性定理的叙述完全一致。

(3.101)式具有更为普遍的意义，式中右边第一项显然表示由域内场源所产生的势，而第二项则和前述一样，它表示由域外场源产生的势，不过这一部分的势不是通过域外场源的分布函数来计算的。而是利用界面上势或势的法向导数的积分方程来计算的。如果界面上的边值问题已经给定，即 $u_S = f(s)$ 或 $(\frac{\partial u}{\partial n})_S = q(s)$ 已经给定，则这个积分结果是惟一的(或仅有一个常数之差)。

第五节　静电场的能量

一、电荷系的能量

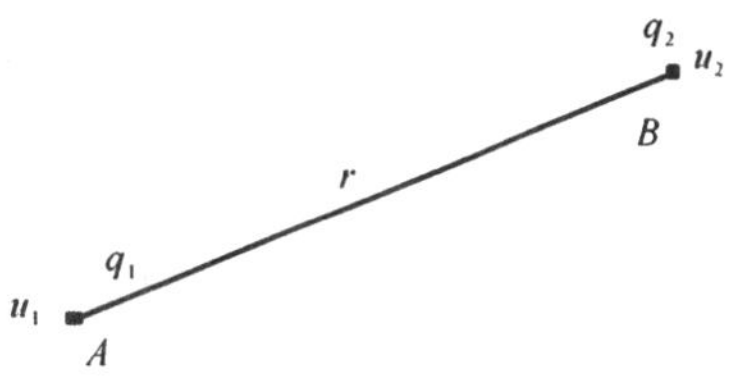

图 3.23　计算电荷系的能量

首先研究由离散的点电荷所组成的电荷系之能量。由于每一个电荷皆处于其他电荷所形成的电场之中，因而具有一定的电势能。这种能量是当电荷系形成时，外力为克服电荷之间的作用力做功的结果。

以最简单的模型——由两个点电荷所组成的电荷系为例：

假定先把 q_1 置于 A 点，不管 q_1 是从何处移来，只要在移动过程中没有受到电场力(其他外力不是本章考虑的问题)，就不需要对其做功。然后将 q_2 从场外移至场内 B 点。这时外力为克服场力而做的功为 $W_2 = u_2 q_2$。这里的 u_2 是点电荷 q_1 在 B 点的电势。因此 W_2 就等于 q_2 在 B 点所具有的电势能，也就是这个系统的能量。也可以先将 q_2 移至 B 点，然后再将 q_1 从场外移至场内的 A 点。这时该系统的能量就是 $W_1 = u_1 q_1$。显然 $W_1 = W_2$，因此，该系统的能量可以表示为

$$W = \frac{1}{2}(W_1 + W_2) = \frac{1}{2}(u_1 q_1 + u_2 q_2)$$

由此类推，由 n 个点电荷所组成的电荷系，它的能量应为

$$W = \frac{1}{2}\sum_{i=1}^{n} u_i q_i \tag{3.103}$$

式中

$$u_i = \frac{1}{4\pi\varepsilon_0}\sum_{j=1}^{n-1}\frac{q_j}{r_j} \qquad (i \neq j) \tag{3.104}$$

表示其他电荷在 q_i 所在处的电势。

如果电荷系是一条带电线，则其能量为

$$W = \frac{1}{2}\int_L u\lambda_q \mathrm{d}l \tag{3.105}$$

如果电荷系是一个带电曲面，则它的能量为

$$W = \frac{1}{2}\iint_S u\sigma_q \,\mathrm{d}s \tag{3.106}$$

带电体的能量为

$$W = \frac{1}{2}\iiint_V u\rho_q \,\mathrm{d}v \tag{3.107}$$

二、静电场的能量

虽然(3.105)～(3.107)式中的积分域局限于自由电荷分布的空间，但如果把它理解为电场能量仅存储在电荷系的内部，则是错误的。因为电荷系一旦形成，电场也就随之形成。电场是物质的一种特殊形式，它也具有能量和动量，因此，电荷系在形成过程中积累起来的能量并不局限于电荷系内部，而是分布在所有充满电场的空间。现在从(3.107)式和(3.106)式出发来说明这个问题。这两个公式可合并写为

$$W = \frac{1}{2}\left[\iiint_V u\rho_q \mathrm{d}v + \iint_S u\sigma_q \mathrm{d}s\right] \tag{3.108}$$

将 $\rho_q = \nabla \cdot \boldsymbol{D}$ 代入上式右端第一项，得

$$\iiint_V u\rho_q \mathrm{d}v = \iiint_V u \,\nabla \cdot \boldsymbol{D}\mathrm{d}v = \iiint_V \nabla \cdot (u\boldsymbol{D})dv + \iiint_V \varepsilon E^2 \mathrm{d}v \tag{3.109}$$

式中的积分域 V 应理解为电场充满的全部空间。现在欲对 $\iiint_V \nabla \cdot (u\boldsymbol{D})\mathrm{d}v$ 用高斯公式进行变换，但由于在域内存在面电荷的分布，在这种带电曲面上，$\boldsymbol{D}$ 不连续，因此变换不能把带电曲面包括在内。为此可用闭曲面将这些带电曲面逐一包围(图 3.24)，对被包围的空间不进行变换。于是便有

$$\iiint_{V-V_0} \nabla \cdot (u\boldsymbol{D})\mathrm{d}v = \oint_{S_1+S_2+S_\infty} u\boldsymbol{D} \cdot \mathrm{d}\boldsymbol{s}$$

对有限分布的电荷系来说，无限远处曲面 s_∞ 上的电势为零。而当 s_1，s_2 无限贴近 s 面时，它们的面积都趋近于 s，同时 $V_0 \to 0$，于是

$$\iiint_V \nabla \cdot (u\boldsymbol{D})\mathrm{d}v = \iint_S u(D_{1n} - D_{2n})\mathrm{d}s = -\iint_S u\sigma_q \mathrm{d}s \tag{3.110}$$

(由边界条件(3.83)式：$D_{2n} - D_{1n} = \sigma_q$)

将(3.110)式和(3.109)式代回(3.108)式，便得

$$W = \frac{1}{2}\iiint_V \varepsilon E^2 \mathrm{d}v \tag{3.111}$$

(3.111)式揭示了静电场的物质属性：在有静电场存在的空间，就有与之相应的能量存在。单位体积的能量即能量体密度为

$$\omega = \frac{1}{2}\varepsilon E^2 \tag{3.112}$$

电场之所以对其他电荷有力的作用，也就是电场之所以具有做功的本领，正是因为它本身具有能量的必然结果。

例 12 使一橡皮气球均匀带有电量 Q，计算气球单位面积所受的电场力。

解：由于气球带电，它便具有了做功的本领。因此，如果没有约束（如外部大气压力和橡皮的弹力），带电气球将不断膨胀，从而本身能量逐渐减少。不单带电气球如此，对一切电荷系来说，如果没有约束，电荷系就不能保持其最初形成的状态。带电气球的能量为

$$W=\frac{1}{2}\oint\!\!\!\oint_S u\sigma_q \mathrm{d}s$$

其中 $$u=\frac{Q}{4\pi\varepsilon_0 r},\ \sigma_q=\frac{Q}{4\pi r^2}$$

因此 $$W=\frac{Q^2}{8\pi\varepsilon_0 r}$$

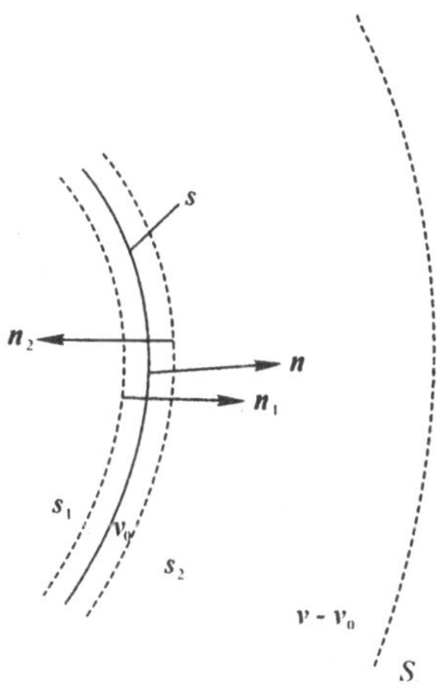

图 3.24 将 $\boldsymbol{D}$ 不连续的界面“挖掉”

可见，随着气球半径的增大，带电气球的能量将减少。与半径增量 $\mathrm{d}r$ 相对应的静电能的增量为

$$-\mathrm{d}W=\boldsymbol{F}\cdot\mathrm{d}\boldsymbol{r}=F\mathrm{d}r$$

因此整个气球受力为 $$F=-\frac{\mathrm{d}W}{\mathrm{d}r}=\frac{Q^2}{8\pi\varepsilon_0}\frac{1}{r^2}$$

单位面积受力为 $$f=\frac{F}{4\pi r^2}=\frac{Q^2}{32\pi^2\varepsilon_0 r^4}$$

第六节 解静电场问题的基本方法

一、直接积分法

如果全部空间电荷（包括自由电荷和束缚电荷）的分布是已知的，那么，从理论上说，可以直接通过积分求场中各点的电势

$$u=\frac{1}{4\pi\varepsilon_0}\left[\iiint_V\frac{\rho_q+\rho_P}{r}\mathrm{d}v+\iint_S\frac{\rho_q+\rho_P}{r}\mathrm{d}s\right]$$

进而可以由电势求电场强度：$\boldsymbol{E}=-\nabla u$。

用直接积分方法计算电场的困难在于：

（1）全部空间电荷的分布很难事先确定。例如由极化而产生的束缚电荷的体分布和面分布以及由静电感应而产生的自由电荷的面分布通常是事先不能确定的，这样就无法利用上式来进行计算。

（2）在大多数情况下，上述的体积分和面积分不可积。但对某些具有规则几何分布的电荷系，当它们的电场对计算点具有对称性时，用直接积分法求解是可行的。

例 13 在一个半径为 a 的均匀带电球面上之 A 点挖去一个小圆片，其半径为 $b(b\ll a)$，计算 Z 轴（OA 线）上的电场强度。

解：见图(3.25)，$P(z)$ 点的电场强度可以看作是均匀带电球面的电场强度与均匀带电圆

片的电场强度之差(叠加原理)。即

$$\boldsymbol{E}_{外} = (E_0 - E_b^{外})\boldsymbol{z}_0 ; \qquad \boldsymbol{E}_{内} = - E_b^{内}\boldsymbol{z}_0$$

其中，$E_0 = \dfrac{\sigma_q a^2}{\varepsilon_0 z^2}$ 为均匀带电球面在球外 P 点的电场强度，σ_q 为带电球面的电荷面密度。带电小圆片可以分割为许多小圆环，每个小圆环在 P 点的电场强度可由例 1 计算，其中 $\lambda_q = \sigma_q \mathrm{d}r$ 。于是小圆片产生的电场强度为

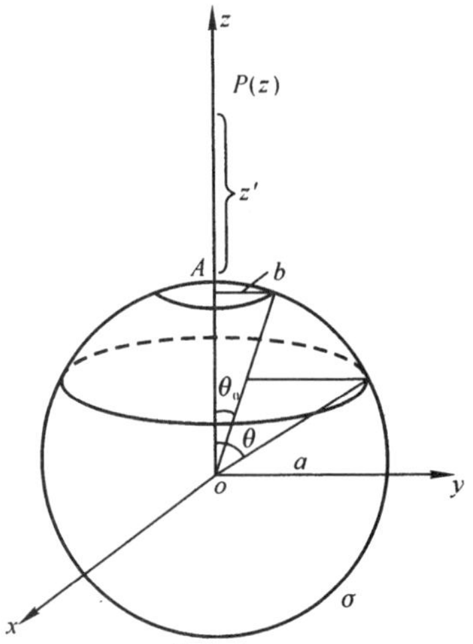

图 3.25

$$E_b^{外} = \frac{\sigma_q}{2\varepsilon_0}\int_0^b \frac{z' r \mathrm{d}r}{(z'^2 + r^2)^{\frac{3}{2}}} = \frac{\sigma_q}{2\varepsilon_0}\left[1 - \frac{Z'}{\sqrt{(Z')^2 + b^2}}\right]$$

$$= \frac{\sigma_q}{2\varepsilon_0}\left[1 - \frac{z-a}{\sqrt{(z-a)^2 + b^2}}\right]$$

式中 $z' = z - a$ 是小圆片中心到 P 点的距离，于是

$$\boldsymbol{E}_{外} = \frac{\sigma_q}{\varepsilon_0}\left\{\frac{a^2}{z^2} - \frac{1}{2} + \frac{z-a}{2\sqrt{(z-a)^2 + b^2}}\right\}\boldsymbol{z}_0 \qquad (z > a)$$

而
$$E_b^{内} = \frac{\sigma_q}{2\varepsilon_0}\left[1 - \frac{z''}{\sqrt{(z'')^2 + b^2}}\right] \qquad (z < a)$$

式中，$z'' = a - z$ 是球内 P 点到小圆片中心的距离，由于在球内 $\boldsymbol{E}_0 = 0$ ，于是

$$\boldsymbol{E}_{内} = \frac{\sigma_q}{2\varepsilon_0}\left[\frac{a-z}{\sqrt{(a-z)^2 + b^2}} - 1\right]\boldsymbol{z}_0 \qquad (z < a)$$

二、用通量定理计算电场强度

通量定理 $\oiint_S \boldsymbol{D} \cdot \mathrm{d}\boldsymbol{s} = \oiint_S D_n \mathrm{d}s = q$（以及 $\boldsymbol{D} = \varepsilon \boldsymbol{E}$ ）为我们提供了计算电场强度的又一种方法。应该有目的地选择封闭曲面 S ，它必须是：

(1)通过计算点；

(2)在 S 上的函数 D_n 或者是常数，或者是已知函数；

(3) $\oiint_S D_n \mathrm{d}s$ 可积，或者当 D_n 为常数时 $\oiint_S \mathrm{d}s$ 可积；

(4)被 S 所包围的区域内的自由电荷 q 能准确地确定。

对于电荷均匀分布并且电场具有轴对称或球对称这一类比较简单的情形，利用通量定理求解无疑是很方便的。

例 14 有两个无限长同轴导体圆柱面，半径分别为 a 和 b ，内柱面单位长带电量为 λ_q ，外柱面接地。两柱面间充满介电常数为 ε 的均匀介质。求空间任意点的电势，电场强度，束缚电荷面密度以及单位长的电容。

解：由于电荷均匀分布，且电场具有轴对称性，因此可用通量定理，取一半径为 r ，长为一个单位的共轴封闭圆柱面，

由 $$\oiint_S \boldsymbol{D} \cdot \mathrm{d}\boldsymbol{s} = D_r 2\pi r = q \text{，得}$$

当 $r < a$ 时，$q = 0$ ，$D_1 = 0$ ，$\boldsymbol{E}_1 = 0$

当 $a < r < b$ 时，$q = \lambda_q$，　　$\boldsymbol{E}_2 = \dfrac{\lambda_q}{2\pi\varepsilon r}\boldsymbol{r}_0$

当 $r < b$ 时，$q = 0$，　　$\boldsymbol{E}_3 = 0$

由 $u = -\int E_r \mathrm{d}r$，得

$$u_1 = c_1;\ u_2 = c_2 - \frac{\lambda_q}{2\pi\varepsilon}\ln r;\ u_3 = c_3$$

现在用边界条件来确定上式中的系数

当 $r = b$ 时，有 $u_2 = u_3 = 0$，得 $c_2 = \dfrac{\lambda_q}{2\pi\varepsilon}\ln b$；$c_3 = 0$。

当 $r = a$ 时，有 $u_1 = u_2$，得 $c_1 = \dfrac{\lambda_q}{2\pi\varepsilon}\ln\dfrac{b}{a}$。

于是 $u_1 = \dfrac{\lambda_q}{2\pi\varepsilon}\ln\dfrac{b}{a}$；$u_2 = \dfrac{\lambda_q}{2\pi\varepsilon}\ln\dfrac{b}{r}$；$u_3 = 0$。

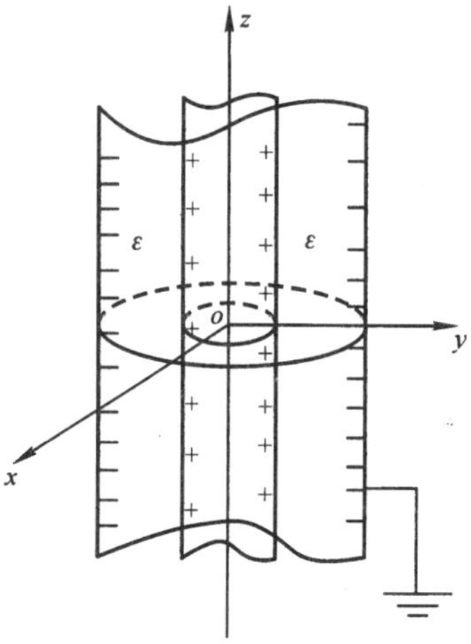

图 3.26

介质中的极化强度为

$$\boldsymbol{P} = (\varepsilon - \varepsilon_0)\boldsymbol{E}_2 = (1 - \frac{1}{\varepsilon_r})\frac{\lambda_q}{2\pi r}\boldsymbol{r}_0$$

$r = a$ 时　$\sigma_{P_a} = -P_r = -\dfrac{\lambda_q}{2\pi a}(1 - \dfrac{1}{\varepsilon_r})$

$r = b$ 时　$\sigma_{P_b} = P_r = \dfrac{\lambda_q}{2\pi b}(1 - \dfrac{1}{\varepsilon_r})$

单位长的电容为：$C = \dfrac{\lambda_q}{u_1} = \dfrac{2\pi\varepsilon}{\ln(\dfrac{b}{a})}$

三、解析法

解析法就是通过求解泊松方程或拉普拉斯方程，并结合边界条件以求得电场定解的方法。虽然解析法是最主要的方法，然而也仅能计算那些电荷均匀（或按一定规律）地分布在规则几何空间中的电场。

例 15　计算均匀电场中电介质球的电势及电场强度。

解：设均匀电场为 $\boldsymbol{E}_0 = E_0\boldsymbol{z}_0$，介质球半径为 a，介电常数 ε_2，球外是介电常数为 ε_1 的均匀介质。设由束缚电荷在球外。球内产生的电势为 u_{P_1} 和 u_{P_2}，于是球外、内的电势为

$$\begin{cases} u_1 = u_{P_1} + u_0 \\ u_2 = u_{P_2} + u_0 \end{cases} \tag{1}$$

式中，
$$u_0 = -zE_0 = -E_0 r\cos\theta$$

为均匀电场的电势（这里以 xoy 平面为零势面）。u_{P_1} 及 u_{P_2} 满足拉普拉斯方程。采用球坐标系时，由于场与 φ 无关，因此方程为

$$\frac{\partial}{\partial r}(r^2\frac{\partial u_P}{\partial r}) + \frac{1}{\sin\theta}\frac{\partial}{\partial\theta}(\sin\theta\frac{\partial u_P}{\partial\theta}) = 0$$

它的通解为

$$\begin{cases} u_{P_1} = \sum_{n=0}^{\infty} (A_{1n}r^n + B_{1n}r^{-(n+1)})P_n(\cos\theta) \\ u_{P_2} = \sum_{n=0}^{\infty} (A_{2n}r^n + B_{2n}r^{-(n+1)})P_n(\cos\theta) \end{cases} \quad \langle 2 \rangle$$

现在用边界条件求其定解。

$r = 0$ 时，u_{P_2} 有限，于是 $B_{2n} = 0$

$r = \infty$ 时，$u_{p_1} \to 0$，于是 $A_{1n} = 0$

$r = a$，$u_1 = u_2$ 以及 $\varepsilon_1 \frac{\partial u_1}{\partial r} = \varepsilon_2 \frac{\partial u_2}{\partial r}$

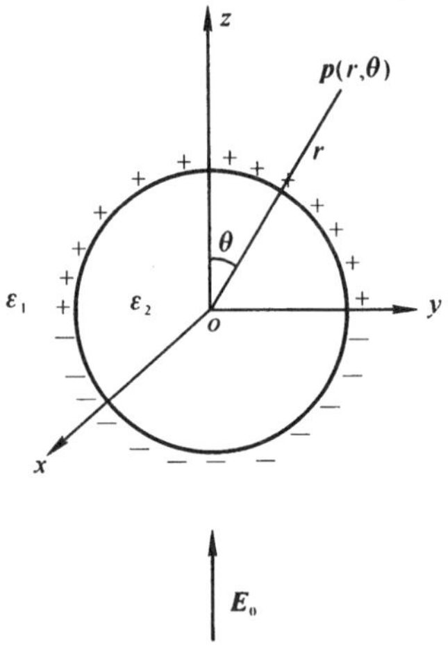

图 3.27 均匀电场中介质球

于是有

$$\sum_{n=0}^{\infty} B_{1n}a^{-n+1}P_n(\cos\theta) = \sum_{n=0}^{\infty} A_{2n}a^n P_n(\cos\theta); \quad \langle 3 \rangle$$

以及
$$-\varepsilon_1 \left[\sum_{n=0}^{\infty} (n+1)B_{1n}a^{-(n+2)}P_n(\cos\theta) + E_0\cos\theta\right]$$

$$= \varepsilon_2 \left[\sum_{n=0}^{\infty} nA_{2n}a^{n-1}P_n(\cos\theta) + E_0\cos\theta\right] \quad \langle 4 \rangle$$

解〈3〉,〈4〉式得

$n = 1$ 时

$$A_2 = \frac{\varepsilon_2 - \varepsilon_1}{\varepsilon_2 + 2\varepsilon_1}E_0; \qquad B_1 = \frac{\varepsilon_2 - \varepsilon_1}{\varepsilon_2 + 2\varepsilon_1}a^3 E_0$$

$n \neq 1$ 时，$A_{2n} = B_{1n} = 0$

代入〈2〉式得

$$\begin{cases} u_{P_1} = \frac{\varepsilon_2 - \varepsilon_1}{\varepsilon_2 + 2\varepsilon_1}\frac{a^3}{r^2}E_0\cos\theta \\ u_{P_2} = \frac{\varepsilon_2 - \varepsilon_1}{\varepsilon_2 + 2\varepsilon_1}rE_0\cos\theta \end{cases} \quad \langle 5 \rangle$$

将〈5〉式代入〈1〉式，得

$$\begin{cases} u_1 = -(1 - \frac{\varepsilon_2 - \varepsilon_1}{\varepsilon_2 + \varepsilon_1}\frac{a^3}{r^3})E_0 r\cos\theta & (r > a) \\ u_2 = -(1 - \frac{\varepsilon_2 - \varepsilon_1}{\varepsilon_2 + 2\varepsilon_1})E_0 r\cos\theta & (r < a) \end{cases} \quad \langle 6 \rangle$$

由
$$\boldsymbol{E} = -\frac{\partial u}{\partial r}\boldsymbol{r}_0 - \frac{1}{r}\frac{\partial u}{\partial \theta}\boldsymbol{\theta}_0$$

可以计算电场强度

$$\boldsymbol{E}_1 = \boldsymbol{E}_0 + (\frac{\varepsilon_2 - \varepsilon_1}{\varepsilon_2 + 2\varepsilon_1}\frac{a^3}{r^3})(2\cos\theta\boldsymbol{r}_0 + \sin\theta\boldsymbol{\theta}_0)E_0$$

$$\boldsymbol{E}_2 = \frac{3\varepsilon_1}{\varepsilon_2 + 2\varepsilon_1}\boldsymbol{E}_0$$

讨论：

(1)球面上束缚电荷的面密度为

$$\sigma_P = P_{2n} - P_{1n}\big|_{r=a}$$

其中 $$P_{1n}=(\varepsilon_1-\varepsilon_0)E_{1r}\big|_{r=a}=(\varepsilon_1-\varepsilon_0)(\frac{3\varepsilon_2}{\varepsilon_2+2\varepsilon_1})E_0\cos\theta$$

$$P_{2n}=(\varepsilon_2-\varepsilon_0)E_{2r}\big|_{r=a}=(\varepsilon_2-\varepsilon_0)(\frac{3\varepsilon_1}{\varepsilon_2+2\varepsilon_1})E_0\cos\theta$$

于是 $$\sigma_P=3\,\frac{\varepsilon_0(\varepsilon_2-\varepsilon_1)}{\varepsilon_2+2\varepsilon_1}E_0\cos\theta$$

若 $\varepsilon_2>\varepsilon_1$，则面束缚电荷的分布如图 3.27 所示，若 $\varepsilon_2<\varepsilon_1$，则面束缚电荷的极性相反。

(2)由面束缚电荷在球内产生的电场为

$$\boldsymbol{E}_{P_2}=-\frac{\varepsilon_2-\varepsilon_1}{\varepsilon_2+2\varepsilon_1}\boldsymbol{E}_0$$

这是一个均匀电场，当 $\varepsilon_2>\varepsilon_1$ 时，$\boldsymbol{E}_{P_2}$ 与 $\boldsymbol{E}_0$ 反向，当 $\varepsilon_2<\varepsilon_1$ 时，$\boldsymbol{E}_{P_2}$ 与 $\boldsymbol{E}_0$ 同向。

(3)由面束缚电荷在球外产生的电场为

$$\boldsymbol{E}_{P_1}=(\frac{\varepsilon_2-\varepsilon_1}{\varepsilon_2+2\varepsilon_1}a^3E_0)(\frac{2\cos\theta}{r^3}\boldsymbol{r}_0+\frac{\sin\theta}{r^3}\boldsymbol{\theta}_0)$$

若将此式与电偶极子的电场强度公式(3.35)式对照，就会发现它们是相似的。因此，面束缚电荷在球外的电场与一个位于球心的，偶极矩为 $\boldsymbol{p}=4\pi\varepsilon_0\frac{\varepsilon_2-\varepsilon_1}{\varepsilon_2+2\varepsilon_1}a^3\boldsymbol{E}_0$ 的电偶极子的电场等效。

例 16 计算球外有点电荷时电介质球内外的电势及电场强度。

解：设介电常数为 ε_2 的介质球半径为 a，置于介电常数为 ε_1 的均匀电介质中，距球心为 d（$d>a$）处的 A 点有一点电荷 q，为求球内外的电场，可取 OA 为球坐标系之极轴(图 3.28)。球内、外的电势可表示为

$$\begin{cases}u_2=u_{P_2}+u_0\\ u_1=u_{P_1}+u_0\end{cases}\qquad\langle 1\rangle$$

式中，$u_0=\frac{1}{4\pi\varepsilon_1}\frac{q}{R}$，为点电荷产生的电势。由束缚电荷产生的电势 u_{P_1}，u_{P_2} 显然满足拉普拉斯方程。考虑到面分布的束缚电荷对称于 z 轴，于是电势与 φ 无关。拉普拉斯方程为

$$\frac{\partial}{\partial r}(r^2\frac{\partial u_P}{\partial r})+\frac{1}{\sin\theta}\cdot\frac{\partial}{\partial\theta}(\sin\theta\frac{\partial u_P}{\partial\theta})=0$$

其通解为 $$u_P=\sum_{n=0}^{\infty}(A_nr^n+B_nr^{-(n+1)})P_n(\cos\theta)$$

考虑到在球外：$r=\infty$ 时，$u_{P1}=0$，以及在球内：$r=0$ 时，u_{P2} 有限。可写出球内、外 u_P 的特解为

$$\begin{cases}u_{P2}=\sum\limits_{n=0}^{\infty}A_{2n}r^nP_n(\cos\theta)\\ u_{P1}=\sum\limits_{n=0}^{\infty}B_{1n}r^{-(n+1)}P_n(\cos\theta)\end{cases}\qquad\langle 2\rangle$$

将 u_0 展开为级数

$$u_0=\frac{q}{4\pi\varepsilon_1}\frac{1}{R}=\frac{q}{4\pi\varepsilon_1}\sum_{n=0}^{\infty}\frac{r^n}{d^{n+1}}P_n(\cos\theta)\qquad\langle 3\rangle$$

将〈2〉，〈3〉式代入〈1〉式，便得

$$u_2 = \sum_{n=0}^{\infty}\left(\frac{q}{4\pi\varepsilon_1 d^{n+1}} + A_{2n}\right) r^n P_n(\cos\theta) \qquad \langle 4\rangle$$

$$u_1 = \sum_{n=0}^{\infty}\left(\frac{qr^n}{4\pi\varepsilon_1 d^{n+1}} + B_{1n} r^{-(n+1)}\right) P_n(\cos\theta) \qquad \langle 5\rangle$$

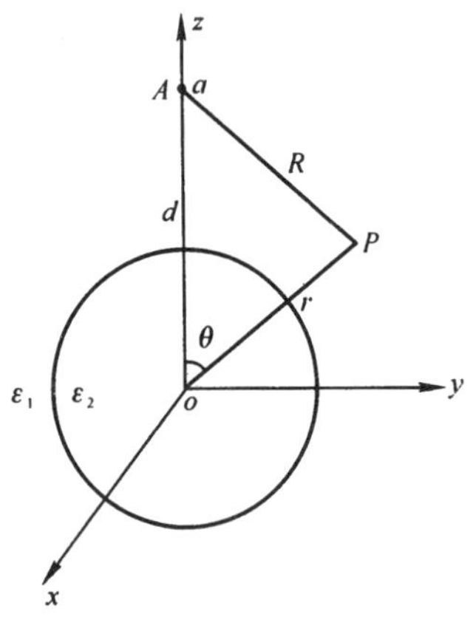

图 3.28　点源场中的电介质球

边界条件为 $r = a$，　$u_1 = u_2$，　$\varepsilon_1 \frac{\partial u_1}{\partial r} = \varepsilon_2 \frac{\partial u_2}{\partial r}$

代入〈4〉式，得

$$\begin{cases} B_{1n} a^{-(n+1)} = A_{2n} a^n \\ \dfrac{nqa^{n-1}}{4\pi d^{n+1}} - (n+1)\varepsilon_1 B_{1n} a^{-(n+2)} = \dfrac{n\varepsilon_2 q a^{n-1}}{4\pi\varepsilon_1 d^{n+1}} + n\varepsilon_2 A_{2n} a^{n-1} \end{cases} \qquad \langle 6\rangle$$

可解得

$$\begin{cases} A_{2n} = \dfrac{q}{4\pi\varepsilon_1 d^{n+1}} \dfrac{n(\varepsilon_1 - \varepsilon_2)}{n\varepsilon_2 + (n+1)\varepsilon_1} \\ B_{1n} = \dfrac{q}{4\pi\varepsilon_1 d^{n+1}} \dfrac{n(\varepsilon_1 - \varepsilon_2)}{n\varepsilon_2 + (n+1)\varepsilon_1} a^{2n+1} \end{cases} \qquad \langle 7\rangle$$

代入〈4〉,〈5〉式，便得定解为

$$u_1 = \frac{q}{4\pi\varepsilon_1 R} + \frac{q}{4\pi\varepsilon_1} \sum_{n=1}^{\infty} \frac{a^{2n+1}}{(dr)^{n+1}} \frac{n(\varepsilon_1 - \varepsilon_2)}{n\varepsilon_2 + (n+1)\varepsilon_1} P_n(\cos\theta) \qquad \langle 8\rangle$$

$$u_2 = \frac{q}{4\pi\varepsilon_1 R} + \frac{q}{4\pi\varepsilon_1} \sum_{n=1}^{\infty} \frac{r^n}{d^{n+1}} \frac{n(\varepsilon_1 - \varepsilon_2)}{n\varepsilon_2 + (n+1)\varepsilon_1} P_n(\cos\theta) \qquad \langle 9\rangle$$

〈8〉,〈9〉式也可写为

$$u_1 = \frac{q}{4\pi\varepsilon_1} \sum_{n=0}^{\infty} \frac{r^n}{d^{n+1}} \left[1 + \left(\frac{a}{r}\right)^{2n+1} \frac{n(\varepsilon_1 - \varepsilon_2)}{n\varepsilon_2 + (n+1)\varepsilon_1}\right] P_n(\cos\theta) \qquad \langle 8'\rangle$$

$$u_2 = \frac{q}{4\pi\varepsilon_1} \sum_{n=0}^{\infty} \frac{r^n}{d^{n+1}} \left[1 + \frac{n(\varepsilon_1 - \varepsilon_2)}{n\varepsilon_2 + (n+1)\varepsilon_1}\right] P_n(\cos\theta) \qquad \langle 9'\rangle$$

电场强度为

$$\begin{aligned} \boldsymbol{E}_1 = \frac{q}{4\pi\varepsilon_1} \sum_{n=0}^{\infty} \frac{1}{d^{n+1}} \Bigg\{ &\left[nr^{n-1} - \frac{a^{2n+1}}{r^{n+2}} \frac{n(n+1)(\varepsilon_1 - \varepsilon_2)}{n\varepsilon_2 + (n+1)\varepsilon_1} \right] P_n(\cos\theta) \boldsymbol{r}_0 \\ &+ \left[r^{n-1} + \frac{a^{2n+1}}{r^{n+2}} \frac{n(\varepsilon_1 - \varepsilon_2)}{n\varepsilon_2 + (n+1)\varepsilon_1} \right] P'_n(\cos\theta) \boldsymbol{\theta}_0 \Bigg\} \end{aligned} \qquad \langle 10\rangle$$

$$\begin{aligned} \boldsymbol{E}_2 = \frac{q}{4\pi\varepsilon_1} \sum_{n=0}^{\infty} \frac{1}{d^{n+1}} \Bigg\{ & nr^{n-1} \left[1 + \frac{n(\varepsilon_1 - \varepsilon_2)}{n\varepsilon_2 + (n+1)\varepsilon_1} \right] P_n(\cos\theta) \boldsymbol{r}_0 \\ &+ r^{n-1} \left[1 + \frac{n(\varepsilon_1 - \varepsilon_2)}{n\varepsilon_2 + (n+1)\varepsilon_1} \right] P'_n(\cos\theta) \boldsymbol{\theta}_0 \Bigg\} \end{aligned} \qquad \langle 11\rangle$$

〈8〉,〈9〉式中第二项就是由束缚电荷产生的势。若令 $\varepsilon_2 = \infty$，则上述结果便适用于导体球的情形。这时导体球外的电势为

$$\begin{aligned} u_1 &= \frac{q}{4\pi\varepsilon_1 R} - \sum_{n=1}^{\infty} \frac{q}{4\pi\varepsilon_1} \frac{a^{2n+1}}{(dr)^{n+1}} P_n(\cos\theta) \\ &= \frac{q}{4\pi\varepsilon_1 R} + \frac{aq}{4\pi\varepsilon_1 dr} - \sum_{n=0}^{\infty} \frac{q}{4\pi\varepsilon_1} \frac{a^{2n+1}}{(dr)^{n+1}} P_n(\cos\theta) \end{aligned}$$

令 $$q' = -\frac{a}{d}q \text{ , } b = \frac{a^2}{d} \text{ , } r' = \sqrt{r^2 + b^2 - 2rb\cos\theta}$$

将 $\frac{1}{r'}$ 展开成级数 $\frac{1}{r'} = \sum_{n=0}^{\infty} \frac{b^n}{r^{n+1}} P_n(\cos\theta) = \sum_{n=0}^{\infty} \frac{a^{2n}}{d^n r^{n+1}} P_n(\cos\theta)$

于是 $$u_1 = \frac{1}{4\pi\varepsilon_1}\left(\frac{q}{R} - \frac{q'}{r} + \frac{q'}{r'}\right)$$

导体球内的电势为

$$\begin{aligned} u_2 &= \frac{q}{4\pi\varepsilon_1 R} - \sum_{n=1}^{\infty} \frac{q}{4\pi\varepsilon_1} \frac{r^n}{d^{n+1}} P_n(\cos\theta) \\ &= \frac{q}{4\pi\varepsilon_1 R} + \frac{q}{4\pi\varepsilon_1 d} - \sum_{n=0}^{\infty} \frac{q}{4\pi\varepsilon_1} \frac{r^n P_n(\cos\theta)}{d^{n+1}} \\ &= \frac{q}{4\pi\varepsilon_1 R} + \frac{q}{4\pi\varepsilon_1 d} - \frac{q}{4\pi\varepsilon_1 R} = \frac{q}{4\pi\varepsilon_1 d} \end{aligned}$$

可见这时球内的电势为一常量,即导体球为一等势体。

例 17 在介电常数为 ε 的均匀无限介质中挖一个半径为 a 的无限长圆柱形空腔,在空腔轴上 A 点置一电荷 q,求空间任意一点的电场。

解:以 A 为坐标原点建立圆柱坐标系。除 A 点外,空间任意点的电势满足下列拉普拉斯方程(电势与 φ 角无关)

$$\nabla^2 u = \frac{1}{r}\frac{\partial}{\partial r}\left(r\frac{\partial u}{\partial r}\right) + \frac{\partial^2 u}{\partial z^2} = 0$$

方程的通解为

$$u = \int_0^{\infty} [A_m\cos(mz) + B_m\sin(mz)][C_m I_0(mr) + D_m K_0(mr)]\mathrm{d}m \qquad \langle 1\rangle$$

式中,I_0, K_0 为零阶第一类和第二类虚宗量贝塞尔函数,现在首先根据电场特点由通解得出其特解:

(1)由于 u 对 xoy 平面具对称性,即 $u(r,z) = u(r,-z)$。因此 u 的解中不应包含奇函数 $\sin(mz)$ 项。

(2)在空腔内,当 $r \to 0$ 时,u 有限,但 $K_0(mr)$ 在 $r \to 0$ 时却趋于无限大,因此柱内电势的解中不应含 $K_0(mr)$ 项。

(3)在空腔外,如果令 $r = \infty$ 时 $u = 0$,则柱外电势的解不应该含 $I_0(mr)$ 项,因为 $r \to \infty$ 时,$I_0(mr)$ 趋于无穷大。

(4)在空腔内,当 P 点趋于 A 点时,应有

$$u = \frac{q}{4\pi\varepsilon_0 R}$$

由上述几点便可写出柱内和柱外电势的特解为

$$u_1 = \frac{q}{4\pi\varepsilon_0 R} + \int_0^{\infty} A_m I_0(mr)\cos(mz)\mathrm{d}m \qquad (0 < r < a)$$

$$u_2 = \int_0^{\infty} B_m K_0(mr)\cos(mz)\mathrm{d}m \qquad (r > a) \qquad \langle 2\rangle$$

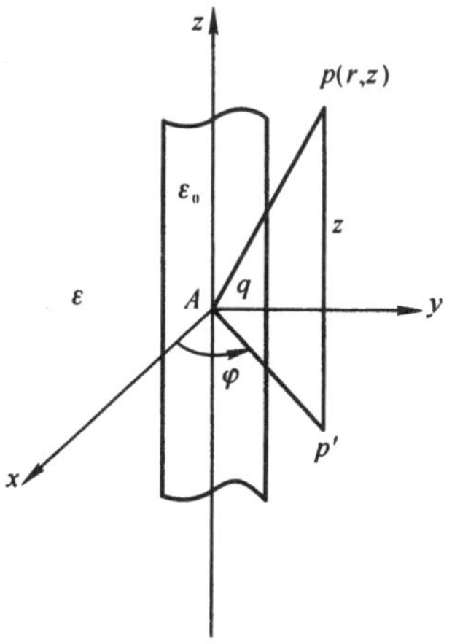

图 3.29

为了确定系数 A_m 和 B_m,应将 $\frac{1}{R}$ 进行变换,利用韦伯—李普希兹

积分，有

$$\frac{1}{R}=\frac{2}{\pi}\int_0^{\infty}K_0(mr)\cos(mz)\mathrm{d}m \tag{3}$$

于是〈2〉式中第一式可写为

$$u_1=\int_0^{\infty}\left[\frac{q}{2\pi^2\varepsilon_0}K_0(mr)+A_mI_0(mr)\right]\cos(mz)\mathrm{d}m \tag{2'}$$

边界条件：$r=a$ 　时有

$$u_1=u_2,\ \varepsilon_0\frac{\partial u_1}{\partial r}=\varepsilon\frac{\partial u_2}{\partial r}$$

将边界条件代入〈2〉及〈 2′ 〉式，得方程组

$$\begin{cases}\dfrac{q}{2\pi^2\varepsilon_0}K_0(ma)+A_mI_0(ma)=B_mK_0(ma)\\ \varepsilon_0\left[-\dfrac{q}{2\pi^2\varepsilon_0}K_1(ma)+A_mI_1(ma)\right]=[-B_mK_1(ma)]\varepsilon\end{cases} \tag{4}$$

解得

$$A_m=\frac{q}{2\pi^2\varepsilon_0}\frac{(\varepsilon_0-\varepsilon)K_0(ma)K_1(ma)}{\varepsilon_0I_1(ma)K_0(ma)+\varepsilon I_0(ma)K_1(ma)}$$

$$B_m=\frac{q}{2\pi^2\varepsilon_0}\left[1+\frac{(\varepsilon_0-\varepsilon)I_0(ma)K_1(ma)}{\varepsilon_0I_1(ma)K_0(ma)+\varepsilon I_0(ma)K_1(ma)}\right]$$

于是空腔内、外的电势为

$$u_1=\frac{q}{2\pi^2\varepsilon_0}\int_0^{\infty}\left[K_0(mr)+\frac{(\varepsilon_0-\varepsilon)K_0(ma)K_1(ma)I_0(mr)}{\varepsilon_0I_1(ma)K_0(ma)+\varepsilon I_0(ma)K_1(ma)}\right]\cos(mz)\mathrm{d}m$$

$$u_2=\frac{q}{2\pi^2\varepsilon_0}\int_0^{\infty}\left[K_0(mr)+\frac{(\varepsilon_0-\varepsilon)I_0(ma)K_1(ma)K_0(mr)}{\varepsilon_0I_1(ma)K_0(ma)+\varepsilon I_0(ma)K_1(ma)}\right]\cos(mz)\mathrm{d}m$$

由 $E=-\frac{\partial u}{\partial r}r_0-\frac{\partial u}{\partial z}z_0$ 可以计算电场强度

$$E_{1r}=\frac{q}{2\pi^2\varepsilon_0}\int_0^{\infty}\left[K_1(mr)-\frac{(\varepsilon_0-\varepsilon)K_0(ma)K_1(ma)I_1(mr)}{\varepsilon_0I_1(ma)K_0(ma)+\varepsilon I_0(ma)K_1(ma)}\right]m\cos(mz)\mathrm{d}m$$

$$E_{1z}=\frac{q}{2\pi^2\varepsilon_0}\int_0^{\infty}\left[K_0(mr)+\frac{(\varepsilon_0-\varepsilon)K_0(ma)K_1(ma)I_0(mr)}{\varepsilon_0I_1(ma)K_0(ma)+\varepsilon I_0(ma)K_1(ma)}\right]m\sin(mz)\mathrm{d}m$$

$$E_{2r}=\frac{q}{2\pi^2\varepsilon_0}\int_0^{\infty}\left[1+\frac{(\varepsilon_0-\varepsilon)I_0(ma)K_1(ma)}{\varepsilon_0I_1(ma)K_0(ma)+\varepsilon I_0(ma)K_1(ma)}\right]K_1(mr)m\cos(mz)\mathrm{d}m$$

$$E_{2z}=\frac{q}{2\pi^2\varepsilon_0}\int_0^{\infty}\left[1+\frac{(\varepsilon_0-\varepsilon)I_0(ma)K_1(ma)}{\varepsilon_0I_1(ma)K_0(ma)+\varepsilon I_0(ma)K_1(ma)}\right]K_0(mr)m\sin(mz)\mathrm{d}m$$

四、电像法

先看一个简单的例子：在距无限大接地导体平面 S 为 x_0 的 A 点置一点电荷 q，计算空间任意点的电场。

将空间以 S 面为界，分为 Ω_1 和 Ω_2 两部分。在空间 Ω_2，由于静电屏蔽，其电势和电场强度都等于零。在空间 Ω_1，除 A 点外有

$$\begin{cases}\nabla^2u=0\\ u_S=0\end{cases}$$

由惟一性定理知：在 Ω_1 空间中（除 A 点外）满足上述边界条件的拉普拉斯方程的解都是惟一的，现在寻求一种简单的解题方法。

如果在 Ω_2 空间中 $A(x_0)$ 点的镜像位置 $A'(-x_0)$ 上置一点电荷 $-q$，则由 q 与 $-q$ 在 Ω_1 空间中产生的电场应满足

$$\begin{cases}\nabla^2 u = 0\\ u_S = 0\end{cases}$$

可见，引入 $-q$ 的结果使得在 Ω_1 空间的所满足的微分方程及边界条件不变。因此，它的解应是惟一解，这个解很容易计算

$$u = \frac{q}{4\pi\varepsilon_0}\left(\frac{1}{r}-\frac{1}{r'}\right)$$

$$r = \sqrt{(x-x_0)^2+y^2+z^2}\ ;r' = \sqrt{(x+x_0)^2+y^2+z^2}$$

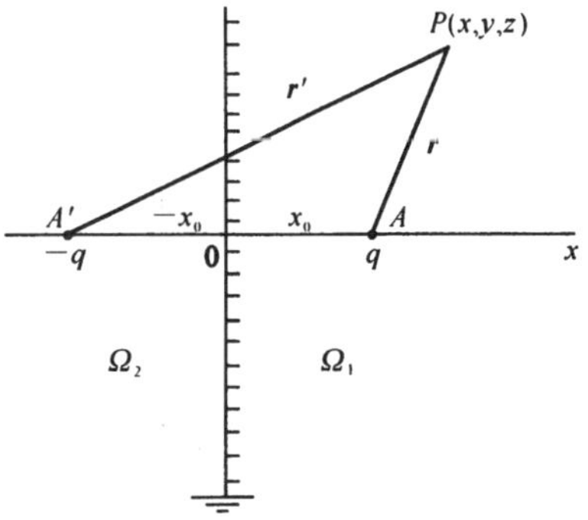

图 3.30　用电像法计算电场

“$-q$”称为“象电荷”或“虚电荷”，因为它实际并不存在。引入它的作用在于替代导体平面上的感应电荷的作用。因此，引入象电荷之后，就不再需要考虑界面上感应电荷的作用。

用引入适当的象电荷来替代导体或电介质界面上的自由电荷或束缚电荷的影响，以计算电场的方法，称为电像法。

电像法的理论依据是惟一性定理，因此引入象电荷的原则是务必使研究区域内电场所满足的微分方程（泊松方程或拉普拉斯方程）和边界条件不变。

应用电像法时最主要的是要解决这几个问题：〈1〉象电荷设在哪里？〈2〉设置多少个象电荷？〈3〉各象电荷的大小及符号如何确定？为此必须注意：

(1)象电荷必须设置在研究区域以外，因为这样才不会破坏原来电场所满足的微分方程。

(2)象电荷的位置、数量及大小应以满足原来的边界条件为准则。

(3)设置象电荷后，就把计算区域视为均匀全空间的一部分，其电场由区内的实际电荷和区外的象电荷所共同产生。

例 18　在无限大平面界面两侧有介电常数各为 ε_1 和 ε_2 的均匀介质，今有点电荷 q 置于介质 1 中的 A 点，求空间各点的电势和电场强度（图 3.31）。

解：在左半空间，除 A 点外，满足

$$\begin{cases}\nabla^2 u_1 = 0\\ u_{1S} = u_{2S}\\ \varepsilon_1\dfrac{\partial u_1}{\partial r} = \varepsilon_2\dfrac{\partial u_2}{\partial r}\end{cases}\quad \in \Omega_1$$

而在右半空间，则到处满足

$$\begin{cases}\nabla^2 u_2 = 0\\ u_{1S} = u_{2S}\\ \varepsilon_1\dfrac{\partial u_1}{\partial r} = \varepsilon_2\dfrac{\partial u_2}{\partial r}\end{cases}\quad \in \Omega_2$$

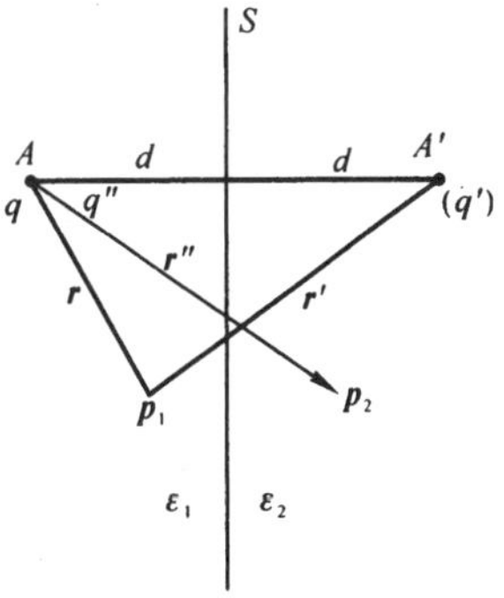

图 3.31　第一平面介面两侧电场的电像法解法

在计算 Ω_1 中的电场时，将象电荷置于 A 的镜像点 A' 处，设电量为 q'。

这时 $$u_1 = \frac{q}{4\pi\varepsilon_1}(\frac{q}{r} + \frac{q'}{r'}) \qquad \langle 1 \rangle$$

在计算 Ω_2 中的电场时，将象电荷置于 A 点，设电量为 q''。于是

$$u_2 = \frac{1}{4\pi\varepsilon_2}\frac{q''}{r''} \qquad \langle 2 \rangle$$

利用边界条件可确定 q' 与 q'' 之值。为此，设想 P_1，P_2 点从界面两侧无限靠近，这时 $r = r' = r''$，于是由边界条件：$u_{1S} = u_{2S}$，便得

$$\frac{1}{\varepsilon_1}(q + q') = \frac{1}{\varepsilon_2}q'',$$

又由　$\varepsilon_1 \frac{\partial u_1}{\partial r} = \varepsilon_2 \frac{\partial u_2}{\partial r}$，得

$$q - q' = q''$$

解得

$$q' = \frac{\varepsilon_1 - \varepsilon_2}{\varepsilon_1 + \varepsilon_2}q; \qquad q'' = \frac{2\varepsilon_2}{\varepsilon_1 + \varepsilon_2}q$$

于是便得

$$u_1 = \frac{q}{4\pi\varepsilon_1}(\frac{1}{r} + \frac{\varepsilon_1 - \varepsilon_2}{\varepsilon_1 + \varepsilon_2}\frac{1}{r'})$$

$$u_2 = \frac{q}{4\pi\varepsilon_2}(\frac{2\varepsilon_2}{\varepsilon_1 + \varepsilon_2}\frac{1}{r''})$$

如果以 A 作为坐标原点，则

$$r = \sqrt{x^2 + y^2 + z^2}; \quad r' = \sqrt{(x - 2d)^2 + y^2 + z^2}; \quad r'' = r$$

通常把

$$K_{12} = \frac{\varepsilon_1 - \varepsilon_2}{\varepsilon_1 + \varepsilon_2} \qquad (3.113)$$

称为(由介质 2 向介质 1 的)反射系数，而把

$$(1 - K_{12}) = \frac{2\varepsilon_2}{\varepsilon_1 + \varepsilon_2} \qquad (3.114)$$

称为(由介质 1 向介质 2 的)透过系数。

在解具有平面分界面的电学问题时，通常是将象电荷置于镜像的位置，象电荷的大小则由反射系数或透过系数决定。

例 19　有一半径为 a 的接地导体球，球外 A 处有一点电荷 q，A 距球心为 d，计算球外的电势。

解：由于导体球接地，其电势为零，且球面带有负电荷。现在用电像法求解，以置于球内 OA 连线上距球心为 b 的 B 点处($0 < b < a$)的象电荷 q' 替代感应电荷的影响。应满足的方程及边界条件为

〈1〉　$\nabla^2 u = 0 \quad \in \Omega$　(除 A 点外)

〈2〉　$r = a$ 时，$u = 0$

〈3〉　$r = \infty$ 时，$u = 0$

现在球外任意点 P 的势可表示为

$$u = \frac{1}{4\pi\varepsilon_0}(\frac{q}{r} + \frac{q'}{r'}) \qquad \langle 1 \rangle$$

由图 3.32 知

$r=\sqrt{R^2+d^2-2Rd\cos\theta}$； $r'=\sqrt{R^2+b^2-2Rb\cos\theta}$

当 P 点落在球面上时，$R=a, u=0$，于是由〈1〉式有

$$\frac{q}{\sqrt{a^2+d^2-2ad\cos\theta}}+\frac{q'}{\sqrt{a^2+b^2-2ab\cos\theta}}=0 \quad 〈2〉$$

由于〈2〉式成立的条件与 θ 无关，可分别令 $\theta=0$ 和 $\theta=\pi$，便得方程组如下

$$\begin{cases}\dfrac{q}{a-d}=\dfrac{q'}{a-b}\\[2ex] \dfrac{q}{a+d}=-\dfrac{q'}{a+b}\end{cases} \quad 〈3〉$$

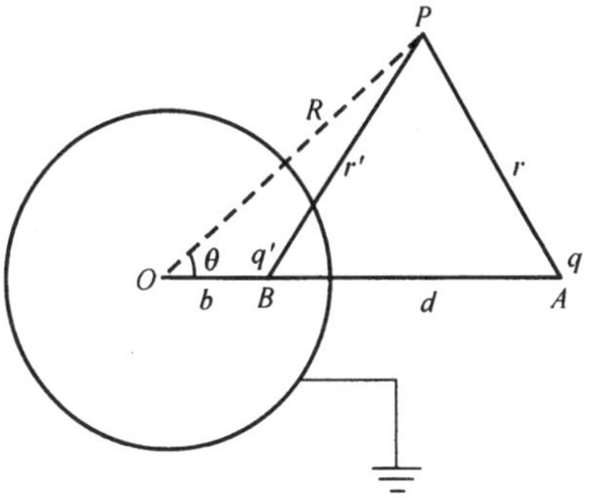

图 3.32 球形界面的电像法

解得
$$b=\frac{a^2}{d}; \qquad q'=-\frac{a}{d}q \tag{3.115}$$

于是球外的电势为

$$u=\frac{q}{4\pi\varepsilon_0}\left(\frac{1}{r}-\frac{a}{d}\frac{1}{r'}\right)$$

例 20 在上题中若导体球不接地，求球外的电势。

解：这时解所满足的边界条件为

(1) $R=a$， $u=c$

(2) $R=\infty$， $u=0$

(3)球面上，$Q=0$

由于在 $b=\dfrac{a^2}{d}$ 处引入 $q'=-\dfrac{a}{d}q$ 后不能满足 $Q=0$ 这一条件。为了满足这一条件而又不破坏球面为等势面这个条件，必须在球心(O 点)处再引入一个象电荷 $q''=\dfrac{a}{d}q$ 。这时球外电势便为

$$u=\frac{q}{4\pi\varepsilon_0}\left[\frac{1}{r}+\frac{a}{d}\left(\frac{1}{R}-\frac{1}{r'}\right)\right]=\frac{1}{4\pi\varepsilon_0}\left(\frac{q}{r}-\frac{q'}{R}+\frac{q'}{r'}\right)$$

其结果与例 16 用解析法所得结果一致。

例 21 两个半无限大导体平面 OA 和 OB 之间夹角为 60°。导体接地，在平面之间的 Q 点置点电荷 q，计算平面之间的角域内的电势。

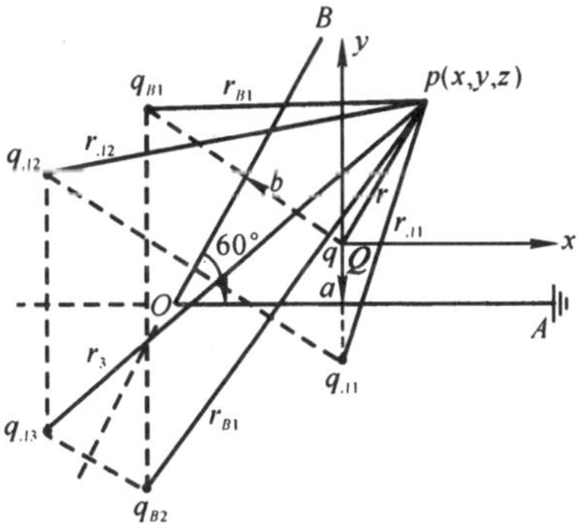

图 3.33

解：设 Q 点至 OA，OB 平面的距离分别为 a 和 b。首先以 OA 和 OB 为镜面，分别引入象电荷 $q_{A1}=-q$ 以及 $q_{B1}=-q$。然而，由于 q_{A1} 的引入，OB 平面上的感应电荷发生了变化。为此，引入 $q_{A2}=-q_{A1}=q$。同样 q_{B1} 的引入也使 OA 平面上的感应电荷发生变化，为此引入 $q_{B2}=-q_{B1}=q$，q_{A2} 的引入又使 OA 平面的感应电荷发生改变，于是又需引入 $q_{A3}=-q_{A2}=-q$，同样，由于 q_{B2} 的引入使 OB 平面感应电荷的改变，必须用引入 $q_{B3}=-q_{B2}=-q$ 来替代。由于 q_{A3} 与 q_{B3} 在空间位置及电量上是一致的，至此，象电荷的引入全部完成。然后计算 P 点电势：

以 Q 为坐标原点，z 轴平行 O 轴，则 P 点电势为

$$u=\frac{q}{4\pi\varepsilon_0}\left[\frac{1}{r}-\frac{1}{r_{A1}}-\frac{1}{r_{B1}}+\frac{1}{r_{A2}}+\frac{1}{r_{B2}}-\frac{1}{r_3}\right]$$

其中
$$r=\sqrt{x^2+y^2+z^2}\ ;$$
$$r_{A1}=\sqrt{x^2+(y+2a)^2+z^2}\ ;$$
$$r_{A2}=\sqrt{\left[x+\sqrt{3}(a+b)\right]^2+(y+a-b)^2+z^2}\ ;$$
$$r_{B1}=\sqrt{(x+\sqrt{3}b)^2+(y-b)^2+z^2}\ ;$$
$$r_{B2}=\sqrt{(x+\sqrt{3}b)^2+(y+2a+b)^2+z^2}\ ;$$
$$r_3=\sqrt{\left[x+\sqrt{3}(a+b)\right]^2+(y+a+b)^2+z^2}\ 。$$

例 22 由一个半径为 a 的导体半球面和两个半无限大导体平面组成的导体曲面，接地。在上半空间，以过球心的垂直面 S 为界，右侧充满介电常数为 ε 的介质，左侧 A 点置一点电荷 q，计算上半空间 $z=0$ 平面的电势。

解：过 A 点向 S 面引垂线，垂足为 Q，以 AOQ 为 xy 面，则全部象电荷均在 xy 面上，当观测点在上半空间左侧时，为了满足导体表面上电势为零以及界面上的边界条件，应分别在 $A_1,A_2,A_3,A_4,A_5,A_6,A_7$ 各点引入象电荷 $q_1,q_2,q_3,q_4,q_5,q_6,q_7$（图 3.34）。

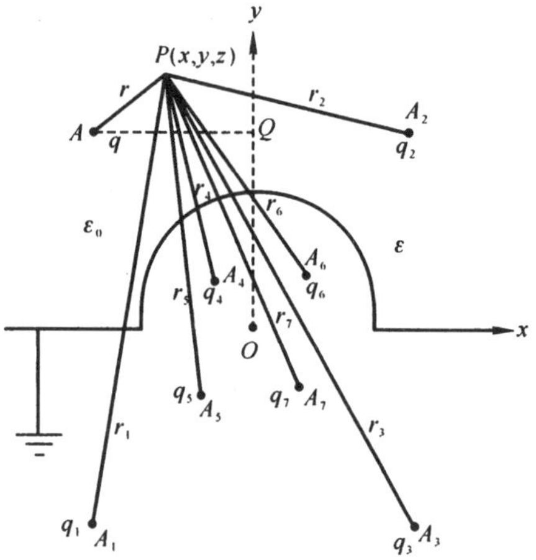

图 3.34

如果以球心 O 点为坐标原点，A 点坐标设为 $(-x_0,y_0)$，测点坐标设为 $P(x,y,z)$，$OA=r_0=\sqrt{x_0^2+y_0^2}$，则各点的位置为

$A_1(-x_0,-y_0)$；$A_2(x_0,y_0)$；$A_3(x_0,-y_0)$，A_4，A_5，A_6，A_7 则分别在 OA，OA_1，OA_2，OA_3 的连线上，并距球心为 $b=\dfrac{a^2}{r_0}$。各象电荷的值分别为

$$q_1=-q\ ;\ q_2=K_{12}q=\frac{\varepsilon_0-\varepsilon}{\varepsilon+\varepsilon_0}q\ ;\ q_3=\frac{\varepsilon-\varepsilon_0}{\varepsilon+\varepsilon_0}q\ ;$$

$$q_4=-\frac{a}{r_0}q\ ;\ q_5=\frac{a}{r_0}q\ ,\ q_6=\frac{a}{r_0}\left(\frac{\varepsilon-\varepsilon_0}{\varepsilon+\varepsilon_0}\right)q\ ;\ q_7=-\frac{a}{r_0}\left(\frac{\varepsilon-\varepsilon_0}{\varepsilon+\varepsilon_0}\right)q$$

于是

$$u_1=\frac{q}{4\pi\varepsilon_0}\left[\frac{1}{r}-\frac{1}{r_1}+\frac{K_{12}}{r_2}-\frac{K_{12}}{r_3}-\frac{a}{r_0r_4}+\frac{a}{r_0r_5}-\frac{aK_{12}}{r_0r_6}+\frac{aK_{12}}{r_0r_7}\right]$$

当观测点位于上半空间右侧时，应分别在 A 点，A_1 点，A_4 点和 A_5 点引入象电荷 q''，q''_1，q''_4 和 q''_5（图 3.35）。各象电荷的电量为

$$q''=(1-K_{12})q;q''_1=(K_{12}-1)q$$

$$q''_4=\frac{a}{r_0}(K_{12}-1)q;q''_5=\frac{a}{r_0}(1-K_{12})q$$

于是

$$u_2=\frac{q}{4\pi\varepsilon}\left[\frac{1-K_{12}}{r}-\frac{1-K_{12}}{r_1}-\frac{a(1-K_{12})}{r_0r_4}+\frac{a(1-K_{12})}{r_0r_5}\right]$$

式中
$$r = \sqrt{(x+x_0)^2\ (y-y_0)^2 + z^2}$$
$$r_1 = \sqrt{(x+x_0)^2 + (y+y_0)^2 + z^2}$$
$$r_2 = \sqrt{(x-x_0)^2 + (y-y_0)^2 + z^2}$$
$$r_3 = \sqrt{(x-x_0)^2 + (y+y_0)^2 + z^2}$$
$$r_4 = \sqrt{\left(x+\frac{a^2}{r_0^2}x_0\right)^2 + \left(y-\frac{a^2}{r_0^2}y_0\right)^2 + z^2}$$
$$r_5 = \sqrt{\left(x+\frac{a^2}{r_0^2}x_0\right)^2 + \left(y+\frac{a^2}{r_0^2}y_0\right)^2 + z^2}$$
$$r_6 = \sqrt{\left(x-\frac{a^2}{r_0^2}x_0\right)^2 + \left(y-\frac{a^2}{r_0^2}y_0\right)^2 + z^2}$$
$$r_7 = \sqrt{\left(x-\frac{a^2}{r_0^2}x_0\right)^2 + \left(y+\frac{a^2}{r_0^2}y_0\right)^2 + z^2}$$

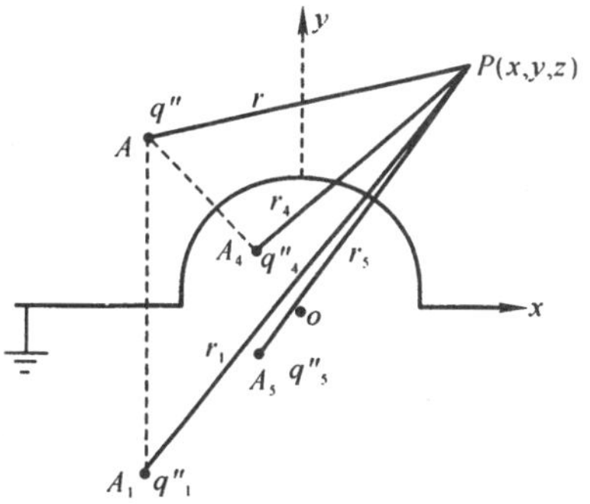

图 3.35

五、格林函数法

有一些问题并不给出电荷的空间分布，而是给出某个界面上的电势或电势的法向导数(即电场强度的法向分量)值，要求计算空间中的电场。对这一类问题，可以用格林函数法求解。物探数据处理中的空间域延拓，就是格林函数法的一个应用。

例 23 若已知无限大平面 $z=0$ 上的势为 $u(\xi,\eta)$，计算域 $\Omega(z>0)$ 中任一点的势(图 3.36)。

解：这显然是一个狄利赫利问题。由(3.102)式知势的解为
$$u(x,y,z) = -\frac{1}{4\pi}\oiint_S u(\xi,\eta)\frac{\partial G}{\partial n}\mathrm{d}\xi\mathrm{d}\eta \qquad \langle 1\rangle$$
除计算点外，格林函数 $G=\frac{1}{r}+v$ 应当满足
$$\begin{cases}\nabla^2 G = 0 \\ G\,|_{\zeta=0} = 0\end{cases} \quad \in \Omega \qquad \langle 2\rangle$$

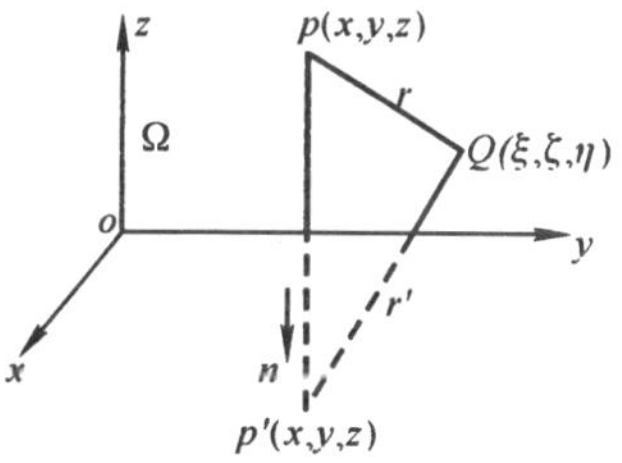

图 3.36 利用格林函数解狄利赫利问题

域 Ω 中任意点 $Q(\xi,\eta,\zeta)$ 到计算点 $P(x,y,z)$ 的距离为：
$$r = \sqrt{(x-\xi)^2 + (y-\eta)^2 + (z-\zeta)^2}$$
现在引入 P 点的镜像点 $P'(x,y,-z)$，则 Q 点到 P' 点的距离为
$$r' = \sqrt{(x-\xi)^2 + (y-\eta)^2 + (z+\zeta)^2}$$
若令 $v=-\frac{1}{r}$，则格林函数 $G=\frac{1}{r}-\frac{1}{r}$ 显然满足条件〈2〉。于是
$$\left.\frac{\partial G}{\partial n}\right|_s = \frac{-\partial}{\partial\zeta}\left[\frac{1}{[(x-\xi)^2+(y-\eta)^2+(z-\zeta)^2]^{1/2}} = \frac{1}{[(x-\xi)^2+(y-\eta)^2+(z+\zeta)^2]^{1/2}}\right]$$
$$= \frac{-2z}{[(x-\xi)^2+(y-\eta)^2+z^2]^{3/2}}$$
代回〈1〉式便得
$$u(x,y,z) = \frac{z}{2\pi}\int_{-\infty}^{\infty}\int_{-\infty}^{\infty}\frac{u(\xi,\eta)}{[(x-\xi)^2+(y-\eta)^2+z^2]^{3/2}}\mathrm{d}\xi\mathrm{d}\eta$$

特别是当 $u(\xi,\eta)=u_0$ 时，上述积分得 $u(x,y,z)=u_0$，这表明被导体曲面（平面可视为曲面的一种）所包围的域内，其中电势与导体曲面上的电势相同。

第七节　稳定电流场的基本性质

上述各节所研究的是由相对静止的电荷所产生的电场。如果电荷在电场的作用下作宏观运动，则形成电流。电流的大小是用电流密度这一物理量来描述的。如果电荷的运动是在某个三维空间域内进行，则域内某点的电流体密度定义为

$$\boldsymbol{j}=\lim_{\Delta S\to 0}\frac{\Delta Q}{\Delta t\Delta s}\boldsymbol{j}_0=\lim_{\Delta S\to 0}\frac{\Delta I}{\Delta s}\boldsymbol{j}_0=\frac{\mathrm{d}I}{\mathrm{d}s}\boldsymbol{j}_0 \tag{3.116}$$

式中，Δs 为垂直电荷位移方向的面积元，$\boldsymbol{j}_0$ 为沿电流方向的单位矢量，它与 Δs 法线方向一致。ΔQ 是在 Δt 时间内穿过截面 Δs 的电量。因此电流体密度也可定义为：垂直电流方向单位截面上的电流强度。在 SI 制中，电流体密度的单位是 $\mathrm{A/m^2}$（安培/米^2）。

如果电荷的运动仅发生在某个曲面上，则曲面上某点的电流面密度定义为

$$\boldsymbol{i}=\lim_{\Delta l\to 0}\frac{\Delta Q}{\Delta t\Delta l}\boldsymbol{i}_0=\lim_{\Delta l\to 0}\frac{\Delta I}{\Delta l}\boldsymbol{i}_0=\frac{\mathrm{d}I}{\mathrm{d}l}\boldsymbol{i}_0 \tag{3.117}$$

式中，Δl 是垂直电流方向的线元，$\boldsymbol{i}_0$ 为沿电流方向的单位矢量。电流面密度的单位是 A/m（安培/米）。

由(3.116)式，电流强度可写为

$$I=\iint_S \boldsymbol{j}\cdot\mathrm{d}\boldsymbol{s} \tag{3.118}$$

一般说来，电流密度是空间坐标变量以及时间变量的函数。如果它仅与坐标变量有关而与时间无关，就称这种电流为稳定电流。电流不但形成了电场，同时也形成了磁场。本章仅研究稳定电流的电场。稳定电流的磁场将在下一章中讨论，而在第五章，则研究非稳定的电磁场问题。

一、欧姆定律的微分形式

在导电媒质中，带电粒子在电场作用下，作定向宏观运动而形成电流。沿电流方向取一个小圆柱体，其两个端面的法线方向与电流方向相同或相反。设两端面电势差为 Δu，则由欧姆定律，小圆柱体内的电流强度为

$$\Delta I=\frac{\Delta u}{\Delta R}$$

式中，$\Delta R=\rho\dfrac{\Delta l}{\Delta s}$ 为小圆柱体的电阻，ρ 是它的电阻率，于是

$$\Delta I=\frac{\Delta u\Delta s}{\rho\Delta l}$$

两边除以 Δs，便得

$$\frac{\Delta I}{\Delta s}=\frac{\Delta u}{\rho\Delta l}$$

当 Δs 及 Δl 很小时，上式就可写成

$$j = \frac{\mathrm{d}I}{\mathrm{d}S} = \frac{1}{\rho}E \tag{3.119}$$

也可写成矢量形式

$$\boldsymbol{j} = \frac{1}{\rho}\boldsymbol{E} \tag{3.120}$$

(3.120)式就是欧姆定律的微分形式。它表明:在导电媒质中,电场强度的存在是形成电流的原因,并且媒质中任一点的电流密度值正比于该点之电场强度值。如果媒质是均匀各向同性的,则 $\boldsymbol{j}$ 与 $\boldsymbol{E}$ 方向一致。

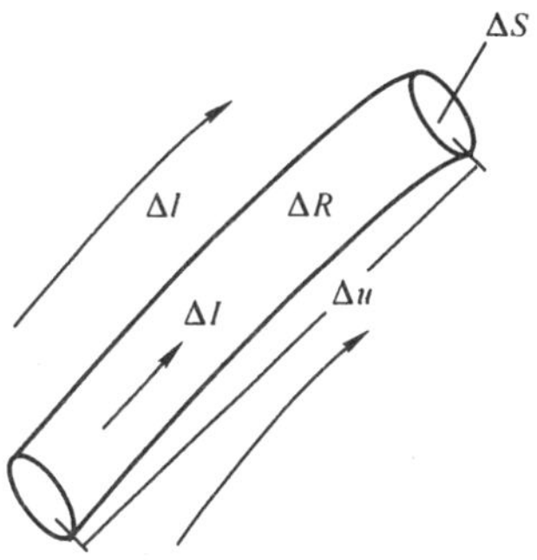

图 3.37 欧姆定律微分形式的推导

由于形成电流,将不断地消耗电场的能量,因此为了要维持稳定的电流,就必须借助于其他形式能量的不断补充,例如化学电池中的化学能,太阳能电池中的太阳能,直流发电机中的机械能等等。

单位正电荷所受到的非静电力定义为非静电场强度,以 $\boldsymbol{E}^{外}$ 表示。在非静电力作用区域,例如电池的内路,其电流密度由静电场强度 $\boldsymbol{E}$ 和非静电场强度 $\boldsymbol{E}^{外}$ 共同产生

$$\boldsymbol{j} = \frac{1}{\rho}(\boldsymbol{E} + \boldsymbol{E}^{外}) \tag{3.121}$$

二、稳定电流电场的连续性方程

根据电量守恒定律,电荷不会无中生有,也不会无故消失。它只能在空间移动或在物质中重新结合和分配,但电荷的总量是不会改变的。因此,如果在电流场中任意取一个封闭曲面 s,它的电流密度通量 $\oiint_S \boldsymbol{j} \cdot \mathrm{d}\boldsymbol{s}$ 就表示在单位时间内穿过该封闭曲面的电量。根据电量守恒定律,封闭曲面内部单位时间内电量的减少应正好等于该通量值,即

$$\oiint_S \boldsymbol{j} \cdot \mathrm{d}\boldsymbol{s} = -\frac{\mathrm{d}q}{\mathrm{d}t} \tag{3.122}$$

(3.122)式即为连续性方程的积分形式。连续性方程是电量守恒的一种数学表达形式。它表明,如果一个封闭曲面的电流密度通量为正,说明有电流从封闭曲面向外流出,这封闭曲面所包围的空间内的正电荷在减少,反之,当电流从外部空间流入封闭曲面时,其内部正电荷便增加。减少(或增加)的数量与流出(或流入)的数量是相等的。

可以将连续性方程表示为微分形式。利用高斯公式,将(3.122)式写成

$$\oiint_S \boldsymbol{j} \cdot \mathrm{d}\boldsymbol{s} = \iiint_V \nabla \cdot \boldsymbol{j}\,\mathrm{d}v = -\frac{\mathrm{d}q}{\mathrm{d}t} = -\frac{\mathrm{d}}{\mathrm{d}t}\iiint_V \rho_q \mathrm{d}v$$

于是便有

$$\nabla \cdot \boldsymbol{j} = -\frac{\mathrm{d}\rho_q}{\mathrm{d}t} \tag{3.123}$$

(3.123)式是连续性方程的微分形式,它表示电流场中任一点电流密度的散度等于该点自由电荷体密度对时间的变化率之负值,即等于该点自由电荷体密度的减少速率。

在稳定电流场中,自由电荷虽然不断地运动,但场中各点自由电荷的体密度却是不随时间而变化的,即 $\frac{\mathrm{d}\rho_q}{\mathrm{d}t} = 0$,因此,对稳定电流场而言,连续性方程便变为

$$\oiint_S \boldsymbol{j} \cdot d\boldsymbol{s} = 0 \tag{3.124}$$

$$\nabla \cdot \boldsymbol{j} = 0 \tag{3.125}$$

(3.124)式表明在稳定电流场中流入和流出任意封闭曲面的电量相等。或者说，电流线总是连续的，它不会在场中某处突然中止，也不会突然从场中某处发出。这与静电场有很大的不同。事实上，稳定电流场的场源总是成对的，不能单独存在。电流从正源发出，经外部媒质而进入负源，并在非静电力作用下，由负源回到正源。因此电流线（$\boldsymbol{j}$ 线）总是闭合的。

(3.125)式表明稳定电流场（$\boldsymbol{j}$ 场）是无源场。这与静电场的有源性形成对照。可以用电流线来形象地描述稳定电流场。电流线显然与电力线（$\boldsymbol{E}$ 线）不同。虽然在均匀各向同性媒质内部它们完全重合，但在非均匀各向同性媒质内部或两种媒质的分界面上，它们的性质就完全不同。关于这一点，以后还要讨论。

三、稳定电流场的势场性

场力做功与路径无关的场称为保守场。保守场是一个势场，例如引力场和静电场就都是势场，并且它们的场源分布不随时间而变化。稳定电流场中各点的电流密度值也是不随时间而变化的，因此场中各点的电荷分布也是不随时间而变化的。就这点而言，稳定电流场与静电场有相似之处。在稳定电流场中，任意两点之间的电势差有确定的值。因此，把一个单位正电荷从场中 A 点移至 B 点时，场力做功 $A = u_A - u_B$ 显然与路径无关。所以说，稳定电流场也是一个势场。和静电场类似，在稳定电流场中，电场强度的环量和旋度为零。

$$\oint \boldsymbol{E} \cdot d\boldsymbol{l} = 0 \tag{3.126}$$

$$\nabla \times \boldsymbol{E} = 0 \tag{3.127}$$

由(3.127)式可以引入稳定电流场的标势 u，它与电场强度的关系为

$$\boldsymbol{E} = -\nabla u \tag{3.128}$$

由式(3.127)知：在稳定电流场中，电场强度是无旋的，但电流密度却是有旋的，因为由(3.120)式，有

$$\nabla \times \boldsymbol{j} = \nabla \times \left(\frac{\boldsymbol{E}}{\rho}\right) = \nabla\left(\frac{1}{\rho}\right) \times \boldsymbol{E} + \frac{1}{\rho}\nabla \times \boldsymbol{E} = \nabla\left(\frac{1}{\rho}\right) \times \boldsymbol{E} \tag{3.129}$$

对于均匀媒质，ρ 为常量，这时

$$\nabla \times \boldsymbol{j} = 0 \tag{3.130}$$

但对于非均匀媒质，由于 $\nabla\left(\frac{1}{\rho}\right) \neq 0$，所以 $\nabla \times \boldsymbol{j} \neq 0$。因此，从本质上说，$\boldsymbol{j}$ 是有旋矢量。

第八节　稳定电流场方程和边界条件

一、稳定电流场方程

由(3.125)式和(3.128)式有

$$\nabla \cdot \boldsymbol{j} = \nabla \cdot \left(\frac{\boldsymbol{E}}{\rho}\right) = \frac{1}{\rho}\nabla \cdot \boldsymbol{E} + \boldsymbol{E} \cdot \nabla\left(\frac{1}{\rho}\right) = -\frac{1}{\rho}\nabla^2 u + \rho\boldsymbol{j} \cdot \nabla\left(\frac{1}{\rho}\right) = 0$$

于是得 $$\nabla^2 u = \rho^2 \boldsymbol{j} \cdot \nabla\left(\frac{1}{\rho}\right)$$

但 $$\nabla\left(\frac{1}{\rho}\right) = -\frac{1}{\rho^2}\nabla(\rho)$$，因此上式变为

$$\nabla^2 u = -\boldsymbol{j} \cdot \nabla(\rho) \tag{3.131}$$

这就是稳定电流场电势所满足的泊松方程。如果研究的区域充满了均匀媒质(或者分区均匀的媒质)，那么在该区域(或分区域)内有：$\nabla\rho = 0$，这时电势满足拉普拉斯方程

$$\nabla^2 u = 0 \tag{3.132}$$

显然，在稳定电流场中，电场强度是个有源矢量

$$\nabla \cdot \boldsymbol{E} = -\rho \boldsymbol{E} \cdot \nabla\left(\frac{1}{\rho}\right) = \frac{\boldsymbol{E}}{\rho} \cdot \nabla(\rho) = \boldsymbol{j} \cdot \nabla(\rho) \tag{3.133}$$

(3.133)式表明在稳定电流场中，电场强度矢量是有源场，电场强度矢量的源在 $\nabla\rho \neq 0$ 的地方，即在不均匀的导电媒质内部以及两种不同电阻率媒质的分界面处。我们称这些“源”为“积累电荷”。把(3.133)式与(3.62)式对比，便得

$$\rho_q + \rho_P = \varepsilon_0 \boldsymbol{j} \cdot \nabla(\rho) \tag{3.134}$$

式中，ρ_P 是导电媒质由于极化而产生的束缚电荷体密度。如果忽略导电媒质的极化作用，则积累电荷体密度为

$$\rho_q = \varepsilon_0 \boldsymbol{j} \cdot \nabla(\rho) \tag{3.135}$$

由于在均匀媒质内部 $\nabla(\rho) = 0$，因此在均匀媒质内部不会出现积累电荷。

二、界面上的积累电荷

当电流流过两种不同电阻率媒质的分界面时，在界面上便产生了积累电荷，其过程可以定性说明如下：

设 s 面是电阻率分别为 ρ_1 和 ρ_2 的两种媒质的分界面(图 3.38)。在稳定电流场建立之前，它是中性的。因此，在电流场建立之初 $(t = 0)$，界面两侧电场强度法向分量连续，即 $E_{1n}^0 = E_{2n}^0$。然而由于 $\rho_1 \neq \rho_2$，所以这时 $j_{1n}^0 \neq j_{2n}^0$，假设 $\rho_1 < \rho_2$，则由欧姆定律知 $j_{1n}^0 > j_{2n}^0$。这意味着单位时间里流入界面的电量多于从界面流出的电量，也就是说，这时在界面上积累了正电荷。这些积累电荷将产生附加的电场 $\boldsymbol{E}'$，其中 E'_{1n} 的方向与 E_{1n}^0 相反而 E'_{2n} 的方向与 E_{2n}^0 相同，这就使得流入界面的电量逐渐减少，而从界面流出的电量逐渐增加。当这两者达到了动态平衡时，便有

$$\boldsymbol{j}_{1n} = \boldsymbol{j}_{2n}$$

只有到了这个时候，稳定电流场才真正建立起来，虽然这个过程是极其短暂的。在稳定电流场建立以后，界面上在建场过程中积累起来的电荷便保持稳定。虽然它们不断地被流入界面的电荷所置换，然而单位时间内流入与流出的电量总是相等的。

即便是在均匀媒质内部，在建场的短暂过程中，也是会产生积累电荷的，只不过这些积累电荷很快就衰减至零了。由(3.123)式得

$$-\frac{\mathrm{d}\rho_q(t)}{\mathrm{d}t} = \nabla \cdot \boldsymbol{j} = \frac{1}{\rho}\nabla \cdot \boldsymbol{E} = \frac{\rho_q(t)}{\varepsilon_0 \rho}$$

解此方程得

$$\rho_q(t) = \rho_0 e^{-\frac{t}{\varepsilon_0 \rho}} \tag{3.136}$$

由于 $\frac{1}{\varepsilon_0 \rho} \gg 1$，因此，$\rho_q(t)$ 很快地衰减。例如，在岩石中电阻率通常为 $n \times 10$ 至 $n \times 10^4 \Omega \cdot m$，这时 $\frac{1}{\varepsilon_0 \rho} = n \times 10^6$ 至 $n \times 10^9$，因此，实际上不需要考虑均匀媒质中的积累电荷。

必须指出，积累电荷是稳定电流场中客观存在的，稳定电流电场正是由这些积累电荷所产生的。虽然在计算稳定电流电场时一般不从积累电荷出发进行计算，但是也完全可以从积累电荷出发进行计算，其结果是相同的。在分区均匀的媒质中，当电流从低阻媒质流入高阻媒质时，在界面上积累正电荷，反之，则积累负电荷。

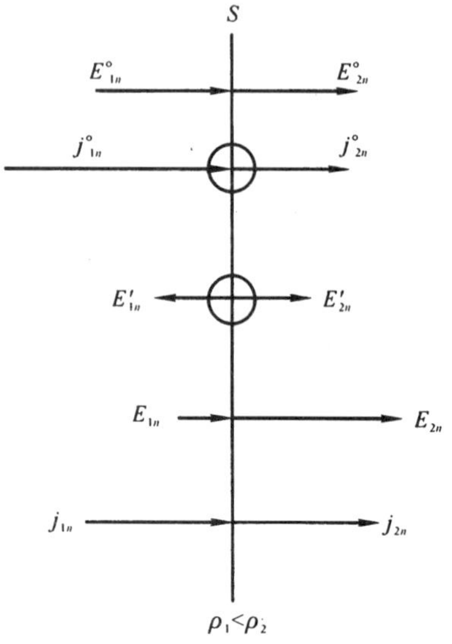

图 3.38 界面上积累电荷的形成

三、稳定电流场的边界条件

1. 电势在界面两侧连续

由于稳定电流场为势场，因此与静电场相同，电势是处处连续和有限的，在界面两侧，有

$$u_1 = u_2 \tag{3.137}$$

当场源分布在有限空间内时，通常令 $r = \infty$ 处 $u = 0$。

2. 界面两侧电流密度法向分量连续

从上面关于界面积累电荷的讨论中已经知道：$j_{1n} = j_{2n}$ 是稳定电流场建立的一个必要条件。用通量定理也能证明这一点。

在界面上作一封闭圆柱面，其轴向与界面法向平行，其通量为

$$\oint\!\!\!\oint_S \boldsymbol{j} \cdot d\boldsymbol{s} = \iint_{\Delta S1} \boldsymbol{j}_1 \cdot d\boldsymbol{s} + \iint_{\Delta S2} \boldsymbol{j}_2 \cdot d\boldsymbol{s} + \iint_{\Delta S3} \boldsymbol{j}_3 \cdot d\boldsymbol{s} = 0$$

其中侧面积 Δs_3 在两个端面从界面两侧无限靠近界面时趋于零。若令从"1"媒质指向"2"媒质方向为界面的正法向，则 $\boldsymbol{n}_2$ 与 $\boldsymbol{n}$ 同向，而 $\boldsymbol{n}_1$ 与 $\boldsymbol{n}$ 反向，于是上式可写为

$$\iint_{\Delta S} (j_{2n} - j_{1n}) ds = 0$$

由于 $\Delta s \neq 0$，因此有

$$j_{1n} = j_{2n} \tag{3.138}$$

(3.138)式也可写为

$$\frac{1}{\rho_1} \frac{\partial u_1}{\partial n} = \frac{1}{\rho_2} \frac{\partial u_2}{\partial n} \tag{3.139}$$

这是常用的边界条件公式。

由于 $\rho_1 \neq \rho_2$，因此，界面两侧电场强度法向分量是不连续的，它们的关系为

$$\frac{E_{1n}}{\rho_1} = \frac{E_{2n}}{\rho_2}$$

这种不连续性正是由于界面上有自由电荷——积累电荷的面分布的结果，其电荷面密度为

$$\sigma_q = \varepsilon_0(E_{2n} - E_{1n}) = \varepsilon_0 j_n(\rho_2 - \rho_1) \tag{3.140}$$

3. 界面两侧电场强度切向分量连续

其证明方法与静电场完全相同，因为稳定电流场也是保守场，其电场强度的环量为零，因此，这一边界条件必然出现。

$$E_{1t} = E_{2t} \tag{3.141}$$

这时电流密度的切向分量是不连续的，这表明电流密度矢量是一个有旋矢量。

(3.141)式也可写为

$$\frac{\partial u_1}{\partial t} = \frac{\partial u_2}{\partial t} \tag{3.142}$$

四、电流线的折射定律

由上述边界条件(3.138)式和(3.141)式可得到界面上电流线的折射定律(见图3.39)。

$$\frac{\mathrm{tg}\theta_1}{\mathrm{tg}\theta_2} = \frac{j_{1t}/j_{1n}}{j_{2t}/j_{2n}} = \frac{j_{1t}}{j_{2t}} = \frac{\rho_2}{\rho_1}\frac{E_{1t}}{E_{2t}} = \frac{\rho_2}{\rho_1} \tag{3.143}$$

(3.143)式表明，当电流从高阻媒质流入低阻媒质时，电流密度的切向分量增大(θ_2 增大)，电流线偏向界面。如果低阻媒质是理想导体，即 $\rho_2 = 0$，则有 $\theta_1 = 0$。这说明电流将垂直界面进入导体，导体表面是个等势面。

当电流从低阻媒质流入高阻媒质时，发生相反的情况。电流线将偏向法线方向，同样地，电流密度的切向分量在低阻媒质一侧较大。特别是当 $\rho_2 = \infty$ 时，由欧姆定律知 $j_2 = 0$，由于 $j_{2n} = 0$，所以 $j_{1n} = j_{2n} = 0$，于是 $j_1 = j_{1t}t_0$，也就是说，这时在低阻媒质一侧的界面上，电流将只有切向量，电流沿界面流动。在电勘查中，当供电点在地下时，在地表处，电流分布的情形就是这样。

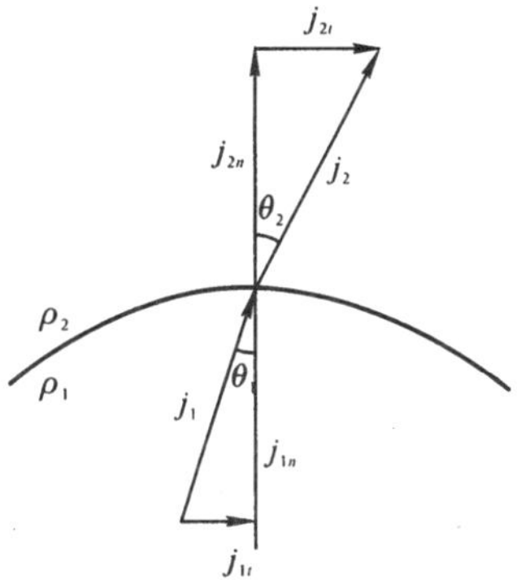

图 3.39 界面电流的折射

五、稳定电流场的惟一性定理

既然稳定电流场的解可以归结为场中积累电荷所产生的电场的解，因此，关于静电场的惟一性定理完全可以应用到稳定电流场中。但由于稳定电流场的泊松方程表达式及第二类边界条件表达式与静电场不同，所以可将稳定电流场的惟一性定理表述为：

如果稳定电流场中的电流密度及媒质电阻率分布已经确定，并且〈1〉界面上的电势已知，或者〈2〉界面上电流密度的法向分量已知，则满足泊松方程 $\nabla^2 u = -j \cdot \nabla(\rho)$ 或拉普拉斯方程 $\nabla^2 u = 0$ 的解是惟一的或仅有一个常数之差。

上述惟一性定理证明如下：

设满足泊松方程的解有 u_A, j_A 和 u_B, j_B。令

$$u = u_A - u_B，以及\ \boldsymbol{j} = \boldsymbol{j}_A - \boldsymbol{j}_B$$

则显然有 $\qquad \nabla^2 u = \nabla^2 u_A - \nabla^2 u_B = 0$

在界面上有
$$\begin{cases} u = u_A - u_B = 0 \\ j_n = j_{An} - j_{Bn} = 0 \end{cases} (\in S)$$

对如下体积分用高斯公式进行变换

$$\iiint_V \nabla \cdot (u \nabla u) \mathrm{d}v = \iiint_V [u \nabla^2 u + (\nabla u)^2] \mathrm{d}v = \iiint_V (\nabla u)^2 \mathrm{d}v = \oint\!\!\!\oint_S u \nabla u \cdot \mathrm{d}\boldsymbol{s} = \oint\!\!\!\oint_S u \frac{\partial u}{\partial n} \mathrm{d}s$$

(1)如果界面上 $u = 0$，则上述积分为零。于是得 $\nabla u = 0$，也就是说 $u = u_A - u_B = c$，并且可以确定 $c = 0$，于是 $u_A = u_B$。因此满足第一类边值问题的电势的解是惟一的。

由 $\nabla u = 0$ 可得 $\nabla u = \nabla (u_A - u_B) = \nabla u_A - \nabla u_B = -(E_A - E_B) = -\rho(j_A - j_B) = 0$

由于 $\rho \neq 0$，所以 $j_A = j_B$

(2)如果在界面上 $\frac{\partial u}{\partial n} = 0$，上述积分结果亦为零。同样得到 $u = u_A - u_B = c$ 以及 $j_A = j_B$ 的结果，但是这时不能确定 $c = 0$，也就是说，当满足第二类边值问题时，泊松方程的解可以有一个常数之差。

由于有了惟一性定理，因此在解静电场问题时使用的电像法，也完全可以用于解稳定电流场的问题。

第九节　解稳定电流场的基本方法

一、静电类比法

静电类比法的物理基础是稳定电流场的势场性。这个势场是由积累电荷所产生的，因此稳定电流场在解法上与静电场有许多共同之处。如果对比一下这两种物理场的基本方程和边界条件，就更可以看出它们在形式上的相似之处。

由表 3.1 可以看出，稳定电流场与静电场各物理量之间有如下对应关系

$$u_{稳} \Leftrightarrow u_{静}; \quad E_{稳} \Leftrightarrow E_{静}; \quad \varepsilon \Leftrightarrow \frac{1}{\rho}; \quad \boldsymbol{D} \Leftrightarrow \boldsymbol{j}; \quad q \Leftrightarrow I$$

在这里，假设稳定电流场的场源是“孤立”的电流 I。如图 3.40 所示，设在均匀媒质中有一孤立的电流源，其电流强度为 I，电流由绝缘细导线传导至 A 点，然后进入媒质。作一个任意封闭曲面将 A 点包围在内，其通量为

$$\oint\!\!\!\oint_S \boldsymbol{j} \cdot \mathrm{d}\boldsymbol{s} = \iint_{S_1} \boldsymbol{j}_1 \cdot \mathrm{d}\boldsymbol{s} - \iint_{S_2} \boldsymbol{j}_2 \cdot \mathrm{d}\boldsymbol{s} = 0$$

其中 $-\iint_{S_2} \boldsymbol{j}_2 \cdot \mathrm{d}\boldsymbol{s} = I$，表示由导线进入 A 点的电流强度，s_2 是导线被封闭曲面所截的面积，于是便有

$$\iint_{S_1} \boldsymbol{j}_1 \cdot \mathrm{d}\boldsymbol{s} = I$$

表 3-1　稳定电流场与静电场的对比

	静电场	稳定电流场
基本方程	$\nabla\times\boldsymbol{E}=0$	$\nabla\times\boldsymbol{E}=0$
	$\boldsymbol{E}=-\nabla u$	$\boldsymbol{E}=-\nabla u$
	$\nabla\cdot\boldsymbol{E}=\dfrac{(\rho_q+\rho_P)}{\varepsilon_0}$	$\nabla\cdot\boldsymbol{E}=\boldsymbol{j}\cdot\nabla(\rho)$
	$\boldsymbol{D}=\varepsilon\boldsymbol{E}$	$\boldsymbol{j}=\dfrac{1}{\rho}\boldsymbol{E}$
	$\oint\!\!\oint_S\boldsymbol{D}\cdot d\boldsymbol{s}=q$	$\oint\!\!\oint_S\boldsymbol{j}\cdot d\boldsymbol{s}=I$
	$\nabla\times\boldsymbol{D}=\nabla(\varepsilon)\times\boldsymbol{E}$	$\nabla\times\boldsymbol{j}=\nabla(\dfrac{1}{\rho})\times\boldsymbol{E}$
	$\nabla\cdot\boldsymbol{D}=0$	$\nabla\cdot\boldsymbol{j}=0$
	$\nabla^2u=-\dfrac{(\rho_q+\rho_P)}{\varepsilon_0}$	$\nabla^2u=-\boldsymbol{j}\cdot\nabla(\rho)$
边界条件	$u_{1S}=u_{2S}$	$u_{1S}=u_{2S}$
	$\varepsilon_1\dfrac{\partial u_1}{\partial n}=\varepsilon_2\dfrac{\partial u_2}{\partial n}$	$\dfrac{1}{\rho_1}\dfrac{\partial u_1}{\partial n}=\dfrac{1}{\rho_2}\dfrac{\partial u_2}{\partial n}$
	$E_{1t}=E_{2t}$	$E_{1t}=E_{2t}$

由于 $s_2\ll s_1$，所以 $s_1=s-s_2\approx s$，上式去掉脚码后，便可写成

$$\iint_S\boldsymbol{j}\cdot d\boldsymbol{s}=I \tag{3.144}$$

如果封闭曲面内无电流源，则(3.144)式便变为(3.124)式。

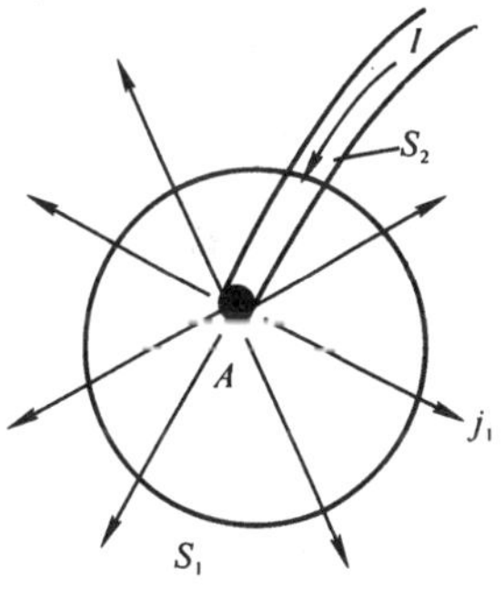

图 3.40　孤立点电流源的通量

将稳定电流场中的物理量($u,\boldsymbol{E},\boldsymbol{j},\dfrac{1}{\rho},I$ 等)置换成静电场中相应的物理量($u,\boldsymbol{E},\boldsymbol{D},\varepsilon,q$ 等)，然后用解静电场的方法来解稳定电流场问题。这种方法称为静电类比法。

例 24　电阻率分别为 ρ_1 和 ρ_2 的两种导电媒质以平面为界，计算在平面界面一侧距界面为 d 处之单点电流源 I 所产生的稳定电流场。

解：在例 18 中处理过类似的静电问题。计算的结果是：当观测点与场源在同一介质中时有

$$u_1=\frac{q}{4\pi\varepsilon_1}\left(\frac{1}{r}+K_{12}\frac{1}{r'}\right);$$

当观测点与场源不在同一介质中时，有

$$u_2=\frac{q}{4\pi\varepsilon_2}\frac{1-K_{12}}{r''}$$

式中 $K_{12} = \frac{\varepsilon_1 - \varepsilon_2}{\varepsilon_1 + \varepsilon_2}$，称为反射系数。

用静电类比法，将上式中 q 置换为 I，ε 转换为 $\frac{1}{\rho}$ 便可得稳定电流场中的解：

$$u_1 = \frac{\rho_1 I}{4\pi}\left(\frac{1}{r} + \frac{K_{12}}{r'}\right)$$

$$u_2 = \frac{\rho_2 I}{4\pi}\left(\frac{1-K_{12}}{r''}\right)$$

这时 $K_{12} = \frac{\rho_2 - \rho_1}{\rho_1 + \rho_2}$，$1 - K_{12} = \frac{2\rho_1}{\rho_1 + \rho_2}$

电流密度为

$$\boldsymbol{j}_1 = \frac{I}{4\pi}\left(\frac{\boldsymbol{r}_0}{r^2} + \frac{K_{12}}{r'^2}\boldsymbol{r}'_0\right)$$

$$\boldsymbol{j}_2 = \frac{I}{4\pi}\frac{1-K_{12}}{r''^2}\boldsymbol{r}''_0$$

式中 r, r', r'' 分别为测点至实源和各虚源之距离。$\boldsymbol{r}_0, \boldsymbol{r}'_0, \boldsymbol{r}''_0$ 则为从源点(包括虚源)指向测点的矢径单位矢量。

例 25 计算均匀电流场 $\boldsymbol{j}_0$ 中球体的电场。

解：例 15 已给出均匀静电场中介质球体的电场之解为

$$u_2 = -\left(1 - \frac{\varepsilon_2 - \varepsilon_1}{\varepsilon_2 + 2\varepsilon_1}\right)E_0 r\cos\theta \qquad (r < a)$$

$$u_1 = -\left(1 - \frac{\varepsilon_2 - \varepsilon_1}{\varepsilon_2 + 2\varepsilon_1}\frac{a^3}{r^3}\right)E_0 r\cos\theta \qquad (r > a)$$

用静电类比法可以直接写出稳定电流场中的解为

$$u_2 = -\left(1 - \frac{\rho_1 - \rho_2}{\rho_1 + 2\rho_2}\right)\rho_1 j_0 r\cos\theta \qquad (r < a)$$

$$u_1 = -\left(1 - \frac{\rho_1 - \rho_2}{\rho_1 + 2\rho_2}\frac{a^3}{r^3}\right)\rho_1 j_0 r\cos\theta \qquad (r > a)$$

由 $\boldsymbol{j} = \frac{\boldsymbol{E}}{\rho} = -\frac{1}{\rho}\left(\frac{\partial u}{\partial r}\boldsymbol{r}_0 + \frac{1}{r}\frac{\partial u}{\partial \theta}\boldsymbol{\theta}_0\right)$ 可直接写出球内、外的电流密度为：

球内

$$\boldsymbol{j}_2 = \left(1 - \frac{\rho_1 - \rho_2}{\rho_1 + 2\rho_2}\right)\frac{\rho_1}{\rho_2}j_0\cos\theta\,\boldsymbol{r}_0 - \left(1 - \frac{\rho_1 - \rho_2}{\rho_1 + 2\rho_2}\right)\frac{\rho_1}{\rho_2}j_0\sin\theta\,\boldsymbol{\theta}_0$$

$$= \frac{3\rho_1}{\rho_1 + 2\rho_2}\boldsymbol{j}_0$$

球外

$$\boldsymbol{j}_1 = \left(1 + 2\frac{\rho_1 - \rho_2}{\rho_1 + 2\rho_2}\frac{a^3}{r^3}\right)j_0\cos\theta\,\boldsymbol{r}_0 - \left(1 - \frac{\rho_1 - \rho_2}{\rho_1 + 2\rho_2}\frac{a^3}{r^3}\right)j_0\sin\theta\,\boldsymbol{\theta}_0$$

$$= \boldsymbol{j}_0 + \frac{\rho_1 - \rho_2}{\rho_1 + 2\rho_2}\frac{a^3}{r^3}j_0(2\cos\theta\,\boldsymbol{r}_0 + \sin\theta\,\boldsymbol{\theta}_0)$$

可见球内仍为一均匀电流场，方向与 $\boldsymbol{j}_0$ 一致。对于低阻球体($\rho_2 < \rho_1$)，$\frac{3\rho_1}{\rho_1 + 2\rho_2} > 1$，球内电流密度增大。而对高阻球体，则 $\frac{3\rho_1}{\rho_1 + 2\rho_2} < 1$，球内电流密度减少。物探上形象地比喻为“高阻体排斥电流线，低阻体吸引电流线”。

球外的电流场由均匀场 $\boldsymbol{j}_0$ 和球体表面上的积累电荷所产生的异常电流场所组成，由球体表面上的积累电荷所产生的异常电流场具有电流偶极子场的特征。

二、解析法

通过解泊松方程或拉普拉斯方程，并结合边界条件求得定解的方法——解析法，仍然是解稳定电流场的基本方法。

例 26 在电阻率为 ρ_1 的均匀媒质中有一无限长绝缘圆柱体（$\rho_2=\infty$），其半径为 a，垂直柱轴方向有均匀电流 j_0，求柱内外的电势和电流密度。

解：柱内外电势均满足拉普拉斯方程

$$\nabla^2 u=\frac{\partial}{\partial r}\left(r\frac{\partial u}{\partial r}\right)+\frac{1}{r}\frac{\partial^2 u}{\partial \varphi^2}=0$$

其通解为
$$u=\sum_{n=1}^{\infty}(A_n r^n+B_n r^{-n})(C_n\cos n\varphi+D_n\sin n\varphi)$$

现在确定特解：

(1)由于场对称于 x 轴，因此 u 是偶函数，其特解中不应含奇函数项 $\sin n\varphi$。

(2)柱内的势在 $r=0$ 时有限，所以柱内电势的特解中不应包含 r^{-n} 项。

(3)柱外的势在 $r=\infty$ 时应趋于均匀场的电势 u_0。

因此，柱外电势的特解中不应含 r^n 项。

这里
$$u_0=-E_0 r\cos\varphi=-\rho_1 j_0 r\cos\varphi$$

最后得柱内、外电势的特解为

$$u_2=\sum_{n=1}^{\infty}A_n r^n\cos n\varphi \qquad (r<a)$$

$$u_1=-\rho_1 j_0 r\cos\varphi+\sum_{n=1}^{\infty}B_n r^{-n}\cos n\varphi \qquad (r>a)$$

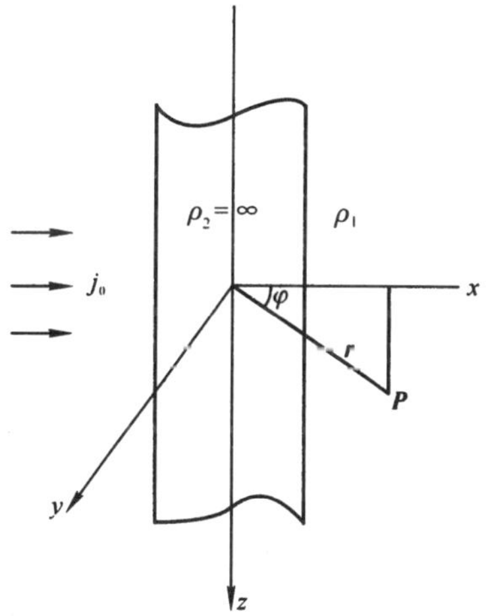

图 3.41

现在用边界条件确定系数 A_n, B_n，$r=a$ 时有

$$u_1=u_2 \text{ 和 } \frac{1}{\rho_1}\frac{\partial u_1}{\partial r}=\frac{1}{\rho_2}\frac{\partial u_2}{\partial r}=0$$

将上述边界条件代入电势的特解式后得

$$\begin{cases}\displaystyle\sum_{n=1}^{\infty}A_n a^n\cos n\varphi=-\rho_1 j_0 a\cos\varphi+\sum_{n=1}^{\infty}B_n a^{-n}\cos n\varphi\\ \displaystyle -j_0\cos\varphi-\frac{1}{\rho_1}\sum_{n=1}^{\infty}nB_n a^{-(n+1)}\cos n\varphi=0\end{cases}$$

当 $n=1$ 时有
$$\begin{cases}A_1 a=-\rho_1 j_0 a+B_1 a^{-1}\\ -j_0=\dfrac{1}{\rho_1}B_1 a^{-2}\end{cases}$$

解得

$$\begin{cases}B_1=-\rho_1 j_0 a^2\\ A_1=-2\rho_1 j_0\end{cases}$$

当 $n \neq 1$ 时，有 $\begin{cases} A_n a^n = B_n a^{-n} \\ \dfrac{1}{\rho_1} n B_n a^{-(n+1)} = 0 \end{cases}$

于是得

$$B_n = 0, \quad A_n = 0$$

将其代回原式便得

$$\begin{cases} u_2 = -2\rho_1 j_0 r\cos\varphi \\ u_1 = -\rho_1 j_0 r\cos\varphi(1 + \dfrac{a^2}{r^2}) \end{cases}$$

可见绝缘柱内电势为原均匀场电势的两倍。

电流密度为

$$\boldsymbol{j}_2 = 0$$

$$\boldsymbol{j}_1 = -\frac{1}{\rho_1}[\frac{\partial u_1}{\partial r}\boldsymbol{r}_0 + \frac{1}{r}\frac{\partial u_1}{\partial \varphi}\boldsymbol{\varphi}_0] = j_0\cos\varphi(1 - \frac{a^2}{r^2})\boldsymbol{r}_0 - j_0\sin\varphi(1 + \frac{a^2}{r^2})\boldsymbol{\varphi}_0$$

$\boldsymbol{j}_1$ 也可写为

$$\boldsymbol{j}_1 = \boldsymbol{j}_0 - \frac{a^2}{r^2}j_0(\cos\varphi\boldsymbol{r}_0 + \sin\varphi\,\boldsymbol{\varphi}_0)$$

在本章例题 8 中已经计算过均匀电场中无限长介质圆柱体的电场。如果用静电类比法，将该题计算结果进行 $\varepsilon_0 \Leftrightarrow \dfrac{1}{\rho_1}$，和 $\varepsilon \Leftrightarrow \dfrac{1}{\rho} = 0$ 置换，也可以得到相同的结果。

三、电像法

其方法原理与静电场电像法相同。

例 27 设地下为水平两层媒质，其电阻率分别为 ρ_1 和 ρ_2，空气电阻率为 $\rho_0 = \infty$，在地面上 A 点置一点电流源 I，求地面上的电势和电流密度。

解：本题用电像法求解较为简便。由于 $\rho_0 = \infty$，所以空气对大地的反射系数为

$$K_{10} = \frac{\rho_0 - \rho_1}{\rho_1 + \rho_0} = 1$$

而第二层对第一层的反射系数为

$$K_{12} = \frac{\rho_2 - \rho_1}{\rho_1 + \rho_2}$$

$K_{10} = 1$ 意味着当点源在地面时，地下电流场与均匀无限介质时相比，增大了一倍。

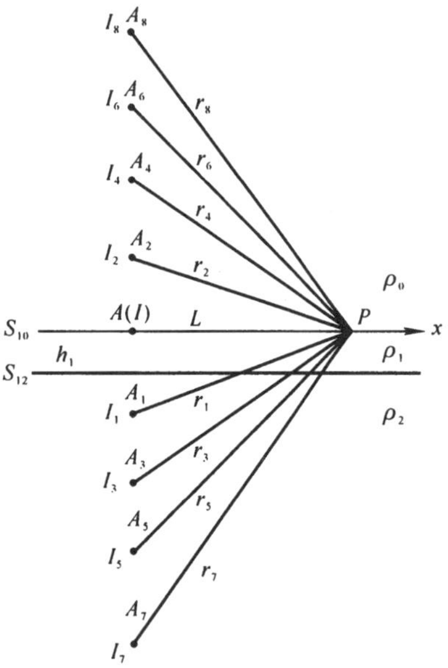

图 3.42 二层媒质地面点电源的电流场计算

设地面观测点 P 至点源的距离为 L，第一层厚度为 h_1（第二层厚度为 $h_2 = \infty$），则首先在 A_1 点引入象电流 $I_1 = K_{12}I$。由于 I_1 的引入，界面 s_{10} 上的积累电荷将发生变化，为此，需引入 I_1 的象电流 $I_2 = K_{10}I_1 = K_{12}I$（以 s_{10} 为镜面），而 I_2 的引入又会使 s_{12} 界面上的积累电荷发生变化，为此又需引入象电流 $I_3 = K_{12}^2 I$。I_3 的引入又使 s_{10} 面上的积累电荷发生变化，于是又引入 $I_4 = K_{12}^2 I$，…，如此往复，将有无穷多个象电流（图 3.42）。P 点的电势为

$$u = \frac{\rho_1}{2\pi}\left[\frac{I}{L} + \sum_{i=1}^{\infty}\frac{I_i}{r_i}\right] \tag{1}$$

由上述分析及图 3.42 知

$$I_1 = I_2 = K_{12}I; I_3 = I_4 = K_{12}^2 I;$$

归纳得 $$I_{2n-1} = I_{2n} = K_{12}^n I \qquad (n = 1, 2, \cdots\infty)$$

又有 $r_1 = r_2 = \sqrt{L^2 + (2h_1)^2}$; $r_3 = r_4 = \sqrt{L^2 + (4h_1)^2}$

归纳得 $r_{2n-1} = r_{2n} = \sqrt{L^2 + (2nh_1)^2} \qquad (n = 1, 2, \cdots\infty)$

于是〈1〉式可写为

$$u = \frac{I\rho_1}{2\pi}\left[\frac{1}{L} + 2\sum_{n=1}^{\infty}\frac{K_{12}^n}{\sqrt{L^2 + (2nh_1)^2}}\right] \tag{2}$$

地表电流密度只有水平分量 j_x

$$j_x = \frac{E_x}{\rho_1} = -\frac{1}{\rho_1}\frac{\partial u}{\partial L} = \frac{I}{2\pi}\left\{\frac{1}{L^2} + 2\sum_{n=1}^{\infty}\frac{LK_{12}^n}{\left[L^2 + (2nh_1)^2\right]^{\frac{3}{2}}}\right\} \tag{3}$$

第十节　激发极化电流场

一、激发极化电流场的形成

激发极化电流场的形成是一个复杂的物理化学过程，其中一些机制仍有待更深入的研究。目前普遍认为电子导体界面上形成的“过电位”是各类金属物体的激发极化电流场产生的主要原因。

“过电位”形成的过程是这样的：当一个电子导体置于稳定电流场中时，迎电流方向一侧将带负电荷，而另一侧带正电荷。媒质中的电流是由各种载流子所组成的，它包括各种阴、阳离子，在电流流入端，阳离子在界面上产生还原性电化学反应，并从导体中取得电子，而在电流流出端，阴离子在界面上产生氧化性电化学反应，所失去的电子将进入导体。导体界面上所进行的上述电化学反应的速度，取决于界面附近溶液的性质及其离子浓度。在早期，由于电化学反应速度较慢，使迁移至界面的离子不能及时进行反应，从而形成离子的堆积——在电流流入端堆积阳离子，而在电流流出端堆积阴离子。离子在界面附近的堆积，破坏了导体与溶液之间原有的平衡电极电位，新的电极电位与平衡电极电位之差，称为过电位。导体界面上产生的过电位，是形成激发极化电场的主要原因。随着界面附近离子浓度的增加，电化学过程将加快，当达到动态平衡时，堆积的增加过程便停止了，稳定的激发极化电流场随之出现。习惯上把无激发极化效应时的稳定电流场称为一次电流场，而把激发极化电流场称为二次电流场。在供电期间，它们是叠加在一起的，称为“总场”。断开电源后，一次电流场瞬即消失，而二次电流场则逐步衰减到零(图 3.43)。

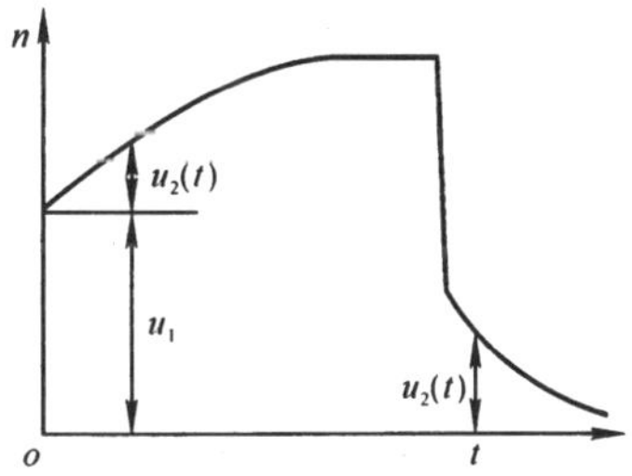

图 3.43　激发极化电场的时间特性

二、激发极化总场方程和边界条件

1. 激发极化总场方程

在稳定条件下，稳定电流场中的导体等效于一个稳定放电的化学电池，因此二次电流场也是稳定的。在均匀媒质中，二次电流场的电势满足拉普拉斯方程。因此，总场电势在均匀媒质中也应满足拉普拉斯方程

$$\nabla^2 u = 0 \tag{3.145}$$

2. 电子导体界面上的边界条件

由于界面上形成过电位，因此界面两侧总场电位发生跃变，跃变的大小取决于过电位的大小。实验表明：在小电流密度（$j_1 < 1\ \mu A/cm^2$）条件下，过电位与电流密度成正比

$$u_1 - u_2 = -\kappa j_{1n} = \frac{\kappa}{\rho_1}\frac{\partial u_1}{\partial n} \tag{3.146}$$

式中，κ 称为面极化系数，单位为 $\Omega \cdot m^2$（欧姆·平方米）。

第二个边界条件是关于电流密度法向分量的。由稳定电流场的定义可知，界面上电荷的积累已达到了动态平衡，因此必然有

$$j_{1n} = j_{2n}$$

或

$$\frac{1}{\rho_1}\frac{\partial u_1}{\partial n} = \frac{1}{\rho_2}\frac{\partial u_2}{\partial n} \tag{3.147}$$

(3.146)式和(3.147)式便是导体界面上的边界条件。由于极化过程只在界面上进行，所以这种极化又称为面极化。

3. 体极化时界面上的边界条件

如果极化体不是由整个的电子导体组成，而是由许多电子导体颗粒所组成，颗粒之间被导电溶液所分隔。虽然从微观上看，激发极化过程仍然是在每个电子导体的表面上进行，但从宏观上看，激发极化过程是在整个极化体内部进行的，因此称这种极化为体极化。

体极化的物体虽然有一个界面，但这个界面不是极化界面，因此不存在电位在界面上跃变的问题，电位在界面上是连续的。

$$u_1 = u_2 \tag{3.148}$$

从图 3.43 可以看到，由于激发极化，在供电电流不变的条件下，总场电位将大于一次场电位。这种现象等效于媒质电阻率的升高，称这种电阻率为等效电阻率，以 ρ^* 表示。等效电阻率与媒质真电阻率的差异反映了媒质激发极化程度的强弱。因此定义

$$\eta = \frac{\rho^* - \rho}{\rho^*} \tag{3.149}$$

为表征媒质极化特性的参数，称为极化率。在稳定条件下，电流密度法向分量连续的边界条件可以表达为

$$j_{1n}^* = j_{2n}^* \tag{3.150}$$

式中

$$j_{1n}^* = \frac{E_{1n}}{\rho_1^*} = -\frac{1}{\rho_1^*}\frac{\partial u_1}{\partial n} = -\frac{1-\eta_1}{\rho_1}\frac{\partial u_1}{\partial n};$$

$$j_{2n}^* == \frac{E_{2n}}{\rho_2^*} = -\frac{1}{\rho_2^*}\frac{\partial u_2}{\partial n} = -\frac{1-\eta_2}{\rho_2}\frac{\partial u_2}{\partial n};$$

因此，在体极化条件下，关于电流密度的边界条件可以表示为

$$\frac{1-\eta_1}{\rho_1}\frac{\partial u_1}{\partial n} = \frac{1-\eta_2}{\rho_2}\frac{\partial u_2}{\partial n} \tag{3.151}$$

三、激发极化电流场的计算方法

这里仅介绍两种常用的计算方法。

1. 解析法

从拉普拉斯方程出发，求得电位的通解之后，再根据边界条件(3.146)—(3.147)式(对面极化体)或(3.148)式和(3.151)式(对体极化体)便可求得电位的定解。

例 28 计算均匀电流场中面极化球体的电场。

解：取球心为球坐标系原点，均匀电流场 j_0 方向为极轴方向。则球内、外的异常电位 u_a 均满足拉普拉斯方程

$$\frac{1}{r^2}\frac{\partial}{\partial r}\left(r^2\frac{\partial u_a}{\partial r}\right) + \frac{1}{r^2\sin\theta}\frac{\partial}{\partial\theta}\left(\sin\theta\frac{\partial u_a}{\partial\theta}\right) = 0 \quad \langle 1\rangle$$

其通解为

$$u_a = \sum_{n=0}^{\infty}\left[A_n r^n + B_n r^{-(n+1)}\right]P_n(\cos\theta) \quad \langle 2\rangle$$

由于 $r=0$ 时，u_a 有限；以及 $r=\infty$ 时，$u_a=0$，可得球内、外异常电位的特解为

$$\begin{aligned} u_{a2} &= \sum_{n=0}^{\infty} A_n r^n P_n(\cos\theta) \qquad (r<a) \\ u_{a1} &= \sum_{n=0}^{\infty} B_n r^{-(n+1)} P_n(\cos\theta) \qquad (r>a) \end{aligned} \quad \langle 3\rangle$$

总场电位为

$$\begin{aligned} u_1 &= u_0 + u_{a1} \\ u_2 &= u_0 + u_{a2} \end{aligned} \quad \langle 4\rangle$$

式中，$u_0=-j_0\rho_1 r\cos\theta$，为均匀电流场的正常电位。利用边界条件(3.146)式和(3.147)式可以确定系数 A_n 和 B_n 。由(3.146)式可得

$$\sum_{n=0}^{\infty}(B_n a^{-(n+1)} - A_n a^n)P_n(\cos\theta) = -\frac{\kappa}{\rho_1}\left[j_0\rho_1\cos\theta + \sum_{n=a}^{\infty}(n+1)B_n a^{-(n+2)}P_n(\cos\theta)\right] \quad \langle 5\rangle$$

由(3.147)式可得

$$\rho_1\left[-j_0\rho_1\cos\theta + \sum_{n=0}^{\infty} nA_n a^{n-1}P_n(\cos\theta)\right] = \rho_2\left[-j_0\rho_1\cos\theta - \sum_{n=0}^{\infty}(n+1)B_n a^{-(n+2)}P_n(\cos\theta)\right] \quad \langle 6\rangle$$

〈5〉,〈6〉式可简写成

$$n\neq 1\begin{cases} B_n a^{-(n+1)} - A_n a^n = -\dfrac{\kappa}{\rho_1}(n+1)B_n a^{-(n+2)} \\ \rho_1 nA_n a^{n-1} = -\rho_2(n+1)B_n a^{-(n+2)} \end{cases} \quad \langle 7\rangle$$

$$n=1\begin{cases}B_1a^{-2}-A_1a=-\dfrac{\kappa}{\rho_1}(j_0\rho_1+2B_1a^{-3})\\ -j_0\rho_1^2+A_1\rho_1=-j_0\rho_1\rho_2-2B_1\rho_2a^{-3}\end{cases} \tag{8}$$

由〈7〉式解得 $A_n=B_n=0 \qquad (n\neq 1)$

由〈8〉式解得

$$A_1=\frac{(\rho_1-\rho_2)+2\kappa/a}{(\rho_1+2\rho_2)+2\kappa/a}j_0\rho_1\,;\ B_1=\frac{(\rho_1-\rho_2)-\kappa/a}{(\rho_1+2\rho_2)+2\kappa/a}j_0\rho_1a^3$$

将 A_1,B_1 值代入〈4〉式便得总场电位

$$\begin{cases}u_1=-j_0\rho_1r\cos\theta\left[1+\left(\dfrac{\rho_2-\rho_1+\dfrac{\kappa}{a}}{\rho_1+2\rho_2+\dfrac{2\kappa}{a}}\right)\dfrac{a^3}{r^3}\right]\\ u_2=-j_0\rho_1r\cos\theta\left[1+\dfrac{\rho_2-\rho_1-2\kappa/a}{\rho_1+2\rho_2+2\kappa/a}\right]\end{cases} \tag{9}$$

若令〈9〉式中的 $\kappa=0$,便得无激发极化效应时的一次场电位

$$\begin{cases}u_1^{(1)}=-j_0\rho_1r\cos\theta\left[1+\left(\dfrac{\rho_2-\rho_1}{\rho_1+2\rho_2}\right)\dfrac{a^3}{r^3}\right]\\ u_2^{(1)}=-j_0\rho_1r\cos\theta\left[1+\dfrac{\rho_2-\rho_1}{\rho_1+2\rho_2}\right]\end{cases} \tag{10}$$

这与例 25 的结果完全一样。将总场电位减去一次场电位,便得纯由激发极化引起的二次场电位

$$\begin{cases}u_1^{(2)}=-\dfrac{3j_0\rho_1^2\kappa a^2}{(\rho_1+2\rho_2)(\rho_1+2\rho_2+2\kappa/a)}\dfrac{\cos\theta}{r^2}\\ u_2^{(2)}=\dfrac{(6j_0\rho_1\rho_2\ \kappa/a)r\cos\theta}{(\rho_1+2\rho_2)(\rho_1+2\rho_2+2\kappa/a)}\end{cases} \tag{11}$$

2. 等效电阻率法

对于体极化的物体,如果将等效电阻率 $\rho_i^*=\dfrac{\rho_i}{1-\eta_i}$ 代入边界条件(3.151)式,便得

$$\frac{1}{\rho_1^*}\frac{\partial u_1}{\partial n}=\frac{1}{\rho_2^*}\frac{\partial u_2}{\partial n} \tag{3.152}$$

因此,体极化物体界面上的边界条件与无极化时的边界条件(3.137)式和(3.139)式在形式上完全相似。差别仅在于以等效电阻率替代真电阻率。因此有理由认为,在体极化条件下,激发极化总场解的形式与无极化时一次场解的形式相似,差别仅在于总场解中应以等效电阻率来替代一次场解中的真电阻率。这就是等效电阻率法。

例 29 计算均匀电流场中体极化球体的电场。

解:由例 28 中〈10〉式已知一次场解的形式,由此可直接写出总场解为

$$\begin{cases}u_1=-j_0\rho_1^*r\cos\theta\left[1+\left(\dfrac{\rho_2^*-\rho_1^*}{\rho_1^*+2\rho_2^*}\right)\dfrac{a^3}{r^3}\right] & (r>a)\\ u_2=-j_0\rho_1^*r\cos\theta\left[1+\dfrac{\rho_2^*-\rho_1^*}{\rho_1^*+2\rho_2^*}\right] & (r<a)\end{cases} \tag{1}$$

将等效电阻率重新置换成真电阻率,便得

$$\begin{cases} u_1 = -\dfrac{j_0\rho_1 r\cos\theta}{1-\eta_1}\left[1+\dfrac{(1-\eta_1)\rho_2-(1-\eta_2)\rho_1}{(1-\eta_2)\rho_1+2(1-\eta_1)\rho_2}\dfrac{a^3}{r^3}\right] \\ u_2 = -\dfrac{j_0\rho_1 r\cos\theta}{1-\eta_1}\left[1+\dfrac{(1-\eta_1)\rho_2-(1-\eta_2)\rho_1}{(1-\eta_2)\rho_1+2(1-\eta_1)\rho_2}\right] \end{cases} \tag{2}$$

如果极化体周围介质不极化，即 $\eta_1 = 0$，则上式尚可进一步简化为

$$\begin{cases} u_1 = -j_0\rho_1 r\cos\theta\left[1+\dfrac{\rho_2-(1-\eta_2)\rho_1}{(1-\eta_2)\rho_1+2\rho_2}\dfrac{a^3}{r^3}\right] \\ u_2 = -j_0\rho_1 r\cos\theta\left[1+\dfrac{\rho_2-(1-\eta_2)\rho_1}{(1-\eta_2)\rho_1+2\rho_2}\right] \end{cases} \tag{3}$$

二次场电位为

$$\begin{cases} u_1^{(2)} = u_1 - u_1^{(1)} = -\dfrac{3j_0\rho_1^2\rho_2 a^3\eta_2}{(\rho_1+2\rho_2)[(1-\eta_2)\rho_1+2\rho_2]}\dfrac{\cos\theta}{r^2} \\ u_2^{(2)} = u_2 - u_2^{(1)} = -\dfrac{3j_0\rho_1^2\rho_2\eta_2 r\cos\theta}{(\rho_1+2\rho_2)[(1-\eta_2)\rho_1+2\rho_2]} \end{cases} \tag{4}$$

习题三

1. 在 $x>0$ 区域，电场强度为 $\boldsymbol{E}_1=(2+x)\boldsymbol{i}+(3+y)\boldsymbol{j}+(x+z)\boldsymbol{k}$；在 $x<0$ 区域，电场强度为 $\boldsymbol{E}_2=(3y+4z-x)\boldsymbol{i}+(3+y+z)\boldsymbol{j}+(3+z-x)\boldsymbol{k}$，求 $x=0$ 面上之自由电荷面密度以及空间任一点的自由电荷体密度。

2. 一个电偶极矩为 $\boldsymbol{p}$ 的电偶极子在外电场 $\boldsymbol{E}$ 中的电势能为 $A=-\boldsymbol{p}\cdot\boldsymbol{E}$，计算由两个电偶极矩分别为 $\boldsymbol{p}_1$ 和 $\boldsymbol{p}_2$ 的电偶极子所组成的静电系统的能量。

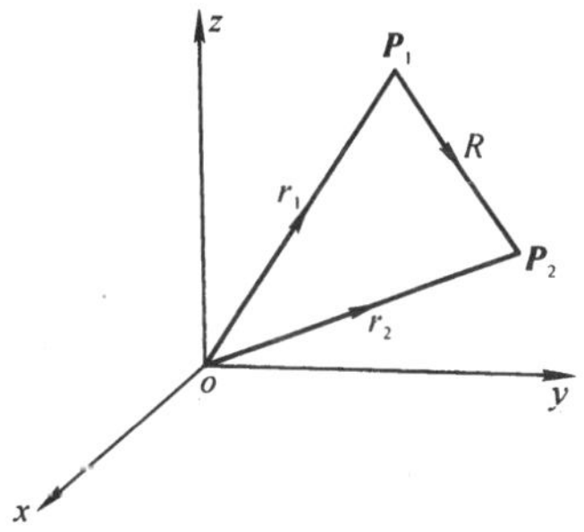

3.2 题图

3. 有一个平板空气电容器，若：

(1)保持两极间电势差 V_0 不变；

(2)保持电量 Q_0 不变。

分别在两种情况下把介电常数为 ε 的电介质插入板间，问电场能量密度的变化如何？

4. 在一个半径为 a，介电常数为 ε 的介质球内，距球心为 d（$d<a$）处置一点电荷 q，计算球内、外的电势。

5. 有一无限长导体圆柱，半径为 a，外部被半径为 b 的同轴电介质柱所包围，其介电常数为 ε。将导体圆柱置于均匀外电场 $\boldsymbol{E}_0$ 中，$\boldsymbol{E}_0$ 方向与柱轴垂直。计算空间各点的电势、电场强度、导体柱面上之自由电荷面密度和介质柱面上之束缚电荷面密度。

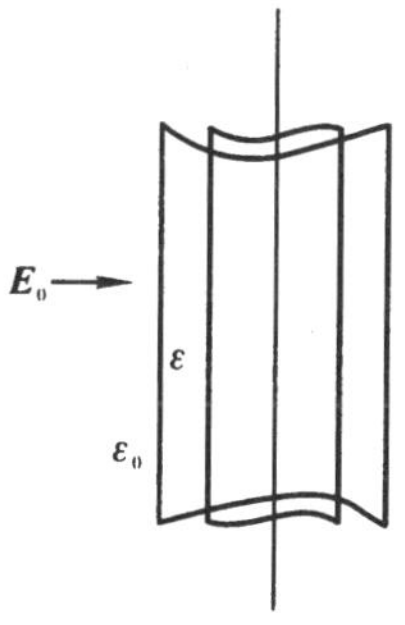

3.5 题图

6. 在介电常数为 ε 的均匀无限介质中有两个相距为 R 的点电荷 q_1 和 q_2，计算它们所受的库仑力。如果在这两个点电荷所在处挖出两个半径为 a 的小球形空腔（$a \ll R$），再把电荷置于空腔中心，这时它们受力变为多少？

7. 用解析法计算例题 27。

8. 在 90°对称山脊一侧的 A 点置点电流源 I，计算 M 点和 N 点的电势。

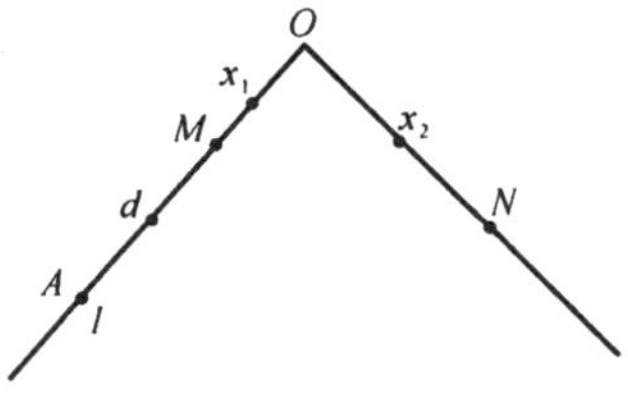

3.8 题图

9. 有一截面积为 S，长为 l 的细长电介质棒，介电常数为 ε，棒沿 x 轴放置，近端距坐标原点 O 为 b，极化强度为 $\boldsymbol{P}=k\boldsymbol{x}$，求：

(1)束缚电荷面密度和束缚电荷体密度。

(2)棒外任一点的电势。

10. 半径为 a，介电常数为 ε_2 的无限长均匀电介质圆柱置于介电常数为 ε_1 的均匀电介质中，距柱轴为 d ($d>a$)处有一平行柱轴的无限长带电线，单位长的电量为 λ，计算空间各点的电势。

11. 由两个同心导体球壳组成一个带电系统，内球壳带有电量 Q，两个导体球壳间充满介电常数为 ε 的均匀电介质。计算空间各点的静电场能量密度和各空间的静电场能量。

12. 上题中若把外球壳接地，静电场能有什么变化？

13. 两块平行金属板，其中一块电荷面密度为 σ_q，另一块接地，板间充以两种介质，介电常数分别为 ε_1 和 ε_2，厚度分别为 h_1 和 h_2，界面平行板面。计算板间电场强度、电势以及单位面积的电容。

14. 讨论下列四种情况中所发生的物理过程，写出电势所满足的微分方程和边界条件；画图并讨论沿电场方向的 z 轴上电势及电场强度的变化情形(用曲线表示)。

(1)均匀静电场中的导体球；

(2)均匀静电场中的电介质球；

(3)均匀稳定电流场中的导体球；($\rho\neq 0$)

(4)均匀稳定电流场中的电介质球。

15. 在水平地面下有两种不同电阻率的媒质，分界面垂直地面，A 点是地面点电流源 I 的位置，P 点是地面的测点，$AP=L$，保持 L 不变，计算下面三种情况中 P 点的电势和电场强度 E_x，并以 x 为横轴，画出 u，E_x 曲线。

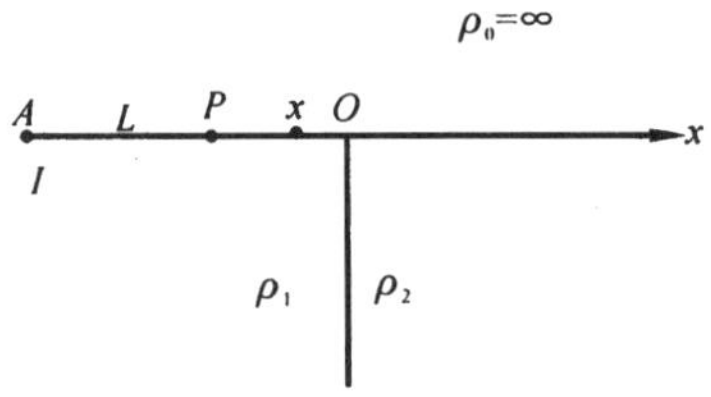

3.15 题图

(1) A、P 点均在 ρ_1 媒质中；

(2) A 点在 ρ_1 媒质中，P 点在 ρ_2 媒质中；

(3) A、P 点均在 ρ_1 媒质中。($\rho_2>\rho_1$)。

16. 点电流源 I 在地面 A 点，计算均匀地下半空间各点的电势和电流密度。画出当地面测点与源点的水平距离 L 不变时，测点下方电流密度随深度变化的曲线。

17. 地下为均匀半空间，地面 A 点和 B 点分别有两个异性点电流源($+I$)和($-I$)，A，B 相距为 $2L$，计算地下任一点的电势和电流密度。当测点在两源点连线的中垂线上时，画出电流密度随深度变化的曲线。

18. 在电勘查中计算地下电性异常体在地面的异常电场时，通常采用将电场加倍的办法来处理。以导电球体为例，说明这种处理办法的依据和存在的问题。

19. 将一个半径为 a，介电常数为 ε 的电介质球置于偶极矩为 $\boldsymbol{P}$ 的电偶极子电场的高斯第一位置上，球心距电偶极子为 d ($d>a$)，计算空间各点的电势。

20. 证明：在静电场中导体与电介质界面上自由电荷面密度与束缚电荷面密度之比为：

$$\frac{\sigma}{\sigma_P}=-\frac{\varepsilon}{\varepsilon-\varepsilon_0}$$

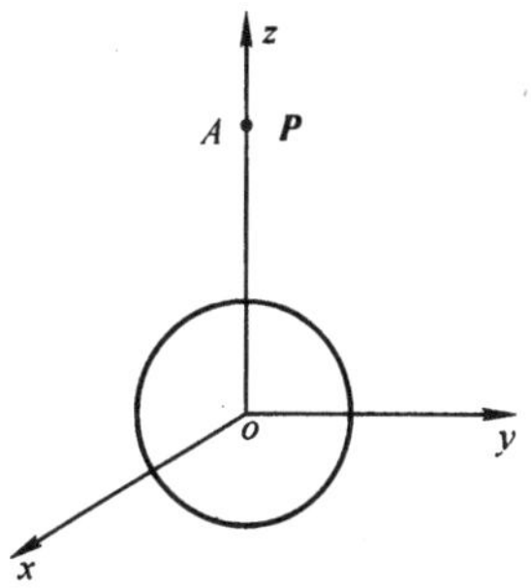

3.19 题图

21. 一个半径为 a 的导体球，在距球心为 d（$d>a$）处有一点电荷。分别计算导体球接地和不接地时球面自由电荷的面密度。

22. 均匀介质 ε_1 中有一个半径为 a，介电常数为 ε_2 的均质球体，球外距球心为 $d(d>a)$ 处有点电荷 q，用电像法计算球内外的电势。

第四章　稳定磁场

在 1785 年，库仑在提出了关于两个点电荷之间作用力的定律——库仑定律之后不久，又提出了两个磁极之间作用力的定律，称磁库仑定律。这两个定律在形式上都是力与两点源之间的距离平方成反比。以磁库仑定律为基础建立起了静磁场的理论，并仿照静电场，引入了“磁荷”这一概念，从而使静磁场理论与静电场理论变得非常相似。然而这两种场却有着许多本质上的差异。首先，人们无法像分割电荷那样分割出孤立的“磁荷”，事实上，磁极总是成对地出现。为此，库仑提出了磁体是由许多定向排列的磁偶极子组成的假说，从而在形式上解释了磁荷不能分割的事实。到了 19 世纪 20 年代，安培在研究了电流的磁现象之后提出：磁体的磁性是由于物质内分子电流作用的结果，尽管当时关于物质分子结构的理论尚未建立，然而安培这一远见卓识已被后来的研究证明是正确的。

从 19 世纪 20 年代开始，人们便开始从电流出发来研究磁场并建立起一套全新的磁场理论。因此，我们在研究磁场时就不可避免地要研究电流的分布，因为电流是磁场的源①。

本章着重研究由稳定电流所产生的磁场，这种磁场的分布不随时间而变化，所以称之为稳定磁场。最后对静磁场的理论作一个简略的介绍，因为尽管“磁荷”实际上并不存在，但在一些实用领域中，例如在磁勘查的理论中，仍然沿用了静磁场的理论。

第一节　真空中的稳定磁场

一、稳定电流磁场的实验定律

1820 年，丹麦人奥斯特首先发现稳定电流产生磁场的现象，其后，毕奥、沙伐尔、安培等人对这一物理现象通过大量实验进行了研究，从而为现代的磁场理论打下了基础。

1. 毕奥—沙伐尔定律

这个定律表述如下：在真空中电流元 $I\mathrm{d}\boldsymbol{l}$（方向与电流方向相同）在 p 点产生的磁场强度与距离的平方成反比，与电流元的大小成正比，磁场强度的方向垂直于由 $\mathrm{d}\boldsymbol{l}$ 与 $\boldsymbol{r}$ 所组成的平面，并用右手定则确定。上述定律可以用以下公式来表示

$$\mathrm{d}\boldsymbol{H} = \frac{I}{4\pi r^3}(\mathrm{d}\boldsymbol{l} \times \boldsymbol{r}) \tag{4.1}$$

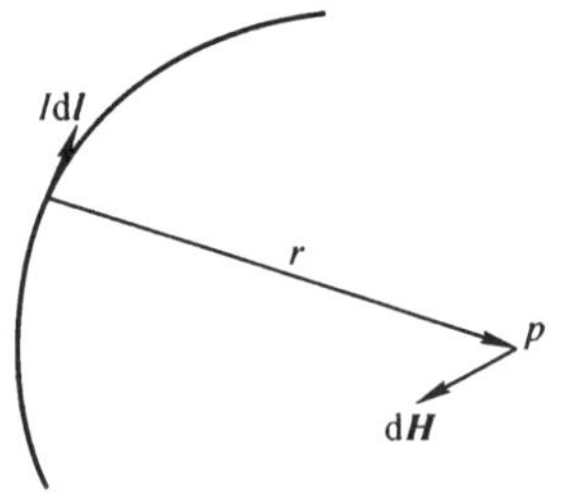

图 4.1　计算电流元的磁场

当电流强度单位为安培（A），长度单位为米（m）时，磁场强度的单位为安培/米（A/m）。

① 除了电流以外，随时间变化的电场也可以产生磁场，麦克斯韦把它称为位移电流。

对于真空中载流导线的磁场，可通过(4.1)式进行计算。

例 1 计算长直载流导线的磁场。

解：如图 4.2，由电流元 $I\mathrm{d}\boldsymbol{l}$ 在 p 点产生的磁场强度为

$$\mathrm{d}\boldsymbol{H} = \frac{I}{4\pi}\frac{\mathrm{d}\boldsymbol{l}\times\boldsymbol{r}}{r^3} = \frac{I}{4\pi}\frac{\mathrm{d}l\sin\alpha}{r^2}\boldsymbol{\varphi}_0$$

式中，$\boldsymbol{\varphi}_0$ 是$(\mathrm{d}\boldsymbol{l}\times\boldsymbol{r})$的单位矢量。

由图 4.2 知，$\mathrm{d}l\sin\alpha = r\mathrm{d}\alpha$，于是对载流直导线积分，得

$$\boldsymbol{H} = \frac{I}{4\pi}\int_{\alpha_A}^{\alpha_B}\frac{\mathrm{d}\alpha}{r}\boldsymbol{\varphi}_0 = \frac{I}{4\pi D}\int_{\alpha_A}^{\alpha_B}\sin\alpha\mathrm{d}\alpha\,\boldsymbol{\varphi}_0$$

$$= \frac{I}{4\pi D}(\cos\alpha_A - \cos\alpha_B)\boldsymbol{\varphi}_0 \tag{4.2}$$

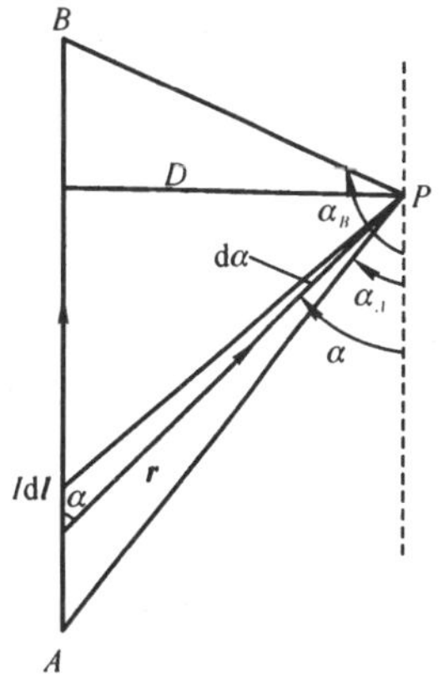

图 4.2 计算长直载流导线的磁场

从(4.2)式出发，可以计算

(1) 半无限长载流直导线的磁场

A. 电流从有限远处流向无穷远处时，$\alpha_B = \pi$。于是

$$\boldsymbol{H} = \frac{1}{4\pi D}(\cos\alpha_A + 1)\boldsymbol{\varphi}_0 \tag{4.3}$$

B. 电流从无穷远处流至有限远处时，$\alpha_A = 0$，于是

$$\boldsymbol{H} = \frac{I}{4\pi D}(1 - \cos\alpha_B)\boldsymbol{\varphi}_0 \tag{4.4}$$

(2) 无限长直载流导线的磁场

这时 $\alpha_A = 0$， $\alpha_B = \pi$，于是

$$\boldsymbol{H} = \frac{I}{2\pi D}\boldsymbol{\varphi}_0 \tag{4.5}$$

例 2 计算半径为 a 的圆环状载流导线在中心轴线上的磁场强度。

解：由元电流 $I\mathrm{d}\boldsymbol{l}$ 在 p 点产生的磁场强度 $\mathrm{d}\boldsymbol{H}$ 可分解为水平分量与垂直分量，其中水平分量被直径另一端的电流元所产生的磁场 $\mathrm{d}\boldsymbol{H}'$ 之水平分量抵消，而垂直分量则叠加，于是

$$H_z = \frac{I}{4\pi}\int_L \frac{\mathrm{d}\boldsymbol{l}\times\boldsymbol{r}}{r^3}\cdot z_0 = \frac{I}{4\pi}\int_L \frac{\mathrm{d}l\sin\beta}{r^2}$$

$$= \frac{Ia^2}{4\pi}\int_0^{2\pi}\frac{\mathrm{d}\alpha}{(a^2+z^2)^{3/2}} = \frac{I}{2}\frac{a^2}{(a^2+z^2)^{3/2}} \tag{4.6}$$

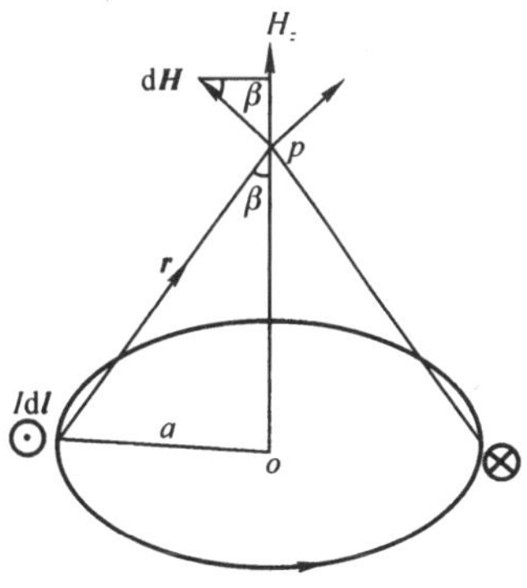

图 4.3 圆环状载流导线中心轴上磁场的计算

在圆心处($z=0$)有

$$H_z = \frac{I}{2a} \tag{4.7}$$

当电流呈体分布时，电流元应表示为

$$I\mathrm{d}\boldsymbol{l} = \boldsymbol{j}\mathrm{d}s\mathrm{d}l = \boldsymbol{j}\mathrm{d}v$$

于是毕奥—沙伐尔定律可表示为

$$\mathrm{d}\boldsymbol{H} = \frac{1}{4\pi r^3}(\boldsymbol{j}\times\boldsymbol{r})\mathrm{d}v \tag{4.8}$$

对于由有限分布的电流所产生的磁场，可通过对(4.1)式或(4.8)式的积分表示为

$$\boldsymbol{H} = \frac{I}{4\pi}\int_L \frac{\mathrm{d}\boldsymbol{l} \times \boldsymbol{r}}{r^3} \tag{4.9}$$

或

$$\boldsymbol{H} = \frac{I}{4\pi}\iiint_V \frac{\boldsymbol{j} \times \boldsymbol{r}}{r^3}\mathrm{d}v \tag{4.10}$$

2. 安培定律

1825 年，安培发表了他的研究成果，给出了真空中两个电流元之间相互作用力的数学表达式，这就是安培定律

$$\mathrm{d}\boldsymbol{F}_{12} = \frac{\mu_0}{4\pi}\frac{I_2\mathrm{d}\boldsymbol{l}_2 \times (I_1\mathrm{d}\boldsymbol{l}_1 \times \boldsymbol{r}_{12})}{r_{12}^3} \tag{4.11}$$

(4.11)式表示，两电流元之间的作用力与它们之间距离平方成反比，与两电流元之矢积成正比。(4.11)式中各物理量的单位已经给定，其中电流强度单位为 A(安培)，距离单位为 m(米)，力的单位为 N(牛顿)。

$$\mu_0 = 4\pi \times 10^{-7}\,(\mathrm{H/m})(\text{亨利 / 米})$$

称为真空的磁导率。如果采用其他单位制，则公式中的系数项将改变。

真空中两个电流元之间的作用力并非“超距”作用的结果，而是电流元与磁场这种物质相互作用的结果(见绪论中的论述)。如果将(4.1)式代入(4.11)式，便有

$$\mathrm{d}\boldsymbol{F}_{12} = I_2\mathrm{d}\boldsymbol{l}_2 \times (\mu_0\boldsymbol{H}_1) \tag{4.12}$$

(4.12)式表明由电流元 $I_1\mathrm{d}\boldsymbol{l}_1$ 产生的磁场 $\boldsymbol{H}_1$ 对电流元 $I_2\mathrm{d}\boldsymbol{l}_2$ 的作用力为 $\mathrm{d}\boldsymbol{F}_{12}$。同样地，电流元 $I_1\mathrm{d}\boldsymbol{l}_1$ 也处在由 $I_2\mathrm{d}\boldsymbol{l}_2$ 所产生的磁场 $\boldsymbol{H}_2$ 之中，因此它也受力

$$\mathrm{d}\boldsymbol{F}_{21} = I_1\mathrm{d}\boldsymbol{l}_1 \times (\mu_0\boldsymbol{H}_2)$$

显然

$$\mathrm{d}\boldsymbol{F}_{12} = -\mathrm{d}\boldsymbol{F}_{21}$$

令

$$\boldsymbol{B} = \mu_0\boldsymbol{H} \tag{4.13}$$

式中，$\boldsymbol{B}$ 称为磁感应强度，于是(4.12)式可写成

$$\mathrm{d}\boldsymbol{F} = I\mathrm{d}\boldsymbol{l} \times \boldsymbol{B} \tag{4.14}$$

由(4.14)式可对磁感应强度 $\boldsymbol{B}$ 定义为：真空中某点之磁感强度 $\boldsymbol{B}$ 在数值上等于单位电流元在该点所受到的作用力。

对于体分布的电流，安培定律为

$$\mathrm{d}\boldsymbol{F} = \boldsymbol{j} \times \boldsymbol{B}\mathrm{d}v \tag{4.15}$$

在磁学中引入了两个描述磁场的物理量——磁场强度 $\boldsymbol{H}$ 和磁感应强度 $\boldsymbol{B}$，这是历史原因造成的。由于电流为磁场之源，而 $\boldsymbol{B}$ 又被定义为作用于单位电流元上的力，因而 $\boldsymbol{B}$ 在稳定磁场中之地位与电场强度 $\boldsymbol{E}$ 在静电场中的地位相对应。在 SI 制中，磁感应强度的单位为(韦伯/米^2)，又称为特斯拉。由有限分布的电流产生的磁感应强度为

$$\boldsymbol{B} = \frac{\mu_0 I}{4\pi}\int_L \frac{\mathrm{d}\boldsymbol{l} \times \boldsymbol{r}}{r^3} \tag{4.16}$$

或

$$\boldsymbol{B} = \frac{\mu_0}{4\pi}\iiint_V \frac{\boldsymbol{j} \times \boldsymbol{r}}{r^3}\mathrm{d}v \tag{4.17}$$

二、真空中稳定磁场的基本性质

1. 稳定磁场是无源场

对(4.17)式求散度

$$\nabla\cdot\boldsymbol{B}=\frac{\mu_0}{4\pi}\iiint_V\nabla\cdot\left(\frac{\boldsymbol{j}\times\boldsymbol{r}}{r^3}\right)\mathrm{d}v=\frac{\mu_0}{4\pi}\iiint_V\left[(\boldsymbol{j}\times\boldsymbol{r})\cdot\nabla\left(\frac{1}{r^3}\right)+\frac{1}{r^3}\nabla\cdot(\boldsymbol{j}\times\boldsymbol{r})\right]\mathrm{d}v$$

上式右端各项展开为

$$(\boldsymbol{j}\times\boldsymbol{r})\cdot\nabla\left(\frac{1}{r^3}\right)=\boldsymbol{j}\times\boldsymbol{r}\cdot\frac{-3\boldsymbol{r}}{r^5}=-3\frac{\boldsymbol{j}}{r^5}\cdot(\boldsymbol{r}\times\boldsymbol{r})=0$$

$$\frac{1}{r^3}\nabla\cdot(\boldsymbol{j}\times\boldsymbol{r})=\frac{1}{r^3}[\boldsymbol{r}\cdot(\nabla\times\boldsymbol{j})-\boldsymbol{j}\cdot(\nabla\times\boldsymbol{r})]=0$$

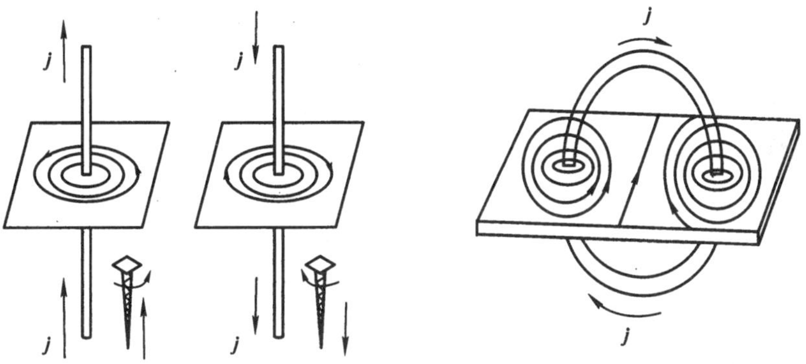

图 4.4　磁感应矢量 $\boldsymbol{B}$ 与电流 $\boldsymbol{j}$ 的关系

于是便得

$$\nabla\cdot\boldsymbol{B}=0\tag{4.18}$$

可见 $\boldsymbol{B}$ 是一个无源矢量，磁感应线（$\boldsymbol{B}$ 线）是一系列闭合曲线。因此，在稳定磁场中对任意闭曲面 S 的磁感应通量必为零

$$\oiint_S\boldsymbol{B}\cdot\mathrm{d}\boldsymbol{s}=0\tag{4.19}$$

图 4.4 是直线电流和环形电流的磁感应线图像。

2. 稳定磁场是有旋场

对(4.17)式求旋度，有

$$\nabla\times\boldsymbol{B}=\frac{\mu_0}{4\pi}\iiint_V\nabla\times\left(\frac{\boldsymbol{j}\times\boldsymbol{r}}{r^3}\right)\mathrm{d}v=\frac{\mu_0}{4\pi}\iiint_V\left[\nabla\left(\nabla\cdot\frac{\boldsymbol{j}}{r}\right)-\nabla^2\frac{\boldsymbol{j}}{r}\right]\mathrm{d}v$$

对积分 $\iiint_V\nabla\cdot\frac{\boldsymbol{j}}{r}\mathrm{d}v$ 用高斯公式进行变换时，由于在不同电阻率媒质的分界面 S 上，$\boldsymbol{j}$ 不连续，因此变换不能在 S 面上进行。现在用 S_1 和 S_2 将 S 面包围，设所围区域为 V_0，于是在 $(V-V_0)$ 区域内，$\frac{\boldsymbol{j}}{r}$ 便是处处连续的。于是

$$\iiint_{V-V_0} \nabla \cdot \left(\frac{\boldsymbol{j}}{r}\right) \mathrm{d}v = \oiint_{S_1+S_2+S_\infty} \frac{\boldsymbol{j}}{r} \cdot \mathrm{d}\boldsymbol{s}$$

对无穷远界面 S_∞，上述积分为零，当 S_1，S_2 无限靠近 S 面时，$V_0 \to 0$，于是

$$\iiint_V \nabla \cdot \left(\frac{\boldsymbol{j}}{r}\right) \mathrm{d}v = \iint_S \frac{j_{1n} - j_{2n}}{r} \mathrm{d}s$$

由稳定电流场的边界条件知 $j_{1n} = j_{2n}$，于是

$$\iiint_V \nabla \cdot \left(\frac{\boldsymbol{j}}{r}\right) \mathrm{d}v = 0$$

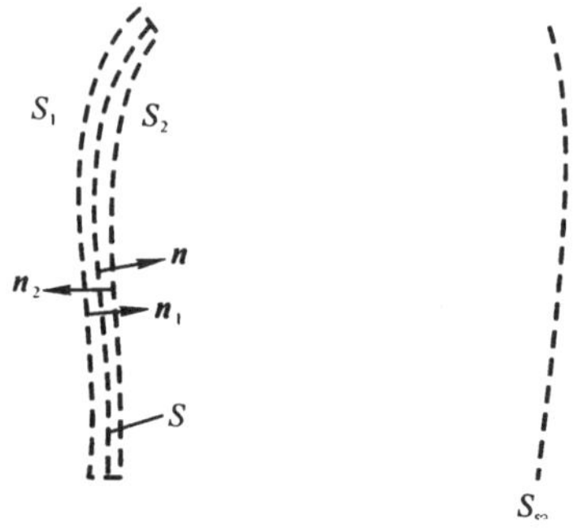

图 4.5　在 $\boldsymbol{j}$ 不连续的面上不能进行高斯变换

因此　$$\nabla \times \boldsymbol{B} = \frac{-\mu_0}{4\pi} \iiint_V \nabla^2 \left(\frac{\boldsymbol{j}}{r}\right) \mathrm{d}v$$

$$= \frac{-\mu_0}{4\pi} \left[\iiint_V \left(\frac{1}{r} \nabla^2 \boldsymbol{j} + \boldsymbol{j} \nabla^2 \frac{1}{r}\right)\right] \mathrm{d}v$$

其中　$\nabla^2 \boldsymbol{j} = 0$，　$\nabla^2 \frac{1}{r} = \nabla \cdot \left(\frac{-\boldsymbol{r}}{r^3}\right)$

这里的 $\boldsymbol{r}$ 是从源点指向场点的向径，于是上式变为

$$\nabla \times \boldsymbol{B} = \frac{\mu_0}{4\pi} \iiint_V \boldsymbol{j} \ \nabla \cdot \left(\frac{\boldsymbol{r}}{r^3}\right) \mathrm{d}v = \frac{\mu_0 \boldsymbol{j}}{4\pi} \iiint_V \nabla \cdot \left(\frac{\boldsymbol{r}}{r^3}\right) \mathrm{d}v$$

现在对上式进行讨论：

(1) 当测点在场源外部时，$r \neq 0$，于是 $\nabla \cdot \left(\frac{\boldsymbol{r}}{r^3}\right) = 0$，所以这时有

$$\nabla \times \boldsymbol{B} = 0 \tag{4.20}$$

(2) 测点在场源内部时，由于在测点上 $r=0$；因此必须以测点为中心，作一半径为 r_0 ($r_0 \to 0$) 的球面，其域为 V_0，然后对 $(V-V_0)$ 域进行高斯积分变换

$$\iiint_{V-V_0} \nabla \cdot \left(\frac{\boldsymbol{r}}{r^3}\right) \mathrm{d}v = \oiint_{S_0+S_\infty} \frac{\boldsymbol{r}}{r^3} \cdot \mathrm{d}\boldsymbol{s} = \iint_{S_0} \frac{1}{r_0^2} \mathrm{d}s = 4\pi$$

代回原式便得

$$\nabla \times \boldsymbol{B} = \mu_0 \boldsymbol{j} \text{ 或} \nabla \times \boldsymbol{H} = \boldsymbol{j} \tag{4.21}$$

(4.21)式表明稳定磁场是一个有旋场。空间任一点的磁感应强度矢量的旋度等于该点电流密度矢量值的 μ_0 倍。在场源外区域，$\boldsymbol{j}=0$，因此(4.20)式仅是(4.21)式的一种特例。

必须指出的是，(4.21)式是在稳定电流的条件下导出的。因而仅适用于对稳定电流磁场的计算。在时变电流场中，边界条件 $j_{1n} = j_{2n}$ 不再成立，因而 $\boldsymbol{B}$ 的旋度将有另外的形式。这个问题将在第五章中进行讨论。

利用斯托克斯公式，可以计算 $\boldsymbol{B}$ 的环量为

$$\oint_L \boldsymbol{B} \cdot \mathrm{d}\boldsymbol{l} = \oiint_S (\nabla \times \boldsymbol{B}) \cdot \mathrm{d}\boldsymbol{s} = \mu_0 \oiint_S \boldsymbol{j} \cdot \mathrm{d}\boldsymbol{s} = \mu_0 I \tag{4.22}$$

式中 I 是通过由闭曲线 L 所围面积的电流强度值。(4.22)式又称安培环路定律。

3. 真空中稳定磁场的矢势

由于 $\boldsymbol{B}$ 为无源矢量，因此一定可以找到一个矢量 $\boldsymbol{A}$，使

$$\boldsymbol{B} = \nabla \times \boldsymbol{A} \tag{4.23}$$

成立。**A** 称为稳定磁场的矢势。

由(4.17)式有

$$\nabla\times\boldsymbol{A}=\frac{\mu_0}{4\pi}\iiint\limits_V\frac{\boldsymbol{j}\times\boldsymbol{r}}{r^3}\mathrm{d}v=\nabla\times\frac{\mu_0}{4\pi}\iiint\limits_V(\frac{\boldsymbol{j}}{r})\mathrm{d}v$$

因此,矢势 **A** 的积分方程为

$$\boldsymbol{A}=\frac{\mu_0}{4\pi}\iiint\limits_V\frac{\boldsymbol{j}}{r}\mathrm{d}v \tag{4.24}$$

对于载流导线,则矢势为

$$\boldsymbol{A}=\frac{\mu_0}{4\pi}\int\limits_L\frac{I}{r}\mathrm{d}\boldsymbol{l} \tag{4.25}$$

对于面分布的电流,矢势为

$$\boldsymbol{A}=\frac{\mu_0}{4\pi}\iint\frac{\boldsymbol{i}}{r}\mathrm{d}s \tag{4.26}$$

式中 $\boldsymbol{i}$ 为电流面密度矢量。

矢势所满足的微分方程可从(4.21)式导出

$$\nabla\times\boldsymbol{B}=\nabla\times(\nabla\times\boldsymbol{A})=\nabla(\nabla\cdot\boldsymbol{A})-\nabla^2\boldsymbol{A}=\mu_0\boldsymbol{j}$$

前面已经证明 $$\nabla\cdot\boldsymbol{A}=\frac{\mu_0}{4\pi}\iiint\limits_V\nabla\cdot(\frac{\boldsymbol{j}}{r})\mathrm{d}v=0$$

因此 $$\nabla^2\boldsymbol{A}=-\mu_0\boldsymbol{j} \tag{4.27}$$

上式可分解为相应的三个微分方程

$$\begin{cases}(\nabla^2\boldsymbol{A})_{e1}=-\mu_0 j_{e1}\\(\nabla^2\boldsymbol{A})_{e2}=-\mu_0 j_{e2}\\(\nabla^2\boldsymbol{A})_{e3}=-\mu_0 j_{e3}\end{cases} \tag{4.28}$$

式中,j_{e1},j_{e2},j_{e3} 分别为 $\boldsymbol{j}$ 在相应坐标系中的分量。

而在无源区域,矢势满足的微分方程为

$$\begin{cases}(\nabla^2\boldsymbol{A})_{e1}=0\\(\nabla^2\boldsymbol{A})_{e2}=0\\(\nabla^2\boldsymbol{A})_{e3}=0\end{cases} \tag{4.29}$$

警告:除直角坐标外,$(\nabla^2\boldsymbol{A})_{ei}\neq\nabla^2 A_{ei}$ $(i=1,2,3)$,在解(4.28)、(4.29)式时,必须在相应坐标系中按下式展开:$(\nabla^2\boldsymbol{A})_{ei}=-[\nabla\times(\nabla\times\boldsymbol{A})]_{ei}$,然后计算矢势。

例 3 计算长为 $2l$ 的直线电流的矢势。

解:取直线电流的中点为坐标原点,由于电流只有 $\boldsymbol{z}_0$ 方向,故 $\boldsymbol{A}=A_Z\boldsymbol{z}_0$

在导线上取一电流元 $I\mathrm{d}\zeta$,该直线电流在 $p(x,y,z)$ 点的矢势为

$$\begin{aligned}\boldsymbol{A}&=\frac{\mu_0 I}{4\pi}\int_{-l}^{l}\frac{\mathrm{d}\zeta\boldsymbol{z}_0}{[x^2+y^2+(z-\zeta)^2]^{1/2}}\\&=\frac{\mu_0 I}{4\pi}\ln\frac{(z+l)+\sqrt{(z+l)^2+x^2+y^2}}{(z-l)+\sqrt{(z-l)^2+x^2+y^2}}\boldsymbol{z}_0\end{aligned}$$

也可用圆柱坐标系表示为

$$\boldsymbol{A}=\frac{\mu_0 I}{4\pi}\ln\frac{(z+l)+\sqrt{(z+l)^2+\rho^2}}{(z-l)+\sqrt{(z-l)^2+\rho^2}}\boldsymbol{z}_0$$

当 $l\to\infty$ 时

$$\boldsymbol{A}=\frac{\mu_0 I}{4\pi}\ln\frac{\sqrt{l^2+\rho^2}+l}{\sqrt{l^2+\rho^2}-l}\boldsymbol{z}_0$$

由于 $l\gg\rho$，所以 $\sqrt{l^2+\rho^2}\approx\sqrt{l^2+\rho^2+\left(\frac{\rho^2}{2l}\right)^2}=l+\frac{\rho^2}{2l}$

于是 $$\boldsymbol{A}=\frac{\mu_0 I}{4\pi}\ln\frac{2l}{\rho^2/2l}\boldsymbol{z}_0=\frac{\mu_0 I}{2\pi}\ln\frac{2l}{\rho}\boldsymbol{z}_0$$

若对 $\boldsymbol{A}$ 求旋度，便得磁感应强度

$$\boldsymbol{B}=\nabla\times\boldsymbol{A}=-\frac{\partial A_z}{\partial\rho}\boldsymbol{\varphi}_0=-\frac{\mu_0 I}{2\pi}\frac{\partial}{\partial\rho}\ln\frac{2l}{\rho}\boldsymbol{\varphi}_0=\frac{\mu_0 I}{2\pi\rho}\boldsymbol{\varphi}_0$$

与例 1 的计算结果相同。

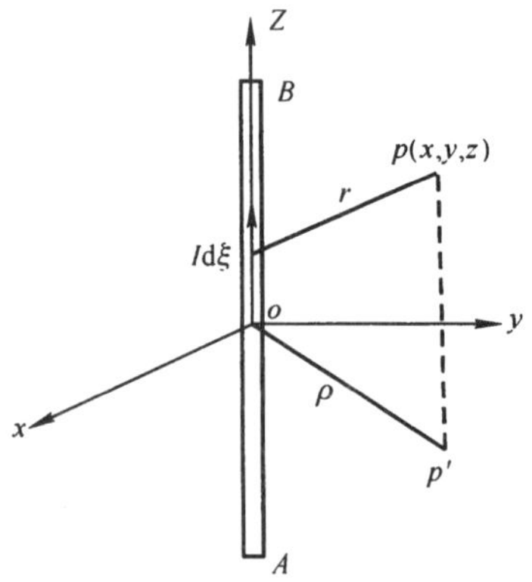

图 4.6　计算直线电流的矢势

三、计算真空中稳定磁场的基本方法

1. 解析法

解析法是通过解矢势方程 $\nabla^2\boldsymbol{A}=-\mu_0\boldsymbol{j}$（按式(4.28)或式(4.29)分解为标量微分方程后求解），然后结合稳定磁场的边界条件，求得场中矢势 $\boldsymbol{A}$ 的定解。再对 $\boldsymbol{A}$ 求旋度，便得磁感应强度 $\boldsymbol{B}$。关于稳定磁场的边界条件，将在第三节中讨论。

2. 积分法

对于给定的电流分布，如果积分

$$\boldsymbol{A}=\frac{\mu_0 I}{4\pi}\int_L\frac{\mathrm{d}\boldsymbol{l}}{r}$$

或 $$\boldsymbol{A}=\frac{\mu_0}{4\pi}\iint_S\frac{\boldsymbol{i}\,\mathrm{d}s}{r}$$

或 $$\boldsymbol{A}=\frac{\mu_0}{4\pi}\iiint_V\frac{\boldsymbol{j}\,\mathrm{d}v}{r}$$

可积，则可以直接通过积分计算矢势 $\boldsymbol{A}$，然后再对 $\boldsymbol{A}$ 求旋度得 $\boldsymbol{B}$，如例 3 那样。式中 L 为线分布电流的域，S 为面分布电流的域，V 为体分布电流的域。

在某些简单情况下，也可以直接通过解毕奥—沙伐尔积分式(4.16)和(4.17)式来计算磁感应强度 $\boldsymbol{B}$，如例 1 和例 2 那样。

3. 环路法

利用安培环路定律(4.22)式，在一定条件下，可以大大简化对磁场的计算。用环路定律时，要求在所选择的环路上 B_l 是个常量，这样它就可提到积分号外面。于是

$$B_l=\mu_0\frac{I}{L}\tag{4.30}$$

式中，I 是被环路 L 所包围的电流强度，它必须是一个完整的电流。请看下面例题。

例 4　设地下为均匀媒质，地面 A 点有点电流源 I，计算由地下电流所产生的磁场。

解：本题可以利用(4.17)式直接积分计算。但由于地下电流呈体分布状态，对各方向分量

的电流进行计算和合成，比较繁琐。而用环路定律来计算则非常简便。为了应用环路定律，需要构成一个电流的完整回路，但本题所给条件不是完整回路(由 A 点经地下至无穷远处)。因此引入两条垂直地面、无限靠近而电流方向相反的半无限长的线电流(图 4.7)，其中一条与地下电流构成了完整的回路，而另一条的引入则纯系为了抵消由于前一条引入后对磁场的影响。

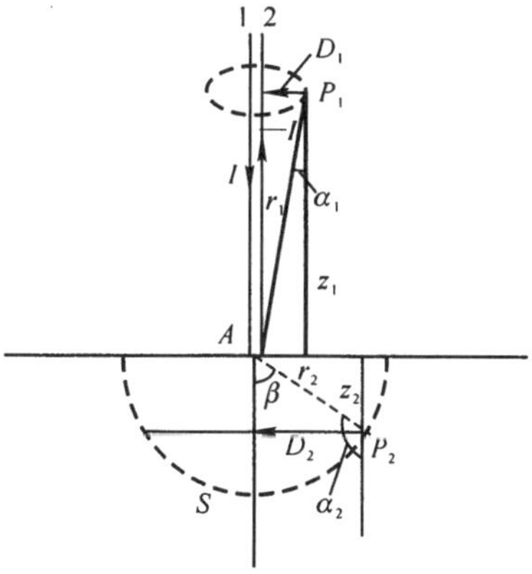

图 4.7　地面点电流源磁场的计算

(1)当测点 P_1 在上半空间时，设该点距电流线为 D_1，以 D_1 为半径作一圆环将两条电流线包围在内，其中一条适用环路定律：

$$\boldsymbol{B}_{1A} = \frac{\mu_0 I}{2\pi D_1}\boldsymbol{\varphi}_0$$

这里 $\boldsymbol{\varphi}_0$ 是垂直纸面向外的单位矢量。

另一条是半无限长载流直线，它在 P_1 点产生的磁场可以直接用(4.3)式计算

$$\boldsymbol{B}'_{1B} = \frac{\mu_0 I}{4\pi D_1}(\cos\alpha_1 + 1)\boldsymbol{\varphi}'_0$$

这里 $\boldsymbol{\varphi}'_0$ 垂直纸面向里，显然 $\boldsymbol{\varphi}_0 = -\boldsymbol{\varphi}'_0$，最后叠加，便得

$$\boldsymbol{B}_1 = \frac{\mu_0 I}{4\pi D_1}(1 - \cos\alpha_1)\boldsymbol{\varphi}_0$$

这相当于一根垂直地面，从地面 A 点流至地下无穷远处的半无限长载流直线的磁场。

(2)当测点 P_2 在地下时，设其距离垂直轴为 D_2，则以轴为中心，以 D_2 为半径作圆环。这时由完整电流回路所产生的磁场为

$$\boldsymbol{B}_{2A} = \frac{\mu_0 I'}{2\pi D_2}\boldsymbol{\varphi}_0$$

式中 I' 是被圆环所包围的面积上所通过的电流强度。

$$I' = \iint_S \boldsymbol{j} \cdot \mathrm{d}\boldsymbol{s} = \iint_S j_n \mathrm{d}s = j_n s$$

这里　　　　$s = 2\pi r_2^2(1 - \cos\beta)$

是以圆环平面为底面和以 r_2 为半径的球面所组成的球冠的面积。

$$j_n = \frac{I}{2\pi r_2^2}$$

是球冠面上的电流密度值。于是

$$\boldsymbol{B}_{2A} = \frac{\mu_0 I}{2\pi D_2}(1 - \cos\beta)\boldsymbol{\varphi}_0$$

由另一半无限长直载流导线在 P_2 点产生的磁场为

$$\boldsymbol{B}_{2B} = -\frac{\mu_0 I}{4\pi D_2}(\cos\alpha_2 + 1)\boldsymbol{\varphi}_0$$

由图 4.7 知 β 与 α_2 互补，因此 $\cos\beta = -\cos\alpha_2$ 最后合成得

$$\boldsymbol{B}_2 = \frac{\mu_0 I}{4\pi D_2}(1 - \cos\beta)\boldsymbol{\varphi}_0$$

可见，由地下体电流在地下半空间产生的磁场与一根垂直地面从地面上方无限远处流至 **A** 点的半无限长直线电流的磁场相当。由图 4.7 知

$$\cos\alpha_1 = \frac{z_1}{r_1} = \frac{z_1}{\sqrt{z_1^2 + D_1^2}}; \quad \cos\beta = \frac{z_2}{r_2} = \frac{z_2}{\sqrt{z_2^2 + D_2^2}}$$

因此上面结果也可用 P 点坐标值来表示

$$\boldsymbol{B}_1 = \frac{\mu_0 I}{4\pi D_1}\left[1 - \frac{z_1}{(z_1^2 + D_1^2)^{1/2}}\right]\boldsymbol{\varphi}_0$$

$$\boldsymbol{B}_2 = \frac{\mu_0 I}{4\pi D_2}\left[1 - \frac{z_2}{(z_2^2 + D_2^2)^{1/2}}\right]\boldsymbol{\varphi}_0$$

第二节　磁偶极子的磁场

由于不存在“磁荷”，因而也不存在类似电偶极子那样的磁偶极子。然而，一个小小的闭合电流在远区产生的磁场却具有偶极子场的特征，因此，这些小闭合电流就称为磁偶极子。一个小磁性体具有两个异性磁极，它们在远区产生的磁场也具有偶极子场的特征。磁体的两个异性磁极的出现，正是磁体内分子电流作用的结果。

一、闭合电流在远区的磁场

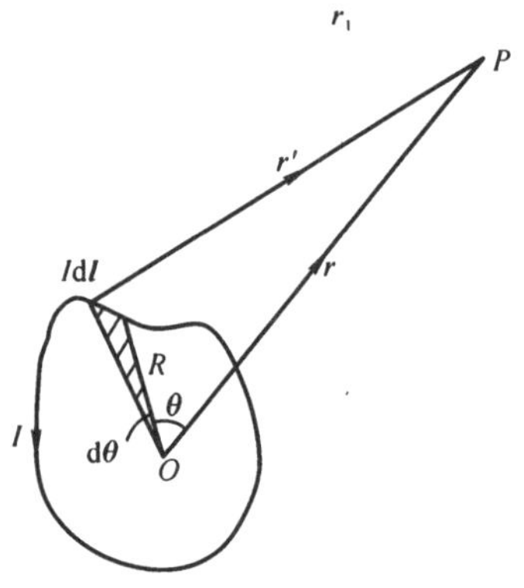

图 4.8　计算闭合电流在远区的磁场

由(4.25)式，任意闭合电流在 P 点的矢势为

$$\boldsymbol{A} = \frac{\mu_0 I}{4\pi}\oint_L \frac{\mathrm{d}\boldsymbol{l}}{r'}$$

式中 r' 为电流元 $I\mathrm{d}\boldsymbol{l}$ 至测点之距离。设 O 为闭合电流内任一点，$\boldsymbol{R}$ 为 O 点至电流元的矢径，$\boldsymbol{r}$ 为 O 点至 P 点之矢径。由图 4.8 知

$$\frac{1}{r'} = \frac{1}{(r^2 + R^2 - 2Rr\cos\theta)^{1/2}} = \frac{1}{r(1 + x^2 - 2x\cos\theta)^{1/2}}$$

式中 $x = \frac{R}{r}$。当 $r \gg R$ 时，$x \to 0$，因此对上式在 $x = 0$ 处作泰勒展开，得

$$\frac{1}{r(1 + x^2 - 2x\cos\theta)^{1/2}} = \frac{1}{r}\left[1 + x\cos\theta + \frac{x^2}{2}(3\cos^2\theta - 1) + \cdots\right]$$

舍去高阶无穷小项，便得

$$\frac{1}{r'} = \frac{1}{r} + \frac{R}{r^2}\cos\theta = \frac{1}{r} + \frac{\boldsymbol{R}\cdot\boldsymbol{r}}{r^3}$$

代回原式，得

$$\boldsymbol{A} = \frac{\mu_0 I}{4\pi}\left[\oint_L \frac{\mathrm{d}\boldsymbol{l}}{r} + \oint_L \frac{\boldsymbol{R}\cdot\boldsymbol{r}}{r^3}\mathrm{d}\boldsymbol{l}\right]$$

上式在积分过程中 r 是不变的，故可作为常数看待，而

$$\oint_L \mathrm{d}\boldsymbol{l} = 0$$

这样便可简化为

$$A = \frac{\mu_0 I}{4\pi r^3}\oint (\boldsymbol{R}\cdot\boldsymbol{r})\mathrm{d}\boldsymbol{l}$$

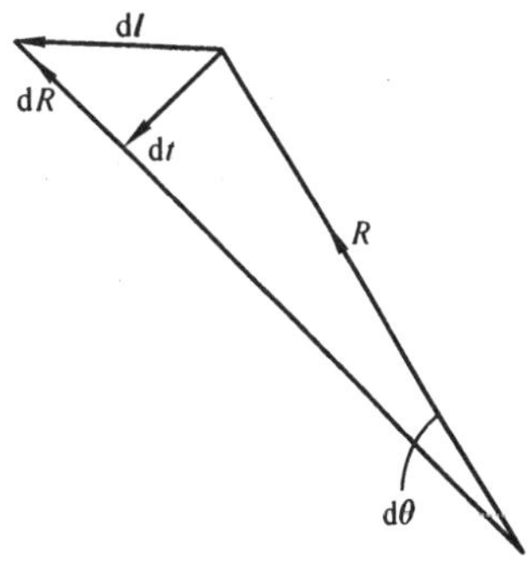

图 4.9　d***l*** 的矢量运算

由图 4.9 有：$\mathrm{d}\boldsymbol{l}=\mathrm{d}\boldsymbol{t}+\mathrm{d}\boldsymbol{R}$，其中 $\mathrm{d}t=R\mathrm{d}\theta$。当 $\mathrm{d}\theta\to 0$ 时，$\mathrm{d}t\to 0$，因此 $\mathrm{d}\boldsymbol{l}\approx\mathrm{d}\boldsymbol{R}$。

于是

$$\begin{aligned}(\boldsymbol{R}\cdot\boldsymbol{r})\mathrm{d}\boldsymbol{l} &= (\boldsymbol{R}\cdot\boldsymbol{r})\mathrm{d}\boldsymbol{R} = \mathrm{d}[(\boldsymbol{R}\cdot\boldsymbol{r})\boldsymbol{R}] - \boldsymbol{R}\mathrm{d}(\boldsymbol{R}\cdot\boldsymbol{r}) \\ &= \mathrm{d}[(\boldsymbol{R}\cdot\boldsymbol{r})\boldsymbol{R}] - \boldsymbol{R}(\mathrm{d}\boldsymbol{R}\cdot\boldsymbol{r}) \\ &= \mathrm{d}[(\boldsymbol{R}\cdot\boldsymbol{r})\boldsymbol{R}] - \boldsymbol{R}(\mathrm{d}\boldsymbol{l}\cdot\boldsymbol{r})\end{aligned}$$

但
$$\oint_L \mathrm{d}\,[(\boldsymbol{R}\cdot\boldsymbol{r})\boldsymbol{R}] = 0$$

所以
$$\oint_L (\boldsymbol{R}\cdot\boldsymbol{r})\mathrm{d}\boldsymbol{l} = -\oint_L \boldsymbol{R}(\mathrm{d}\boldsymbol{l}\cdot\boldsymbol{r})$$

这样，矢势可写成两项之和①

$$\begin{aligned}\boldsymbol{A} &= \frac{\mu_0 I}{8\pi r^3}\left[\oint_L (\boldsymbol{R}\cdot\boldsymbol{r})\mathrm{d}\boldsymbol{l} - \oint_L (\boldsymbol{r}\cdot\mathrm{d}\boldsymbol{l})\boldsymbol{R}\right] = \frac{\mu_0 I}{8\pi r^3}\oint_L (\boldsymbol{R}\times\mathrm{d}\boldsymbol{l})\times\boldsymbol{r} \\ &= \frac{\mu_0}{4\pi}\boldsymbol{m}\times\frac{\boldsymbol{r}}{r^3}\end{aligned}$$

式中
$$\boldsymbol{m} = \frac{I}{2}\oint_L \boldsymbol{R}\times\mathrm{d}\boldsymbol{l} \tag{4.31}$$

称为该闭合电流的磁矩。如果闭合电流是在一个平面上，则 $\oint_L \boldsymbol{R}\times\mathrm{d}\boldsymbol{l} = 2\boldsymbol{S}$，于是

$$\boldsymbol{m} = I\boldsymbol{S} \tag{4.32}$$

$\boldsymbol{S}$ 是闭合电流所包围的面积矢量，$\boldsymbol{m}$ 的方向由电流方向按右手定则确定。

现在利用矢势求磁场

$$\boldsymbol{B} = \nabla\times\boldsymbol{A} = \frac{\mu_0}{4\pi}\nabla\times\left(\frac{\boldsymbol{m}\times\boldsymbol{r}}{r^3}\right)$$

注意到旋度运算是对测点坐标变量(x,y,z)来进行的，而磁矩 $\boldsymbol{m}$ 只和电流的分布有关，与测点坐标无关。因此，做旋度运算时 $\boldsymbol{m}$ 可作为常矢量处理。于是

$$\nabla\times\left(\frac{\boldsymbol{m}\times\boldsymbol{r}}{r^3}\right) = \frac{1}{r^3}\nabla\times(\boldsymbol{m}\times\boldsymbol{r}) + \nabla\left(\frac{1}{r^3}\right)\times(\boldsymbol{m}\times\boldsymbol{r})$$

其中
$$\nabla\times(\boldsymbol{m}\times\boldsymbol{r}) = (\boldsymbol{r}\cdot\nabla)\boldsymbol{m} - (\boldsymbol{m}\cdot\nabla)\boldsymbol{r} + (\nabla\cdot\boldsymbol{r})\boldsymbol{m} - (\nabla\cdot\boldsymbol{m})\boldsymbol{r} = 2\boldsymbol{m}$$

$$\nabla\left(\frac{1}{r^3}\right)\times(\boldsymbol{m}\times\boldsymbol{r}) = \frac{-3\boldsymbol{r}}{r^5}\times(\boldsymbol{m}\times\boldsymbol{r}) = -\frac{3}{r^5}[(\boldsymbol{r}\cdot\boldsymbol{r})\boldsymbol{m} - (\boldsymbol{r}\cdot\boldsymbol{m})\boldsymbol{r}]^* = \frac{3(\boldsymbol{r}\cdot\boldsymbol{m})}{r^5}\boldsymbol{r} - \frac{3\boldsymbol{m}}{r^3}$$

代回原式，便得

$$\boldsymbol{B} = \frac{\mu_0}{4\pi}\left[\frac{3(\boldsymbol{r}\cdot\boldsymbol{m})}{r^5}\boldsymbol{r} - \frac{\boldsymbol{m}}{r^3}\right] \tag{4.33}$$

如果与第三章的(3.38)式对照，就会发现它们在形式上完全相似，从而证明了闭合电流在远区的磁场是一种偶极子场。

① 利用三重矢积变换：$(\boldsymbol{a}\times\boldsymbol{b})\times\boldsymbol{c} = (\boldsymbol{a}\cdot\boldsymbol{c})\boldsymbol{b} - (\boldsymbol{b}\cdot\boldsymbol{c})\boldsymbol{a}$

图 4.10 形象地表示电偶极子的电力线与闭合电流的磁感应线之空间分布。在远区，它们的分布特征很相似，但在近区，两者差异很大。电力线有始点和终点，它们总是始于正电荷而终止于负电荷。而磁感应线却是闭合的，它们没有始、终点。

下面以列表方式把闭合电流磁场与电偶极子电场作一个对照。

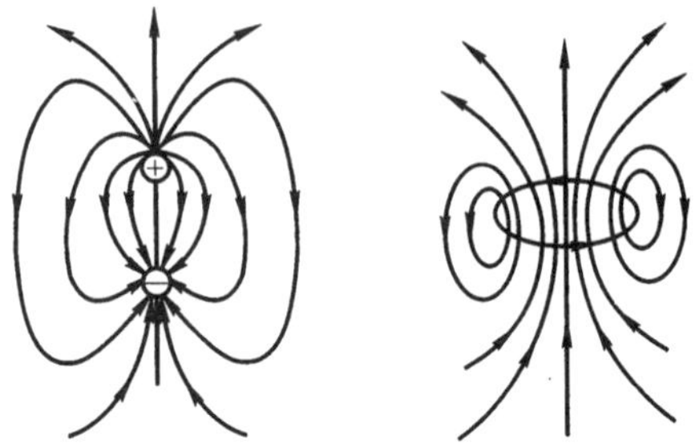

图4.10　电偶极子的电力线与闭合电流的磁感应线

表 4-1　电偶极子电场与闭合电流磁场的对照

物理量	电偶极子电场	物理量	闭合电流磁场
电偶极矩	$\boldsymbol{p}=q\boldsymbol{l}$	磁矩	$\boldsymbol{m}=I\boldsymbol{S}$
标　势	$u=\frac{1}{4\pi\varepsilon_0}\frac{\boldsymbol{p}\cdot\boldsymbol{r}}{r^3}$	磁矢势	$\boldsymbol{A}=\frac{\mu_0}{4\pi}\frac{\boldsymbol{m}\times\boldsymbol{r}}{r^3}$
电场强度	$\boldsymbol{E}=\frac{1}{4\pi\varepsilon_0}\left[\frac{3(\boldsymbol{p}\cdot\boldsymbol{r})\boldsymbol{r}}{r^5}-\frac{\boldsymbol{p}}{r^3}\right]$	磁感强度	$\boldsymbol{B}=\frac{\mu_0}{4\pi}\left[\frac{3(\boldsymbol{m}\cdot\boldsymbol{r})\boldsymbol{r}}{r^5}-\frac{\boldsymbol{m}}{r^3}\right]$
场强与标势	$\boldsymbol{E}=-\nabla u$	磁感与矢势	$\boldsymbol{B}=\nabla\times\boldsymbol{A}$

二、体分布的闭合电流之磁场

设在某空间域 V 内有着多个闭合电流，第 i 个闭合电流的磁矩为 $\boldsymbol{m}_i$，则总磁矩为各闭合电流磁矩之矢量和

$$\boldsymbol{m}=\sum_{i=1}^{n}\boldsymbol{m}_i=\frac{1}{2}\iiint_V(\boldsymbol{R}\times\boldsymbol{j})\mathrm{d}v \tag{4.34}$$

定义：单位体积的磁矩定义为磁化强度 $\boldsymbol{M}$。

因此，空间一点的磁化强度为

$$\boldsymbol{M}=\lim_{\Delta V\to 0}\frac{\iiint_{\Delta V}(\boldsymbol{R}\times\boldsymbol{j})\mathrm{d}v}{2\Delta V}=\lim_{\Delta V\to 0}\frac{\boldsymbol{m}}{\Delta V} \tag{4.35}$$

全部体分布闭合电流在远区的矢势为

$$\boldsymbol{A}=\frac{\mu_0}{4\pi}\iiint_v\frac{\boldsymbol{M}\times\boldsymbol{r}}{r^3}\mathrm{d}v \tag{4.36}$$

现在对(4.36)式进行变换。

由于　$$\nabla\times\left(\frac{\boldsymbol{M}}{r}\right)=\nabla\left(\frac{1}{r}\right)\times\boldsymbol{M}+\frac{1}{r}\nabla\times\boldsymbol{M}=\frac{\boldsymbol{M}\times\boldsymbol{r}}{r^3}+\frac{\nabla\times\boldsymbol{M}}{r},$$

如果令 $\boldsymbol{r}'=-\boldsymbol{r}$，$\boldsymbol{r}'$ 为从场点指向源点的矢径，则(4.36)式变为

$$\boldsymbol{A}=\frac{\mu_0}{4\pi}\left[\iiint_V\frac{\nabla\times\boldsymbol{M}}{r'}\mathrm{d}v-\iiint_V\nabla\times\left(\frac{\boldsymbol{M}}{r'}\right)\mathrm{d}v\right]$$

用广义高斯公式：$\iiint\limits_V (\nabla \times \boldsymbol{a})\mathrm{d}v = \oiint\limits_S \mathrm{d}\boldsymbol{s} \times \boldsymbol{a}$ 对上式右边第二项进行变换时，由于在域 V 界面 S 上 $\boldsymbol{M}$ 不连续，因此变换不能在 S 面上进行，为此可用平行 S 面的两个曲面 S_1 和 S_2 将 S 面包围起来。这样上式中的第二项便变为

$$-\iiint\limits_{V-V_0} \nabla \times \left(\frac{\boldsymbol{M}}{r'}\right)\mathrm{d}v = \oiint\limits_{S_1+S_2+S_\infty} \frac{\boldsymbol{M}}{r'} \times \mathrm{d}\boldsymbol{s}$$

式中，V 为将测点包围在内的全部空间域，S_∞ 是它的外边界。由于在 S_∞ 界面上 $r\to\infty$，因此积分 $\iint\limits_{S_\infty} \frac{\boldsymbol{M}}{r'} \times \mathrm{d}\boldsymbol{s} = 0$，而当 S_1, S_2 无限贴近 S 面时，$V_0 \to 0, S_1 \to S, S_2 \to S$，于是

$$-\iiint\limits_V \nabla \times \left(\frac{\boldsymbol{M}}{r'}\right)\mathrm{d}v = \iint\limits_S \frac{(\boldsymbol{M}_1 \times \boldsymbol{n}) - (\boldsymbol{M}_2 \times \boldsymbol{n})}{r'}\mathrm{d}s = \iint\limits_S \frac{\boldsymbol{n} \times (\boldsymbol{M}_2 - \boldsymbol{M}_1)}{r'}\mathrm{d}s$$

这里 $\boldsymbol{n}$ 为 S 面正法向的单位矢量。最后，体分布闭合电流的矢势为

$$\boldsymbol{A} = \frac{\mu_0}{4\pi}\left[\iiint\limits_V \frac{\nabla \times \boldsymbol{M}}{r}\mathrm{d}v + \iint\limits_S \frac{\boldsymbol{n} \times (\boldsymbol{M}_2 - \boldsymbol{M}_1)}{r}\mathrm{d}s\right] \tag{4.37}$$

如果将(4.37)式与(4.24)式和(4.26)式相对照，就会发现(4.37)式中右边第一项中之 $\nabla \times \boldsymbol{M}$ 与(4.24)式中之 $\boldsymbol{j}$ 相等效，而(4.37)式中右边第二项中之 $\boldsymbol{n}\times(\boldsymbol{M}_2-\boldsymbol{M}_1)$则与(4.26)式中之 $\boldsymbol{i}$ 等效。也就是说，呈体分布闭合电流的矢势与分布在该域 V 内，电流体密度为 $\boldsymbol{j}=\nabla\times\boldsymbol{M}$，以及分布在该域边界 S 上，电流面密度为 $\boldsymbol{i}=\boldsymbol{n}\times(\boldsymbol{M}_2-\boldsymbol{M}_1)$的自由电流之矢势等效。这里 $\boldsymbol{M}_1$，$\boldsymbol{M}_2$ 表示界面内、外物质的磁化强度值。

构成物质的每一个原子，其外围都有若干个电子绕核运动，从而形成了若干个半径及法线方向不同的环电流，这些环电流所产生的矢势，就可以用(4.37)式来描述。因此也把

$$\boldsymbol{j}_m = \nabla \times \boldsymbol{M} \tag{4.38}$$

称为分子电流体密度，或称为磁化电流体密度。而把

$$\boldsymbol{i}_m = \boldsymbol{n} \times (\boldsymbol{M}_2 - \boldsymbol{M}_1) \tag{4.39}$$

称为分子电流面密度或称为磁化电流面密度。于是式(4.37)可写为

$$\boldsymbol{A} = \frac{\mu_0}{4\pi}\left[\iiint\limits_V \frac{\boldsymbol{j}_m}{r}\mathrm{d}v + \iint\limits_S \frac{\boldsymbol{i}_m}{r}\mathrm{d}s\right] \tag{4.40}$$

在这里要把分子电流(或称磁化电流)与自由电流(简称电流)相区别。自由电流是由带电粒子在电场作用下产生宏观位移而形成的。它可以在导电媒质中从一处流向另一处，在宏观上可以被观测到。而分子电流则是由环绕原子核运动的外围电子所形成，它受原子的束缚，不能作宏观的移动，从而也不能被宏观地测量。然而分子电流却是实实在在地存在着。永磁体的磁性正是由于分子电流存在的结果。

第三节　磁介质中的稳定磁场

一、磁介质的磁化

磁介质是指那些能在磁场中被磁化的物质。磁化的物理过程是这样的：构成物质的分子或原子中的电子一方面自旋，另一方面又同时沿一定轨道绕原子核旋转，因此，每一个运动电

子都相当于一个小的闭合电流，或者说，相当于一个小的磁偶极子。在无外磁场作用时，这些小磁偶极子磁矩的指向是无规律的，因此，宏观地看，物质并不显出磁性，因为宏观的合磁矩为零。但在外磁场作用下，每个小磁偶极子均受到一个力矩的作用，这个力矩使每个小磁偶极子磁矩的方向都转向外磁场的方向。当然，这个过程受到了原子内部强大的电场力的阻碍，因此，转向是不充分的，并且视外磁场大小及物质性质而异。然而，小磁偶极子由原来的无规律排列变成较有规律的排列，总磁矩不再为零，物质便由原来的无磁性而变得具有一定的磁性，这个过程就称为磁化。

磁介质被磁化后产生一个附加的磁场，从而使原来的磁场发生改变。大多数磁介质在外磁场取消后便恢复原来的无磁性状态，但是有一类磁介质，在外磁场取消后仍能保持磁化的状态，从而具有了永久的磁性。这类介质称为铁磁介质。

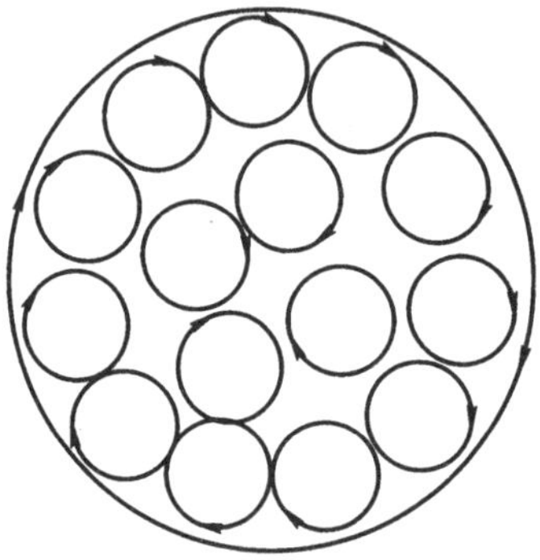

图 4.11　物质磁化后内部分子电流示意图

二、磁化强度和磁化电流

在第二节已经定义了磁化强度

$$\boldsymbol{M}=\lim_{\Delta v\to 0}\frac{\sum\limits_{i=1}^{n}\boldsymbol{m}_i}{\Delta V}=\lim_{\Delta v\to 0}\frac{\boldsymbol{m}}{\Delta V}$$

式中，$\boldsymbol{m}$ 为体元 ΔV 内分子磁矩的矢量和，称为等效磁矩。

如果磁介质被均匀磁化，则 $\boldsymbol{M}$ 为常矢量。这时由(4.38)式知，磁化电流体密度为零。因此，均匀磁化的介质内部没有磁化电流。磁化电流仅分布在磁化介质的表面，其面密度由(4.39)式表示。图 4.11 是一个沿轴向均匀磁化的圆柱体截面上分子电流的分布示意图。其磁化面电流与沿柱面 $\boldsymbol{\varphi}_0$ 方向流动的自由电流等效。

如果是非均匀磁化，则 $\boldsymbol{j}_m=\nabla\times\boldsymbol{M}$ 不等于零。这时既有磁化体电流，又有磁化面电流。在 SI 制中，磁化强度的单位为 A/m(安培/米)。

三、磁介质中的稳定磁场方程

(4.40)式表明，由磁化电流产生的矢势与由自由电流产生的矢势，有相同形式的表达式。因此，由磁化电流与自由电流所产生的磁场，都是无源有旋场。在磁化情况下，(4.21)式应改写为

$$\nabla\times\boldsymbol{B}=\mu_0(\boldsymbol{j}+\boldsymbol{j}_m)\tag{4.41}$$

将 $\boldsymbol{j}_m=\nabla\times\boldsymbol{M}$ 代入并整理后得

$$\nabla\times(\frac{\boldsymbol{B}}{\mu_0}-\boldsymbol{M})=\boldsymbol{j}\tag{4.42}$$

令

$$\boldsymbol{H}=\frac{\boldsymbol{B}}{\mu_0}-\boldsymbol{M}\tag{4.43}$$

便有

$$\nabla\times\boldsymbol{H}=\boldsymbol{j}\tag{4.44}$$

$\boldsymbol{H}$ 称为磁场强度。(4.44)式表明，空间任意点磁场强度的旋度仅与该点之自由电流 $\boldsymbol{j}$ 有关，而与磁化电流 $\boldsymbol{j}_m$ 无关。我们知道，在静电场中，电场强度 $\boldsymbol{E}$ 的散度与自由电荷 ρ_q 及束缚电荷 ρ_p 有关，而电位移矢量 $\boldsymbol{D}$ 的散度则仅与自由电荷 ρ_q 有关。可见，磁场强度 $\boldsymbol{H}$ 在稳定磁场

中的地位与静电场中的电位移矢量 **D** 相对应。

(4.43)式表明，**H** 与 **M** 具有相同的单位(A/m)。那么，由(4.43)式定义的磁场强度与磁感应强度之间的关系与由 (4.13)式所定义的磁场强度与磁感应强度之间的关系是否一致呢？在真空中，$\boldsymbol{M}=0$，因而 $\boldsymbol{H}=\boldsymbol{B}/\mu_0$，这就是(4.13)式。可见它们是一致的。但(4.13)式不能用来定义磁介质中的磁场强度与磁感应强度之间的关系，在磁介质中，应该用(4.43)式来定义 **H** 与 **B** 的关系。

在第一节中，我们已经从公式 $\boldsymbol{B}=\frac{\mu_0}{4\pi}\iiint\limits_V\frac{\boldsymbol{j}\times\boldsymbol{r}}{r^3}\mathrm{d}v$ 出发，证明了 **B** 是无源的。用相同的方法，我们可以证明在磁介质中 $\boldsymbol{B}=\frac{\mu_0}{4\pi}\iiint\limits_V\frac{(\boldsymbol{j}+\boldsymbol{j}_{\mathrm{m}})\times\boldsymbol{r}}{r^3}\mathrm{d}v$ 也是无源的。但(4.43)式表明，在磁介质中，磁场强度 **H** 是一个有源矢量。因为若对(4.43)式取散度，则得

$$\nabla\cdot\boldsymbol{H}=-\nabla\cdot\boldsymbol{M}\tag{4.45}$$

这表明 **H** 是有源有旋的，**H** 的源在 $\nabla\cdot\boldsymbol{M}\neq0$ 的地方。同时也表明了 **H** 线(通常称磁力线)与 **B** 线(磁感应线)是不同的。磁力线更像电力线，它有始点和终点。在基于磁荷的静磁场理论中，磁力线就是始发于正磁荷而终止于负磁荷的。

从(4.41)式和(4.44)式可以得到磁介质中 **B** 和 **H** 的环路定律为

$$\oint_l\boldsymbol{B}\cdot\mathrm{d}\boldsymbol{l}=\mu_0(I+I_m)\tag{4.46}$$

$$\oint_L\boldsymbol{H}\cdot\mathrm{d}\boldsymbol{l}=I\tag{4.47}$$

(4.46)式中的 I_m 为磁化电流强度，要事先确定它，比较困难，而(4.47)式则没有这个问题。**H** 的环量仅与自由电流强度 I 有关。所以在磁介质中，运用环路定律解题时，(4.47)式更为方便。(4.43)式可改写为

$$\boldsymbol{B}=\mu_0(\boldsymbol{H}+\boldsymbol{M})\tag{4.48}$$

四、磁感应强度和磁场强度的关系

实验结果表明，除铁磁介质以外，在一般情况下，磁介质的磁化强度与磁场强度成线性关系

$$\boldsymbol{M}=\kappa_m\boldsymbol{H}\tag{4.49}$$

κ_m 称为磁化率，是表征物质磁化特性的一个物理量。它是一个纯数，对非铁磁物质，κ_m 值都很小。$\kappa_m>0$ 的物质称为顺磁质，如元素周期表中过渡元素的盐类，多为顺磁质。在顺磁质中，**M** 与 **H** 同向。$\kappa_m<0$ 的物质称为反磁质，如稀有气体、氢分子、碱土金属或卤素离子等都是反磁物质。这类物质中原子或分子的外围电子角动量之和为零，因此，无外磁场时，即便是单个的原子或分子也不显示出磁性，仅在外磁场作用下，电子运动轨道发生变化，才显示出磁性。反磁介质中 **M** 与 **H** 方向相反。将(4.49)式代入(4.43)式，并整理得

$$\boldsymbol{B}=\mu_0(1+\kappa_m)\boldsymbol{H}=\mu_0\mu_r\boldsymbol{H}=\mu\boldsymbol{H}\tag{4.50}$$

式中，$\mu_r=(1+\kappa_m)$ 称为相对磁导率，也是一个纯数。顺磁质之 $\mu_r>1$，反磁质之 $\mu_r<1$。$\mu=\mu_0\mu_r$ 称为磁介质的磁导率，它的单位与 μ_0 相同。由(4.50)式及(4.49)式可得

$$\boldsymbol{M}=\left(\frac{1}{\mu_0}-\frac{1}{\mu}\right)\boldsymbol{B}\tag{4.51}$$

此式与静电场中之(3.70)式对应。

五、磁介质中的磁矢势

既然磁介质中$\nabla \cdot \boldsymbol{B}=0$仍然成立,因此在磁介质中也可以引入磁矢势,令

$$\boldsymbol{B}=\nabla\times\boldsymbol{A},$$

此矢势与真空中之磁矢势的不同点在于:它不仅与自由电流,同时还与磁化电流有关。因此磁介质中的矢势积分方程应为

$$\boldsymbol{A}=\frac{\mu_0}{4\pi}\left[\iiint_V\frac{\boldsymbol{j}+\boldsymbol{j}_m}{r}\mathrm{d}v+\iint_S\frac{\boldsymbol{i}+\boldsymbol{i}_m}{r}\mathrm{d}s\right] \tag{4.52}$$

磁介质中的磁矢势满足的微分方程应为

$$\nabla^2\boldsymbol{A}=-\mu_0(\boldsymbol{j}+\boldsymbol{j}_m) \tag{4.53}$$

而$\mu_0(\boldsymbol{j}+\boldsymbol{j}_m)=\nabla\times\boldsymbol{B}$,因此上式也可表示为

$$\nabla^2\boldsymbol{A}=-\nabla\times\boldsymbol{B}=-\nabla\times\nabla\times\boldsymbol{A} \tag{4.54}$$

对于均匀磁介质(实际工作中通常把不均匀磁介质表示成为分区均匀的磁介质),由于μ是常数,所以$\nabla\times\boldsymbol{B}=\nabla\times(\mu\boldsymbol{H})=\mu(\nabla\times\boldsymbol{H})=\mu\boldsymbol{j}$。因此,在均匀磁介质内部,矢势满足方程

$$\nabla^2\boldsymbol{A}=-\mu\boldsymbol{j} \tag{4.55}$$

这时磁化电流的影响已包含在系数μ_r中。

可以将(4.55)式分解成下面三个微分方程:

$$\begin{cases}(\nabla^2\boldsymbol{A})_{e1}=-\mu j_{e1}\\(\nabla^2\boldsymbol{A})_{e2}=-\mu j_{e2}\\(\nabla^2\boldsymbol{A})_{e3}=-\mu j_{e3}\end{cases} \tag{4.56}$$

按(4.54)式可将(4.56)式展开为

$$(\nabla^2\boldsymbol{A})_k=-(\nabla\times\nabla\times\boldsymbol{A})_k=-\mu j_k \qquad (k=e1,e2,e3) \tag{4.56$'$}$$

式中,j_{e1},j_{e2},j_{e3}分别为$\boldsymbol{j}$在相应坐标系中的分量。

六、磁介质中的毕奥—沙伐尔定律

磁介质中的毕奥—沙伐尔定律可表示为

$$\boldsymbol{B}=\frac{\mu_0}{4\pi}\iiint_V\frac{(\boldsymbol{j}+\boldsymbol{j}_m)\times\boldsymbol{r}}{r^3}\mathrm{d}v \tag{4.57}$$

如果磁介质是均匀的,则

$$(\boldsymbol{j}+\boldsymbol{j}_m)=\frac{1}{\mu_0}\nabla\times\boldsymbol{B}=\frac{\mu}{\mu_0}\boldsymbol{j}$$

于是均匀磁介质中的毕奥—沙伐尔定律为

$$\boldsymbol{B}=\frac{\mu}{4\pi}\iiint_V\frac{\boldsymbol{j}\times\boldsymbol{r}}{r^3}\mathrm{d}v \tag{4.58}$$

现在把磁介质中稳定电流磁场的方程组整理如下。

关于$\boldsymbol{B}$有

$$\nabla\cdot\boldsymbol{B}=0,\quad \oint\!\!\!\oint_S\boldsymbol{B}\cdot\mathrm{d}\boldsymbol{s}=0$$

$$\nabla\times\boldsymbol{B}=\mu_0(\boldsymbol{j}+\boldsymbol{j}_m),\quad \oint_L\boldsymbol{B}\cdot\mathrm{d}\boldsymbol{l}=\mu_0(I+I_m)$$

$$\boldsymbol{B}=\frac{\mu_0}{4\pi}\iiint_V\frac{(\boldsymbol{j}+\boldsymbol{j}_m)\times\boldsymbol{r}}{r^3}\mathrm{d}v$$

在均匀介质中有

$$\nabla\times\boldsymbol{B}=\mu j,\quad \oint_L\boldsymbol{B}\cdot\mathrm{d}\boldsymbol{l}=\mu I$$

$$\boldsymbol{B}=\frac{\mu}{4\pi}\iiint_V\frac{\boldsymbol{j}\times\boldsymbol{r}}{r^3}\mathrm{d}v$$

可见，在均匀磁介质中，由同样的自由电流所引起的磁感应强度与真空中的磁感应强度相比，增大了 μ_r 倍。

关于 $\boldsymbol{H}$ 有

$$\nabla\cdot\boldsymbol{H}=-\nabla\cdot\boldsymbol{M}$$

$$\nabla\times\boldsymbol{H}=\boldsymbol{j}\qquad \oint_L\boldsymbol{H}\cdot\mathrm{d}\boldsymbol{l}=I$$

$$\boldsymbol{H}=\frac{\boldsymbol{B}}{\mu}$$

关于磁矢势有

$$\boldsymbol{B}=\nabla\times\boldsymbol{A}$$

$$\boldsymbol{A}=\frac{\mu_0}{4\pi}\left[\iiint_V\frac{\boldsymbol{j}+\boldsymbol{j}_m}{r}\mathrm{d}v+\iint_S\frac{\boldsymbol{i}+\boldsymbol{i}_m}{r}\mathrm{d}s\right]$$

$$\nabla^2\boldsymbol{A}=-\mu_0(\boldsymbol{j}+\boldsymbol{j}_m)$$

或 $$\boldsymbol{A}=\frac{\mu}{4\pi}\left[\iiint_V\frac{\boldsymbol{j}}{r}\mathrm{d}v+\iint_S\frac{\boldsymbol{i}}{r}\mathrm{d}s\right];\qquad \nabla^2\boldsymbol{A}=-\mu\boldsymbol{j}\qquad\text{（均匀介质）}$$

关于 $\boldsymbol{j}_m$，$\boldsymbol{i}_m$，$\boldsymbol{M}$ 有

$$\begin{cases}\boldsymbol{j}_m=\nabla\times\boldsymbol{M}\\ \boldsymbol{i}_m=\boldsymbol{n}\times(\boldsymbol{M}_2-\boldsymbol{M}_1)\\ \boldsymbol{M}=\kappa_m\boldsymbol{H}=\left(\dfrac{1}{\mu_0}-\dfrac{1}{\mu}\right)\boldsymbol{B}\\ \mu=\mu_0(1+\kappa_m)=\mu_0\,\mu_r\end{cases}$$

七、磁介质中稳定磁场的边界条件

为了求解稳定磁场，必须了解描述稳定磁场的各个矢量（$\boldsymbol{B}$，$\boldsymbol{H}$，$\boldsymbol{A}$）在边界上的连续性问题。

1. 在界面两侧磁感应强度的法向分量连续

可用公式表示为

$$B_{1n}=B_{2n}\tag{5.59}$$

证明：跨过界面作一扁平圆柱体，其通量为

$$\oiint_{\Delta s_1+\Delta s_2+\Delta s_3}\boldsymbol{B}\cdot\mathrm{d}\boldsymbol{s}=0$$

当两底面无限贴近界面时，其侧面积 $\Delta S_3\to 0$，两底面积与界面上的截面积 ΔS 相等，于是便有

$$\oiint_{\Delta S_1+\Delta S_2} \boldsymbol{B}\cdot d\boldsymbol{s}=\iint_{\Delta S}(B_{2n}-B_{1n})ds=0，由于\ \Delta s\neq 0$$

因此 $B_{1n}=B_{2n}$

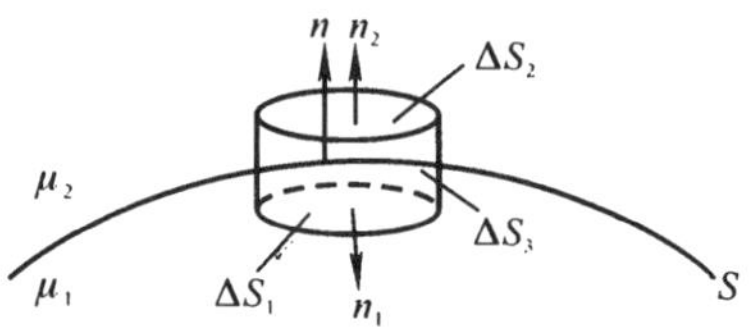

图 4.12 界面两侧磁感应强度连续性的证明

将(4.48)式代入(4.59)式，边界条件又可表示为

$$H_{2n}-H_{1n}=M_{1n}-M_{2n} \tag{4.60}$$

可见在界面上磁场强度法向分量不连续，其跃变值为$(M_{1n}-M_{2n})$。

2. 在界面两侧磁场强度的连续性问题

如果在垂直界面的平面上取一跨越界面的闭合环路，其上、下两条长边为 Δl，且无限贴近界面，左、右两条短边则趋于零。对此环路积分，得

$$\oint_L \boldsymbol{H}\cdot d\boldsymbol{l}=\int_{\Delta l}(H_{2t}-H_{1t})dl=I=\int_{\Delta L} i\,dl$$

式中，$I=\int_{\Delta L} i\,dl$ 表示平行界面被 L 所围平面上的自由电流强度，i 即为该电流的面密度。因此有

$$H_{2t}-H_{1t}=i \tag{4.61}$$

磁场强度在界面两侧的切向分量也不连续，其跃变量等于界面上垂直切向方向的自由电流面密度。如果没有自由电流的面分布，即 $i=0$，则磁场强度的切向分量连续。

$$H_{1t}=H_{2t}\qquad (i=0) \tag{4.62}$$

如果用磁感应强度表示，则(4.62)式变为

$$B_{2t}-B_{1t}=\mu_0(M_{2t}-M_{1t})\qquad (i=0) \tag{4.63}$$

3. 界面两侧矢势的连续性问题

取 xoy 面为界面上之切平面，z 轴沿界面之法线方向，则由(4.59)式和(4.62)式，有

$$(\nabla\times\boldsymbol{A}_1)_z=(\nabla\times\boldsymbol{A}_2)_z$$
$$\mu_2(\nabla\times\boldsymbol{A}_1)_x=\mu_1(\nabla\times\boldsymbol{A}_2)_x$$
$$\mu_2(\nabla\times\boldsymbol{A}_1)_y=\mu_1(\nabla\times\boldsymbol{A}_2)_y$$

展开后得

$$\frac{\partial A_{1y}}{\partial x}-\frac{\partial A_{1x}}{\partial y}=\frac{\partial A_{2y}}{\partial x}-\frac{\partial A_{2x}}{\partial y}$$
$$\frac{1}{\mu_1}\left[\frac{\partial A_{1z}}{\partial y}-\frac{\partial A_{1y}}{\partial z}\right]=\frac{1}{\mu_2}\left[\frac{\partial A_{2z}}{\partial y}-\frac{\partial A_{2y}}{\partial z}\right]$$
$$\frac{1}{\mu_1}\left[\frac{\partial A_{1x}}{\partial z}-\frac{\partial A_{1z}}{\partial x}\right]=\frac{1}{\mu_2}\left[\frac{\partial A_{2x}}{\partial z}-\frac{\partial A_{2z}}{\partial x}\right] \tag{4.64}$$

当下列条件成立时，(4.64)式得到满足

(1) $$A_{1t}=A_{2t} \tag{4.65}$$

(2) $$\frac{1}{\mu_1}\frac{\partial A_{1t}}{\partial n}=\frac{1}{\mu_2}\frac{\partial A_{2t}}{\partial n} \tag{4.66}$$

(3)
$$\frac{A_{1n}}{\mu_1}=\frac{A_{2n}}{\mu_2} \tag{4.67}$$
当电流分布在有限区域内时，$\boldsymbol{A}$ 是有限的，有 $r\to\infty$，$\boldsymbol{A}=0$。

在球坐标系中，边界条件(4.66)式变为
$$\frac{1}{\mu_1}\frac{\partial}{\partial r}(rA_{1\varphi})=\frac{1}{\mu_2}\frac{\partial}{\partial r}(rA_{2\varphi})$$
$$\frac{1}{\mu_1}\frac{\partial}{\partial r}(rA_{1\theta})=\frac{1}{\mu_2}\frac{\partial}{\partial r}(rA_{2\theta}) \tag{4.66-1}$$
在柱坐标系中，当 $A_t=A_z$ 时，边界条件(4.66)式变为
$$\frac{1}{\mu_1}\frac{\partial A_{1z}}{\partial\rho}=\frac{1}{\mu_2}\frac{\partial A_{2z}}{\partial\rho} \tag{4.66-2}$$
当 $A_t=A_\varphi$ 时，这一边界条件的形式为
$$\frac{1}{\mu_1}\frac{\partial}{\partial\rho}(\rho A_{1\varphi})=\frac{1}{\mu_2}\frac{\partial}{\partial\rho}(\rho A_{2\varphi}) \tag{4.66-3}$$

八、稳定磁场的能量

仿照静电场的方法，可以得到稳定磁场能量的表达式为
$$W_H=\frac{1}{2}\iiint_V(\boldsymbol{H}\cdot\boldsymbol{B})\mathrm{d}v \tag{4.68}$$
将 $\boldsymbol{B}=\nabla\times\boldsymbol{A}$ 代入
$$W_H=\frac{1}{2}\iiint_V\boldsymbol{H}\cdot(\nabla\times\boldsymbol{A})\mathrm{d}v=\frac{1}{2}\left[\iiint_V\nabla\cdot(\boldsymbol{A}\times\boldsymbol{H})\mathrm{d}v+\iiint_V\boldsymbol{A}\cdot(\nabla\times\boldsymbol{H})\mathrm{d}v\right]$$
式中右边第一项可运用高斯公式将它变为曲面积分：$\iiint_V\nabla\cdot(\boldsymbol{A}\times\boldsymbol{H})\mathrm{d}v=\iint_S(\boldsymbol{A}\times\boldsymbol{H})\cdot\mathrm{d}\boldsymbol{s}$。

式中，V 表示磁场的空间，S 为 V 的无穷远边界，此处 $\boldsymbol{A}$ 和 $\boldsymbol{H}$ 均趋于零，因此右边第一项的积分为零。于是
$$W_H=\frac{1}{2}\iiint_V\boldsymbol{A}\cdot(\nabla\times\boldsymbol{H})\mathrm{d}v \tag{4.69}$$
将 $\nabla\times\boldsymbol{H}=\boldsymbol{j}$ 代入，上式又可写成
$$W_H=\frac{1}{2}\iiint_V\boldsymbol{A}\cdot\boldsymbol{j}\mathrm{d}v \tag{4.70}$$
这表明磁场的能量来自于电流系统。

例 5 半径为 a，磁导率为 μ 的无限长圆柱导体中，沿轴向的电流密度为 $\boldsymbol{j}$，柱外磁导率为 μ_0，求空间任一点之磁矢势 $\boldsymbol{A}$，磁感应强度 $\boldsymbol{B}$ 以及柱体之磁化电流。

解法一：用解析法。

首先求矢势。因为 $\boldsymbol{j}=j_z\boldsymbol{z}_0$，因此 $\boldsymbol{A}=A_z\boldsymbol{z}_0$，$\boldsymbol{B}=B_\varphi\boldsymbol{\varphi}_0$。由于轴对称性以及柱为无限长，$A_z$ 显然与 φ 及 z 无关。这样，关于矢势的微分方程便变为
$$\begin{cases}(\nabla^2\boldsymbol{A}_1)_z=-\mu j & (r<a)\\(\nabla^2\boldsymbol{A}_2)_z=0 & (r>a)\end{cases}$$
用圆柱坐标系按式(4.56)′展开，得

$$\begin{cases} \frac{1}{r}\frac{\partial}{\partial r}(r\frac{\partial A_{1z}}{\partial r}) = -\mu j \\ \frac{1}{r}\frac{\partial}{\partial r}(r\frac{\partial A_{2z}}{\partial r}) = 0 \end{cases} \quad \langle 1 \rangle$$

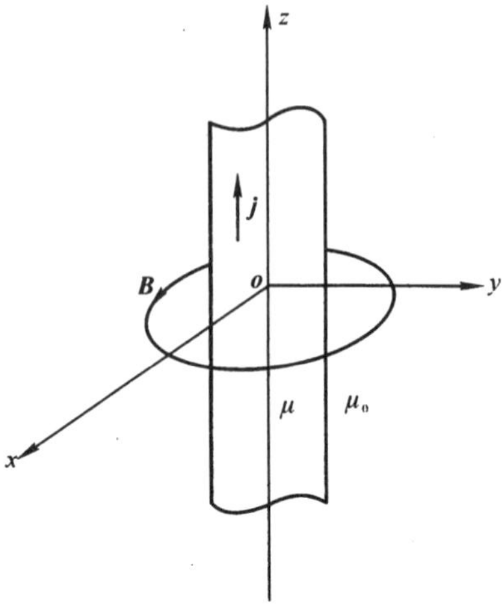

图 4.13

解上述微分方程得

$$\begin{cases} A_{1z} = c_1 + c_2 \ln r - \frac{\mu j r^2}{4} \\ A_{2z} = c_3 + c_4 \ln r \end{cases}$$

在柱内 $r=0$ 时,A_{1z}应有限,所以 $c_2=0$,

在柱外,令 $r=1$ 时,$A_{2z}=0$,则 $c_3=0$。

这样,关于矢势的特解为

$$\begin{cases} A_{1z} = c_1 - \frac{\mu j}{4} r^2 \\ A_{2z} = c_4 \ln r \end{cases} \quad \langle 2 \rangle$$

现在用边界条件来确定系数 c_1, c_4。边界条件:$r=a$ 时有

(1) $A_{1z}=A_{2z}$,即 $c_1-\frac{\mu j}{4}a^2=c_4\ln a$。

(2) $H_{1\varphi}=H_{2\varphi}$,即$\frac{1}{\mu}\frac{\mathrm{d}A_{1z}}{\mathrm{d}r}=\frac{1}{\mu_0}\frac{\mathrm{d}A_{2z}}{\mathrm{d}r}$。 $(i=0)$

于是有 $\frac{-1}{\mu}(\frac{\mu j}{2}a)=\frac{c_4}{\mu_0}\frac{1}{a}$

解得 $c_4=-\frac{\mu_0 j a^2}{2}$; $c_1=\frac{ja^2}{4}(\mu-2\mu_0\ln a)$,

代回〈2〉式,便得柱内、外的矢势为

$$\begin{cases} \boldsymbol{A}_1 = \frac{j}{4}\left[\mu(a^2-r^2) - 2\mu_0 a^2 \ln a^2\right]\boldsymbol{z}_0 \\ \boldsymbol{A}_2 = -\frac{j}{2}\mu_0 a^2 \ln r\, \boldsymbol{z}_0 \end{cases} \quad \langle 3 \rangle$$

磁感应强度为

$$\boldsymbol{B}_1 = -\frac{\mathrm{d}A_{1z}}{\mathrm{d}r}\boldsymbol{\varphi}_0 = \frac{\mu j r}{2}\boldsymbol{\varphi}_0 \quad \langle 4 \rangle$$

$$\boldsymbol{B}_2 = -\frac{\mathrm{d}A_{2z}}{\mathrm{d}r}\boldsymbol{\varphi}_0 = \frac{\mu_0 j a^2}{2r}\boldsymbol{\varphi}_0$$

可见,柱外的磁场与一根位于轴心,电流强度为 $I=\pi a^2 j$ 的无限长直载流导线所产生的磁场一样。

为求磁化电流,需首先计算磁化强度。由式(4.15)有

$$\boldsymbol{M}_1 = (\frac{1}{\mu_0}-\frac{1}{\mu})\boldsymbol{B}_1 = \frac{(\mu-\mu_0)jr}{2\mu_0}\boldsymbol{\varphi}_0$$

$$\boldsymbol{M}_2 = 0$$

于是 $\boldsymbol{j}_m=\nabla\times\boldsymbol{M}_1=\frac{1}{r}\frac{\mathrm{d}}{\mathrm{d}r}(rM_{1\varphi})\boldsymbol{z}_0=\frac{\mu-\mu_0}{\mu_0}\boldsymbol{j}$

$$\boldsymbol{i}_m = \boldsymbol{n}\times(\boldsymbol{M}_2-\boldsymbol{M}_1)\big|_{r=a} = -\boldsymbol{r}_0\times\frac{(\mu-\mu_0)ja}{2\mu_0}\boldsymbol{\varphi}_0 = -\frac{(\mu-\mu_0)a}{2\mu_0}\boldsymbol{j}$$

结果表明，体磁化电流方向与 j 同向，而面磁化电流则与 j 反向。

解法二：用环路定律

可以用环路定律首先解出 $\boldsymbol{B}$，然后再求 $\boldsymbol{A}$。以柱轴为心，以 r 为半径作圆环，则有〈1〉当 $r<a$ 时

$$\oint_L \boldsymbol{B}_1 \cdot \mathrm{d}\boldsymbol{l} = \mu j \pi r^2$$

解得 $$\boldsymbol{B}_1 = \frac{\mu j r}{2}\boldsymbol{\varphi}_0$$

〈2〉当 $r>a$ 时

$$\oint_L \boldsymbol{B}_2 \cdot \mathrm{d}\boldsymbol{l} = \mu_0 j \pi a^2$$

解得 $$\boldsymbol{B}_2 = \frac{\mu_0 j a^2}{2r}\boldsymbol{\varphi}_0$$

由 $\boldsymbol{B}=\nabla\times\boldsymbol{A}$ 便得

$$\begin{cases} -\dfrac{\mathrm{d}A_{1z}}{\mathrm{d}r} = B_{1\varphi} = \dfrac{\mu j r}{2} \\ -\dfrac{\mathrm{d}A_{2z}}{\mathrm{d}r} = B_{2\varphi} = \dfrac{\mu_0 j a^2}{2r} \end{cases}$$

解得

$$\begin{cases} A_{1z} = -\dfrac{\mu j r^2}{4} + c_1 \\ A_{2z} = -\dfrac{\mu_0 j a^2}{2}\ln r + c_2 \end{cases}$$

令 $r=1$ 处　　$A_{2z}=0$，则 $c_2=0$，

又 $r=a$ 处　　$A_{1z}=A_{2z}$，则 $c_1=\dfrac{\mu j a^2}{4}-\dfrac{\mu_0 j a^2}{2}\ln a$

于是：

$$A_{1z} = \frac{j}{4}\left[\mu(a^2-r^2) - 2\mu_0 a^2 \ln a^2\right] \qquad (r<a)$$

$$A_{2z} = -\frac{\mu_0 j a^2}{2}\ln r \qquad (r>a)$$

结果与用解析法所得完全相同，但更简便。

例 6　半径为 a 的磁介质球，磁导率为 μ_1，球外为均匀磁介质，磁导率为 μ_2，今有均匀外磁场 $\boldsymbol{B}_0=B_{0z}\boldsymbol{z}_0$ 将球体磁化，计算空间各点的磁场以及球体的磁化电流。

解：球内外的磁场由均匀磁场 $\boldsymbol{B}_0$ 以及磁化电流产生的磁场所合成。在球坐标系中，均匀磁场 $\boldsymbol{B}_0$ 的矢势可由下列方程求出

$$B_{0r} = B_0\cos\theta = \frac{1}{r\sin\theta}\frac{\mathrm{d}}{\mathrm{d}\theta}(\sin\theta A_{0\varphi})$$

解得 $$A_{0\varphi} = \frac{B_0 r\sin\theta}{2} \quad 或 \quad \boldsymbol{A}_0 = \frac{B_0 r\sin\theta}{2}\boldsymbol{\varphi}_0$$

由磁化电流产生的矢势 $\boldsymbol{A}'$ 满足方程 $\nabla^2\boldsymbol{A}'=0$。由于 $\boldsymbol{A}'$ 只有 $\boldsymbol{\varphi}_0$ 方向的分量，所以上式展开为

$$\frac{1}{r^2}\frac{\partial}{\partial r}(r^2\frac{\partial A'_\varphi}{\partial r})+\frac{1}{r^2\sin\theta}\frac{\partial}{\partial\theta}(\sin\theta\frac{\partial A'_\varphi}{\partial\theta})-\frac{A'_\varphi}{r^2\sin^2\theta}=0 \tag{1}$$

〈1〉式的通解为

$$A'_\varphi=\sum_{n=0}^{\infty}[C_n r^n+D_n r^{-(n+1)}]P_n^1(\cos\theta)$$

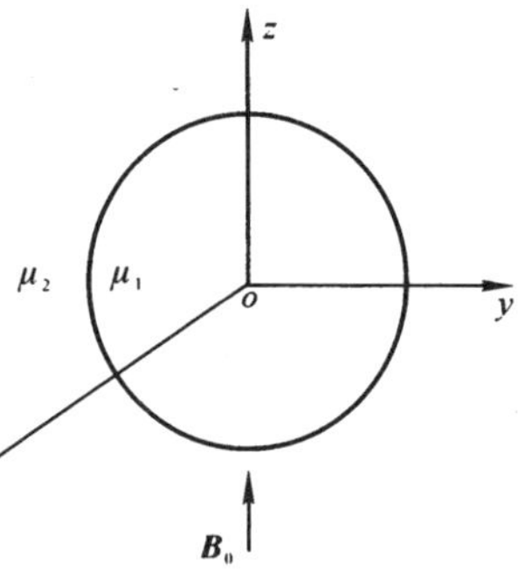

图 4.14　均匀磁场中的磁介质球

现在写出球内外矢势的特解。

球内：$r=0$ 时，$A'_{1\varphi}$有限，故不包含 D_n 项。

$$A_{1\varphi}=A_{0\varphi}+A'_{1\varphi}=\frac{B_0 r\sin\theta}{2}+\sum_{n=0}^{\infty}C_n r^n P_n^1(\cos\theta) \tag{2}$$

球外：$r=\infty$时，$A'_{2\varphi}=0$，故不包含 C_n 项。

$$A_{2\varphi}=A_{0\varphi}+A'_{2\varphi}=\frac{B_0 r\sin\theta}{2}+\sum_{n=0}^{\infty}D_n r^{-(n+1)}P_n^1(\cos\theta) \tag{3}$$

现在用边界条件来确定 C_n，D_n。

(1)$r=a$ 时，有 $A_{1\varphi}=A_{2\varphi}$，由此得

$$\sum_{n=0}^{\infty}C_n a^n P_n^1(\cos\theta)=\sum_{n=0}^{\infty}D_n a^{-(n+1)}P_n^1(\cos\theta) \tag{4}$$

(2)$r=a$ 时，有$\frac{1}{\mu_1}\frac{\partial(rA_{1\varphi})}{\partial r}=\frac{1}{\mu_2}\frac{\partial(rA_{2\varphi})}{\partial r}$，由此得

$$\frac{1}{\mu_1}[B_0 a\sin\theta+\sum_{n=0}^{\infty}(n+1)C_n a^n P_n^1(\cos\theta)]$$

$$=\frac{1}{\mu_2}[B_0 a\sin\theta-\sum_{n=0}^{\infty}nD_n a^{-(n+1)}P_n^1(\cos\theta)] \tag{5}$$

解方程〈4〉和〈5〉时，注意到 $\sin\theta=P_1^1(\cos\theta)$，让同次缔合勒让德函数的系数对应相等，于是便可产生下列两个方程组。

$n=1$　时得

$$\begin{cases}C_1 a=D_1 a^{-2}\\ \frac{1}{\mu_1}[B_0 a+2C_1 a]=\frac{1}{\mu_2}[B_0 a-D_1 a^{-2}]\end{cases} \tag{6}$$

$n\neq1$　时得

$$\begin{cases}C_n a^n=D_n a^{-(n+1)}\\ \frac{1}{\mu_1}[(n+1)(C_n a^n)]=\frac{-1}{\mu_2}[nD_n a^{-(n+1)}]\end{cases} \tag{7}$$

方程组〈7〉的解为 $C_n=D_n=0$，

方程组〈6〉的解为

$$\begin{cases}C_1=B_0\frac{\mu_1-\mu_2}{\mu_1+2\mu_2}\\ D_1=B_0\frac{\mu_1-\mu_2}{\mu_1+2\mu_2}a^3\end{cases} \tag{8}$$

分别代回方程〈2〉，〈3〉，得球内外矢势的定解为

$$A_{1\varphi}=\frac{B_0 r\sin\theta}{2}\frac{3\mu_1}{\mu_1+2\mu_2}$$

$$A_{2\varphi}=\frac{B_0 r\sin\theta}{2}\left[1+2\frac{\mu_1-\mu_2}{\mu_1+2\mu_2}\frac{a^3}{r^3}\right] \tag{9}$$

对〈9〉式求旋度，便可得球内外的磁场为

$$\boldsymbol{B}_1=\frac{1}{r\sin\theta}\frac{\partial}{\partial\theta}(\sin\theta A_{1\varphi})\boldsymbol{r}_0-\frac{1}{r}\frac{\partial}{\partial r}(rA_{1\varphi})\boldsymbol{\theta}_0$$

$$=\frac{3\mu_1}{\mu_1+2\mu_2}B_0\cos\theta\boldsymbol{r}_0-\frac{3\mu_1}{\mu_1+2\mu_2}B_0\sin\theta\boldsymbol{\theta}_0=\frac{3\mu_1}{\mu_1+2\mu_2}\boldsymbol{B}_0$$

$$\boldsymbol{B}_2=\frac{1}{r\sin\theta}\frac{\partial}{\partial\theta}(\sin\theta A_{2\varphi})\boldsymbol{r}_0-\frac{1}{r}\frac{\partial}{\partial r}(rA_{2\varphi})\boldsymbol{\theta}_0$$

$$=\left[1+2(\frac{\mu_1-\mu_2}{\mu_1+2\mu_2})\frac{a^3}{r^3}\right]B_0\cos\theta\boldsymbol{r}_0-B_0\sin\theta\left[1-(\frac{\mu_1-\mu_2}{\mu_1+2\mu_2})\frac{a^3}{r^3}\right]\boldsymbol{\theta}_0$$

$$=\boldsymbol{B}_0+\frac{(\mu_1-\mu_2)a^3}{\mu_1+2\mu_2}B_0(\frac{2\cos\theta}{r^3}\boldsymbol{r}_0+\frac{\sin\theta}{r^3}\boldsymbol{\theta}_0)$$

可见，均匀磁场中的磁介质球内部仍为一均匀磁场，而球外的磁场中，由磁化电流所产生的那部分磁场相当一个位于球心，磁矩为$\frac{(\mu_1-\mu_2)4\pi a^3\boldsymbol{H}_0}{(2\mu_2+\mu_1)}$的磁偶极子的磁场。

其磁化强度为

球内 $\boldsymbol{M}_1=(\frac{1}{\mu_0}-\frac{1}{\mu_1})\boldsymbol{B}_1=\frac{3(\mu_1-\mu_0)}{\mu_0(\mu_1+2\mu_2)}\boldsymbol{B}_0$

球外 $\boldsymbol{M}_2=(\frac{1}{\mu_0}-\frac{1}{\mu_2})\boldsymbol{B}_2=$

$$=\frac{\mu_2-\mu_0}{\mu_0\mu_2}\boldsymbol{B}_0+\frac{(\mu_2-\mu_0)(\mu_1-\mu_2)}{\mu_0\mu_2(\mu_1+2\mu_2)}a^3B_0(\frac{2\cos\theta}{r^3}\boldsymbol{r}_0+\frac{\sin\theta}{r^3}\boldsymbol{\theta}_0)$$

由于 $\boldsymbol{M}_1$ 为常矢量，所以

$$\boldsymbol{j}_m=\nabla\times\boldsymbol{M}_1=0$$

球面上磁化电流面密度为

$$\boldsymbol{i}_m=\boldsymbol{r}_0\times(\boldsymbol{M}_2-\boldsymbol{M}_1)=\frac{3(\mu_1-\mu_2)}{\mu_0(\mu_1+2\mu_2)}B_0\sin\theta\,\boldsymbol{\varphi}_0$$

磁化电流在球面上沿 $\boldsymbol{\varphi}_0$ 方向，在两极($\theta=0,\pi$)，磁化电流面密度为零，在赤道($\theta=\frac{\pi}{2}$)磁化电流有极大值。

例 7 计算均匀磁场 $\boldsymbol{B}_0$ 中无限长磁介质圆柱体内、外的磁场，其中 $\boldsymbol{B}_0$ 与柱轴垂直。

解：设圆柱半径为 a，磁导率为 μ_1，柱外为均匀磁介质，磁导率为 μ_2（图 4.15）。$\boldsymbol{B}_0$ 沿 x 轴方向。在圆柱坐标系中，$\boldsymbol{B}_0$ 的矢势为

$$\boldsymbol{A}_0=B_0\rho\sin\varphi\,\boldsymbol{z}_0$$

显然磁化电流也是沿 z_0 方向的。于是柱内、外矢势满足方程：$\nabla^2\boldsymbol{A}'=0$，$\boldsymbol{A}'$是由磁化电流产生的矢势，它沿 $\boldsymbol{z}_0$ 方向，经过转换得

$$(\nabla^2\boldsymbol{A}')_z=\frac{1}{\rho}\frac{\partial}{\partial\rho}(\rho\frac{\partial\boldsymbol{A}'_z}{\partial\rho})+\frac{1}{\rho^2}\frac{\partial^2\boldsymbol{A}'_z}{\partial\varphi^2}=0 \tag{1}$$

方程〈1〉的通解为

$$A'_z=\sum_{n=1}^{\infty}(A_n\rho^n+B_n\rho^{-n})(C_n\cos n\varphi+D_n\sin n\varphi) \tag{2}$$

现在根据矢势 A'_z 的性质确定柱内、外矢势的特解。由场的特征知道：

(1)$A'_z(\rho,\varphi)=-A'_z(\rho,-\varphi)$，故 A'_z 为奇函数，在特解中不应含 $\cos n\varphi$ 项。

(2)在柱内，$\rho=0$ 时，A'_{1z}有限，故柱内的特解不应含 ρ^{-n} 项。

(3)在柱外，$\rho=\infty$时，A'_{2z}也有限，故柱外的特解不应含 ρ^n 项。这样便可写出柱内外矢势 $A_z=A_0+A'_z$ 的特解

$$\begin{cases}A_{1z}=B_0\rho\sin\varphi+\sum_{n=1}^{\infty}C_n\rho^n\sin n\varphi\\A_{2z}=B_0\rho\sin\varphi+\sum_{n=1}^{\infty}D_n\rho^{-n}\sin n\varphi\end{cases}\qquad\langle 3\rangle$$

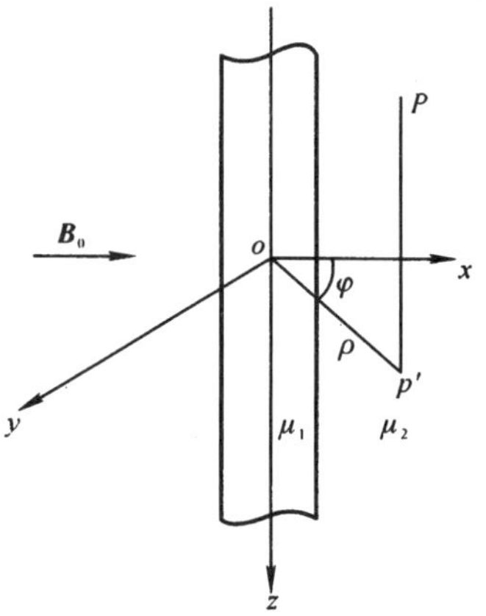

图 4.15 均匀磁场中的磁介质圆柱体

现在用边界条件来确定系数 C_n 和 D_n。

$\rho=a$ 时有 $A_{1z}=A_{2z}$，以及 $\dfrac{1}{\mu_1}\dfrac{\partial A_{1z}}{\partial\rho}=\dfrac{1}{\mu_2}\dfrac{\partial A_{2z}}{\partial\rho}$，于是由〈3〉式得

$$\sum_{n=1}^{\infty}C_na^n\sin n\varphi=\sum_{n=1}^{\infty}D_na^{-n}\sin n\varphi\qquad\langle 4\rangle$$

$$\frac{1}{\mu_1}\left[B_0\sin\varphi+\sum_{n=1}^{\infty}nC_na^{n-1}\sin n\varphi\right]=\frac{1}{\mu_2}\left[B_0\sin\varphi+\sum_{n=1}^{\infty}-nD_na^{-(n+1)}\sin n\varphi\right]\qquad\langle 5\rangle$$

由方程〈4〉,〈5〉可以得到下面两个方程组。

$n\neq1$ 时有

$$\begin{cases}C_na^n=D_na^{-n}\\\dfrac{1}{\mu_1}(nC_na^{n-1})=\dfrac{-1}{\mu_2}(nD_na^{-(n+1)})\end{cases}\qquad\langle 6\rangle$$

$n=1$ 时有

$$\begin{cases}C_1a=D_1a^{-1}\\\dfrac{1}{\mu_1}(C_1+B_0)=\dfrac{1}{\mu_2}(-D_1a^{-2}+B_0)\end{cases}\qquad\langle 7\rangle$$

方程组〈6〉只有当 $C_n=D_n=0$ 才成立。

方程组〈7〉的解为

$$\begin{cases}C_1=\dfrac{\mu_1-\mu_2}{\mu_1+\mu_2}B_0\\D_1=\dfrac{\mu_1-\mu_2}{\mu_1+\mu_2}B_0a^2\end{cases}\qquad\langle 8\rangle$$

代回〈3〉式便得

$$\begin{cases}A_{1z}=\dfrac{2\mu_1}{\mu_1+\mu_2}B_0\rho\sin\varphi\\A_{2z}=\left(1+\dfrac{\mu_1-\mu_2}{\mu_1+\mu_2}\cdot\dfrac{a^2}{\rho^2}\right)B_0\rho\sin\varphi\end{cases}\qquad\langle 9\rangle$$

对矢势求旋度，便得柱内、外的磁感应强度为

$$\boldsymbol{B}_1 = \frac{2\mu_1}{\mu_1+\mu_2}B_0\cos\varphi\,\boldsymbol{\rho}_0 - \frac{2\mu_1}{\mu_1+\mu_2}B_0\sin\varphi\,\boldsymbol{\varphi}_0 = \frac{2\mu_1}{\mu_1+\mu_2}\boldsymbol{B}_0$$

$$\boldsymbol{B}_2 = \left(1+\frac{\mu_1-\mu_2}{\mu_1+\mu_2}\frac{a^2}{\rho^2}\right)B_0\cos\varphi\,\boldsymbol{\rho}_0 - \left(1-\frac{\mu_1-\mu_2}{\mu_1+\mu_2}\frac{a^2}{\rho^2}\right)B_0\sin\varphi\,\boldsymbol{\varphi}_0$$

$$= \boldsymbol{B}_0 + \left(\frac{\mu_1-\mu_2}{\mu_1+\mu_2}\right)\frac{a^2}{\rho^2}B_0(\cos\varphi\,\boldsymbol{\rho}_0+\sin\varphi\,\boldsymbol{\varphi}_0)$$

由此可见,柱内仍为一均匀磁场。柱内、外的磁化强度为

$$\boldsymbol{M}_1 = \frac{2(\mu_1-\mu_0)}{\mu_0(\mu_1+\mu_2)}\boldsymbol{B}_0$$

$$\boldsymbol{M}_2 = \frac{\mu_2-\mu_0}{\mu_0\mu_2}\left[\boldsymbol{B}_0+\left(\frac{\mu_1-\mu_2}{\mu_1+\mu_2}\right)\frac{a^2}{\rho^2}B_0(\cos\varphi\,\boldsymbol{\rho}_0+\sin\varphi\,\boldsymbol{\varphi}_0)\right]$$

由于 $\boldsymbol{M}_1$ 为常矢量,故柱内磁化电流体密度为零($\boldsymbol{j}_m=\nabla\times\boldsymbol{M}_1=0$),柱面上的磁化电流面密度为

$$\boldsymbol{i}_m = \boldsymbol{\rho}_0\times(\boldsymbol{M}_2-\boldsymbol{M}_1) = \frac{2(\mu_1-\mu_2)}{\mu_0(\mu_1+\mu_2)}B_0\sin\varphi\,\boldsymbol{z}_0$$

九、磁感应线的折射定律

当界面上没有自由电流时,由边界条件:$B_{1n}=B_{2n}$ 以及 $H_{1t}=H_{2t}$ 可以得到磁感应线的折射定律。由图 4.16 知

$$\frac{\mathrm{tg}\theta_1}{\mathrm{tg}\theta_2} = \frac{\dfrac{B_{1t}}{B_{1n}}}{\dfrac{B_{2t}}{B_{2n}}} = \frac{B_{1t}}{B_{2t}} = \frac{\mu_1}{\mu_2} \tag{4.71}$$

利用磁力线($\boldsymbol{H}$ 线)也可得到相同结果

$$\frac{\mathrm{tg}\theta_1}{\mathrm{tg}\theta_2} = \frac{H_{1t}/H_{1n}}{H_{2t}/H_{2n}} = \frac{H_{2n}}{H_{1n}} = \frac{\mu_1}{\mu_2}$$

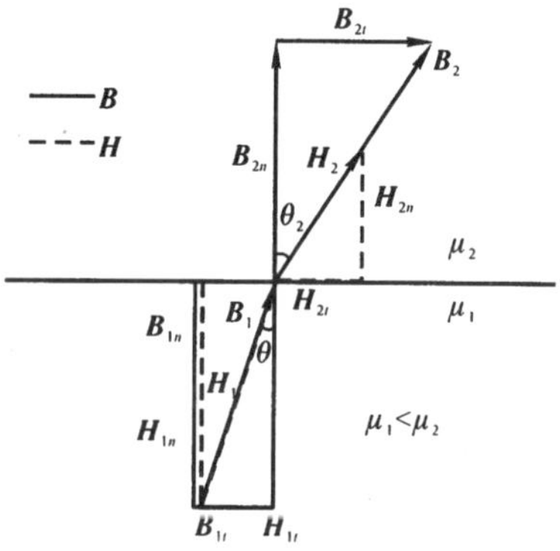

图 4.16 磁感应线在界面上的折射

但磁感应强度和磁场强度在界面两侧的变化却是不同的。图 4.16 示意地画出了当 $\mu_1<\mu_2$ 时 $\boldsymbol{B}$ 和 $\boldsymbol{H}$ 在界面两侧的变化。由折射定律(4.71)式得知,这时 $\theta_2>\theta_1$,但由于 $B_{2n}=B_{1n}$,所以 $B_{2t}>B_{1t}$。而对磁力线来说,由于 $H_{2t}=H_{1t}$,所以 $H_{2n}<H_{1n}$。

第四节 铁磁介质的磁场

与顺磁介质及反磁介质不同,铁磁介质的磁化强度 $\boldsymbol{M}$ 与磁场强度不成线性关系。因此,(4.49)式对铁磁介质是不适用的。并且,从(4.49)式出发导出的有关磁介质中磁场的理论,显然也不适用于铁磁性的介质中。铁磁介质与非铁磁介质的显著区别是铁磁介质的相对磁导率远大于 1,并且具有剩余磁化现象。其磁化和退磁过程可以用图 4.17 来表示。

把一块铁磁介质样品放入磁场 $\boldsymbol{H}$ 中,并逐渐加大 $\boldsymbol{H}$ 值,样品的磁化强度开始迅速增加,而后渐趋饱和(曲线 oa 段)。在不改变磁场 $\boldsymbol{H}$ 方向前提下逐渐减小 $\boldsymbol{H}$ 值,样品的磁化强度变化离开 oa 线而沿 abc 线进行。因此,对铁磁介质来说,其磁化过程是不可逆的。当 $\boldsymbol{H}=0$ 时,样品的磁化强度 $\boldsymbol{M}_0$ 称为剩余磁化强度。这时样品具有了永久磁性。若要消除这一磁性,就需

将样品置于一个反向磁场 $\boldsymbol{H}'$ 之中，即图中 d 点的磁场。

由于磁化及退磁过程的非线性，因此，严格计算铁磁介质的磁场，是很困难的。为使研究简化，人们提出了理想铁磁介质的模型，以替代实际上的铁磁介质。这种理想铁磁介质的磁化强度由两部分组成，其一就是剩余磁化强度 $\boldsymbol{M}_0$，对一定的磁介质来说，$\boldsymbol{M}_0$ 可视为一个常矢量。另一部分则随外磁场呈线性变化，称为感应磁化强度，以 $\boldsymbol{M}'$ 表示。于是铁磁介质的磁化强度与磁场强度之间的关系为

$$\boldsymbol{M} = \boldsymbol{M}_0 + \boldsymbol{M}' = \boldsymbol{M}_0 + \kappa_m \boldsymbol{H} \tag{4.72}$$

实际上铁磁介质磁化曲线中的 cb 线，就十分接近于(4.72)式，因此，在外磁场不太大的条件下，(4.72)式能较准确地描述铁磁介质的磁化行为。

将(4.72)式代入(4.48)式中，便得到

$$\begin{aligned}\boldsymbol{B} &= \mu_0(\boldsymbol{H} + \boldsymbol{M}) = \mu_0(\boldsymbol{H} + \boldsymbol{M}_0 + \kappa_m \boldsymbol{H}) \\ &= \mu_0(1+\kappa_m)H + \mu_0 M_0 = \mu \boldsymbol{H} + \mu_0 \boldsymbol{M}_0\end{aligned} \tag{4.73}$$

事实上，(4.73)式不仅适用于铁磁介质，也适用于非铁磁介质。因为非铁磁介质的 $\boldsymbol{M}_0 = 0$，这样(4.73)式就变成 $\boldsymbol{B} = \mu \boldsymbol{H}$，这正是(4.50)式。所以说(4.73)式是普遍适用的。

在均匀非铁磁性介质中，$\boldsymbol{B}$ 与 $\boldsymbol{H}$ 是同方向的，但在铁磁介质中，由于剩余磁化强度 $\boldsymbol{M}_0$ 的存在，$\boldsymbol{B}$ 与 $\boldsymbol{H}$ 的方向就有可能不同。从(4.73)式还可导出

$$\boldsymbol{M} = \left(\frac{1}{\mu_0} - \frac{1}{\mu}\right)\boldsymbol{B} + \frac{1}{\mu_r}\boldsymbol{M}_0 \tag{4.74}$$

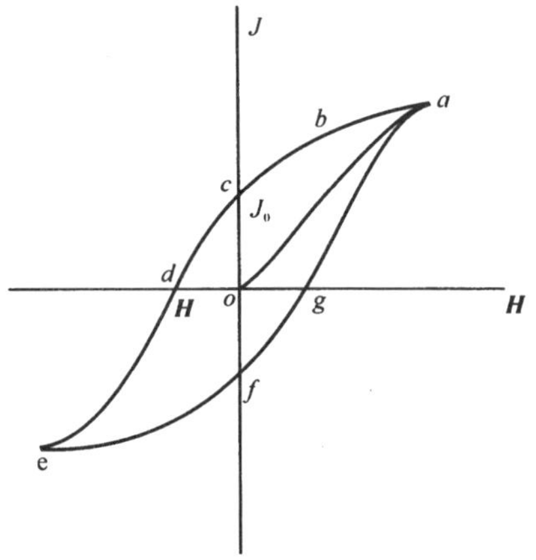

图 4.17　铁磁介质的磁化过程

由于铁磁介质的相对磁导率 $\mu_r \gg 1$，所以 $\mu \gg \mu_0$，(4.74)式可简化为：

$$\boldsymbol{M} = \frac{\boldsymbol{B}}{\mu_0} + \frac{\boldsymbol{M}_0}{\mu_r} \tag{4.75}$$

第五节　磁标势和等效磁荷

在前面，我们已经建立了一个以电流为基础来研究稳定磁场的理论体系。运用这套理论，可以解决许多稳定磁场的问题。然而有些静磁学问题，即相对静止的磁性体的磁场问题(也属于稳定磁场)，用等效磁荷的方法来解决，则更为简便。

一、磁标势的提出

从本质上说，稳定磁场是有旋场，因此，一般地说，它不存在标势。但在无自由电流分布的区域，由于 $\boldsymbol{j} = 0$，所以在这些无自由电流的区域中，稳定磁场的磁场强度是无旋的。

$$\nabla \times \boldsymbol{H} = 0 \qquad (j = 0) \tag{4.76}$$

这样就有可能在 $\boldsymbol{j} = 0$ 的区域引入一个标量函数 u_m，u_m 称为磁标势，并且有

$$\boldsymbol{H} = -\nabla u_m \tag{4.77}$$

所以，磁标势的引入是有条件的。这个条件就是 $\boldsymbol{j} = 0$。但仅此还是不够的，还须设想一个不

可穿越的壁障，把所有电流封闭起来，并规定在对 $\boldsymbol{H}$ 作环量计算时，路径不穿越壁障。这样，就能得到

$$\oint_L \boldsymbol{H}\cdot \mathrm{d}\boldsymbol{l}=0$$

使它与 $\nabla\times\boldsymbol{H}=0$ 对应。换句话说，磁标势只能在 $\boldsymbol{j}=0$，并且按曲面是单连通的区域中引入。在这样的区域中，任意两点 P，Q 的磁标势差是确定的。

$$\Delta u_m=u_{mp}-u_{mQ}=\int_{r_P}^{r_Q}\boldsymbol{H}\cdot \mathrm{d}\boldsymbol{l} \tag{4.78}$$

二、等效磁荷

早在 1785 年，库仑就提出了两个点状磁极之间的作用力定律：

$$\boldsymbol{F}_{12}=K\frac{P_1P_2}{r^3}\boldsymbol{r}_{12} \tag{4.79}$$

这里 K 是比例系数，视单位制而定。P_1，P_2 称为磁极强度。并由(4.79)式定义了磁场强度

$$\boldsymbol{H}=\frac{\boldsymbol{F}}{P} \tag{4.80}$$

点磁极之间的作用规律既然和点电荷之间的作用规律如此相似，人们自然提出了“磁荷”的假说，但却始终不能像电荷那样分离出单独的磁荷。19 世纪 20 年代以后，人们才逐渐认识到磁现象并不依赖于什么“磁荷”，而是由运动电荷所产生的一种物理现象。

然而，在研究由磁体产生的磁场时，引用磁荷的概念，还是很方便的，我们称它为等效磁荷。磁体中的磁场由(4.73)式描述。两边取散度后有

$$\nabla\cdot\boldsymbol{B}=\nabla\cdot(\mu\boldsymbol{H})+\mu_0\nabla\cdot\boldsymbol{M}_0=0$$

对于均匀磁介质，由上式得

$$\nabla\cdot\boldsymbol{H}=-\frac{\mu_0}{\mu}\nabla\cdot\boldsymbol{M}_0=-\frac{1}{\mu_r}\nabla\cdot\boldsymbol{M}_0 \tag{4.81}$$

对于非均匀磁介质，磁场强度的散度应表示为

$$\nabla\cdot\boldsymbol{H}=-\nabla\cdot\boldsymbol{M}=-(\nabla\cdot\boldsymbol{M}_0+\nabla\cdot\boldsymbol{M}') \tag{4.82}$$

这里 $\nabla\cdot\boldsymbol{M}'=\nabla\cdot(\kappa_m\boldsymbol{H})$

无论(4.81)式还是(4.82)式都表明：$\boldsymbol{H}$ 是一个有源矢量。事实上，在本章第三节中我们就已指出这一点(见(4.45)式)，因而可以引入一个等效磁荷，来作为磁场强度的源。

定义：$$\rho_m=-\mu_0\nabla\cdot\boldsymbol{M} \tag{4.83}$$

为等效磁荷的体密度。一般地说，ρ_m 包含两部分

$$\rho_m=-\mu_0(\nabla\cdot\boldsymbol{M}_0+\nabla\cdot\boldsymbol{M}')=\rho_{m0}+\rho'_m \tag{4.84}$$

其中，$$\rho_{m0}=-\mu_0\nabla\cdot\boldsymbol{M}_0 \tag{4.85}$$

称为固有磁荷体密度，它与剩余磁化强度有关。

$$\rho'_m=-\mu_0\nabla\cdot\boldsymbol{M}' \tag{4.86}$$

称为感应磁荷体密度，它是磁介质在外磁场作用下被磁化而产生的。在引入等效磁荷之后，(4.82)式便可写为

$$\nabla\cdot\boldsymbol{H}=\frac{\rho_{m0}+\rho'_m}{\mu_0} \tag{4.87}$$

(4.87)式和静电场中的(3.62)式非常相似,其中 μ_0 与 ε_0 对应,ρ_{m0} 与自由电荷体密度 ρ_q 对应,ρ'_m 与束缚电荷体密度 ρ_P 对应。如果磁介质是均匀的,则由(4.81)式和(4.85)式有

$$\nabla \cdot \boldsymbol{H} = \frac{\rho_{m0}}{\mu} \tag{4.88}$$

在磁介质的界面上,可以引入等效磁荷面密度。在界面上取一封闭圆柱面,当其两个底面分别在界面两侧、相互平行并无限靠近界面时,磁化强度的通量为

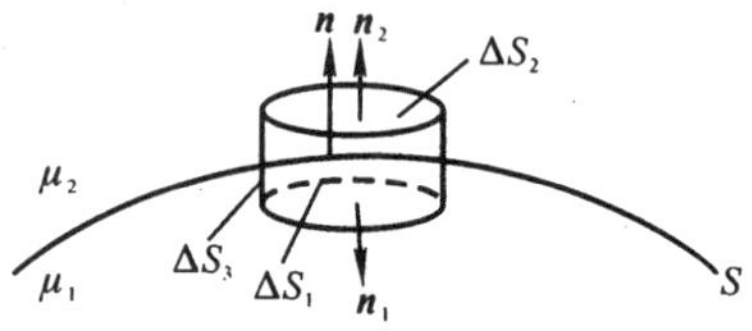

图 4.18 等效磁荷面密度计算

$$\oiint_{\Delta S_1+\Delta S_2+\Delta S_3} \boldsymbol{M} \cdot d\boldsymbol{s} = \iint_{\Delta S} (M_{2n} - M_{1n}) ds$$

但

$$\oiint_{\Delta S_1+\Delta S_2+\Delta S_3} \boldsymbol{M} \cdot d\boldsymbol{s} = \iiint_{\Delta v} \nabla \cdot \boldsymbol{M} dv = -\iiint_{\Delta v} \frac{\rho_m}{\mu_0} dv$$

式中,$\iiint_{\Delta v} \rho_m dv = Q_m = \iint_{\Delta S} \sigma_m ds$ 为封闭曲面所包围的体积 ΔV 中的等效磁荷,而 σ_m 为界面上等效磁荷面密度。于是有

$$\sigma_m = -\mu_0 (\boldsymbol{M}_{2n} - \boldsymbol{M}_{1n}) \tag{4.89}$$

σ_m 也可由两部分组成,其中

$$\sigma_{m0} = -\mu_0 (\boldsymbol{M}_{02n} - \boldsymbol{M}_{01n}) \tag{4.90}$$

为固有磁荷面密度。而

$$\sigma'_m = -\mu_0 (M'_{2n} - M'_{1n}) \tag{4.91}$$

则称为感应磁荷面密度。

三、磁标势方程和边界条件

1. 磁标势方程

在上述不含自由电流的,按曲面单连通的区域内,磁场强度的散度可用(4.87)式表示。将(4.77)式代入(4.87)式中,便可得到

$$\nabla^2 u_m = -\frac{\rho_{m_0} + \rho'_m}{\mu_0} \tag{4.92}$$

这就是磁标势所满足的泊松方程。在均匀磁介质中

$$\rho'_m = -\mu_0 \nabla \cdot \boldsymbol{M}' = -\mu_0 \kappa_m \nabla \cdot \boldsymbol{H} = (\mu_0 - \mu) \nabla \cdot \boldsymbol{H} = \frac{\mu_0 - \mu}{\mu_0} (\rho_{m_0} + \rho'_m)$$

由此可解得

$$\rho'_m = \frac{\mu_0 - \mu}{\mu} \rho_{m_0} \tag{4.93}$$

将其代入(4.92)式中,就得到均匀磁介质中磁标势所满足的泊松方程

$$\nabla^2 u_m = -\frac{\rho_{m0}}{\mu} \tag{4.94}$$

事实上,只有当均匀铁磁介质被不均匀磁化时,才应用(4.94)式,因为,如果均匀铁磁介质是均匀磁化的,则磁化强度 $\boldsymbol{M}$ 便是常矢量,因此,$\nabla \cdot \boldsymbol{M} = 0$,$\rho_m = 0$,这时(4.92)式和(4.94)式都变成了拉普拉斯方程

$$\nabla^2 u_m = 0 \tag{4.95}$$

至于非铁磁介质，由于 $\boldsymbol{M}_0=0$，所以 $\rho_{m_0}=0$，只有由于磁化而产生的感应磁荷 ρ'_m。因此，在均匀非铁磁介质内，磁标势也满足拉普拉斯方程。

2. 磁标势的边界条件

(1)u_m 总是连续有限的。这从(4.78)式可以得到证明。因此，当场源分布在有限空间时，在 $r=\infty$处，$u_m=0$。

(2)在界面两侧磁标势连续

$$u_{m1} = u_{m2} \tag{4.96}$$

(3) 由 $B_{1n}=B_{2n}$，以及 $\boldsymbol{B}=\mu\boldsymbol{H}+\mu_0\boldsymbol{M}_0$，$\boldsymbol{H}=-\nabla u_m$ 可以得到第三个边界条件：

$$\mu_2\frac{\partial u_{m2}}{\partial n}-\mu_1\frac{\partial u_{m1}}{\partial n}=-\sigma_{m0} \tag{4.97}$$

若 $\sigma_{m0}=0$，则有

$$\mu_2\frac{\partial u_{m2}}{\partial n}=\mu_1\frac{\partial u_{m1}}{\partial n} \tag{4.97$'$}$$

或

$$\frac{\partial u_{m2}}{\partial n}-\frac{\partial u_{m1}}{\partial n}=M_{2n}-M_{1n} \tag{4.98}$$

(4) 由 $H_{1t}=H_{2t}$，可得

$$\frac{\partial u_{m1}}{\partial t}=\frac{\partial u_{m2}}{\partial t} \tag{4.99}$$

四、静磁场和静电场的对比

通过引入磁标势(注意引入条件)，可以使对静磁场的计算变得和对静电场的计算非常相似。下面用列表方式对这两种场的基本量和公式作一对比。

但是形式上的相似并不等于本质上的相似，这主要表现在它们的场源有本质的差异。静电场的场源是相对静止的电荷，而静磁场的场源是分子电流。各种应用于静电场的计算方法——包括电像法和格林函数法，都可以用来计算静磁场。(关于磁—电类比法和磁镜像法见附录一)当然，最基本的方法仍然是解析法。

五、闭合电流与等效磁偶层

一个闭合电流在远区产生的磁场具有偶极子场的特征，但当观测点靠近闭合电流时，由于 $r\gg R$ 的条件不再存在，因此近区磁场不具有偶极子场的性质，这时可用毕奥—沙伐尔定律来计算它的磁场：$\boldsymbol{B}=\frac{\mu_0}{4\pi}\oint_L\frac{I\mathrm{d}\boldsymbol{l}\times\boldsymbol{r}}{r^3}$，但是也可以通过引入磁标势来计算它。

以任何方式把由闭合电流所围的曲面划分成许多个小面积单元。假设在每个面积单元的边界上都按同一时针方向流动着电流 I，于是，除最外部的边界，所有内部边界的电流均相互抵消，所以这无数个小元电流的磁场与原来的闭合电流的磁场是一样的。而每一个元电流均可视为一个小磁偶极子，由这无数小磁偶极子组成了一个以闭合电流所围曲面为层面的磁偶层。也就是说，任意闭合电流在近区的磁场与以该闭合电流所围曲面为层面的磁偶层的磁场等效。

设每一个元电流的磁矩为 $\boldsymbol{m}_i = I\Delta \boldsymbol{S}_i$，它的方向垂直偶层面，并依据电流的方向用右旋定则来确定。可以和定义电偶层矩一样，定义单位面积上的磁矩为磁偶层矩

$$\boldsymbol{\tau}_m = \frac{\sum_{i=1}^{n} \boldsymbol{m}_i}{s} = \frac{I\sum_{i=1}^{n} \Delta \boldsymbol{S}_i}{s} = I\boldsymbol{n}_0 \qquad (4.100)$$

因此，闭合电流的磁标势也可仿照式(3.50)写为

$$u_m = \frac{1}{4\pi} I\Omega \qquad (4.101)$$

式中，Ω 为观测点对整个磁偶层所张的立体角。如果从观测点看过去电流是逆时针转向的，则 Ω 为正，反之为负。用(4.101)式计算闭合电流附近的磁场，有时是十分方便的。

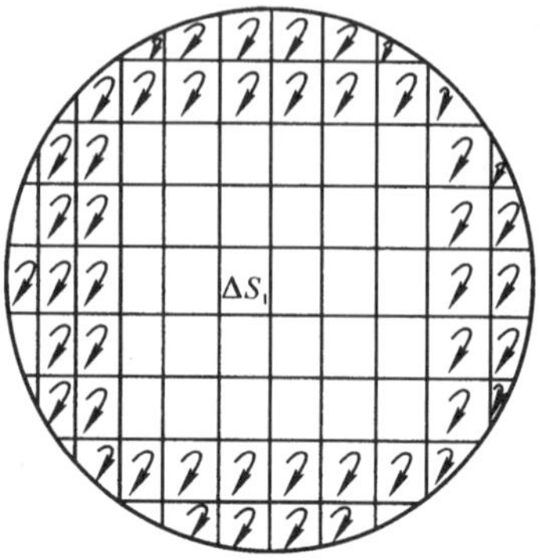

图 4.19　近区磁场的计算

例 8　计算载流圆环中心轴线上的磁标势及磁场强度。

解：设圆环半径为 a，环内电流为 I，则中心轴线上距圆心为 z 处的 p 点对圆环所张立体角为

$$\Omega = \iint_S \frac{\cos\theta \mathrm{d}s}{r^2} = \int_0^{2\pi} \mathrm{d}\varphi \int_0^a \frac{zR\,\mathrm{d}R}{(z^2+R^2)^{\frac{3}{2}}} = 2\pi\left[1 - \frac{z}{\sqrt{a^2+z^2}}\right]$$

因此

$$u_m = \frac{I\Omega}{4\pi} = \frac{I}{2}\left(1 - \frac{z}{\sqrt{a^2+z^2}}\right);$$

$$\boldsymbol{H} = -\frac{\mathrm{d}u_m}{\mathrm{d}z}\boldsymbol{z}_0 = \frac{I}{2}\frac{a^2}{(a^2+z^2)^{3/2}}\boldsymbol{z}_0$$

这个结果和例 2 所得结果完全一样。

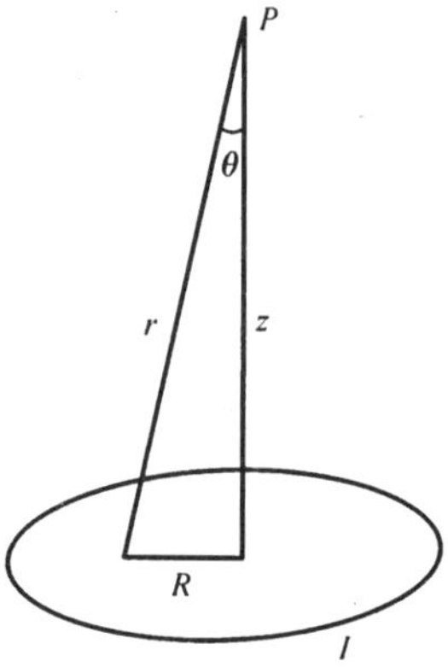

图 4.20

表 4-2　静磁场和静电场的对比

物理场 / 物理量	静磁场	物理场 / 物理量	静电场
磁荷体密度	$\rho_m = \rho_{m0} + \rho'_m$	电荷体密度	$\rho = \rho_q + \rho_p$
磁荷面密度	$\sigma_m = \sigma_{m0} + \sigma'_m$	电荷面密度	$\sigma = \sigma_q + \sigma_p$
磁场强度	$\nabla \times H = 0$ $\nabla \cdot \boldsymbol{H} = \frac{\rho_{m0} + \rho'_m}{\mu_0}$ $\nabla \cdot \boldsymbol{H} = \frac{\rho_{m0}}{\mu}$（均匀介质） $\oint_L \boldsymbol{H} \cdot \mathrm{d}\boldsymbol{l} = 0$ $\oiint_S \boldsymbol{H} \cdot \mathrm{d}\boldsymbol{s} = \frac{Q_{m0} + Q'_m}{\mu_0}$ $\boldsymbol{H} = -\nabla u_m$	电场强度	$\nabla \times \boldsymbol{E} = 0$ $\nabla \cdot \boldsymbol{E} = \frac{\rho_q + \rho_P}{\varepsilon_0}$ $\nabla \cdot \boldsymbol{E} = \frac{\rho_q}{\varepsilon}$（均匀介质） $\oint_L \boldsymbol{E} \cdot \mathrm{d}\boldsymbol{l} = 0$ $\oiint_S \boldsymbol{E} \cdot \mathrm{d}\boldsymbol{s} = \frac{Q_q + Q_P}{\varepsilon_0}$ $\boldsymbol{E} = -\nabla u$
磁感应强度	$\boldsymbol{B} = \mu\boldsymbol{H}$	电位移矢量	$\boldsymbol{D} = \varepsilon\boldsymbol{E}$

续表

物理场 \ 物理量	静电场	物理场 \ 物理量	静电场
磁标势	$\nabla^2 u_m = -\dfrac{\rho_{m0}+\rho'_m}{\mu_0}$ $\nabla^2 u_m = -\dfrac{\rho_{m0}}{\mu}$(均匀介质) $\nabla^2 u_m = 0$(均匀介质均匀磁化)	电势	$\nabla^2 u = -\dfrac{\rho_q+\rho_P}{\varepsilon_0}$ $\nabla^2 u = -\dfrac{\rho_q}{\varepsilon}$(均匀介质) $\nabla^2 u = 0$(无自由电荷均匀介质)
边界条件	$\begin{cases} u_{m1} = u_{m2} \\ \mu_1 \dfrac{\partial u_{m1}}{\partial n} = \mu_2 \dfrac{\partial u_{m2}}{\partial n} \\ H_{1t} = H_{2t} \end{cases}$	边界条件	$\begin{cases} u_1 = u_2 \\ \varepsilon_1 \dfrac{\partial u_1}{\partial n} = \varepsilon_2 \dfrac{\partial u_2}{\partial n} \\ E_{1t} = E_{2t} \end{cases}$

六、磁矢势和磁标势两种计算方法的比较

用磁标势的方法来计算磁场与用磁矢势方法计算磁场相比，除避免了复杂的旋度运算以外，还由于其计算公式和边界条件与静电场十分相似，因而较易掌握。但是从稳定磁场的本质来看，电流才是它的源，因此，从磁矢势入手进行计算仍然是最基本的方法，况且，不是在磁场的任何地方都能引入磁标势，这也使磁标势方法的应用受到了限制。现在用列表方式把两种方法作一对比。

以下公式对两种方法都适用

$$\boldsymbol{B} = \mu \boldsymbol{H};\quad \boldsymbol{M} = \boldsymbol{M}_0 + \kappa_m \boldsymbol{H};\quad \mu = \mu_0(1+\kappa_m)$$

例 9 用磁标势方法计算均匀场中磁化球体的磁场。

解：设球半径为 a，磁导率为 μ_1，球外均匀介质的磁导率为 μ_2，均匀磁场 $\boldsymbol{B}_0$ 沿 z 轴方向（参看图 4.14）。由于球内、外均无自由电流，故可引入磁标势，并且它满足下列拉普拉斯方程

$$\frac{1}{r^2}\frac{\partial}{\partial r}\left(r^2\frac{\partial u_m}{\partial r}\right) + \frac{1}{r^2\sin\theta}\frac{\partial}{\partial\theta}\left(\sin\theta\frac{\partial u_m}{\partial\theta}\right) = 0$$

其通解为

$$u_m = \sum_{n=0}^{\infty}\left[C_n r^n + D_n r^{-(n+1)}\right]P_n(\cos\theta) \tag{1}$$

根据磁标势的连续、有限性质，可写出球内、外的特解为

$$\begin{cases} u_{m1} = \sum\limits_{n=0}^{\infty} C_n r^n P_n(\cos\theta) & (r < a) \\ u_{m2} = -\dfrac{B_0}{\mu_2} r\cos\theta + \sum\limits_{n=0}^{\infty} D_n r^{-(n+1)} P_n(\cos\theta) & (r > a) \end{cases} \tag{2}$$

这里，$-\dfrac{B_0}{\mu_2} r\cos\theta = u_{m0}$ 是均匀磁场的标势。现在用边界条件确定系数 C_n，D_n，边界条件为

$$r = a,\qquad u_{m1} = u_{m2};\qquad \mu_1\frac{\partial u_{m1}}{\partial r} = \mu_2\frac{\partial u_{m2}}{\partial r}$$

表 4-3　磁标势法与磁矢势法的对比

磁矢势方法		磁标势方法	
场源	$\boldsymbol{j}$ $\boldsymbol{j}_m=\nabla\times\boldsymbol{M}$ $\boldsymbol{i}$ $\boldsymbol{i}_m=\boldsymbol{n}\times(\boldsymbol{M}_2-\boldsymbol{M}_1)$	场源	$\left.\begin{array}{l}\rho_{m0}=-\mu_0\nabla\cdot\boldsymbol{M}_0\\ \rho'_m=-\mu_0\nabla\cdot\boldsymbol{M}'\end{array}\right\}$ $\left.\begin{array}{l}\sigma_{m0}=-\mu_0(M_{02n}-M_{01n})\\ \sigma'_m=-\mu_0(M'_{2n}-M'_{1n})\end{array}\right\}$
基本方程	$\boldsymbol{B}=\frac{\mu_0}{4\pi}\left[\iiint_V\frac{\boldsymbol{j}\times\boldsymbol{r}}{r^3}\mathrm{d}v+\iint_s\frac{\boldsymbol{i}\times\boldsymbol{r}}{r^3}\mathrm{d}s\right]$ $\nabla\times\boldsymbol{B}=\mu_0(\boldsymbol{j}+\boldsymbol{j}_m)$ $\nabla\cdot\boldsymbol{B}=0$ $\oint_L\boldsymbol{B}\cdot\mathrm{d}\boldsymbol{l}=\mu I$ $\oiint_s\boldsymbol{B}\cdot\mathrm{d}\boldsymbol{s}=0$ $\boldsymbol{B}=\nabla\times\boldsymbol{A}$ $\nabla^2\boldsymbol{A}=-\mu_0(\boldsymbol{j}+\boldsymbol{j}_m)$	基本方程	$\boldsymbol{H}=\frac{1}{4\pi}\left[\iiint_V\frac{\rho_m\boldsymbol{r}}{r^3}\mathrm{d}v+\iint_S\frac{\sigma_m\boldsymbol{r}}{r^3}\mathrm{d}s\right]$ $\nabla\times\boldsymbol{H}=0$ $\nabla\cdot\boldsymbol{H}=\frac{\rho_{m0}+\rho'_m}{\mu_0}$ $\oint_L\boldsymbol{H}\cdot\mathrm{d}\boldsymbol{l}=0$ $\oiint_s\boldsymbol{H}\cdot\mathrm{d}\boldsymbol{s}=\frac{Q_{m0}+Q'_m}{\mu_0}$ $\boldsymbol{H}=-\nabla u_m$ $\nabla^2u_m=-\frac{\rho_{m0}+\rho'_m}{\mu_0}$
边界条件	$A_{1t}=A_{2t}$ $\frac{1}{\mu_1}\frac{\partial A_{1t}}{\partial n}=\frac{1}{\mu_2}\frac{\partial A_{2t}}{\partial n}$ $\frac{(\nabla\times\boldsymbol{A}_1)_t}{\mu_1}=\frac{(\nabla\times\boldsymbol{A}_2)_t}{\mu_2}$	边界条件	$u_{m1}=u_{m2}$ $\mu_1\frac{\partial u_{m1}}{\partial n}=\mu_2\frac{\partial u_{m2}}{\partial n}$ $\frac{\partial u_{m1}}{\partial t}=\frac{\partial u_{m2}}{\partial t}$

将〈2〉式代入上述边界条件式中，便得

$$\begin{cases}\sum_{n=0}^{\infty}C_na^nP_n(\cos\theta)=-\frac{B_0}{\mu_2}a\cos\theta+\sum_{n=0}^{\infty}D_na^{-(n+1)}P(\cos\theta)\\ \mu_1\sum_{n=0}^{\infty}n\,C_na^{n-1}P_n(\cos\theta)=\mu_2\left[-\frac{B_0}{\mu_2}\cos\theta-\sum_{n=0}^{\infty}(n+1)D_na^{-(n+2)}P_n(\cos\theta)\right]\end{cases}\tag{3}$$

注意到 $\cos\theta=P_1(\cos\theta)$，令同阶勒让德多项式前的系数对应相等。这样，由〈3〉式可整理出两个方程组

$$n=1\text{ 时，有}\begin{cases}C_1a=-\frac{B_0}{\mu_2}a+D_1a^{-2}\\ \mu_1C_1=-\mu_2\left(\frac{B_0}{\mu_2}+2D_1a^{-3}\right)\end{cases}\tag{4}$$

$$n\neq1\text{ 时，有}\begin{cases}C_na^n=D_na^{-(n+1)}\\ \mu_1nC_na^{n-1}=-\mu_2(n+1)D_na^{-(n+2)}\end{cases}\tag{5}$$

显然，当 $n\neq1$ 时，$C_n=D_n=0$。

当 $n=1$ 时，则解〈4〉式得

$$C_1=-\frac{3B_0}{\mu_1+2\mu_2};\qquad D_1=\frac{(\mu_1-\mu_2)a^3}{\mu_2(\mu_1+2\mu_2)}B_0$$

代回〈1〉、〈3〉式便得球内、外的标势为

$$u_{m1} = -\frac{3B_0 r\cos\theta}{\mu_1 + 2\mu_2} \qquad (r < a)$$

$$u_{m2} = -\frac{B_0 r\cos\theta}{\mu_2}\left(1 - \frac{\mu_1 - \mu_2}{\mu_1 + 2\mu_2}\frac{a^3}{r^3}\right) \qquad (r > a)$$

利用球坐标系梯度公式$\nabla u_m = \frac{\partial u_m}{\partial r}\boldsymbol{r}_0 + \frac{1}{r}\frac{\partial u_m}{\partial \theta}\boldsymbol{\theta}_0$，便可计算磁感应强度

$$\boldsymbol{B}_1 = \mu_1 \boldsymbol{H}_1 = -\mu_1 \nabla u_{m1} = \frac{3\mu_1 B_0}{\mu_1 + 2\mu_2}(\cos\theta\,\boldsymbol{r}_0 - \sin\theta\,\boldsymbol{\theta}_0) = \frac{3\mu_1}{\mu_1 + 2\mu_2}\boldsymbol{B}_0$$

$$\begin{aligned}\boldsymbol{B}_2 &= \mu_2 \boldsymbol{H}_2 = -\mu_2 \nabla u_{m2} \\ &= \left(1 + 2\frac{\mu_1 - \mu_2}{\mu_1 + 2\mu_2}\frac{a^3}{r^3}\right)B_0\cos\theta\,\boldsymbol{r}_0 - \left(1 - \frac{\mu_1 - \mu_2}{\mu_1 + 2\mu_2}\frac{a^3}{r^3}\right)B_0\sin\theta\,\boldsymbol{\theta}_0 \\ &= \boldsymbol{B}_0 + \frac{\mu_1 - \mu_2}{\mu_1 + 2\mu_2}\frac{a^3}{r^3}B_0(2\cos\theta\,\boldsymbol{r}_0 + \sin\theta\,\boldsymbol{\theta}_0)\end{aligned}$$

其结果与例 6 用磁矢势法算得的结果完全相同。

例 10 用磁标势法计算例 7。

解：由于 u_m 与 z 无关，故柱内、外的磁标势满足下列拉普拉斯方程

$$\nabla^2 u_m = \frac{\partial}{\partial \rho}\left(\rho\frac{\partial u_m}{\partial \rho}\right) + \frac{1}{\rho}\frac{\partial^2 u_m}{\partial \varphi^2} = 0$$

其通解为

$$u_m = \sum_{n=1}^{\infty}(A_n\rho^n + B_n\rho^{-n})(C_n\cos n\varphi + D_n\sin n\varphi)$$

现在根据磁标势的性质写出柱内、外的特解。

(1) 由于 u_m 是偶函数，即 $u_m(r,\varphi) = u_m(r,-\varphi)$，因此特解中不应含 $\sin n\varphi$ 项；

(2) 在柱内当 $\rho=0$ 时 u_m 有限，故柱内不含 ρ^{-n}项；

(3) 在柱外，当 $\rho\to\infty$时，$u_m = u_{m0} = -\frac{B_0}{\mu_2}\rho\cos\varphi$。所以特解形式为

$$\begin{cases} u_{m1} = \sum\limits_{n=1}^{\infty} C_n\rho^n\cos n\varphi & (\rho < a) \\ u_{m2} = -\frac{B_0}{\mu_2}\rho\cos\varphi + \sum\limits_{n=1}^{\infty} D_n\rho^{-n}\cos n\varphi & (\rho > a) \end{cases} \qquad \langle 1\rangle$$

用边界条件确定系数 C_n，D_n。边界条件为

$$\rho = a, \qquad u_{m1} = u_{m2}; \qquad \mu_1\frac{\partial u_{m1}}{\partial \rho} = \mu_2\frac{\partial u_{m2}}{\partial \rho}$$

将〈1〉式代入得

$$\begin{cases} \sum\limits_{n=1}^{\infty} C_n a^n\cos n\varphi = -\frac{B_0}{\mu_2}a\cos\varphi + \sum\limits_{n=1}^{\infty} D_n a^{-n}\cos n\varphi \\ \mu_1\sum\limits_{n=1}^{\infty} nC_n a^{n-1}\cos n\varphi = -\mu_2\left[\frac{B_0}{\mu_2}\cos\varphi + \sum\limits_{n=1}^{\infty} nD_n a^{-(n+1)}\cos n\varphi\right] \end{cases} \qquad \langle 2\rangle$$

由〈2〉式可整理出两个方程组

当 $n=1$ 时有
$$\begin{cases} C_1 a = -\frac{B_0}{\mu_2}a + D_1 a^{-1} \\ \mu_1 C_1 = -\mu_2\left(\frac{B_0}{\mu_2} + D_1 a^{-2}\right) \end{cases} \qquad \langle 3\rangle$$

当 $n\neq1$ 时有 $\begin{cases}C_na^n=D_na^{-n}\\ \mu_1nC_na^{n-1}=-\mu_2nD_na^{-(n+1)}\end{cases}$ 〈4〉

由〈4〉式得 $C_n=D_n=0$， $(n\neq1)$

由〈3〉式得 $C_1=-\dfrac{2B_0}{\mu_1+\mu_2}$； $D_1=\dfrac{\mu_1-\mu_2}{\mu_2(\mu_1+\mu_2)}a^2B_0$

代回〈1〉式便得：

$$\begin{cases}u_{m1}=-\dfrac{2B_0\rho\cos\varphi}{\mu_1+\mu_2}\\ u_{m2}=-\dfrac{B_0\rho\cos\varphi}{\mu_2}\left[1-(\dfrac{\mu_1-\mu_2}{\mu_1+\mu_2})\dfrac{a^2}{\rho^2}\right]\end{cases} \quad 〈5〉$$

由柱坐标系梯度公式：$\nabla u_m=\dfrac{\partial u_m}{\partial\rho}\boldsymbol{\rho}_0+\dfrac{1}{\rho}\dfrac{\partial u_m}{\partial\varphi}\boldsymbol{\varphi}_0$ 可算得柱内、外的磁场为

$$\boldsymbol{B}_1=\mu_1\boldsymbol{H}_1=-\mu_1\nabla u_{m1}=\frac{2\mu_1B_0}{\mu_1+\mu_2}(\cos\varphi\,\boldsymbol{\rho}_0-\sin\varphi\,\boldsymbol{\varphi}_0)$$

$$=\frac{2\mu_1}{\mu_1+\mu_2}\boldsymbol{B}_0$$

或 $$\boldsymbol{H}_1=\frac{2\mu_2}{\mu_1+\mu_2}\boldsymbol{H}_0$$

$$\boldsymbol{B}_2=\mu_2\boldsymbol{H}_2=-\mu_2\nabla u_{m2}$$

$$=B_0\cos\varphi\left[1+(\frac{\mu_1-\mu_2}{\mu_1+\mu_2})\frac{a^2}{\rho^2}\right]\boldsymbol{\rho}_0-B_0\sin\varphi\left[1-(\frac{\mu_1-\mu_2}{\mu_1+\mu_2})\frac{a^2}{\rho^2}\right]\boldsymbol{\varphi}_0$$

$$=\boldsymbol{B}_0+(\frac{\mu_1-\mu_2}{\mu_1+\mu_2}\frac{a^2}{\rho^2}B_0)(\cos\varphi\,\boldsymbol{\rho}_0+\sin\varphi\,\boldsymbol{\varphi}_0)$$

或 $$\boldsymbol{H}_2=\boldsymbol{H}_0+\left[\frac{(\mu_1-\mu_2)a^2H_0}{(\mu_1+\mu_2)\rho^2}\right](\cos\varphi\,\boldsymbol{\rho}_0+\sin\varphi\,\boldsymbol{\varphi}_0)$$

其结果与例 7 中用矢势方法算得的结果完全相同。

七、退磁场和退磁系数

在上述两例中，如果外部介质为真空，则

柱内磁场为 $\boldsymbol{B}_1=\dfrac{2\mu_1}{\mu_1+\mu_0}\boldsymbol{B}_0$； $\boldsymbol{H}_1=\dfrac{2\mu_0}{\mu_1+\mu_0}\boldsymbol{H}_0$

球内磁场为 $\boldsymbol{B}_1=\dfrac{3\mu_1}{\mu_1+2\mu_0}\boldsymbol{B}_0$； $\boldsymbol{H}_1=\dfrac{3\mu_0}{\mu_1+2\mu_0}\boldsymbol{H}_0$

对于顺磁介质来说，$\boldsymbol{B}_1>\boldsymbol{B}_0$，而 $\boldsymbol{H}_1<\boldsymbol{H}_0$，这表明在磁化介质内部，$\boldsymbol{B}$ 与 $\boldsymbol{H}$ 的变化是不同的。$\boldsymbol{B}_1$ 之所以大于 $\boldsymbol{B}_0$，可以用磁化电流产生的附加磁场正向叠加在 $\boldsymbol{B}_0$ 上的结果来解释(见例 6 中的 $\boldsymbol{i}_m$ 表达式)。而 $\boldsymbol{H}_1<\boldsymbol{H}_0$ 则可用磁化介质表面上的等效磁荷产生的附加磁场反向叠加在 $\boldsymbol{H}_0$ 上的结果来解释。在例 6 中，当球外为真空时，

$$\boldsymbol{M}_1=\frac{3(\mu_1-\mu_0)}{\mu_1+2\mu_2}\boldsymbol{H}_0；\quad \boldsymbol{M}_2=0$$

于是球面上等效磁荷面密度为

$$\sigma_m=\mu_0M_{1n}=\mu_0M_1\cos\theta$$

其分布如图 4.21 所示。由 σ_m 所产生的球内磁场 $\boldsymbol{H}'$ 是与 $\boldsymbol{H}_0$ 反向的，所以有 $\boldsymbol{H}_1=\boldsymbol{H}_0+\boldsymbol{H}'<$

$\boldsymbol{H}_0$。其中 $\boldsymbol{H}'$称为退磁场。在例 6 中，球内的退磁场为（令 $\mu_2=\mu_0$）

$$\boldsymbol{H}'=\boldsymbol{H}_1-\boldsymbol{H}_0=\left(\frac{3\mu_0}{\mu_1+2\mu_0}-1\right)\boldsymbol{H}_0=\frac{\mu_0-\mu_1}{\mu_1+2\mu_{01}}\boldsymbol{H}_0$$

而例 7 中柱内的退磁场为（令 $\mu_2=\mu_0$）

$$\boldsymbol{H}'=\boldsymbol{H}_1-\boldsymbol{H}_0=\left(\frac{2\mu_0}{\mu_1+\mu_0}-1\right)\boldsymbol{H}_0=\frac{\mu_0-\mu_1}{\mu_1+\mu_0}\boldsymbol{H}_0$$

对于一个确定的磁体来说，退磁场的大小和介质磁化的程度有关。

$$\boldsymbol{H}'=N\boldsymbol{M} \tag{4.102}$$

式中，N 称为退磁系数，它与磁体形状有关。

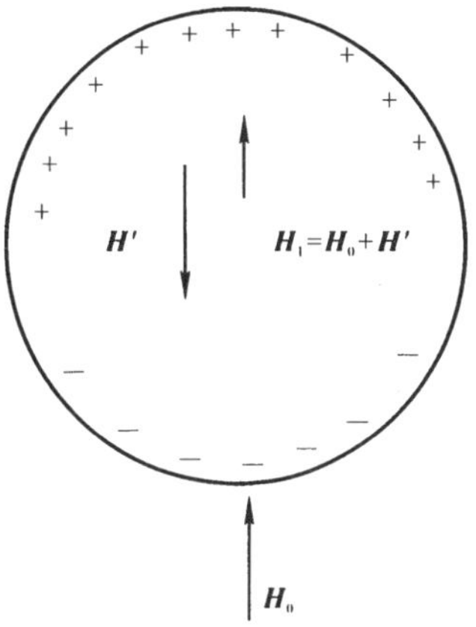

图 4.21　磁化球体内的退磁场

球体的退磁系数为

$$N=\frac{\boldsymbol{H}'}{\boldsymbol{M}}=\frac{\mu_0-\mu_1}{2\mu_0+\mu_1}\frac{2\mu_0+\mu_1}{3(\mu_1-\mu_0)}=-\frac{1}{3}$$

垂直柱轴磁化的圆柱体的退磁系数为

$$N=\frac{\boldsymbol{H}'}{\boldsymbol{M}}=\frac{\mu_0-\mu_1}{\mu_1+\mu_0}\frac{\mu_1+\mu_0}{2(\mu_1-\mu_0)}=-\frac{1}{2}$$

对于无限大均匀磁化的磁介质，由于界面在无穷远处，故由等效面磁荷所产生的退磁场为零。

八、地球的磁场

地球是一个巨大的磁体，它所形成的磁场称为地磁场。研究地磁场，是地球科学的重要组成部分。

1. 地磁要素

地磁场的总磁场强度用 $\boldsymbol{T}$ 来表示。$\boldsymbol{T}$ 可以用它的各个分量及其方位来描述。如果取通过测点 O 的地理子午线北向为 x 轴，通过测点的地理纬线东向取为 y 轴，而垂直向下则为 z 轴，那么地磁场强度 $\boldsymbol{T}$ 在水平地面的投影 H 称为地磁水平分量，它可分解为 H_x 和 H_y 两个水平分量，$\boldsymbol{T}$ 在垂直方向上的投影 Z 称为地磁垂直分量。H 与子午线的夹角 D 称为磁偏角，$\boldsymbol{T}$ 与水平面的夹角 I 则称为磁倾角。H, H_x, H_y, Z, D 和 I 称为地磁要素。从图 4.22 上可以看出，各地磁要素之间有如下关系

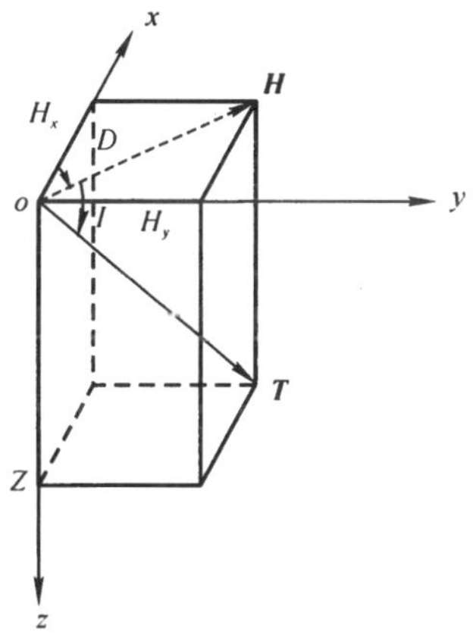

图 4.22　地磁要素

$$\begin{cases} H_x=H\cos D \\ H_y=H\sin D \\ Z=H\operatorname{tg}I \\ |T|=\sqrt{H^2+Z^2}=H\sec I=Z\csc I \end{cases} \tag{4.103}$$

观测结果表明，任何一个地磁要素除与地理坐标有关系外，还与时间有关。地磁场随时间的变化大致可分为长周期变化和短周期变化两种，前者来源于地球内部，而后者则来源于高空

电离层的电流体系。事实上，来自地球内部的磁场成分超过94%，因而可以说，地磁场主要来源于地球内部，并且可以认为是一个静磁场。因此，用磁荷观点来研究地磁场，是十分方便的。

2. 均匀磁化球体的磁场

用一个均匀磁化球体来作为地球的理想模型，尽管不够精确，然而却是非常简便和实用的。设地球的磁化强度为 $\boldsymbol{M}$，取地磁极轴为球坐标系的极轴，则球内、外磁标势满足拉普拉斯方程

$$\frac{\partial}{\partial r}\left(r^2\frac{\partial u_m}{\partial r}\right)+\frac{1}{\sin\theta}\frac{\partial}{\partial\theta}\left(\sin\theta\frac{\partial u_m}{\partial\theta}\right)=0$$

其通解为

$$u_m=\sum_{n=0}^{\infty}\left[A_n r^n+B_n r^{-(n+1)}\right]P_n(\cos\theta)$$

由于 $r=0$ 时，球内磁标势有限，而在 $r=\infty$ 时，球外磁标势趋于零，所以球内、外磁标势的特解为

$$\begin{cases}u_{m1}=\sum\limits_{n=0}^{\infty}A_n r^n P_n(\cos\theta) & r<R_0\\ u_{m2}=\sum\limits_{n=0}^{\infty}B_n r^{-(n+1)}P_n(\cos\theta) & r>R_0\end{cases}\tag{4.104}$$

利用边界条件 $r=R_0$ 时，$u_{m1}=u_{m2}$；$\dfrac{\partial u_{m1}}{\partial r}-\dfrac{\partial u_{m2}}{\partial r}=M\cos\theta$

式中，R_0 为地球半径。将(4.104)式代入，便得

$$n=1\quad\begin{cases}A_1R_0=B_1R_0^{-2}\\ A_1+2B_1R_0^{-3}=M\end{cases}\tag{4.105}$$

$$n\neq1\quad\begin{cases}A_nR_0^n=B_nR_0^{-(n+1)}\\ n\,A_nR_0^{n-1}+(n+1)B_nR^{-(n+2)}=0\end{cases}\tag{4.106}$$

解得 $\qquad A_1=\dfrac{1}{3}M;\qquad B_1=\dfrac{1}{3}MR_0^3$

当 $n\neq1$ 时 $\qquad A_n=B_n=0$

于是球外磁标势为

$$u_m=\frac{M}{3}R_0^3r^{-2}\cos\theta=-\frac{M}{3}R_0^3r^{-2}\cos\beta$$

设 φ 与 λ 是 P 点的纬度和经度，φ_0 和 λ_0 是地磁 S 极的纬度和经度，则由图4.23得

$$\cos\beta=\sin\varphi\sin\varphi_0+\cos\varphi\cos\varphi_0\cos(\lambda-\lambda_0)$$

因此 $\quad u_m=\dfrac{-MR_0^3}{3r^2}\left[\sin\varphi\sin\varphi_0+\cos\varphi\cos\varphi_0\cos(\lambda-\lambda_0)\right]$

地磁场强度各分量值分别为

$$H_x=-\frac{1}{r}\frac{\partial u_m}{\partial\varphi}=\frac{MR_0^3}{3r^3}\left[\cos\varphi\sin\varphi_0-\sin\varphi\cos\varphi_0\cos(\lambda-\lambda_0)\right]\tag{4.107}$$

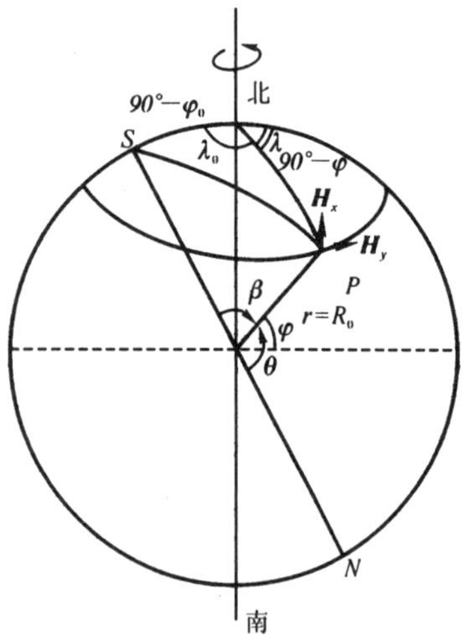

图4.23 计算均匀磁化球体的磁场

$$H_y = \frac{-1}{r\cos\varphi}\frac{\partial u_m}{\partial \lambda} = \frac{MR_0^3}{3r^3}\left[\cos\varphi_0 \sin(\lambda_0 - \lambda)\right] \tag{4.108}$$

$$Z = -\frac{\partial u_m}{\partial r} = \frac{-2MR_0^3}{3r^3}\left[\sin\varphi\sin\varphi_0 + \cos\varphi\cos\varphi_0\cos(\lambda - \lambda_0)\right] \tag{4.109}$$

如果观测点在地面，则 $r=R_0$，于是(4.107)～(4.109)式变为

$$\begin{cases} H_x = \dfrac{M}{3}\left[\cos\varphi\sin\varphi_0 - \sin\varphi\cos\varphi_0\cos(\lambda - \lambda_0)\right] \\ H_y = \dfrac{M}{3}\left[\cos\varphi_0\sin(\lambda_0 - \lambda)\right] \\ Z = \dfrac{-2M}{3}\left[\sin\varphi\sin\varphi_0 + \cos\varphi\cos\varphi_0\cos(\lambda - \lambda_0)\right] \end{cases} \tag{4.110}$$

其他地磁要素为

$$\begin{cases} D = \text{arc tan}\,\dfrac{H_y}{H_x} \\ I = \text{arc tan}\,\dfrac{Z}{(H_x^2 + H_y^2)^{1/2}} \end{cases} \tag{4.111}$$

假如地磁轴与地球自转轴重合，则 $\varphi_0=90°$，于是(4.110)式简化为

$$\begin{cases} H_x = \dfrac{M}{3}\cos\varphi \\ H_y = 0 \\ Z = -\dfrac{2M}{3}\sin\varphi \end{cases} \tag{4.112}$$

在赤道上，$\varphi=0$，于是 $T=H_x=\frac{1}{3}M$，此时地磁场只有水平分量，方向指北。在两极，$\varphi=\pm 90°$，于是 $T=\frac{2}{3}M$，在地理北极（磁 S 极）方向垂直向下，在地理南极（磁 N 极）方向垂直向上。以上分析结果表明，赤道地磁场强度仅为两极地磁场强度的$\frac{1}{2}$。这与实际观测结果基本相符。

在地球局部地区，实测磁场值与理想模型的理论值相差甚远，这是由于地质构造或矿产分布所造成的，而这正是应用地球物理学所要研究的问题。磁勘查就是基于观测地下介质的磁性差异所引起的地磁场变化，从而勘查地下介质分布的一种地球物理勘探方法。

第六节　引力势[①]和磁标势

虽然引力场与稳定磁场是两种不同性质的物理场，但在 $j=0$ 区域，由于可以引入磁标势，并把静磁场看作是一个有源无旋的保守场，从而用等效磁荷的观点来处理静磁场问题。由于引力场也是一个有源无旋的保守场，因此，在一定条件下，可以建立起引力势和磁标势之间的联系公式。

---

① 为了方便，这里把引力位称作引力势。

一、泊松公式

设有一均匀磁化的均质物体，即该物体的磁化强度 $\boldsymbol{M}$ 为常矢量，其质量密度 ρ 为常数，这个物体便称为泊松体。泊松体可以看作是由许多元磁偶极子集合而成，设每个元磁偶极子的磁矩为

$$\mathrm{d}\boldsymbol{m}_i = \boldsymbol{M}\mathrm{d}V_i$$

则由该元磁偶极子在磁体外部产生的磁标势为

$$\mathrm{d}u_{mi} = \frac{1}{4\pi}\frac{\boldsymbol{M}\cdot\boldsymbol{r}_i}{r_i^3}\mathrm{d}v_i$$

式中，$\boldsymbol{r}_i=(x-\xi_i)\boldsymbol{i}+(y-\eta_i)\boldsymbol{j}+(z-\zeta_i)\boldsymbol{k}$ 为体元 $\mathrm{d}v_i(\xi_i,\eta_i,\zeta_i)$ 到观测点 $P(x,y,z)$ 的矢径。整个磁体在 P 点的磁标势为

$$u_m = \frac{1}{4\pi}\iiint\limits_V \frac{\boldsymbol{M}\cdot\boldsymbol{r}}{r^3}\mathrm{d}v \tag{4.113}$$

式中的被积函数可以写为 $\dfrac{\boldsymbol{M}\cdot\boldsymbol{r}}{r^3}=-\boldsymbol{M}\cdot\nabla\left(\dfrac{1}{r}\right)$

将常矢量 $\boldsymbol{M}$ 移至积分号外，并交换微分和积分的次序，便得

$$u_m = -\frac{\boldsymbol{M}}{4\pi}\cdot\nabla\left[\iiint\limits_V \frac{\mathrm{d}v}{r}\right] \tag{4.114}$$

该泊松体在 P 点的引力势为

$$u_g = f\rho\iiint\limits_V \frac{\mathrm{d}v}{r} \tag{4.115}$$

将(4.115)式代入(4.114)式，就可得到

$$u_m = -\frac{\boldsymbol{M}}{4\pi}\cdot\nabla\left(\frac{u_g}{f\rho}\right) = -\frac{\boldsymbol{M}}{4\pi f\rho}\cdot\nabla u_g \tag{4.116}$$

式中，$f=6.67\times10^{-11}\mathrm{m^3/kg\cdot s^2}$ 为万有引力常数。

(4.116)式称为泊松公式。泊松公式给出了在一定条件下($\boldsymbol{M}$ 为常矢量，ρ 为常数)磁标势与引力场强度之间的关系。虽然它们之间的这种联系仅有形式上的意义，但在地球物理勘查中却很有用。它使我们有可能将一个地区的重力勘查数据转换为磁场数据，或者，反过来，把一个地区的磁勘查数据转换为重力场数据。这样的转换称为重磁转换。但是，通过利用泊松公式转换得来的磁场(或重力场)数据并不能替代真正的磁法(或重力)测量。因为只有当物体(矿体或其他地质体)同时具有磁性和剩余密度并且是泊松体时，通过重磁转换所得到的重力异常与磁异常才会重合。因此，重磁转换作为物探数据处理的一种方式，其目的在于对异常进行判别，指出那些异常是属于重、磁同源体产生的，那些异常则不是。在对大面积小比例尺的重力(或磁法)资料进行重磁转换时，规模很大的磁性体常常难以满足 $\boldsymbol{M}$ 为常矢量的条件，这时通过变换所得资料仅能作为参考。下面讨论进行重、磁转换的具体方法。

二、由重力场计算磁场

磁法野外测量通常是测量地磁场的垂直分量(Z)或地磁总场强度(T)，因此对(4.116)式两边求梯度，得(下面以 H_Z 代表 Z，以 H 代表 T)

$$\boldsymbol{H} = \frac{1}{4\pi f\rho}\nabla(\boldsymbol{M}\cdot\boldsymbol{g}) \tag{4.118}$$

式中，$\boldsymbol{g}=\nabla u_g$ 为重力场强度。由于 $\boldsymbol{M}$ 为常矢量，$\boldsymbol{g}$ 为无旋矢量，所以

$$
\begin{aligned}
\nabla(\boldsymbol{M}\cdot\boldsymbol{g}) &= \boldsymbol{M}\times(\nabla\times\boldsymbol{g})+\boldsymbol{g}\times(\nabla\times\boldsymbol{M})+(\boldsymbol{M}\cdot\nabla)\boldsymbol{g}+(\boldsymbol{g}\cdot\nabla)\boldsymbol{M}\\
&=(\boldsymbol{M}\cdot\nabla)\boldsymbol{g}=\boldsymbol{M}_x\frac{\partial\boldsymbol{g}}{\partial x}+M_y\frac{\partial\boldsymbol{g}}{\partial y}+M_z\frac{\partial\boldsymbol{g}}{\partial z}
\end{aligned}
$$

因此，(4.117)式可写为

$$
\boldsymbol{H}=\frac{1}{4\pi f\rho}\left[M_x\frac{\partial\boldsymbol{g}}{\partial x}+M_y\frac{\partial\boldsymbol{g}}{\partial y}+M_z\frac{\partial\boldsymbol{g}}{\partial z}\right] \tag{4.118$'$}
$$

其中

$$
H_z=\frac{1}{4\pi f\rho}\left[M_x\frac{\partial g_z}{\partial x}+M_y\frac{\partial g_z}{\partial y}+M_z\frac{\partial g_z}{\partial z}\right] \tag{4.119}
$$

三、由磁场计算重力场

(4.119)式可写为

$$
H_z=\frac{1}{4\pi f\rho}\left[\boldsymbol{M}\cdot\nabla g_z\right]=\frac{M}{4\pi f\rho}\left[\boldsymbol{M}_0\cdot\nabla g_z\right]=\frac{M}{4\pi f\rho}\frac{\partial g_z}{\partial M_0} \tag{4.120}
$$

这里 $\boldsymbol{M}_0$ 是磁化强度方向的单位矢量，$\frac{\partial g_z}{\partial M_0}$则表示 g_z 沿 $\boldsymbol{M}_0$ 方向的方向导数。上式经移项及积分，便得

$$
g_z=4\pi f\rho\int\frac{H_Z}{M}\mathrm{d}M_0 \tag{4.121}
$$

对其他方向分量进行重磁转换也是可以的，其对应的公式为

$$
\begin{cases}
H_x=\dfrac{M}{4\pi f\rho}\dfrac{\partial g_x}{\partial M_0}\\[2ex]
H_y=\dfrac{M}{4\pi f\rho}\dfrac{\partial g_y}{\partial M_0}
\end{cases} \tag{4.122}
$$

$$
\begin{cases}
g_x=4\pi f\rho\displaystyle\int\frac{H_x}{M}\mathrm{d}M_0\\[2ex]
g_y=4\pi f\rho\displaystyle\int\frac{H_y}{M}\mathrm{d}M_0
\end{cases} \tag{4.123}
$$

例 10 计算均匀垂直磁化球体的磁场，已知磁化强度为 $\boldsymbol{M}=M\boldsymbol{z}_0$，球体质量密度为 ρ，半径为 a。

解法一：磁标势法

球内、外满足的拉普拉斯方程

$$
\frac{\partial}{\partial r}\left(r^2\frac{\partial u_m}{\partial r}\right)+\frac{1}{\sin\theta}\frac{\partial}{\partial\theta}\left(\sin\theta\frac{\partial u_m}{\partial r}\right)=0
$$

其通解为

$$
u_m=\sum_{n=1}^{\infty}\left(A_nr^n+B_nr^{-(n+1)}\right)P_n(\cos\theta)
$$

球内、外的特解为

$$
u_{m1}=\sum_{n=0}^{\infty}A_nr^nP_n(\cos\theta) \tag{1}
$$

$$u_{m2}=\sum_{n=0}^{\infty}B_n r^{-(n+1)}P_n(\cos\theta) \tag{2}$$

边界条件为　　$r=a$　　$u_{m1}=u_{m2}$；　　$\dfrac{\partial u_{m1}}{\partial r}-\dfrac{\partial u_{m2}}{\partial r}=M_{1r}=M\cos\theta$

将它应用于〈1〉式和〈2〉式，得方程组

$$\begin{cases}\sum\limits_{n=0}^{\infty}A_n a^n P_n(\cos\theta)=\sum\limits_{n=0}^{\infty}B_n a^{-(n+1)}P_n(\cos\theta)\\ \sum\limits_{n=0}^{\infty}nA_n a^{n-1}P_n(\cos\theta)+\sum\limits_{n=0}^{\infty}(n+1)B_n a^{-(n+2)}P_n(\cos\theta)=M\cos\theta\end{cases} \tag{3}$$

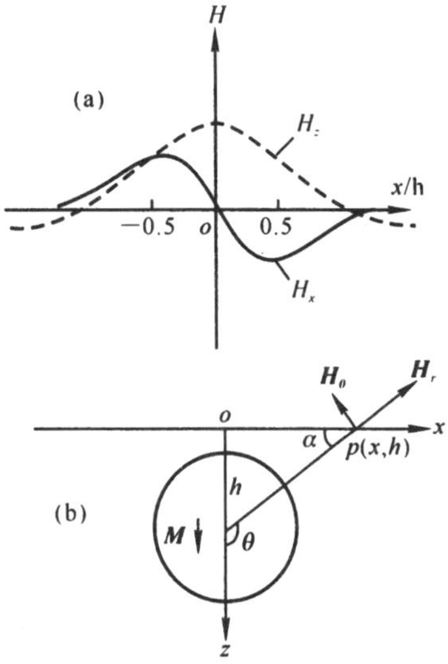

图 4.24　计算泊松球体的磁场

当 $n\neq1$ 时，有

$$\begin{cases}A_n a^n=B_n a^{-(n+1)}\\ nA_n a^{n-1}+(n+1)B_n a^{-(n+2)}=0\end{cases} \tag{4}$$

当 $n=1$ 时，有

$$\begin{cases}A_1 a=B_1 a^{-2}\\ A_1+2B_1 a^{-3}=M\end{cases} \tag{5}$$

〈4〉式的解只能是 $A_n=B_n=0$

〈5〉式的解为：$A_1=\dfrac{1}{3}M$；　$B_1=\dfrac{1}{3}Ma^3$

将其代入〈1〉式，〈2〉式，便得

$$\begin{cases}u_{m1}=\dfrac{1}{3}Mr\cos\theta\\ u_{m2}=\dfrac{1}{3}M\dfrac{a^3}{r^2}\cos\theta\end{cases} \tag{6}$$

磁场强度为

$$\boldsymbol{H}_1=-\frac{M}{3}(\cos\theta\,\boldsymbol{r}_0-\sin\theta\,\boldsymbol{\theta}_0)=-\frac{1}{3}\boldsymbol{M} \tag{7}$$

$$\boldsymbol{H}_2=\frac{Ma^3}{3}\left(\frac{2\cos\theta}{r^3}\boldsymbol{r}_0+\frac{\sin\theta}{r^3}\boldsymbol{\theta}_0\right) \tag{8}$$

可见球内为均匀磁场，而球外则为一个位于球心的磁偶极子磁场，其等效磁矩为

$$\boldsymbol{m}=\frac{4}{3}\pi a^3\boldsymbol{M} \tag{9}$$

由〈8〉式可以写出地面上通过球心投影点的剖面上 P 点的磁场强度水平分量和垂直分量为

$$\begin{cases}H_x=H_r\cos\alpha-H_\theta\sin\alpha\\ H_z=-(H_r\sin\alpha+H_\theta\cos\alpha)\end{cases}$$

其中　$\begin{cases}\cos\alpha=\dfrac{x}{r}\\ \cos\theta=-\dfrac{h}{r}\end{cases}$；　$\begin{cases}\sin\alpha=\dfrac{h}{r}\\ \sin\theta=\dfrac{x}{r}\end{cases}$　　（参阅图 4.24b），

于是

$$H_x=\frac{Ma^3}{3}\left[\frac{2}{r^3}\frac{(-xh)}{r^2}-\frac{1}{r^3}\frac{xh}{r^2}\right]=-\frac{xh}{r^5}Ma^3 \tag{10}$$

$$H_z=-\frac{Ma^3}{3}\left[\frac{2}{r^3}\frac{-h^2}{r^2}+\frac{1}{r^3}\frac{x^2}{r^2}\right]=\frac{2h^2-x^2}{3r^5}Ma^3 \tag{11}$$

图 4.24a 画出了主剖面上的 H_x 和 H_z 曲线。

解法二:用泊松公式

首先算出均质球的引力场,其引力势为

$$u_g = \frac{4\pi f a^3 \rho}{3r}$$

式中,$r=\sqrt{(x-\xi)^2+(y-\eta)^2+(z-\zeta)^2}$是球心至测点的距离,这里$(\xi,\eta,\zeta)$是球心的坐标。引力场强度的水平分量及垂直分量为

$$\begin{cases} g_x = \dfrac{\partial u_g}{\partial x} = -\dfrac{4\pi f a^3 \rho}{3r^3}(x-\xi) \\ g_z = \dfrac{\partial u_g}{\partial z} = -\dfrac{4\pi f a^3 \rho}{3r^3}(z-\zeta) \end{cases} \tag{12}$$

于是,利用(4.120)式及(4.122)式便可计算磁场

$$\begin{cases} H_x = \dfrac{M}{4\pi f\rho}\dfrac{\mathrm{d}g_x}{\mathrm{d}z} = \dfrac{(x-\xi)(z-\zeta)}{r^5}Ma^3 \\ H_z = \dfrac{M}{4\pi f\rho}\dfrac{\mathrm{d}g_z}{\mathrm{d}z} = \dfrac{2(z-\zeta)^2-(x-\xi)^2-(y-\eta)^2}{3r^5}Ma^3 \end{cases} \tag{13}$$

若以地面 O 点为坐标原点,则球心坐标为(o,o,h),观测点 P 的坐标为(x,o,o),代入上式后便可得

$$\begin{cases} H_x = -\dfrac{xhMa^3}{r^5} \\ H_z = \dfrac{2h^2-x^2}{3r^5}Ma^3 \end{cases} \tag{14}$$

结果与用磁标势方法计算的结果完全相同。

例 11 计算均匀垂直磁化的无限长水平圆柱体的磁场。

解法一:磁标势法

设磁化强度为 $\boldsymbol{M}=M\boldsymbol{z}_0$,质量密度为 ρ,半径为 a,则柱内、外满足拉普拉斯方程

$$\frac{\partial}{\partial r}\left(r\frac{\partial u_m}{\partial r}\right)+\frac{1}{r}\frac{\partial^2 u_m}{\partial \varphi^2} = 0$$

其通解为

$$u_m = \sum_{n=1}^{\infty}(A_n r^n + B_n r^{-n})(C_n\cos n\varphi + D_n \sin n\varphi)$$

柱内、外的特解为

$$\begin{cases} u_{m1} = \sum\limits_{n=1}^{\infty} A_n r^n \cos n\varphi \\ u_{m2} = \sum\limits_{n=1}^{\infty} B_n r^{-n}\cos n\varphi \end{cases} \tag{1}$$

边界条件为

$$r=a,\qquad u_{m1}=u_{m2};\qquad \frac{\partial u_{m1}}{\partial r}-\frac{\partial u_{m2}}{\partial r}=M\cos\varphi$$

将边界条件代入⟨1⟩式,可以得到

$$n\neq 1:\quad B_n = A_n = 0$$

$$n=1:\quad A_1=\frac{1}{2}M;\qquad B_1=\frac{1}{2}Ma^2 \tag{2}$$

代入⟨1⟩式,便得

$$\begin{cases} u_{m1} = \dfrac{M}{2} r\cos\varphi \\ u_{m2} = \dfrac{Ma^2}{2r}\cos\varphi \end{cases} \quad \langle 3\rangle$$

$$\boldsymbol{H}_1 = \frac{-M}{2}(\cos\varphi\,\boldsymbol{r}_0 - \sin\varphi\,\boldsymbol{\varphi}_0) = -\frac{\boldsymbol{M}}{2}$$

$$\boldsymbol{H}_2 = \frac{Ma^2}{2r^2}(\cos\varphi\,\boldsymbol{r}_0 + \sin\varphi\,\boldsymbol{\varphi}_0) \quad \langle 4\rangle$$

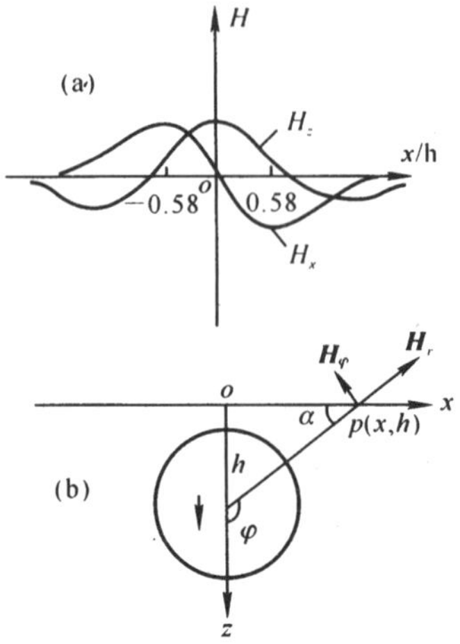

图 4.25　水平圆柱体磁场的计算

现在计算地面 $P(x,h)$ 点的磁场水平分量及垂直分量。

$$\begin{cases} H_x = H_{2r}\cos\alpha - H_{2\theta}\sin\alpha = -\dfrac{hx}{r^4}Ma^2 \\ H_z = -(H_{2r}\sin\alpha + H_{2\theta}\cos\alpha) = \dfrac{h^2 - x^2}{2r^4}Ma^4 \end{cases} \quad \langle 5\rangle$$

它们沿剖面变化的曲线见图 4.25a。

解法二：用泊松公式

首先用通量定理可以直接算得柱外的引力场强度为

$$\boldsymbol{g} = -\frac{2f\lambda}{r^2}\boldsymbol{r} \quad \langle 6\rangle$$

式中，$\lambda = \pi a^2\rho$ 为单位长柱体的质量。$\boldsymbol{r} = (x-\xi)\boldsymbol{i} + (y-\eta)\boldsymbol{j} + (z-\zeta)\boldsymbol{k}$ 是柱轴至测点的向径。

于是

$$\begin{cases} g_x = -\dfrac{2\pi a^2 f\rho}{r^2}(x-\xi) \\ g_z = -\dfrac{2\pi a^2 f\rho}{r^2}(z-\zeta) \end{cases} \quad \langle 7\rangle$$

$$H_x = \frac{M}{4\pi f\rho}\frac{\partial g_x}{\partial z} = \frac{Ma^2}{r^4}(x-\xi)(z-\zeta) \quad \langle 8\rangle$$

$$H_z = \frac{M}{4\pi f\rho}\frac{\partial g_z}{\partial z} = -\frac{Ma^2}{2}\left[\frac{1}{r^2} - \frac{2(z-\zeta)^2}{r^4}\right] = \frac{Ma^2}{2}\,\frac{(z-\zeta)^2 - (x-\xi)^2 - (y-\eta)^2}{r^4}$$

当以 O 为坐标原点时，$\xi=0,\eta=0,\zeta=h;y=0,z=0$，于是〈8〉式便变为

$$\begin{cases} H_x = -\dfrac{xh}{r^4}Ma^2 \\ H_z = \dfrac{h^2 - x^2}{2r^4}Ma^2 \end{cases} \quad \langle 9\rangle$$

两种算法结果是一样的。

习题四

1. 计算由相距为 $2L$ 的两异号地面点电流源所产生的地面磁感应强度及其矢势。设电流分别为 $(+I)$ 和 $(-I)$，地下为均匀磁介质，磁导率为 μ。

2. 有一根无限长同轴电缆，电流 I 从半径为 a 的轴心流出，再沿外壳流回，已知外壳半径为 b，a，b 间充满磁导率为 μ 的均匀磁介质。计算空间各点之磁场及磁介质中的磁化电流密度。

3. 计算顺轴均匀磁化无限长圆柱体的磁矢势和磁感应强度。外磁场为 $\boldsymbol{B}_0=B_0\boldsymbol{z}_0$，柱外为真空。

4. 在一个磁化强度为 $\boldsymbol{M}$ 的均质磁体中挖出一个半径为 a 的球形空腔。问空腔内的磁场与未挖空腔前相比，变化了多少？

5. 有一均匀磁化的条形磁棒，截面积为 S，长为 l。若已知离棒中心为 $r(r\gg l)$ 的高斯第一位置的 P 点之磁场强度为 H。试求磁棒两端面上之等效磁荷面密度及磁化强度。

6. 有一均匀磁化的条形磁棒，磁化强度为 $\boldsymbol{M}$，计算下列各点的 $\boldsymbol{B}$ 和 $\boldsymbol{H}$：

(1) N 极表面外侧；

(2) N 极表面内侧；

(3) 磁棒的中心点。

并画出棒内、外的 $\boldsymbol{B}$ 线、$\boldsymbol{H}$ 线和 $\boldsymbol{M}$ 线。

7. 一个半径为 a，电荷面密度为 σ_q 的球壳以匀角速度 ω 绕轴旋转。计算球内、外的磁场及其矢势。

8. 一个无限大带电平面，绕过 O 点的垂直轴以匀角速度旋转，平面之电荷面密度为 $\sigma_q=\dfrac{\sigma_0}{r^2}$，求轴上的磁场强度。

9. 证明在直角坐标系中有 $(\nabla^2\boldsymbol{A})_k=\nabla^2A_K\quad(k=x,y,z)$。(提示：$\nabla\cdot A=0$)

10. 在半径为 a 的无限长圆柱状导体内挖一半径为 $b\left(b<\dfrac{a}{2}\right)$ 的，与轴平行的圆柱状空腔。导体内沿轴向的电流强度为 I，空腔轴心距导体柱轴心为 d，计算空腔内的磁场。(提示：用叠加原理)。

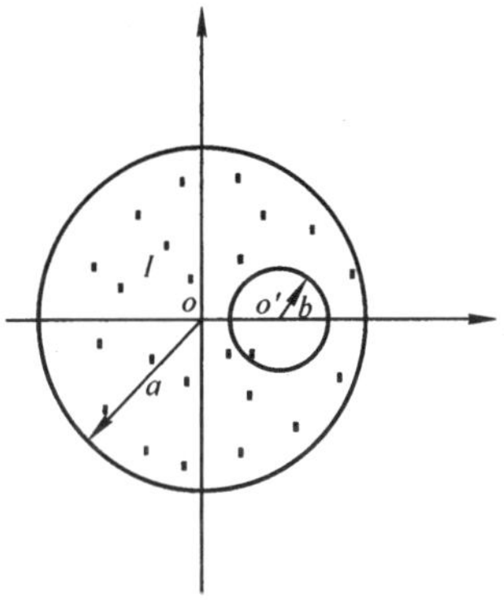

4.10 题图

11. 试比较圆柱形磁棒与载流空心螺线管内、外的磁场分布。分别画出它们的 $\boldsymbol{B}$ 线和 $\boldsymbol{H}$ 线。如果螺线管内充以磁导率为 μ 的铁磁介质，磁场又将发生什么变化。

12. 两个相距为 $2d$ 的无限大导体平面上有电流面密度为 $\boldsymbol{i}$ 的电流反向流动，两板间充以磁导率为 μ 的均匀介质，求空间任一点之矢势、磁感应强度以及磁介质中的磁化电流。

13. 面电流 $\boldsymbol{i}=a\cos\varphi\boldsymbol{z}_0$ 分布在半径为 a 的无限长圆柱表面，柱内介质磁导率为 μ，柱外为真空。计算柱内、外的磁矢势 $\boldsymbol{A}$ 和磁感应强度 $\boldsymbol{B}$。

14. 有一厚为 $2d$，磁导率为 μ 的无限大板状导电介质，有电流平行板面流过。电流体密度为 $\boldsymbol{j}$，板一侧为磁导率等于 μ_1 的均匀磁介质，另一侧为磁导率等于 μ_2 的均匀磁介质。计算空间各点的磁矢势和磁感应强度以及板内的磁化电流体密度和磁化电流面密度。

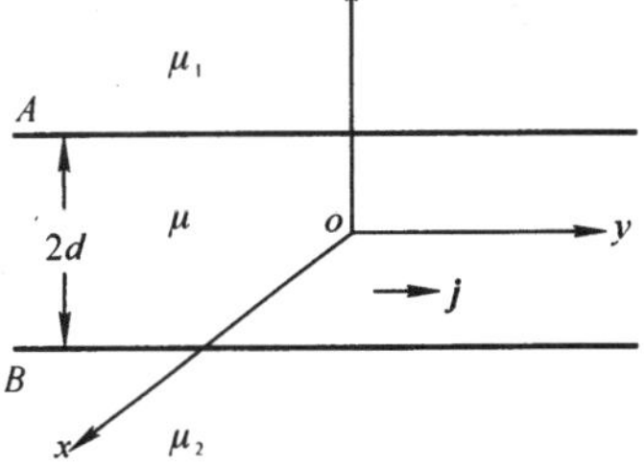

4.14 题图

第五章 时变电磁场

在第三章和第四章中，分别研究了电荷及电流的分布不随时间变化的物理场——稳定电场与稳定磁场。这时，描述稳定电场的电场强度 $\boldsymbol{E}$ 与描述稳定磁场的磁感应强度 $\boldsymbol{B}$ 是相互独立的。$\boldsymbol{E}$ 依赖于 q 和 q_p 而存在，而 $\boldsymbol{B}$ 则依赖于 $\boldsymbol{j}$ 和 $\boldsymbol{j}_m$ 而存在。但是，如果电荷或电流的分布随时间而变化，则将形成时变电磁场。这时，$\boldsymbol{E}$ 与 $\boldsymbol{B}$ 不再是独立的，而是相互联系着的。由于时变电场可以激发出时变磁场，时变磁场又可以激发出时变电场。因此，时变电磁场将在空间以一种新的形式运动变化着，这种新运动形式称之为电磁波。电磁波在空间的传播可以和场源分离开来，即使场源消失了，电磁波并不消失。

电磁理论和实践的发展，已使人类进入了电子时代，并渗透到人类生活的每一个领域。本章所讨论的内容是电磁法勘查的专业理论基础，也可作为各类电工、无线电技术专业课程的基础。

在这一章中首先从麦克斯韦方程组出发，研究时变电磁场最基本的理论，然后讨论电磁场在介质和导电媒质中的传播特性。

第一节 麦克斯韦方程组

一、法拉第电磁感应定律

1831 年，法拉第从大量的实验中发现：当一个导体回路所包围的面积上之磁通量发生变化时，回路中就出现电流。这表明回路中产生了一个电动势，称之为感应电动势。感应电动势的大小和方向与回路所围面积的磁通量变化速度和变化方向密切相关。磁通量变化得越快，感应电动势就越大。它们之间的关系可以用下面公式来表示

$$\varepsilon = -K\frac{\mathrm{d}\Phi_m}{\mathrm{d}t} \tag{5.1}$$

式中，K 是比例常数，与单位制有关，在 SI 制中，$K=1$。式中的负号表示由感应电流所产生的磁场总是阻止磁通量的变化，亦即楞次定律。因此，回路中感应电流的方向与磁通量增加的方向组成左旋系统，即以左手拇指表示磁通量增加的方向时，左手弯曲的其余四指便指示感应电流的方向。

闭合回路中磁通量的变化可以通过两种不同方式来实现。第一种是让磁场静止，然后运动闭合线圈；第二种是让线圈静止而运动磁场。当然也可以两者兼而有之。以第一种方式而产生的感应电动势，称为动生电动势。这时法拉第定律可以用安培定律来加以说明。

设导体中自由电子的电量为 e，则由安培定律，该电子以速度 $\boldsymbol{v}$ 在磁场 $\boldsymbol{B}$ 中运动时，所受的洛伦兹力为

$$\boldsymbol{f} = e\boldsymbol{v} \times \boldsymbol{B}$$

在这个力的作用下，自由电子沿导体运动，形成电流。这等效于电子在电场强度为 $\boldsymbol{f}/e=\boldsymbol{E}'$ 的电场作用下所形成的电流，因此 $\boldsymbol{E}'=\boldsymbol{v}\times\boldsymbol{B}$ 为导体内的等效电场强度。当电子沿闭合回路一周时，电场对电子所做的功被定义为该回路的电动势

$$\varepsilon=\oint_L \boldsymbol{E}'\cdot \mathrm{d}\boldsymbol{l}=\oint_L(\boldsymbol{v}\times\boldsymbol{B})\cdot \mathrm{d}\boldsymbol{l}=\oint_L \boldsymbol{B}\cdot(\mathrm{d}\boldsymbol{l}\times\boldsymbol{v})$$

式中，$(\mathrm{d}\boldsymbol{l}\times\boldsymbol{v})$ 表示导线元 $\mathrm{d}l$ 在单位时间内所扫过的面积矢量，即 $(\mathrm{d}\boldsymbol{l}\times\boldsymbol{v})=\mathrm{d}\boldsymbol{s}/\mathrm{d}t$。因此 $\oint_L \boldsymbol{B}\cdot(\mathrm{d}\boldsymbol{l}\times\boldsymbol{v})$ 表示单位时间内整个闭合回路磁通量的变化：$\oint_L \boldsymbol{B}\cdot(\mathrm{d}\boldsymbol{l}\times\boldsymbol{v})=-\frac{\mathrm{d}\Phi}{\mathrm{d}t}$，从而证明了法拉第定律

$$\varepsilon=-\frac{\mathrm{d}\Phi}{\mathrm{d}t}$$

但是以第二种方式而产生的感应电动势却无法用安培定律来加以说明。事实上，法拉第的实验揭示了一个新的自然规律，即“变化的磁场将产生一个有旋电场”。现在来说明这一点。

由电动势的定义 $\varepsilon=\oint_L \boldsymbol{E}\cdot \mathrm{d}\boldsymbol{l}$ 得知，在静电场中，如果没有外来力的作用，它必然为零，显示出静电场的无旋特性，但在法拉第的实验中它不为零。

$$\varepsilon=\oint_L \boldsymbol{E}\cdot \mathrm{d}\boldsymbol{l}=-\frac{\mathrm{d}}{\mathrm{d}t}\iint_S \boldsymbol{B}\cdot \mathrm{d}\boldsymbol{s}$$

上式用斯托克斯公式变换，有

$$\oint_L \boldsymbol{E}\cdot \mathrm{d}\boldsymbol{l}=\iint_S(\nabla\times\boldsymbol{E})\cdot \mathrm{d}\boldsymbol{s}=\iint_S\left(-\frac{\mathrm{d}\boldsymbol{B}}{\mathrm{d}t}\right)\cdot \mathrm{d}\boldsymbol{s}$$

由于回路是任意的，$s\neq 0$，所以上式成立的条件是被积函数相等，即

$$\nabla\times\boldsymbol{E}=-\frac{\mathrm{d}\boldsymbol{B}}{\mathrm{d}t} \tag{5.2}$$

(5.2)式表明：时变的磁场可以激发出一个电场。这个电场与由静止电荷或稳定电流场中的积累电荷所激发的电场不同，它是有旋的。事实上，这个有旋电场并不依赖于导体的存在，只要空间磁场发生随时间的变化，就会在其四周激发出有旋电场，闭合回路在这里只是使这种电场的存在得以用感应电流的方式来显示罢了。

二、位移电流

在法拉第的发现之后，人们很自然地会想到：既然时变的磁场可以激发出有旋电场，那么时变的电场是否也能激发出磁场呢？麦克斯韦(Maxwell)从理论上回答了这个问题，得到了极其重要的结论。

在第四章中曾指出过：公式 $\nabla\times\boldsymbol{H}=\boldsymbol{j}$ 仅仅对于稳定电流的磁场来说是正确的。如果电流随时间变化，即 $\frac{\partial \boldsymbol{j}}{\partial t}\neq 0$ 时，则上式显然不正确，因为若对上式两边取散度，便有

$$\nabla\cdot(\nabla\times\boldsymbol{H})=\nabla\cdot\boldsymbol{j}=0$$

但 $\nabla\cdot\boldsymbol{j}=0$ 意味着对任何封闭曲面，其电流密度的通量为零：$\oiint_S \boldsymbol{j}\cdot \mathrm{d}\boldsymbol{s}=0$。然而从电量守恒的观点看，当电流随时间变化时，上述通量应由连续性方程

$$\oiint_S \boldsymbol{j} \cdot d\boldsymbol{s} = -\frac{\partial q}{\partial t}$$

来表示，它显然不等于零。由于连续性方程是符合电量守恒原理的，因此从连续性方程出发，应能得到正确的结果。连续性方程的微分形式为

$$\nabla \cdot \boldsymbol{j} = -\frac{\partial \rho_q}{\partial t}$$

将$\nabla \cdot \boldsymbol{D} = \rho_q$ 代入，得

$$\nabla \cdot \boldsymbol{j} = -\frac{\partial}{\partial t} \nabla \cdot \boldsymbol{D} = \nabla \cdot (-\frac{\partial \boldsymbol{D}}{\partial t})$$

整理后得

$$\nabla \cdot (\boldsymbol{j} + \frac{\partial \boldsymbol{D}}{\partial t}) = 0 \tag{5.3}$$

于是，麦克斯韦对(4.21)式作如下修正

$$\nabla \times \boldsymbol{H} = \boldsymbol{j} + \frac{\partial \boldsymbol{D}}{\partial t} \tag{5.4}$$

(5.4)式等号右边第一项是"自由电流"(亦称传导电流)，而第二项则是一个时变电场 。(5.4)式表明：不仅自由电流可以产生有旋磁场，而且时变的电场也能激发出有旋磁场。这个时变电场被称为位移电流体密度，简称位移电流，以 $\boldsymbol{j}_D$ 表示。对于稳定电流，由于 $\partial \boldsymbol{D}/\partial t = 0$，因此(5.4)式就恢复到稳定磁场的形式：$\nabla \times \boldsymbol{H} = \boldsymbol{j}$。可见(5.4)式是普遍适用的。

一般地说，空间某点的磁场应由该点的自由电流密度和该点电位移矢量对时间的变化率来决定。但是在导体内部，电场强度很小，因此 $\partial \boldsymbol{D}/\partial t \ll \boldsymbol{j}$，所以导体内部以自由电流为磁场主要的源。而在不导电介质中，则 $\boldsymbol{j} \to 0$，这时位移电流就对磁场起主导作用。当然，在有限导电的媒质中，例如在岩石中，当频率相当高时，位移电流将不可忽视。可以定性地估计一下自由电流与位移电流之相对大小与媒质导电性及频率的关系。

设电场是谐变的，即 $\boldsymbol{E} = \boldsymbol{E}_0 e^{i\omega t}$，则有 $\boldsymbol{j} = \boldsymbol{E}/\rho$；$\boldsymbol{j}_D = \partial \boldsymbol{D}/\partial t = i\omega\varepsilon \boldsymbol{E}$，
于是

$$\left| \frac{\boldsymbol{j}}{\boldsymbol{j}_D} \right| = \frac{1}{\omega \varepsilon \rho} \tag{5.5}$$

对大多数地下岩石，$\rho = n \times 10^2 \sim n \times 10^4\ \Omega \cdot m$，而介电常数约为$10^{-10}$ F/m 左右，因此当 $\omega < 10^5$ Hz时，$\boldsymbol{j} \gg \boldsymbol{j}_D$，于是可以忽略位移电流的影响。

位移电流 $\boldsymbol{j}_D$ 在产生磁场这一点上与自由电流 $\boldsymbol{j}$ 等效，但在其他方面，两者毫无共同之处。自由电流是自由电荷在电场作用下宏观移动而形成的，当这些带电粒子通过导电媒质时，会产生焦耳热。但位移电流仅是一种时变的电场，它不需要什么载流子，因此导体内的位移电流不会产生焦耳热。虽然高频电磁场也能使物质发热，但这不是焦耳热，这是由于物质分子的高频振动而产生的。

三、麦克斯韦方程组

麦克斯韦在总结前人实验定律的基础上，引入了位移电流，于 1864 年提出了一个描述电磁场的完整方程组，这就是麦克斯韦方程组。

1. 麦克斯韦方程组的微分形式

$$\begin{cases} \nabla \cdot \boldsymbol{D} = \rho_Q & (5.6\text{-}1) \\ \nabla \times \boldsymbol{E} = -\dfrac{\partial \boldsymbol{B}}{\partial t} & (5.6\text{-}2) \\ \nabla \cdot \boldsymbol{B} = 0 & (5.6\text{-}3) \\ \nabla \times \boldsymbol{H} = \boldsymbol{j} + \dfrac{\partial \boldsymbol{D}}{\partial t} & (5.6\text{-}4) \end{cases}$$

与麦克斯韦方程组配合使用的其他方程有

$$\begin{cases} \boldsymbol{D} = \varepsilon_0 \boldsymbol{E} + \boldsymbol{P} = \varepsilon \boldsymbol{E} \\ \boldsymbol{B} = \mu_0 (\boldsymbol{H} + \boldsymbol{M}) = \mu \boldsymbol{H} \end{cases}$$

麦克斯韦方程具有普遍性，它不仅能够用来描述时变电磁场，也能用来描述稳定电场和稳定磁场。因为当 $\partial \boldsymbol{B}/\partial t = 0$ 和 $\partial \boldsymbol{D}/\partial t = 0$ 时，(5.6)式就能完全恢复到稳定电场和稳定磁场方程的形式。

对时变电磁场，(5.6)式表明时变的磁场将激发出有旋电场(显然这个电场也是时变的)，而时变的电场也会激发出有旋磁场(这个磁场也是时变的)。因此，只要空间某处一旦出现电场(或磁场)随时间的变化，从该处向四周就会出现时变的磁场和时变的电场。这种时变的电磁场以波的形式，从场源向外传播，称为电磁波。麦克斯韦方程描述了时变电磁场的这种相互依存和作用的关系，给我们开拓了一个完全不同于稳定场的研究领域。

2. 麦克斯韦方程组的积分形式

与(5.6)式对应的积分方程为

$$\begin{cases} \oiint_S \boldsymbol{D} \cdot \mathrm{d}\boldsymbol{s} = q & (5.7\text{-}1) \\ \oint_L \boldsymbol{E} \cdot \mathrm{d}\boldsymbol{l} = -\dfrac{\partial}{\partial t} \iint_S \boldsymbol{B} \cdot \mathrm{d}\boldsymbol{s} & (5.7\text{-}2) \\ \oiint_S \boldsymbol{B} \cdot \mathrm{d}\boldsymbol{s} = 0 & (5.7\text{-}3) \\ \oint_L \boldsymbol{H} \cdot \mathrm{d}\boldsymbol{l} = \iint_S \left(\boldsymbol{j} + \dfrac{\partial \boldsymbol{D}}{\partial t}\right) \cdot \mathrm{d}\boldsymbol{s} = I + \dfrac{\partial}{\partial t} \iint_S \boldsymbol{D} \cdot \mathrm{d}\boldsymbol{s} & (5.7\text{-}4) \end{cases}$$

第二节 电磁场的能量

能量守恒这一普遍规律，对电磁场也是适用的。按照能量守恒定律，一个孤立的电磁系统的总能量是不变的。例如，一个孤立的理想 LC 振荡回路，一旦充电就将永远振荡下去。在时变电磁场中，由于时变电场与时变磁场的相互激励，因此时变电磁场可以独立于场源而存在，并在空间传播。现在来研究电磁场传播途径中的某一个封闭区域内能量的变化。根据能量守恒定律，在 $\mathrm{d}t$ 时间内，域内电磁能量的变化在数值上一定等于同一时间内从域外进入域内的电磁能与在该时间内电磁场对域内电荷所作的功之差。现在来证明这个结论。

设该封闭区域体积为 V，边界为 S，则单位时间内电场对域内电荷元 $\mathrm{d}q$ 所作的功为

$$\mathrm{d}W = \boldsymbol{E}\cdot \mathrm{d}\boldsymbol{l}\mathrm{d}q$$

式中，$\mathrm{d}\boldsymbol{l}$ 是电荷元 $\mathrm{d}q$ 的位移矢量。对一个垂直于 $\mathrm{d}\boldsymbol{l}$ 的截面来说，$\mathrm{d}q=\boldsymbol{j}\cdot\mathrm{d}\boldsymbol{s}$。因此

$$W = \iiint_V \boldsymbol{E}\cdot\boldsymbol{j}\mathrm{d}V \tag{5.8}$$

由麦克斯韦方程(5.6-4)式得 $\boldsymbol{j}=\nabla\times\boldsymbol{H}-\frac{\partial \boldsymbol{D}}{\partial t}$，代入上式便得

$$W = \iiint_V \left[\boldsymbol{E}\cdot(\nabla\times\boldsymbol{H})-\boldsymbol{E}\cdot\frac{\partial \boldsymbol{D}}{\partial t}\right]\mathrm{d}v$$

其中 $\boldsymbol{E}\cdot(\nabla\times\boldsymbol{H})=\boldsymbol{H}\cdot(\nabla\times\boldsymbol{E})-\nabla\cdot(\boldsymbol{E}\times\boldsymbol{H})=-\boldsymbol{H}\cdot\partial\boldsymbol{B}/\partial t-\nabla\cdot(\boldsymbol{E}\times\boldsymbol{H})$。于是上式又可写为

$$W=-\iiint_V\left[\nabla\cdot(\boldsymbol{E}\times\boldsymbol{H})+\boldsymbol{H}\cdot\frac{\partial \boldsymbol{B}}{\partial t}+\boldsymbol{E}\cdot\frac{\partial \boldsymbol{D}}{\partial t}\right]\mathrm{d}v$$

设参数 ε 和 μ 不随时间而变化，于是上式又可进一步变为

$$\begin{aligned}W&=-\iiint_V\left[\nabla\cdot(\boldsymbol{E}\times\boldsymbol{H})+\mu\boldsymbol{H}\cdot\frac{\partial \boldsymbol{H}}{\partial t}+\varepsilon\boldsymbol{E}\cdot\frac{\partial \boldsymbol{E}}{\partial t}\right]\mathrm{d}v\\&=-\iiint_V\nabla\cdot(\boldsymbol{E}\times\boldsymbol{H})\mathrm{d}v-\frac{1}{2}\frac{\partial}{\partial t}\iiint_V(\mu H^2+\varepsilon E^2)\mathrm{d}v\\&=-\oint_S(\boldsymbol{E}\times\boldsymbol{H})\cdot\mathrm{d}\boldsymbol{s}-\frac{1}{2}\frac{\partial}{\partial t}\iiint_V(\mu H^2+\varepsilon E^2)\mathrm{d}v\end{aligned}$$

移项后得

$$\frac{\partial}{\partial t}\iiint_V\frac{1}{2}(\mu H^2+\varepsilon E^2)\mathrm{d}v=-\oint_S(\boldsymbol{E}\times\boldsymbol{H})\cdot\mathrm{d}\boldsymbol{s}-W \tag{5.9}$$

上式等号左边表示单位时间内域内电磁能量的变化，而等号右边第一项则表示单位时间内从域外进入域内的电磁能量，第二项则是单位时间内电磁场在域内所作的功。因此(5.9)式证明了前面由能量守恒定律所得到的结论。式中

$$\omega=\frac{1}{2}(\mu H^2+\varepsilon E^2) \tag{5.10}$$

称为电磁场的能量体密度。

$$\boldsymbol{N}=\boldsymbol{E}\times\boldsymbol{H} \tag{5.11}$$

则称为电磁场的能流面密度矢量，又称坡印亭矢量。它表示单位时间内穿过垂直于电磁场传播方向的单位面积上的电磁能。

如果域内有外来电动势，(5.9)式仍然正确，但由 $\boldsymbol{j}=\frac{(\boldsymbol{E}+\boldsymbol{E}_{外})}{\rho}$ 得 $\boldsymbol{E}=\rho\boldsymbol{j}-\boldsymbol{E}_{外}$。因此，这时对域内电荷所作的功应该为

$$W=-\iiint_V\boldsymbol{E}\cdot\boldsymbol{j}\mathrm{d}v=\iiint_V(\rho j^2-\boldsymbol{j}\cdot\boldsymbol{E}_{外})\mathrm{d}v$$

将其代入(5.9)式后，便得

$$\frac{\partial}{\partial t}\iiint_V\omega\mathrm{d}v=-\oint_S\boldsymbol{N}\cdot\mathrm{d}\boldsymbol{s}-\iiint_V\rho j^2\mathrm{d}v+\iiint_V\boldsymbol{j}\cdot\boldsymbol{E}_{外}\,\mathrm{d}v \tag{5.12}$$

上式右边第二项为单位时间内域内由于产生焦耳热而消耗的能量，第三项则是单位时间内外

来电动势所作的功。这同样也是遵循能量守恒定律的。对于非时变的电磁场系统，(5.9)式和(5.12)式同样是正确的。

例 1 有一根半径为 a，电阻率为 ρ，电流强度为 I 的直流输电导线。计算它的坡印亭矢量，并讨论电磁能的传输特性。

解：首先讨论导线内、外的电磁场分布。对于磁场，均为 $\boldsymbol{\varphi}_0$ 方向，导线内的磁场为

$$\boldsymbol{H}_1 = \frac{jr}{2}\boldsymbol{\varphi}_0 = \frac{Ir}{2\pi a^2}\boldsymbol{\varphi}_0$$

导线外的磁场为

$$\boldsymbol{H}_2 = \frac{I}{2\pi r}\boldsymbol{\varphi}_0$$

在导线表面

$$H_{1\varphi} = H_{2\varphi} = \frac{I}{2\pi a}$$

对于电场，导线内的电场为 z_0 方向，即

$$\boldsymbol{E}_1 = \rho \boldsymbol{j} = \frac{\rho I}{\pi a^2}\boldsymbol{z}_0$$

由于导线表面有积累电荷，因此由 $E_{2n}-E_{1n}=\dfrac{\sigma_q}{\varepsilon_0}$ 得 $E_{2n}=\dfrac{\sigma_q}{\varepsilon_0}$

式中，σ_q 为导线表面的积累电荷面密度。另外由 $E_{2t}=E_{1t}$，便可写出导线外表面的电场强度为

$$\boldsymbol{E}_2 = \frac{\sigma_q}{\varepsilon_0}\boldsymbol{r}_0 + \frac{\rho I}{\pi a^2}\boldsymbol{z}_0$$

导线内部的坡印亭矢量为

$$\boldsymbol{N}_1 = \boldsymbol{E}_1 \times \boldsymbol{H}_1 = \frac{\rho I}{\pi a^2}\,\frac{Ir}{2\pi a^2}(-\boldsymbol{r}_0)$$

$$= \frac{-\rho I^2 r}{2\pi^2 a^4}\boldsymbol{r}_0 = -\frac{-\rho j^2}{2}\boldsymbol{r}$$

$\boldsymbol{N}_1$ 的方向垂直导线表面指向轴心。

导线外部的坡印亭矢量为

$$\boldsymbol{N}_2 = \boldsymbol{E}_2 \times \boldsymbol{H}_2 = \frac{\sigma_q I}{2\pi\varepsilon_0 r}\boldsymbol{z}_0 - \frac{I^2\rho}{2\pi^2 a^2 r}\boldsymbol{r}_0$$

$$= \frac{\sigma_q I}{2\pi\varepsilon_0 r}\boldsymbol{z}_0 - \frac{\rho a^2 j^2}{2r}\boldsymbol{r}_0$$

在导线表面($r=a$)有

$$\boldsymbol{N}_2 = \frac{\sigma_q I}{2\pi\varepsilon_0 a}\boldsymbol{z}_0 - \frac{\rho a j^2}{2}\boldsymbol{r}_0$$

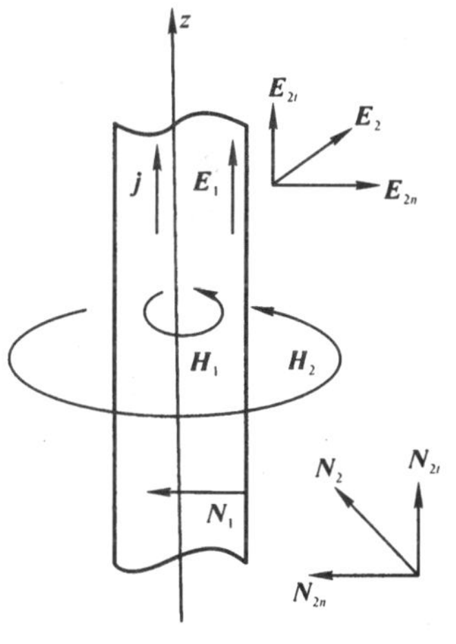

图 5.1 电磁能沿导线传播

由此可见 $N_{2r}=N_{1r}|_{r-a}$，导线外部的电磁能流密度一部分(N_{2z})沿导线表面向前传输，另一部分(N_{2r})则垂直界面进入导线，单位时间内进入导线的电磁能为

$$-\iint_S \boldsymbol{N}_2 \cdot \mathrm{d}\boldsymbol{s} = -\iint_S N_{2r}\mathrm{d}s = \frac{\rho a j^2}{2}2\pi a l = \frac{\rho l}{\pi a^2}I^2 = RI^2$$

式中，l 为一段导线长度，πa^2 是导线的截面积，而 $\rho\dfrac{l}{\pi a^2}=R$ 表示该段导线之电阻，RI^2 则表示电流通过该段导线时所产生的焦耳热。从能量守恒的观点看，进入导体的电磁能全部转化为

导线内的焦耳热，而能量的传输则是由沿导线表面的 $N_{2z}=\sigma_q I/2\pi\varepsilon_0 a$ 来完成的。如果导体为理想导体($\rho=0$)，则导体内无焦耳热损耗，电磁能将无损耗地沿导体表面往前传输。

例 2 有一个导体圆盘，半径为 a，厚为 d，电阻率为 ρ，磁导率为 μ，当圆盘置于垂直盘面的均匀谐变磁场 $\boldsymbol{H}=\boldsymbol{H}_0 e^{i\omega t}$ 中时，若忽略趋肤效应，求圆盘中的感应电流和感应磁矩。

解：由 $\nabla\times\boldsymbol{E}=-\dfrac{\partial\boldsymbol{B}}{\partial t}$ 以及 $\boldsymbol{B}=\mu\boldsymbol{H}$ 得

$$\left(\frac{1}{r}\frac{\partial E_z}{\partial\varphi}-\frac{\partial E_\varphi}{\partial z}\right)\boldsymbol{r}_0+\left(\frac{\partial E_r}{\partial z}-\frac{\partial E_Z}{\partial r}\right)\boldsymbol{\varphi}_0+\frac{1}{r}\left[\frac{\partial}{\partial r}(rE_\varphi)-\frac{\partial E_r}{\partial\varphi}\right]\boldsymbol{z}_0=-i\omega\mu H\boldsymbol{z}_0 \quad \langle 1\rangle$$

由于感应电场只有 $\boldsymbol{\varphi}_0$ 分量，并且 E_φ 与 r 和 z 无关，因此由上式得

$$\frac{1}{r}\frac{\partial}{\partial r}(rE_\varphi)=-i\omega\mu H \quad \langle 2\rangle$$

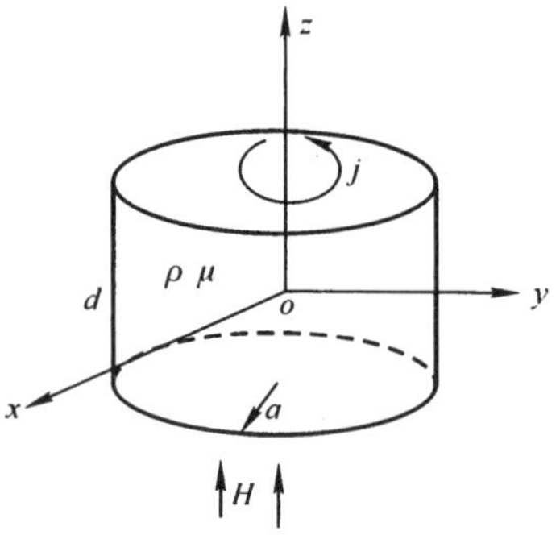

图 5.2 均匀谐变场中的导体圆盘

解〈2〉式得 $E_\varphi=\dfrac{c}{r}-i\dfrac{\omega\mu rH}{2}$

由于 $r=0$ 时，E_φ 有限，所以 $c=0$，于是

$$E_\varphi=-i\frac{\omega\mu H}{2}r \quad \langle 3\rangle$$

由欧姆定律得圆盘中的感应电流密度为

$$\boldsymbol{j}=\frac{-i\omega\mu Hr}{2\rho}\boldsymbol{\varphi}_0 \quad \langle 4\rangle$$

感应电流强度为 $dI=jds=jdzdr$，积分得

$$I=-\int_{\frac{-d}{2}}^{\frac{d}{2}}dz\int_0^a\frac{i\omega\mu Hr}{2\rho}dr=-i\frac{\omega\mu da^2}{4\rho}H=\frac{\omega\mu da^2}{4\rho}H_0e^{i(\omega t-\frac{\pi}{2})}。$$

上式表明，感应电流的相位落后于磁场相位为 $\dfrac{\pi}{2}$。

其感应磁矩可以应用(4.32)式计算，将感应电流看作无数个同心环形电流，其中半径为 $r(0<r<a)$ 的环形电流的磁矩为

$$d\boldsymbol{m}=dI\pi r^2\boldsymbol{z}_0=-i\frac{\omega\pi\mu Hr^3}{2\rho}drd z\boldsymbol{z}_0$$

总感应磁矩为

$$\boldsymbol{m}=-i\int_{\frac{-d}{2}}^{\frac{d}{2}}dz\int_0^a\frac{\omega\pi\mu Hr^3}{2\rho}dr\boldsymbol{z}_0=-i\frac{\omega\pi\mu da^4H}{8\rho}\boldsymbol{z}_0$$

$$=\frac{\omega\pi\mu da^4H_0}{8\rho}e^{i(\omega t-\frac{\pi}{2})}\boldsymbol{z}_0$$

第三节　电磁波

一、电磁场的波动方程

如果参量 ε,μ,ρ 等不随时间而变化，也不随坐标变量而变化，即 ε,μ,ρ 对于时间和空间都是均匀的，麦克斯韦方程(5.6)式可写成

$$\begin{cases}\nabla \cdot \boldsymbol{E} = \dfrac{\rho_q}{\varepsilon} & (5.13\text{-}1)\\ \nabla \times \boldsymbol{E} = -\mu\dfrac{\partial \boldsymbol{H}}{\partial t} & (5.13\text{-}2)\\ \nabla \cdot \boldsymbol{H} = 0 & (5.13\text{-}3)\\ \nabla \times \boldsymbol{H} = \dfrac{\boldsymbol{E}}{\rho} + \varepsilon\dfrac{\partial \boldsymbol{E}}{\partial t} & (5.13\text{-}4)\end{cases}$$

事实上，在导电媒质中，(5.13-1)式中的 ρ_q 是随时间很快地按负指数规律衰减的，因此，可以认为 $\nabla \cdot \boldsymbol{E}=0$。这个问题证明如下。

对(5.13-4)式两边取散度，得

$$\nabla \cdot (\nabla \times \boldsymbol{H}) = \nabla \cdot \left(\frac{\boldsymbol{E}}{\rho}\right) + \varepsilon\frac{\partial}{\partial t}(\nabla \cdot \boldsymbol{E}) = 0$$

将(5.13-1)代入，得方程 $\dfrac{1}{\rho}\dfrac{\rho_Q}{\varepsilon}+\dfrac{\partial \rho_q}{\partial t}=0$ 其解为

$$\rho_q = \rho_{q0} e^{-t/\varepsilon\rho} \tag{5.14}$$

式中，ρ_{q0} 是 $t=0$ 时的自由电荷体密度值，$1/\varepsilon\rho$ 是一个很大的数值，就地下岩石而言，$1/\varepsilon\rho > 10^6(\text{s}^{-1})$，因此，$\rho_q$ 事实上将很快地衰减至零。

对(5.13-4)式两边取旋度，有

$$\begin{aligned}\nabla \times (\nabla \times \boldsymbol{H}) &= \nabla(\nabla \cdot \boldsymbol{H}) - \nabla^2 \boldsymbol{H} = -\nabla^2 \boldsymbol{H}\\ &= \nabla \times \left[\frac{\boldsymbol{E}}{\rho} + \varepsilon\frac{\partial \boldsymbol{E}}{\partial t}\right] = \frac{1}{\rho}\nabla \times \boldsymbol{E} + \varepsilon\frac{\partial}{\partial t}(\nabla \times \boldsymbol{E})\\ &= \frac{-\mu}{\rho}\frac{\partial \boldsymbol{H}}{\partial t} - \varepsilon\mu\frac{\partial^2 \boldsymbol{H}}{\partial t^2}\end{aligned}$$

由此得关于磁场的波动方程

$$\nabla^2 \boldsymbol{H} = \frac{\mu}{\rho}\frac{\partial \boldsymbol{H}}{\partial t} + \varepsilon\mu\frac{\partial^2 \boldsymbol{H}}{\partial t^2} \tag{5.15}$$

若对(5.13-2)式两边求旋度，并注意到 $\nabla \cdot \boldsymbol{E}=0$，则有

$$\begin{aligned}\nabla \times (\nabla \times \boldsymbol{E}) &= \nabla(\nabla \cdot \boldsymbol{E}) - \nabla^2 \boldsymbol{E} = -\nabla^2 \boldsymbol{E}\\ &= \nabla \times \left(-\mu\frac{\partial \boldsymbol{H}}{\partial t}\right) = -\mu\frac{\partial}{\partial t}(\nabla \times \boldsymbol{H})\\ &= -\frac{\mu}{\rho}\frac{\partial \boldsymbol{E}}{\partial t} - \varepsilon\mu\frac{\partial^2 \boldsymbol{E}}{\partial t^2}\end{aligned}$$

于是得到关于电场的波动方程

$$\nabla^2 \boldsymbol{E} = \frac{\mu}{\rho}\frac{\partial \boldsymbol{E}}{\partial t} + \varepsilon\mu\frac{\partial^2 \boldsymbol{E}}{\partial t^2} \tag{5.16}$$

对于谐变场，$\boldsymbol{H}=H_0 e^{i\omega t}$；$\boldsymbol{E}=\boldsymbol{E}_0 e^{i\omega t}$。于是 $\dfrac{\partial \boldsymbol{H}}{\partial t}=i\omega\boldsymbol{H}$；$\dfrac{\partial^2 \boldsymbol{H}}{\partial t^2}=-\omega^2\boldsymbol{H}$。

此时，(5.15)式将变为亥姆霍兹方程

$$\nabla^2 \boldsymbol{H} + k^2 \boldsymbol{H} = 0 \tag{5.17}$$

式中

$$k=\sqrt{\omega^2\varepsilon\mu - i\frac{\omega\mu}{\rho}} \tag{5.18}$$

类似地，对谐变电场有

$$\nabla^2 \boldsymbol{E} + k^2 \boldsymbol{E} = 0 \tag{5.19}$$

k 称为波数，是一个对电磁场在物质中的传播特性起着决定性作用的综合参数。

二、电磁波在物质中的传播特性

现在以谐变的平面单色波为例来研究电磁波在物质中的传播特性。非谐变的电磁波均可由具有一定频谱的谐变单色波所组合而成。因此谐变单色波是最基本形式的电磁波。电磁波的传播特性主要取决于它的波数。

首先将波数分解成实部和虚部，在(5.18)式中，令 $k=a+\mathrm{i}b$，则

$$k^2 = (a^2 - b^2) + \mathrm{i}2ab = \omega^2 \varepsilon\mu - \mathrm{i}\,\frac{\omega\mu}{\rho}$$

由此得
$$\begin{cases} a^2 - b^2 = \omega^2\varepsilon\mu \\ 2ab = -\dfrac{\omega\mu}{\rho} \end{cases}$$

解上述方程组，得波数的实部(a)和虚部(b)分别为

$$a = \omega\sqrt{\frac{\varepsilon\mu}{2}}\left[\sqrt{1+\left(\frac{1}{\omega\,\varepsilon\rho}\right)^2}+1\right]^{1/2} \tag{5.20}$$

$$b = \omega\sqrt{\frac{\varepsilon\mu}{2}}\left[\sqrt{1+\left(\frac{1}{\omega\,\varepsilon\rho}\right)^2}-1\right]^{1/2} \tag{5.21}$$

1. 电磁波传播中的衰减特性

当平面电磁波在均匀媒质中传播时，取波的前进方向为 z_0。这样，电场 $\boldsymbol{E}$ 和磁场 $\boldsymbol{H}$ 的振动面就是一系列平行 xoy 面的平面。并且对应的 $\boldsymbol{E}$ 和 $\boldsymbol{H}$ 相互垂直(关于这个问题，以后证明)，设 $\boldsymbol{E}=E_x\boldsymbol{x}_0$，$\boldsymbol{H}=H_y\boldsymbol{y}_0$。① 注意到平面波的特点，$E_x$ 及 H_y 均仅是 z 的函数，因此方程(5.17)式变为：$(\nabla^2\boldsymbol{H})_y+k^2H_y=0$，其中 $(\nabla^2\boldsymbol{H})_y=\dfrac{\mathrm{d}^2H_y}{\mathrm{d}z^2}$。

因此得方程　$\dfrac{\mathrm{d}^2H_y}{\mathrm{d}z^2}+k^2H_y=0$

方程的解为　$H_y=H_{y0}\mathrm{e}^{\mathrm{i}(kZ-\omega t)}$

亦可写成　$$\boldsymbol{H}=\boldsymbol{H}_0\mathrm{e}^{\mathrm{i}(kZ-\omega t)} \tag{5.22}$$

类似地有　$$\boldsymbol{E}=\boldsymbol{E}_0\mathrm{e}^{\mathrm{i}(kZ-\omega t)} \tag{5.23}$$

现在将　$k=a+\mathrm{i}b$ 代入，

得　$$\boldsymbol{H}=(\boldsymbol{H}_0\mathrm{e}^{-bz})\mathrm{e}^{\mathrm{i}(az-\omega t)} \tag{5.24}$$

$$\boldsymbol{E}=(\boldsymbol{E}_0\mathrm{e}^{-bz})\mathrm{e}^{\mathrm{i}(az-\omega t)} \tag{5.25}$$

上式中的($\boldsymbol{H}_0\mathrm{e}^{-bz}$)和($\boldsymbol{E}_0\mathrm{e}^{-bz}$)表示一个随着电磁波向前传播距离 z 的增加而呈指数衰减的电磁波振幅。其衰减的快慢取决于波数的虚部 b。因此，b 又称为衰减系数。现在来讨论平面电磁波振幅的衰减特性。

(1)真空及不导电介质中，由于 $\rho\to\infty$，因此 $b=0$，也就是说，在真空中平面电磁波的振幅不会衰减，但是随着传播半径的增大，电磁能量密度将迅速减小。

---

① 见附录 2 所述。

(2)在导电媒质中，如果频率不是非常高，从而满足$\frac{1}{\omega\varepsilon\rho}\gg 1$的条件时，有

$$b=\sqrt{\frac{\omega\mu}{2\rho}}=\sqrt{\frac{\pi f\mu}{\rho}} \tag{5.26}$$

由上式可见，媒质电阻率越低，以及电磁波频率越高，则衰减系数也越大。

电磁波振幅衰减到原来的 $1/e$(约 36.8%)时所前进的距离称为趋肤深度，以 δ 表示。

显然

$$\delta=\frac{1}{b} \tag{5.27}$$

在可忽略位移电流条件下，导电媒质中的趋肤深度为

$$\delta=\sqrt{\frac{\rho}{\pi f\mu}} \tag{5.28}$$

如果媒质为非铁磁性物质，可取 $\mu=\mu_0=4\pi\times10^{-7}\,H/m$，将其代入上式，便得

$$\delta=503.3\sqrt{\frac{\rho}{f}}\quad(\text{m}) \tag{5.29}$$

媒质电阻率越低以及频率越高，电磁波的趋肤深度就越浅。因此，在电磁法勘查中，欲想探测到更深部的地质信息，就必须使用更低的频率。

2. 电磁波传播的相位特征

波数的实部 a 对电磁波的波长、波速有影响。因此它与电磁波的相位特性有关。当电磁波在介质中前进一个波长的距离时，它的相位正好改变了 2π，因此

$$\lambda=2\pi/a \tag{5.30}$$

在真空或不导电介质中

$$a=\omega\sqrt{\varepsilon\mu} \tag{5.31}$$

因此，真空中或不导电介质中的波长为

$$\lambda=\frac{1}{f\sqrt{\varepsilon\mu}} \tag{5.32}$$

这时波长与频率成反比。

在导电媒质中，如果忽略位移电流(即$\frac{1}{\omega\varepsilon\rho}\gg 1$)，则有

$$a=b=\sqrt{\frac{\omega\mu}{2\rho}}=\sqrt{\frac{\pi f\mu}{\rho}} \tag{5.33}$$

可见，在导电媒质中，波数的辐角为$(n+\frac{1}{4})\pi$，　$(n=0,1,2,\cdots)$。

导电媒质中电磁波的波长为

$$\lambda=2\sqrt{\frac{\pi\rho}{f\mu}} \tag{5.34}$$

这时波长与频率的平方根成反比。如果取 $\mu=\mu_0$，则上式可简化为

$$\lambda=3162.3\sqrt{\frac{\rho}{f}} \tag{5.35}$$

一定频率的电磁波在不同电阻率的媒质中传播时，媒质电阻率越低，其波长就越短。利用 $\nu=\lambda f$，便可计算电磁波的相速度

$$v = \frac{2\pi f}{a} = \frac{\omega}{a} = \frac{\sqrt{2}}{\sqrt{\varepsilon\mu}\left[\sqrt{1+\left(\frac{1}{\varepsilon\omega\rho}\right)^2}+1\right]^{1/2}} \tag{5.36}$$

在导电媒质中，忽略位移电流时有

$$v = \sqrt{\frac{4\pi f\rho}{\mu}} \tag{5.37}$$

在真空或不导电介质中有

$$v = \frac{1}{\sqrt{\varepsilon\mu}} \tag{5.38}$$

如果将 $\varepsilon=\varepsilon_0=8.85\times10^{-12}$ (F/m)以及 $\mu=\mu_0=4\pi\times10^{-7}$ (H/m)代入，则

$$v = \frac{1}{\sqrt{\varepsilon_0\mu_0}} = 2.998\times10^8 \quad (\text{m/s}) = C$$

这就是电磁波在真空中的速度。

电磁波在不同的介质中传播时，其频率不变，但其波长、波速会发生改变，例如频率为1 000 Hz的电磁波在真空中的波长和波速分别为

$$\lambda = \frac{C}{f} \approx 3\times10^5 \quad (\text{m})$$

$$\nu = C \approx 3\times10^8 \quad (\text{m/s})$$

而在电阻率为 $0.5\Omega\cdot\text{m}$ 的海水中，上述频率电磁波的波长和波速减为

$$\lambda' = 70.7 \quad (\text{m})$$

$$v' = 7.07\times10^4 \quad (\text{m/s})$$

三、波阻抗

在上述平面单色波中，由方程(5.13-2)式可以得到

$$\frac{\partial E_x}{\partial z} = -\mu\frac{\partial H_y}{\partial t}$$

再将(5.22)式，(5.23)式代入，便得

$$\mathrm{i}kE_x = \mathrm{i}\omega\mu H_y$$

或者

$$Z = \frac{E_x}{H_y} = \frac{\omega\mu}{k} \tag{5.39}$$

$Z=E_x/H_y$ 称为波阻抗，它的单位就是欧姆(Ω)。波阻抗是一个复阻抗，其实部和虚部分别为

$$\begin{cases} R_e\left(\frac{E_x}{H_y}\right) = \frac{\omega\mu a}{a^2+b^2} \\ I_m\left(\frac{E_x}{H_y}\right) = \frac{-\omega\mu b}{a^2+b^2} \end{cases} \tag{5.40}$$

在导电媒质中，当 $1/\omega\varepsilon\rho\gg1$ 时，$a=b=\sqrt{\omega\mu/2\rho}$。因此

$$R_e\left(\frac{E_x}{H_y}\right) = I_m\left(\frac{E_x}{H_y}\right) = \sqrt{\frac{\omega\mu\rho}{2}}$$

于是 $$\left|\frac{E_x}{H_y}\right| = \sqrt{\omega\mu\rho}$$

由此可得

$$\rho = \frac{1}{\omega\mu}\left|\frac{E_x}{H_y}\right|^2 \tag{5.41}$$

上式表明，在均匀导电媒质中，通过测量均匀电磁场的波阻抗，可以计算媒质的电阻率。这个电阻率又称为卡尼亚电阻率。

在不导电介质中，$b=0$，$a=\omega\sqrt{\varepsilon\mu}$，于是波阻抗为

$$\frac{E_x}{H_y} = \frac{\omega\mu}{a} = \sqrt{\frac{\mu}{\varepsilon}} \tag{5.42}$$

在真空中 $$\frac{E_x}{H_y} = \sqrt{\frac{\mu_0}{\varepsilon_0}} = 376.82 \quad (\Omega)$$

由于不导电介质中的波阻抗只有实部分量，所以不导电介质中电场与磁场是同相位的。而在导电媒质中，电场和磁场则存在相位差

设 $$\varepsilon' = \varepsilon - \mathrm{i}\frac{1}{\omega\rho} \tag{5.43}$$

ε'称为复介电常数。引入复介电常数后，波数可表示为

$$k = \omega\sqrt{\mu\varepsilon'} \tag{5.44}$$

于是波阻抗可写为

$$\frac{E_x}{H_y} = \sqrt{\frac{\mu}{\varepsilon'}} \tag{5.45}$$

如果以磁场的相位为参考相位，并以 φ 表示电场对磁场的相位差，则由(5.40)式可以得到

$$\varphi = \mathrm{arctg}\frac{\mathrm{Im}(Z)}{\mathrm{Re}(Z)} = \mathrm{arctg}\frac{-b}{a} \tag{5.46}$$

由(5.46)式可以看出，在不导电介质中($b=0$)，$\varphi=0$。因此，在不导电介质和真空中，时变电场与磁场同相位，而在可以忽略位移电流的导电媒质中($a=b$)，$\varphi=-\frac{\pi}{4}$。这时电场的相位滞后于磁场$\frac{\pi}{4}$。

第四节　瞬变电磁场的频谱及其衰减特性

瞬变电磁场是由脉冲形式的场源所激发的。通过富氏变换，可以得到它的谱函数。在导电媒质中，瞬变电磁场由于能量被吸收而逐渐衰减。

一、脉冲函数的频谱

1. 半正弦脉冲函数的频谱

设半正弦脉冲函数(图 5.3)为

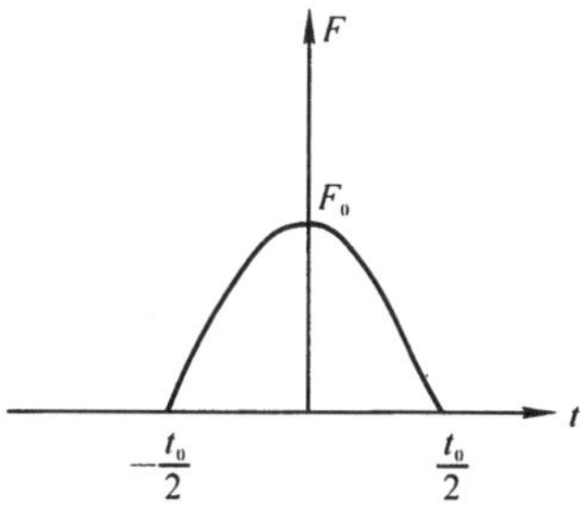

图 5.3　半正弦脉冲函数

$$F(t)=\begin{cases}0 & t<-\dfrac{t_0}{2}\\ F_0\cos(\dfrac{\pi t}{t_0}) & -\dfrac{t_0}{2}\leqslant t\leqslant\dfrac{t_0}{2}\\ 0 & t>\dfrac{t_0}{2}\end{cases} \tag{5.47}$$

式中，t_0 为脉冲时间。由于 $F(t)$ 为偶函数，它的谱函数可表示为

$$F(\omega)=\int_{-\infty}^{\infty}F(t)\cos(\omega t)\mathrm{d}t=\int_{-\frac{t_0}{2}}^{\frac{t_0}{2}}F_0\cos(\frac{\pi t}{t_0})\cos(\omega t)\mathrm{d}t$$
$$=\frac{2F_0t_0\pi}{\pi^2-\omega^2t_0^2}\cos(\frac{\omega t_0}{2}) \tag{5.48}$$

2. 梯形脉冲函数的频谱

设脉冲函数(图 5.4)为

$$F(t)=\begin{cases}3\dfrac{F_0}{t_0}t & 0\leqslant t\leqslant\dfrac{t_0}{3}\\ F_0 & \dfrac{t_0}{3}\leqslant t\leqslant\dfrac{2}{3}t_0\\ 3F_0(1-\dfrac{t}{t_0}) & \dfrac{2}{3}t_0\leqslant t\leqslant t_0\\ 0 & 0>t>t_0\end{cases} \tag{5.49}$$

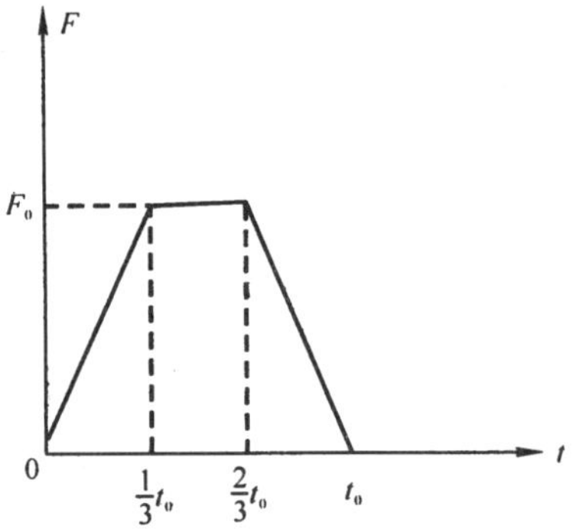

图 5.4　梯形脉冲函数

它的谱函数为

$$F(\omega)=\int_{-\infty}^{\infty}F(t)\mathrm{e}^{-\mathrm{i}\omega t}\mathrm{d}t$$
$$=\int_0^{\frac{t_0}{3}}3\frac{F_0}{t_0}t\mathrm{e}^{-\mathrm{i}\omega t}\mathrm{d}t+\int_{\frac{t_0}{3}}^{\frac{2t_0}{3}}F_0\mathrm{e}^{-\mathrm{i}\omega t}\mathrm{d}t+\int_{\frac{2t_0}{3}}^{t_0}3F_0(1-\frac{t}{t_0})\mathrm{e}^{-\mathrm{i}\omega t}\mathrm{d}t$$
$$=\frac{3F_0}{\omega^2t_0}(\mathrm{e}^{-\mathrm{i}\frac{\omega t_0}{3}}-1)(1-\mathrm{e}^{-2\mathrm{i}\frac{\omega t_0}{3}}) \tag{5.50}$$

可将其展开成复函数，并由此得它的振幅谱为

$$|F(\omega)|=6\sqrt{2}\,\frac{F_0\sin(\dfrac{\omega t_0}{3})}{\omega^2t_0}\sqrt{1-\cos(\frac{\omega t_0}{3})} \tag{5.51}$$

3. 垂直阶跃脉冲函数的频谱

设脉冲函数(图 5.5)为

$$F(t)=\begin{cases}F_0 & 0\leqslant t\leqslant t_0\\ 0 & 0>t>t_0\end{cases} \tag{5.52}$$

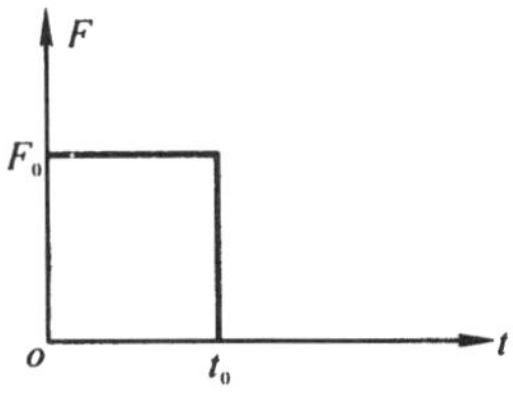

图 5.5　垂直阶跃函数

则它的谱函数为

$$F(\omega)=\int_0^{t_0}F_0\mathrm{e}^{-\mathrm{i}\omega t}\mathrm{d}t=F_0\,\frac{i(\mathrm{e}^{-\mathrm{i}\omega t_0}-1)}{\omega}$$
$$=\frac{F_0}{\omega}[\sin\omega t_0+\mathrm{i}(\cos\omega t_0-1)] \tag{5.53}$$

它的振幅谱为

$$|F(\omega)| = \frac{F_0}{\omega}\sqrt{2(1-\cos\omega t_0)} \tag{5.54}$$

图 5.6 是上述三种脉冲的瞬变场频谱曲线(取 $t_0=2$ ms)。在 $f<100$ Hz 时,各频谱曲线近乎于一条平行横轴的直线,在 $f>100$ Hz 时曲线急剧下降。随着频率升高,$F(\omega)$迅速减小。因此,一个脉冲虽然其谱成分从非常低到非常高的频率都有,但就上述三种脉冲而言,其谱成分主要集中在小于 100 Hz 的范围内。

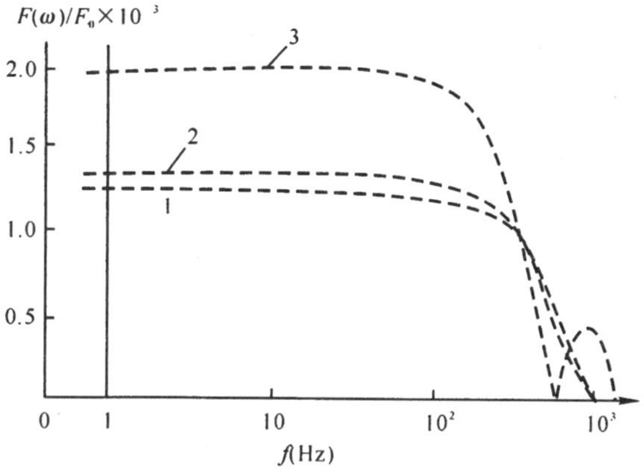

图 5.6　几种脉冲函数的谱曲线

1—半正弦脉冲;2—梯形脉冲;3—垂直阶跃脉冲

二、瞬变场的衰减特性

设瞬变场由脉冲

$$F(t) = \begin{cases} 0 & t<0 \\ F_0 & t\geqslant 0 \end{cases} \tag{5.55}$$

所产生,则瞬变场的频谱为

$$F(\omega) = \int_{-\infty}^{\infty} F(t)\mathrm{e}^{-\mathrm{i}\omega t}\mathrm{d}t = -\mathrm{i}\frac{F_0}{\omega} \tag{5.56}$$

当 $t>0$ 时,由(5.24)式和(5.25)式知,电磁场的振幅为

$$\begin{cases} H_0 = H_{y0}\mathrm{e}^{-kz} \\ E_0 = E_{x0}\mathrm{e}^{-kz} \end{cases} \tag{5.57}$$

利用富氏变换对可以得到

$$\begin{cases} \dfrac{H_y(t)}{H_{y0}} = \dfrac{1}{2\pi}\displaystyle\int_{-\infty}^{\infty} -\mathrm{e}^{-kz}\,\frac{\mathrm{e}^{\mathrm{i}\omega t}}{\mathrm{i}\omega}\mathrm{d}\omega \\ \dfrac{E_x(t)}{E_{x0}} = \dfrac{1}{2\pi}\displaystyle\int_{-\infty}^{\infty} -\mathrm{e}^{kz}\,\frac{\mathrm{e}^{\mathrm{i}\omega t}}{\mathrm{i}\omega}\mathrm{d}\omega \end{cases} \tag{5.58}$$

可见,瞬变场中的 $\boldsymbol{H}$ 和 $\boldsymbol{E}$ 的时间特性是相同的。(5.58)式可写为概率积分的形式:

$$\frac{E(t)}{E_0} = 1-\Phi(u) \tag{5.59}$$

式中

$$\Phi(u) = \sqrt{\frac{2}{\pi}}\int_0^u \mathrm{e}^{-\frac{t^2}{2}}\mathrm{d}t \tag{5.60}$$

为概率积分。其中

$$u = \frac{2\pi z}{\tau} \tag{5.61}$$

$$\tau = 2\pi\sqrt{\frac{2\rho}{\mu}t} \tag{5.62}$$

是描述瞬变场的参数。

利用欧姆定律,可以从(5.59)式得到导电媒质中感应瞬变电流的表达式

$$j(t) = j_0[1-\Phi(u)] \tag{5.63}$$

当 $z=0$ 时,$\Phi(u)=0$,而当 z 增加时,$\Phi(u)$迅速增大,然后渐趋饱和,其渐近值为 1(如图 5.7)。

因此，媒质中的感应瞬变电流随 z 的增大迅速减小，并趋于零。为了更进一步了解瞬变场的时间特性，现在来看下面的例题。

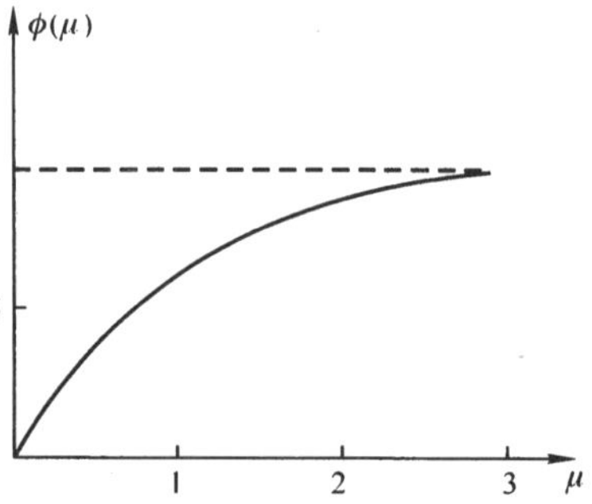

图 5.7　概率积分曲线

例 3　计算均匀介质对半正弦脉冲的响应。

解：设半正弦脉冲函数(图 5.8)为

$$F(t) = \begin{cases} 0 & t > \dfrac{T}{2} \\ \sin\omega t & 0 \leqslant t \leqslant \dfrac{T}{2} \end{cases} \qquad \langle 1 \rangle$$

则均匀介质对它的响应可表示为

$$H(t) = F(t) * D(t) \qquad \langle 2 \rangle$$

式中，$D(t)$是均匀介质的瞬变响应函数。它可以从均匀介质的谐变响应函数 $D(\omega)$通过逆拉普拉斯变换得到。若将均匀介质等效为一个 RL 回路，L 是它的等效电感，R 是它的等效电阻。则它的谐变响应函数为

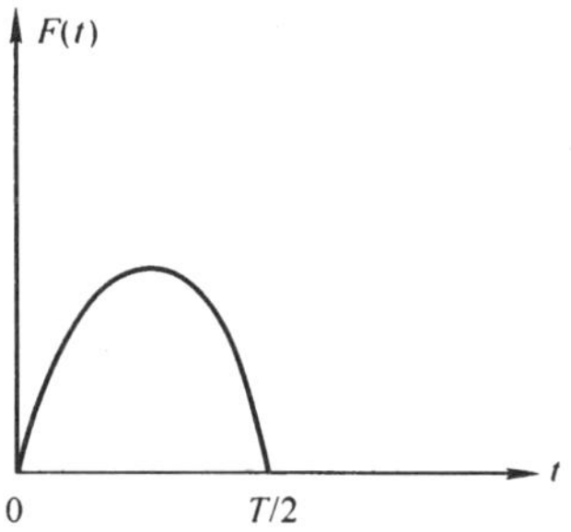

图 5.8

$$D(\omega) = -\mathrm{i}\frac{\omega L}{R + \mathrm{i}\omega L} = -\frac{S}{A+S} = D(s) \qquad \langle 3 \rangle$$

式中　$S = \mathrm{i}\omega$；$A = \dfrac{R}{L}$

于是，通过对 $D(s)$进行逆拉普拉斯变换便可得到均匀介质的瞬变响应函数 $D(t)$

$$D(t) = L^{-1}\{D(t)\} = L^{-1}\left\{\frac{S}{A+S}\right\} = \frac{1}{2\pi\mathrm{i}}\int_{-S}^{S} D(s)e^{St}\,\mathrm{d}S = Ae^{-At} \quad (t > 0) \qquad \langle 4 \rangle$$

于是

$$H(t) = \int_0^{\frac{T}{2}} \sin(\omega\tau)Ae^{-A(t-\tau)}\,\mathrm{d}\tau = \frac{A\omega(1+e^{\frac{AT}{2}})}{A^2+\omega^2}e^{-At} \qquad \langle 5 \rangle$$

式中，$\dfrac{T}{2}$是脉冲的宽度；$\omega = \dfrac{2\pi}{T}$。由〈5〉式可见：均匀介质对瞬变场的响应随时间按负指数的规律衰减，其衰减的快慢由系数 $A = \dfrac{R}{L}$来决定。R 越小，衰减越慢，因此，良导介质要比高阻介质衰减得慢。导电性越差，衰减越快。图(5.9)就是均匀介质对瞬变场响应的时间特性曲线。

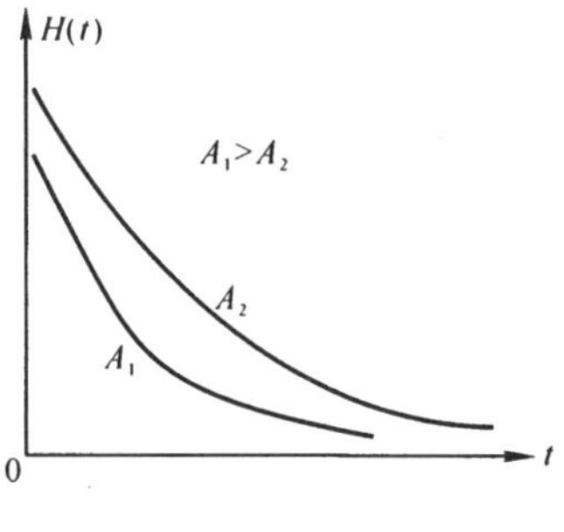

图 5.9

第五节 电磁场的边界条件

时变电磁场的边界条件可以根据麦克斯韦方程组获得。

一、电位移矢量的法向分量在界面上的跃变

由(5.6-1)式，用求稳定电场边界条件的类似方法，可以得到

$$D_{2n} - D_{1n} = \sigma_q \qquad (5.64)$$

当界面上自由电荷面密度为零时，就有

$$D_{1n} = D_{2n} \tag{5.65}$$

(5.65)式也可写为

$$\varepsilon_1 E_{1n} = \varepsilon_2 E_{2n} \tag{5.66}$$

由于时变场中 $\boldsymbol{E}$ 是有旋的，因此，不能像稳定电场那样无条件地引入标势。所以虽然(5.64)式与(3.83)式类似，(5.65)式与(3.84)式类似，但却不能由 $\boldsymbol{E}=-\nabla u$ 而得出(3.87)式和(3.88)式那样的边界条件式。

二、磁感应强度的法向分量在界面两侧连续

由(5.6-3)式很容易得到磁感应强度的边界条件式为

$$B_{1n} = B_{2n} \tag{5.67}$$

由于 $\boldsymbol{B}$ 无源，所以一定可以引入一个矢势 $\nabla\times\boldsymbol{A}=\boldsymbol{B}$，于是(5.67)式又可表示为

$$(\nabla\times\boldsymbol{A}_1)_n = (\nabla\times\boldsymbol{A}_2)_n \tag{5.68}$$

或

$$\mu_1 H_{1n} = \mu_2 H_{2n} \tag{5.69}$$

三、电场强度的切向分量在界面两侧连续

在界面上取一闭合回路 $abcd$（见图 5.10），对 $\boldsymbol{E}$ 求环路积分，有

$$\oint_{abcd} \boldsymbol{E}\cdot \mathrm{d}\boldsymbol{l} = \iint_{\Delta S}(\nabla\times\boldsymbol{E})\cdot \mathrm{d}\boldsymbol{s} = -\frac{\partial}{\partial t}\iint_{\Delta S}\boldsymbol{B}\cdot \mathrm{d}\boldsymbol{s}$$

上式中的 $\iint_{\Delta s}\boldsymbol{B}\cdot \mathrm{d}\boldsymbol{s}$ 是由 $abcd$ 所围的面积 ΔS 上的磁感通量。当 ab 边与 cd 边从界面两侧无限贴近界面时，$\Delta S\to 0$，故 $\iint_{\Delta s}\boldsymbol{B}\cdot \mathrm{d}\boldsymbol{s}\to 0$。

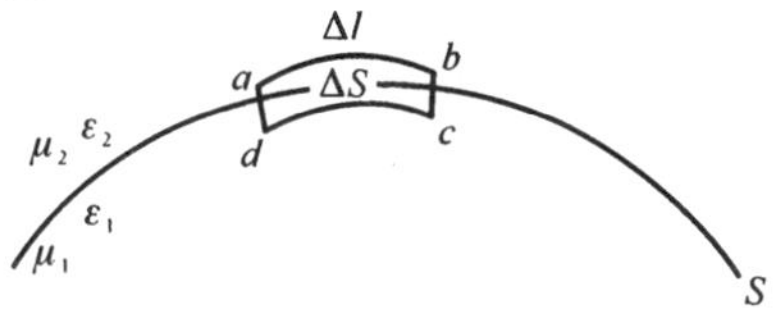

图 5.10 电磁场强度切向分量连续性的证明

因此，通量 $\iint_{abcd}\boldsymbol{E}\cdot \mathrm{d}\boldsymbol{l} = \int_{ab} E_{2t}\mathrm{d}l - \int_{cd} E_{1t}\mathrm{d}l = 0$

由于 $ab=cd$，所以从上式得到

$$E_{1t} = E_{2t} \tag{5.70}$$

四、磁场强度切向分量在界面两侧的跃变

对图 5.8 所示回路计算磁场强度 $\boldsymbol{H}$ 的环路积分时，有

$$\oint_{abcd}\boldsymbol{H}\cdot \mathrm{d}\boldsymbol{l} = \iint_{\Delta S}(\nabla\times\boldsymbol{H})\cdot \mathrm{d}\boldsymbol{s} = \iint_{\Delta S}\left(j+\frac{\partial\boldsymbol{D}}{\partial t}\right)\cdot \mathrm{d}\boldsymbol{s}$$

$$= \iint_{\Delta S} j\cdot \mathrm{d}\boldsymbol{s} + \frac{\partial}{\partial t}\iint_{\Delta S}\boldsymbol{D}\cdot \mathrm{d}\boldsymbol{s}$$

其中 $\iint_{\Delta s}\boldsymbol{j}\cdot \mathrm{d}\boldsymbol{s}$ 表示垂直截面 ΔS 的切向电流强度。当 $\Delta S\to 0$ 时有 $\iint_{\Delta S}\boldsymbol{j}\cdot \mathrm{d}\boldsymbol{s} = \int_{\Delta L}\boldsymbol{i}\cdot \mathrm{d}\boldsymbol{l}$，$i$ 是垂直截面 ΔS 的切向自由电流面密度。而 $\iint_{\Delta S}\boldsymbol{D}\cdot \mathrm{d}\boldsymbol{s}$ 表示截面 ΔS 上的电位移通量，当 $\Delta S\to 0$ 时，该通量为零。于是就得到

$$\oint_{abcd} \boldsymbol{H} \cdot \mathrm{d}\boldsymbol{l} = \int_{\Delta L} (H_{2t} - H_{1t})\mathrm{d}l = \int_{\Delta L} \boldsymbol{i} \cdot \mathrm{d}\boldsymbol{l} = \int_{\Delta L} i_{t'}\mathrm{d}l$$

$\boldsymbol{t}'$是与 $\boldsymbol{t}$ 垂直的另一切向矢量。最后得

$$H_{2t} - H_{1t} = i_t' \tag{5.71}$$

如果界面上没有面自由电流分布,就有

$$H_{2t} = H_{1t} \tag{5.72}$$

或者表示为

$$\frac{(\nabla \times \boldsymbol{A}_1)_t}{\mu_1} = \frac{(\nabla \times \boldsymbol{A}_2)_t}{\mu_2} \tag{5.73}$$

五、电流密度法向分量在界面上的跃变

由电量守恒定律所得到的连续性方程为

$$\oiint_S \boldsymbol{j} \cdot \mathrm{d}\boldsymbol{s} = -\frac{\partial q}{\partial t} = -\frac{\partial}{\partial t}\oiint_S \sigma_q \mathrm{d}s$$

如果在界面上取一封闭圆柱面,应用上式就可得到

$$j_{2n} - j_{1n} = -\frac{\partial \sigma_q}{\partial t} \tag{5.74}$$

σ_q 是界面上的自由电荷面密度。除上述边界条件外,研究时变电磁场时,还需要有初始条件。也就是 $t=0$ 时 $\boldsymbol{E}$ 及 $\boldsymbol{H}$ 的振幅和相位。有了初始条件,从麦克斯韦方程出发,就能计算空间任一点、任一时刻时变电磁场的振幅和相位。此外,当激发源分布在有限空间时,在离场源无穷远处,电磁场的能量密度趋于零。因此有 $r\to\infty$,$\boldsymbol{H}=0$,$\boldsymbol{E}=0$。

第六节　电磁波在界面上的反射和折射

当电磁波从一种介质进入另一种介质时,在界面将发生电磁波的反射和折射现象,就如光在界面上发生反射和折射一样(光本身就是电磁波)。

一、反射定律和折射定律

设两种媒质的分界面为无限大平面,取入射点 O 为坐标原点,z 轴为法线方向。则当入射波为平面单色波时,由(5.23)式有

$$\begin{cases} \boldsymbol{E}_1 = \boldsymbol{E}_{10}\mathrm{e}^{\mathrm{i}(K_1 r - \omega_1 t)} \\ \boldsymbol{E}'_1 = \boldsymbol{E}'_{10}\mathrm{e}^{\mathrm{i}(K'_1 r - \omega'_1 t)} \\ \boldsymbol{E}_2 = \boldsymbol{E}_{20}\mathrm{e}^{\mathrm{i}(K_2 r - \omega_2 t)} \end{cases} \tag{5.75}$$

式中,$k_1,\omega_1;k'_1,\omega'_1;k_2,\omega_2$ 分别为入射波、反射波和折射波的波数及圆频率。

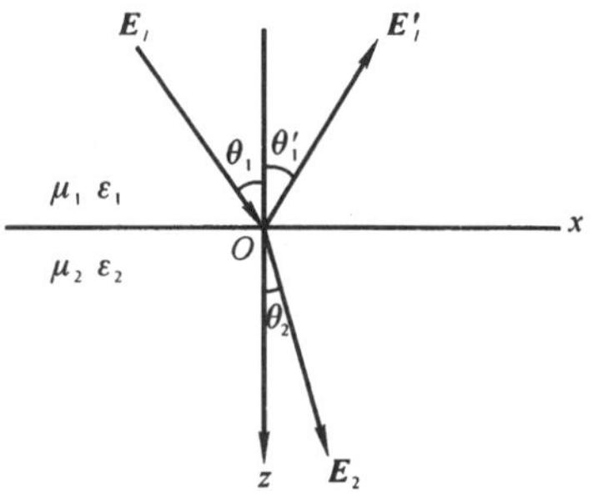

图 5.11　电磁波在界面上的折射与反射

现在引入波矢量的概念,波矢量被定义为

$$\boldsymbol{k} = k\boldsymbol{r}_0 \tag{5.76}$$

它的方向 $\boldsymbol{r}_0$ 就是波传播的方向,因此(5.75)式又可写成

$$
\begin{cases}
\boldsymbol{E}_1 = \boldsymbol{E}_{10}\mathrm{e}^{\mathrm{i}(\boldsymbol{k}_1\cdot\boldsymbol{r}-\omega_1 t)} \\
\boldsymbol{E}'_1 = \boldsymbol{E}'_{10}\mathrm{e}^{\mathrm{i}(\boldsymbol{k}'_1\cdot\boldsymbol{r}-\omega'_1 t)} \\
\boldsymbol{E}_2 = \boldsymbol{E}_{20}\mathrm{e}^{\mathrm{i}(\boldsymbol{k}_2\cdot\boldsymbol{r}-\omega_2 t)}
\end{cases}
\tag{5.77}
$$

根据电磁场的边界条件(5.70)式，有 $E_{1t}+E'_{1t}=E_{2t}$。设入射角、反射角、折射角分别为 θ_1，θ'_1，θ_2(见图5.11)。则上式可写为

$$
E_1\sin\theta_1 + E'_1\sin\theta'_1 = E_2\sin\theta_2 \tag{5.78}
$$

(5.78)式又可写为

$$
E_{10t}\mathrm{e}^{\mathrm{i}(K_{1x}r-\omega_1 t)} + E'_{10t}\mathrm{e}^{\mathrm{i}(K'_{1x}r-\omega'_1 t)} = E_{20t}\mathrm{e}^{\mathrm{i}(K_{2x}r-\omega_2 t)} \tag{5.79}
$$

上式对任何 t 和 x 均能成立的必要条件是三个相位因子在界面上相等，即

$$
k_{1x} = k'_{1x} = k_{2x}; \quad \omega_1 = \omega'_2 = \omega_2 \tag{5.80}
$$

可见反射波、折射波与入射波的频率相同。又

$$
k_{1x} = k_1\sin\theta_1; \quad k'_{1x} = k'_1\sin\theta'_1; \quad k_{2x} = k_2\sin\theta_2
$$

由于 $k=\dfrac{\omega}{v}$ 并且反射波与入射波在同一介质中，其波速相同($v_1=v'_1$)，因此

$$
k_1 = k'_1 = \frac{\omega}{v_1}; \quad k_2 = \frac{\omega}{v_2}
$$

结合(5.80)式，便有

$$
\theta_1 = \theta'_1 \tag{5.81}
$$

$$
\frac{\sin\theta_1}{v_1} = \frac{\sin\theta_2}{v_2} \tag{5.82}
$$

(5.81)式称为电磁波的反射定律，(5.82)式称为电磁波的折射定律。

$$
\boldsymbol{k}_1\cdot\boldsymbol{r}=\boldsymbol{k}'_1\cdot\boldsymbol{r}=\boldsymbol{k}_2\cdot\boldsymbol{r} \tag{5.83}
$$

表明波矢量 $\boldsymbol{k}_1$，$\boldsymbol{k}'_1$，$\boldsymbol{k}_2$ 在同一平面上。

引入折射系数 $n_{21}=\dfrac{v_1}{v_2}$，　(5.84)

(5.82)式可写为

$$
\frac{\sin\theta_1}{\sin\theta_2} = n_{21} \tag{5.85}
$$

在不导电介质中 $v=\sqrt{\dfrac{1}{\mu\varepsilon}}$，因此，折射系数为

$$
n_{21} = \frac{v_1}{v_3} = \sqrt{\frac{\varepsilon_2\mu_2}{\varepsilon_1\mu_1}} \tag{5.86}
$$

对非铁磁物质，近似地有 $\mu_1=\mu_2=\mu_0$，于是上式可近似表示为

$$
n_{21} \approx \sqrt{\frac{\varepsilon_2}{\varepsilon_1}} \tag{5.87}
$$

在导电物质中，当位移电流可忽略时，$v=\sqrt{\dfrac{2\omega\rho}{\mu}}$，因此折射系数为

$$
n_{21} = \frac{v_1}{v_3} = \sqrt{\frac{\rho_1\mu_2}{\rho_2\mu_1}} \tag{5.88}
$$

对非铁磁物质，近似地有 $\mu_1=\mu_2=\mu_0$，于是上式可近似表示为

$$n_{21} \approx \sqrt{\frac{\rho_1}{\rho_2}} \tag{5.89}$$

当 $v_2 > v_1$ 时，折射角 θ_2 大于入射角 θ_1，并且当 $\theta_1 \geqslant \arcsin(\frac{v_1}{v_2})$ 时，折射角 $\theta_2 = \frac{\pi}{2}$，这时电磁波将不进入第二种介质，并在界面上全部反射回原介质，这种现象称为全反射。这时的入射角

$$\theta_0 = \arcsin(\frac{v_1}{v_2}) = \arcsin n_{21} \tag{5.90}$$

称为临界角。对于磁场 $\boldsymbol{H}$，也有上述的反射和折射规律。

二、反射波及折射波的振幅和能量

1. 介质界面上的反射和折射

现在以垂直入射为例，来研究反射波及折射波的振幅和能量相对于入射波的变化。如果垂直入射的是平面单色波，设电场方向平行入射面，并以 x_0 表示电场方向的单位矢量，z 轴沿波的传播方向（见图 5.12），便有

$$\begin{aligned} \boldsymbol{E}_1 &= E_{10} e^{i(K_1 z - \omega t)} \boldsymbol{x}_0 \\ \boldsymbol{H}_1 &= H_{10} e^{i(K_1 z - \omega t)} \boldsymbol{y}_0 \end{aligned} \tag{5.91}$$

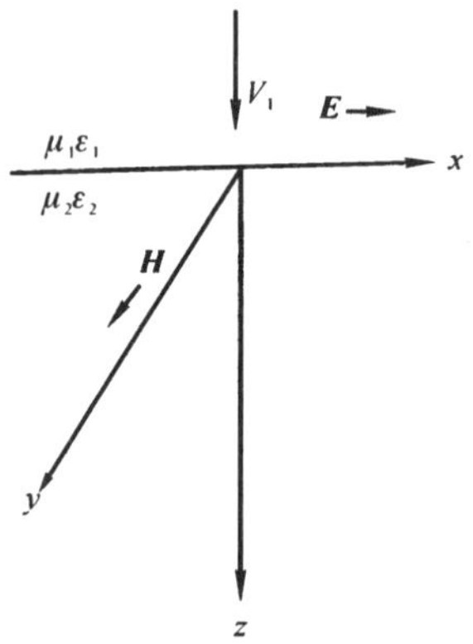

图 5.12 垂直入射平面单色波的反射和折射

其反射波与折射波分别为

$$\begin{cases} \boldsymbol{E}'_1 = E'_{10} e^{-i(K_1 z + \omega t)} \boldsymbol{x}_0 \\ \boldsymbol{H}'_1 = - H'_{10} e^{-i(K_1 z + \omega t)} \boldsymbol{y}_0 \end{cases} \tag{5.92}$$

$$\begin{cases} \boldsymbol{E}_2 = E_{20} e^{i(K_2 z - \omega t)} \boldsymbol{x}_0 \\ \boldsymbol{H}_2 = H_{20} e^{i(K_2 z - \omega t)} \boldsymbol{y}_0 \end{cases} \tag{5.93}$$

式中，$k_1 = \omega\sqrt{\varepsilon_1\mu_1}$，　$k_2 = \omega\sqrt{\varepsilon_2\mu_2}$。

由边界条件(5.70)式及(5.72)式得

$$\begin{cases} E_{10} + E'_{10} = E_{20} \\ H_{10} - H'_{10} = H_{20} \end{cases} \tag{5.94}$$

由(5.42)式有

$$H_{10} = \sqrt{\frac{\varepsilon_1}{\mu_1}} E_{10}, \quad H'_{10} = \sqrt{\frac{\varepsilon_1}{\mu_1}} E'_{10}, \quad H_{20} = \sqrt{\frac{\varepsilon_2}{\mu_2}} E_{20}$$

分别将其代入(5.94)式中，便可解得

$$\frac{E'_{10}}{E_{10}} = \frac{\sqrt{\varepsilon_1\mu_2/\varepsilon_2\mu_1} - 1}{\sqrt{\varepsilon_1\mu_2/\varepsilon_2\mu_1} + 1} \tag{5.95}$$

引入折射率 $n_{21} = \sqrt{\varepsilon_2\mu_2/\varepsilon_1\mu_1}$ 后，上式变为

$$\frac{E'_{10}}{E_{10}} = \frac{\mu_2 - n_{21}\mu_1}{\mu_2 + n_{21}\mu_1} = \frac{n_{21}\varepsilon_1 - \varepsilon_2}{n_{21}\varepsilon_1 + \varepsilon_2} \tag{5.96}$$

对磁场则有

$$\frac{H'_{10}}{H_{10}} = \frac{1 - \sqrt{\varepsilon_2\mu_1/\varepsilon_1\mu_2}}{1 + \sqrt{\varepsilon_2\mu_1/\varepsilon_1\mu_2}} \tag{5.97}$$

上式也可写为

$$\frac{H'_{10}}{H_{10}}=\frac{\mu_2-n_{21}\mu_1}{\mu_2+n_{21}\mu_1}=\frac{n_{21}\varepsilon_1-\varepsilon_2}{n_{21}\varepsilon_1+\varepsilon_2} \tag{5.98}$$

(5.98)式与(5.96)式相同。

此外,对折射波有

$$\frac{E_{20}}{E_{10}}=\frac{2}{1+\sqrt{\mu_1\varepsilon_2/\mu_2\varepsilon_1}} \tag{5.99}$$

亦可写成

$$\frac{E_{20}}{E_{10}}=\frac{2\mu_2}{\mu_2+n_{21}\mu_1}=\frac{2\varepsilon_1 n_{21}}{\varepsilon_2+n_{21}\varepsilon_1} \tag{5.100}$$

对磁场则有

$$\frac{H_{20}}{H_{10}}=\frac{2}{1+\sqrt{\varepsilon_1\mu_2/\varepsilon_2\mu_1}} \tag{5.101}$$

亦可写成

$$\frac{H_{20}}{H_{10}}=\frac{2\mu_1 n_{21}}{\mu_2+n_{21}\mu_1}=\frac{2\varepsilon_2}{\varepsilon_2+n_{21}\varepsilon_1} \tag{5.102}$$

对于非铁磁性介质,$\mu_1\approx\mu_2\approx\mu_0$,于是有

$$\frac{E'_{10}}{E_{10}}=\frac{H'_{10}}{H_{10}}=\frac{1-n_{21}}{1+n_{21}} \tag{5.103}$$

$$\frac{E_{20}}{E_{10}}=\frac{2}{1+n_{21}} \tag{5.104}$$

$$\frac{\mathrm{H}_{20}}{\mathrm{H}_{10}}=\frac{2\mathrm{n}_{21}}{1+\mathrm{n}_{21}} \tag{5.105}$$

当 $n_{21}>1$ 时,(5.103)式为负值,这意味着反射波的相位与入射波相位相反,这称为半波损失。当电磁波从 ε 值较小的介质进入 ε 值较大的介质时,反射波就会出现半波损失。

反射波能量与入射波能量之比,定义为反射系数,以 R 表示。折射波能量与入射波能量之比,定义为折射系数,以 T 表示。可以用垂直波传播方向的单位面积上之能流密度矢量平均值(即一个周期时间内波印亭矢量之平均值)来确定反射系数和折射系数。

$$R=\frac{\overline{\boldsymbol{E}'_1\times\boldsymbol{H}'_1}}{\overline{\boldsymbol{E}'_1\times\boldsymbol{H}'_1}}=\frac{E'_{10}H'_{10}}{E_{10}H_{10}}=\frac{E'^2_{10}}{E^2_{10}}=(\frac{1-n_{21}}{1+n_{21}})^2 \tag{5.106}$$

$$T=\frac{\overline{\boldsymbol{E}_2\times\boldsymbol{H}_2}}{\overline{\boldsymbol{E}_1\times\boldsymbol{H}_1}}=\frac{E_{20}H_{20}}{E_{10}H_{10}}=\frac{4n_{21}}{(1+n_{21})^2} \tag{5.107}$$

显然有:$R+T=1$。这表明在反射与折射过程中,电磁场遵循能量守恒的原则。

对介质来说,相对折射率 n_{21} 越大,则反射波的能量越多,而折射波能量则减少。例如,当可见光从真空射入折射率为 1.52 的玻璃上时,它的反射系数和折射系数分别为

$$R=(\frac{1-1.52}{1+1.52})^2=4.258\%\,;T=1-R=95.742\%$$

2. 介质与导体界面上的反射和折射

当电磁波从介质入射到导体界面上时,对于理想导体($\rho=0$),电磁波在界面上将被全部反射,这时没有折射波。而对于 $\rho\neq0$ 的导体,可以发生反射和折射。同样设垂直入射的电磁波的电场方向平行入射面,并仅考虑 $1/\omega\varepsilon\rho\gg1$,即位移电流在导体中可被忽略的情形。这时边

界条件(5.94)式仍然成立。在导体中的波数为

$$k_2=(1+\mathrm{i})\sqrt{\frac{\omega\mu}{2\rho}}=(1+\mathrm{i})\frac{\omega}{v_2} \tag{5.108}$$

介质中的波阻抗为 $Z_1=\frac{E_{10}}{H_{10}}=\frac{E'_{10}}{H'_{10}}=\sqrt{\frac{\mu_1}{\varepsilon_1}}=\mu_1 v_1$

导体中的波阻抗为 $Z_2=\frac{E_{20}}{H_{20}}=\frac{\omega\mu_2}{k_2}=\frac{\mu_2 v_2}{(1+\mathrm{i})}$

设 $\mu_1=\mu_2=\mu_0$，于是(5.94)式可写为

$$\begin{cases}1+\dfrac{E'_{10}}{E_{10}}=\dfrac{E_{20}}{E_{10}}\\[2ex] 1-\dfrac{E'_{10}}{E_{10}}=(1+\mathrm{i})n_{21}\dfrac{E_{20}}{E_{10}}\end{cases} \tag{5.109}$$

由此可解得

$$\frac{H'_{10}}{H_{10}}=\frac{E'_{10}}{H_{10}}=\frac{1-(1+\mathrm{i})n_{21}}{1+(1+\mathrm{i})n_{21}} \tag{5.110}$$

$$\frac{E_{20}}{E_{10}}=\frac{2}{1+(1+\mathrm{i})n_{21}} \tag{5.111}$$

$$\frac{H_{20}}{H_{10}}=\frac{2(1+\mathrm{i})n_{21}}{1+(1+\mathrm{i})n_{21}} \tag{5.112}$$

从(5.110)式、(5.111)式、(5.112)式可知反射波、折射波相对于入射波有相移

反射波的相移为 $\varphi_{反}=\mathrm{arctg}\,\dfrac{-2n_{21}}{1+2n_{21}^2}$ (5.113)

折射波的相移为

$$\begin{cases}\varphi_{折}^{E}=\mathrm{arctg}\,\dfrac{-n_{21}}{1+n_{21}}\\[2ex] \varphi_{折}^{H}=\mathrm{arctg}\,\dfrac{1}{1+2n_{21}}\end{cases} \tag{5.114}$$

在导体界面上电磁波的反射系数和折射系数分别为

$$R=\left|\frac{E'_{10}}{E_{10}}\right|^2\approx 1-\frac{2}{n_{21}}=1-2\sqrt{2\omega\varepsilon_1\rho} \tag{5.115}$$

折射系数为 $T=1-R=2\sqrt{2\omega\varepsilon_1\rho}$ (5.116)

式中 $n_{21}=\dfrac{v_1}{v_2}=\sqrt{\dfrac{1}{2\omega\varepsilon_1\rho}}$ (5.117)

当 $\rho\to 0$ 时，$R=1$，$T=0$。这表明在理想导体界面上电磁能全部被反射，由于 $n_{21}\gg 1$，反射波中同样存在半波损失。

例如频率为10^4 Hz的电磁波进入电阻率为$10^3\,\Omega\cdot\mathrm{m}$的大地时，其能量的93.3%将被反射，而只有6.7%的能量进入大地，其中一部分能量还将以焦耳热的形式被消耗掉，频率越低，反射越强。

第七节　电磁场的势

从麦克斯韦方程出发而得到的电磁场波动方程(5.15)，(5.16)，(5.17)，(5.19)等式，虽然

为计算时变电磁场提供了一种数学途径，但是要得到这些方程的定解，常常不是一件容易的事情，为了更方便地计算电磁场，像计算稳定电场和稳定磁场那样，通常需要引入电磁场的势。

一、电磁场的矢势和标势

在麦克斯韦方程组中，由于 $\boldsymbol{B}$ 是无源的($\nabla \cdot \boldsymbol{B}=0$)，因此可以引入关于 $\boldsymbol{B}$ 的矢势

$$\boldsymbol{B} = \nabla \times \boldsymbol{A} \tag{5.118}$$

显然，时变磁场的矢势也是时变的。现在再来引出电磁场的标势。

将(5.118)式代入(5.6－2)式就有

$$\nabla \times \boldsymbol{E} = -\frac{\partial}{\partial t}(\nabla \times \boldsymbol{A})$$

移项得

$$\nabla \times \left(\boldsymbol{E}+\frac{\partial \boldsymbol{A}}{\partial t}\right)=0 \tag{5.119}$$

由于矢量$\left(\boldsymbol{E}+\frac{\partial \boldsymbol{A}}{\partial t}\right)$无旋，因此可以对它引入一个标势 u，并使

$$\boldsymbol{E}+\frac{\partial \boldsymbol{A}}{\partial t} = -\nabla u \tag{5.120}$$

如果能够计算出 $\boldsymbol{A}$ 和 u，那么，由(5.118)式及(5.120)式就能够分别得到 $\boldsymbol{B}$ 和 $\boldsymbol{E}$。

二、洛伦兹规范变换下矢势和标势的微分方程

由(5.118)式及(5.120)式所定义的矢势 $\boldsymbol{A}$ 和标势 u，对于给定的 $\boldsymbol{B}$ 和 $\boldsymbol{E}$ 来说，显然不是惟一的。例如，若已知 $\boldsymbol{A}_1$ 是 $\boldsymbol{B}$ 的一个矢势，即：$\boldsymbol{B}=\nabla \times \boldsymbol{A}_1$，那么，$\boldsymbol{A}_1$ 与任意标函数 φ 的梯度之矢量和 $\boldsymbol{A}_2=\boldsymbol{A}_1+\nabla\varphi$ 也一定是 $\boldsymbol{B}$ 的另一个矢势，因为

$$\nabla \times \boldsymbol{A}_2 = \nabla \times (\boldsymbol{A}_1 + \nabla\varphi) = \nabla \times \boldsymbol{A}_1 + \nabla \times (\nabla\varphi) = \nabla \times \boldsymbol{A}_1 = \boldsymbol{B}$$

这一性质使我们能够在很宽的范围内选择矢势。然而重新选择的矢势 $\boldsymbol{A}_2$ 是否也能满足(5.120)式呢？这是不一定的。为使 $\boldsymbol{A}_2$ 也能满足(5.120)式，就需对标势 u 作一定的调整。假设 u_1 能满足(5.120)式，即

$$\boldsymbol{E} = -\left(\nabla u_1 + \frac{\partial \boldsymbol{A}_1}{\partial t}\right)$$

如果将 $\boldsymbol{A}_1$ 改变为 $\boldsymbol{A}_2=\boldsymbol{A}_1+\nabla\varphi$，则标势应该相应地变为

$$u_2 = u_1 - \frac{\partial \varphi}{\partial t}$$

这时

$$\begin{aligned}-\left(\nabla u_2 + \frac{\partial \boldsymbol{A}_2}{\partial t}\right) &= -\nabla u_1 + \frac{\partial}{\partial t}\nabla\varphi - \frac{\partial \boldsymbol{A}_1}{\partial t} - \frac{\partial}{\partial t}\nabla\varphi \\ &= -\left(\nabla u_1 + \frac{\partial \boldsymbol{A}_1}{\partial t}\right) = \boldsymbol{E}\end{aligned}$$

由于 $\boldsymbol{A}_1$，u_1 所描述的 $\boldsymbol{B}$ 和 $\boldsymbol{E}$ 与由 $\boldsymbol{A}_2$，u_2 所描述的 $\boldsymbol{B}$ 和 $\boldsymbol{E}$ 是完全相同的。因此，把变换

$$\begin{cases}\boldsymbol{A}_2 = \boldsymbol{A}_1 + \nabla \varphi \\ u_2 = u_1 - \dfrac{\partial \varphi}{\partial t}\end{cases} \tag{5.121}$$

称为矢势和标势的规范变换。

将(5.118)式和(5.120)式代入麦克斯韦方程(5.6-4)式中，得

$$\nabla \times \boldsymbol{H} = \frac{\nabla \times \boldsymbol{B}}{\mu} = \frac{\nabla(\nabla \cdot \boldsymbol{A}) - \nabla^2 \boldsymbol{A}}{\mu} = \boldsymbol{j} + \frac{\partial \boldsymbol{D}}{\partial t}$$

$$= \frac{\boldsymbol{E}}{\rho} + \varepsilon \frac{\partial \boldsymbol{E}}{\partial t} = -\left[\frac{\nabla u}{\rho} + \frac{1}{\rho}\frac{\partial \boldsymbol{A}}{\partial t} + \varepsilon \frac{\partial}{\partial t}(\nabla u) + \varepsilon \frac{\partial^2 \boldsymbol{A}}{\partial t^2}\right]$$

整理后得

$$\nabla\left[\nabla \cdot \boldsymbol{A} + \frac{u}{\rho}\mu + \varepsilon\mu \frac{\partial u}{\partial t}\right] = \nabla^2 A - \frac{\mu}{\rho}\frac{\partial A}{\partial t} - \varepsilon\mu \frac{\partial^2 A}{\partial t^2}$$

令

$$\nabla \cdot \boldsymbol{A} + \frac{u}{\rho}\mu + \varepsilon\mu \frac{\partial u}{\partial t} = 0 \tag{5.122}$$

便有

$$\nabla^2 \boldsymbol{A} = \frac{\mu}{\rho}\frac{\partial \boldsymbol{A}}{\partial t} + \varepsilon\mu \frac{\partial^2 \boldsymbol{A}}{\partial t^2} \tag{5.123}$$

(5.122)式称为洛伦兹规范变换式。在满足洛伦兹规范变换的条件下，矢势满足波动方程(5.123)式，由$\nabla \cdot \boldsymbol{E}=0$，可以得到标势所满足的波动方程为

$$\nabla \cdot \boldsymbol{E} = \nabla \cdot \left[-(\nabla u + \frac{\partial \boldsymbol{A}}{\partial t})\right] = -\nabla^2 u - \frac{\partial}{\partial t}(\nabla \cdot \boldsymbol{A}) = 0$$

将(5.122)式代入，便得

$$\nabla^2 u = \frac{\mu}{\rho}\frac{\partial u}{\partial t} + \varepsilon\mu \frac{\partial^2 u}{\partial t^2} \tag{5.124}$$

对于谐变场，$\boldsymbol{A}=\boldsymbol{A}_0 e^{i\omega t}$ 以及 $u=u_0 e^{i\omega t}$，(5.123)式和(5.124)式变为亥姆霍兹方程

$$\nabla^2 \boldsymbol{A} + k^2 \boldsymbol{A} = 0 \tag{5.125}$$

$$\nabla^2 u + k^2 u = 0 \tag{5.126}$$

式中 $k=\sqrt{\omega^2 \varepsilon\mu - i\frac{\omega\mu}{\rho}}$ 为波数。

在不导电介质中，$\rho=\infty$，因此，不导电介质中的洛伦兹规范变换为

$$\nabla \cdot \boldsymbol{A} + \varepsilon\mu \frac{\partial u}{\partial t} = 0 \tag{5.127}$$

这时麦克斯韦方程(5.6-4)式可写为

$$\frac{\nabla(\nabla \cdot \boldsymbol{A}) - \nabla^2 \boldsymbol{A}}{\mu} = \boldsymbol{j} + \varepsilon \frac{\partial}{\partial t}(-\nabla u - \frac{\partial \boldsymbol{A}}{\partial t})$$

整理得

$$\nabla(\nabla \cdot \boldsymbol{A} + \varepsilon\mu \frac{\partial u}{\partial t}) - \mu \boldsymbol{j} = \nabla^2 \boldsymbol{A} - \varepsilon\mu \frac{\partial^2 \boldsymbol{A}}{\partial t^2}$$

由(5.127)式得矢势所满足的方程为

$$\nabla^2 \boldsymbol{A} - \varepsilon\mu \frac{\partial^2 \boldsymbol{A}}{\partial t^2} = -\mu \boldsymbol{j} \tag{5.128}$$

对(5.120)式取散度，并将$\nabla \cdot \boldsymbol{E}=\frac{\rho_q}{\varepsilon}$代入，便得标势所满足的方程为

$$\nabla^2 u - \varepsilon\mu \frac{\partial^2 u}{\partial t^2} = -\frac{\rho_q}{\varepsilon} \tag{5.129}$$

(5.128)式及(5.129)式称为达朗贝尔方程。从达朗贝尔方程可以清楚地看到，矢势与自由电流 $\boldsymbol{j}$ 相联系，而标势则与自由电荷 ρ_q 相联系。如果场不随时间而变化，则达朗贝尔方程变为稳定场的泊松方程(4.55)式和(3.74)式。因此，达朗贝尔方程是均匀介质中电磁场最普遍的

微分方程式。

在不导电介质中，波数 $k=\omega\sqrt{\varepsilon\mu}$ 为实数。因此，对于谐变电磁场，达朗贝尔方程又可写为

$$\nabla^2\boldsymbol{A}+k^2\boldsymbol{A}=-\mu\boldsymbol{j} \tag{5.130}$$

$$\nabla^2 u+k^2 u=-\frac{\rho_q}{\varepsilon} \tag{5.131}$$

三、电场的矢势

除了可由磁场 $\boldsymbol{B}$ 来定义矢势 $\boldsymbol{A}$，并由此引出标势 u 外，也可以用另外的方式来定义矢势和标势，例如，在导电媒质中和在 $\rho_q=0$ 的介质中，有 $\nabla\cdot\boldsymbol{D}=0$。因此，也可以由 $\boldsymbol{D}$ 定义电场的矢势。令

$$\boldsymbol{D}=\nabla\times\boldsymbol{A}^* \tag{5.132}$$

$\boldsymbol{A}^*$ 称为电场的矢势。将（5.132）式代入麦克斯韦方程（5.6-4）式中就有

$$\nabla\times\boldsymbol{H}=\frac{\boldsymbol{D}}{\varepsilon\rho}+\frac{\partial\boldsymbol{D}}{\partial t}=\frac{1}{\varepsilon\rho}(\nabla\times\boldsymbol{A}^*)+\frac{\partial}{\partial t}(\nabla\times\boldsymbol{A}^*)$$

整理后得

$$\nabla\times\left[\boldsymbol{H}-\frac{\boldsymbol{A}^*}{\varepsilon\rho}-\frac{\partial\boldsymbol{A}^*}{\partial t}\right]=0$$

由此可以引入一个标势 u^*，使得

$$\boldsymbol{H}-\frac{\boldsymbol{A}^*}{\varepsilon\rho}-\frac{\partial\boldsymbol{A}^*}{\partial t}=-\nabla u^*$$

于是

$$\boldsymbol{H}=-\nabla u^*+\frac{\boldsymbol{A}^*}{\varepsilon\rho}+\frac{\partial\boldsymbol{A}^*}{\partial t} \tag{5.133}$$

因此，矢势 $\boldsymbol{A}^*$ 及标势 u^* 也可以用来描述电磁场。

在均匀介质中，由麦克斯韦方程（5.6-2）式有 $\nabla\times\boldsymbol{D}=-\varepsilon\mu\dfrac{\partial\boldsymbol{H}}{\partial t}$，将(5.132)式及(5.133)式代入上式，得

$$\nabla(\nabla\cdot\boldsymbol{A}^*)-\nabla^2\boldsymbol{A}^*=\varepsilon\mu\frac{\partial}{\partial t}\nabla u^*-\frac{\mu}{\rho}\frac{\partial\boldsymbol{A}^*}{\partial t}-\varepsilon\mu\frac{\partial^2\boldsymbol{A}^*}{\partial t^2}$$

整理后可写成

$$\nabla\left[\nabla\cdot\boldsymbol{A}^*-\varepsilon\mu\frac{\partial u^*}{\partial t}\right]=\nabla^2\boldsymbol{A}^*-\frac{\mu}{\rho}\frac{\partial\boldsymbol{A}^*}{\partial t}-\varepsilon\mu\frac{\partial^2\boldsymbol{A}^*}{\partial t^2}$$

引入洛伦兹规范变换

$$\nabla\cdot\boldsymbol{A}^*-\varepsilon\mu\frac{\partial u^*}{\partial t}=0 \tag{5.134}$$

于是矢势 $\boldsymbol{A}^*$ 满足的方程为

$$\nabla^2\boldsymbol{A}^*-\frac{\mu}{\rho}\frac{\partial\boldsymbol{A}^*}{\partial t}-\varepsilon\mu\frac{\partial^2\boldsymbol{A}^*}{\partial t^2}=0 \tag{5.135}$$

对(5.133)式两边求散度，得

$$\nabla\cdot\boldsymbol{H}=-\nabla^2 u^*+\frac{1}{\varepsilon\rho}\nabla\cdot\boldsymbol{A}^*+\frac{\partial}{\partial t}\nabla\cdot\boldsymbol{A}^*=0$$

再将洛伦兹规范变换式(5.134)代入，便得

$$\nabla^2 u^* - \frac{\mu}{\rho}\frac{\partial u^*}{\partial t} - \varepsilon\mu\frac{\partial^2 u^*}{\partial t^2} = 0 \tag{5.136}$$

可见，由电场定义的矢势和标势，在洛伦兹规范变换的条件下，也满足由(5.135)式和(5.136)式表示的波动方程。

对谐变电磁场，(5.135)式和(5.136)式则变为亥姆霍兹方程

$$\begin{cases}\nabla^2 \boldsymbol{A}^* + k^2\boldsymbol{A}^* = 0\\ \nabla^2 u^* + k^2 u^* = 0\end{cases} \tag{5.137}$$

式中，k 是波数。因此，在 $\rho_q=0$ 的区域，通过求解 $\boldsymbol{A}^*$ 和 u^*，然后利用(5.132)式和(5.133)式计算时变电场 $\boldsymbol{D}$ 和时变磁场 $\boldsymbol{H}$，也是可能的。

四、时变电磁场中矢势和标势的边界条件

1. 矢势的边界条件

第四章中关于稳定磁场的边界条件(4.65)式，(4.66)式和(4.67)式对时变电磁场仍然适用。因为这些边界条件是由磁场边界条件式

$$B_{1n} = B_{2n} \text{ 和 } H_{1t} = H_{2t} \quad (\boldsymbol{i} = 0)$$

得出的。而这两个边界条件在时变场中仍然成立。此外，根据洛伦兹规范变换，还可导出其他一些形式的边界条件。

对于谐变场，洛伦兹规范变换(5.122)式可以写为

$$\nabla \cdot \boldsymbol{A} = -(\frac{\mu}{\rho} + \mathrm{i}\omega\varepsilon\mu)u = -\mathrm{i}\frac{k^2}{\omega}u$$

于是

$$u = \mathrm{i}\frac{\omega}{k^2}\nabla \cdot \boldsymbol{A} \tag{5.138}$$

在直角坐标系中，由 $E_{1t}=E_{2t}$ 的边界条件，结合(5.120)式得

$$\begin{cases}\dfrac{\partial u_1}{\partial x} + (\dfrac{\partial \boldsymbol{A}_1}{\partial t})_x = \dfrac{\partial u_2}{\partial x} + (\dfrac{\partial \boldsymbol{A}_2}{\partial t})_x\\ \dfrac{\partial u_1}{\partial y} + (\dfrac{\partial \boldsymbol{A}_1}{\partial t})_y = \dfrac{\partial u_2}{\partial y} + (\dfrac{\partial \boldsymbol{A}_2}{\partial t})_y\end{cases}$$

于是

$$\begin{cases}\dfrac{\partial u_1}{\partial x} = \dfrac{\partial u_2}{\partial x}\\ \dfrac{\partial u_1}{\partial y} = \dfrac{\partial u_2}{\partial y}\end{cases}; \quad \begin{cases}\dfrac{\partial A_{1x}}{\partial t} = \dfrac{\partial A_{2x}}{\partial t}\\ \dfrac{\partial A_{1y}}{\partial t} = \dfrac{\partial A_{2y}}{\partial t}\end{cases}$$

将(5.138)式代入，便得

$$\begin{cases}\dfrac{1}{k_1^2}\dfrac{\partial}{\partial x}(\nabla \cdot \boldsymbol{A}_1) + \dfrac{\partial A_{1x}}{\partial t} = \dfrac{1}{k_2^2}\dfrac{\partial}{\partial x}(\nabla \cdot \boldsymbol{A}_2) + \dfrac{\partial A_{2x}}{\partial t}\\ \dfrac{1}{k_1^2}\dfrac{\partial}{\partial y}(\nabla \cdot \boldsymbol{A}_1) + \dfrac{\partial A_{1y}}{\partial t} = \dfrac{1}{k_2^2}\dfrac{\partial}{\partial y}(\nabla \cdot \boldsymbol{A}_2) + \dfrac{\partial A_{2y}}{\partial t}\end{cases} \tag{5.139}$$

这里取过计算点的切平面为 xoy 面，z 轴垂直界面。由于 $A_{1t}=A_{2t}$，因此，由 (5.139) 式可以得到另一边界条件式为

$$\frac{\nabla \cdot \boldsymbol{A}_1}{k_1^2} = \frac{\nabla \cdot \boldsymbol{A}_2}{k_2^2} \tag{5.140}$$

另外，当 $\sigma_q=0$ 时，将(5.122)式代入边界条件(5.64)式，便有

$$\varepsilon_1\left(\frac{\partial u_1}{\partial n}+\mathrm{i}\omega A_{1n}\right)=\varepsilon_2\left(\frac{\partial u_2}{\partial n}+\mathrm{i}\omega A_{2n}\right) \tag{5.141}$$

由此得

$$\varepsilon_1 A_{1n}=\varepsilon_2 A_{2n} \tag{5.142}$$

现在将关于矢势的边界条件归纳如下

$$A_{1t}=A_{2t} \tag{5.143-1}$$

$$\varepsilon_1 A_{1n}=\varepsilon_2 A_{2n} \tag{5.143-2}$$

$$\frac{1}{\mu_1}A_{1n}=\frac{1}{\mu_2}A_{2n} \tag{5.143-3}$$

$$\frac{1}{\mu_1}\frac{\partial A_{1t}}{\partial n}=\frac{1}{\mu_2}\frac{\partial A_{2t}}{\partial n}\text{①} \tag{5.143-4}$$

$$\frac{\nabla\cdot\boldsymbol{A}_1}{k_1^2}=\frac{\nabla\cdot\boldsymbol{A}_2}{k_2^2} \tag{5.143-5}$$

2. 标势的边界条件

由 $E_{1t}=E_{2t}$，将方程(5.120)式代入便得

$$\begin{cases}\dfrac{\partial u_1}{\partial x}+\mathrm{i}\omega A_{1x}=\dfrac{\partial u_2}{\partial x}+\mathrm{i}\omega A_{2x}\\[2ex]\dfrac{\partial u_1}{\partial y}+\mathrm{i}\omega A_{1y}=\dfrac{\partial u_2}{\partial y}+\mathrm{i}\omega A_{2y}\end{cases} \tag{5.144}$$

由此得

$$u_1=u_2 \tag{5.145}$$

另外，由(5.141)式又有

$$\varepsilon_1\frac{\partial u_1}{\partial n}=\varepsilon_2\frac{\partial u_2}{\partial n} \tag{5.146}$$

如果 $\sigma_q\neq 0$ 时，此边界条件应为

$$\varepsilon_1\frac{\partial u_1}{\partial n}-\varepsilon_2\frac{\partial u_2}{\partial n}=\sigma_q \tag{5.147}$$

关于 $\boldsymbol{A}^*$ 和 u^* 的边界条件，读者可以从电磁场的边界条件式及洛伦兹规范变换式中自行推导。

五、赫兹矢势

在引入电磁场矢势和标势之后，电磁场的解归结为在一定边界条件下求解波动方程

$$\begin{cases}\nabla^2\boldsymbol{A}=\dfrac{\mu}{\rho}\dfrac{\partial\boldsymbol{A}}{\partial t}+\varepsilon\mu\dfrac{\partial^2\boldsymbol{A}}{\partial t^2}\\[2ex]\nabla^2 u=\dfrac{\mu}{\rho}\dfrac{\partial u}{\partial t}+\varepsilon\mu\dfrac{\partial^2 u}{\partial t^2}\end{cases}$$

或亥姆霍兹方程

$$\begin{cases}\nabla^2\boldsymbol{A}+k^2\boldsymbol{A}=0\\ \nabla^2 u+k^2 u=0\end{cases}$$

或达朗贝尔方程

① 本边界条件在不同坐标系中有不同形式[如第四章(4.66-1)式～(4.66-3)式]。

$$\begin{cases}\nabla^2 \boldsymbol{A} - \varepsilon\mu \dfrac{\partial^2 A}{\partial t^2} = -\mu \boldsymbol{j} \\ \nabla^2 u - \varepsilon\mu \dfrac{\partial^2 u}{\partial t^2} = -\dfrac{\rho_q}{\varepsilon}\end{cases}$$

为进一步简化计算，在导电介质中可以引入一个新的矢量 $\boldsymbol{Z}$，它与矢势及标势满足下列关系式

$$\begin{cases}\boldsymbol{A} = \dfrac{\mu}{\rho}\boldsymbol{Z} + \varepsilon\mu \dfrac{\partial \boldsymbol{Z}}{\partial t} \\ u = -\nabla \cdot \boldsymbol{Z}\end{cases} \tag{5.148}$$

$\boldsymbol{Z}$ 称为赫兹矢势。现在导出 $\boldsymbol{Z}$ 所满足的微分方程。将(5.148)式代入(5.123)式中，有

$$\frac{\mu}{\rho}\nabla^2 \boldsymbol{Z} + \varepsilon\mu \frac{\partial}{\partial t}\nabla^2 \boldsymbol{Z} = \frac{\mu^2}{\rho^2}\frac{\partial \boldsymbol{Z}}{\partial t} + \frac{\varepsilon\mu^2}{\rho}\frac{\partial^2 \boldsymbol{Z}}{\partial t^2} + \frac{\varepsilon\mu^2}{\rho}\frac{\partial^2 \boldsymbol{Z}}{\partial t^2} + \varepsilon^2\mu^2 \frac{\partial^3 \boldsymbol{Z}}{\partial t^3}$$

整理后得

$$\varepsilon\mu \frac{\partial}{\partial t}\left[\nabla^2 \boldsymbol{Z} - \frac{\mu}{\rho}\frac{\partial \boldsymbol{Z}}{\partial t} - \varepsilon\mu \frac{\partial^2 \boldsymbol{Z}}{\partial t^2}\right] + \frac{\mu}{\rho}\left[\nabla^2 \boldsymbol{Z} - \frac{\mu}{\rho}\frac{\partial \boldsymbol{Z}}{\partial t} - \varepsilon\mu \frac{\partial^2 \boldsymbol{Z}}{\partial t^2}\right] = 0$$

令
$$\boldsymbol{a} = \nabla^2 \boldsymbol{Z} - \frac{\mu}{\rho}\frac{\partial \boldsymbol{Z}}{\partial t} - \varepsilon\mu \frac{\partial^2 \boldsymbol{Z}}{\partial t^2}$$

上式简化为
$$\varepsilon\mu \frac{\partial \boldsymbol{a}}{\partial t} + \frac{\mu}{\rho}\boldsymbol{a} = 0$$
其解为

$$\boldsymbol{a} = \boldsymbol{a}_0 e^{-\frac{t}{\varepsilon\rho}} \tag{5.149}$$

$\boldsymbol{a}_0$ 为 $t=0$ 时之 $\boldsymbol{a}$ 值。在导电媒质中，由于$\dfrac{1}{\varepsilon\rho} \gg 1$，所以实际上 $\boldsymbol{a}$ 很快衰减至零。因此有

$$\nabla^2 \boldsymbol{Z} - \frac{\mu}{\rho}\frac{\partial \boldsymbol{Z}}{\partial t} - \varepsilon\mu \frac{\partial^2 \boldsymbol{Z}}{\partial t^2} = 0 \tag{5.150}$$

这就是赫兹矢势所满足的波动方程。对于谐变场有

$$\nabla^2 \boldsymbol{Z} + k^2 \boldsymbol{Z} = 0 \tag{5.151}$$

引入赫兹矢势之后，通过解(5.150)式或(5.151)式，就可利用(5.148)式得到电磁场的矢势和标势，最后由(5.118)式及(5.120)式可得 $\boldsymbol{B}$ 和 $\boldsymbol{E}$ 值。或者，直接由下式计算 $\boldsymbol{B}$ 和 $\boldsymbol{E}$

$$\boldsymbol{B} = \nabla \times \boldsymbol{A} = \frac{\mu}{\rho}(\nabla \times \boldsymbol{Z}) + \varepsilon\mu \frac{\partial}{\partial t}(\nabla \times \boldsymbol{Z}) \tag{5.152}$$

$$\begin{aligned}\boldsymbol{E} &= \nabla(\nabla \cdot \boldsymbol{Z}) - \frac{\mu}{\rho}\frac{\partial \boldsymbol{Z}}{\partial t} - \varepsilon\mu \frac{\partial^2 \boldsymbol{Z}}{\partial t^2} \\ &= \nabla(\nabla \cdot \boldsymbol{Z}) - \nabla^2 \boldsymbol{Z} = \nabla \times (\nabla \times \boldsymbol{Z})\end{aligned} \tag{5.153}$$

六、推迟势和似稳场

1. 推迟势

矢势和标势的波动方程表明，矢势和标势在空间也是以波的形式从场源向外传播的。事实上，达朗贝尔方程 (5.129) 就可写为

$$\nabla^2 u - \frac{1}{\nu^2}\frac{\partial^2 u}{\partial t^2} = -\frac{\rho_q}{\varepsilon} \tag{5.154}$$

式中，$\nu = \dfrac{1}{\sqrt{\varepsilon\mu}}$是电磁波在介质中的传播速度。设场源为点电荷，则 (5.154) 式变为

$$\nabla^2 u - \frac{1}{\nu^2}\frac{\partial^2 u}{\partial t^2} = 0 \qquad (r \neq 0)$$

这时标势 $u=u(r,t)$，是距离和时间的函数。在球坐标系中，上式可写为

$$\frac{1}{r^2}\frac{\partial}{\partial r}(r^2\frac{\partial u}{\partial r}) - \frac{1}{\nu^2}\frac{\partial^2 u}{\partial t^2} = 0 \qquad (r \neq 0)$$

令 $u=\frac{1}{r}\Phi(r,t)$，代入上式，便得齐次波动方程

$$\frac{\partial^2 \Phi}{\partial r^2} - \frac{1}{\nu^2}\frac{\partial^2 \Phi}{\partial t^2} = 0$$

它的通解是 $$\Phi(r,t)=f(t-\frac{r}{\nu})+g(t+\frac{r}{\nu})$$

式中，f,g 分别是 $(t-\frac{r}{v})$ 和 $(t+\frac{r}{v})$ 的任意函数，其中 $f(t-\frac{r}{v})$ 表示从场源向外发射的球面波，而 $g(t+\frac{r}{v})$ 则表示由无限远处向场源汇聚的球面波。如果仅研究辐射问题，则 $g=0$，这时

$$u(r,t) = \frac{1}{r}f(t-\frac{r}{v}) \tag{5.155}$$

如果令 $v\to\infty$，则时变场便过渡到稳定场。在稳定场中，点电荷的标势为

$$u(r) = \frac{1}{4\pi\varepsilon}\frac{\rho_q}{r}$$

与(5.155)式对比，就有

$$f(t-\frac{r}{v}) = \frac{1}{4\pi\varepsilon}\rho_q(t-\frac{r}{v})$$

于是得

$$u(r,t) - \frac{1}{4\pi\varepsilon}\frac{\rho_q(t-\frac{r}{v})}{r} \tag{5.156}$$

$u(r,t)$ 称为推迟标势，(5.156)式表明，由于电磁波传播速度的有限性，所以 t 时刻场中某点的标势 $u(r,t)$ 是由 $(t-\frac{r}{v})$ 时刻的场源状态所决定的。这里 $t'=\frac{r}{v}$ 就是电磁波从场源传到测点所需要的时间。换句话说，如果采用统一的时间坐标，势总是比场源在时间上推迟了 t'。对于体分布的时变电荷，其推迟标势为

$$u(r,t) = \frac{1}{4\pi\varepsilon}\iiint_V \frac{\rho_q(t-\frac{r}{v})}{r}\mathrm{d}V \tag{5.157}$$

对于矢势，由(5.128)式，用同样方法可以得到推迟矢势为

$$\boldsymbol{A}(r,t) = \frac{\mu}{4\pi}\iiint_V \frac{\boldsymbol{j}(t-\frac{r}{v})}{r}\mathrm{d}V \tag{5.158}$$

由于推迟现象，观测点处电磁场的相位与场源的相位显然是不一致的。对于非点源，情况就更为复杂，因为每个电荷元(或电流元)在测点处的相位不完全一致，严格计算其叠加场是非常困难的，但如果场源尺度与波长相比很小，则可以忽略各部分场源之间相位上的差异。

2. 似稳场

如果传播时间 $t'=\frac{r}{v}$ 远小于电磁波的周期，即：$\frac{r}{v}\ll T$，就可以忽略推迟作用，这种场称为似稳场。似稳场与稳定场仍然有着本质的差异，在似稳场中，电磁感应仍然存在。

由于 $v=\frac{\omega}{a}$，所以 $r/v=\frac{ra}{\omega}$，将(5.20)式代入，得

$$\frac{r}{v}=r\sqrt{\frac{\varepsilon\mu}{2}}\left[\sqrt{1+\left(\frac{1}{\omega\varepsilon\rho}\right)^{2}}+1\right]^{\frac{1}{2}} \tag{5.159}$$

在导电媒质中，如果忽略位移电流，则(5.159)式可简化为

$$\frac{r}{v}=r\sqrt{\frac{\mu}{2\omega\rho}}=\frac{r}{\lambda f}=\frac{r}{\lambda}T \tag{5.160}$$

因此，导电媒质中似稳场的条件其实就是 $r\ll\lambda$ 而在真空或理想介质中，(5.159)式变为

$$\frac{r}{v}=r\sqrt{\varepsilon\mu}=\frac{r}{\lambda f}=\frac{r}{\lambda}T$$

结论仍然一样。因此，$r\ll\lambda$ 可以作为似稳场的一般条件。

在似稳场中，由于波长很长或频率很低，其位移电流可以忽略，于是麦克斯韦方程组为

$$\nabla\cdot\boldsymbol{D}=\rho_Q \tag{5.161-1}$$

$$\nabla\times\boldsymbol{E}=-\frac{\partial\boldsymbol{B}}{\partial t} \tag{5.161-2}$$

$$\nabla\cdot\boldsymbol{B}=0 \tag{5.161-3}$$

$$\nabla\times\boldsymbol{H}=\boldsymbol{j} \tag{5.161-4}$$

电磁场满足的波动方程为

$$\nabla^2\boldsymbol{H}=\frac{\mu}{\rho}\frac{\partial\boldsymbol{H}}{\partial t} \tag{5.162-1}$$

$$\nabla^2\boldsymbol{E}=\frac{\mu}{\rho}\frac{\partial\boldsymbol{E}}{\partial t} \tag{5.162-2}$$

这是热传导方程，它表明在 $r\ll\lambda$ 的区域(称为近区)，电磁场的能量以传导的方式向外传播。对于谐变场，上式变为

$$\nabla^2\boldsymbol{H}=\mathrm{i}\,\frac{\omega\mu}{\rho}\boldsymbol{H} \tag{5.163-1}$$

$$\nabla^2\boldsymbol{E}=\mathrm{i}\,\frac{\omega\mu}{\rho}\boldsymbol{E} \tag{5.163-2}$$

如果引入矢势 $\nabla\times\boldsymbol{A}=\boldsymbol{B}$，和标势 $-\nabla u=\boldsymbol{E}+\frac{\partial\boldsymbol{A}}{\partial t}$，则在规范条件

$$\nabla\cdot\boldsymbol{A}+\frac{\mu}{\rho}u=0 \tag{5.164}$$

下，矢势和标势满足下列方程

$$\nabla^2\boldsymbol{A}=\frac{\mu}{\rho}\frac{\partial\boldsymbol{A}}{\partial t} \tag{5.165-1}$$

$$\nabla^2u=\frac{\mu}{\rho}\frac{\partial u}{\partial t}-\frac{\rho_q}{\varepsilon} \tag{5.165-2}$$

例 4 计算谐变电流偶极子的电磁场。

解:设在自由空间中有长为 l,通有谐变电流 $I=I_0 e^{i\omega t}$ 的直立天线,在 $r\gg l$ 处观测。该天线可视为谐变电流偶极子。以偶极子中心为球坐标系的原点,天线方向为极轴(图 5.13),则空间中任意点 P 的推迟矢势为

$$A=\frac{\mu}{4\pi}\frac{I_0 l e^{i\omega(t-\frac{r}{v})}}{r} \tag{1}$$

显然 $\boldsymbol{A}=A_Z \boldsymbol{z}_0$,因此 $A_Z=\frac{\mu}{4\pi}\frac{I_0 l e^{i\omega(t-\frac{r}{v})}}{r}=\frac{\mu}{4\pi}\frac{Il e^{-i\omega\frac{r}{v}}}{r}$ 〈2〉

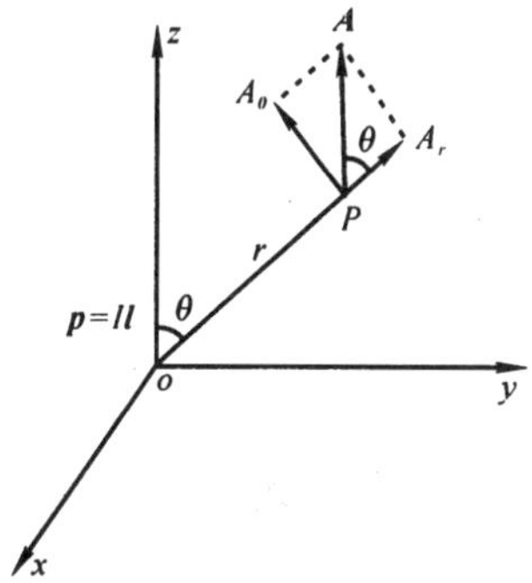

图 5.13 谐变电流偶极子的矢势

式中,$\frac{\omega}{v}=\omega\sqrt{\varepsilon\mu}=k$,为介质的波数。所以〈2〉式也可写为

$$A_Z=\frac{\mu}{4\pi}\frac{Il}{r}e^{-iK_0 r} \tag{3}$$

在球坐标系中,A_Z 各分量为

$$\begin{aligned}A_r&=A_z\cos\theta=\frac{\mu Il\cos\theta}{4\pi r}e^{-iKr}\\A_\theta&=-A_z\sin\theta=-\frac{\mu Il\sin\theta}{4\pi r}e^{-iKr}\\A_\varphi&=0\end{aligned} \tag{4}$$

由 $\boldsymbol{B}=\nabla\times\boldsymbol{A}$ 便可得

$$\begin{aligned}B_r&=\frac{1}{r\sin\theta}\frac{\partial A_\theta}{\partial\varphi}=0\\B_\theta&=\frac{1}{r\sin\theta}\frac{\partial A_r}{\partial\varphi}=0\\B_\varphi&=\frac{1}{r}\left[\frac{\partial}{\partial r}(rA_\theta)-\frac{\partial}{\partial\theta}A_r\right]=\frac{\mu Ilk^2}{4\pi}\left[\frac{1}{(kr)^2}+\frac{i}{kr}\right]\sin\theta e^{-iKr}\end{aligned} \tag{5}$$

利用洛伦兹规范变换

$$\nabla\cdot\boldsymbol{A}=-\varepsilon\mu\frac{\partial u}{\partial t}=-i\omega\varepsilon\mu u$$

可求出标势

$$\begin{aligned}u&=\frac{i\nabla\cdot\boldsymbol{A}}{\omega\varepsilon\mu}=\frac{i}{\omega\varepsilon\mu}\left[\frac{1}{r^2}\frac{\partial}{\partial r}(r^2A_r)+\frac{1}{r\sin\theta}\frac{\partial}{\partial\theta}(\sin\theta A_\theta)\right]\\&=\frac{Ilk^2\cos\theta}{4\pi\omega\varepsilon}e^{-iKr}\left(\frac{1}{kr}-\frac{i}{k^2r^2}\right)\end{aligned} \tag{6}$$

于是由 $\boldsymbol{E}=-(\nabla u+\frac{\partial\boldsymbol{A}}{\partial t})$ 便可得到电场的各分量为

$$\begin{aligned}E_r&=-\frac{\partial u}{\partial r}-\frac{\partial A_r}{\partial r}=\frac{Il\cos\theta}{4\pi\omega\varepsilon}e^{-iKr}\left(\frac{ik^2}{r}+\frac{2k}{r^2}-\frac{2i}{r^3}\right)-\frac{i\omega\mu Il\cos\theta}{4\pi r}e^{-iKr}\\&=\frac{Ilk^3\cos\theta}{2\pi\omega\varepsilon}e^{-iKr}\left[\frac{1}{(kr)^2}-i\frac{1}{(kr)^3}\right]\end{aligned} \tag{7}$$

$$\begin{aligned}E_\theta&=-\left[\frac{1}{r}\frac{\partial u}{\partial\theta}+\frac{\partial}{\partial t}A_\theta\right]=\frac{Il\sin\theta e^{-iKr}}{4\pi\omega\varepsilon r^3}(kr-i)+i\omega\frac{\mu Il\sin\theta}{4\pi r}e^{-iKr}\\&=\frac{Ilk^3\sin\theta}{4\pi\omega\varepsilon}e^{-iKr}\left[\frac{i}{kr}+\frac{1}{(kr)^2}-\frac{i}{(kr)^3}\right]\end{aligned} \tag{8}$$

$$E_\varphi = 0$$

也可以不通过求标势，而直接由麦克斯韦方程

$$\nabla \times \boldsymbol{B} = \mu(\nabla \times \boldsymbol{H}) = \mu \frac{\partial \boldsymbol{D}}{\partial t} = \mathrm{i}\omega\mu\varepsilon \boldsymbol{E}$$

来计算电场，其结果完全相同。

通常把满足 $kr \gg 1$(或 $r \gg \lambda$) 的区域称为“远区”，而把 $kr \ll 1$(或 $r \ll \lambda$)的区域称为“近区”。就谐变电流偶极子来说，其远区场和近区场有完全不同的特点。

〈1〉近区场

由于有 $\frac{1}{kr} \ll \frac{1}{(kr)^2} \ll \frac{1}{(kr)^3}$，因此近区场可近似表示为

$$\begin{aligned} B_\varphi &= \frac{\mu I l \sin\theta}{4\pi r^2} \mathrm{e}^{-\mathrm{i}Kr} = \frac{\mu l I_0}{4\pi r^2} \sin\theta \mathrm{e}^{-\mathrm{i}Kr} \mathrm{e}^{\mathrm{i}\omega t} \\ E_r &= -\mathrm{i} \frac{I l \cos\theta}{2\pi r^3 \omega\varepsilon} \mathrm{e}^{-\mathrm{i}Kr} = -\mathrm{i} \frac{I_0 l \cos\theta}{2\pi\omega\varepsilon r^3} \mathrm{e}^{-\mathrm{i}Kr} \mathrm{e}^{\mathrm{i}\omega t} \\ E_\theta &= -\mathrm{i} \frac{I l \sin\theta \mathrm{e}^{-\mathrm{i}Kr}}{4\pi\omega\varepsilon r^3} = -\mathrm{i} \frac{I_0 l \sin\theta}{4\pi\omega\varepsilon r^3} \mathrm{e}^{-\mathrm{i}Kr} \mathrm{e}^{\mathrm{i}\omega t} \end{aligned} \tag{9}$$

注意到当 $kr \to 0$ 时，$\mathrm{e}^{-\mathrm{i}K_0 r} \to 1$，以及 $q = \int I \mathrm{d}t = \int I_0 \mathrm{e}^{\mathrm{i}\omega t} \mathrm{d}t = \frac{I_0 \mathrm{e}^{\mathrm{i}\omega t}}{\mathrm{i}\omega} = -\mathrm{i} \frac{I_0 \mathrm{e}^{\mathrm{i}\omega t}}{\omega}$ 。

〈9〉式可以进一步简化为 ($kr \to 0$)

$$B_\varphi = \frac{\mu}{4\pi} \frac{Il}{r^2} \sin\theta \tag{10}$$

$$E_r = \frac{1}{4\pi\varepsilon} \frac{2ql}{r^3} \cos\theta \tag{11}$$

$$E_\theta = \frac{1}{4\pi\varepsilon} \frac{ql}{r^3} \sin\theta \tag{12}$$

由〈10〉～〈12〉式可见，在近区场中，电磁场与场源的相位是同步的，不因 r 而变化，是一种似稳场。其实〈10〉式与稳定场中的(4.16)式相同，而〈11〉式，〈12〉式则与稳定场中的(3.36)式，(3.37)式相同。但是 q 的相位显然落后于 I 的相位，其相位差为 $\pi/2$。因此，近区场中电场相位较磁场相位滞后 $\pi/2$。由于近区电磁场相位上的这一特点，使得一个周期内波印亭矢量的平均值等于零。这意味着在近区，电场能量和磁场能量是直接以电磁感应的方式来变换的，所以近区场又称为感应场。

〈2〉远区场

这时$\frac{1}{kr} \gg \frac{1}{(kr)^2} \gg \frac{1}{(kr)^3}$，在略去高阶无穷小项后，得

$$\begin{aligned} B_\varphi &= \mathrm{i} \frac{\mu_0 I_0 l k}{4\pi r r} \sin\theta \mathrm{e}^{\mathrm{i}(\omega t - Kr)} \\ E_r &= \frac{I l k \cos\theta}{2\pi\omega\varepsilon r^2} \mathrm{e}^{-\mathrm{i}Kr} = \frac{I_0 l \cos\theta}{2\pi r r^2} \sqrt{\frac{\mu}{\varepsilon}} \mathrm{e}^{\mathrm{i}(\omega t - Kr)} \\ E_\theta &= \mathrm{i} \frac{I l k^2 \sin\theta}{4\pi\omega\varepsilon r} \mathrm{e}^{-\mathrm{i}K_0 r} = \mathrm{i} \frac{I_0 l \omega\mu}{4\pi r} \sin\theta \mathrm{e}^{\mathrm{i}(\omega t - Kr)} \end{aligned} \tag{13}$$

当 $r \to \infty$时，$E_\theta \gg E_r$，故可将 E_r 忽略。这时远区电磁场为

$$\boldsymbol{B} = \mathrm{i}\,\frac{\mu I_0 lk}{4\pi r}\sin\theta \mathrm{e}^{\mathrm{i}(\omega t-Kr)}\boldsymbol{\varphi}_0 \tag{14}$$

$$\boldsymbol{E} = \mathrm{i}\,\frac{I_0 l\omega\mu}{4\pi r}\sin\theta \mathrm{e}^{\mathrm{i}(\omega t-Kr)}\boldsymbol{\theta}_0 \tag{15}$$

可见这时远区电磁波具有球面波的性质，由 B_φ 和 E_θ 所组成的波阵面垂直于波的前进方向 $\boldsymbol{r}$，并且 $\boldsymbol{E}$,$\boldsymbol{B}$,$\boldsymbol{r}$ 呈右旋关系。由于 E_r 可以忽略，因此远区场中 $\boldsymbol{B}$ 与 $\boldsymbol{E}$ 具有相同的相位，并且均超前电流的相位 $\pi/2$。

远区场的波阻抗为：$Z=\dfrac{E_\theta}{H\varphi}=\dfrac{\omega\mu}{k}$；这与均匀场的波阻抗公式相同，表明电流偶极子在远区趋近于均匀场。

在远区场，一个周期的电磁能流密度的平均值为

$$\overline{N}(r,\theta,t) = \frac{I_0^2 l^2 \omega^2 \mu}{32\pi^2 r^2 v}\sin^2\theta r_0 \tag{16}$$

由<16>式可见，电流偶极子的辐射场有明显的方向性，在高斯第二位置上($\theta=\dfrac{\pi}{2}$)，电磁能流密度有最大值，在高斯第一位置($\theta=0$)，辐射能量为零。电磁能流密度在空间的分布如图 5.14 所示。远区场又称为辐射场。

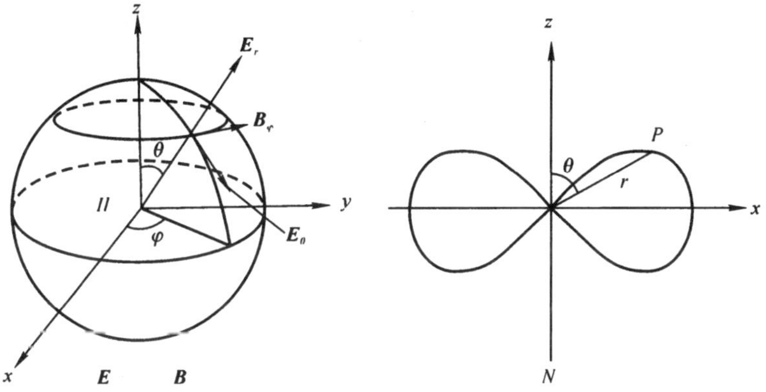

图 5.14　谐变电流偶极子的远区场

介于“远区”和“近区”之间的广大区域称为过渡带或中间区。当 r 从无穷远逐渐趋近小于波长的区域时，电磁场从均匀场逐渐过渡为偶极子场，而且电场相位逐渐滞后。

例 5　计算谐变磁偶极子的电磁场。

解：设在半径为 a 的导线圆环中通以谐变电流 $I=I_0\mathrm{e}^{\mathrm{i}\omega t}$，在 $r\gg a$ 的区域，该闭合电流可视为一个谐变磁偶极子(图 5.15)。以圆心为坐标原点，圆环面为 xoy 平面，建立球坐标系。由于电流只有 $\boldsymbol{\varphi}_0$ 方向，所以 $\boldsymbol{A}=A_\varphi(r,\theta)\boldsymbol{\varphi}_0$，并且 A_φ 与 φ 无关。自由空间中任意一点 P 的推迟势为

$$\boldsymbol{A} = \frac{\mu}{4\pi}\oint_L \frac{I_0 \mathrm{e}^{\mathrm{i}(\omega t-Kr')}}{r'}\mathrm{d}\boldsymbol{l} = \frac{\mu}{4\pi}\oint_L \frac{I}{r'}\mathrm{e}^{-\mathrm{i}kr'}\mathrm{d}\boldsymbol{l} \tag{1}$$

式中，r' 为电流元 $I\mathrm{d}l$ 到观测点的距离。以 OP' 为 OX 轴(P' 是 P 点在 xoy 平面上的投影点)，由图 5.16 有

$$\begin{cases} d\boldsymbol{l} = -dl\sin\varphi\boldsymbol{x}_0 + dl\cos\varphi\boldsymbol{y}_0 \\ dl = a d\varphi \end{cases} \quad \langle 2\rangle$$

由于圆环上对称于 ox 轴的两个电流元，其 x 分量正好相互抵消，而 y 分量相互叠加，所以〈1〉式可写为

$$A_\varphi = \frac{\mu a I}{2\pi}\int_0^\pi \frac{e^{-iKr'}}{r'}\cos\varphi d\varphi \quad \langle 3\rangle$$

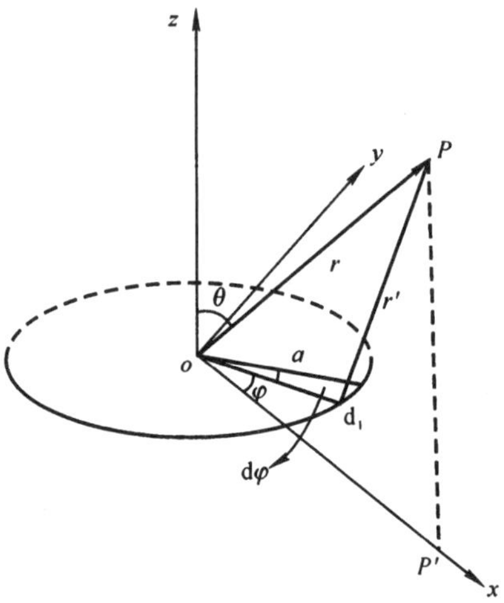

图 5.15 谐变磁偶极子矢势的计算

式中 $r'=\sqrt{r^2+a^2-2ar\cos\beta}$，

而 $\cos\beta=\cos\varphi\sin\theta$，所以

$$r' = r\sqrt{1+(\frac{a}{r})^2-2\frac{a}{r}\cos\varphi\sin\theta} \approx r - a\cos\varphi\sin\theta$$

代回〈3〉式后便得：

$$A_\varphi = \frac{\mu a I}{2\pi}\int_0^\pi \frac{e^{iKa\cos\varphi\sin\theta}e^{-iKr}}{r-a\cos\varphi\sin\theta}\cos\varphi d\varphi$$

由于 $ka=\frac{\omega a}{C}\to 0$，

所以 $e^{iKa\cos\varphi\sin\theta}=1+ika\cos\varphi\sin\theta$

又由于 $r\gg a$，

所以 $\frac{1}{r-a\cos\varphi\sin\theta}\approx\frac{1}{r}+\frac{a}{r^2}\cos\varphi\sin\theta$

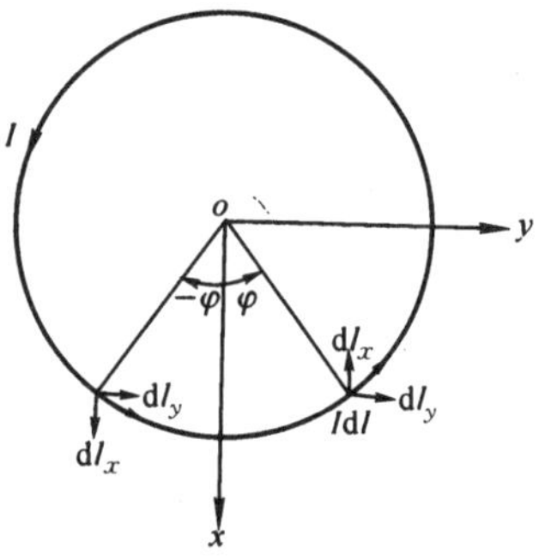

图 5.16

于是

$$A_\varphi = \frac{\mu a I e^{-iKr}}{2\pi}\left\{\int_0^\pi\left[\frac{ika\cos^2\varphi\sin\theta}{r}+\frac{ika^2\cos^3\varphi\sin^2\theta}{r^2}+\frac{\cos\varphi}{r}+\frac{a\cos^2\varphi\sin\theta}{r^2}\right]d\varphi\right\} = \frac{\mu a^2 I\sin\theta}{4r}(\frac{1}{r}+ik)e^{-iKr}$$

$$= \frac{\mu m\sin\theta}{4\pi}(\frac{1+ikr}{r^2})e^{-ikr} \quad \langle 4\rangle$$

式中，$m=IS=I\pi a^2$ 是线圈的磁矩，〈4〉式又可写成

$$A_\varphi = \frac{\mu k^2 m}{4\pi}\left[\frac{1}{(kr)^2}+\frac{i}{kr}\right]\sin\theta e^{-iKr} \quad \langle 5\rangle$$

由 $\boldsymbol{B}=\nabla\times\boldsymbol{A}$ 可计算 $\boldsymbol{B}$。

$$B_r = \frac{1}{r\sin\theta}\frac{\partial}{\partial\theta}(\sin\theta A_\varphi) = \frac{\mu k^3 m}{2\pi}\left[\frac{1}{(kr)^3}+\frac{i}{(kr)^2}\right]\cos\theta e^{-iKr} \quad \langle 6\rangle$$

$$B_\theta = -\frac{1}{r}\frac{\partial}{\partial r}(rA_\varphi) = \frac{\mu k^3 m}{4\pi}\left[\frac{1}{(kr)^3}+\frac{i}{(kr)^2}-\frac{1}{kr}\right]\sin\theta e^{-iKr} \quad \langle 7\rangle$$

$$B_\varphi = 0$$

由 $\nabla\times\boldsymbol{H}=\frac{\nabla\times\boldsymbol{B}}{\mu}=\frac{\partial\boldsymbol{D}}{\partial t}=i\omega\varepsilon\boldsymbol{E}$，可计算 $\boldsymbol{E}=-i\frac{\nabla\times\boldsymbol{B}}{\omega\varepsilon\mu}$

$$E_r = \frac{-i(\nabla\times\boldsymbol{B})_r}{\omega\varepsilon\mu} = \frac{i}{\omega\varepsilon\mu}\left[\frac{1}{r\sin\theta}\frac{\partial B_\theta}{\partial\varphi}\right] = 0$$

$$E_\theta = \frac{-i(\nabla\times\boldsymbol{B})_\theta}{\omega\varepsilon\mu} = \frac{-i}{\omega\varepsilon\mu}\left[\frac{1}{r\sin\theta}\frac{\partial B_r}{\partial\varphi}\right] = 0$$

$$E_\varphi=\frac{-\mathrm{i}}{\omega\varepsilon\mu}(\nabla\times\boldsymbol{B})_\varphi=\frac{-\mathrm{i}}{\omega\varepsilon\mu r}\left[\frac{\partial(rB_\theta)}{\partial r}-\frac{\partial B_r}{\partial\theta}\right]$$

$$=\frac{\mu\omega k^2 m}{4\pi}\left(\frac{1}{kr}-\frac{\mathrm{i}}{(kr)^2}\right)\sin\theta\mathrm{e}^{-\mathrm{i}Kr} \qquad \langle 8\rangle$$

现在讨论近区场和远区场的特点

近区场：

当 $kr\ll 1$ 时，有

$$\begin{cases}B_r\approx\dfrac{2\mu m}{4\pi r^3}\cos\theta\mathrm{e}^{-\mathrm{i}kr}\\[2ex] B_\theta\approx\dfrac{\mu m}{4\pi r^3}\sin\theta\mathrm{e}^{-\mathrm{i}kr}\\[2ex] E_\varphi\approx-\mathrm{i}\dfrac{\mu\omega m}{4\pi r^2}\sin\theta\mathrm{e}^{-\mathrm{i}kr}\end{cases} \qquad \langle 9\rangle$$

这时的磁场为一个磁矩为 m 的磁偶极子场，可见近区场为似稳场，特别是当 $kr\to 0$ 时，该似稳场过渡为稳定的磁偶极子场。在近区场中，电场相位较磁场滞后 $\pi/2$。与谐变电流偶极子场一样，磁偶极子的近区场也是一个感应场，其电磁能流密度的平均值为零。

远区场：

远区场满足 $kr\gg 1$ 的条件，这时〈6〉式，〈7〉式，〈8〉式简化为

$$\begin{cases}B_r=\mathrm{i}\dfrac{\mu k m}{2\pi r^2}\cos\theta\mathrm{e}^{-\mathrm{i}Kr}\\[2ex] B_\theta=-\dfrac{\mu k^2 m}{4\pi r}\sin\theta\mathrm{e}^{-\mathrm{i}Kr}\\[2ex] E_\varphi=\dfrac{\mu\omega k m}{4\pi r}\sin\theta\mathrm{e}^{-\mathrm{i}Kr}\end{cases} \qquad \langle 10\rangle$$

当 $r\to\infty$ 时，$B_r\ll B_\theta$，于是远区场可进一步表示为

$$\boldsymbol{B}=-\frac{\mu k^2 m}{4\pi r}\sin\theta\,\mathrm{e}^{-\mathrm{i}Kr}\boldsymbol{\theta}_0=-\frac{\mu\omega^2 m}{4\pi r v^2}\sin\theta\,\mathrm{e}^{-\mathrm{i}Kr}\boldsymbol{\theta}_0 \qquad \langle 11\rangle$$

$$\boldsymbol{E}=\frac{\mu\omega k m}{4\pi r}\sin\theta\,\mathrm{e}^{-\mathrm{i}Kr}\boldsymbol{\varphi}_0=\frac{\mu\omega^2 m}{4\pi r v}\sin\theta\,\mathrm{e}^{-\mathrm{i}Kr}\boldsymbol{\varphi}_0 \qquad \langle 12\rangle$$

式中 $v=\dfrac{1}{\sqrt{\varepsilon\mu}}=\dfrac{\omega}{k}$是电磁波在介质中的速度。

由〈11〉式、〈12〉式可见：在远区，谐变磁偶极子的电磁场之波阵面为一球面，其中 $\boldsymbol{E}$ 与 $\boldsymbol{B}$ 相互垂直并位于球面之切平面上，电磁波沿向径 $\boldsymbol{r}$ 方向传播。在远区，$\boldsymbol{E}$ 与 $\boldsymbol{B}$ 具有相同的相位。当 $r\to\infty$时，球面波趋于平面波，远区的波阻抗为

$$Z=-\frac{E_\varphi}{H_\theta}=\frac{\omega\mu}{k} \qquad \langle 13\rangle$$

这与均匀场的波阻抗公式相同，表明磁偶极子在远区趋近于均匀场。

远区电磁能流密度的空间分布仍有图 5.12 的形态。在高斯第二位置上，即在 xoy 平面上，能流密度有极大值：

$$\overline{N}_{\max}=\frac{\mu_0^2\omega^4 I^2 S^2}{32\pi^2 r^2 v^3} \qquad \langle 14\rangle$$

例 6 计算均匀谐变场中导电球体的电磁异常(图 5.17)。

解:设在均匀谐变场 $\boldsymbol{B}_0=B_{0z}\mathrm{e}^{\mathrm{i}\omega t}z_0$ 中有一个半径为 a,电阻率为 ρ,磁导率为 μ 的球体,球外设为真空。球内、外的矢势显然为 $\boldsymbol{A}=A_\varphi(r,\theta)\boldsymbol{\varphi}_0$

球内、外矢势满足的方程为

球内($r<a$)

$$\nabla^2\boldsymbol{A}_1=k_0^2\boldsymbol{A}_1 \qquad \langle 1\rangle$$

球外($r>a$)

$$\nabla^2\boldsymbol{A}_2=0 \qquad \langle 2\rangle$$

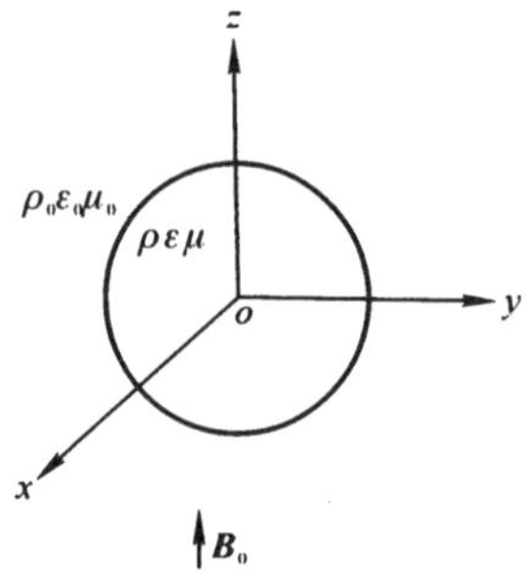

图 5.17 均匀谐变电磁场中的导电球体

式中 $k_0=\sqrt{\mathrm{i}\,\dfrac{\omega\mu}{\rho}}$

〈1〉式,〈2〉式可展开成标量微分方程

球内($r<a$)

$$\frac{\partial}{\partial r}\left(r^2\frac{\partial A_{1\varphi}}{\partial r}\right)+\frac{1}{\sin\theta}\frac{\partial}{\partial\theta}\left(\sin\theta\frac{\partial A_{1\varphi}}{\partial\theta}\right)-\left(k_0^2r^2+\frac{1}{\sin^2\theta}\right)A_{1\varphi}=0 \qquad \langle 3\rangle$$

球外($r>a$)

$$\frac{\partial}{\partial \mathrm{r}}\left(r^2\frac{\partial A_{2\varphi}}{\partial r}\right)+\frac{1}{\sin\theta}\frac{\partial}{\partial\theta}\left(\sin\theta\frac{\partial A_{2\varphi}}{\partial\theta}\right)-\frac{A_{2\varphi}}{\sin^2\theta}=0 \qquad \langle 4\rangle$$

现在用分离变量法解〈3〉式,〈4〉式。

令 $A_{i\varphi}(r,\theta)=R_i(r)G_i(\theta) \qquad (i=1,2)$

代入〈3〉式,〈4〉式,整理后得

$$\begin{cases}\left[\dfrac{1}{G_1\sin\theta}\dfrac{\partial}{\partial\theta}\left(\sin\theta\dfrac{\partial G_1}{\partial\theta}\right)-\dfrac{1}{\sin^2\theta}\right]+\left[\dfrac{\partial}{R_1\partial r}\left(r^2\dfrac{\partial R_1}{\partial r}\right)-k_0^2r^2\right]=0\\ \left[\dfrac{1}{G_2\sin\theta}\dfrac{\partial}{\partial\theta}\left(\sin\theta\dfrac{\partial G_2}{\partial\theta}\right)-\dfrac{1}{\sin^2\theta}\right]+\left[\dfrac{\partial}{R_2\partial r}\left(r^2\dfrac{\partial R_2}{\partial r}\right)\right]=0\end{cases} \qquad \langle 5\rangle$$

令 $\dfrac{1}{R_1}\dfrac{\partial}{\partial r}\left(r^2\dfrac{\partial R_1}{\partial r}\right)-k_0^2r^2=n(n+1)$,便得

$$\text{球内}\begin{cases}\dfrac{\mathrm{d}}{\mathrm{d}r}\left(r^2\dfrac{\mathrm{d}R_1}{\mathrm{d}r}\right)-\left[k_0^2r^2+n(n+1)\right]R_1=0\\ \dfrac{1}{\sin\theta}\dfrac{\mathrm{d}}{\mathrm{d}\theta}\left(\sin\theta\dfrac{\mathrm{d}G_1}{\mathrm{d}\theta}\right)+\left[n(n+1)-\dfrac{1}{\sin^2\theta}\right]G_1=0\end{cases} \qquad \langle 6\rangle$$

同理,令$\dfrac{1}{R_2}\dfrac{\partial}{\partial r}\left(r^2\dfrac{\partial R_2}{\partial r}\right)=n(n+1)$,又得

$$\text{球外}\begin{cases}\dfrac{\mathrm{d}}{\mathrm{d}r}\left(r^2\dfrac{\mathrm{d}R_2}{\mathrm{d}r}\right)-n(n+1)R_2=0\\ \dfrac{1}{\sin\theta}\dfrac{\mathrm{d}}{\mathrm{d}\theta}\left(\sin\theta\dfrac{\mathrm{d}G_2}{\mathrm{d}\theta}\right)+\left[n(n+1)-\dfrac{1}{\sin^2\theta}\right]G_2=0\end{cases} \qquad \langle 7\rangle$$

〈6〉式的解为

$$\begin{cases} R_1(k_0 r) = \begin{cases} \sqrt{\dfrac{1}{r}} I_{n+\frac{1}{2}}(k_0 r) \\ \sqrt{\dfrac{1}{r}} I_{-(n+\frac{1}{2})}(k_0 r) \end{cases} & (n = 0,1,2\cdots) \\ G_1(\theta) = P_n^1(\cos\theta) & (n = 0,1,2\cdots) \end{cases} \tag{8}$$

〈7〉式的解为

$$\begin{cases} R_2(k_0 r) = C_n r^n + D_n r^{-(n+1)} & (n = 0,1,2\cdots) \\ G_2(\theta) = P_n^1(\cos\theta) & (n = 0,1,2\cdots) \end{cases} \tag{9}$$

考虑到 $r=0$ 时 $A_{1\varphi}$有限以及 $r=\infty$时 $A_{2\varphi}=\dfrac{B_0}{2}r\sin\theta$,因此球内、外矢势的特解为

$$A_{1\varphi} = \sum_{n=1}^{\infty} C_n r^{-\frac{1}{2}} I_{n+\frac{1}{2}}(k_0 r) P_n^1(\cos\theta) \tag{10}$$

$$A_{2\varphi} = \frac{1}{2}B_0 r\sin\theta + \sum_{n=1}^{\infty} D_n r^{-(n+1)} P_n^1(\cos\theta) \tag{11}$$

式中,$\dfrac{1}{2}B_0 r\sin\theta = A_{0\varphi}$是均匀场的矢势。

现在可以利用矢势的边界条件来确定系数 C_n 和 D_n

边界条件为 $r=a$ 有

(1)$H_{1t}=H_{2t}$,即$\dfrac{1}{\mu}\dfrac{\partial(rA_{1\varphi})}{\partial r}=\dfrac{1}{\mu_0}\dfrac{\partial(rA_{2\varphi})}{\partial r}$

(2)$A_{1t}=A_{2t}$, 即 $A_{1\varphi}=A_{2\varphi}$

将边界条件代入〈10〉式,〈11〉式中,并取 $n=1$,有

$$\begin{cases} \dfrac{C_1}{\mu}\left[\dfrac{1}{2}I_{\frac{3}{2}}(k_0 a) + k_0 a I'_{\frac{3}{2}}(k_0 a)\right] = \dfrac{1}{\mu_0}[a^{\frac{3}{2}}B_0 - a^{-\frac{3}{2}}D_1] \\ C_1 I_{\frac{3}{2}}(k_0 a) = \dfrac{1}{2}a^{\frac{3}{2}}B_0 + D_1 a^{-\frac{3}{2}} \end{cases} \tag{12}$$

解得

$$C_1 = \frac{3\mu a^{\frac{3}{2}} B_0}{I_{\frac{3}{2}}(k_0 a)(2\mu+\mu_0) + 2\mu_0 k_0 a I'_{\frac{3}{2}}(k_0 a)}$$

$$D_1 = -\frac{a^3 B_0}{2}\,\frac{I_{\frac{3}{2}}(k_0 a)(\mu_0 - 4\mu) + 2\mu_0 k_0 a I'_{\frac{3}{2}}(k_0 a)}{I_{\frac{3}{2}}(k_0 a)(\mu_0 + 2\mu) + 2\mu_0 k_0 a I'_{\frac{3}{2}}(k_0 a)}$$

球外的矢势为(省去脚码)

$$\mathbf{A} = (1 + D\frac{a^3}{r^3})\frac{1}{2}B_0 r\sin\theta\,\boldsymbol{\varphi}_0 \tag{13}$$

式中
$$D = -\frac{I_{\frac{3}{2}}(k_0 a)(\mu_0 - 4\mu) + 2\mu_0 k_0 a I'_{\frac{3}{2}}(k_0 a)}{I_{\frac{3}{2}}(k_0 a)(\mu_0 + 2\mu) + 2\mu_0 k_0 a I'_{\frac{3}{2}}(k_0 a)} \tag{14}$$

是一个与坐标变量无关,而仅由球体参数及工作频率决定的因子。

球外的磁场为

$$
\begin{cases}
B_r = \dfrac{1}{r\sin\theta}\left[\dfrac{\partial}{\partial\theta}(\sin\theta A_\varphi)\right] = (1 + D\dfrac{a^3}{r^3})B_0\cos\theta \\
B_\theta = -\dfrac{1}{r}\dfrac{\partial}{\partial r}(rA_\varphi) = -(1 - D\dfrac{a^3}{2r^3})B_0\sin\theta \\
B_\varphi = 0
\end{cases}
\tag{15}
$$

可见均匀谐变场中球体外的异常磁场与一个位于球心，磁矩为$\dfrac{2\pi Da^3 B_0}{\mu_0}$的谐变磁偶极子的磁场相同。

第八节　电磁场的惟一性定理

电磁场的惟一性定理可以表述为："满足初始条件及边界条件的麦克斯韦方程组的解是惟一的。"这个定理证明如下。

设 $\boldsymbol{E}_1(r,t)$，$\boldsymbol{B}_1(r,t)$和 $\boldsymbol{E}_2(r,t)$，$\boldsymbol{B}_2(r,t)$都满足麦克斯韦方程，并且都有相同的初始值和边界值。即在 $t=t_0$ 时有

$$
\begin{cases}
\boldsymbol{E}_1(r,t_0) = \boldsymbol{E}_2(r,t_0) \\
\boldsymbol{B}_1(r,t_0) = \boldsymbol{B}_2(r,t_0)
\end{cases}
$$

而在域 Ω 的边界 S 上有

$$
\begin{cases}
E_{1t} = E_{2t} \\
E_{1n} = E_{2n} \\
B_{1t} = B_{2t} \\
B_{1n} = B_{2n}
\end{cases}
\in S
$$

令　　$\boldsymbol{E}=\boldsymbol{E}_1-\boldsymbol{E}_2$；　　$\boldsymbol{B}=\boldsymbol{B}_1-\boldsymbol{B}_2$

则显然有

$$
\begin{cases}
\nabla\cdot\boldsymbol{E} = 0 \\
\nabla\times\boldsymbol{E} = -\dfrac{\partial\boldsymbol{B}}{\partial t} \\
\nabla\cdot\boldsymbol{B} = 0 \\
\nabla\times\boldsymbol{B} = \varepsilon\mu\dfrac{\partial\boldsymbol{E}}{\partial t}
\end{cases}
$$

即对于 $\boldsymbol{E}$ 和 $\boldsymbol{B}$ 来说，分别满足 $\rho_q=0$ 和 $\boldsymbol{j}=0$ 时的麦克斯韦方程。这时，由能量守恒定律(5.9)式有

$$
\frac{\partial}{\partial t}\iiint_\Omega \frac{1}{2}(\mu H^2 + \varepsilon E^2)\mathrm{d}\Omega = -\oint\!\!\!\oint_S (\boldsymbol{E}\times\boldsymbol{H})\cdot\mathrm{d}\boldsymbol{s}
$$

由于

$$
\begin{aligned}
(\boldsymbol{E}\times\boldsymbol{H})\cdot\mathrm{d}\boldsymbol{s} &= [(E_n\boldsymbol{n}_0 + E_t\boldsymbol{t}_0)\times(H_n\boldsymbol{n}_0 + H_t\boldsymbol{t}_0)]\cdot\boldsymbol{n}_0\mathrm{d}s \\
&= [E_nH_n(\boldsymbol{n}_0\times\boldsymbol{n}_0) + E_nH_t(\boldsymbol{n}_0\times\boldsymbol{t}_0) + E_tH_n(\boldsymbol{t}_0\times\boldsymbol{n}_0) + E_tH_t(\boldsymbol{t}_0\times\boldsymbol{t}_0)]\cdot\boldsymbol{n}_0\mathrm{d}s \\
&= [E_nH_t(\boldsymbol{n}_0\times\boldsymbol{t}_0)\cdot\boldsymbol{n}_0 + E_tH_n(\boldsymbol{t}_0\times\boldsymbol{n}_0)\cdot n_0]\mathrm{d}s = 0
\end{aligned}
$$

因此

$$
\frac{\partial}{\partial t}\iiint_\Omega \frac{1}{2}(\mu H^2 + \varepsilon E^2)\mathrm{d}\Omega = 0
$$

由此得 $$\iiint_{\Omega}\left(\frac{B^2}{\mu}+\varepsilon E^2\right)\mathrm{d}\Omega = C$$

由初始条件得 $\boldsymbol{B}(r,t_0)=0$，以及 $\boldsymbol{E}(r,t_0)=0$，于是 $C=0$

而 $$\iiint_{\Omega}\left(\frac{B^2}{\mu}+\varepsilon E^2\right)\mathrm{d}\Omega = 0$$ 成立的条件是

$$\frac{B^2}{\mu}+\varepsilon E^2 = 0$$

但 B^2 和 E^2 均不为负，因此有 $B=0$；$E=0$

也就是说 $\boldsymbol{B}_1=\boldsymbol{B}_2$； $\boldsymbol{E}_1=\boldsymbol{E}_2$

即解是惟一的。

如果域 Ω 包括全部自由空间，则只要满足 $r=\infty$ 时，Br^2 及 Er^2 为有限，那么满足麦克斯韦方程及初始条件的解就是惟一的。因为 Er^2 及 Br^2 有限，表明 E 及 B 均以不小于 $1/r^2$ 的速率衰减，否则 Er^2 及 Br^2 在 $r=\infty$ 时就会趋于无限大。于是能流密度($\boldsymbol{E}\times\boldsymbol{H}$)将以不小于 $1/r^4$ 的速度衰减，而球面积则与 r^2 成正比，因此，肯定有

$$\lim_{r\to\infty}\oiint_S(\boldsymbol{E}\times\boldsymbol{H})\cdot\mathrm{d}\boldsymbol{s}=0$$

习 题 五

1. 设地下半空间为均匀介质，其参数为 $\mu_r=1$，$\varepsilon_r=4$，$\rho=10^3(\Omega\cdot\mathrm{m})$。有一真空中波长为 300 m 的电磁波垂直进入地下，求：

(1)传播速度 $\boldsymbol{v}$；

(2)介质中的波长 λ；

(3)趋肤深度 δ；

(4)波阻抗 Z；

(5)$\boldsymbol{E}$ 与 $\boldsymbol{H}$ 的相位差。

2. 边长分别为 a 和 b 的矩形线圈位于无限长载流导线一侧，导线中的电流强度为 $I=I_0\mathrm{e}^{\mathrm{i}\omega t}$，线圈的电阻为 R，计算线圈中的感应电流强度。

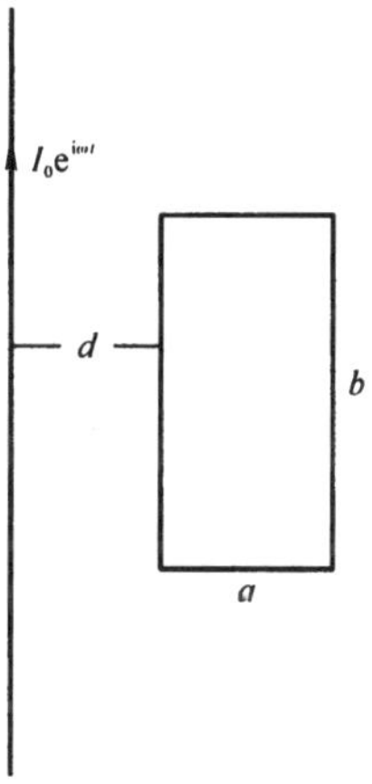

5.2 题图

3. 半径为 0.5 m 的线圈在强度为 0.6 韦伯/米² 的磁场中沿垂直外磁场方向的轴以 50 周/秒的匀角速度转动，计算线圈中的感应电动势之最大值。

4. 已知 $\boldsymbol{A}=\boldsymbol{A}_0\cos(\boldsymbol{k}\cdot\boldsymbol{r}-\omega t)$， $u=u_0\cos(\boldsymbol{k}\cdot\boldsymbol{r}-\omega t)$。

(1)求洛伦兹规范变换下 $\boldsymbol{A}_0$ 和 u_0 应满足的关系式；

(2)求 $\boldsymbol{E}$ 和 $\boldsymbol{B}$；

(3)证明 $\boldsymbol{A}'=(\boldsymbol{A}_0+\alpha\boldsymbol{k})\cos(\boldsymbol{k}\cdot\boldsymbol{r}-\omega t)$ 和 $u'=(u_0+\alpha\omega)\cos(\boldsymbol{k}\cdot\boldsymbol{r}-\omega t)$ 与 $\boldsymbol{A}$，u 对应同一个电磁场。其中 α 是任意常数。

5. 平面电磁波 $\boldsymbol{E}=E_0\sin(\omega t-kz)\boldsymbol{x}_0$ 从空气垂直入射于理想导体平面，求反射波的 $\boldsymbol{E}'$ 及 $\boldsymbol{H}'$。

6. 计算均匀谐变电磁场中无限长导磁导电圆柱体的电磁异常，$\boldsymbol{B}_0=B_{0z}\mathrm{e}^{\mathrm{i}\omega t}\boldsymbol{z}_0$ 的方向垂直圆柱体的轴。

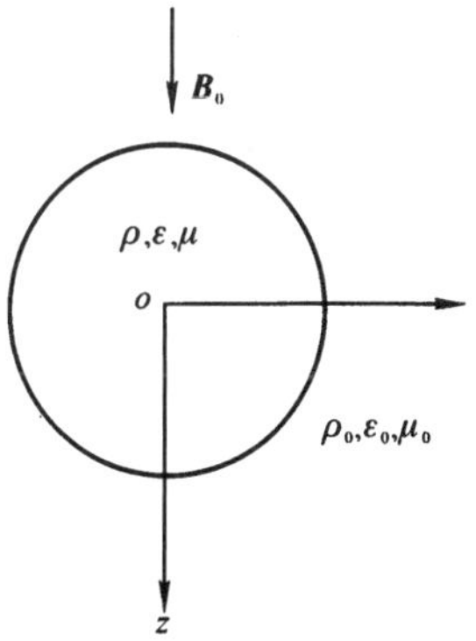

5.6 题图

附　录

附录一　关于磁—电类比法和磁镜像法

稳定磁场的计算，除第四章所述的各种方法外，还有磁—电类比法和磁镜像法。

一、磁—电类比法

把稳定磁场问题类比为相应的静电场问题，求出此静电场的解，然后将静电场和各物理量变换回稳定磁场的相应物理量，就得到了稳定磁场的解。这种方法称为磁—电类比法。在$\boldsymbol{j}=0$的区域，用磁标势方法计算稳定磁场时，磁标势场和静电场的类比关系已从表4.2中看得十分清楚。其中

$$\begin{gathered}\rho_{mo}\longleftrightarrow\rho_q\;;\;\;\rho'_m\longleftrightarrow\rho_p\;;\;\;\varepsilon_o\longleftrightarrow\mu_0\;;\\ \varepsilon\longleftrightarrow\mu\;;\;\;\boldsymbol{H}\longleftrightarrow\boldsymbol{E}\;;\;\;u_m\longleftrightarrow u\;;\\ \sigma_{mo}\longleftrightarrow\sigma_q\;;\;\;\sigma'_m\longleftrightarrow\sigma_p\;;\;\;\boldsymbol{B}\longleftrightarrow\boldsymbol{D}\end{gathered}\tag{1-1}$$

当然，这些类比关系仅仅是形式上的，其对应量的物理含义是完全不同的。对比第三章例题8和第四章例题10的解，以及第三章例题18和第四章例题9的解，便会发现它们在形式上非常相似。

在$\boldsymbol{j}\neq0$的区域，不再能够运用上述类比关系。因为这时的场源不是等效磁荷，而是自由电流和磁化电流。并且，这时不能引入磁标势而应该引入磁矢势。对比一下表4.3和表4.2，可以发现，当采用磁矢势方法来计算稳定磁场时，稳定磁场和静电场的类比关系为

$$\begin{gathered}j\longleftrightarrow\rho_q\;;\;\;j_m\longleftrightarrow\rho_p\;;\;\;\mu_o\longleftrightarrow\frac{1}{\varepsilon_0}\\ \mu\longleftrightarrow\frac{1}{\varepsilon}\;;\;\;A\longleftrightarrow u\;;\;\;B\longleftrightarrow E\end{gathered}\tag{1-2}$$

例如第四章例题5，若用类比法计算，可类比为一个半径为a，自由电荷体密度为ρ_p，介电常数为ε的无限长介电柱体(柱外为真空)，用通量定理很快便可算出柱内、外的电场强度为

$$\boldsymbol{E}_1=\frac{r\rho_q}{2\varepsilon}\boldsymbol{r}_0$$

$$\boldsymbol{E}_2=\frac{a^2\rho_q}{2\varepsilon_0 r}\boldsymbol{r}_0$$

由此可直接置换得到

$$\boldsymbol{B}_1=\frac{\mu j r}{2}\boldsymbol{\varphi}_0$$

$$\boldsymbol{B}_2=\frac{\mu_0 a^2 j}{2r}\boldsymbol{\varphi}_0$$

这里需要指出的是，$\boldsymbol{B}$ 与 $\boldsymbol{E}$ 在方向上是不同的。通常可以先用类比法求出矢势 $\boldsymbol{A}$ 的分量，然后对 $\boldsymbol{A}$ 求旋度得到 $\boldsymbol{B}$。

二、磁镜像法

在讨论磁镜像法之前，首先要证明稳定磁场的惟一性定理。这个定理可以表述如下。“如果场中电流的分布已经确定，并且在界面上矢势 A_t 或 $(\nabla\times\boldsymbol{A})_t$ 已知，则满足泊松方程：$\nabla^2\boldsymbol{A}=-\mu_0(\boldsymbol{j}+\boldsymbol{j}_m)$ 的解是惟一的”。

证明如下：如果已知界面上有 $A_t=f(s)$ 以及 $(\nabla\times\boldsymbol{A})_t=g(s)$。假定满足同一边界条件及泊松方程的矢势解有两个：$\boldsymbol{A}_1$ 和 $\boldsymbol{A}_2$。则令 $\boldsymbol{A}'=\boldsymbol{A}_1-\boldsymbol{A}_2$，以及 $\boldsymbol{H}'=\boldsymbol{H}_1-\boldsymbol{H}_2$。于是对 $\boldsymbol{A}'$ 显然有

$$\nabla^2\boldsymbol{A}'=0;\ \boldsymbol{A}'_t=0;\ (\nabla\times\boldsymbol{A}')_t=0;\ \boldsymbol{B}'=(\nabla\times\boldsymbol{A}')$$

现在计算 $\boldsymbol{B}'$ 与 $\boldsymbol{H}'$ 的点积

$$\boldsymbol{B}'\cdot\boldsymbol{H}'=\mu H'^2=\boldsymbol{H}'\cdot(\nabla\times\boldsymbol{A}')=\boldsymbol{A}'\cdot(\nabla\times\boldsymbol{H}')-\nabla\cdot(\boldsymbol{H}'\times\boldsymbol{A}')$$

其中
$$\boldsymbol{A}'\cdot(\nabla\times\boldsymbol{H}')=\frac{1}{\mu}[\boldsymbol{A}'\cdot(\nabla\times\nabla\times\boldsymbol{A}')]=\frac{\boldsymbol{A}'}{\mu}\cdot(-\nabla^2\boldsymbol{A}')=0$$

于是
$$\iiint_V\mu H'^2\mathrm{d}\nu=-\iiint_V\nabla\cdot(\boldsymbol{H}'\times\boldsymbol{A}')\mathrm{d}\nu=-\oiint_S(\boldsymbol{H}'\times\boldsymbol{A}')\cdot\mathrm{d}\boldsymbol{s}=-\oiint_S(\boldsymbol{H}'\times\boldsymbol{A}')_n\mathrm{d}s$$

如果以 S 面的法线为 z 轴的方向，则 x 轴和 y 轴在切平面上。

$$(\boldsymbol{H}'\times\boldsymbol{A}')_n=H'_xA'_y-H'_yA'_x$$

这里 A'_x，A'_y 都是切向分量，而 $H'_x=\frac{1}{\mu}(\nabla\times\boldsymbol{A}')_x$；$H'_y=\frac{1}{\mu}(\nabla\times\boldsymbol{A}')_y$。由于在 S 面上有 $A'_t=0$ 以及 $(\nabla\times\boldsymbol{A}')_t=0$，所以积分 $\oiint(\boldsymbol{H}'\times\boldsymbol{A}')_n\mathrm{d}s=0$。并由此得 $H'=0$，可见

$$\boldsymbol{H}_1=\boldsymbol{H}_2$$

又由 $\boldsymbol{H}=\frac{1}{\mu}(\nabla\times\boldsymbol{A})$ 出发，可以得到 $(\nabla\times\boldsymbol{A}_1)=(\nabla\times\boldsymbol{A}_2)$，即

$$\nabla\times(\boldsymbol{A}_1-\boldsymbol{A}_2)=\nabla\times\boldsymbol{A}'=0$$

由于 $\boldsymbol{A}'$ 无旋，因此可以定义一个磁标势 $u'=u_{m1}-u_{m2}$，并且 $\boldsymbol{A}'=-\nabla u'_m$ 由于磁标势场与静电场的类似，可以证明磁标势场的惟一性定理，从而可以证明 u'_m 或者为零，或者为一个常数。于是 $\nabla u'_m=0$ 即 $\boldsymbol{A}'=0$，最后就证明了：$\boldsymbol{A}_1=\boldsymbol{A}_2$。

由于有了惟一性定理，所以运用磁镜像法才是可能的。磁镜像法的原则和要点与电像法相同。

例：有磁导率分别为 μ_1，μ_2 的两种均匀磁介质，以面 S 为界，在界面一侧距界面为 d 处有一平行界面的无限长载流直导线，求空间各点的磁场。

解：如图附 1，当观测点 P_1 与源 I 在同一侧时，在界面另一侧设一镜像虚源 I′，当观测点 P_2 与源 I 不在同一侧时，就在原来的位置上设虚源 I″。然后设想 P_1，P_2 无限靠近地位于界面两侧。对 P_1 点来说，有

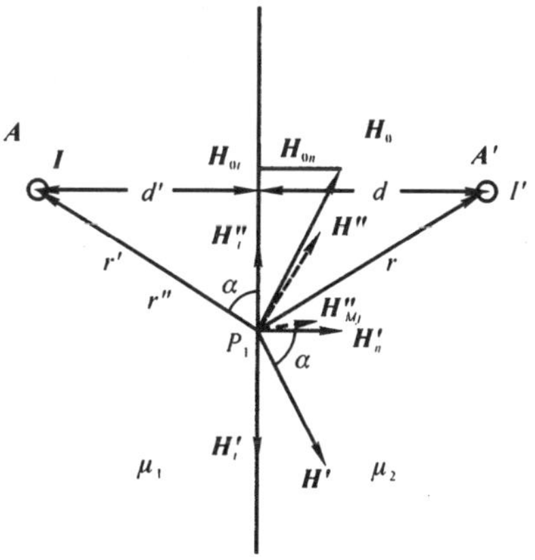

附图 1　磁镜像法举例图示

$$\boldsymbol{H}_1 = \frac{I}{2\pi r}\varphi_0 + \frac{I'}{2\pi r}\varphi'_0 = \boldsymbol{H}_0 + \boldsymbol{H}'$$

其切向分量和法向分量为

$$H_{1t} = \frac{1}{2\pi r}(I\sin\alpha - I'\sin\alpha) = H_{0t} - H'_t$$

$$H_{1n} = \frac{1}{2\pi r}(I\cos\alpha - I'\cos\alpha) = H_{0n} + H'_n$$

对 P_2 点来说，则有 $\boldsymbol{H}_2 = \frac{I}{2\pi r}\varphi_0 = \boldsymbol{H}''$

$$\boldsymbol{H}''_t = \frac{I''}{2\pi r}\sin\alpha$$

其切向分量及法向分量为

$$\boldsymbol{H}''_n = \frac{I''}{2\pi r}\cos\alpha$$

由边界条件

$$\begin{cases} H_{1t} = H''_t \\ \mu_1 H_{1n} = \mu_2 H''_n \end{cases}$$

可以得到方程组

$$\begin{cases} I - I' = I'' \\ \mu_1(I + I') = \mu_2 I'' \end{cases}$$

解得

$$\begin{cases} I' = \dfrac{\mu_2 - \mu_1}{\mu_1 + \mu_2} I \\ I'' = (1 - \dfrac{\mu_2 - \mu_1}{\mu_1 + \mu_2}) I = \dfrac{2\mu_1}{\mu_1 + \mu_2} I \end{cases}$$

令

$$K_{12} = \frac{\mu_2 - \mu_1}{\mu_1 + \mu_2} \tag{1-3}$$

K_{12}称为(由介质 2 向介质 1 的)反射系数，而

$$(1 - K_{12}) = \frac{2\mu_2}{\mu_1 + \mu_2} \tag{1-4}$$

则称为(由介质 1 透过介质 2 的)透射系数。以后在应用磁镜像法时，如遇平面界面，可以直接引用上述反射系数和透射系数的表达式。如果电流不是直线电流，则应将其分成电流元，对每一电流元，仍然可以利用上述反射系数和透射系数来确定其虚源的大小。

本题最后结果为

$$\boldsymbol{H}_1 = \frac{I}{2\pi}(\frac{1}{r}\varphi_0 + \frac{K_{12}}{r'}\varphi'_0)$$

$$\boldsymbol{H}_2 = \frac{I}{2\pi r''}(1 - K_{12}\varphi''_0)$$

式中，r、r'、r''分别是测点到源点 A、A'和 A''的距离。φ_0、φ'_0、φ''_0 则是垂直向径 $\boldsymbol{r}$、$\boldsymbol{r}'$、$\boldsymbol{r}''$的单位矢量。

附录二　关于平面电磁波是横波的证明

在第五章中曾叙述过平面电磁波在传播过程中，亥姆霍兹方程($\nabla^2\boldsymbol{H} + k^2\boldsymbol{H} = 0$)的解为

$$\boldsymbol{H} = \boldsymbol{H}_0 e^{i(kz - \omega t)}$$

式中 $\boldsymbol{H}_0 = H_0\boldsymbol{y}_0$，现在对它两边取散度

$$\nabla \cdot \boldsymbol{H} = \boldsymbol{H}_0 \cdot \nabla \mathrm{e}^{\mathrm{i}(kz-\omega t)} + \mathrm{e}^{\mathrm{i}(kz-\omega t)} \nabla \cdot \boldsymbol{H}_0 = 0$$

其中

$$\nabla \mathrm{e}^{\mathrm{i}(kz-\omega t)} = \frac{\partial}{\partial z}\mathrm{e}^{\mathrm{i}(kz-\omega t)}\boldsymbol{z}_0 = \mathrm{i}k\mathrm{e}^{\mathrm{i}(kz-\omega t)}\boldsymbol{z}_0$$

$$\nabla \cdot \boldsymbol{H}_0 = 0$$

因此得

$$\boldsymbol{H}_0 \cdot \boldsymbol{z}_0 k\mathrm{e}^{\mathrm{i}(kz-\omega t)} = 0 \tag{2-1}$$

这说明矢量 $\boldsymbol{H}_0$ 垂直于电磁波的传播方向 $\boldsymbol{z}_0$。同理，亦可说明矢量 $\boldsymbol{E}_0$ 也垂直于电磁波的传播方向 $\boldsymbol{z}_0$。因此 $\boldsymbol{H}_0$ 与 $\boldsymbol{E}_0$ 在一个与 $\boldsymbol{z}_0$ 垂直的平面上，所以电磁波是一种横波。

如果将 $\nabla \times \boldsymbol{E} = -\mu \dfrac{\partial \boldsymbol{H}}{\partial t}$ 式展开，便得

$$\left(\frac{\partial E_z}{\partial y} - \frac{\partial E_y}{\partial z}\right)\boldsymbol{i} + \left(\frac{\partial E_x}{\partial z} - \frac{\partial E_z}{\partial x}\right)\boldsymbol{j} + \left(\frac{\partial E_y}{\partial x} - \frac{\partial E_x}{\partial y}\right)\boldsymbol{k} = -\mu\left(\frac{\partial H_x}{\partial t}\boldsymbol{i} + \frac{\partial H_y}{\partial t}\boldsymbol{j} + \frac{\partial H_z}{\partial t}\boldsymbol{k}\right)$$

由于 $\boldsymbol{E}$ 及 $\boldsymbol{H}$ 均无 $\boldsymbol{z}_0$ 方向的分量，并且 $\boldsymbol{E}$ 及 $\boldsymbol{H}$ 均与 x，y 无关，因此由上式可得

$$\frac{\partial E_y}{\partial z} = \mu \frac{\partial H_x}{\partial t}\ ;\ \frac{\partial E_x}{\partial z} = -\frac{\partial H_y}{\partial t}$$

由(5.22)式及(5.23)式知

$$\frac{\partial E_y}{\partial z} = \mathrm{i}kE_y ; \frac{\partial H_x}{\partial t} = -\mathrm{i}\omega H_x$$

$$\frac{\partial E_x}{\partial z} = \mathrm{i}kE_x ; \frac{\partial H_y}{\partial t} = -\mathrm{i}\omega H_y$$

代入上式后便得

$$E_y = -\frac{\omega\mu}{k}H_x ; E_x = \frac{\omega\mu}{k}H_y \tag{2-2}$$

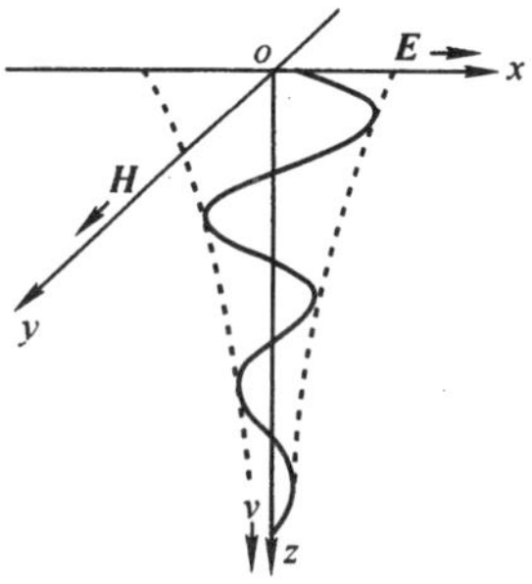

附图 2　电磁波在物质中的传播

由此可见，沿 $\boldsymbol{x}_0$ 方向的变化电场总是与沿 $\boldsymbol{y}_0$ 方向的变化磁场相对应，而沿 $\boldsymbol{y}_0$ 方向的变化电场则与沿 $-\boldsymbol{x}_0$ 方向的变化磁场相对应。如果以 $\boldsymbol{v}_0$ 表示电磁波的速度单位矢量，则对于平面电磁波来说，$\boldsymbol{E}$，$\boldsymbol{H}$，$\boldsymbol{v}_0$ 组成了一个右旋系统。

附图 2 示意地画出了电磁波在物质中传播时的波动曲线(图中只画出电场部分)。

附录三　关于 SI 制、CGSE 制、CGSM 制和高斯单位制

由于历史原因，电磁学的单位制较多。除了本书采用的 SI 制(又称有理化米、千克、秒、安培单位制)外，还有绝对静电单位制(CGSE 制)、绝对电磁单位制(CGSM 制)和高斯单位制等。

在 SI 单位制中的四个基本量是长度——米，质量——千克，时间——秒，电流强度——安培。而在其余三种单位制(CGSE、CGSM 和高斯单位制)中，基本量只有三个，它们是长度——厘米，质量——克，时间——秒。而电磁学中的各物理量的单位则是依据不同的实验定律来建立的。因此，电磁学中同一个物理量在不同单位制中不仅数值上有差异，而且在量纲上也不同。

1. 绝对静电单位制(CGSE 制)

这个单位制是建立在真空中库仑定律的基础上的，在库仑定律

$$\boldsymbol{F}_{12} = K\frac{q_1q_2}{r^3}\boldsymbol{r}_{12}$$

中，力和长度的单位已在克、厘米、秒单位制中确定，因此为了确定电量(q)的单位，可以选择不同的比例系数 K，在 CGSE 制中选择 $K=1$，由此而定义的电量单位称为 CGSE 电量。它相当于两个相距为 1 厘米，带有等量电荷的质点相互之间作用力为 1 达因时的电量。所以，真空中的库仑定律在 CGSE 制中的形式为

$$\boldsymbol{F}_{12} = \frac{q_1q_2}{r^3}\boldsymbol{r}_{12} \tag{3-1}$$

由库仑定律出发，便可以相继建立其他电学量的 CGSE 单位。

特别应该指出的是，在 CGSE 制中，真空中的介电常数 $\varepsilon_0 = 1$，是一个无量纲的纯量。因此电介质的介电常数 $\varepsilon = \varepsilon_r\varepsilon_0$ 也是无量纲的纯量。它反映了在电介质中电场对电荷作用力与在真空中相比减小的倍数。

CGSE 制中的磁学量单位，源出于毕奥—沙伐尔定律，(4.1)式在未明确有关量单位之前，可以写为：

$$\mathrm{d}\boldsymbol{H} = K\frac{I\mathrm{d}\boldsymbol{l}\times\boldsymbol{r}}{r^3}$$

从这个公式出发，无限长直载流导线的磁场强度为

$$\boldsymbol{H} = K\frac{2I}{r}\boldsymbol{\varphi}_0 \tag{3-2}$$

如果式中长度及电流强度均取 CGSE 制单位，并令 $K=1$，就可以定义磁场强度的 CGSE 制单位：当无限长导线中电流强度为 1CGSE 电流单位时，距导线 2 厘米处的磁场强度即为 1CGSE 磁场强度。

在 CGSE 制中，安培定律(4.12)式应当写为

$$\mathrm{d}\boldsymbol{F}_{12} = KI_2\mathrm{d}\boldsymbol{l}_2\times\boldsymbol{H}_1$$

既然力、电流强度、长度和磁场强度的单位已经事先确定，因此为使该等式成立，此处 K 就不能等于 1，而必须等于 $\frac{1}{c^2}$。其中 $c = 2.998\times10^{10}$ cm/s，恰为光波在真空中的传播速度。所以在 CGSE 制中的安培定律应当写为

$$\mathrm{d}\boldsymbol{F}_{12} = \frac{1}{c^2}I_2\mathrm{d}\boldsymbol{l}\times\boldsymbol{H}_1 \tag{3-3}$$

在 CGSE 制中，真空中的磁感应强度和磁场强度的关系为

$$\boldsymbol{B} = \frac{1}{c^2}\boldsymbol{H} = \mu_0\boldsymbol{H} \tag{3-4}$$

而在磁介质中，则有 $\boldsymbol{B}=\mu\boldsymbol{H}$，因此，$\boldsymbol{B}$ 与 $\boldsymbol{H}$ 有不同的量纲。在一般的文献和教科书上，磁学量的 CGSE 制单位很少使用。

2. 绝对电磁单位制(CGSM 制)

CGSM 制的电学量单位首先是从安培定律确定的。(4.11)可表示为

$$\mathrm{d}\boldsymbol{F}_{12} = K\frac{I_2\mathrm{d}\boldsymbol{l}_2\times(I_1\mathrm{d}\boldsymbol{l}_1\times\boldsymbol{r}_{12})}{r_{12}^3}$$

如果力的单位取为达因，长度的单位取为厘米，并令式中系数 $K=1$，就可定义出电流强度的 CGSM 制单位，并由此导出其他电学量的 CGSM 制单位。

CGSM 制的磁学量单位则仍由毕奥－沙伐尔定律导出。这时仍令(3-2)式中的系数 $K=1$，由此定义的 CGSM 制磁场强度单位称为奥斯特。1 奥斯特就是无限长直载流导线中电流强度为 1CGSM 电流单位时，距导线 2 厘米处的磁场强度。

在 CGSM 单位制中，$\boldsymbol{B}=\mu\boldsymbol{H}$，磁导率 μ 是一个无量纲的纯量，真空中的磁导率为 $\mu_0=1$。虽然在 CGSM 制中，磁感应强度 $\boldsymbol{B}$ 的单位另有一个名称——高斯，但高斯的单位大小及量纲与奥斯特完全一样。

在 CGSM 制中，库仑定律中的系数不再能够等于 1。因为公式

$$\boldsymbol{F}_{12}=K\frac{q_1q_2}{r_{12}^3}\boldsymbol{r}_{12}$$

中各物理量的单位均已事先确定。这时若取 $k=c^2$，则上式便能成立。c 为真空中的光速。因此，在 CGSM 制中，库仑定律应写为

$$\boldsymbol{F}_{12}=c^2\frac{q_1q_2}{r_{12}^3}\boldsymbol{r}_{12}=\frac{1}{\varepsilon_0}\frac{q_1q_2}{r_{12}^3}\boldsymbol{r}_{12} \tag{3-5}$$

CGSM 制中电位移矢量与电场强度的关系仍可写为

$$\boldsymbol{D}=\varepsilon\boldsymbol{E}$$

介电常数 ε 具有速度平方的倒数的量纲，因此，$\boldsymbol{D}$ 与 $\boldsymbol{E}$ 在数值上和量纲上都是不同的，并且 $\boldsymbol{D}$ 远小于 $\boldsymbol{E}$。

3. 高斯单位制

这其实是一种混合单位制。在高斯单位制中，所有电学量均取 CGSE 制单位，而所有磁学量则取 CGSM 制单位。于是在高斯单位制中，介电常数 ε 和磁导率 μ 均为无量纲的纯数，并且在真空中，$\varepsilon_0=1$、$\mu_0=1$。在高斯制中，凡同时含有电学量和磁学量的公式都出现以 c 表示的系数因子。

4. SI 单位制

这个单位制采用四个基本量。其力学中的单位是大家已经熟悉了的，而在电磁学中，由于已经事先确定了电流强度的单位——安培(1 安培等于 3×10^9CGSE 单位电流强度)，并由此引入其他电学单位。例如：

$$\begin{aligned}1[\text{库仑}]&=1[\text{安培}]\times1[\text{秒}]\\1[\text{伏特}]&=1[\text{瓦特}]\div1[\text{安培}]\\1[\text{欧姆}]&=1[\text{伏特}]\div1[\text{安培}]\\1[\text{法拉}]&=1[\text{库仑}]\div1[\text{伏特}]\end{aligned} \tag{3-6}$$

在 SI 制中，磁学单位的引入是根据法拉第电磁感应定律。当穿过一个电阻为 1[欧姆]的闭合导体回路中的磁通量从零增加至某一数值时，回路中由于感应而流过的电量恰为 1[库仑]，则该磁通量数值称为 1[韦伯]。并由公式

$$B_n=\frac{\Phi}{S}$$

规定磁感应强度的单位为 韦伯/米^2，称为特斯拉，即

$$1[\text{特斯拉}]=1[\text{韦伯}/\text{米}^2] \tag{3-7}$$

由于在 SI 制中力学和电学基本量的单位已经确定，所以在库仑定律中 $K=\frac{1}{4\pi\varepsilon_0}$，而在毕奥-沙伐尔定律中 $K=\frac{1}{4\pi}$。

SI 制中的介电常数 $\varepsilon=\varepsilon_r\varepsilon_0$，以及磁导率 $\mu=\mu_r\mu_0$，都是有量纲的物理量。因此，D 与 E，B 与 H 具有不同的量纲。其中磁场强度的单位是由毕奥—沙伐尔定律确定的。在无限长直载流导线的磁场公式

$$\boldsymbol{H}=\frac{I}{2\pi r}\boldsymbol{\varphi}$$

中。当导线中的电流强度为 1 安培时，距导线 $1/2\pi$ 米处的磁场强度便为 1[安培/米]。

这里要特别强调的是，当今国际和国内广泛使用的是以 SI 制为基础的国际标准单位制，因此，过去文献和教材中使用过的其他单位制都应换算到 SI 单位制上来，以利于国际交流。

附录四　矢量运算的基本公式

一、矢量之积

$$\boldsymbol{A}\cdot\boldsymbol{B}=\boldsymbol{B}\cdot\boldsymbol{A}=\boldsymbol{A}\cdot\boldsymbol{B}\cos(\boldsymbol{A},\boldsymbol{B})$$

$$\boldsymbol{A}\times\boldsymbol{B}=-\boldsymbol{B}\times\boldsymbol{A}$$

$$|\boldsymbol{A}\times\boldsymbol{B}|=AB\sin(\boldsymbol{A},\boldsymbol{B})$$

$$\boldsymbol{C}\cdot(\boldsymbol{A}+\boldsymbol{B})=\boldsymbol{C}\cdot\boldsymbol{A}+\boldsymbol{C}\cdot\boldsymbol{B}$$

$$\boldsymbol{C}\times(\boldsymbol{A}+\boldsymbol{B})=\boldsymbol{C}\times\boldsymbol{A}+\boldsymbol{C}\times\boldsymbol{B}$$

$$\boldsymbol{A}\cdot(\boldsymbol{B}\times\boldsymbol{C})=\boldsymbol{B}\cdot(\boldsymbol{C}\times\boldsymbol{A})=\boldsymbol{C}\cdot(\boldsymbol{A}\times\boldsymbol{B})$$

$$\boldsymbol{A}\times(\boldsymbol{B}\times\boldsymbol{C})=(\boldsymbol{A}\cdot\boldsymbol{C})\boldsymbol{B}-(\boldsymbol{A}\cdot\boldsymbol{B})\boldsymbol{C}$$

二、高斯定律

$$\oint\!\!\!\oint_S \boldsymbol{a}\cdot\mathrm{d}\boldsymbol{s}=\iiint_V \nabla\cdot\boldsymbol{a}\,\mathrm{d}v$$

三、斯托克斯定理

$$\oint_L \boldsymbol{a}\cdot\mathrm{d}\boldsymbol{l}=\iint_S \nabla\times\boldsymbol{a}\cdot\mathrm{d}\boldsymbol{s}$$

四、格林定理

1. 格林定理第一公式

$$\iiint_V (u\nabla^2 v+\nabla u\cdot\nabla v)\mathrm{d}v=\oint\!\!\!\oint_S u\frac{\partial v}{\partial n}\mathrm{d}s$$

2. 格林定理第二公式

$$\iiint_V (u\nabla^2 v-v\nabla^2 u)\mathrm{d}v=\oint\!\!\!\oint_S \left(u\frac{\partial v}{\partial n}-v\frac{\partial u}{\partial n}\right)\mathrm{d}s$$

3. 格林定理第三公式

$$\iiint_V [u\nabla^2 u + (\nabla u)^2]\mathrm{d}v = \oiint_S u\frac{\partial u}{\partial n}\mathrm{d}s$$

五、梯度、散度、旋度、拉普拉斯展开式

1. 直角坐标系

$$\nabla u = \frac{\partial u}{\partial x}\boldsymbol{i} + \frac{\partial u}{\partial y}\boldsymbol{j} + \frac{\partial u}{\partial z}\boldsymbol{k}$$

$$\nabla\cdot\boldsymbol{A} = \frac{\partial A_x}{\partial x} + \frac{\partial A_y}{\partial y} + \frac{\partial \Lambda_z}{\partial z}$$

$$\nabla\times\boldsymbol{A} = (\frac{\partial A_Z}{\partial y} - \frac{\partial A_y}{\partial z})\boldsymbol{i} + (\frac{\partial A_x}{\partial z} - \frac{\partial A_Z}{\partial x})\boldsymbol{j} + (\frac{\partial A_y}{\partial x} - \frac{\partial A_x}{\partial y})\boldsymbol{k}$$

$$\nabla^2 u = \frac{\partial^2 u}{\partial x^2} + \frac{\partial^2 u}{\partial y^2} + \frac{\partial^2 u}{\partial z^2}$$

2. 圆柱坐标系

$$\nabla u = \frac{\partial u}{\partial \rho}\boldsymbol{\rho}_0 + \frac{1}{\rho}\frac{\partial u}{\partial \varphi}\boldsymbol{\varphi}_0 + \frac{\partial u}{\partial z}\boldsymbol{z}_0$$

$$\nabla\cdot\boldsymbol{A} = \frac{1}{\rho}\frac{\partial}{\partial \rho}(\rho A_\rho) + \frac{1}{\rho}\frac{\partial A_\varphi}{\partial \varphi} + \frac{\partial A_z}{\partial z}$$

$$\nabla\times A = (\frac{\partial A_Z}{\rho\partial \varphi} - \frac{\partial A_\varphi}{\partial z})\boldsymbol{\rho}_0 + (\frac{\partial A_\rho}{\partial z} - \frac{\partial A_Z}{\partial \rho})\boldsymbol{\varphi}_0 + \frac{1}{\rho}\left[\frac{\partial(\rho A_\varphi)}{\partial \rho} - \frac{\partial A_\rho}{\partial \varphi}\right]\boldsymbol{z}_0$$

$$\nabla^2 u = \frac{1}{\rho}\frac{\partial}{\partial \rho}(\rho\frac{\partial u}{\partial \rho}) + \frac{1}{\rho^2}\frac{\partial^2 u}{\partial \varphi^2} + \frac{\partial^2 u}{\partial z^2}$$

3. 球坐标系

$$\nabla u = \frac{\partial u}{\partial \rho}\boldsymbol{r}_0 + \frac{1}{r}\frac{\partial u}{\partial \theta}\boldsymbol{\theta}_0 + \frac{1}{r\sin\theta}\frac{\partial u}{\partial \varphi}\boldsymbol{\varphi}_0$$

$$\nabla\cdot A = \frac{1}{r^2}\frac{\partial}{\partial r}(r^2 A_r) + \frac{1}{r\sin\theta}\frac{\partial}{\partial \theta}(\sin\theta A_\theta) + \frac{1}{r\sin\theta}\frac{\partial A_\varphi}{\partial \varphi}$$

$$\nabla\times A = \frac{1}{r\sin\theta}\left[\frac{\partial(\sin\theta A_\varphi)}{\partial \theta} - \frac{\partial A_\theta}{\partial \varphi}\right]\boldsymbol{r}_0 + \left[\frac{1}{r\sin\theta}\frac{\partial A_r}{\partial \varphi} - \frac{1}{r}\frac{\partial(rA_\varphi)}{\partial r}\right]\boldsymbol{\theta}_0 + \frac{1}{r}\left[\frac{\partial(rA_\theta)}{\partial r} - \frac{\partial A_r}{\partial \theta}\right]\boldsymbol{\varphi}_0$$

$$\nabla^2 u = \frac{1}{r^2}\frac{\partial}{\partial r}(r^2\frac{\partial u}{\partial r}) + \frac{1}{r^2\sin\theta}\frac{\partial}{\partial \theta}(\sin\theta\frac{\partial u}{\partial \theta}) + \frac{1}{r^2\sin^2\theta}\frac{\partial^2 u}{\partial \varphi^2}$$

六、其他公式

1. $$\nabla(\boldsymbol{a}\cdot\boldsymbol{b}) = \boldsymbol{a}\times(\nabla\times\boldsymbol{b}) + \boldsymbol{b}\times(\nabla\times\boldsymbol{a}) + (\boldsymbol{a}\cdot\nabla)\boldsymbol{b} + (\boldsymbol{b}\cdot\nabla)\boldsymbol{a}$$

2. $$\nabla\cdot(\boldsymbol{a}\times\boldsymbol{b}) = \boldsymbol{b}\cdot(\nabla\times\boldsymbol{a}) - \boldsymbol{a}\cdot(\nabla\times\boldsymbol{b})$$

3. $$\nabla\times(\boldsymbol{a}\times\boldsymbol{b}) = (\boldsymbol{b}\cdot\nabla)\boldsymbol{a} - (\boldsymbol{a}\cdot\nabla)\boldsymbol{b} + (\nabla\cdot\boldsymbol{b})\boldsymbol{a} - (\nabla\cdot\boldsymbol{a})\boldsymbol{b}$$

4. $$\nabla\times(\nabla\times\boldsymbol{a}) = \nabla(\nabla\cdot\boldsymbol{a}) - \nabla^2\boldsymbol{a}$$

5. $$\nabla(\varphi_1 + \varphi_2) = \nabla\varphi_1 + \nabla\varphi_2$$

6. $$\nabla(\varphi_1\varphi_2) = \varphi_1\nabla\varphi_2 + \varphi_2\nabla\varphi_1$$

7. $$\nabla F(\varphi) = \frac{\partial \mathrm{F}}{\partial \varphi}\nabla\varphi$$

8. $$\nabla\cdot(\boldsymbol{a}_1+\boldsymbol{a}_2)=\nabla\cdot\boldsymbol{a}_1+\nabla\cdot\boldsymbol{a}_2$$

9. $$\nabla(\varphi\boldsymbol{a})=\varphi\nabla\cdot\boldsymbol{a}+\nabla\varphi\cdot\boldsymbol{a}$$

10. $$\nabla\times(\boldsymbol{a}_1+\boldsymbol{a}_2)=\nabla\times\boldsymbol{a}_1+\nabla\times\boldsymbol{a}_2$$

11. $$\nabla\times(\varphi\boldsymbol{a})=\varphi\nabla\times\boldsymbol{a}+\nabla\varphi\times\boldsymbol{a}$$

附录五　引力场的主要公式

1. 万有引力定律

$$\boldsymbol{F}_{12}=-f\frac{m_1m_2}{r_{12}^3}\boldsymbol{r}_{12}$$

2. 引力场强度定义

$$\boldsymbol{G}=\frac{\boldsymbol{F}}{m_0}$$

3. 引力场涡旋特征和聚散特征

(1) $$\nabla\times\boldsymbol{G}=0$$

(2) $$\nabla\cdot\boldsymbol{G}=-4\pi f\rho$$

4. 引力势方程和边界条件

(1) $$\boldsymbol{G}=\nabla u$$

(2) $$\nabla^2u=-4\pi f\rho\text{（泊松方程）}$$

(3) $$\nabla^2u=0\text{（拉普拉斯方程）}$$

(4) $$u_1=u_2\qquad\in s$$

(5) $$\frac{\partial u_2}{\partial n}-\frac{\partial u_1}{\partial n}=-4\pi f\sigma\qquad\in s$$

(6) $$\frac{\partial u_1}{\partial t}=\frac{\partial u_2}{\partial t}\qquad\in s$$

$$r\longrightarrow\infty,u\longrightarrow0;r=0\text{，}u\text{有限}$$

5. 重力场

重力＝引力＋惯性离心力　$\boldsymbol{g}=\boldsymbol{G}+\boldsymbol{C}$

重力位 $u_g=f\iiint\limits_V\frac{\rho\mathrm{d}\xi\mathrm{d}\eta\mathrm{d}\zeta}{\sqrt{(x-\xi)^2+(y-\eta)^2+(z-\zeta)^2}}+\frac{1}{2}\omega^2(x^2+y^2)$

重力场强 $\boldsymbol{g}=\nabla u_g$

国际正常重力公式

$$g_0=9780327(1+5.3024\sin^2\varphi\times10^{-3}-5.9\sin^22\varphi\times10^{-6})\quad\frac{\text{m}}{\text{s}^2}$$

（φ 为测点的纬度值）

附录六 SI 制及其他单位制中电磁学主要公式对照表

附表 6-1 SI 制单位与绝对制单位之关系

（式中之 $c=2.9986\times10^{10}$ cm/s 为真空中的光速）

量的名称(符号)	单位名称	1SI 制单位等于	
		CGSE 制	CGSM 制
介电常数(ε)	法拉/米	$36\pi\times10^9$	$\frac{36\pi}{c^2}\times10^9$
电量(Q)	库仑	3×10^9	$\frac{3}{c}\times10^9$
电场强度(E)	伏特/米	$\frac{1}{3\times10^4}$	$\frac{c}{3}\times10^{-4}$
电位移(D)	库仑/米^2	$12\pi\times10^5$	$\frac{12\pi}{c}\times10^5$
电势(V)	伏特	$\frac{1}{300}$	$\frac{c}{3}\times10^{-2}$
电流强度(I)	安培	3×10^9	$\frac{3}{c}\times10^9$
电阻(R)	欧姆	$\frac{1}{9\times10^{11}}$	$\frac{c^2}{9}\times10^{-11}$
电容(C)	法拉	9×10^{11}	$\frac{9}{c^2}\times10^{11}$
磁导率(μ)	亨利/米	$\frac{1}{4\pi c^2}\times10^7$	$\frac{1}{4\pi}\times10^7$
磁场强度(H)	安培/米	$4\pi c\times10^{-3}$	$4\pi\times10^{-3}$
磁感应强度(B)	特斯拉	$\frac{1}{c}\times10^4$	10^4
磁感通量(Φ)	韦伯	$\frac{1}{c}\times10^8$	10^8
电感(L)	亨利	$\frac{1}{c^2}\times10^9$	10^9

附表 6-2 真空中的静电场基本公式

公式名称 \ 单位制	高斯单位制	SI 单位制
库仑定律	$\boldsymbol{F}_{12}=\frac{q_1q_2}{r_{12}^3}\boldsymbol{r}_{12}$	$\boldsymbol{F}_{12}=\frac{1}{4\pi\varepsilon_0}\frac{q_1q_2}{r_{12}^3}\boldsymbol{r}_{12}$
场强定义	$\boldsymbol{E}=\lim\limits_{q_0\to0}\frac{\boldsymbol{F}}{q_0}$	$\boldsymbol{E}=\lim\limits_{q_0\to0}\frac{\boldsymbol{F}}{q_0}$
点荷的场强	$\boldsymbol{E}=\frac{q}{r^3}\boldsymbol{r}$	$\boldsymbol{E}=\frac{1}{4\pi\varepsilon_0}\frac{q}{r^3}\boldsymbol{r}$

续表

名称 \ 公式 \ 单位制	高斯单位制	SI 单位制
体电荷的场强	$\boldsymbol{E}=\iiint\limits_V \frac{\rho_q \boldsymbol{r}}{r^3}\mathrm{d}v$	$\boldsymbol{E}=\frac{1}{4\pi\varepsilon_0}\iiint\limits_V \frac{\rho_q \boldsymbol{r}}{r^3}\mathrm{d}v$
场强通量	$\oiint\limits_S \boldsymbol{E}\cdot\mathrm{d}\boldsymbol{s}=4\pi q$	$\oiint\limits_S \boldsymbol{E}\cdot\mathrm{d}\boldsymbol{s}=\frac{q}{\varepsilon_0}$
场强散度	$\nabla\cdot\boldsymbol{E}=4\pi\rho_q$	$\nabla\cdot\boldsymbol{E}=\frac{\rho_q}{\varepsilon_0}$
场强环量	$\oint\limits_L \boldsymbol{E}\cdot\mathrm{d}\boldsymbol{l}=0$	$\oint\limits_L \boldsymbol{E}\cdot\mathrm{d}\boldsymbol{l}=0$
场强旋度	$\nabla\times\boldsymbol{E}=0$	$\nabla\times\boldsymbol{E}=0$
点荷的势	$u=\frac{q}{r}$	$u=\frac{1}{4\pi\varepsilon_0}\frac{q}{r}$
体荷的势	$u=\iiint\limits_V \frac{\rho_q}{r}\mathrm{d}v$	$u=\frac{1}{4\pi\varepsilon_0}\iiint\limits_V \frac{\rho_q}{r}\mathrm{d}v$
电势的梯度	$\boldsymbol{E}=-\nabla u$	$\boldsymbol{E}=-\nabla u$
泊松方程	$\nabla^2 u=-4\pi\rho_q$	$\nabla^2 u=-\frac{\rho_q}{\varepsilon_0}$
拉普拉斯方程	$\nabla^2 u=0$	$\nabla^2 u=0$
边界条件	$u_1=u_2$ $\frac{\partial u_2}{\partial n}-\frac{\partial u_1}{\partial n}=-4\pi\sigma_q$ $E_{1t}=E_{2t}$	$u_1=u_2$ $\frac{\partial u_2}{\partial n}-\frac{\partial u_1}{\partial n}=-\frac{\sigma_q}{\varepsilon_0}$ $E_{1t}=E_{2t}$
电偶极子的电势	$u=\frac{\boldsymbol{p}\cdot\boldsymbol{r}}{r^3}$ $\boldsymbol{p}=q\boldsymbol{l}$	$u=\frac{1}{4\pi\varepsilon_0}\frac{\boldsymbol{p}\cdot\boldsymbol{r}}{r^3}$ $\boldsymbol{p}=q\boldsymbol{l}$
电偶极子的场强	$\boldsymbol{E}=\frac{p}{r^3}(2\cos\theta\boldsymbol{r}_0+\sin\theta\boldsymbol{\theta}_0)$ $\boldsymbol{E}=\frac{3(\boldsymbol{p}\cdot\boldsymbol{r})\boldsymbol{r}}{r^5}-\frac{\boldsymbol{p}}{r^3}$	$\boldsymbol{E}=\frac{p}{4\pi\varepsilon_0 r^3}(2\cos\theta\boldsymbol{r}_0+\sin\theta\boldsymbol{\theta}_0)$ $\boldsymbol{E}=\frac{1}{4\pi\varepsilon_0}\left[\frac{3(\boldsymbol{p}\cdot\boldsymbol{r})\boldsymbol{r}}{r^5}-\frac{\boldsymbol{p}}{r^3}\right]$
电偶层的电势	$u=\iint\limits_S \tau\mathrm{d}\Omega$ $\boldsymbol{\tau}=\sigma_q\boldsymbol{l}$	$u=\frac{1}{4\pi\varepsilon_0}\iint\limits_S \tau\mathrm{d}\Omega$ $\boldsymbol{\tau}=\sigma_q\boldsymbol{l}$
电偶层的边界条件	$u_2-u_1=4\pi\tau$ $\frac{\partial u_2}{\partial n}=\frac{\partial u_1}{\partial n}$	$u_2-u_1=\frac{\tau}{\varepsilon_0}$ $\frac{\partial u_2}{\partial n}=\frac{\partial u_1}{\partial n}$

附表 6-3 电介质中的静电场之基本公式

名称 \ 公式 \ 单位制	高斯单位制	SI 单位制
极化强度定义式	$\boldsymbol{P}=\lim\limits_{\Delta V\to 0}\dfrac{\sum\limits_i \boldsymbol{p}_i}{\Delta V}$	$\boldsymbol{P}=\lim\limits_{\Delta V\to 0}\dfrac{\sum\limits_i \boldsymbol{p}_i}{\Delta V}$
束缚电荷体密度	$\rho_P=-\nabla\cdot\boldsymbol{P}$	$\rho_P=-\nabla\cdot\boldsymbol{P}$
束缚电荷面密度	$\sigma_P=-(P_{2n}-P_{1n})$	$\sigma_P=-(P_{2n}-P_{1n})$
介电常数	$\varepsilon=1+4\pi k,\quad k=\dfrac{P}{E}$	$\varepsilon=\varepsilon_0(1+k),\quad k=\dfrac{P}{\varepsilon_0 E}$
电位移矢量	$\boldsymbol{D}=\varepsilon\boldsymbol{E}$	$\boldsymbol{D}=\varepsilon\boldsymbol{E}$
电位移通量	$\oiint\limits_S \boldsymbol{E}\cdot d\boldsymbol{s}=4\pi q$	$\oiint\limits_S \boldsymbol{D}\cdot d\boldsymbol{s}=q$
电位移散度	$\nabla\cdot\boldsymbol{D}=4\pi\rho_q$	$\nabla\cdot\boldsymbol{D}=\rho_q$
场强的通量	$\oiint\limits_S \boldsymbol{E}\cdot d\boldsymbol{s}=4\pi(q+q_p)$	$\oiint\limits_S \boldsymbol{E}\cdot d\boldsymbol{s}=\dfrac{q+q_q}{\varepsilon_0}$
场强的散度	$\nabla\cdot\boldsymbol{E}=4\pi(\rho_q+\rho_P)$	$\nabla\cdot\boldsymbol{E}=\dfrac{\rho_q+\rho_P}{\varepsilon_0}$
场强的环量	$\oint\limits_L \boldsymbol{E}\cdot d\boldsymbol{l}=0$	$\oint\limits_L \boldsymbol{E}\cdot d\boldsymbol{l}=0$
场强的旋度	$\nabla\times\boldsymbol{E}=0$	$\nabla\times\boldsymbol{E}=0$
点电荷的势	$u=\dfrac{q}{\varepsilon r}$	$u=\dfrac{1}{4\pi\varepsilon}\dfrac{q}{r}$
势的梯度	$\boldsymbol{E}=-\nabla u$	$\boldsymbol{E}=-\nabla u$
均匀介质中的泊松方程	$\nabla^2 u=-\dfrac{4\pi\rho_q}{\varepsilon}$	$\nabla^2 u=-\dfrac{\rho_q}{\varepsilon}$
无自由电荷的均匀介质中之拉普拉斯方程	$\nabla^2 u=0$	$\nabla^2 u=0$
介质界面的边界条件、	$u_1=u_2$ $\varepsilon_1\dfrac{\partial u_1}{\partial n}-\varepsilon_2\dfrac{\partial u_2}{\partial n}=4\pi\sigma_q$ $\dfrac{\partial u_1}{\partial t}=\dfrac{\partial u_2}{\partial t}$	$u_1=u_2$ $\varepsilon_1\dfrac{\partial u_1}{\partial n}-\varepsilon_2\dfrac{\partial u_2}{\partial n}=\sigma_q$ $\dfrac{\partial u_1}{\partial t}=\dfrac{\partial u_2}{\partial t}$
导体界面的边界条件	$u_1=u_2$ $\varepsilon\dfrac{\partial u}{\partial n}=-4\pi\sigma_q$	$u_1=u_2$ $\varepsilon\dfrac{\partial u}{\partial n}=-\sigma_q$
静电场的能量	$W=\dfrac{1}{8\pi}\iiint\limits_V \varepsilon E^2 dV$	$W=\dfrac{1}{2}\iiint\limits_V \varepsilon E^2 dV$
静电场能量体密度	$\omega=\dfrac{\varepsilon E^2}{8\pi}$	$\omega=\dfrac{\varepsilon E^2}{2}$

附表 6-4　稳定电流场基本公式

名称 \ 公式 \ 单位制	高斯单位制	SI 单位制
欧姆定律	$j = \frac{1}{\rho}\boldsymbol{E}$	$j = \frac{1}{\rho}\boldsymbol{E}$
连续性方程	$\oint\!\!\oint_S \boldsymbol{j}\cdot d\boldsymbol{s} = 0$ $\nabla\cdot\boldsymbol{j} = 0$	$\oint\!\!\oint_S \boldsymbol{j}\cdot d\boldsymbol{s} = 0$ $\nabla\cdot\boldsymbol{j} = 0$
电势的梯度	$\boldsymbol{E} = -\nabla u$	$\boldsymbol{E} = -\nabla u$
非均匀媒质中电势的方程	$\nabla^2 u = -\boldsymbol{j}\cdot\nabla(\rho)$	$\nabla^2 u = -\boldsymbol{j}\cdot\nabla(\rho)$
均匀媒质中电势的方程	$\nabla^2 u = 0$	$\nabla^2 u = 0$
边界条件	$u_1 = u_2$ $\frac{1}{\rho_1}\frac{\partial u_1}{\partial n} = \frac{1}{\rho_2}\frac{\partial u_2}{\partial n}$	$u_1 = u_2$ $\frac{1}{\rho_1}\frac{\partial u_1}{\partial n} = \frac{1}{\rho_2}\frac{\partial u_2}{\partial n}$
电流线折射定律	$\frac{\mathrm{tg}\theta_1}{\mathrm{tg}\theta_2} = \frac{\rho_2}{\rho_1}$	$\frac{\mathrm{tg}\theta_1}{\mathrm{tg}\theta_2} = \frac{\rho_2}{\rho_1}$
积累电荷体密度	$\rho_q = \frac{1}{4\pi}\boldsymbol{j}\cdot\nabla(\rho)$	$\rho_q = \varepsilon_0\boldsymbol{j}\cdot\nabla(\rho)$
积累电荷面密度	$\sigma_q = \frac{1}{4\pi}j_n(\rho_2 - \rho_1)$	$\sigma_q = \varepsilon_0 j_n(\rho_2 - \rho_1)$
静电类比	$q \longleftrightarrow I$ $\varepsilon \longleftrightarrow \frac{4\pi}{\rho}$	$q \longleftrightarrow I$ $\varepsilon \longleftrightarrow \frac{1}{\rho}$

附表 6-5　真空中稳定磁场的基本公式

名称 \ 公式 \ 单位制	高斯单位制	SI 单位制
安培定律	$d\boldsymbol{F}_{12} = \frac{I_1 I_2}{c^2}\frac{d\boldsymbol{l}_2\times(d\boldsymbol{l}_1\times\boldsymbol{r}_{12})}{r_{12}^3}$ $d\boldsymbol{F}_{12} = \frac{1}{c^2}\frac{\boldsymbol{j}_2 dv_2\times(\boldsymbol{j}_1 dv_1\times\boldsymbol{r}_{12})}{r_{12}^3}$ $d\boldsymbol{F} = \frac{I}{c}d\boldsymbol{l}\times\boldsymbol{B}$ $d\boldsymbol{F} = \frac{I}{c}\boldsymbol{j}\times\boldsymbol{B}dv$	$d\boldsymbol{F}_{12} = \frac{\mu_0 I_1 I_2}{4\pi}\frac{d\boldsymbol{l}_2\times(d\boldsymbol{l}_1\times\boldsymbol{r}_{12})}{r_{12}^3}$ $d\boldsymbol{F}_{12} = \frac{\mu_0}{4\pi}\frac{\boldsymbol{j}_2 dv_2\times(\boldsymbol{j}_1 dv_1\times\boldsymbol{r}_{12})}{r_{12}^3}$ $d\boldsymbol{F} = Id\boldsymbol{l}\times\boldsymbol{B}$ $d\boldsymbol{F} = \boldsymbol{j}\times\boldsymbol{B}dv$

续表

公式 单位制 名称	高斯单位制	SI 单位制
毕奥-沙伐尔定律	$\boldsymbol{B}=\frac{I}{c}\int_L \frac{\mathrm{d}\boldsymbol{l}\times\boldsymbol{r}}{r^3}$ $\boldsymbol{B}=\frac{1}{c}\iiint_V \frac{\boldsymbol{j}\times\boldsymbol{r}}{r^3}\mathrm{d}v$	$\boldsymbol{B}=\frac{\mu_0 I}{4\pi}\int_L \frac{\mathrm{d}\boldsymbol{l}\times\boldsymbol{r}}{r^3}$ $\boldsymbol{B}=\frac{\mu_0}{4\pi}\iiint_V \frac{\boldsymbol{j}\times\boldsymbol{r}}{r^3}\mathrm{d}v$
矢势	$\boldsymbol{B}=\nabla\times\boldsymbol{A}$	$\boldsymbol{B}=\nabla\times\boldsymbol{A}$
磁感应强度的散度和通量	$\oiint \boldsymbol{B}\cdot\mathrm{d}\boldsymbol{s}=0$ $\nabla\cdot\boldsymbol{B}=0$	$\oiint \boldsymbol{B}\cdot\mathrm{d}\boldsymbol{s}=0$ $\nabla\cdot\boldsymbol{B}=0$
磁感应强度的旋度和环量	$\oint_L \boldsymbol{B}\cdot\mathrm{d}\boldsymbol{l}=\frac{4\pi}{c}I$ $\nabla\times\boldsymbol{B}=\frac{4\pi}{c}\boldsymbol{j}$	$\oint_L \boldsymbol{B}\cdot\mathrm{d}\boldsymbol{l}=\mu_0 I$ $\nabla\times\boldsymbol{B}=\mu_0\boldsymbol{j}$
矢势的积分方程	$\boldsymbol{A}=\frac{I}{c}\int_L \frac{\mathrm{d}\boldsymbol{l}}{r}$ $\boldsymbol{A}=\frac{1}{c}\iiint_V \frac{\boldsymbol{j}\,\mathrm{d}v}{r}$	$\boldsymbol{A}=\frac{\mu_0 I}{4\pi}\int_L \frac{\mathrm{d}\boldsymbol{l}}{r}$ $\boldsymbol{A}=\frac{\mu_0}{4\pi}\iiint_V \frac{\boldsymbol{j}\,\mathrm{d}v}{r}$
矢势的微分方程	$\nabla\cdot\boldsymbol{A}=0$ $\nabla^2\boldsymbol{A}=-\frac{4\pi}{c}\boldsymbol{j}$	$\nabla\cdot\boldsymbol{A}=0$ $\nabla^2\boldsymbol{A}=-\mu_0\boldsymbol{j}$
闭合元电流的磁矩	$\boldsymbol{m}=\frac{I}{2c}\oint_L \boldsymbol{R}\times\mathrm{d}\boldsymbol{l}$ $\boldsymbol{m}=\frac{I\boldsymbol{S}}{C}$(平面)	$\boldsymbol{m}=\frac{I}{2}\oint_L \boldsymbol{R}\times\mathrm{d}\boldsymbol{l}$ $\boldsymbol{m}=I\boldsymbol{S}$(平面)
闭合元电流的矢势	$\boldsymbol{A}=\frac{\boldsymbol{m}\times\boldsymbol{r}}{r^3}$	$\boldsymbol{A}=\frac{\mu_0}{4\pi}\frac{\boldsymbol{m}\times\boldsymbol{r}}{r^3}$
闭合元电流的磁场	$\boldsymbol{B}=\frac{m}{r^3}(2\cos\theta\boldsymbol{r}_0+\sin\theta\boldsymbol{\theta}_0)$ $\boldsymbol{B}=\frac{3(\boldsymbol{m}\cdot\boldsymbol{r})}{r^5}\boldsymbol{r}-\frac{\boldsymbol{m}}{r^3}$	$\boldsymbol{B}=\frac{\mu_0 m}{4\pi r^3}(2\cos\theta\boldsymbol{r}_0+\sin\theta\boldsymbol{\theta}_0)$ $\boldsymbol{B}=\frac{\mu_0}{4\pi}\left[\frac{3(\boldsymbol{m}\cdot\boldsymbol{r})}{r^5}\boldsymbol{r}-\frac{\boldsymbol{m}}{r^3}\right]$

附表 6-6　磁介质中稳定电流磁场的基本公式

名称 \ 公式 \ 单位制	高斯单位制	SI 单位制
磁化强度定义式	$\boldsymbol{M}=\lim\limits_{\Delta V\to 0}\frac{\boldsymbol{m}}{\Delta V}$	$\boldsymbol{M}=\lim\limits_{\Delta V\to 0}\frac{\boldsymbol{m}}{\Delta V}$
磁化电流体密度	$\boldsymbol{j}_m=c\nabla\times\boldsymbol{M}$	$\boldsymbol{j}_m=\nabla\times\boldsymbol{M}$
磁化电流面密度	$\boldsymbol{i}_m=c\boldsymbol{n}\times(\boldsymbol{M}_2-\boldsymbol{M}_1)$	$\boldsymbol{i}_m=\boldsymbol{n}\times(\boldsymbol{M}_2-\boldsymbol{M}_1)$
磁导率	$\mu=1+4\pi k_m$	$\mu=\mu_0(1+k_m)$
磁场强度与磁感应强度	$\boldsymbol{H}=\frac{\boldsymbol{B}}{\mu}$ $\boldsymbol{B}=H+4\pi\boldsymbol{M}$	$\boldsymbol{H}=\frac{\boldsymbol{B}}{\mu}$ $\boldsymbol{B}=\mu_0(H+\boldsymbol{M})$
磁场强度的环量及旋度	$\oint_L\boldsymbol{H}\cdot\mathrm{d}\boldsymbol{l}=\frac{4\pi}{c}\iint_S\boldsymbol{j}\cdot\mathrm{d}\boldsymbol{s}$ $\nabla\times\boldsymbol{H}=\frac{4\pi}{c}\boldsymbol{j}$	$\oint_L\boldsymbol{H}\cdot\mathrm{d}\boldsymbol{l}=\frac{4\pi}{c}\iint_S\boldsymbol{j}\cdot\mathrm{d}\boldsymbol{s}$ $\nabla\times\boldsymbol{H}=\boldsymbol{j}$
磁感应强度的通量和散度	$\oiint_S\boldsymbol{B}\cdot\mathrm{d}\boldsymbol{s}=0$ $\nabla\cdot\boldsymbol{B}=0$	$\oiint_S\boldsymbol{B}\cdot\mathrm{d}\boldsymbol{s}=0$ $\nabla\cdot\boldsymbol{B}=0$
磁矢势	$\boldsymbol{B}=\nabla\times\boldsymbol{A}$	$\boldsymbol{B}=\nabla\times\boldsymbol{A}$
矢势的积分方程	$\boldsymbol{A}=\frac{1}{c}\iiint_V\frac{\boldsymbol{j}+\boldsymbol{j}_m}{r}\mathrm{d}V$	$\boldsymbol{A}=\frac{\mu_0}{4\pi}\iiint_V\frac{\boldsymbol{j}+\boldsymbol{j}_m}{r}\mathrm{d}V$
均匀介质中矢势的积分方程	$\boldsymbol{A}=\frac{\mu}{c}\iiint_V\frac{\boldsymbol{j}}{r}\mathrm{d}V$	$\boldsymbol{A}=\frac{\mu}{4\pi}\iiint_V\frac{\boldsymbol{j}}{r}\mathrm{d}V$
矢势的微分方程	$\nabla^2\boldsymbol{A}=-\frac{4\pi}{c}(\boldsymbol{j}+\boldsymbol{j}_m)$	$\nabla^2\boldsymbol{A}=-\mu_0(\boldsymbol{j}+\boldsymbol{j}_m)$
均匀介质中矢势的微分方程	$\nabla^2\boldsymbol{A}=-\frac{4\pi\mu}{c}\boldsymbol{j}$	$\nabla^2\boldsymbol{A}=-\mu\boldsymbol{j}$
磁场的边界条件	$B_{1n}=B_{2n}$ $H_{2t}-H_{1t}=\frac{4\pi}{c}i$	$B_{1n}=B_{2n}$ $H_{2t}-H_{1t}=i$
磁矢势的边界条件（$i=0$）	$A_{1t}=A_{2t}$ $\frac{1}{\mu_1}\frac{\partial A_{1t}}{\partial n}=\frac{1}{\mu_2}\frac{\partial A_{2t}}{\partial n}$ $\frac{A_{1n}}{\mu_1}=\frac{A_{2n}}{\mu_2}$	$A_{1t}=A_{2t}$ $\frac{1}{\mu_1}\frac{\partial A_{1t}}{\partial n}=\frac{1}{\mu_2}\frac{\partial A_{2t}}{\partial n}$ $\frac{A_{1n}}{\mu_1}=\frac{A_{2n}}{\mu_2}$
均匀磁介质中的毕奥-沙伐尔定律	$\boldsymbol{H}=\frac{I}{c}\int_L\frac{\mathrm{d}\boldsymbol{l}\times\boldsymbol{r}}{r^3}$ $\boldsymbol{H}=\frac{1}{c}\iiint_V\frac{\boldsymbol{j}\times\boldsymbol{r}}{r^3}\mathrm{d}V$	$\boldsymbol{H}=\frac{I}{4\pi}\int_L\frac{\mathrm{d}\boldsymbol{l}\times\boldsymbol{r}}{r^3}$ $\boldsymbol{H}=\frac{1}{4\pi}\iiint_V\frac{\boldsymbol{j}\times\boldsymbol{r}}{r^3}\mathrm{d}V$

附表 6-7　用等效磁荷描述的磁场之基本公式

公式名称 \ 单位制	高斯单位制	SI 单位制
磁标势	$u_m = \int_p^{\infty} \boldsymbol{H} \cdot \mathrm{d}\boldsymbol{l}$ $H = -\nabla u_m$	$u_m = \int_p^{\infty} \boldsymbol{H} \cdot \mathrm{d}\boldsymbol{l}$ $H = -\nabla u_m$
磁荷体密度和面密度	$\rho_m = -\nabla \cdot \boldsymbol{M}$ $\sigma_m = -(M_{2n} - M_{1n})$	$\rho_m = -\mu_0 \nabla \cdot \boldsymbol{M}$ $\sigma_m = -\mu_0(M_{2n} - M_{1n})$
磁场强度方程	$\nabla \cdot \boldsymbol{H} = 4\pi\rho_m$ $\nabla \times \boldsymbol{H} = 0$	$\nabla \cdot \boldsymbol{H} = \frac{1}{\mu_0}\rho_m$ $\nabla \times \boldsymbol{H} = 0$
磁标势的泊松方程和拉普拉斯方程	$\nabla^2 u_m = 4\pi\rho_m$ $\nabla^2 u_m = 0$	$\nabla^2 u_m = -\frac{\rho_m}{\mu_0}$ $\nabla^2 u_m = 0$
磁标势的边界条件	$u_{m1} = u_{m2}$ $\mu_1 \frac{\partial u_{m1}}{\partial n} = \mu_2 \frac{\partial u_{m2}}{\partial n}$ $\frac{\partial u_{m2}}{\partial n} - \frac{\partial u_{m1}}{\partial n} = 4\pi(M_{2n} - M_{1n})$ $\frac{\partial u_{m1}}{\partial t} = \frac{\partial u_{m2}}{\partial t}$	$u_{m1} = u_{m2}$ $\mu_1 \frac{\partial u_{m1}}{\partial n} = \mu_2 \frac{\partial u_{m2}}{\partial n}$ $\frac{\partial u_{m2}}{\partial n} - \frac{\partial u_{m1}}{\partial n} = (M_{2n} - M_{1n})$ $\frac{\partial u_{m1}}{\partial t} = \frac{\partial u_{m2}}{\partial t}$
闭合电流的标势	$u_m = \tau_m \Omega \qquad \tau_m = \frac{I}{c}\boldsymbol{n}$	$u_m = \frac{\tau_m \Omega}{4\pi} \qquad \tau_m = I\boldsymbol{n}$
泊松公式	$u_m = -\frac{\boldsymbol{M}}{f\rho} \cdot \nabla u_g$	$u_m = -\frac{\boldsymbol{M}}{4\pi f\rho} \cdot \nabla u_g$

附表 6-8　理想铁磁体磁场的基本公式

公式名称 \ 单位制	高斯单位制	SI 单位制
磁化强度	$\boldsymbol{M} = \boldsymbol{M}_0 + k_m\boldsymbol{H}$	$\boldsymbol{M} = \boldsymbol{M}_0 + k_m\boldsymbol{H}$
磁感应强度	$\boldsymbol{B} = 4\pi\boldsymbol{M}_0 + \mu\boldsymbol{H}$	$\boldsymbol{B} = \mu_0\boldsymbol{M}_0 + \mu\boldsymbol{H}$
磁荷面密度和体密度	$\rho_m = \rho_{m0} + \rho'_m$ $\sigma_m = \sigma_{m0} + \sigma'_m$	$\rho_m = \rho_{m0} + \rho'$ $\sigma_m = \sigma_{m0} + \sigma'_m$
固有磁荷体密度和面密度	$\rho_{m0} = -\nabla \cdot \boldsymbol{M}_0$ $\sigma_{m0} = -(M_{02n} - M_{01n})$	$\rho_{m0} = -\mu_0 \nabla \cdot \boldsymbol{M}_0$ $\sigma_{m0} = -\mu_0(M_{02n} - M_{01n})$

续表

名称 \ 公式 \ 单位制	高斯单位制	SI 单位制
感应磁荷体密度和面密度	$\rho'_m = -\nabla\cdot(k_m\boldsymbol{H})$ $\sigma'_m = -(k_{2m}H_{2n} - k_{1m}H_{1n})$	$\rho'_m = -\mu_0\nabla\cdot(k_m\boldsymbol{H})$ $\sigma'_m = -\mu_0(k_{2m}H_{2n} - k_{1m}H_{1n})$
磁场强度的散度	$\nabla\cdot\boldsymbol{H} = 4\pi(\rho_{m0} + \rho'_m)$	$\nabla\cdot\boldsymbol{H} = \dfrac{\rho_{m0} + \rho'_m}{\mu_0}$
泊松方程	$\nabla^2 u_m = -4\pi(\rho_{m0} + \rho'_m)$	$\nabla^2 u_m = -\dfrac{\rho_{m0} + \rho'_m}{\mu_0}$
均匀介质中的泊松方程	$\nabla^2 u_m = -\dfrac{4\pi\rho_{m0}}{\mu}$	$\nabla^2 u_m = -\dfrac{\rho_{m0}}{\mu}$
边界条件	$u_{m2} = u_{m1}$ $\mu_2\dfrac{\partial u_{m2}}{\partial n} - \mu_1\dfrac{\partial u_{m1}}{\partial n} = -4\pi\sigma_{m0}$	$u_{m2} = u_{m1}$ $\mu_2\dfrac{\partial u_{m2}}{\partial n} - \mu_1\dfrac{\partial u_{m1}}{\partial n} = -\sigma_{m0}$

附表 6-9　时变电磁场基本公式

名称 \ 公式 \ 单位制	高斯单位制	SI 单位制
麦克斯韦方程组的微分形式	$\nabla\times\boldsymbol{E} = -\dfrac{1}{c}\dfrac{\partial\boldsymbol{B}}{\partial t}$ $\nabla\times\boldsymbol{H} = \dfrac{1}{c}(4\pi\boldsymbol{j} + \dfrac{\partial\boldsymbol{D}}{\partial t})$ $\nabla\cdot\boldsymbol{D} = 4\pi\rho_q$ $\nabla\cdot\boldsymbol{B} = 0$	$\nabla\times\boldsymbol{E} = -\dfrac{\partial\boldsymbol{B}}{\partial t}$ $\nabla\times\boldsymbol{H} = \boldsymbol{j} + \dfrac{\partial\boldsymbol{D}}{\partial t}$ $\nabla\cdot\boldsymbol{D} = \rho_q$ $\nabla\cdot\boldsymbol{B} = 0$
麦克斯韦方程组的积分形式	$\oint_L \boldsymbol{E}\cdot d\boldsymbol{l} = -\dfrac{1}{c}\iint_S \dfrac{\partial\boldsymbol{B}}{\partial t}\cdot d\boldsymbol{s}$ $\oint_L \boldsymbol{H}\cdot d\boldsymbol{l} = \dfrac{1}{c}\iint_S\left(4\pi\boldsymbol{j} + \dfrac{\partial\boldsymbol{D}}{\partial t}\right)\cdot d\boldsymbol{s}$ $\oiint_S \boldsymbol{D}\cdot d\boldsymbol{s} = 4\pi q$ $\oiint_S \boldsymbol{B}\cdot d\boldsymbol{s} = 0$	$\oint_L \boldsymbol{E}\cdot d\boldsymbol{l} = -\iint_S \dfrac{\partial\boldsymbol{B}}{\partial t}\cdot d\boldsymbol{s}$ $\oint_L \boldsymbol{H}\cdot d\boldsymbol{l} = \iint_S\left(\boldsymbol{j} + \dfrac{\partial\boldsymbol{D}}{\partial t}\right)\cdot d\boldsymbol{s}$ $\oiint_S \boldsymbol{D}\cdot d\boldsymbol{s} = q$ $\oiint_S \boldsymbol{B}\cdot d\boldsymbol{s} = 0$
电磁能体密度	$\omega = \dfrac{1}{8\pi}(\boldsymbol{D}\cdot\boldsymbol{E} + \boldsymbol{B}\cdot\boldsymbol{H})$	$\omega = \dfrac{1}{2}(\boldsymbol{D}\cdot\boldsymbol{E} + \boldsymbol{B}\cdot\boldsymbol{H})$
坡印亭矢量	$\boldsymbol{N} = \dfrac{c}{4\pi}\boldsymbol{E}\times\boldsymbol{H}$	$\boldsymbol{N} = \boldsymbol{E}\times\boldsymbol{H}$
波动方程	$\nabla^2\boldsymbol{E} = \dfrac{1}{c^2}\left[\varepsilon\mu\dfrac{\partial^2\boldsymbol{E}}{\partial t^2} + 4\pi\dfrac{\mu}{\rho}\dfrac{\partial\boldsymbol{E}}{\partial t}\right]$ $\nabla^2\boldsymbol{H} = \dfrac{1}{c^2}\left[\varepsilon\mu\dfrac{\partial^2\boldsymbol{H}}{\partial t^2} + 4\pi\dfrac{\mu}{\rho}\dfrac{\partial\boldsymbol{H}}{\partial t}\right]$	$\nabla^2\boldsymbol{E} = \varepsilon\mu\dfrac{\partial^2\boldsymbol{E}}{\partial t^2} + \dfrac{\mu}{\rho}\dfrac{\partial\boldsymbol{E}}{\partial t}$ $\nabla^2\boldsymbol{H} = \varepsilon\mu\dfrac{\partial^2\boldsymbol{H}}{\partial t^2} + \dfrac{\mu}{\rho}\dfrac{\partial\boldsymbol{H}}{\partial t}$

名称 \ 公式 \ 单位制	高斯单位制	SI 单位制
波数	$k=\frac{1}{c}\sqrt{\varepsilon\mu\omega^2-\mathrm{i}4\pi\frac{\mu\omega}{\rho}}$	$k=\sqrt{\varepsilon\mu\omega^2-\mathrm{i}\frac{\mu\omega}{\rho}}$
赫姆霍兹方程	$\nabla^2\boldsymbol{E}+k^2\boldsymbol{E}=0$ $\nabla^2\boldsymbol{H}+k^2\boldsymbol{H}=0$	$\nabla^2\boldsymbol{E}+k^2\boldsymbol{E}=0$ $\nabla^2\boldsymbol{H}+k^2\boldsymbol{H}=0$
波数的实部和虚部 $k=a+\mathrm{i}b$	$a=\frac{\omega}{c}\sqrt{\frac{\varepsilon\mu}{2}}\left[\sqrt{1+\left(\frac{4\pi}{\varepsilon\rho\omega}\right)^2}+1\right]^{\frac{1}{2}}$ $a=\frac{\omega}{c}\sqrt{\frac{\varepsilon\mu}{2}}\left[\sqrt{1+\left(\frac{4\pi}{\varepsilon\rho\omega}\right)^2}-1\right]^{\frac{1}{2}}$	$a=\omega\sqrt{\frac{\varepsilon\mu}{2}}\left[\sqrt{1+\left(\frac{1}{\varepsilon\rho\omega}\right)^2}+1\right]^{\frac{1}{2}}$ $a=\omega\sqrt{\frac{\varepsilon\mu}{2}}\left[\sqrt{1+\left(\frac{1}{\varepsilon\rho\omega}\right)^2}-1\right]^{\frac{1}{2}}$
导电媒质中的 趋肤深度和相速度 （忽略位移电流）	$\delta=\frac{1}{b}=\frac{c}{2\pi}\sqrt{\frac{\rho}{\mu f}}$ $v=\frac{\omega}{a}=c\sqrt{\frac{f\rho}{\mu}}$ $\lambda=c\sqrt{\frac{\rho}{\mu f}}$	$\delta=\frac{1}{b}=\sqrt{\frac{\rho}{\pi\mu f}}$ $v=\frac{\omega}{a}=\sqrt{\frac{4\pi f\rho}{\mu}}$ $\lambda=\sqrt{\frac{4\pi\rho}{\mu f}}$
介质中的波长、波速	$\lambda=\frac{c}{f\sqrt{\varepsilon\mu}}$ $v=\frac{c}{\sqrt{\varepsilon\mu}}$	$\lambda=\frac{1}{f\sqrt{\varepsilon\mu}}$ $v=\frac{1}{\sqrt{\varepsilon\mu}}$
波阻抗	$\left\|\frac{E}{H}\right\|=\sqrt{\frac{\mu}{\varepsilon'}}$ $\varepsilon'=\varepsilon\left(1-\mathrm{i}\frac{4\pi}{\varepsilon\rho\omega}\right)$	$\left\|\frac{E}{H}\right\|=\sqrt{\frac{\mu}{\varepsilon'}}$ $\varepsilon'=\varepsilon\left(1-\mathrm{i}\frac{1}{\varepsilon\rho\omega}\right)$
边界条件	$D_{2n}-D_{1n}=4\pi\sigma_q$ $E_{2t}=E_{1t}$ $B_{2n}=B_{1n}$ $H_{2t}-H_{1t}=\frac{4\pi}{c}i_{t'}$ $j_{2n}-j_{1n}=-\frac{\partial\sigma_q}{\partial t}$	$D_{2n}-D_{1n}=\sigma_q$ $E_{2t}=E_{1t}$ $B_{2n}=B_{1n}$ $H_{2t}-H_{1t}=i_{t'}$ $j_{2n}-j_{1n}=-\frac{\partial\sigma_q}{\partial t}$
反射定律	$\theta_1=\theta'_1$	$\theta_1=\theta'_1$
折射定律	$\frac{\sin\theta_1}{\sin\theta_2}=\frac{v_1}{v_2}=n_{21}$	$\frac{\sin\theta_1}{\sin\theta_2}=\frac{v_1}{v_2}=n_{21}$
两种介质界面上的 反射系数和折射系数	$R=\left(\frac{1-n_{21}}{1+n_{21}}\right)^2$ $T=\frac{4n_{21}}{(1+n_{21})^2}$	$R=\left(\frac{1-n_{21}}{1+n_{21}}\right)^2$ $T=\frac{4n_{21}}{(1+n_{21})^2}$
介质与导体界面上 的反射系数和折射系数	$R=1-\frac{2}{c}\sqrt{\frac{f\varepsilon_1\mu_2\rho}{\mu_1}}$ $T=\frac{2}{c}\sqrt{\frac{f\varepsilon_1\mu_2\rho}{\mu_1}}$	$R=1-2\sqrt{\frac{2\omega\varepsilon_1\mu_2\rho}{\mu_1}}$ $T=2\sqrt{\frac{2\omega\varepsilon_1\mu_2\rho}{\mu_1}}$

续表

名称 \ 公式 \ 单位制	高斯单位制	SI 单位制
矢势	$\boldsymbol{B}=\nabla\times\boldsymbol{A}$	$\boldsymbol{B}=\nabla\times\boldsymbol{A}$
标势	$\nabla u=-\left(\boldsymbol{E}+\frac{1}{c}\frac{\partial\boldsymbol{A}}{\partial t}\right)$	$\nabla u=-\left(\boldsymbol{E}+\frac{\partial\boldsymbol{A}}{\partial t}\right)$
洛伦兹规范变换	$\nabla\cdot\boldsymbol{A}+\frac{4\pi\mu}{c\rho}u+\frac{\varepsilon\mu}{c}\frac{\partial u}{\partial t}=0$	$\nabla\cdot\boldsymbol{A}+\frac{\mu}{\rho}u+\varepsilon\mu\frac{\partial u}{\partial t}=0$
矢势方程和标势方程	$\nabla^2\boldsymbol{A}=\frac{4\pi\mu}{c^2\rho}\frac{\partial\boldsymbol{A}}{\partial t}+\frac{\varepsilon\mu}{c^2}\frac{\partial^2\boldsymbol{A}}{\partial t^2}$ $\nabla^2 u=\frac{4\pi\mu}{c^2\rho}\frac{\partial u}{\partial t}+\frac{\varepsilon\mu}{c^2}\frac{\partial^2 u}{\partial t^2}$	$\nabla^2\boldsymbol{A}=\frac{\mu}{\rho}\frac{\partial\boldsymbol{A}}{\partial t}+\varepsilon\mu\frac{\partial^2\boldsymbol{A}}{\partial t^2}$ $\nabla^2 u=\frac{\mu}{\rho}\frac{\partial u}{\partial t}+\varepsilon\mu\frac{\partial^2 u}{\partial t^2}$
达朗贝尔方程	$\nabla^2\boldsymbol{A}-\frac{\varepsilon\mu}{c^2}\frac{\partial^2\boldsymbol{A}}{\partial t^2}=-\frac{4\pi\mu}{c}\boldsymbol{j}$ $\nabla^2 u-\frac{\varepsilon\mu}{c^2}\frac{\partial^2 u}{\partial t^2}=-\frac{4\pi}{\varepsilon}\rho_q$	$\nabla^2\boldsymbol{A}-\varepsilon\mu\frac{\partial^2\boldsymbol{A}}{\partial t^2}=-\mu\boldsymbol{j}$ $\nabla^2 u-\varepsilon\mu\frac{\partial^2 u}{\partial t^2}=-\frac{\rho_q}{\varepsilon}$
矢势的边界条件（边界上无自由电流）	$A_{1t}=A_{2t}$ $\varepsilon_1 A_{1n}=\varepsilon_2 A_{2n}$ $\frac{1}{\mu_1}A_{1n}=\frac{1}{\mu_2}A_{2n}$ $\frac{1}{\mu_1}\frac{\partial A_{1t}}{\partial n}=\frac{1}{\mu_2}\frac{\partial A_{2t}}{\partial n}$ $\frac{\nabla\cdot\boldsymbol{A}_1}{k_1^2}=\frac{\nabla\cdot\boldsymbol{A}_2}{k_2^2}$	$A_{1t}=A_{2t}$ $\varepsilon_1 A_{1n}=\varepsilon_2 A_{2n}$ $\frac{1}{\mu_1}A_{1n}=\frac{1}{\mu_2}A_{2n}$ $\frac{1}{\mu_1}\frac{\partial A_{1t}}{\partial n}=\frac{1}{\mu_2}\frac{\partial A_{2t}}{\partial n}$ $\frac{\nabla\cdot\boldsymbol{A}_1}{k_1^2}=\frac{\nabla\cdot\boldsymbol{A}_2}{k_2^2}$
标势的边界条件	$u_1=u_2$ $\varepsilon_1\frac{\partial u_1}{\partial n}-\varepsilon_2\frac{\partial u_2}{\partial n}=4\pi\sigma_q$	$u_1=u_2$ $\varepsilon_1\frac{\partial u_1}{\partial n}-\varepsilon_2\frac{\partial u_2}{\partial n}=\sigma_q$
赫兹矢势	$u=-\nabla\cdot\boldsymbol{Z}$ $\boldsymbol{A}=\frac{4\pi\mu}{c\rho}\boldsymbol{Z}+\frac{\varepsilon\mu}{c}\frac{\partial\boldsymbol{Z}}{\partial t}$ $\boldsymbol{E}=\nabla\times\nabla\times\boldsymbol{Z}$ $\boldsymbol{B}=\frac{4\pi\mu}{c\rho}(\nabla\times\boldsymbol{Z})+\frac{\varepsilon\mu}{c}\frac{\partial}{\partial t}(\nabla\times\boldsymbol{Z})$	$u=-\nabla\cdot\boldsymbol{Z}$ $\boldsymbol{A}=\frac{\mu}{\rho}\boldsymbol{Z}+\varepsilon\mu\frac{\partial\boldsymbol{Z}}{\partial t}$ $\boldsymbol{E}=\nabla\times\nabla\times\boldsymbol{Z}$ $\boldsymbol{B}=\frac{\mu}{\rho}(\nabla\times\boldsymbol{Z})+\varepsilon\mu\frac{\partial}{\partial t}(\nabla\times\boldsymbol{Z})$
赫兹矢势方程	$\nabla^2\boldsymbol{Z}=\frac{4\pi\mu}{c^2\rho}\frac{\partial\boldsymbol{Z}}{\partial t}+\frac{\varepsilon\mu}{c^2}\frac{\partial^2\boldsymbol{Z}}{\partial t^2}$ $\nabla^2\boldsymbol{Z}+k^2\boldsymbol{Z}=0$	$\nabla^2\boldsymbol{Z}=\frac{\mu}{\rho}\frac{\partial\boldsymbol{Z}}{\partial t}+\varepsilon\mu\frac{\partial^2\boldsymbol{Z}}{\partial t^2}$ $\nabla^2\boldsymbol{Z}+k^2\boldsymbol{Z}=0$
推迟标势和推迟矢势	$u(r,t)=\frac{1}{\varepsilon}\iiint_V\frac{\rho_q\left(t-\frac{r}{v}\right)}{r}\mathrm{d}v$ $A(r,t)=\frac{\mu}{c}\iiint_V\frac{j\left(t-\frac{r}{v}\right)}{r}\mathrm{d}v$	$u(r,t)=\frac{1}{4\pi\varepsilon}\iiint_V\frac{\rho_q\left(t-\frac{r}{v}\right)}{r}\mathrm{d}v$ $A(r,t)=\frac{\mu}{4\pi}\iiint_V\frac{j\left(t-\frac{r}{v}\right)}{r}\mathrm{d}v$

附录七　习题参考答案

习题一

1. $\boldsymbol{r} = -a\boldsymbol{i} + a\boldsymbol{j} + \left(\frac{\pi}{2}+1\right)b\boldsymbol{k}$

2. $v_r = \frac{\mathrm{d}r}{\mathrm{d}t}$，$v_\varphi = r\frac{\mathrm{d}\varphi}{\mathrm{d}t}$，$a_r = \frac{\mathrm{d}^2 r}{\mathrm{d}t^2} - r\left(\frac{\mathrm{d}\varphi}{\mathrm{d}t}\right)^2$，$a_\varphi = 2\frac{\mathrm{d}r}{\mathrm{d}t}\frac{\mathrm{d}\varphi}{\mathrm{d}t} + r\frac{\mathrm{d}^2\varphi}{\mathrm{d}t^2}$

3. $x^2 + y^2 + z^2 - 2(xx_0 + yy_0 + zz_0) = 0$

5. $\frac{\partial\varphi}{\partial l} = \frac{10}{3}$，$\boldsymbol{n}_0 = \frac{-2\boldsymbol{i} + 4\boldsymbol{j} - 2\boldsymbol{k}}{\sqrt{24}}$

6. $a = 2$，$b = -1$，$c = -2$

7. $2ab^2$

8. $2ab^2$

9. $u = x^2 + xz^2 + yz + c$

10. 略　11. 略

12. (1) 0，(2) $c^2 - b^2$，(3) $2(\boldsymbol{c}\times\boldsymbol{b})$，(4) 0

13. 略

14. 其中一个矢势为：$\boldsymbol{A} = \frac{r}{2}(z\cos\varphi\boldsymbol{\varphi}_0 - r\sin\varphi z_0)$

15. (1) $u = 6x^2y - xyz - 2xy + 3z^2 + c$，(2) $u = \frac{\mathrm{e}^z\sin\varphi\cos\varphi}{r} + c$

(3) $u = \frac{\cos\varphi\sin^2\varphi}{r^2} + c$，(4) $\boldsymbol{A} = \cos\theta\cos\varphi\boldsymbol{\theta}_0 + \sin\theta\cos\varphi\boldsymbol{r}_0$

习题二

1. $h = 35859.02$　km

2. $G_x = \frac{f\lambda_m R^2\sin\theta}{(r^2+z^2)^{\frac{3}{2}}}$，$G_y = \frac{f\lambda_m R^2}{(R^2+z^2)^{\frac{3}{2}}}(1-\cos\theta)$，$G_z = -\frac{f\lambda_m zL}{(R^2+z^2)^{\frac{3}{2}}}$

3. $G_x = \frac{f\lambda_m}{x}\left[\frac{h}{\sqrt{x^2+h^2}} - \frac{H+h}{\sqrt{x^2+(H+h)^2}}\right]$，$G_Z = f\lambda_m\left[\frac{1}{\sqrt{x^2+h^2}} - \frac{1}{\sqrt{x^2+(H+h)^2}}\right]$

4. $(r<a)$　$u_1 = 2\pi f\rho_m(b^2-a^2)$；　$G_1 = 0$

$(b>r>a)$　$u_2 = \frac{4\pi f\rho_m}{3}\left(\frac{3b^2-r^2}{2} - \frac{a^3}{r}\right)$；　$\boldsymbol{G}_2 = -\frac{4\pi f\rho_m}{3}\left(r - \frac{a^3}{r^2}\right)\boldsymbol{r}_0$

$(r>b)$　$u_3 = \frac{4\pi f\rho_m}{3}\left(\frac{b^3-a^3}{r}\right)$；　$\boldsymbol{G}_3 = -\frac{4\pi F\rho_M}{3}\left(\frac{b^3-a^3}{r^2}\right)\boldsymbol{r}_0$

5. $g_z = \frac{2\pi f\rho_m a^2 h}{r^2} - \omega^2 R_0\cos^2\varphi$，$\frac{\partial^2 u_g}{\partial x^2} = \frac{2\pi f\rho_m a^2(x^2-h^2)}{r^4}$，$\frac{\partial^2 u_g}{\partial x\partial z} = \frac{4\pi f\rho_m a^2 xh}{r^4}$

$$\frac{\partial^2 u_g}{\partial z^2} = \frac{2\pi f\rho_m a^2(h^2 - x^2)}{r^4};$$

6. $z \neq 0 \quad \sigma_m = 0$， $z = 0 \quad \sigma_m = \sigma_{m0}$

7. 5.876（牛顿）

8. $\frac{|F_3|}{F_1 + F_2} = \frac{2\omega v}{g - \omega^2 R} = 1.49v \times 10^{-5}$

9. $r < a \quad u_1 = \frac{fM}{2a}\left(3 - \frac{r^2}{a^2}\right)$； $\boldsymbol{G}_1 = -fM\frac{\boldsymbol{r}}{a^3}$，

   $(r > a) \quad u_2 = \frac{fM}{r}$； $\boldsymbol{G}_2 = -fM\frac{\boldsymbol{r}_0}{r^2}$

10. $u = \frac{2\pi f\lambda a}{\sqrt{z^2 + a^2}} \qquad \boldsymbol{G} = -2\pi f\lambda\frac{az}{(a^2 + z^2)^{\frac{3}{2}}}\boldsymbol{z}_0$

11. (1) $u_1 = \frac{fM}{2a}\ln\frac{|x| - a}{|x| + a} \qquad \boldsymbol{G}_1 = -\frac{fM}{x^2 - a^2}\boldsymbol{x}_0$

    (2) $u_2 = \frac{fM}{2a}\ln\frac{\sqrt{y^2 + a^2} - a}{\sqrt{y^2 + a^2} + a} \qquad \boldsymbol{G}_2 = -\frac{fM}{y\sqrt{y^2 + a^2}}\boldsymbol{y}_0$

12. $\boldsymbol{G} = -\frac{4\pi f\rho}{3}\boldsymbol{d}$

13. $(r < a) \qquad u_1 = \frac{2\pi f\rho}{3}(6b^2 - 3a^2 - r^2) \qquad \boldsymbol{G}_1 = -\frac{4\pi f\rho}{3}\boldsymbol{r}$

    $(a < r < b) \quad u_2 = \frac{4\pi f\rho}{3}\left(3b^2 - r^2 - \frac{a^3}{r}\right) \qquad \boldsymbol{G}_2 = -\frac{4\pi f\rho}{3}\left(2r - \frac{a^3}{r^2}\right)\boldsymbol{r}_0$

    $(r > b) \qquad u_3 = \frac{4\pi f\rho}{3r}(2b^3 - a^3) \qquad \boldsymbol{G}_3 = -\frac{4\pi f\rho(2b^3 - a^3)}{3r^2}\boldsymbol{r}_0$

习题三

1. $\sigma_q = \varepsilon_0(3y + 4z - 2) \quad (x = 0)$，$\rho_{q1} = 3\varepsilon_0 \quad (x > 0)$，$\rho_{q2} = \varepsilon_0 \quad (x < 0)$

2. $A = -\frac{1}{4\pi\varepsilon_0}\left[\frac{3(\boldsymbol{P}_1 \cdot \boldsymbol{R})(\boldsymbol{P}_2 \cdot \boldsymbol{R})}{R^5} - \frac{\boldsymbol{P}_1 \cdot \boldsymbol{P}_2}{R^3}\right]$

3. (1) $\omega_1 = \varepsilon_r\omega_0$，(2) $\omega_2 = \frac{\omega_0}{\varepsilon_r}$

4. $u_1 = u_0 + \sum_{n=0}^{\infty}\frac{(n+1)(\varepsilon - \varepsilon_0)}{n\varepsilon + (n+1)\varepsilon_0}\left(\frac{r}{a}\right)^{2n+1}\frac{d^n q}{4\pi\varepsilon r^{n+1}}P(\cos\theta) \; (r < a)$

   $u_2 = u_0 + \sum_{n=0}^{\infty}\frac{(n+1)(\varepsilon - \varepsilon_0)}{n\varepsilon + (n+1)\varepsilon_0}\frac{d^n q}{4\pi\varepsilon r^{n+1}}P(\cos\theta) \; (r > a)$

5. $(r < a) \quad \begin{cases} u_1 = 0 \\ \boldsymbol{E}_1 = 0 \end{cases}$，

   $(a < r < b)\begin{cases} u_2 = -\frac{2\varepsilon_0 b^2 E_0 r\cos\varphi}{b^2(\varepsilon + \varepsilon_0) + a^2(\varepsilon - \varepsilon_0)}\left(1 - \frac{a^2}{r^2}\right) \\ \boldsymbol{E}_2 = \frac{2\varepsilon_0 b^2 E_0}{b^2(\varepsilon + \varepsilon_0) + a^2(\varepsilon - \varepsilon_0)}\left[\left(1 + \frac{a^2}{r^2}\right)\cos\varphi\,\boldsymbol{r}_0 - \left(1 - \frac{a^2}{r^2}\right)\sin\varphi\,\boldsymbol{\varphi}_0\right] \end{cases}$

$$(r>b)\quad u_3=-\left[1-\frac{b^2(\varepsilon-\varepsilon_0)+a^2(\varepsilon+\varepsilon_0)}{b^2(\varepsilon+\varepsilon_0)+a^2(\varepsilon-\varepsilon_0)}\frac{b^2}{r^2}\right]E_0 r\cos\varphi$$

$$\boldsymbol{E}_3=\left[1+\frac{b^2(\varepsilon-\varepsilon_0)+a^2(\varepsilon+\varepsilon_0)}{b^2(\varepsilon+\varepsilon_0)+a^2(\varepsilon-\varepsilon_0)}\frac{b^2}{r^2}\right]E_0\cos\varphi\,\boldsymbol{r}_0-\left[1-\frac{b^2(\varepsilon-\varepsilon_0)+a^2(\varepsilon+\varepsilon_0)}{b^2(\varepsilon+\varepsilon_0)+a^2(\varepsilon-\varepsilon_0)}\frac{b^2}{r^2}\right]E_0\sin\varphi\,\boldsymbol{\varphi}_0$$

$$(r=a)\ \sigma_q=\frac{4\varepsilon\varepsilon_0 b^2E_0\cos\varphi}{b^2(\varepsilon+\varepsilon_0)+a^2(\varepsilon-\varepsilon_0)},\ \sigma_p=-\frac{4(\varepsilon-\varepsilon_0)\varepsilon_0 b^2E_0\cos\varphi}{b^2(\varepsilon+\varepsilon_0)+a^2(\varepsilon-\varepsilon_0)}$$

$$(r=b)\ \sigma_p=\frac{2(\varepsilon-\varepsilon_0)\varepsilon_0(a^2+b^2)E_0}{b^2(\varepsilon+\varepsilon_0)+a^2(\varepsilon-\varepsilon_0)}\cos\varphi$$

6. $\boldsymbol{F}_{12}=\dfrac{1}{4\pi\varepsilon}\dfrac{q_1q_2}{R^3}\boldsymbol{R}$, $\boldsymbol{F}'_{12}=\dfrac{3q_1q_2}{4\pi(\varepsilon_0+2\varepsilon)}\dfrac{\boldsymbol{R}}{R^3}$

7. $u=\dfrac{I\rho}{2\pi}\displaystyle\int_0^\infty\left(1+2\frac{K_{12}e^{-2\lambda h_1}}{1-K_{12}e^{-2\lambda h_1}}\right)J_0(\lambda r)d\lambda\quad(z=0)\ j=\dfrac{I}{2\pi}\int_0^\infty\left(1+2\frac{K_{12}e^{-2\lambda h_1}}{1-K_{12}e^{-2\lambda h_1}}\right)\lambda J_1(\lambda r)d\lambda x_0$

8. $u_M=\dfrac{I\rho}{2\pi}\left(\dfrac{1}{d}+\dfrac{1}{d+2x_1}\right)$, $u_N=\dfrac{I\rho}{\pi}\dfrac{1}{\sqrt{(x_1+d)^2+x_2^2}}$

9. $\sigma_{pA}=-kb$, $\sigma_{pB}=k(b+l)$, $\rho_p=-k$

$$u=\frac{ks}{4\pi\varepsilon_0}\left[b\left(\frac{1}{\sqrt{(x-b-l)^2+y^2+z^2}}-\frac{1}{\sqrt{(x-b)^2+y^2+z^2}}\right)+\frac{l}{\sqrt{(x-b-l)^2+y^2+z^2}}+\ln\frac{(x-b-l)+\sqrt{(x-b-l)^2+y^2+z^2}}{(x-b)+\sqrt{(x-b)^2+y^2+z^2}}\right]$$

10. $(r>a)\quad u_1=\dfrac{\lambda}{2\pi}\left[\dfrac{k_{12}}{\varepsilon_1}\ln\left(\dfrac{r}{a}\right)+\dfrac{1-k_{12}}{\varepsilon_2}\ln\dfrac{d}{r_A}\right]$

$(r<a)\quad u_2=\dfrac{(1-k_{12})\lambda}{2\pi\varepsilon_2}\ln\dfrac{d}{r_A}\qquad k_{12}=\dfrac{\varepsilon_1-\varepsilon_2}{\varepsilon_1+\varepsilon_2}$

11. $$\begin{cases}(r<a) & \omega_1=0 & A_1=0\\(a<r<b) & \omega_2=\dfrac{Q^2}{32\pi^2\varepsilon r^4} & A_2=\dfrac{Q^2(b-a)}{8\pi\varepsilon ab}\\(r>b) & \omega_3=\dfrac{Q^2}{32\pi^2\varepsilon_0 r^4} & A_3=\dfrac{Q^2}{8\pi\varepsilon_0 b}\end{cases}$$

12. $$\begin{cases}(r<a) & \omega_1=0 & A_1=0\\(a<r<b) & \omega_2=\dfrac{Q^2}{32\pi^2\varepsilon r^4} & A_2=\dfrac{Q^2(b-a)}{8\pi\varepsilon ab}\\(r>b) & \omega_3=0 & A_3=0\end{cases}$$

13. $(z<h_1)\quad u_1=\dfrac{\sigma_q}{\varepsilon_1}z\qquad \boldsymbol{E}_1=-\dfrac{\sigma_q}{\varepsilon_1}\boldsymbol{z}_0$

$(h_1<z<h_1+h_2)\quad u_2=\dfrac{\varepsilon_1(z-h_1)+\varepsilon_2h_1}{\varepsilon_1\varepsilon_2}\qquad \boldsymbol{E}_2=-\dfrac{\sigma_q}{\varepsilon_2}\boldsymbol{z}_0$

$C=\dfrac{\varepsilon_1\varepsilon_2}{\varepsilon_2h_1+\varepsilon_1h_2}$

15. (1) $u_1=\dfrac{I\rho_1}{2\pi}\left(\dfrac{1}{L}+\dfrac{k_{12}}{L-2x}\right)\qquad E_{1x}=\dfrac{I\rho_1}{2\pi}\left[\dfrac{1}{L^2}-\dfrac{k_{12}}{(L-2x)^2}\right]$

(2) $u_2 = \dfrac{I\rho_1\rho_2}{\pi L(\rho_1+\rho_2)}$ $\qquad E_{2x} = \dfrac{I\rho_1\rho_2}{\pi L^2(\rho_1+\rho_2)}$

(3) $u_3 = \dfrac{I\rho_2}{2\pi}\left(\dfrac{1}{L}-\dfrac{k_{12}}{2x-L}\right)$ $\qquad E_{3x} = \dfrac{I\rho_2}{2\pi}\left[\dfrac{1}{L^2}-\dfrac{k_{12}}{(2x-L)^2}\right]$ $\qquad k_{12} = \dfrac{\rho_2-\rho_1}{\rho_1+\rho_2}$

16. $u = \dfrac{I\rho}{2\pi r}$ $\qquad j_x = \dfrac{Ix}{2\pi r^3}$ $\qquad j_z = \dfrac{Iz}{2\pi r^3}$

17. 以 AB 之中点为坐标原点,以由 A 指向 B 的方向为 x 轴的正向

$$u = \frac{I\rho}{2\pi}\left(\frac{1}{\sqrt{(x+L)^2+y^2+z^2}}-\frac{1}{\sqrt{(x-L)^2+y^2+z^2}}\right)$$

$$j_R = \frac{I}{2\pi}\left(\frac{R+L}{\sqrt[3]{(x+L)^2+y^2+z^2}}-\frac{R-L}{\sqrt[3]{(x-L)^2+y^2+z^2}}\right)$$

$$j_Z = \frac{Iz}{2\pi}\left(\frac{1}{\sqrt[3]{(x+L)^2+y^2+z^2}}-\frac{1}{\sqrt[3]{(x-L)^2+y^2+z^2}}\right)$$

$R = \sqrt{x^2+y^2}$ 为测点的水平坐标

19. $u_1 = \dfrac{(a+d)(2a+3d)p}{(a+2d)(a\varepsilon+d\varepsilon_0)+(a+d)^2\varepsilon_0}\left[\dfrac{r\cos\theta-d}{4\pi\varepsilon\,(r^2+d^2-2dr\cos\theta)^{\frac{3}{2}}}\right]\ (r<a)$

$u_2 = \dfrac{1}{4\pi\varepsilon_0}\left\{\dfrac{p(r\cos\theta-d)}{(r^2+d^2-2dr\cos\theta)^{\frac{3}{2}}}-p'\left[\dfrac{r\cos\theta-b}{(r^2+b^2-2br\cos\theta)^{\frac{3}{2}}}-\dfrac{\cos\theta}{r^2}\right]\right\}\ (r>a)$

式中 $p' = \dfrac{a^2(\varepsilon-\varepsilon_0)p}{(a+2d)(a\varepsilon+d\varepsilon_0)+(a+d)^2\varepsilon_0}$ $\qquad b = \dfrac{a^2}{d}$

21. 接地时 $\sigma_q = \dfrac{q(a^2-d^2)}{4\pi a\,(a^2+d^2-2ad\cos\theta)^{\frac{3}{2}}}$;

不接地时 $\sigma_q = \dfrac{q}{4\pi a}\left[\dfrac{a^2-d^2}{(a^2+d^2-2ad\cos\theta)^{\frac{3}{2}}}+\dfrac{1}{d}\right]$

22. $(r>a)$ $\qquad u_1 = \dfrac{q}{4\pi\varepsilon_1}\left\{\sum_{n=0}^{\infty}\left[\dfrac{r^n}{d^{n+1}}+\dfrac{n(\varepsilon_1-\varepsilon_2)a^{2n+1}}{(rd)^{n+1}\,[n\varepsilon_2+(n+1)\varepsilon_1]}\right]P_n(\cos\theta)\right\}$;

$(r<a)$ $\qquad u_2 = \dfrac{q}{4\pi\varepsilon_2}\sum_{n=0}^{\infty}\dfrac{r^n(2n+1)\varepsilon_2}{d^{n+1}\,[n\varepsilon_2+(n+1)\varepsilon_1]}P_n(\cos\theta)$

习题四

1. $\boldsymbol{B} = \dfrac{\mu_0 I}{4\pi}\left[\dfrac{4xyl\boldsymbol{i}+2l(l^2+y^2-x^2)\boldsymbol{j}}{[(x-l)^2+y^2][(x+l)^2+y^2]}\right]$ $\qquad \boldsymbol{A} = \dfrac{\mu_0 I}{8\pi}\ln\dfrac{(x-l)^2+y^2}{(x+l)^2+y^2}\boldsymbol{k}$

2. $(r<a)$ $\qquad \boldsymbol{B}_1 = \dfrac{\mu_0 rI}{2\pi a^2}\boldsymbol{\varphi}_0$ $(r=a)$ $\qquad \boldsymbol{i}_{1m} = \dfrac{(\mu_r-1)I}{2\pi a}\boldsymbol{z}_0$

$(a<r<b)$ $\boldsymbol{B}_2 = \dfrac{\mu I}{2\pi r}\boldsymbol{\varphi}_0$ $\quad (r=b)$ $\qquad \boldsymbol{i}_{2m} = -\dfrac{(\mu_r-1)I}{2\pi b}\boldsymbol{z}_0$

$(r>b)$ $\qquad \boldsymbol{B}_3 = 0$ $\qquad (a<r<b)$ $\quad \boldsymbol{j}_m = 0$

3. $(r<a)$ $\qquad \boldsymbol{A}_1 = \dfrac{\mu_r B_0 r}{2}\boldsymbol{\varphi}_0$ $\qquad \boldsymbol{B}_1 = \mu_r\boldsymbol{B}_0$

$(r>a)$ $\qquad \boldsymbol{A}_2 = \dfrac{B_0}{2}\left[r+\dfrac{(\mu_r-1)a^2}{r}\right]\boldsymbol{\varphi}_0$ $\quad \boldsymbol{B}_2 = \boldsymbol{B}_0$

4. $\boldsymbol{H}_1 - \boldsymbol{H}_0 = \dfrac{\boldsymbol{M}}{3}$

5. $\sigma_m = \dfrac{2\pi r^3}{sl}H \qquad \boldsymbol{M} = \dfrac{2\pi r^3 \boldsymbol{H}}{sl\mu_0}$

6. (1) $\boldsymbol{B}_1 = \dfrac{\mu_0}{2}\boldsymbol{M} \qquad \boldsymbol{H}_1 = \dfrac{\boldsymbol{M}}{2}$

(2) $\boldsymbol{B}_2 = \dfrac{\mu_0}{2}\boldsymbol{M} \qquad \boldsymbol{H}_2 = -\dfrac{\boldsymbol{M}}{2}$

(3) $\boldsymbol{B}_3 = \dfrac{\mu_0 l}{\sqrt{a^2+l^2}}\boldsymbol{M} \qquad \boldsymbol{H}_3 = \left[\dfrac{l}{\sqrt{a^2+l^2}} - 1\right]\boldsymbol{M}$

7. $(r<a) \qquad \boldsymbol{A}_1 = \dfrac{\mu_0\omega\sigma a}{3}r\sin\theta\,\boldsymbol{\varphi}_0 \qquad \boldsymbol{B}_1 = \dfrac{2\mu_0\omega\sigma a}{3}\boldsymbol{z}_0$

$(r>a) \qquad \boldsymbol{A}_2 = \dfrac{\mu_0\omega\sigma a^4}{3r^2}\sin\theta\,\boldsymbol{\varphi}_0 \qquad \boldsymbol{B}_2 = \dfrac{\mu_0\omega\sigma a^4}{3r^3}(2\cos\theta\,\boldsymbol{r}_0 + \sin\theta\,\boldsymbol{\theta}_0)$

8. $\boldsymbol{H} = \dfrac{\sigma_0\omega}{2z}\boldsymbol{z}_0$

10. $\boldsymbol{H} = \dfrac{dI}{2\pi(a^2-b^2)}\boldsymbol{y}_0$

12. $(z>d) \qquad \boldsymbol{A}_1 = \mu d\boldsymbol{i} \qquad \boldsymbol{B}_1 = 0$

$(-d<z<d) \qquad \boldsymbol{A}_2 = \mu z\boldsymbol{i} \qquad \boldsymbol{B}_2 = -\mu i\boldsymbol{x}_0 \qquad \boldsymbol{j}_m = 0$

$(z<-d) \qquad \boldsymbol{A}_3 = -\mu d\boldsymbol{i} \qquad \boldsymbol{B}_3 = 0$

$(z=d) \qquad \boldsymbol{i}_{m1} = (\mu_r - 1)\boldsymbol{i} \qquad (z=-d) \qquad \boldsymbol{i}_{m2} = -(\mu_r - 1)\boldsymbol{i}$

13. $(r<a) \qquad \boldsymbol{A}_1 = \dfrac{\mu_0\mu ar}{\mu_0+\mu}\cos\varphi\,\boldsymbol{z}_0 \qquad \boldsymbol{B}_1 = -\dfrac{\mu_0\mu a}{\mu_0+\mu}(\sin\varphi\,\boldsymbol{r}_0 + \cos\varphi\,\boldsymbol{\varphi}_0)$

$(r>a) \qquad \boldsymbol{A}_2 = \dfrac{\mu_0\mu a^3}{(\mu_0+\mu)r}\cos\varphi\,\boldsymbol{z}_0 \qquad \boldsymbol{B}_2 = \dfrac{\mu_0\mu a^3}{(\mu_0+\mu)r^2}(-\sin\varphi + \cos\varphi\,\boldsymbol{\varphi}_0)$

14. $(z>d) \qquad \boldsymbol{A}_1 = d\left[\mu_1(d-z) - \dfrac{d\mu}{2}\right]\boldsymbol{j} \qquad \boldsymbol{B}_1 = \mu_1 jd\boldsymbol{x}_0 \qquad \boldsymbol{j}_{m1} = 0$

$(d>z>-d) \qquad \boldsymbol{A}_2 = -\dfrac{\mu z^2}{2}\boldsymbol{j} \qquad \boldsymbol{B}_2 = \mu jz\boldsymbol{x}_0 \qquad \boldsymbol{j}_{m2} = \dfrac{\mu-\mu_0}{\mu_0}\boldsymbol{j}$

$(z<-d) \qquad \boldsymbol{A}_3 = d\left[\mu_2(d+z) - \dfrac{d\mu}{2}\right]\boldsymbol{j} \qquad \boldsymbol{B}_3 = -\mu_2 jd\boldsymbol{x}_0 \qquad \boldsymbol{j}_{m3} = 0$

$(z=d) \qquad \boldsymbol{i}_{m1} = \dfrac{\mu_1-\mu}{\mu_0}d\boldsymbol{j} \qquad (z=-d) \qquad \boldsymbol{i}_{m2} = \dfrac{\mu_2-\mu}{\mu_0}d\boldsymbol{j}$

习题五

1. $v = 8.96\times10^7$ (m/s)； $\lambda = 89.6$ (m)； $\delta = 17.8$ (m)

$Z = 87.79$ (Ω)； $\varphi = -38.79$ (deg)

2. $I' = -\mathrm{i}\,\dfrac{\omega\mu_0 bI}{2\pi R}\ln\dfrac{a+d}{d}$

3. $\varepsilon_{max} = 148$（伏特）

4.(1) $\dfrac{\nabla \cdot \boldsymbol{A}_0 + \dfrac{\mu}{\rho} u_0}{\boldsymbol{A}_0 \cdot \boldsymbol{k} - \omega\varepsilon\mu u_0} = \operatorname{tg}(\boldsymbol{k} \cdot \boldsymbol{r} - \omega t)$

(2) $\boldsymbol{E} = (u_0 \boldsymbol{k} - \omega \boldsymbol{A}_0)\sin(\boldsymbol{k} \cdot \boldsymbol{r} - \omega t)$

$\boldsymbol{B} = \boldsymbol{B}_0 \cos(\boldsymbol{k} \cdot \boldsymbol{r} - \omega t) - (\boldsymbol{k} \times \boldsymbol{A}_0)\sin(\boldsymbol{k} \cdot \boldsymbol{r} - \omega t)$

5. $\boldsymbol{E}' = -E_0 \sin(kz + \omega t) x_0$ $\quad\quad$ $\boldsymbol{H}' = \sqrt{\dfrac{\varepsilon}{\mu}} E_0 \sin(kz + \omega t) \boldsymbol{y}_0$

6. 柱外的电磁异常为：

$$B_r = B_0 T \left(\frac{a^2}{r^2}\right) \cos\varphi$$

$$B_\varphi = B_0 T \left(\frac{a^2}{r^2}\right) \sin\varphi$$

或：

$$B_X = -B_0 T \frac{2hxa^2}{(x^2 + h^2)^2}$$

$$B_Z = B_0 T \frac{(h^2 - x^2)a^2}{(x^2 + h^2)^2}$$

式中：$T = \dfrac{(\mu - \mu_0) I_0(k_0 a) - (\mu + \mu_0) I_2(k_0 a)}{(\mu + \mu_0) I_0(k_0 a) - (\mu - \mu_0) I_2(k_0 a)}$； $k_0 = \sqrt{\dfrac{i\omega\mu}{\rho}}$

参 考 文 献

1 薛琴访编著. 场论. 北京：地质出版社，1978

2 张秋光编. 场论（上、中、下册）. 北京：地质出版社，1985.（中册）、1988.（下册）

3 毕德显. 电磁场理论. 北京：电子工业出版社，1985

4 W. Baranov. 应用地球物理中的位场及其变换. 侯重初译. 北京：地质出版社，1979

5 吴大猷. 电磁学. 北京：科学出版社，1983

6 [美]John D. Kraus. 电磁学. 安绍萱译. 北京：人民邮电出版社，1979

7 [英]I. S. Grant and W. R. Phillips. 电磁学. 刘岐元. 王鸣阳译. 北京：人民教育出版社，1982

8 [苏]C. Э. фрцщцA. B. Тцмореъa. 普通物理学第二卷. 梁宝洪译. 北京：商务印书馆，1957

9 邹国兴编著. 量子场论导论. 北京：科学出版社，1981

10 谢树艺编. 矢量分析与场论. 北京：高等教育出版社，1984

11 杨曙，王省富，周肇锡编. 矢量分析 复变函数 积分变换. 北京：国防工业出版社，1980

12 西安交通大学高等数学教研室编. 复变函数. 北京：高等教育出版社，1984

13 傅良魁主编. 应用地球物理教程. 北京：地质出版社，1991

14 顾功叙编著. 地球物理勘探基础. 北京：地质出版社，1990.

15 管泽霖，宁津生编. 地球形状及外部重力场. 北京：测绘出版社，1981

16 张锦由编. 铀矿物化探数据处理方法. 北京：原子能出版社，1990

17 李政道. 场论与粒子物理学. 北京：科学出版社，1982

18 [美]C. B. Officer 著. 理论地球物理学引论. 王子昌等译. 北京：科学出版社，1983

19 [瑞典]M. Bath 著. 地球物理学中的谱分析. 郑治真等译. 北京：地震出版社，1978

20 曾融生著. 固体地球物理学. 北京：科学出版社，1984